钢-混凝土组合结构与混合结构设计

薛建阳　主编

中国电力出版社
CHINA ELECTRIC POWER PRESS

内 容 提 要

本书阐述了钢-混凝土组合结构与混合结构的基本受力性能，介绍了国内外有关钢-混凝土组合结构与混合结构的一些主要计算理论、设计方法及发展趋势。全书共分8章，主要内容包括钢与混凝土的组合作用、压型钢板-混凝土组合板、钢-混凝土组合梁、型钢混凝土结构、钢管混凝土结构、组合钢板剪力墙结构、混合结构设计等。书中配有必要的例题和小结，便于学生理解相关原理，掌握其工程应用。

本书可作为高等学校土木工程专业研究生教材，也可供本科生和相关专业技术人员在设计、施工和进行科研工作时参考。

图书在版编目（CIP）数据

钢-混凝土组合结构与混合结构设计/薛建阳主编．—北京：中国电力出版社，2018.10（2019.9重印）

ISBN 978-7-5198-2187-6

Ⅰ.①钢…　Ⅱ.①薛…　Ⅲ.①钢筋混凝土结构—结构设计　Ⅳ.①TU375.04

中国版本图书馆CIP数据核字（2018）第142461号

出版发行：中国电力出版社
地　　址：北京市东城区北京站西街19号（邮政编码100005）
网　　址：http://www.cepp.sgcc.com.cn
责任编辑：霍文婵　郑晓萌
责任校对：黄　蓓　郝军燕
装帧设计：郝晓燕
责任印制：钱兴根

印　　刷：北京传奇佳彩数码印刷有限公司印刷
版　　次：2018年10月第一版
印　　次：2019年9月北京第三次印刷
开　　本：787毫米×1092毫米　16开本
印　　张：23.75
字　　数：553千字
定　　价：78.00元

前　　言

组合结构与混合结构中主要的建筑材料包括钢、混凝土、木材、玻璃、碳纤维等，而本书主要介绍钢 - 混凝土组合结构与混合结构。组合结构起源于欧美，与木结构、砌体结构、钢结构、钢筋混凝土结构并称为五大结构。钢 - 混凝土组合结构利用了钢材与混凝土各自的材料优势，即钢材具有抗拉强度高、延性好，而混凝土具有抗压强度高、耐久性好的特点，两者相结合，实现了材料性能的互补。近年来，还出现了不同结构体系相混合的新型结构，如上部采用 S 结构、下部采用 SRC 结构，RC 柱与 S 梁混合结构，外部采用 S（SRC）框架、内部采用 RC 核心筒的混合结构。这些组合结构与混合结构具有非常优越的结构性能，在高层、超高层建筑，以及大跨桥梁和工业与民用建筑等土木工程中得到了越来越广泛的应用，取得了显著的经济效益和社会效益。

钢 - 混凝土组合结构与混合结构在国外的研究较早，并取得了一批有价值的科研成果，欧美、日本和前苏联等先后制定了相应的设计规范或规程以指导工程实践。由于各国国情及认知水平的差异，所采用的计算方法也不尽相同。我国对钢 - 混凝土组合结构和混合结构的研究起步较晚，主要始于 20 世纪 80 年代，但在各高等学校、科研院所、施工企业等的共同努力下，已取得了较为丰硕的研究成果，对钢 - 混凝土组合结构与混合结构受力性能及其设计方法的认知也日趋成熟和完善，相继颁布了一些具有我国特色的钢 - 混凝土组合结构与混合结构方面的设计规范，对于推动我国组合结构与混合结构的普及和发展起到了积极的作用。

本书阐述了钢 - 混凝土组合结构与混合结构的一些主要受力性能，介绍了国内外关于组合结构与混合结构主要的计算理论和设计方法，包括钢与混凝土的组合作用、压型钢板 - 混凝土组合板、钢 - 混凝土组合梁、型钢混凝土结构、钢管混凝土结构、组合钢板剪力墙结构和混合结构设计。本书力求做到对钢 - 混凝土组合结构与混合结构的基本概念讲解清楚，将国内外钢 - 混凝土组合结构与混合结构的主要设计计算理论和最新研究进展呈现给读者。本书可作为土木工程专业研究生学习钢 - 混凝土组合结构与混合结构知识的教材，也可供相关专业的本科生和广大工程技术人员参考使用。

全书共分 8 章，由西安建筑科技大学和重庆大学的部分教师共同编写。其中第 1 章、第 2 章由薛建阳编写，第 3 章由杨勇编写，第 4 章由王宇航编写，第 5 章由刘祖强编写，第 6 章由王先铁编写，第 7 章由于金光编写，第 8 章由王威、薛建阳编写。全书由薛建阳统稿并任主编。

西安建筑科技大学童岳生教授和赵鸿铁教授审阅了全书并提出了许多宝贵的意见。哈尔滨工业大学郭兰慧教授审阅了部分章节并提出有建设性的建议，博士生吴晨伟校对了第3、4章的部分例题，研究生任国旗、浩飞虎、李贺超校对了部分书稿，在此一并表示衷心感谢。

限于作者水平，不妥之处在所难免，恳请广大读者不吝批评指正。

编　者

2018年4月

目　录

第1章　概　　述

1.1　组合结构及混合结构的定义及分类

1.1.1　组合结构及混合结构的定义

组合结构是指由两种及两种以上材料组合而成的结构，一般土木工程中较常使用的承重材料有木材、混凝土、钢材、多种块材、塑料等，本书所介绍的组合结构主要是由钢材和混凝土组成的结构。钢材可分为钢筋和钢骨（型钢）两大类，由钢筋和混凝土组成的钢筋混凝土（简称RC）结构其实也是组合结构的一种类型，但在建筑结构中，通常将由钢筋、钢骨（型钢）及混凝土，或者由钢骨（型钢）和混凝土组成的结构作为组合结构来考虑。

如图1-1（a）所示的型钢混凝土（简称SRC）柱是在型钢的周围设置钢筋并浇筑混凝土形成的柱。在钢管中填入混凝土而成的钢管混凝土（简称CFST）柱，又可分为圆钢管混凝土柱［见图1-1（b）］和方钢管混凝土柱［见图1-1（c）］。图1-1（d）所示为在型钢梁的外围包裹钢筋混凝土而成的SRC梁，图1-1（e）所示为将RC板与钢梁以一定的方式结合起来而成的组合梁。图1-1（d）中型钢是埋入式的，图1-1（e）中型钢是非埋入式的，但通常所讲的组合梁是指图1-1（e）所示的梁。

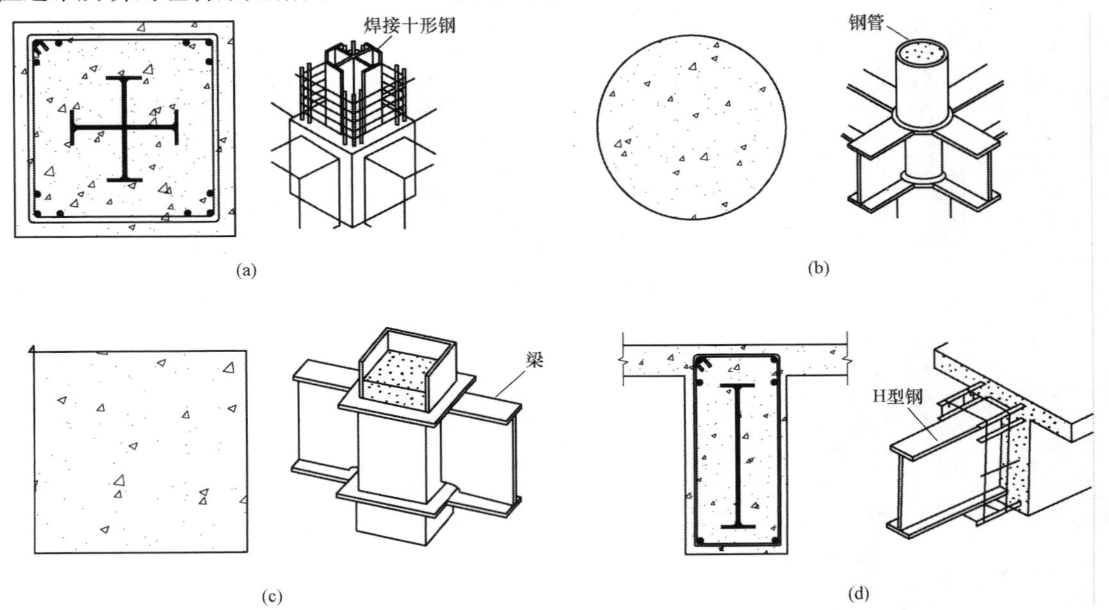

图1-1　组合结构的定义（一）

（a）SRC柱；（b）圆CFST柱；（c）方CFST柱；（d）SRC梁

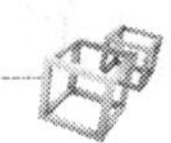

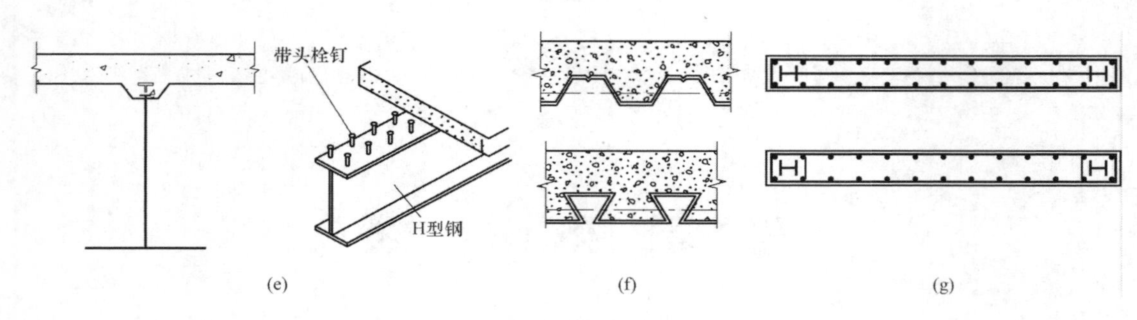

图 1-1　组合结构的定义（二）
(e) 组合梁；(f) 组合板；(g) 组合墙

除柱和梁外，在压型钢板上浇筑混凝土使之一体化而形成的组合板［见图 1-1 (f)］、在 RC 抗震墙中设置扁钢（钢板）或在其中埋入钢骨的组合墙［见图 1-1 (g)］等都是组合结构构件的一种形式。

以上所述为一些组合截面或组合构件，将不同种类的构件组合而成的结构，以及不同种类的结构系统组合而成的结构，统称为混合结构；也就是说，柱或梁可以采用钢骨（S）、RC 或 SRC 进行任意的组合，例如，可以采用 SRC 柱-钢梁、SRC 柱-RC 梁（见图 1-2），或者 RC 柱—钢梁（见图 1-3）的组合方式，这些都是所谓的构件组合。而结构系统的组合（混合），例如，高层建筑的上部采用 RC 结构而下部采用 SRC 结构（见图 1-4），或者超高层建筑的上部楼层采用钢（S）结构，其余地面以上部分采用 SRC 结构，地面以下到基础部分采用 RC 结构（见图 1-5）等形式，都是在高度方向上由不同类型的结构进行组合。在高层建筑的外围采用钢（S）结构、内部核心筒采用 RC 结构（见图 1-6），或者建筑外围采用 RC 结构而内部采用钢（S）结构，是在平面上由不同结构组合而成的结构形式。

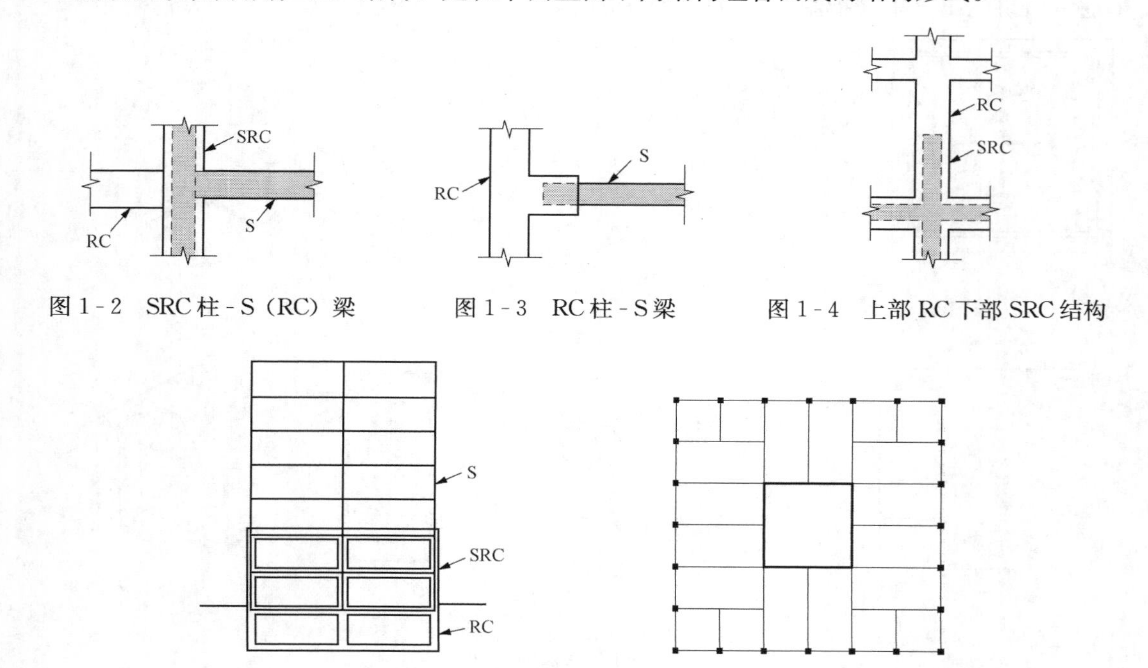

图 1-2　SRC 柱-S（RC）梁　　图 1-3　RC 柱-S 梁　　图 1-4　上部 RC 下部 SRC 结构

图 1-5　上部 S 下部 SRC 地下 RC 结构　　图 1-6　外部 S 框架 RC 核心筒

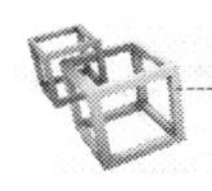

1.1.2 组合结构及混合结构的分类

组合结构或混合结构的本质是不同的材料、构件或结构系统形成共同受力、协调变形的统一整体。组合结构或混合结构与一般由单一材料（结构）组成的结构（系统）不同，它可以充分利用组成结构（系统）的材料（结构）各自的优点，而克服其缺点，具有承载能力高、变形性能好，且受力合理、经济性好等优越性，因而在建筑及土木工程的各个领域得到了越来越广泛的应用。图1-7为日本若林实（Wakabayashi Minoru）教授等提出的组合及混合结构的分类示意图。它把组合结构分为组合构件和混合结构两部分。组合构件包括广义的组合梁（SRC梁和一般的组合梁）、组合柱（SRC柱和CFST柱）、组合墙、组合板、组合桁架和组合支撑等构件形式。混合结构包括组合钢结构（含组合梁的钢结构、狭义的SRC结构（梁和柱都采用SRC的结构）、含S梁的SRC结构、含S梁的CFST结构、预制SRC结构（HPC）、S结构-RC结构-SRC结构（上部S结构、下部SRC结构及地下为RC的结构等）或者与CFST结构相混合的结构、由RC墙和S框架组成的结构系统、由RC核心筒和S框架组成的结构系统、由S墙和RC框架组合的结构系统等。另外，也有将组合构件称为组合结构的，或者将组合结构（由不同种类的结构构件组成的结构）和混合结构（由不同种类的结构构件在平面或立面上进行组合形成的结构）两者统称为组合结构。

现在，所谓的SRC结构，不仅是指梁和柱都采用SRC的结构，从广义上来讲，它包括SRC柱-S梁、CFST柱-S梁、上部S-下部SRC等诸多形式。

从结构受力合理及节约工程造价方面看，今后会有越来越多的组合结构或混合结构涌现出来，而组合结构的定义也会随着组合结构的发展而发生变化。

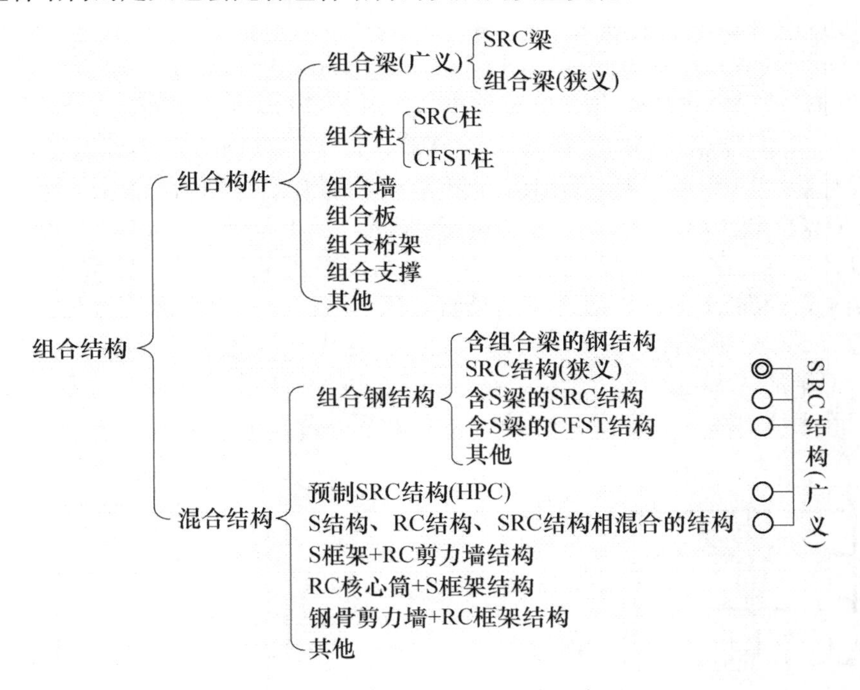

图1-7 组合及混合结构分类示意图

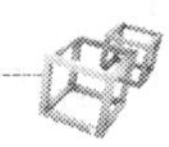

1.2 组合结构的发展及其应用

1.2.1 型钢混凝土结构

SRC结构是在型钢周围布置钢筋并浇筑混凝土而形成的结构，起源于欧美，它最早的形式是在钢构件外包砖或石砌体［见图1-8（a）］，砌体主要作为钢材的防火材料，其后砌体逐渐被钢筋混凝土所取代［见图1-8（b）］，形成了型钢混凝土结构。

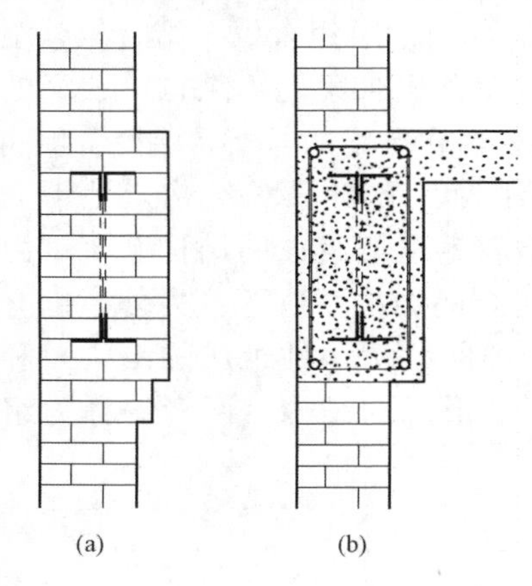

图1-8 SRC结构的起源
（a）砌体包钢结构；（b）混凝土包钢结构

对于SRC结构的研究，自1910～1920年，美国哥伦比亚（Columbia）大学的Burr、Mench及伊利诺伊（Illinois）大学的Talbot等进行了SRC柱的试验研究并发表了相关论文。在美国，混凝土仅作为钢材的防火保护层，在计算柱的轴心抗压强度时仅考虑钢骨对承载力的贡献。在英国，最初也仅考虑混凝土对钢材耐火的保护作用，1940年以后也承认混凝土对柱刚度的增加及抗屈曲承载力的提高是有作用的，尤其是混凝土的存在增大了柱的受压承载力。1936年，德国的Gehler进行了埋入式槽钢SRC短柱的试验研究，检验了累加强度法的适用性。1930年，欧洲一些国家及美国发表了一系列组合柱的研究论文。在欧美，由于设计用水平力（如风荷载和地震作用）较小，因此一般柱都比较细长，针对屈曲性能的研究较为普遍。以1965年Stevens的研究为先驱，20世纪60年代后半段至70年代，Bondale（1966）、Basu（1967）、Roderich、Rogers（1969）、Virdi、Dowling（1973）等对SRC长柱进行了试验和理论研究。1963年，美国规范ACI318—1963中首次列入了SRC组合柱的设计公式，其中考虑了混凝土强度的影响。在ACI318—1971规范中，对组合柱的设计采用了极限强度设计法。1997年，美国钢结构协会AISC标准中首次纳入组合柱的抗震设计规定，图1-9为AISC标准中给出的SRC柱的截面组成形式。1959年，英国规范BS449中列入了组合柱的设计规定。图1-10所示为欧洲常见的SRC柱的截面形式，通常仅在H型钢的内部浇筑混凝土，而在H型钢外部通常不设防火保护层。在型钢翼缘附近配置纵筋和箍筋，设计中考虑RC部分对构件承载力的贡献。国外已建成一批高层、超高层SRC建筑，典型的工程有印尼雅加达中心大厦，21层，高84m；美国休斯顿海湾大楼，52层，高221m；达拉斯第一国际大厦，72层，高276m；新加坡财政部办公大楼，55层，高242m。

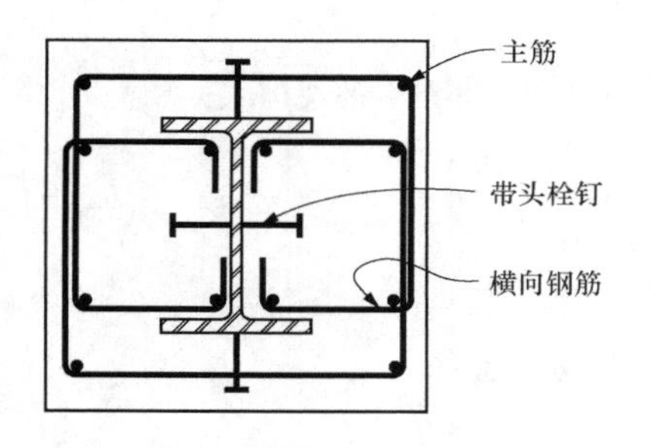

图1-9 AISC规范中SRC柱的截面形式

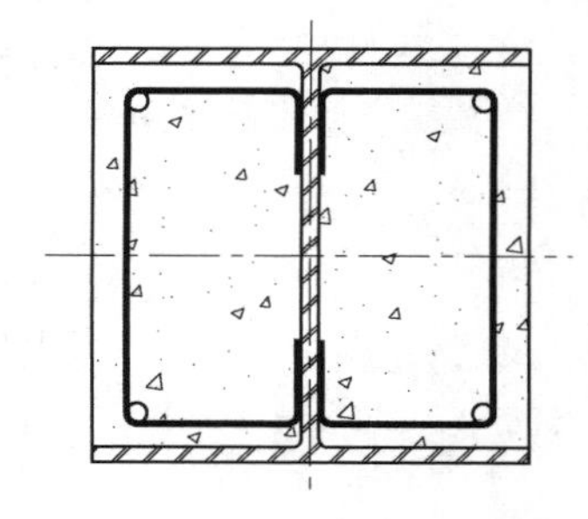

图1-10 欧洲无保护层的SRC柱的截面形式

日本自20世纪20年代开始推广SRC结构并在该时期进行了卓有成效的基础性研究工作。齐田时太郎于1928年进行了柱的轴心受压试验，浜田稔于1928年和1929年分别进行了梁的弯剪试验和柱的轴心受压试验，内藤多仲于1932年进行了节点试验，棚桥谅于1937年进行了梁的弯曲试验。

以上研究都是针对钢骨采用角钢，或者腹板采用缀件相连的空腹式配钢的SRC构件所做的，得出的结论主要有：构件的受弯承载力可采用极限强度式计算；轴心受压柱的承载力可达到累加强度式计算值的90%；增大横向钢板的用量并不能显著提高构件的受剪承载力；节点的极限承载力可采用累加强度式进行计算。当时，还没有关于SRC结构的设计规范，设计者仅能根据自己的设计经验进行判断，主要采用以下三种方法计算：

(1) 钢结构设计法。主要考虑钢骨的作用，混凝土仅是保证钢材的位置并防止钢材发生屈曲，钢骨和钢筋（在计算上可不考虑）都作为钢骨来考虑，按照普通钢结构的设计方法进行计算。计算受剪承载力时，计入钢筋与混凝土的作用。

(2) RC计算法。钢骨和钢筋都按照钢筋考虑，按照钢筋混凝土的常用设计式进行计算。

(3) 累加强度式计算法。钢骨部分按照钢结构，RC部分按照RC结构计算其容许承载力，两者之和即为SRC的容许承载力，此为累加强度式计算法。对梁来讲计算较为简便，对柱而言由于截面上同时存在弯矩和轴向力，如何假定钢骨部分和RC部分弯矩和轴向力的分配比例是需要考虑的问题。例如可采用以下方法：钢骨部分仅承受弯矩，RC部分同时承担弯矩和轴向力，或者混凝土仅承担轴向力，弯矩由钢骨和钢筋来承担。

20世纪50年代，以若林实（Wakabayashi Minoru）、南宏一（Minami Koichi）等为代表的一大批专家学者对SRC结构进行了一系列试验研究并取得重要成果，以这些试验研究为基础，1951年，日本建筑学会成立SRC分委员会，开始SRC规范的编制工作，1958年出版了第一部SRC结构设计规范，它采用了累加强度式计算法。经历了1963年小的修订后，于1975年对SRC结构设计规范进行了第二次修订，这主要是由于1968年发生的十胜冲（Tokachi）地震中，RC结构发生了明显的剪切破坏，因而SRC结构的剪切设计法也需要重新修正。在此之后，由于人工费增长，以及实腹式SRC结构优越的抗震性能被试验所证实，实腹配钢的SRC结构就成为SRC结构的主要形式。1980年，日本修正了建筑基本法，采用了新的抗震设计法，除了容许应力度设计之外，还增加了水平极限承载力（保有水平耐力）设计法，于1987年对SRC结构设计规范进行了第三次修订，在规范的正文中列出了单纯累加强度式计算法和一般化累加强度式计算法，以及梁柱节点、构件连接、柱脚、抗震墙等构件的设计式，而且给出了钢管混凝土的设计规定。1995年，阪神大地震中SRC结构发生了一定破坏，日本建筑学会经过震害调查和经验总结，于2001年对SRC结构设计规范进行了第四次修订，调整了构件连接及柱脚的设计规定，补充了诸如SRC柱钢骨梁、RC柱钢骨梁、上部SRC结构下部RC结构等混合结构形式，使得SRC结构的适用性更加广泛。

在SRC结构的应用方面，1918年，内田祥三设计了旧东京海上大楼，它是一幢地上7层的建筑，柱和内部大梁的钢骨都被RC所包裹。1921年，由内藤多仲设计的日本兴业银行是一幢地上7层、地下1层的SRC建筑，其梁、柱断面如图1-11所示。这幢建筑物于1923年建成并经历了同年9月发生的关东大地震。地震后的震害调查发现，外包砖钢结构、RC结构、砖砌体结构都发生了较为严重的破坏，但兴业银行等采用SRC结构的建筑物基本没有损坏。从那以后，SRC结构优越的抗震性能逐渐被认知，并在6～9层的高层建筑中得

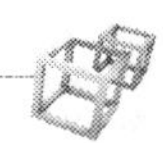

到应用。从1991～1995年5年间平均每年建造的建筑物数量来看，总建筑数为76.2万栋，总建筑面积为1.87亿m^2，其中采用SRC结构的栋数为3362栋，占总数的0.44%，建筑面积为1634万m^2，占总面积的8.7%（木结构为37.1%，钢结构为34.5%，RC结构为19.4%），与其他结构形式相比所占比例并不大，但从6层以上建筑物所占比例来看，SRC结构的栋数占全部的27%，建筑面积占全部的45%，可见SRC结构已成为日本高层建筑中所采用的主要结构形式。在过去的历次地震中，很少有SRC结构发生破坏的，而在1995年1月兵库县南部地震中，首次有32栋SRC结构的房屋发生了较为严重的破坏。经调查，倒塌的房屋都是1975年以前建造的采用空腹式配钢柱的SRC结构房屋，而1975年以后建造的房屋基本都采用了实腹式配钢的SRC结构，这些房屋没有破坏。目前，日本的SRC结构主要用于高层住宅及办公楼等抗震结构中。

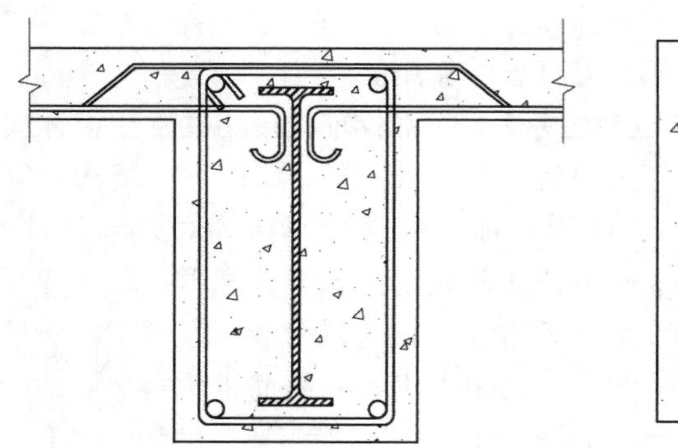

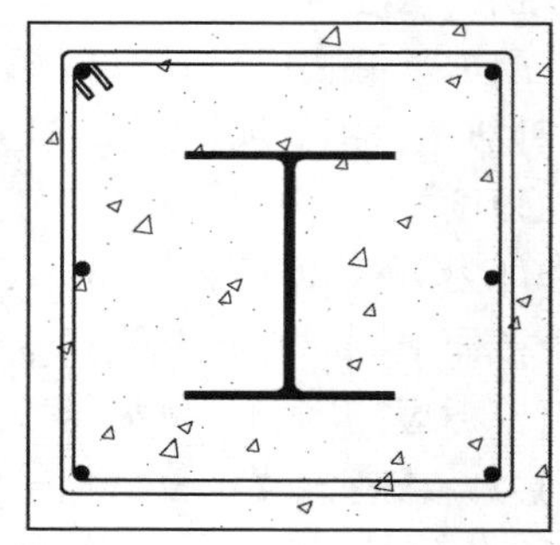

图1-11　日本兴业银行采用的梁、柱断面

苏联对型钢混凝土结构的研究也相当重视，并在第二次世界大战后的恢复重建工作中，大量地使用了型钢混凝土结构建造主厂房。1951年，苏联电力建设部颁布了有关型钢混凝土结构的设计规程，主要给出了空腹式配钢结构的设计规定。1978年，出版了《型钢混凝土结构设计指南》(СИ3—1978)，它主要以实腹式配钢为主要内容，强调了设置纵向柔性钢筋和箍筋的必要性。

我国最早于20世纪50年代从苏联引进型钢混凝土结构，并在工业厂房中得到了应用。这一时期的建筑物多采用空腹式配钢结构形式。后来由于片面强调节约钢材，型钢混凝土结构的发展较慢，其研究和应用处于停滞状态。80年代中期以后，型钢混凝土结构又一次在我国兴起，原冶金部建筑研究总院、西安建筑科技大学、西南交通大学、东南大学、华南理工大学、清华大学等高校和科研单位对型钢混凝土结构进行了广泛而深入的研究，相继颁布了建设部行业标准《型钢混凝土组合结构技术规程》(JGJ 138—2001)、《高层建筑混凝土结构技术规程》(JGJ 3—2010)和冶金行业标准《钢骨混凝土结构技术规程》(YB 9082—2006)，2016年颁布了最新的《组合结构设计规范》(JGJ 138—2016)，对型钢混凝土结构的工程应用起到了积极的推动作用。20世纪80年代以来，全国各地相继建造了一批SRC结构高层建筑，如1987年建成的北京香格里拉饭店，地上24层，高度83m；1993年建成的上海浦东国际金融大厦，地上53层，高度221m；1998年建成的广州汽车大厦，地上40层，高度175m；1990年建成的香港中银大厦，地上70层，高度315m；2001年建成的深圳世贸中心大厦，主楼地上54层，总高237m。以上高层建筑的主体均采用了SRC结构形式。

1.2.2　钢管混凝土结构

钢管混凝土结构是指钢管与混凝土或RC组合而成的结构形式。钢管的截面形状可以采用方形，也可以采用圆形。钢管混凝土构件的截面可分为仅钢管内填充混凝土形，仅钢管外部包裹RC形，以及钢管的内部填充混凝土、同时外部包裹RC形三种类型，在日本分别称为充填形、被覆形和充填被覆形，如图1-12所示。被覆形与充填被覆形钢管混凝土结构的力学性能与SRC结构较为相似，因此可将其归于SRC结构。仅钢管内部填充混凝土的钢管混凝土结构，称为CFST结构（日本称为CFT结构），其结构性能和耐火性能都极为优越，而且施工性能好，因此广泛应用于各种高度的建筑物中。本书主要介绍充填形钢管混凝土结构。

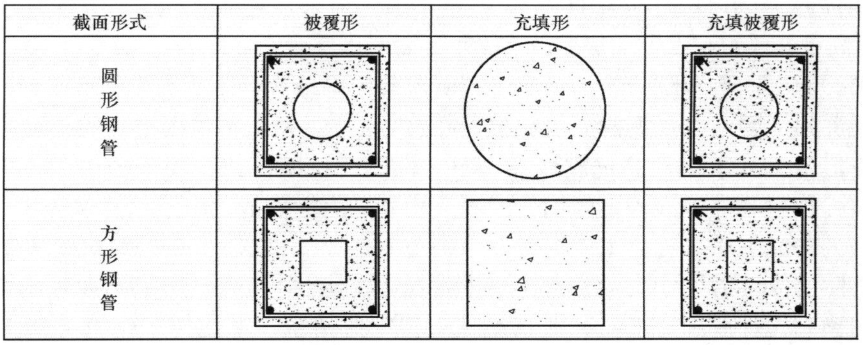

截面形式	被覆形	充填形	充填被覆形
圆形钢管			
方形钢管			

图1-12　钢管混凝土构件的截面类型

CFST结构的应用由来已久，1879年英国Severn铁道桥的建造中采用了钢管桥墩，并在钢管内浇灌了混凝土，目的是防止钢管内部锈蚀。Neogi P K的学位论文及1902年Sewell J S的研究报告，是有关CFST柱最早的研究成果。而对CFST结构开展真正系统的研究是在1957年，德国的Kloppel、Goder等对CFST长柱进行了轴心受压试验及长期性能试验。20世纪60年代，Garder、Jacobsen、Furlong、Knowles及Park等对CFST结构又进行了大量研究，阐明了套箍作用及其工作机理，并利用极限平衡法推导出钢管混凝土轴心受压短柱承载力计算公式，这些成果分别被美国混凝土学会ACI标准和钢结构学会AISC标准、英国规程BS5400、欧洲规范EC4（Eurocode4）、德国和苏联的设计规范所采纳。日本对于CFST结构的研究，最早是由加藤（Kato）等于1961年所做的关于CFST长柱轴心受压性能的试验研究和理论分析，富井（Tomii）等进行了钢管与混凝土黏结机理的研究，认为两者之间的相互作用较小，在计算中可以忽略；松井（Matsui）等研究了钢管局部屈曲对钢管混凝土构件力学性能的影响。该研究成果最初应用于淡路岛至四国所架设的送电铁塔中，其高度为140m，架线距离为1700m。

日本建筑学会于1964年成立了钢管混凝土分委员会，1967年制定了第一部钢管混凝土结构设计规范，其规定仅适用于圆钢管混凝土。1980年，钢管混凝土结构设计规范进行了修订，其中列入了方钢管混凝土柱的设计规定，并对剪切、黏结及长柱设计方法进行了改定，1987年，SRC结构设计规范第4次修订中，纳入并整合了钢管混凝土结构设计规定，并对梁柱节点、柱脚及极限强度式进行了完善。1997年，总结了CFST结构性能、耐久性能及施工方面的研究成果，形成了CFST结构设计施工指南。2001年修订的SRC结构设计

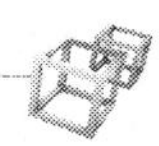

规范中，也列入了CFST结构设计施工指南的内容，考虑了约束混凝土的效果，给出了合理的长柱强度计算式，以及梁柱节点滞回特性的最新研究成果和资料。

研究表明，钢管混凝土构件具有截面小、刚度大、延性好、韧性强、承载力高等诸多优点，其抗震性能也非常优越。日本兵库县南部地震中，在建筑物破坏最严重的神户市三ノ宫地区，至少有5栋7～12层的CFST结构房屋，它们都没有发生破坏。20世纪80年代后期，随着泵送混凝土技术和高强混凝土的出现，对钢管高强混凝土的研究也日益增多，钢管高强混凝土在高层、超高层建筑中的应用也越来越广泛。例如，1989年，在美国西雅图建成的联盟广场大厦，地上56层，高度226m，采用钢管混凝土柱；1998年，在日本埼玉县川口市建成的Lions Plaza，地上55层，高185.8m，其主体结构采用了钢管混凝土柱与钢梁组成的框架体系。CFST结构在日本非常普及，在东京，进入21世纪的前3年中，采用CFST结构高度在100m以上的房屋就有20余栋。

在我国，原中国科学院哈尔滨土建研究所（现中国地震局工程力学研究所）和建筑材料研究院（现苏州混凝土与水泥制品研究院）、哈尔滨工业大学和中国建筑科学研究院等单位先后对钢管混凝土基本构件的抗震性能、耐火性能、长期荷载作用下的力学性能和设计方法、采用高强钢材和高强混凝土的钢管混凝土构件的力学性能、节点构造和施工技术等开展了比较系统的研究工作，提出了“钢管混凝土统一理论”，取得了令人瞩目的成绩。20世纪60年代中期，钢管混凝土开始在一些厂房柱和地铁工程中得到采用，例如鞍山第三冶金建设工业公司预制构件厂制管车间和北京地铁工程中的站台柱都使用了钢管混凝土。进入20世纪70年代后，冶金、造船、电力等行业的工程建设中也开始广泛推广和应用钢管混凝土结构。1978年，钢管混凝土结构被列入国家科学发展规划，从此这一结构在我国的发展进入一个新的阶段。钢管混凝土结构已发展成为高层、超高层建筑和大跨拱桥结构的一种重要结构形式。例如，1996年建成的广州好世界广场大厦，地上33层，高116m；深圳地王大厦，地上79层，高325m；1998年建成的北京世界金融中心大厦，地上33层，高120m；1990年在四川省旺苍县建成了我国第一座跨度为115m的钢管混凝土拱桥，均采用了钢管混凝土结构；1997年建成的重庆万州长江大桥，跨度达420m，为当时世界上跨度最大的钢管-钢筋混凝土拱桥；2005年建成的重庆奉节巫山长江大桥，净跨度更是达到460m，也创下了钢管混凝土拱桥跨度世界之最。

自1989年以来，我国先后颁布了十几部关于钢管混凝土结构设计和施工的技术规程，如《钢管混凝土结构设计与施工规程》（JCJ 01—1989）、《钢管混凝土结构设计与施工规程》（CECS 28：1990）、《钢-混凝土组合结构设计规程》（DL/T 5085—1999）等都给出了圆钢管混凝土结构设计计算及施工方面的规定。《战时军港抢修早强型组合结构技术规程》（GJB 4142—2000）、《矩形钢管混凝土结构技术规程》（CECS 159：2004）给出了方钢管混凝土结构设计方面的规定。福建省地方工程建设标准《钢管混凝土结构技术规程》（DBJ 13-51—2003）、《组合结构设计规范》（JGJ 138—2016）可适用于圆形和矩形钢管混凝土结构的设计计算，《钢管混凝土结构技术规范》（GB 50936—2014）适用于圆形和多边形钢管混凝土构件的计算。此外，天津市工程建设标准《天津市钢结构住宅设计规程》（DB 29-57—2003）、上海市工程建设标准《高层建筑钢-混凝土组合结构设计规程》（DG/TJ 08-015—2004）也有关于钢管混凝土结构的设计计算条文。

1.2.3　钢与混凝土组合梁

钢与混凝土组合梁是将型钢梁和混凝土翼板通过抗剪连接件相连而形成的一种能共同工作的梁，其截面形式如图 1-13 所示。这种梁能充分发挥混凝土抗压强度高和钢材抗拉性能好的优点，提高了梁的承载力、刚度和稳定性。钢与混凝土组合梁不仅重量轻、施工速度快，还可增加房屋的净空高度，获得显著的经济效益和社会效益。

钢与混凝土组合梁的发展大致可分为以下 4 个阶段：

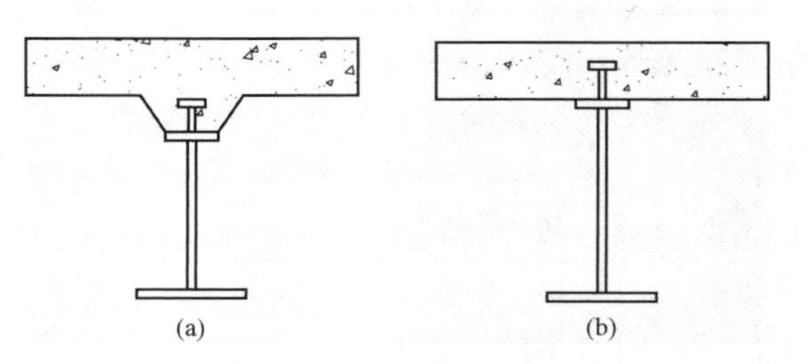

图 1-13　钢与混凝土组合梁的形式

(a) 带板托的组合梁；(b) 无板托的组合梁

(1) 钢与混凝土组合梁出现于 20 世纪 20 年代，当时主要考虑防火要求在钢梁外包裹混凝土，而未考虑两者的组合效应。随后在 20～30 年代期间，人们开始研究钢梁与混凝土翼板之间多种抗剪连接的构造方法。1926 年，Kahn J 获得组合梁结构的专利权，可以认为是组合梁的初始阶段。

(2) 20 世纪 40～60 年代，是组合梁发展的第二阶段。在这一阶段，美国、英国、德国、加拿大、苏联等一些技术先进的国家对组合梁开展了较为深入的试验研究。例如，1943 年，里海大学对使用槽钢连接件的组合梁进行了试验；1954 年，Viest 对栓钉抗剪连接件进行了研究。理论的逐渐完善使得这些国家都制定了相关的设计规范或规程，在应用上也逐渐成熟。

(3) 20 世纪 60～80 年代，是组合梁发展的第三阶段。这一时期组合结构的应用和发展，几乎赶上钢结构的发展，并受到广泛重视。例如，连续组合梁在简支组合梁的基础上得到了研究和发展；在组合梁静力性能研究的基础上开展了其动力性能的研究；在钢与混凝土之间完全相互作用的基础上，进一步开展了部分抗剪连接组合梁的研究。

(4) 从 20 世纪 80 年代至今为组合梁发展的第四阶段。这一阶段主要研究预制装配式钢-混凝土组合梁、叠合板组合梁、预应力钢-混凝土组合梁、钢板夹心组合梁等多种新的组合梁形式。同时，对组合梁在使用中所产生的问题及新材料、新工艺的应用开展了更为细致的研究，并由线性向非线性，由平面向空间结构发展。

大约在 20 世纪 60 年代以前，基本上是按弹性理论分析组合梁，60 年代以后，则逐渐转入塑性理论进行分析。Andreus 首先提出组合梁计算的换算截面法，将组合梁看成一个整体，将组合截面换算为同一材料的截面，然后根据初等弯曲理论进行截面设计。这种方法具有物理意义明确、计算简单、适用于组合梁弹性阶段设计的特点。到了 20 世纪 50 年代，Newmark 等提出了“不完全交互作用”理论，考虑了钢与混凝土交界面相对滑移对组合梁受力性能的影响，但理论公式较为复杂，不便于实际应用。大约在 60 年代初期，里海大学的 Tharliman 建立了组合梁的极限强度理论，认为组合梁达到极限承载力时，钢梁全截面均已达到了抗拉屈服强度。这种理论简单适用，目前已在各国规范中采用。Johnson 等从 70 年代初开始研究组合梁的部分相互作用与延性性能，得到相关参数并提出了相应的设计方法。

在国外，钢与混凝土组合梁最早应用于桥梁结构中。苏联于 1944 年建成了第一座组合公路桥，瑞典于 1955 年建成跨径为 182m 的斯曹松特桥，德国于 1956 年建成跨径为 58.8m

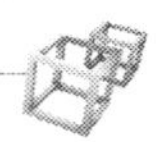

的比歇瑙尔桥，日本于 1960 年建成跨径为 128m 的腾濑桥，英国于 1964 年建成跨径为 152m 的新港桥，美国于 1971 年建成跨径为 137m 的锡卡特港桥，加拿大于 1986 年建成跨径为 465m 的安纳西斯桥，这些桥梁均采用钢与混凝土组合梁。许多国家和地区都有关于组合梁的设计规范，如德国规范 DIN1078、英国规范 BS5400（Part5）、欧洲规范 EC4（1944 年）、美国规范 AASHTO 首次列入了有关组合梁的设计条文。

我国对钢与混凝土组合梁的研究起步较晚，从 20 世纪 80 年代开始，郑州工学院、哈尔滨建筑工程学院、清华大学等多家单位对采用栓钉、槽钢和弯筋等抗剪连接件的组合梁开展了较为系统的试验研究，包括受弯承载力、刚度、滑移效应、纵向抗剪、混凝土板的纵向抗剪计算等，提出了组合梁变形计算的折减刚度法，探讨了连续组合梁塑性内力重分布、负弯矩区的承载力和裂缝宽度及钢梁局部稳定性等问题。近年来，我国许多研究单位又对钢 - 高强混凝土组合梁、预应力钢 - 混凝土组合梁、压型钢板混凝土组合梁，以及组合梁的竖向抗剪性能、组合梁的弯剪扭复合受力性能等进行了大量的试验研究，丰富了钢 - 混凝土组合梁的形式，拓宽了其应用范围。

我国自 20 世纪 50 年代开始，已将钢与混凝土组合梁应用于工业与民用建筑及桥梁结构中，如横山钢铁厂电炉平台、唐山陡河电厂采用的平台组合梁更是经受了地震的考验。1957 年建成的武汉长江大桥，其上层公路桥的纵梁（跨度 18m）采用了组合梁。进入 20 世纪 80 年代，组合梁的应用范围已涉及（超高层）建筑、桥梁、高耸结构、地下结构、工程加固等各个领域。例如，上海金茂大厦（高 421m）、环球金融中心（高 492m）、深圳地王大厦（高 384m）、赛格广场（高 292m）等超高层建筑都采用了钢 - 混凝土组合楼盖体系。上海杨浦大桥（跨径 602m）、东海大桥（跨径 420m）、芜湖长江大桥（跨径 312m）、深圳彩虹桥（跨径 150m）及北京国贸桥的三个主跨都采用了钢 - 混凝土组合梁作为桥面系。我国在 1975 年颁布的《公路桥涵设计规范》（试行）中首次提到组合梁的设计概念，1986 年颁布的《公路桥涵钢结构及木结构设计规范》（JTJ 025—1986）对组合梁的内容进行了修订。1988 年，我国《钢结构设计规范》（GBJ 17—1988）首次专门列入“钢与混凝土组合梁”一章的内容，随后，《钢 - 混凝土组合结构设计规范》（DL/T 5085—1999）、《高层民用建筑钢结构技术规程》（JGJ 99—1998）中都列入了组合梁的设计规定，极大地推动了钢 - 混凝土组合梁在我国的发展和应用。

1.2.4 压型钢板与混凝土组合板

压型钢板与混凝土组合板是在带有各种形式凹凸肋或各种形式槽纹的压型钢板上浇筑混凝土而形成的板。其截面形式如图 1 - 14 所示。压型钢板与混凝土之间的组合作用，就是依靠压型钢板上凹凸不平的齿槽、刻痕、加劲肋等构造措施或设置的抗剪连接件来获得。压型钢板既可作为施工阶段浇筑混凝土时用的永久性模板，并承受施工阶段湿混凝土的自重与施工荷载，又可承担使用阶段作用在组合板上的拉力或压力，因此施工速度快，受力合理，经济效益显著。

20 世纪 60 年代，欧美等一些西方国家和日本开始将压型钢板与混凝土结合起来形成的板应用于多、高层民用建筑和工业厂房，当时仅把压型钢板当作永久性模板及用作施工作业的平台。后来人们认识到，在压型钢板上做出凹凸肋或压出不同形式的槽纹，可以改善钢板与混凝土之间的黏结性能，保证两者的共同工作，使压型钢板像钢筋一样受拉或受压，为此开展了大量的试验研究与理论分析，探讨了组合板正截面抗弯、斜截面抗剪、抗冲切承载力

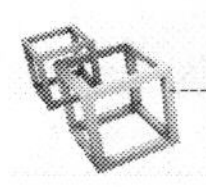

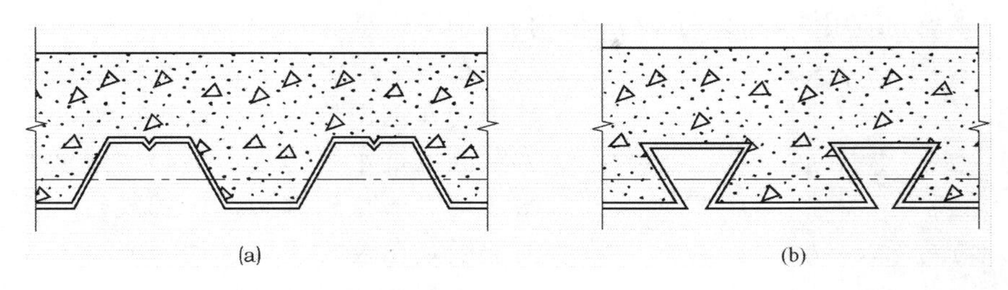

图1-14 压型钢板与混凝土组合板的截面

(a) 开口型；(b) 缩口型

及耐火等性能。Karman 和 Winter 等建立了压型钢板受压翼缘有效宽度的计算公式；Ekberg和 Porter 等通过试验分析，给出了组合板纵向剪切黏结承载力计算公式。美国钢结构学会（AISC）于 1978 年列入了有关组合板的设计条文，日本建筑学会（AIJ）于 1970 年颁布了《压型钢板结构设计与施工规程》。由欧洲国际混凝土委员会（CEB）、欧洲钢结构协会（ECCS）、国际预应力联合会（FIP）及国际桥梁与结构工程协会（IABSE）共同组成的组合结构委员会于 1981 年制定、欧洲共同体委员会（CEC）1985 年颁布的《组合结构规范》中，对压型钢板与混凝土组合板的设计和应用进行了总结和说明。1994 年，欧洲标准委员会（CEN）又对规范进行了全面修订，其成果纳入欧洲规范 EC4 中。

我国对压型钢板与混凝土组合板的研究起步较晚，主要是由于过去我国的钢产量较低，薄卷板材尤为紧缺，成型的压型钢板与连接件等配套技术未得到有效的开发利用。20 世纪 80 年代中期，我国广大科技工作者对压型钢板与混凝土组合板的基本力学性能展开了研究。1985 年，原冶金部建筑研究总院对压型钢板与轻骨料混凝土组合板的组合效应进行了研究；1985 年，西安建筑科技大学对组合板的破坏模式和承载力计算进行了研究；1992 年，哈尔滨建筑大学进行了压型钢板与混凝土组合板的受力性能研究，给出了组合板挠曲变形的实用计算公式；1998 年，北京市建筑设计研究院进行了压型钢板与混凝土组合板耐火性能的试验研究，探讨了组合板在一定耐火时限内温度变化与变形发展规律。《钢-混凝土组合楼盖结构设计与施工规程》（YB 9238—1992）、《高层民用建筑钢结构技术规程》（JGJ 99—1998）、《钢-混凝土组合结构设计规程》（DL/T 5085—1999）、《组合楼板设计与施工规范》（CECS 273—2010）、《组合结构设计规范》（JGJ 138—2016）等都有关于组合板的设计规定。我国的一些高层钢结构房屋的楼盖系统中已广泛使用了压型钢板与混凝土组合板，如北京的香格里拉饭店、京城大厦、长富宫中心、上海的锦江饭店、静安饭店、深圳发展中心大厦、沈阳浑河商品交易市场博览及演艺中心和汽车城等都采用了压型钢板与混凝土组合板楼盖体系。

1.2.5 组合钢板剪力墙结构

组合钢板剪力墙结构是钢板通过抗剪连接件（如栓钉）将钢筋混凝土板（现浇板或预制板）连接在一侧或者两侧的钢板剪力墙结构系统。其形式如图 1-15 所示。组合钢板剪力墙结构结合了钢筋混凝土墙和钢板剪力墙的优点，利用混凝土层来抑制钢板屈曲，从而提高钢板墙的弹性刚度和延性，克服了混凝土剪力墙和钢框架连接的复杂构造难题，实现了抗侧力构件与外框架材料、延性和刚度的匹配，内嵌钢板即使在混凝土层开裂后也能很好地提供侧向刚度和耗能能力。另外，混凝土层还具有显著的防火、保温、隔声等效果，从而增加了剪

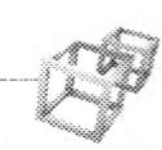

力墙抗侧力体系的适用性，推动了剪力墙结构在钢结构建筑中的应用。

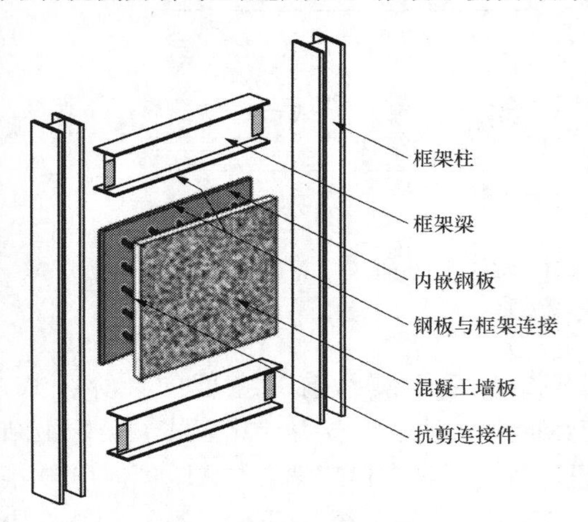

图 1-15　组合钢板剪力墙结构组成

在钢结构建筑中，也有将钢筋混凝土剪力墙填充在钢框架内部，通过抗剪连接件和钢框架共同抵抗水平荷载。但是实践证明，钢筋混凝土剪力墙与钢框架结构的结合并不实用，主要原因是在较大位移下钢筋混凝土剪力墙将产生张力裂缝和局部受压破坏，随着破坏的发展将会造成墙体的剥落和开裂，最终导致结构严重的刚度退化和强度降低。同时，与其他高层钢结构抗侧力体系（如抗弯钢框架体系和钢框架-支撑体系）相比，混凝土墙的浇筑和养护，使得其建造效率较低。

从 20 世纪 70 年代开始，在美国和日本将钢板剪力墙作为抗侧力体系用于多高层建筑中，其在建造效率和经济性方面取得了令人满意的效果。但是，钢板剪力墙的整体屈曲，导致了结构体系的抗剪承载力、刚度和能量耗散能力的较大削弱。组合钢板剪力墙结构于 20 世纪 90 年代兴起，其借鉴了 20 世纪 60 年代提出的内藏钢板支撑的混凝土剪力墙结构。由于混凝土层的侧向约束作用，钢板以平面内抗剪的方式承担水平荷载，充分利用了钢材的强度和延性，其饱满的滞回性能如图1-16 所示，反映了其优越的耗能能力。

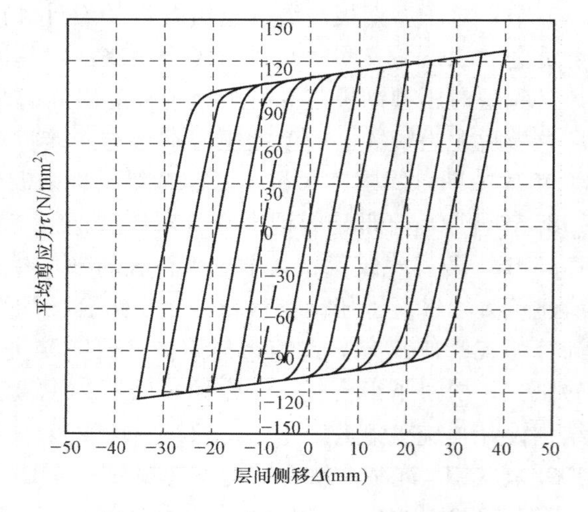

图 1-16　组合钢板剪力墙滞回性能

钢板剪力墙建筑主要分布在北美、日本和中国大陆等地。例如，建于日本东京 20 层高的日本钢铁公司大楼、35 层高的神户市政厅，建于美国加利福尼亚州 6 层高的医院，上海 44 层高的新锦江饭店，75 层的天津津塔等。其中上海新锦江饭店核心筒采用厚钢板剪力墙结构，设计遵循了剪切屈曲不先于剪切屈服的原则。天津津塔是一栋高 336.9m 的全钢结构超高层建筑，其抗侧力体系采用了竖向加劲钢板剪力墙结构，如图 1-17 所示。神户和加利福尼亚州的钢板剪力墙经受了地震的考验而安然无恙。

现阶段采用的组合钢板剪力墙可按照混凝土层的不同分为单侧混凝土或双侧混凝土组合钢板剪力墙（如图 1-18 所示，其为传统意义上的组合钢板墙）、外包混凝土组合钢板剪力墙和双钢板内填混凝土组合剪力墙。关于单侧混凝土或双侧混凝土组合钢板剪力墙的研究我国起步较早。1995 年，同济大学的李国强等最早进行了 3 个钢板外包混凝土剪力墙试件和 1 个薄钢板剪力墙试件的试验研究。Hitaka 等提出利用混凝土板（简称盖板）来限制开缝钢板剪力墙的整体屈曲，提升其耗能能力，并通过试验验证了该方法的可行性。2002 年，Astaneh-Asl 等在其关于组合钢板剪力墙研究中，将盖板与边缘框架之间设置缝隙形成了改进

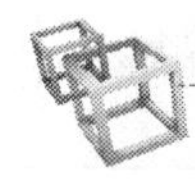

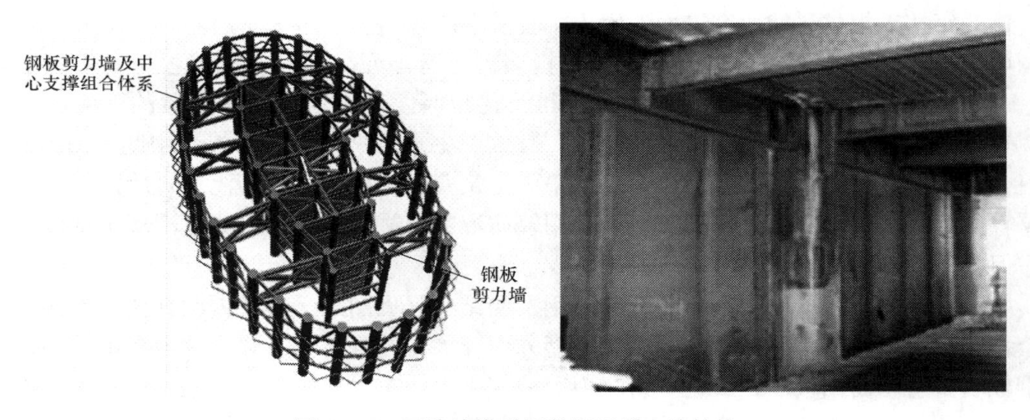

图 1-17 天津津塔采用的钢板剪力墙结构

型组合钢板剪力墙结构，彻底改变了组合钢板剪力墙结构的研究方向。其后国外学者在改进型组合钢板剪力墙结构基础上，充分开展了组合钢板剪力墙结构栓钉间距、混凝土厚度及强度等级方面的研究。

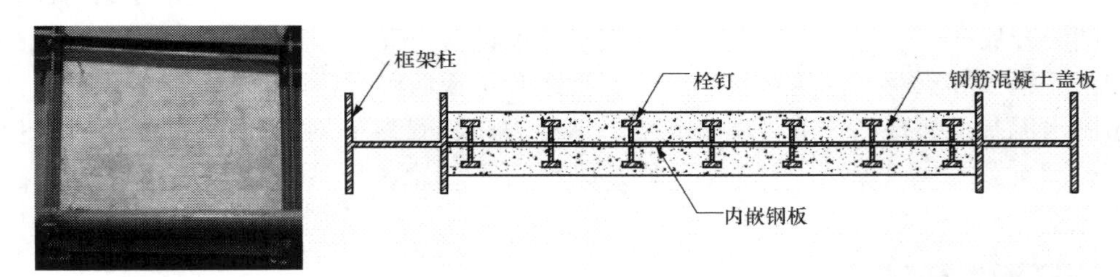

图 1-18 组合钢板剪力墙

关于外包混凝土组合钢板剪力墙和双钢板内填混凝土组合剪力墙的研究也始于 1995 年，Wright 等对双面压型钢板内填混凝土的组合剪力墙在施工荷载和使用荷载作用下的轴压性能及抗剪性能进行了研究。其工作原理是利用混凝土对钢板起到约束作用，尽可能地使钢板墙在平面内工作，以获得较好的滞回性能和优越的抗震性能。美国旧金山一所医院最初设计的钢筋混凝土剪力墙结构最大厚度竟达 1m，改用钢板混凝土组合剪力墙后钢板厚度仅为 12～32mm，混凝土厚度也降至 0.5m，取得了良好的经济效益。我国学者范重对带有外包混凝土组合钢板剪力墙的超高层建筑在高烈度区地震作用下，考察了轴拉比、轴压比大小对外包混凝土组合钢板剪力墙抗侧刚度、滞回曲线、等效黏滞阻尼系数、位移延性系数、变形能力及承载力的影响。朱晓蓉通过分析双钢板内填混凝土组合剪力墙试件在水平循环荷载下的框架与组合剪力墙的剪力分配情况，提取组合剪力墙中钢板和混凝土剪力分配比例，进一步提出双钢板组合剪力墙抗剪承载力计算公式。聂建国为研究双钢板内填混凝土组合剪力墙高轴压比下的抗震性能，完成了 5 个剪跨比为 1.0 的双钢板内填混凝土组合剪力墙试件的拟静力试验，分析了轴压比、距厚比等因素对抗震性能的影响。结果表明：低剪跨比试件发生弯剪破坏；初始屈曲形态受距厚比影响显著；距厚比增大，试件滞回性能稳定性降低。马恺泽分析了影响双层钢板混凝土组合剪力墙承载力和变形能力的主要因素，包括轴压比、高宽比、混凝土强度、钢材强度和钢板厚度。

近些年在盖板材料的研究方面，引入了轻质混凝土材料、水泥基材料、石膏和聚苯乙烯预制面板等。伊朗学者 Amani 等对组合钢板墙进行有限元模拟分析，盖板材料采用了混凝土、石膏和聚苯乙烯预制面板，分析了材料及盖板厚度等参数对结构性能的影响。研究表明，盖板在高厚比越大的墙板中效用越大，其效用主要取决于盖板的抗弯刚度。Rassouli 等对组合钢板墙进行试验研究，盖板采用了单面浇筑普通混凝土、单面浇筑轻质混凝土和双面浇筑轻质混凝土三种形式。研究表明，采用轻质混凝土试件承载力与普通混凝土试件基本相同，但其质量相比于普通混凝土减轻了 36%。

国内学者研制出了更为合理的防屈曲钢板墙结构（见图 1-19），同时在四边连接和两边连接预制盖板组合剪力墙结构及其简化模型方面开展了充分研究。郭彦林等提出了一种防屈曲钢板墙。防屈曲钢板墙在改进型组合剪力墙基础上，扩大盖板与周边框架的间隙及连接螺栓所需的孔径，由于这种剪力墙的作用机制与防屈曲支撑类似，因此被称为防屈曲钢板墙。研究表明，组合钢板墙的耗能略高于防屈曲墙，但在盖板挤压破碎与钢板逐渐脱开后，组合墙的性能基本退化为非加劲墙，其耗能能力等相应减弱。张素梅等开展了四边连接和两边连接预制盖板组合剪力墙结构研究，提出了用于计算两边连接组合剪力墙骨架曲线的简化计算模型。孙飞飞等开展了四边连接和两边连接组合剪力墙结构试验研究，提出了组合压杆简化模型；同时开展了两边连接大高宽比组合钢板墙的试验研究。郭震等提出一种三边固接一边弹性约束的钢板和预制水泥基覆板组合的新型组合钢板墙单元，并开展了试验研究。研究表明，预制水泥基覆板提高了剪力墙单元受剪承载力。金双双等对带斜槽的防屈曲钢板墙进行了试验研究，分析了钢板与盖板间距、螺栓间距、拉条宽度、钢板墙高厚比等参数的影响。

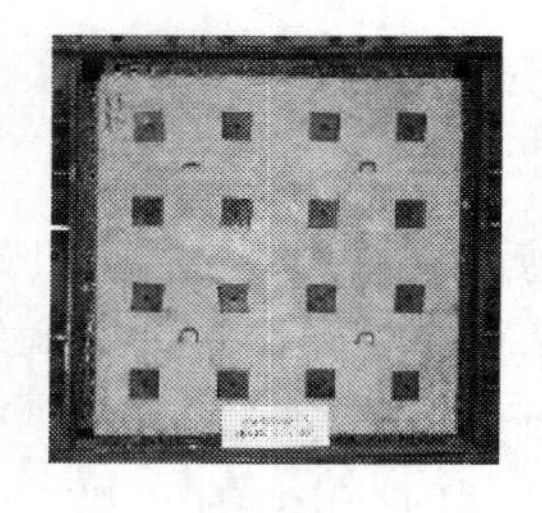

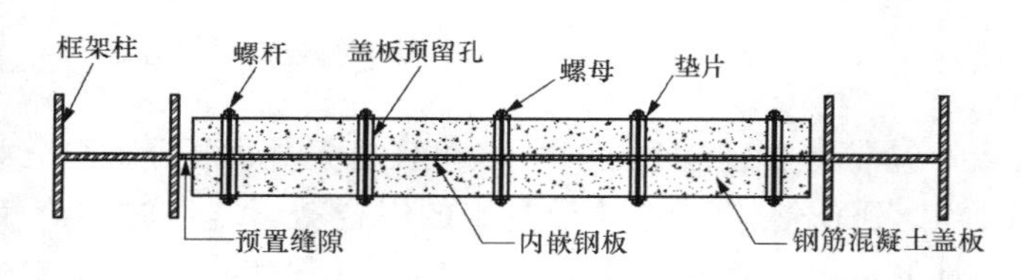

图 1-19　防屈曲钢板剪力墙

组合钢板剪力墙在我国的应用始于 2005 年。北京 CBD 核心区的中国国际贸易中心三期工程主塔楼是国内首个大规模应用组合钢板剪力墙结构的项目，该结构地上 74 层，总高度 330m。建筑内核心筒在 16 层以下采用了组合钢板剪力墙结构，钢板厚度为 25～35mm。该建筑标准层高为 3.6m，相应的钢板高厚比为 103～144，用于地下室的部分墙体采用了双层钢板，厚度为 30～35mm。由于采用了组合钢板剪力墙体系，该建筑核心筒底层最大墙厚度仅为 1m，有效地减小了结构自重，增大了使用面积。天津 117 大厦是世界上使用组合钢板剪力墙结构的最高建筑，结构高度达到 596.5m。该结构核心筒底部采用了组合钢板剪力墙结构，基底至 14 层采用双钢板内填混凝土组合剪力墙，14～39 层采用外包混凝土组合钢板剪力墙结构。

1.3　混合结构的历史与发展

混合结构是指钢、RC 和 SRC 等结构或构件在一幢建筑物中混合使用的结构。例如，主体结构采用钢构件，而楼板或墙体采用 RC 结构。因此广义来讲，几乎所有的建筑物都是混合结构。

以前，钢结构建筑物不管是平面上或立面上，其主体结构一般均由钢结构组成。但是近年来，外围采用纯钢（S）结构而内部采用 RC 或 SRC 结构的超高层建筑也逐渐增多。例如，1972 年在美国建造的 Gateway Ⅲ Building，该建筑 35 层，总高 137m，采用了 RC 核心筒混合结构。上部采用钢（S）结构、下部采用 SRC 结构而地下部分采用 RC 结构的建筑物，或者在 10 层左右的办公楼建筑中，上部 6 层左右采用 RC 结构、下部其余几层采用 SRC 结构的工程也相继出现。之前，钢结构建筑的柱和梁都采用钢构件，SRC 结构的柱和梁都采用 SRC 构件，而近年来柱采用 SRC 构件、梁采用钢构件，或者柱采用 RC 柱、梁采用钢梁的各种情况的混合在工程结构中也日渐普及。

由于钢、RC 或 SRC 结构的刚度、承载力、延性等均不相同，根据各种材料各自的特性，选择合理且经济的结构形式很有必要。例如，在超高层建筑的上部采用钢（S）结构，则可以减小结构重量并降低地震作用。这种混合结构的设计会在今后的工程中得到推广。

构成这种混合结构的各种结构或构件的设计，都可根据钢、RC 及 SRC 结构相关规范进行设计。但需要注意的是，整个结构中各组成部分的相互作用和应力分担，以及应力传递等需要研究的内容很多，例如，钢梁与 SRC 柱的连接节点、S 梁与 RC 核心筒等不同结构连接构造的合理化，以及相应的计算方法等都是今后需要进一步研究的课题。

本章小结

（1）组合结构是指两种及两种以上的材料组成的能共同受力、协调变形的结构。混合结构是指多种结构或构件在一幢建筑物中混合使用的结构。钢与混凝土组合结构与混合结构具有承载能力高、刚度大、延性和耗能性能好等优点，并且经济性好，综合效益高，因此越来越广泛地应用于大跨重载结构、高耸结构和高层、超高层建筑，尤其是地震区建筑。

（2）钢与混凝土组合结构常用的类型有型钢混凝土结构、钢管混凝土结构、钢与混凝土组合梁、压型钢板与混凝土组合板。混合结构的种类较多，大致可分为平面和立面混合的结构，具体的结构有 SRC 柱 - S（RC）梁、RC 柱 - S 梁、CFST 柱 - S（SRC）梁等，或上部为 S 或 RC 结构下部为 SRC 结构，以及建筑外围采用纯 S 结构而内部采用 RC 核心筒结构等。

第 2 章　钢与混凝土的组合作用

2.1　组合作用基本原理

将钢和混凝土这两种不同的材料组合在一起形成组合结构，其优点是能将材料单独使用时不能发挥出来的优越性展现出来。钢材在受拉时其强度和塑性变形性能都非常好，但在受压时容易发生屈曲破坏。与此相反，混凝土材料的抗压强度高而抗拉强度较低，如果将两种材料组合起来形成构件，其抗拉和抗压方面的优越性能都能得到发挥，在混合结构中钢构件与混凝土构件相连接的部位，两种材料各自的特性也能充分利用。

为了使钢材和混凝土材料组合在一起，形成具有良好受力性能的组合结构，两种材料必须形成一个整体共同工作。正如钢筋混凝土结构中，钢筋与混凝土形成一个整体，材料各自的优越性得到了发挥，这主要是由于钢筋与混凝土之间存在的黏结作用。而在组合结构中，也是通过钢材与混凝土之间黏结作用来传递内力，使得两者共同工作。而在钢构件与混凝土构件相连接的混合结构中，在两种构件的交接部位，也必须通过钢材与混凝土材料之间的黏结力进行内力的传递。

组合效应一般反映在两个方面：一个是能起到传递钢材与混凝土界面上纵向剪力的作用；另一个是还能抵抗钢材与混凝土之间的掀起作用。下面就对这种组合作用及其基本原理进行介绍。

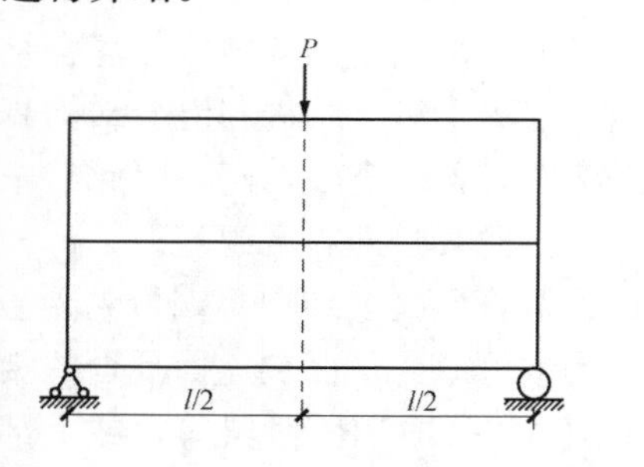

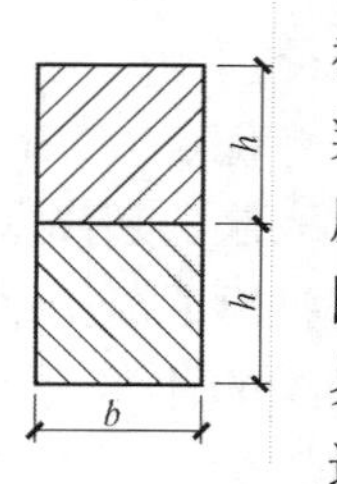

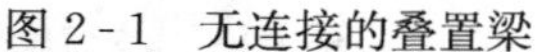
图 2-1　无连接的叠置梁

两根匀质、材料和断面都相同的矩形截面梁叠置在一起，两者之间无任何连接，梁的跨中作用有集中荷载 P，每根梁的宽度均为 b，截面高度为 h，跨度为 l，如图 2-1所示。由于两根梁之间为光滑的交界面，只能传递相互之间的压力而不能传递剪力作用，每根梁的变形情况相同，均只能承担 1/2 的荷载作用。按照弹性理论，每根梁跨中截面的最大弯矩均为 $Pl/8$，最大正应力发生在各自截面的最外边缘纤维处，其值为

$$\sigma_{\max}=\frac{My_{\max}}{I}=\frac{Pl}{8}\,\frac{h}{2}\Big/\frac{bh^3}{12}=\frac{3}{4}\,\frac{Pl}{bh^2} \tag{2-1}$$

沿截面高度的正应力分布如图 2-2 实线所示。

最大剪力为 $V=P/4$。根据材料力学可知，梁截面沿高度方向剪应力的分布如图 2-3 实线所示。每根梁的剪应力呈抛物线形分布，最大剪应力发生在各自的中和轴处，其值为

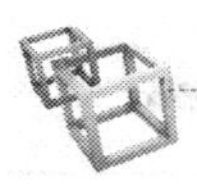

$$\tau_{\max}=\frac{3}{2}\frac{V}{bh}=\frac{3}{2}\frac{P}{4}\frac{1}{bh}=\frac{3}{8}\frac{P}{bh} \tag{2-2}$$

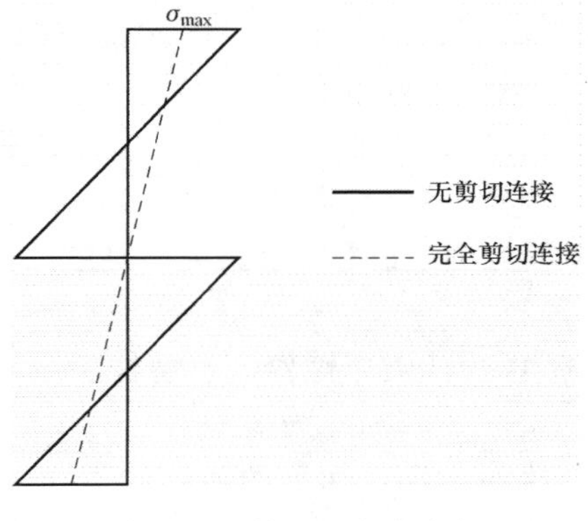

图 2-2　截面正应力分布

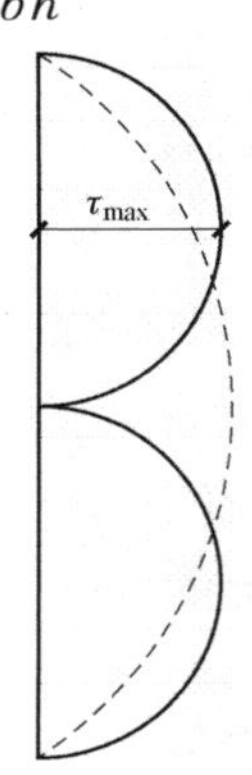

图 2-3　截面剪应力分布

此时跨中的最大挠度为

$$\delta_{\max}=\frac{1}{48}\frac{\left(\frac{P}{2}\right)l^3}{EI}=\frac{1}{48}\frac{P}{2}\frac{l^3}{E\frac{bh^3}{12}}=\frac{1}{8}\frac{Pl^3}{Ebh^3} \tag{2-3}$$

如果两根梁之间可靠连接，完全组合在一起而没有任何滑移，则可以作为一根截面宽度为 b、高度为 $2h$ 的整体受力梁来计算。此时，跨中截面的最大正应力为

$$\sigma_{\max}=\frac{My_{\max}}{I}=\frac{\frac{1}{4}Plh}{\frac{b\ (2h)^3}{12}}=\frac{3}{8}\frac{Pl}{bh^2} \tag{2-4}$$

与式（2-1）相比可知，组合后梁的最大正应力仅为无黏结叠置梁最大正应力的 1/2，中和轴在两根梁的交界面上，应力分布如图 2-2 虚线所示。

组合梁截面的最大剪应力为

$$\tau_{\max}=\frac{3}{2}\frac{V}{b(2h)}=\frac{3}{2}\frac{\frac{P}{2}}{b(2h)}=\frac{3}{8}\frac{P}{bh} \tag{2-5}$$

与式（2-2）相比可知，组合梁的最大剪应力与无组合的梁的最大剪应力在数值上相等，不过并非发生在上、下梁各自截面高度的 1/2 处，而是发生在两根梁的交界面上，即组合梁截面高度的 1/2 位置处。此时沿截面高度剪应力的分布如图 2-3 中虚线所示。从总体上看，剪应力的分布趋于均匀。

跨中最大挠度为

$$\delta_{\max}=\frac{1}{48}\frac{Pl^3}{EI}=\frac{1}{48}\frac{Pl^3}{E\frac{b\ (2h)^3}{12}}=\frac{1}{32}\frac{Pl^3}{Ebh^3} \tag{2-6}$$

与式（2-3）相比可知，组合梁的跨中挠度仅为无组合梁跨中挠度的 1/4。

以上例子说明，通过将两根梁组合在一起，能够在不增加材料用量和截面高度的情况下，使构件的正截面承载力和抗弯刚度均显著提高，也即构件的受力性能得到显著改善。

无抗剪连接的叠置梁，受荷后的变形如图 2-4 所示。由于上梁底面纤维受拉而伸长，下

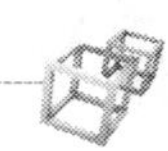

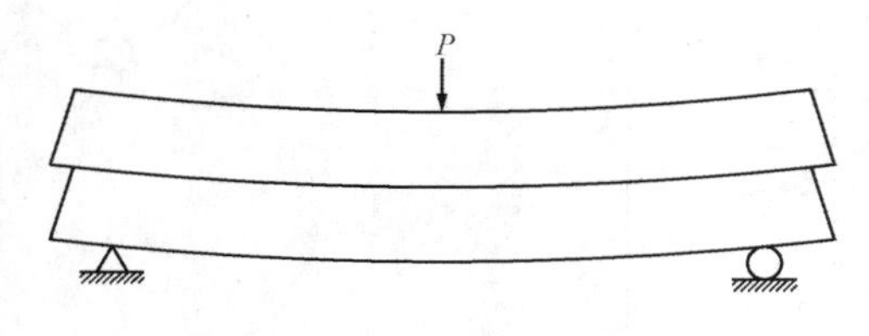

图 2-4　非组合梁的变形

梁顶面纤维受压而缩短，原来界面处上、下梁对应各点产生了明显的纵向错动，即产生了相对滑移。如果要使上、下梁完全连接成整体，可采用以下几种方法：

（1）如果是木梁连接，可采用结构胶或其他界面黏合剂［见图 2-5（a）］。

（2）采用机械连接的方法，在上、下梁界面上设置足够强度和刚度的抗剪连接件［见图 2-5（b）］，如钢与混凝土组合梁的连接。

（3）采用对拉螺栓的方法［见图 2-5（c）］，依靠螺栓的抗剪作用及界面的摩擦力，使得上、下梁协调变形。

（4）通过端部连接，阻止上、下梁的相对滑动，保证两者共同工作［见图 2-5（d）］。如 SRC 构件的两端通过节点与其他构件相连，则钢骨与 RC 部分之间不产生滑移。

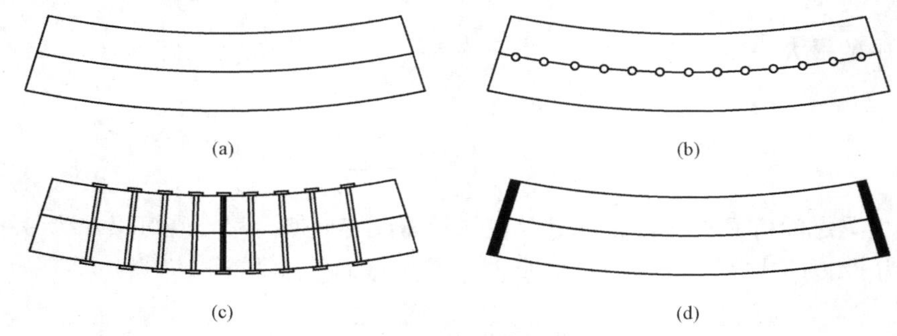

图 2-5　组合连接的方法

对钢与混凝土组合结构而言，设置在型钢与混凝土之间的抗剪连接件还有另一功能，即抵抗钢与混凝土交界面上的掀起力。以图 2-6 为例，*AB* 梁叠置于 *CD* 梁上，其上作用有集中荷载 *P*。如果 *AB* 梁的抗弯刚度比 *CD* 梁的抗弯刚度大很多，则 *CD* 梁所产生的挠曲变形远远超过 *AB* 梁的变形，则两者的变形曲线不能协调一致，产生了相互分离的趋势。另外，*AB* 梁传至 *CD* 梁的荷载，不再通过整个 *AB* 界面传递，而只能通过 *AB* 梁与 *CD* 梁的接触点传递，这就改变了 *CD* 梁的受力状态。因此，抗剪连接件还应能承受上、下梁间引起分离趋势的“掀起力”，并且本身不能发生破坏或产生过大的变形。

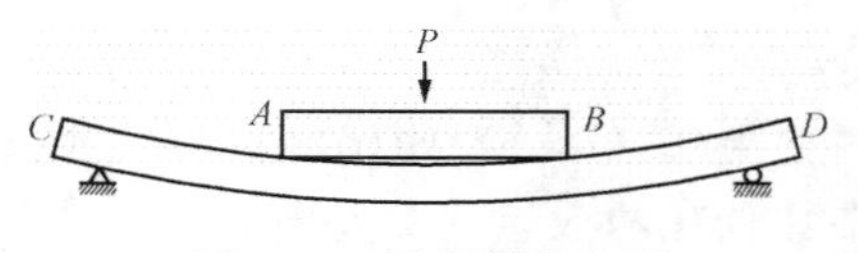

图 2-6　叠置梁的变形

2.2　钢材与混凝土的相互作用

2.2.1　钢材与混凝土的黏结

钢与混凝土组合在一起形成的组合构件，在求解其刚度和承载力时，两者是否能够协同工作，对所得结果影响很大。如果假定两者能够协同工作，就应考察其成立的条件。黏结应力是沿钢与混凝土交界面方向作用的剪应力，但垂直于界面方向的应力对组合构件的力学性能也有影响，因此还需探讨组成材料间的约束效应。钢与混凝土交界面上产生的应力，即两者产生滑移时阻止其滑移方向上作用的应力，因此，为了保证两者间不产生滑移，就应进行相应的剪切黏结设计。钢与混凝土之间的黏结力，与截面上产生的内力，如轴力、弯矩和剪力不一样，在计算时无需直接计算或考虑，但对组合构件的受力性能会产生重要影响。

在一些情况下，例如，柱中上下钢骨的轴向力发生变化而需要探讨力的传递、埋入式柱脚中钢骨抗拔作用的验算，以及钢管混凝土构件的受力分析等，都需要进行钢骨与混凝土之间的黏结设计。对钢管混凝土构件，通常情况下外力通过楼板和梁主要作用在钢管上而直接传递给混凝土的力很小。如果钢管与混凝土之间没有内加强环或肋板等限制滑移的部件，那么就需要探讨如何通过黏结作用将轴向力传递给钢管内混凝土。如果不考虑钢管与混凝土之间的黏结强度，则轴向力仅由钢管承担并发生压缩，而混凝土由于不承担轴向力并不缩短，这样就会出现如图 2-7 所示的状态。因此，在钢管混凝土柱中，如果考虑黏结应力的作用使得轴向力向钢管中混凝土传递，就应按下式计算使混凝土承担轴向力所需的黏结长度（见图 2-8）

$$l_{\mathrm{d}}=\frac{\Delta N_{\mathrm{c}}}{\phi f_{\mathrm{b}}} \tag{2-7}$$

式中　ϕ——钢管的内周长；

f_{b}——钢管与混凝土的平均黏结强度；

ΔN_{c}——钢管内混凝土承担的轴向力，即节点上、下柱中轴向力的增量。

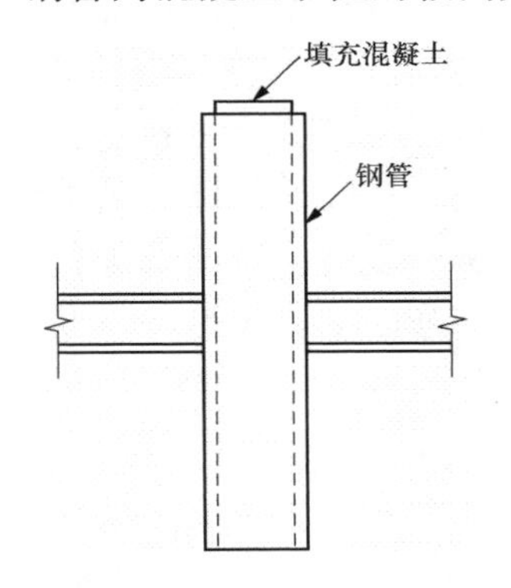

图 2-7　黏结强度为 0 时 CFST 柱中钢管与混凝土的轴向变形

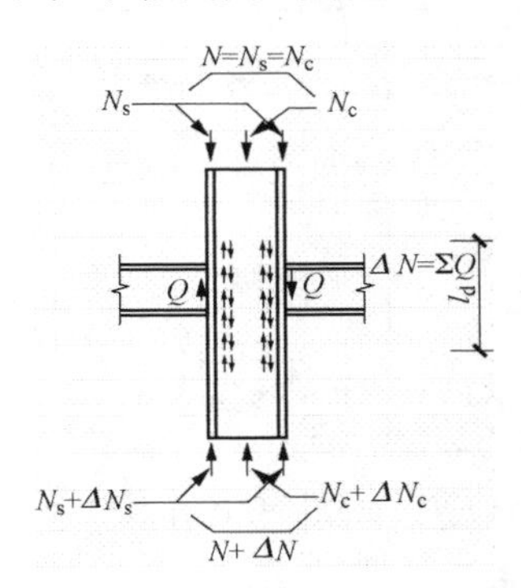

图 2-8　CFST 柱中基于黏结应力的轴向力的传递

一般的组合构件在进行受弯承载力计算时，通常假定钢骨截面与 RC 截面具有相同的中和轴，那么就应保证构件的伸缩量与钢骨和 RC 部分相一致，否则就会发生如图 2-7 所示的情况。实际上，即使不采取特别的措施，为了保证梁柱节点部位钢管与混凝土不发生相对滑动，都会进行较为详细的设计并采取相应的构造措施，这些方法能够保证在受弯和剪切设计时，钢骨与混凝土之间可以实现应力的传递，而不用专门进行黏结设计。

2.2.2　钢骨与混凝土的黏结强度

钢骨与混凝土之间的黏结强度，随着混凝土抗压强度的增大而增大，大致与混凝土的抗压强度成正比。而且从全截面平均的黏结强度来看，随钢骨的方向及位置的不同，黏结应力的大小相差很大。与钢骨沿竖向放置相比，钢骨水平放置时黏结应力较小。表 2-1 所示为日本通过拉拔试验测得的圆钢或钢骨和混凝土之间平均黏结强度与混凝土抗压强度的比值。当钢材竖向放置时，对圆钢，$\tau_{\mathrm{ur}}=0.22f_{\mathrm{c}}$，对钢骨，$\tau_{\mathrm{us}}=0.1f_{\mathrm{c}}$，两者之比 $\tau_{\mathrm{us}}/\tau_{\mathrm{ur}}=0.45$。以上试验采用的是边长为 200mm 的混凝土立方体试块并在其中埋入钢材，

由于实际结构中钢骨的混凝土保护层厚度较小，钢骨与圆钢相比截面积较大，钢骨有棱角及栓钉、铆钉等突起物等原因，使得混凝土更容易破裂，黏结作用还会进一步降低。日本规程取 $\tau_{us}/\tau_{ur}=1/3$。

表 2-1　黏结强度与混凝土抗压强度的比值（τ_u/f_c）

钢材竖向放置时		钢材水平放置时		研究者
钢筋	钢骨	钢筋	钢骨	
	0.09		0.04（0.07）	坪井、若林、末永
	0.11			松下、高田
0.22		0.09		吉田
0.22		0.09		狩野、仕入

注　括弧内为黏结面积中不计入钢骨下边面积时计算的 τ_u 与 f_c 的比值。

当钢骨水平放置时，钢骨板件的下边与混凝土之间的黏结作用可不考虑，计算黏结面积时可将下边部分扣除。这主要是由于钢材水平放置时浇筑混凝土，混凝土中的大骨料就会下沉，钢材的下边就会聚集浮游水和上浮空气，使得该部位产生空隙，从而黏结强度降低。应从黏结面积中扣除的部分如图 2-9 中粗线所示。

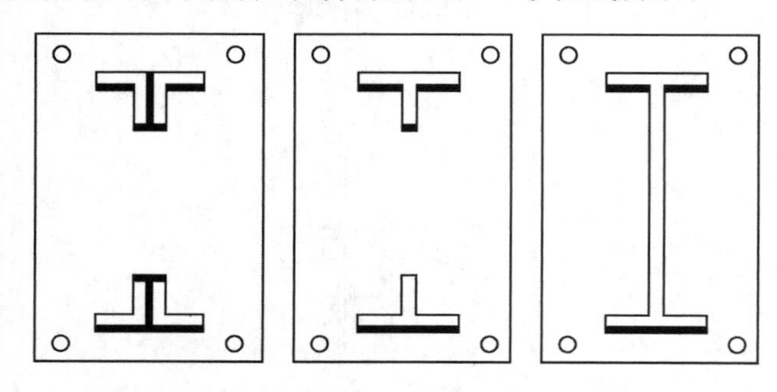

图 2-9　应从黏结面积中扣除的部分（粗线所示）

钢材表面状况对钢与混凝土的黏结强度有一定影响。钢骨表面生赤锈，或者浇筑混凝土之前进行喷砂处理，一般都可提高黏结强度。但是在钢骨表面喷涂沥青等化学涂料，对黏结强度是有害的。

在 RC 构件中，纵向钢筋的混凝土保护层厚度一般都比较小，常发生如图 2-10 所示的纵筋与混凝土的劈裂破坏，这种破坏通常称为剪切黏结破坏。如果混凝土保护层厚度增大、横向钢筋增多，则构件的承载力就会增大。在内配 H 型钢的 SRC 构件中，也会发生与 RC 构件相同的黏结劈裂破坏，如图 2-11 所示，在钢骨翼缘位置的侧面发生水平剪切破坏的情况较多。

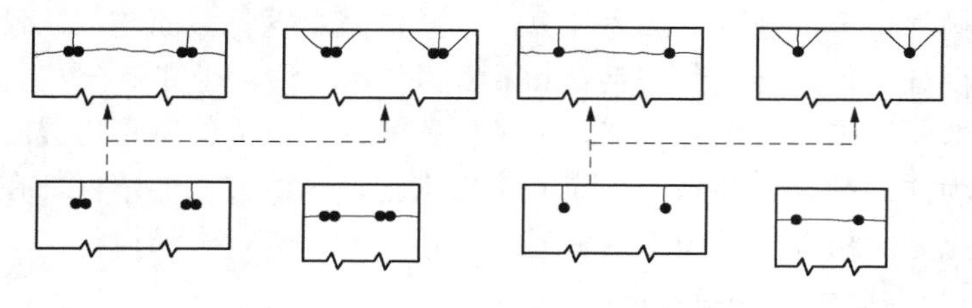

图 2-10　RC 构件的剪切劈裂破坏

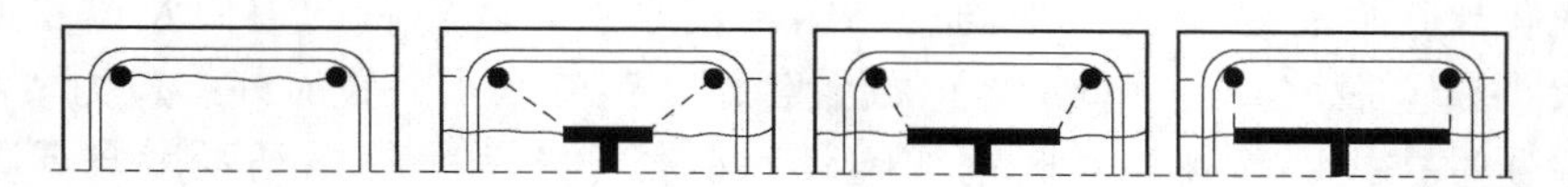

图 2-11　SRC 构件的剪切黏结破坏

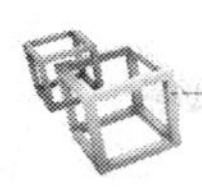

2.2.3　钢骨所受混凝土的约束作用

在 SRC 构件中，钢骨包裹在混凝土中，其受力性能得到改善，一般不需考虑其发生屈曲。对组成钢骨的板件而言，由于受到混凝土的约束作用，其局部屈曲受到限制，即使钢骨板件的宽厚比较大，其塑性性能还是可以得到充分发挥，这一点已被试验所证实。即使保护层混凝土剥落，板件局部屈曲的波形也与纯钢骨构件有很大差别，如图 2－12 所示。纯钢骨构件腹板上部的翼缘发生如铰支情况的屈曲波形，而组合构件由于内部混凝土的约束作用，会发生如翼缘固支时的屈曲波形，其板件的宽厚比限值可以适当放宽。

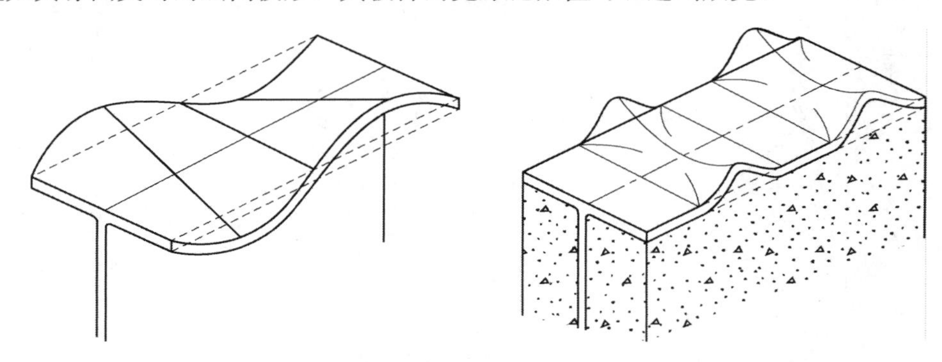

图 2－12　纯钢骨与 SRC 构件中翼缘局部屈曲的形状

下面以钢管混凝土构件轴向受拉为例来说明由于混凝土的约束作用使得构件的承载力得以提高。承受轴向拉力的钢管由于泊松效应其截面缩小，钢管内混凝土受拉后产生裂缝而不再承担轴向力，但由于混凝土的约束作用，钢管处于轴向受拉和环向受拉的双轴受拉应力状态。根据材料力学强度理论，此时钢管的受拉强度比纯钢管单独受拉时的强度有所提高，从已有试验结果来看，提高的幅度大致为 7%～10%。这种受拉强度的提高作用也可以在钢管混凝土受弯构件受拉侧钢管的应力计算中予以考虑。

2.2.4　混凝土所受钢材的约束作用

与构件轴向垂直相交的钢筋称为横向钢筋或箍筋，横向钢筋的作用除了约束内部混凝土之外，还起到抗剪、防止纵筋屈曲、增强纵筋与混凝土黏结强度的作用。设有横向钢筋的组合构件，其承载力和变形性能都得到很大改善。近年来，工程中出现了采用钢管作为约束构件的组合柱。

下面以混凝土的三轴受压来解释约束混凝土的概念。混凝土圆柱体在轴向压力和侧向围压作用下，测得其轴向应力－应变之间的关系曲线如图 2－13 所示。由图 2－13 可知，随侧向压力 σ_r 的增大，试件的强度和延性都将提高。根据试验结果，轴向抗压强度 f_c' 与侧向压力 σ_r 的关系可表示为

$$f_c' = f_c + 4.1\sigma_r \tag{2-8}$$

式中　f_c——混凝土圆柱体的单轴抗压强度。

式（2－8）是在与构件轴向垂直的两向主应力相等的情况下得出的，它可适用于圆形

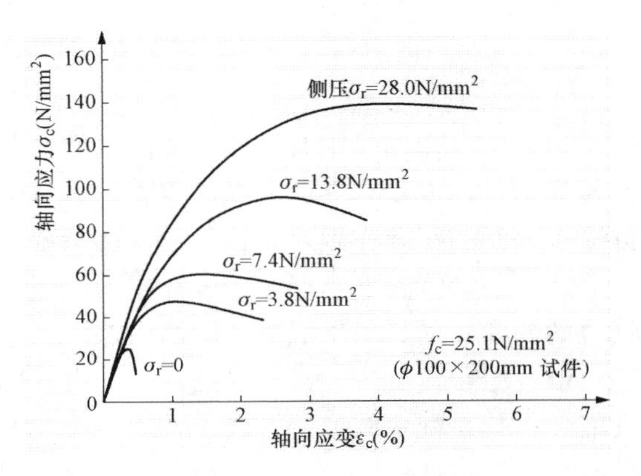

图 2－13　侧向围压作用下轴向应力—应变关系

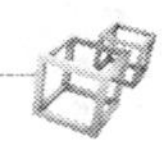

钢管或密配螺旋箍筋约束混凝土的结构构件。各种螺旋箍筋间距的混凝土圆柱体受压时的应力-应变曲线如图 2-14 所示。由图 2-14 可知，随螺旋箍筋间距 s 的减小，试件的承载力和延性都有所增大。当 RC 柱承受轴向压力作用时，由于横向箍筋的约束作用，箍筋内混凝土的强度和延性也会增大（见图 2-15）。同样，钢管中的混凝土及 SRC 构件中被钢骨包围的内部混凝土都受到一定的约束作用，但如果没有横向箍筋，钢骨外侧的混凝土容易发生剥离现象，如图 2-16 所示。但如果横向箍筋的约束作用较小，钢骨腹板仍有发生屈曲的可能性（见图 2-17），因此应在截面中配置一定数量的箍筋。

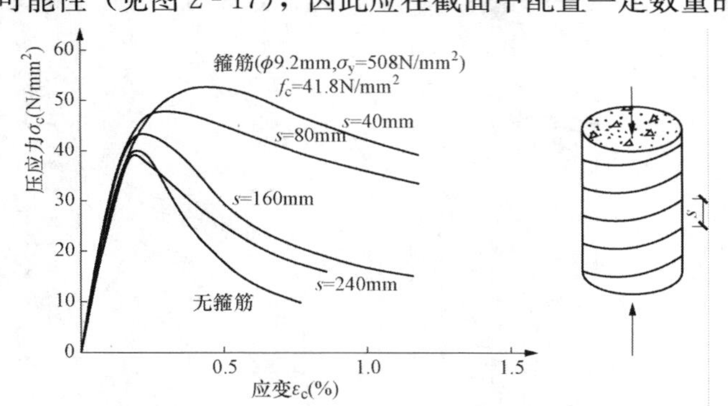

图 2-14　受螺旋箍筋约束混凝土的压缩特性

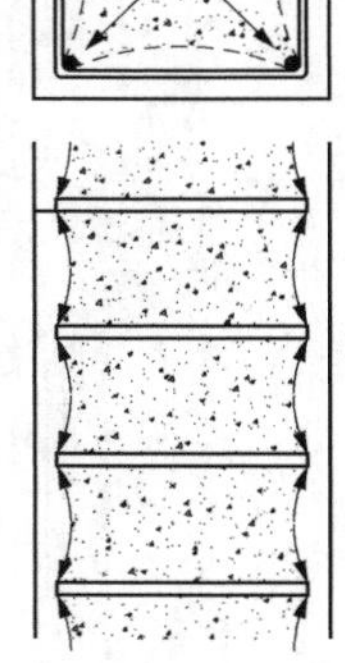

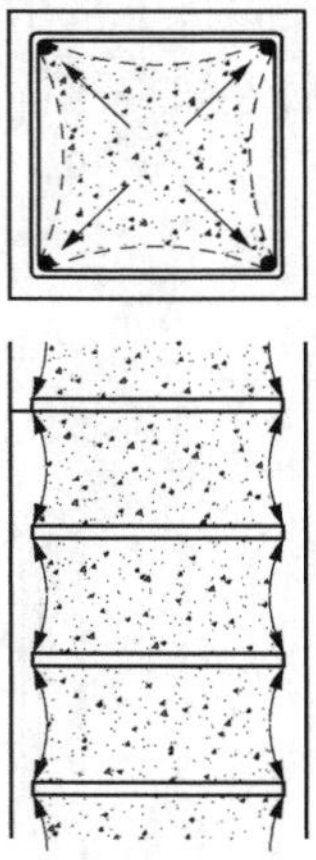

图 2-15　横向钢筋的约束作用

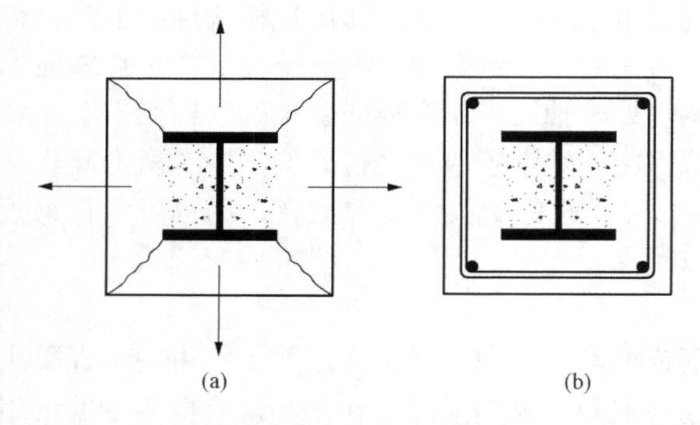

图 2-16　有无横向钢筋时钢骨外围混凝土的破坏形状
（a）无横向钢筋；（b）有横向钢筋

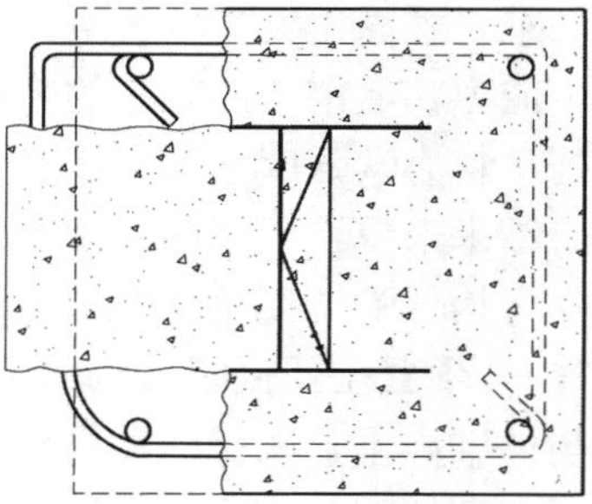

图 2-17　横向钢筋约束作用较小时腹板的屈曲

本章小结

（1）组合作用是钢与混凝土共同工作的前提条件。组合作用一般反映在两个方面：一个是传递钢材与混凝土界面上纵向剪力；另一个是抵抗钢材与混凝土之间的掀起力。由于钢与混凝土之间的组合作用，使构件的抗弯承载力和刚度显著提高，变形减小。

（2）通常情况下，混凝土的存在可以阻止纵筋和钢骨的屈曲，因此在设计中一般不考虑钢材的屈曲。而且由于混凝土的约束作用，组合构件的承载力有一定的提高。

（3）组合构件中，横向钢筋可以约束内部混凝土，提高其强度和延性，从而改善构件的性能，尤其是配置圆形钢管或设置螺旋箍筋的组合构件。如果钢骨外侧混凝土剥离，钢骨板件有可能发生屈曲，导致构件承载力下降，因此应在截面中配置一定数量的横向钢筋。

第3章　压型钢板-混凝土组合板

3.1　概　　述

3.1.1　压型钢板-混凝土组合板概念

压型钢板-混凝土组合板是指在压型钢板上浇筑混凝土并通过相关构造措施使压型钢板与混凝土两者组合形成整体共同工作的受弯板件，简称为组合板，如图3-1所示。

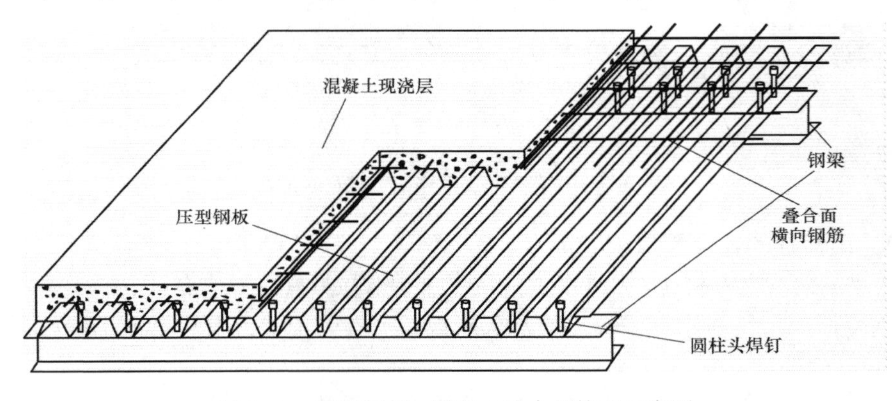

图3-1　压型钢板-混凝土组合板构造示意图

压型钢板-混凝土组合板中的压型钢板在早期主要是作为浇筑混凝土板的永久性模板和施工平台使用，后经研究发展，压型钢板不仅可以在组合板中起到永久性模板和施工平台的作用，而且通过加强压型钢板与混凝土之间的构造要求，压型钢板与混凝土能够黏结成整体共同工作，从而有效提高组合板的强度及刚度，同时压型钢板可以部分，甚至全部替代混凝土板中底部纵向受力钢筋，从而减小纵向受力钢筋用量且减少钢筋制作及安装费用。压型钢板-混凝土组合板主要应用于多、高层建筑及工业厂房中，目前压型钢板-混凝土组合板在城市及公路桥梁中也得到了一定应用。

3.1.2　压型钢板形式

压型钢板与混凝土之间的整体共同工作性能是组合板受力性能优劣的关键，因而，为加强压型钢板与混凝土之间的共同工作性能，通常在压型钢板表面形式、压型钢板截面形状或者压型钢板端部进行一定的构造处理，以实现界面之间的纵向剪力传递。按照压型钢板的纵向剪力传递机制，可以将压型钢板分为以下四种形式：

（1）特殊截面形式的压型钢板（闭口型压型钢板、缩口型压型钢板），通过压型钢板与混凝土之间的锲合作用来增加压型钢板与混凝土之间的摩擦黏结作用，如图3-2（a）所示。

（2）带有压痕（轧制凹凸槽痕）或加劲肋的压型钢板，通过压型钢板的表面形状来增加

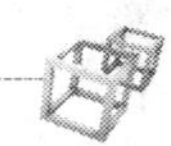

压型钢板与混凝土之间的机械黏结作用，如图 3-2（b）所示。

（3）上翼缘焊接横向钢筋或在压型钢板表面冲孔的压型钢板，通过机械咬合作用来增加压型钢板与混凝土之间的机械黏结作用，如图 3-2（c）所示。

（4）端部设置栓钉或者进行特殊构造处理的压型钢板，通过机械作用来提高组合板端部的锚固作用，避免组合板端部掀起和滑移发生，如图 3-2（d）所示。目前，压型钢板形式丰富多样。试验研究表明，在压型钢板端部焊接栓钉能有效提高组合板承载力和延性性能，使组合板发挥出良好的性能优势。

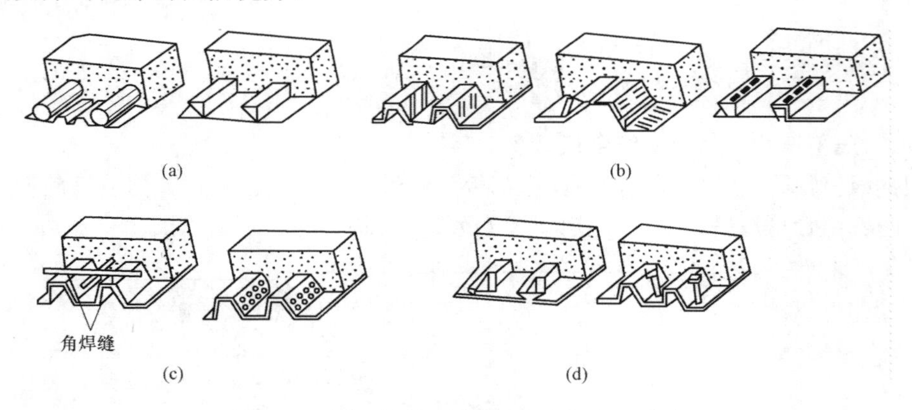

图 3-2　压型钢板-混凝土组合板主要形式

3.1.3　组合板的性能特点

与普通钢筋混凝土板相比，压型钢板-混凝土组合板具有以下优点：

（1）压型钢板可作为浇筑混凝土的永久模板，节省施工中支模和拆模工序，大大加快施工进度。

（2）压型钢板由于本身具有一定的刚度和强度，所以在施工阶段压型钢板铺设完毕后可以作为施工平台使用，同时在合理选择板跨及压型钢板板厚时，一般可以不设临时支撑，可以实现多层立体施工，因而可大大加快施工进度。

（3）在施工阶段，压型钢板可以作为钢梁的侧向支撑，提高了钢梁整体稳定性。

（4）压型钢板一般很薄，单位面积自重轻并且可以交叉叠放，易于运输和安装，也可有效提高施工效率。

（5）在使用阶段，设有一定构造措施或端部锚固措施的组合板中压型钢板与混凝土可以整体共同工作，可以部分或全部代替混凝土板中受力钢筋，从而减小钢筋用量及钢筋的制作安装费用。

（6）压型钢板肋部方便铺设水、电、通信等管线，同时压型钢板还可以直接作为建筑顶棚使用，无需安装吊顶。

由于压型钢板-混凝土组合板具有上述诸多优点，在欧美等西方发达国家得到了广泛应用。近些年，组合板在国内也逐步得到大力的推广应用和研究发展。但是由于在工程实践中过分顾虑压型钢板耐火性能、耐腐蚀性能差及设计方法不完善等原因，在实际设计计算中往往不考虑压型钢板代替受力钢筋的作用，而仅仅将压型钢板作为永久性模板考虑，即仍保守地按非组合板进行设计计算，从而无法充分发挥组合板的性能优势，极大地限制了组合板的

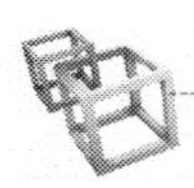

推广应用。可以预见，随着钢结构建筑大力推广、压型钢板防火及防腐性能的提高、结构防火涂料的研制及设计计算理论的不断深入发展，压型钢板 - 混凝土组合板将会在我国得到很大的推广应用。本章主要介绍《组合楼板设计与施工规范》（CECS 273：2010）和《组合结构设计规范》（JGJ 138—2016）中组合板的计算方法。

3.2　施工阶段组合板承载力及变形计算

组合板应按施工和使用两个阶段分别进行计算。在施工阶段，压型钢板作为浇筑混凝土的模板，承担楼板上全部永久荷载和施工活荷载，此时，需要按钢结构理论对压型钢板进行承载力计算和挠度验算。

3.2.1　施工阶段组合板承载力计算

1. 施工阶段的荷载

（1）永久荷载。包括压型钢板、钢筋和混凝土自重。

（2）可变荷载。包括施工荷载与附加荷载。施工荷载应包括施工人员和施工机具等，并考虑施工过程中可能产生的冲击和振动。当有过量的冲击、混凝土堆放及管线等应考虑附加荷载。可变荷载应以工地实际荷载为依据。

（3）当没有可变荷载实测数据或施工荷载实测值小于 $1.0kN/m^2$ 时，施工荷载取值不应小于 $1.0kN/m^2$。

2. 压型钢板 - 混凝土组合板施工阶段验算原则

在施工阶段，压型钢板应按以下原则验算：

（1）不加临时支撑时，压型钢板承受施工时的所有荷载，不考虑混凝土承载作用，即施工阶段按纯压型钢板进行承载力和变形验算。

（2）在施工阶段要求压型钢板处于弹性阶段，不能产生塑性变形，所以压型钢板强度和挠度验算均采用弹性方法计算。

（3）仅按单向板强边（顺肋）方向验算正、负弯矩承载力和相应挠度是否满足要求，弱边（垂直肋）方向不计算，也不进行压型钢板抗剪等其他验算。

（4）压型钢板的计算简图应按实际支承跨数及跨度尺寸确定，但考虑到实际施工时的下料情况，一般按简支单跨板或两跨连续板进行验算。

（5）若施工阶段验算过程中出现压型钢板承载力或挠度不能满足规范要求或设计要求，可通过适当调整组合板跨度、压型钢板厚度或加设临时支撑等办法来满足要求。

（6）计算压型钢板施工阶段承载力时，湿混凝土荷载分项系数应取 1.4。

（7）压型钢板在施工阶段承载力应符合《冷弯薄壁型钢结构技术规范》（GB 50018—2016）的规定，结构重要性系数 γ_0 可取 0.9。

3. 受压翼缘有效翼缘宽度计算

压型钢板均由薄钢板制作，由腹板和翼缘组成各种形状。翼缘与腹板上的应力是通过两者交界面上的纵向剪应力传递的。由弹性力学分析可知，受压翼缘截面上的纵向压应力存在剪力滞后现象，由于剪力滞后效应，导致纵向正应力在与腹板相交处的应力最大，距腹板越远，应力越小，其应力分布呈曲线形，如图 3 - 3（a）所示。剪力滞后现象所导致的应力分布不均匀的情况，与翼缘的实际宽厚比、应力大小及分布情况、受压钢板的支承形式等诸多

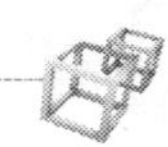

因素有关。如果翼缘的宽厚比较大，在达到极限状态时，距腹板较远处钢板的应力可能尚小，翼缘的全截面不可能都充分发挥作用，甚至在受压的情况下先发生局部屈曲，当有刚强的周边板件时，其屈曲后的承载力还会有较大的提高。因此实用计算中，常根据应力等效的原则，把翼缘上的应力分布简化为在有效宽度上的均布应力，如图 3-3（b）所示。

当压型钢板的受压翼缘小于表 3-1 给出的最大宽厚比时，可按表 3-2 给出的相应公式确定受压板件的有效计算宽度和有效宽厚比。在计算压型钢板截面特征时，当受压板件的宽厚比大于有效宽厚比时，受压区宽度应按有效翼缘宽度计算。

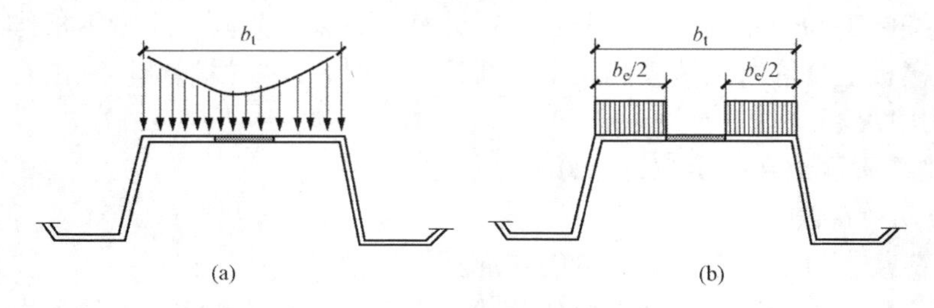

图 3-3 压型钢板翼缘上的应力分布

（a）在全宽上的实际应力分布；（b）在等效宽度上的假定应力分布

表 3-1 受压翼缘板件的最大宽厚比

翼缘板件支承条件	宽厚比 b_t/t
两边支承（有中间加劲肋时，包括中间加劲肋）	500
一边支承、一边卷边	60
一边支承、一边自由	60

表 3-2 压型钢板受压翼缘有效计算宽度的公式

板元的受力状态	计算公式
1. 两边支承，无中间加劲肋 2. 两边支承，上下翼缘不对称，$b_t/t>160$ 3. 一边支承，一边卷边，$b_t/t\leqslant 60$ 4. 有 1～2 个中间加劲肋的两边支承受压翼缘，$b_t/t\leqslant 60$	当 $b_t/t\leqslant 1.2\sqrt{E/\sigma_c}$ 时，$b_e=b_t$ 当 $b_t/t>1.2\sqrt{E/\sigma_c}$ 时， $b_e=1.77\sqrt{E/\sigma_c}\left(1-\frac{0.387}{b_t/t}\sqrt{E/\sigma_c}\right)t$
5. 一边支承，一边卷边，$b_t/t>60$ 6. 有 1～2 个中间加劲肋的两边支承受压翼缘，$b_t/t>60$	$b_e^{re}=b_e-0.1(b_t/t-60)t$ 其中 $b_e=1.77\sqrt{E/\sigma_c}\left(1-\frac{0.387}{b_t/t}\sqrt{E/\sigma_c}\right)t$
7. 一边支承，一边自由	当 $b_t/t\leqslant 0.39\sqrt{E/\sigma_c}$ 时，$b_e=b_t$ 当 $0.39\sqrt{E/\sigma_c}<b_t/t\leqslant 1.26\sqrt{E/\sigma_c}$ 时，$b_e=0.58\sqrt{E/\sigma_c}\left(1-\frac{0.126}{b_t/t}\sqrt{E/\sigma_c}\right)t$ 当 $1.26\sqrt{E/\sigma_c}<b_t/t\leqslant 60$ 时， $b_e=1.02t\sqrt{E/\sigma_c}-0.39b_t$

注 b_e 为受压翼缘的有效计算宽度（mm）；b_e^{re} 为折减的有效计算宽度（mm）；b_t 为受压翼缘的实际宽度（mm）；t 为压型钢板的板厚（mm）；σ_c 为按有效截面计算时，受压翼缘板支承边缘处的实际应力（N/mm²）；E 为板材的弹性模量（N/mm²）。

应当指出，由于σ_c是未知的，因此计算时可先假定一个σ_c的初值，然后经反复迭代求解b_e，计算相当繁琐，而通常情况下组合板中采用的压型钢板形状较简单，在实用计算中，常取$b_e=50t$。

4. 组合板施工阶段截面承载力验算

（1）压型钢板的正截面受弯承载力按钢结构弹性承载力计算理论，即压型钢板最大拉压应力要满足下式要求

$$\begin{cases}\sigma_{sc}=\dfrac{M}{W_{sc}}\leqslant f\\[2ex]\sigma_{st}=\dfrac{M}{W_{st}}\leqslant f\end{cases}\tag{3-1}$$

式中　M——计算宽度（一个波宽）内压型钢板施工阶段弯矩设计值；

f——压型钢板抗弯强度设计值；

W_{sc}、W_{st}——计算宽度（一个波宽）内压型钢板的受压区截面抵抗矩和受拉区截面抵抗矩，当压型钢板受压翼缘宽度大于有效截面宽度时，按有效截面进行计算。

受压区截面抵抗矩

$$W_{sc}=\frac{I_s}{x_c}\tag{3-2}$$

受拉区截面抵抗矩

$$W_{st}=\frac{I_s}{h_s-x_c}\tag{3-3}$$

式中　I_s——单位宽度（一个波宽内）上压型钢板对截面中和轴的惯性矩，当压型钢板受压翼缘宽度大于有效截面宽度时，按有效截面进行计算；

x_c——压型钢板中和轴到截面受压区边缘的距离；

h_s——压型钢板的总高度。

（2）压型钢板腹板的剪应力应符合下列公式的要求：

当$h/t<100$时

$$\tau\leqslant\tau_{cr}=\frac{8550}{h/t}\tag{3-4}$$

$$\tau\leqslant f_v\tag{3-5}$$

式中　τ——腹板的平均剪应力（N/mm^2）；

τ_{cr}——腹板的剪切屈曲临界剪应力；

h/t——腹板的高厚比；

f_v——压型钢板的抗剪强度设计值。

（3）压型钢板支座处的腹板，应按下式验算其局部受压承载力

$$R\leqslant R_w\tag{3-6}$$

$$R_w=at^2\sqrt{fE}(0.5+\sqrt{0.02l_c/t})[2.4+(\theta/90)^2]\tag{3-7}$$

式中　R——支座反力；

R_w——一块腹板的局部受压承载力设计值；

a——系数，中间支座取$a=0.12$，端部支座取$a=0.06$；

t——腹板厚度（mm）；

l_c——支座处的支承长度，$10mm<l_c<200mm$，端部支座可取$l_c=10mm$；

θ——腹板倾角（$45°<\theta<90°$）。

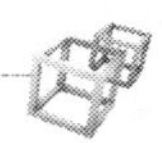

(4) 压型钢板同时承受弯矩 M 和支座反力 R 的截面，应满足下列要求

$$M/M_u \leqslant 1.0 \tag{3-8}$$

$$R/R_w \leqslant 1.0 \tag{3-9}$$

$$M/M_u + R/R_w \leqslant 1.25 \tag{3-10}$$

式中 M_u——截面的弯曲承载力设计值，$M_u = W_e f$，其中 W_e 为有效截面抵抗矩。

(5) 压型钢板同时承受弯矩 M 和剪力 V 的截面，应满足下列要求

$$\left(\frac{M}{M_u}\right)^2 + \left(\frac{V}{V_u}\right)^2 \leqslant 1 \tag{3-11}$$

$$V_u = (ht \cdot \sin\theta)\tau_{cr}$$

式中 V_u——腹板的抗剪承载力设计值；

τ_{cr}——按式 (3-4) 计算。

(6) 在压型钢板的一个波距上作用集中荷载 P 时，可按下式将集中荷载下折算成沿板宽方向的均布线荷载 q_{re}，并按 q_{re} 进行单个波距或整块压型钢板有效截面的弯曲计算，即

$$q_{re} = \eta \frac{P}{b_1} \tag{3-12}$$

式中 P——集中荷载；

b_1——压型钢板的波距；

η——折算系数，由试验确定，无试验依据时，可取 $\eta = 0.5$。

屋面压型钢板的施工或检修集中荷载按 1.0kN 计算，当施工荷载超过 1.0kN 时，则应按实际情况取用。

3.2.2 施工阶段组合板变形计算

在施工阶段，混凝土尚未达到其设计强度，因此不能考虑压型钢板与混凝土的组合效应，变形计算中仅考虑压型钢板的抗弯刚度。在此阶段，压型钢板处于弹性状态。

均布荷载作用下压型钢板的挠度为

$$\Delta_1 = \alpha \frac{q_{1k} l^4}{E_{ss} I_s} \tag{3-13}$$

式中 q_{1k}——施工阶段作用在压型钢板计算宽度上的均布荷载标准值；

E_{ss}——压型钢板的钢材弹性模量；

I_s——单位宽度（一个波宽内）上压型钢板的截面惯性矩，受压翼缘按等效翼缘宽度考虑；

l——压型钢板的计算跨度；

α——挠度系数，对简支板，$\alpha = \frac{5}{384}$，对两跨连续板，$\alpha = \frac{1}{185}$。

压型钢板的挠度应满足条件 $\Delta_1 \leqslant \Delta_{lim}$，其中 Δ_{lim} 为规范允许的挠度限值，取 $l/180$ 及 20mm 的较小值，l 为板的支承跨度。

3.3 使用阶段组合板承载力计算

在混凝土达到其设计强度后，压型钢板与混凝土可以整体工作共同受力，形成压型钢板-混凝土组合板，组合板将承担板上所有荷载，即进入组合板的使用阶段。在使用阶段首先需

要按照受弯构件进行组合板承载力验算。组合板承载力验算主要包括：组合板受弯破坏承载力验算、组合板纵向剪切破坏承载力验算、斜截面受剪承载力以及局部抗冲切承载力验算。连续组合板还需要进行中间支座处负弯矩区域的受弯承载力验算或配筋计算。

3.3.1 组合板的典型破坏形态

组合板承载力试验研究一般采用两点对称集中单调加载（见图3-4）。组合板破坏模式主要受组合板连接程度、组合板荷载形式及组合板名义剪跨比等因素影响，试验研究中一般通过改变试验加载名义剪跨比（加载段跨度与组合板截面高度比）来研究组合板不同破坏形态。对于不同组合板截面及受力状态，压型钢板-混凝土组合板主要发生弯曲破坏、纵向剪切黏结破坏和斜截面剪切破坏三种破坏形态，有时还会发生局部冲切破坏、压型钢板局部屈曲破坏和组合板竖向分离破坏等其他破坏模式。

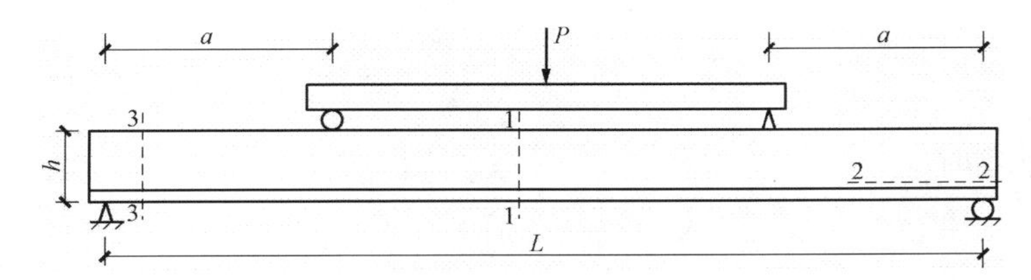

图3-4 组合板主要破坏截面示意图

1. 弯曲破坏

在完全剪切连接条件下，组合板最有可能发生沿最大弯矩截面（如图3-4中的1-1截面）的弯曲破坏。试验研究表明，组合板弯曲破坏形态主要特点是首先在跨中出现多条垂直弯曲裂缝，随后钢板底部受拉屈服，在达到极限荷载时，跨中截面受压区混凝土压碎。组合板弯曲破坏时受拉区大部分压型钢板的应力都能达到抗拉强度设计值，受压区混凝土的应力达到轴心抗压强度设计值。如果压型钢板有部分截面位于受压区，则其应力基本上也能达到钢材的抗压强度设计值。组合板弯曲破坏根据压型钢板含钢率也可能发生类似于钢筋混凝土受弯构件适筋梁、少筋梁和超筋梁等破坏类型。

2. 纵向剪切黏结破坏

沿图3-4所示2-2截面发生的纵向水平剪切黏结破坏也是组合板的主要破坏模式之一。这种破坏主要是由于混凝土与压型钢板的交界面剪切黏结强度不足，在组合板尚未达到极限弯矩之前，两者的交界面产生较大的相对滑移，使得混凝土与压型钢板失去组合作用。由于在组合板中压型钢板与混凝土之间产生很大的纵向滑移和竖向垂直分离，组合板变形呈非线性地增加，并且在加载点处常出现压型钢板的局部压曲现象，最终，压型钢板与混凝土失去或基本丧失组合作用，组合板迅速破坏。

3. 斜截面剪切破坏

这种破坏模式在板中一般不常见，只有当组合板的名义剪跨比较小（截面高度与板跨之比很大），而荷载又比较大，尤其是在集中荷载作用时，易在支座最大剪力处（如图3-4中的3-3截面）发生沿斜截面的剪切破坏。因此，在较厚的组合板中，如果混凝土的抗剪能力不足，尚应设置箍筋，以提高组合板的斜截面抗剪能力来抵抗竖向剪力。

3.3.2 组合板承载力计算

1. 使用阶段荷载取值

（1）永久荷载。包括压型钢板及混凝土自重、面层及构造层（保温层、找平层、防水

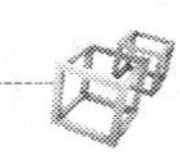

层、隔热层等）重量、楼板下吊挂的天棚、管道等重量。

（2）可变荷载。主要包括板面使用活荷载、安装荷载及设备检修荷载等。

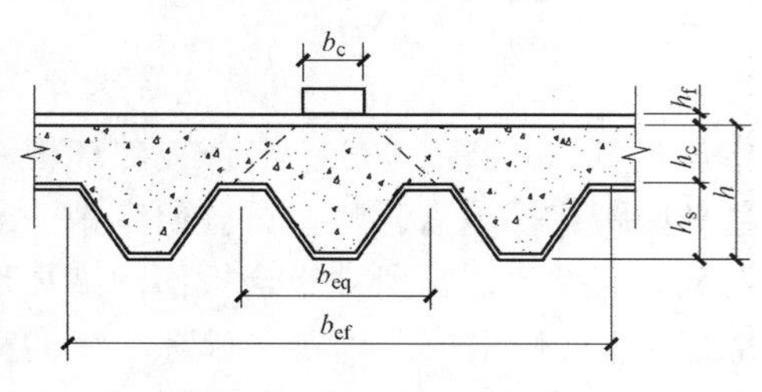

图 3-5　集中荷载的有效分布宽度

2. 组合板上集中荷载有效分布宽度

组合板在局部荷载（集中点荷载或者线荷载）作用下，应该按照荷载扩散传递原则确定荷载的有效分布宽度 b_{ef}（见图 3-5）。

（1）受弯计算时：

简支板

$$b_{ef}=b_{eq}+2a\left(1-\frac{a}{l}\right) \tag{3-14}$$

连续板

$$b_{ef}=b_{eq}+\frac{4}{3}a\left(1-\frac{a}{l}\right) \tag{3-15}$$

（2）受剪计算时

$$b_{ef}=b_{eq}+a\left(1-\frac{a}{l}\right) \tag{3-16}$$

$$b_{eq}=b_c+2(h_c+h_f) \tag{3-17}$$

式中　a——集中荷载作用点到组合板较近支座的距离。当跨内有多个集中荷载时，a 应取数值较小荷载至较近支承点的距离；

l——组合板的跨度；

b_{ef}——集中荷载的有效分布宽度（见图 3-5）；

b_{eq}——集中荷载的分布宽度（见图 3-5）；

b_c——荷载宽度；

h_c——压型钢板顶面以上混凝土的计算厚度；

h_f——楼板构造面层厚度。

3. 组合板内力分析原则

使用阶段组合板内力分析根据压型钢板上混凝土厚度的不同按以下两种情况分别考虑：

（1）第一种情况。当压型钢板上的混凝土厚度 h_c 为 50～100mm 时，组合板可沿强边（顺肋）方向按单向板计算。

（2）第二种情况。当压型钢板上的混凝土厚度 h_c 大于 100mm 时，组合板的计算应符合下列规定：

1）当 $\lambda_e<0.5$ 时，按强边方向单向板进行计算。

2）当 $\lambda_e>2.0$ 时，按弱边方向单向板进行计算。

3）当 $0.5\leqslant\lambda_e\leqslant2.0$ 时，按正交异性双向板进行计算。

以上各式中，有效边长比 λ_e 应按下列公式计算

$$\lambda_e=\frac{l_x}{\mu l_y}$$

$$\mu=\left(\frac{I_x}{I_y}\right)^{1/4}$$

式中　λ_e——有效边长比；

I_x——组合板强边计算宽度的截面惯性矩；

I_y——组合板弱边计算宽度的截面惯性矩，只考虑压型钢板肋顶以上的混凝土的厚度；

l_x、l_y——组合板强边、弱边方向的跨度。

当按照上述方法，判定组合板为双向板时，即可以根据钢筋混凝土双向板内力计算方法进行组合板内力分析，应该注意到此时由于组合板在两个方向计算板厚不同，应该按双向异性组合板来进行内力分析计算（见图 3－6）。

（3）双向异性板周边支承条件判断方法。当组合板的跨度大致相等，且相邻跨是连续的时，板的周边可视为固定边。当组合板相邻跨度相差较大，或压型钢板以上的混凝土板不连续（变厚度、有高差）时，应将板的周边视为简支边。

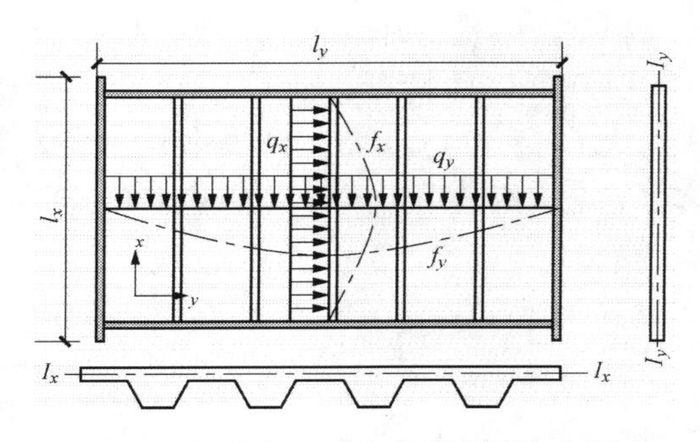

图 3－6　组合板两个方向刚度计算示意图

（4）双向异性板内力分析。当双向异性组合板支承条件为四边简支时，组合板强边（顺肋）方向按单向组合板设计计算；组合板弱边（垂直肋）方向，仅按压型钢板上翼缘以上钢筋混凝土板进行设计计算。对于支承条件不是四边简支的双向异性组合板，可将双向异性板等效为双向同性板进行内力计算。

双向同性板等效方法为将双向异性组合板的跨度分别按有效边长比 λ_e 进行修正等效为双向同性板，进而得到组合板两个方向弯矩。具体方法为：

1）计算强边方向弯矩时，将弱边方向跨度乘以系数 μ 进行放大，使组合板变成以强边方向截面刚度为等刚度的双向同性组合板，则所得双向同性板在短边方向的弯矩即为组合板强边方向的弯矩［见图 3－7（a)］。

2）计算弱边方向弯矩时，将强边方向跨度乘以系数$\frac{1}{\mu}$进行缩小，使组合板变成以弱边方向截面刚度为等刚度的双向同性组合板，则所得双向同性板在长边方向的弯矩即为组合板弱边方向的弯矩［见图 3－7（b)］。

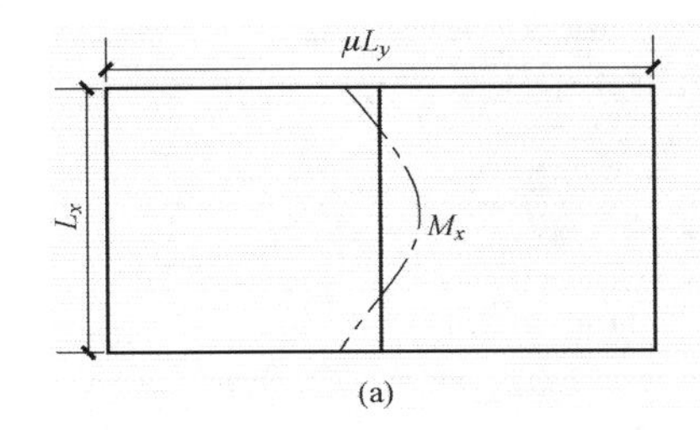

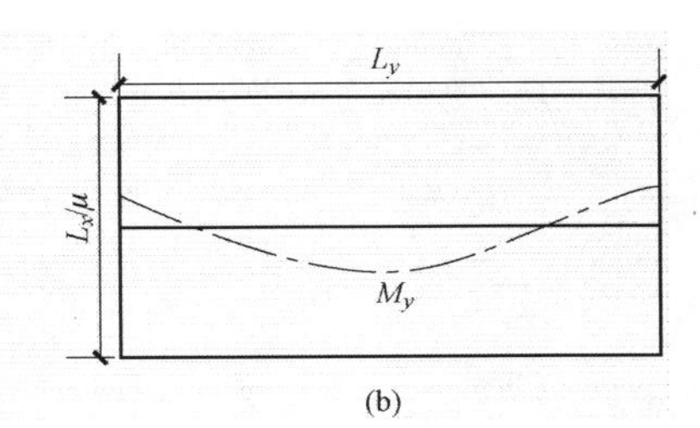

图 3－7　正交异性双向板的计算简图

（a）强边方向弯矩计算方法；（b）短边方向弯矩计算方法

4．使用阶段组合板正截面受弯承载力验算

使用阶段组合板正截面受弯承载力计算，应按塑性设计法进行。计算时采用如下基本假定：

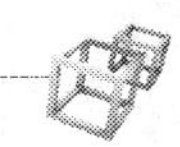

（1）正截面处于受弯承载力极限状态时，截面受压区混凝土的应力分布图形可以等效为矩形，其应力值为混凝土轴心抗压强度设计值 $\alpha_1 f_c$。

（2）正截面处于受弯承载力极限状态时，压型钢板及受拉钢筋的应力均达到各自的强度设计值。

（3）忽略中和轴附近受拉混凝土的作用和压型钢板凹槽内混凝土的作用。

（4）完全剪切连接组合板，在混凝土与压型钢板的交界面上滑移很小，混凝土与压型钢板始终保持共同工作，截面应变符合平截面假定。

根据极限状态时截面上塑性中和轴位置的不同，组合板截面的应力分布有两种情况：

（1）第一种情况。塑性中和轴位于压型钢板上部翼缘以上的混凝土翼板内，即 $A_s f_y A_a f_a \leqslant \alpha_1 b h_c f_c$。这时压型钢板全部受拉，中和轴以上混凝土受压，中和轴以下混凝土受拉，不考虑其作用。截面的应力分布如图 3-8（a）所示。根据截面的内力平衡条件，得

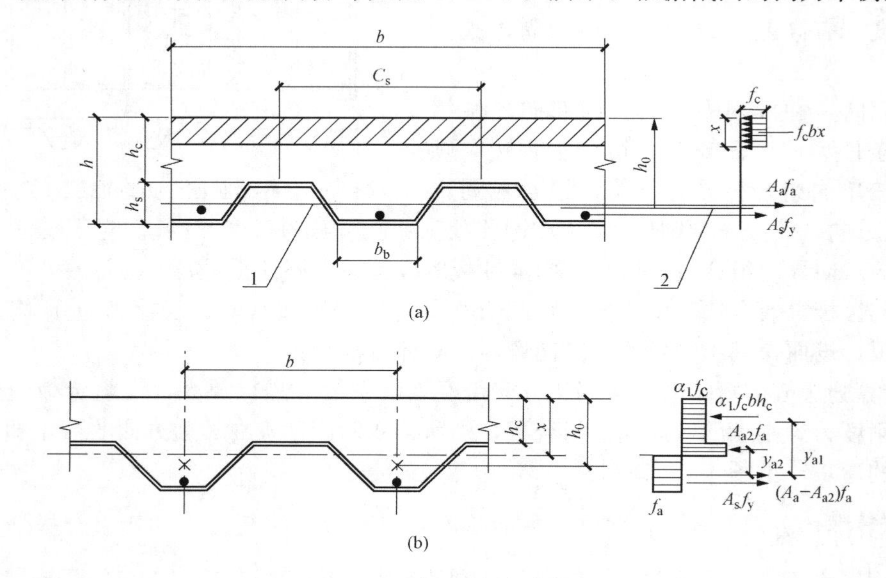

图 3-8　截面的应力分布

（a）中和轴在压型钢板混凝凝土翼板中时，组合板正截面受弯承载力计算应力图形；

1—压型钢板重心轴；2—钢材合力点

（b）中和轴在压型钢板腹板中时，组合板正截面受弯承载力计算应力图形

$$\alpha_1 b x f_c = A_a f_a + A_s f_y \tag{3-18}$$

$$M \leqslant M_u = \alpha_1 f_c b x \left(h_0 - \frac{x}{2}\right) \tag{3-19}$$

或

$$M \leqslant M_u = (f_a A_a + f_y A_s)\left(h_0 - \frac{x}{2}\right) \tag{3-20}$$

此时混凝土受压区高度 $x = \dfrac{A_a f_a + A_s f_y}{\alpha_1 b f_c}$，应符合下列条件

$$x \leqslant h_c \tag{3-21}$$

且

$$x \leqslant \xi_b h_0 \tag{3-22}$$

当 $x > \xi_b h_0$ 时，取 $x = \xi_b h_0$。

其中相对界限受压区高度 ξ_b 应按下列公式计算：

1）有屈服点钢材

$$\xi_b = \frac{\beta_1}{1 + \frac{f_a}{E_a \varepsilon_{cu}}} \tag{3-23}$$

2）无屈服点钢材

$$\xi_b = \frac{\beta_1}{1 + \frac{0.002}{\varepsilon_{cu}} + \frac{f_a}{E_a \varepsilon_{cu}}} \tag{3-24}$$

式中　M——组合板的弯矩设计值；

M_u——组合板所能承担的极限弯矩；

b——组合板截面的计算宽度，可取一个波距宽度计算，也可取 1m 进行计算；

x——组合板截面的计算受压区高度；

A_a——计算宽度内压型钢板截面面积；

A_s——计算宽度内板受拉钢筋截面面积；

f_a——压型钢板的抗拉强度设计值；

f_y——钢筋抗拉强度设计值；

f_c——混凝土抗压强度设计值；

h_0——组合板的有效高度，即从压型钢板的形心轴至混凝土受压区边缘的距离。

ε_{cu}——受压区混凝土极限压应变，取 0.0033；

ξ_b——相对界限受压区高度；

β_1——受压区混凝土应力图形影响系数。

3）当截面受拉区配置钢筋时，相对界限受压区高度计算公式中的 f_a 应分别用钢筋强度设计值 f_y 和压型钢板强度设计值 f_a 代入计算，其较小值为相对界限受压区高度 ξ_b。

（2）第二种情况。塑性中和轴位于压型钢板腹板内，即 $A_s f_y + A_a f_a > \alpha_1 b h_c f_c$，混凝土有两部分受压，但一般只考虑压型钢板顶面以上部分混凝土受压作用，而不考虑中和轴和压型钢板顶面之间混凝土受压作用；不考虑混凝土抗拉作用。截面应力分布见图 3-8（b）。根据截面内力平衡条件，可得

$$\alpha_1 b h_c f_c + A_{a2} f_a = (A_a - A_{a2}) f_a + A_s f_y \tag{3-25}$$

$$M \leqslant M_u = \alpha_1 f_c b h_c y_{a1} + f_a A_{a2} y_{a2} \tag{3-26}$$

式中　A_{a2}——塑性中和轴以上计算宽度内压型钢板的截面面积；

y_{a1}——压型钢板受拉区截面应力及受拉钢筋应力合力作用点至受压区混凝土合力作用点的距离；

y_{a2}——压型钢板受拉区截面应力及受拉钢筋应力合力作用点至压型钢板截面压应力合力作用点的距离；

h_c——压型钢板上翼缘以上混凝土板的厚度。

由式（3-25）可得

$$A_{a2} = \frac{A_a f_a - \alpha_1 f_c b h_c + A_s f_y}{2 f_a} \tag{3-27}$$

A_{a2} 求得之后，参数 y_{a1}、y_{a2} 的值也就随之确定。

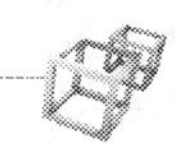

依据《组合结构设计规范》（JGJ 138—2016），当 $x>h_c$ 时，表明压型钢板肋以上混凝土受压面积不够，还需部分压型钢板内的混凝土连同该部分压型钢板受压，这种情况出现在压型钢板截面面积很大时，这时精确计算受弯承载力非常繁琐，也可以重新选择压型钢板，使得 $x\leqslant h_c$。

集中荷载作用下的组合板受弯承载力计算时，考虑集中荷载有一定的分布宽度，在利用上述各公式计算时，应将截面的计算宽度 b 改为有效宽度 b_{ef}。

5. 连续组合板负弯矩区承载力验算

组合板截面在负弯矩作用下，可不考虑压型钢板受压，将组合板截面简化成等效 T 形截面，其正截面承载力应符合下列公式的规定（见图 3 - 9）

$$M\leqslant f_c b_{min} x\left(h_0'-\frac{x}{2}\right) \tag{3-28}$$

$$f_c bx = A_s f_y \tag{3-29}$$

$$b_{min}=\frac{b}{c_s}b_b \tag{3-30}$$

式中 M——计算宽度内组合楼板的负弯矩设计值；

h_0'——负弯矩区截面有效高度；

b_{min}——计算宽度内组合楼板换算腹板宽度；

b——组合楼板计算宽度；

c_s——压型钢板板肋中心线间距；

b_b——压型钢板单个波槽的最小宽度。

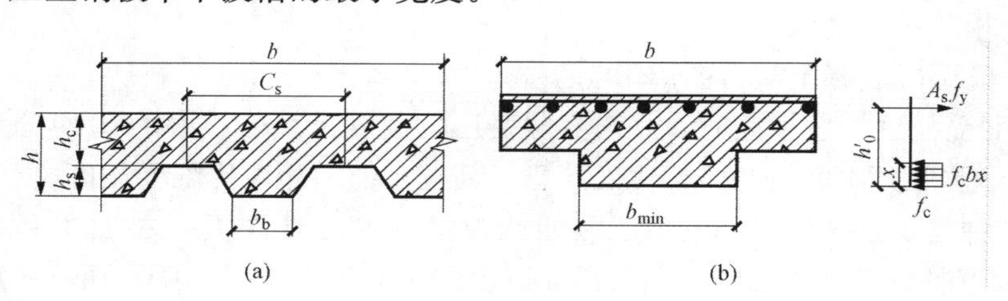

图 3 - 9　简化的 T 形截面

（a）简化前组合板截面；（b）简化后组合板截面

6. 使用阶段组合板斜截面受剪承载力计算

在使用阶段组合板斜截面承载力计算时，一般忽略压型钢板的抗剪作用，仅仅考虑混凝土部分抗剪作用，即按混凝土板计算组合板斜截面抗剪承载力。

（1）均布荷载作用下，组合板的斜截面受剪承载力按下式计算

$$V\leqslant 0.7f_t b_{min} h_0 \tag{3-31}$$

式中 V——组合板在计算宽度 b 内的剪力设计值；

f_t——混凝土轴心抗拉强度设计值；

b_{min}——计算宽度内组合楼板换算腹板宽度；

h_0——组合板的有效高度。

（2）集中荷载作用下，或在集中荷载与均布荷载共同作用下，由集中荷载引起支座截面或节点边缘截面剪力值占总剪力的 75％以上时，组合板的斜截面承载力应按下式计算

$$V \leqslant 0.44 f_t b_{ef} h_0 \tag{3-32}$$

式中　V——组合板的剪力设计值；

b_{ef}——集中荷载的有效分布宽度。

7. 使用阶段组合板纵向剪切黏结承载力计算

《组合结构设计规范》（JGJ 138—2016）结合我国研究成果，组合楼板中压型钢板与混凝土间的纵向剪切黏结承载力应符合下式规定

$$V \leqslant V_u = m \frac{A_a h_0}{1.25a} + k f_t b h_0 \tag{3-33}$$

式中　V——组合楼板最大剪力设计值；

V_u——组合板纵向抗剪承载力（N）；

b——组合板计算宽度（mm）；

f_t——表示混凝土抗拉强度设计值（N/mm²）；

m、k——剪切黏结系数；

a——剪跨，均布荷载作用时取 $a=l_n/4$，l_n为板净跨度，连续板可取反弯点之间的距离（mm）；

A_a——计算宽度内组合楼板截面压型钢板面积（mm²）；

h_0——组合板有效高度，为压型钢板重心至组合板顶面的高度（mm）。

8. 使用阶段组合板冲切承载力计算

在局部集中荷载作用下，当荷载的作用范围较小，而荷载值很大、板较薄时容易发生冲切破坏。冲切破坏一般是沿着荷载作用面周边45°斜面上发生。冲切破坏的实质是在受拉主应力作用下混凝土的受拉破坏，破坏时形成一个具有45°斜面的冲切锥体，如图3-10所示。在组合板冲切承载力计算时，忽略压型钢板抗冲切作用，仅考虑组合板中混凝土的抗冲切作用，按钢筋混凝土板抗冲切理论进行承载力计算。

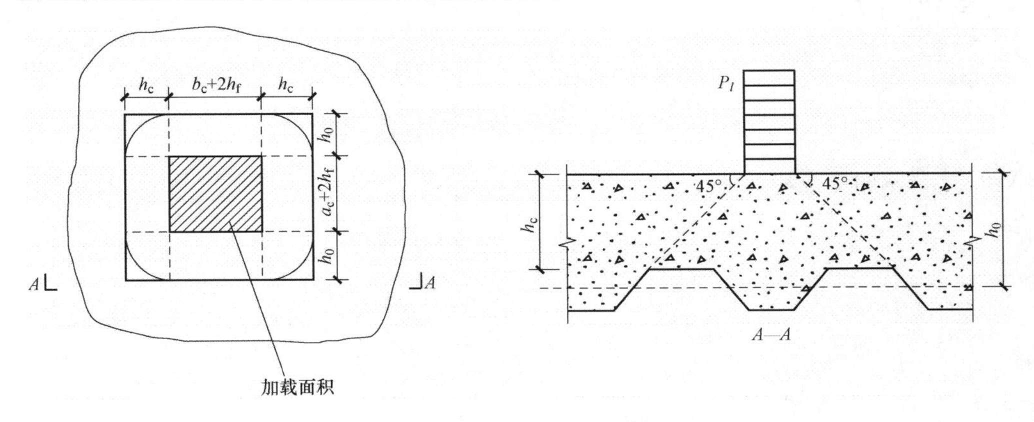

图3-10　组合板冲切破坏计算图形

组合板的冲切承载力可按下式计算

$$P_l \leqslant 0.6 f_t u_{cr} h_c \tag{3-34}$$

$$u_{cr} = 2\pi h_c + 2(h_0 + a_c + 2h_c) + 2b_c + 8h_f \tag{3-35}$$

式中　P_l——局部集中荷载设计值；

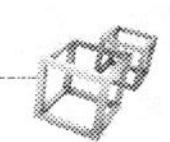

f_t——混凝土轴心抗拉强度设计值；

h_c——组合板中压型钢板顶面以上混凝土层的厚度；

u_{cr}——组合板冲切面的计算截面周长；

a_c、b_c——集中荷载作用面的长和宽；

h_f——垫板的厚度。

3.4 使用阶段组合板刚度、变形及裂缝宽度计算

3.4.1 使用阶段组合板的刚度计算

组合板的变形计算可采用弹性理论，对于具有完全剪切连接的组合板，可按换算截面法进行。因为组合板是由钢和混凝土两种性能不同的材料组成的结构构件，为便于变形的计算，可将其换算成同一种材料的构件，求出相应的截面刚度。具体方法为将截面上压型钢板的面积乘以压型钢板与混凝土弹性模量的比值 α_E 换算为混凝土截面。

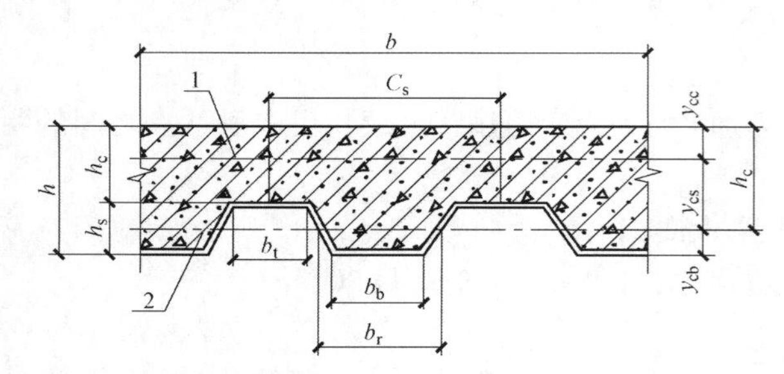

图 3-11　组合楼板截面刚度计算简图

1—中和轴；2—压型钢板重心轴

将压型钢板按钢材与混凝土弹性模量之比折算成混凝土，将组合板按图3-11中的计算简图计算换算截面等效惯性矩。混凝土等效惯性矩近似按开裂截面与未开裂截面的惯性矩的平均值计算。

（1）未开裂截面惯性矩。对图 3-11 所示的等效组合截面，可按式（3-36）计算

$$I_u^s = \frac{bh_c^3}{12} + bh_c(y_{cc} - 0.5h_c)^2 + \alpha_E I_a + \alpha_E A_a y_{cs}^2 + \frac{b_r b h_s}{c_s}\left[\frac{h_s^2}{12} + (h - y_{cc} - 0.5h_s)^2\right] \tag{3-36}$$

$$y_{cc} = \frac{0.5bh_c^2 + \alpha_E A_a h_0 + b_r h_s(h_0 - 0.5h_s)b/c_s}{bh_c + \alpha_E A_a + b_r h_s b/c_s} \tag{3-37}$$

（2）开裂截面惯性矩

$$I_c^s = \frac{by_{cc}{}^3}{3} + \alpha_E A_a y_{cs}^2 + \alpha_E I_a \tag{3-38}$$

$$y_{cc} = \left[\sqrt{2\rho_a\alpha_E + (\rho_a\alpha_E)^2} - \rho_a\alpha_E\right]h_0 \tag{3-39}$$

$$\rho_a = \frac{A_a}{bh_0}$$

式中 I_u^s——未开裂换算截面惯性矩；

I_c^s——开裂换算截面惯性矩；

b——组合楼板计算宽度；

c_s——压型钢板板肋中心线间距；

b_r——开口板为槽口的平均宽度，锁口板、闭口板为槽口的最小宽度；

h_c——压型钢板肋顶上混凝土厚度；

h_s——压型钢板的高度；

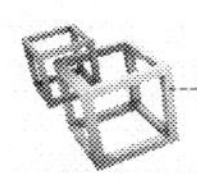

h_0——组合板截面有效高度；

y_{cc}——截面中和轴距混凝土顶边距离，当 $y_{cc}>h_c$，取 $y_{cc}=h_c$；

y_{cs}——截面中和轴距压型钢板截面重心轴距离，$y_{cs}=h_0-y_{cc}$；

α_E——钢对混凝土的弹性模量比，$\alpha_E=E_a/E_c$；

E_a——钢的弹性模量；

E_c——混凝土的弹性模量；

A_a——计算宽度内组合楼板中压型钢板的截面面积；

I_a——计算宽度内组合楼板中压型钢板的截面惯性矩；

ρ_a——计算宽度内组合楼板中压型钢板含钢率。

(3) 组合板抗弯刚度。组合板在荷载效应标准组合下的抗弯刚度可按下列公式计算

$$B_s = E_c I_{eq}^s \tag{3-40}$$

$$I_{eq}^s = \frac{I_u^s + I_c^s}{2} \tag{3-41}$$

式中　B_s——短期荷载作用下的截面抗弯刚度。

组合板在荷载效应准永久组合下的抗弯刚度可按下列公式计算

$$B = 0.5E_c I_{eq}^l \tag{3-42}$$

$$I_{eq}^l = \frac{I_u^l + I_c^l}{2} \tag{3-43}$$

式中　B——长期荷载作用下的截面抗弯刚度；

I_{eq}^l——长期荷载作用下的平均换算截面惯性矩；

I_u^l、I_c^l——长期荷载作用下未开裂换算截面惯性矩及开裂换算截面惯性矩，按式（3-36）、式（3-38）计算，计算时 α_E 改用 $2\alpha_E$。

3.4.2　使用阶段组合板变形计算

使用阶段荷载主要有永久荷载和可变荷载，对于组合板需要进行荷载标准组合作用下（短期荷载效应）和荷载准永久组合作用下（长期荷载效应）的变形验算，或按《混凝土结构设计规范》（GB 50010—2010）建议的受弯构件变形验算方法验算，并要求按以上方法计算的挠度值均应满足组合板变形限值要求。

考虑荷载的标准效应组合时，组合板变形按式（3-44）进行计算

$$f_s = \alpha \frac{q_k L^4}{B_s} \tag{3-44}$$

考虑荷载的准永久效应组合时，组合板变形可按式（3-45）进行计算

$$f_l = \alpha \frac{q_l L^4}{B} \tag{3-45}$$

式中 q_k——考虑荷载效应标准组合时，单位宽度组合板上的荷载代表值，为永久荷载的标准值和可变荷载标准值的组合值，不用考虑荷载分项系数；

L——组合板计算跨度（mm）；

q_l——考虑荷载效应准永久组合时，单位计算宽度组合板上的荷载代表值，其中包括永久荷载的标准值和可变荷载的准永久值，可变荷载准永久值为可变荷载标准值乘以可变荷载的准永久值系数；

α——受弯构件挠度系数，均布荷载下简支组合板挠度系数为 5/384。

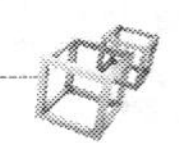

按式（3-44）和式（3-45）计算出的挠度最大值，不应超过其挠度限值 Δ_{lim}；《钢-混凝土组合楼盖结构设计与施工规程》（YB 9238—1992）取 $\Delta_{\mathrm{lim}}=l/360$（按一次加载计算），《组合楼板设计与施工规范》（CECS 273：2010））取 $\Delta_{\mathrm{lim}}=l/200$（按两阶段受力叠加计算），$l$ 为组合板的计算跨度。

连续组合板直接按等截面刚度连续板法进行挠度计算。连续组合板变形计算的等刚度法是指在计算连续组合板变形时，均假定整个连续组合板在其正弯矩区和负弯矩区为等刚度板，不考虑由于负弯矩区混凝土较早受拉开裂导致截面刚度降低的影响，这种计算方法较为简便。

3.4.3 组合板裂缝宽度计算

对组合板负弯矩区裂缝宽度的验算，可近似忽略压型钢板作用，即按混凝土板及其负弯矩钢筋，按下列公式计算板的最大裂缝宽度

$$w_{\max}=1.9\psi\frac{\sigma_{\mathrm{sq}}}{E_{\mathrm{s}}}(1.9c_{\mathrm{s}}+0.08\frac{d_{\mathrm{eq}}}{\rho_{\mathrm{te}}}) \tag{3-46}$$

$$\sigma_{\mathrm{sq}}=\frac{M_{\mathrm{q}}}{0.87h_0'A_{\mathrm{s}}} \tag{3-47}$$

$$\psi=1.1-0.65\frac{f_{\mathrm{tk}}}{\rho_{\mathrm{te}}\sigma_{\mathrm{sq}}} \tag{3-48}$$

$$d_{\mathrm{eq}}=\frac{\sum n_i d_i^2}{\sum n_i \nu_i d_i} \tag{3-49}$$

$$\rho_{\mathrm{te}}=\frac{A_{\mathrm{s}}}{A_{\mathrm{te}}} \tag{3-50}$$

$$A_{\mathrm{te}}=0.5b_{\min}h+(b-b_{\min})h_{\mathrm{c}} \tag{3-51}$$

式中 $w_{\max}$——最大裂缝宽度；

ψ——裂缝间纵向受拉钢筋应变不均匀系数，当 $\psi<0.2$ 时取 $\psi=0.2$，当 $\psi>1$ 时取 $\psi=1$，直接承受重复荷载的构件取 $\psi=1$；

σ_{sq}——按荷载效应的准永久组合计算的组合楼板负弯矩区纵向受拉钢筋的等效应力；

E_{s}——钢筋弹性模量；

c_{s}——最外层纵向受拉钢筋外边缘至受拉区底边的距离，当 $c_{\mathrm{s}}<20\mathrm{mm}$ 时，取 $c_{\mathrm{s}}=20\mathrm{mm}$；

ρ_{te}——按有效受拉混凝土截面面积计算的纵向受拉钢筋配筋率，在最大裂缝宽度计算中，当 $\rho_{\mathrm{te}}<0.01$ 时，取 $\rho_{\mathrm{te}}=0.01$；

A_{te}——有效受拉混凝土截面面积；

A_{s}——受拉区纵向钢筋截面面积；

d_{eq}——受拉区纵向钢筋的等效直径；

d_i——受拉区第 i 种纵向钢筋的公称直径；

n_i——受拉区第 i 种纵向钢筋的根数；

ν_i——受拉区第 i 种纵向钢筋的相对黏性特性系数，光面钢筋 $\nu_i=0.7$，带肋钢筋 $\nu_i=1.0$；

h_0'——组合楼板负弯矩区板的有效高度；

M_{q}——按荷载效应的准永久组合计算的弯矩值。

3.4.4　组合板的舒适度验算

为保证组合板在外力干扰下不产生较大振动而影响结构的正常使用，并给人以不舒适感，应进行组合板的自振频率验算。日本采用经验式（3-52）计算组合板的一阶自振频率

$$f=\frac{1}{k\sqrt{\delta}} \tag{3-52}$$

并满足

$$f\geqslant 15\text{Hz} \tag{3-53}$$

式中　f——组合板的自振频率（Hz）；

k——支承条件系数，两端简支时 $k=0.178$，一端简支、一端固定时 $k=0.177$，两端固定时 $k=0.175$；

δ——仅考虑永久荷载作用时组合板的挠度（cm），组合板刚度按荷载效应下的标准组合进行计算。

《组合结构设计规范》（JGJ 138—2016）规定，应进行组合楼盖舒适度的验算，舒适度验算可采用动力时程分析方法，也可采用附录2的方法。

3.5　压型钢板-混凝土组合板构造要求

3.5.1　组合板基本构造要求

（1）组合板的总厚度不应小于90mm，压型钢板顶面以上的混凝土厚度不应小于50mm。

（2）组合板用的压型钢板应采用镀锌钢板，镀锌层厚度应满足在使用期间不致生锈的要求，应根据腐蚀环境选择镀锌量，可选择两面镀锌量为275g/m^{2}的基板。组合板不宜采用钢板表面无压痕的光面开口型压型钢板。

（3）压型钢板净厚度（不包括镀锌层）不应小于0.75mm，作为永久模板使用的压型钢板基板的净厚度不宜小于0.5mm。常用的钢板厚度为0.75～2.5mm。为了便于浇筑混凝土，压型钢板凹槽的平均宽度不应小于50mm，当在槽内设置栓钉连接件时，压型钢板的总高度（包括压痕在内）不应大于80mm。

（4）当压型钢板作为混凝土板底部受力钢筋用时，需要进行防火保护。组合板的厚度和防火保护层的厚度应符合表3-3的规定。在钢梁上，组合板的支承长度不应小于75mm，其中压型钢板在钢梁上的搁置长度不应小于50mm。在混凝土梁或剪力墙上，组合板的支承长度不应小于100mm，其中压型钢板的搁置长度不应小于75mm。连续板或搭接板在钢梁或混凝土梁（墙）上的支承长度，应分别不小于75mm或100mm。

表3-3　　耐火极限为1.5h时压型钢板-混凝土组合板楼板厚度及保护层厚度要求

类别	无保护层的楼板		有保护层的楼板	
图例	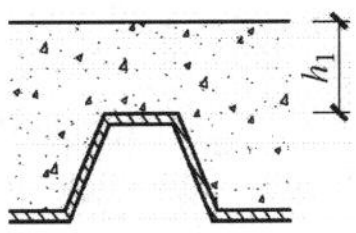		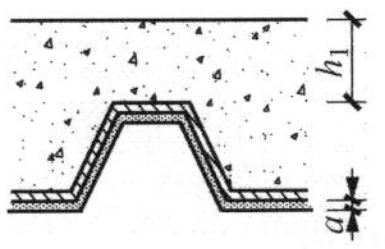	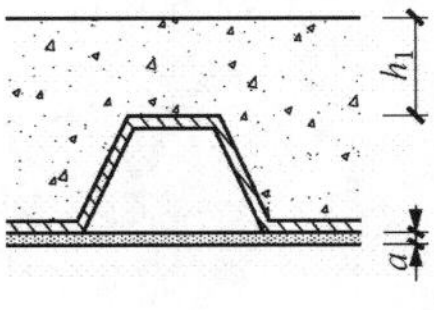

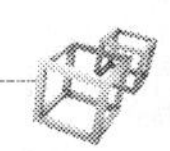

续表

类别	无保护层的楼板		有保护层的楼板
楼板厚度 h_1（mm）	≥80	≥110	≥50
保护层厚度 a（mm）			≥15

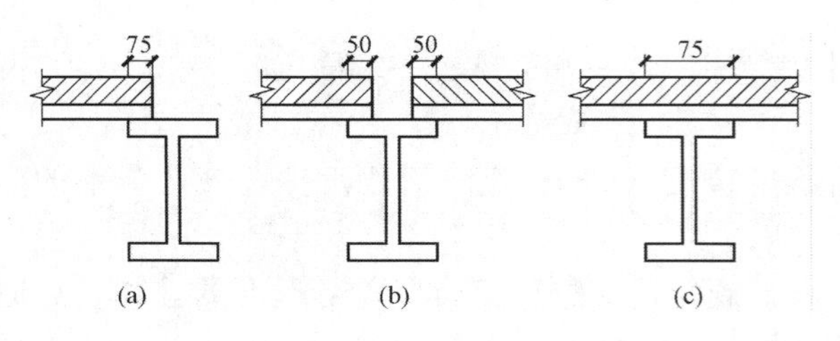

图 3-12　组合板支承于钢梁上

（a）边梁；（b）中间梁，压型钢板不连续；（c）中间梁，压型钢板连续

（5）组合板支承于钢梁上时，其支承长度对边梁不应小于 75mm，见图 3-12（a）；对中间梁，当压型钢板不连续时不应小于 50mm，见图 3-12（b）；当压型钢板连续时不应小于 75mm，见图 3-12（c）。

（6）组合板支承于混凝土梁上时，应在混凝土梁上设置预埋件，预埋件设计应符合《混凝土结构设计规范》（GB 50010—2010）的规定，不得采用膨胀螺栓固定预埋件。组合板在混凝土梁上的支承长度，对边梁不应小于 100mm，见图 3-13（a）；对中间梁，当压型钢板不连续时不应小于 75mm，见图 3-13（b）；当压型钢板连续时不应小于 100mm，见图 3-13（c）。

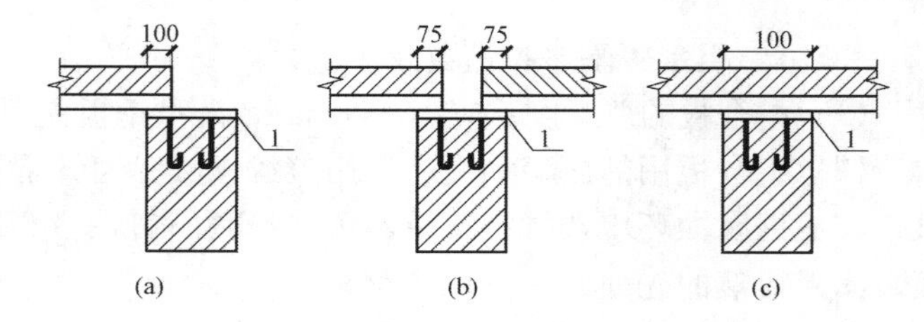

图 3-13　组合板支承于混凝土梁上

（a）边梁；（b）中间梁，压型钢板不连续；（c）中间梁，压型钢板连续

1—预埋件

（7）组合板支承于砌体墙上时，应在砌体墙上设混凝土圈梁，并在圈梁上设置预埋件。

（8）组合板支承于剪力墙侧面时，宜支承在剪力墙侧面设置的预埋件上，剪力墙内宜预留钢筋并与组合板负弯矩钢筋连接，埋件设置及预留钢筋的锚固长度应符合《混凝土结构设计规范》（GB 50010—2010）的规定，见图 3-14。

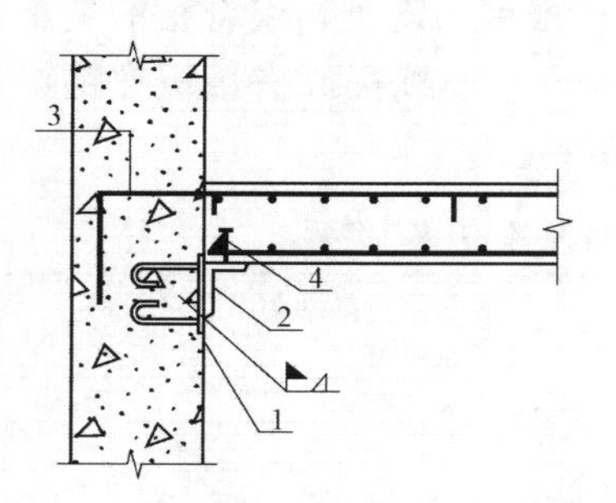

图 3-14　组合板与剪力墙连接构造

1—预埋件；2—角钢或槽钢；

3—剪力墙内预留钢筋；4—栓钉

3.5.2　组合板中钢筋配置要求

（1）当组合板属于下列情况之一时，应该配置一定量的钢筋：

1）当仅考虑压型钢板而组合板承载力不足时，应在板内配置附加抗拉钢筋。

2）在连续组合板或悬臂组合板的负弯矩区应配置连续钢筋；连续组合板在中间支座负弯矩区的上部纵向钢筋，应伸过组合板的反弯点，并应留出锚固长度和弯钩。下部纵向钢筋在支座处连续配置，不得中断。

3）当组合板上作用有较大局部集中荷载或线荷载时，

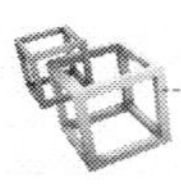

应在板的有效宽度内设置横向钢筋，其截面面积不应小于压型钢板肋以上混凝土板截面面积的 0.2%。当板上开有洞口且尺寸较大时，应在洞口周围配置附加钢筋。

4）为改善防火效果所增加的抗拉钢筋。

5）为改善组合板的组合作用，应在剪跨区（如为均布荷载作用，应在板两端各 1/4 板跨范围内）上翼缘焊接横向钢筋，其间距宜为 150～300mm。

6）连续组合板按简支板设计时，抗裂钢筋的截面面积不应小于混凝土截面面积的 0.2%。抗裂钢筋从支座边缘算起的长度不应小于跨度的 1/6，且应与不少于 5 根分布钢筋相交。抗裂钢筋最小直径应为 4mm，最大间距应为 150mm。顺肋方向抗裂钢筋的保护层厚度宜为 20mm。与抗裂钢筋垂直的分布钢筋，直径不应小于抗裂钢筋直径的 2/3，间距不应大于抗裂钢筋间距的 1.5 倍。

7）组合板中受力钢筋的锚固、搭接长度及钢筋的保护层厚度等均应符合《混凝土结构设计规范》（GB 50010—2010）的要求。

（2）组合板正截面承载力不足时，可在板底沿顺肋方向配置纵向抗拉钢筋，钢筋保护层净厚度不应小于 15mm，板底纵向钢筋与上部纵向钢筋间应设置拉筋。

（3）组合板支座处构造钢筋及板面温度钢筋配置应符合《混凝土结构设计规范》（GB 50010—2010）的有关规定。

3.5.3　组合板抗剪连接件要求

组合板端部应设置栓钉锚固件，栓钉应设置在端支座的压型钢板凹肋处，穿透压型钢板并焊牢于钢梁上或钢筋混凝土梁的预埋钢板上，压型钢板与混凝土叠合面之间栓钉的设置不需要计算，但应满足以下构造要求：

（1）跨度小于 3m 的组合板，一般宜配置直径为 13mm 或 16mm 的栓钉；跨度在 3～6m 的组合板，一般应配置直径为 16mm 或 19mm 的栓钉；跨度大于 6m 的组合板，栓钉直径宜为 19mm。

（2）栓钉沿支承钢梁的轴线方向的布置间距不小于 5 倍栓钉直径；栓钉沿垂直于支承钢梁轴线方向的布置间距不小于 4 倍栓钉直径；栓钉在沿支承钢梁宽度方向布置时，距离上翼缘边缘距离不小于 35mm。

（3）栓钉的长度应满足其高出压型钢板板面 35mm，且应在端支座压型钢板的凹肋处穿透压型钢板牢牢地焊在钢梁上。

3.5.4　组合板施工阶段的其他规定

（1）压型钢板端部支座处宜采用栓钉与钢梁或预埋件固定，栓钉应设置在支座的压型钢板凹槽处，每槽不应少于 1 个，并应穿透压型钢板与钢梁焊牢，栓钉中心到压型钢板自由边距离不应小于 2 倍栓钉直径。栓钉直径可根据楼板跨度按表 3 - 4 采用。

表 3 - 4　　固定压型钢板的栓钉直径

楼板跨度 l（m）	栓钉直径（mm）
$l<3$	13
$3\leqslant l\leqslant 6$	16 或 19
$l>3$	19

（2）压型钢板侧向在钢梁上的搭接长度不应小于 25mm，在预埋件上的搭接长度不应小于 50mm。组合板压型钢板侧向与钢梁或预埋件之间应采取有效的固定措施。当采用点焊焊

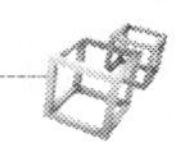

接固定时，点焊间距不宜大于 400mm。当采用栓钉固定时，栓钉间距不宜大于 400mm。

3.6 组合板设计计算实例

【例 3-1】 某工程楼板采用压型钢板-混凝土组合板，楼面压型钢板最大计算跨度 $l=3.0$m。压型钢板型号采用 3WDEK-305-915，压型钢板厚度为 1.20mm，波高为 76mm，波距为 305mm，压型钢板钢材设计强度为 500MPa，截面面积为 $16.89\times10^2\text{mm}^2/\text{m}$，截面惯性矩为 $1.721\times10^6\text{mm}^4/\text{m}$，截面面积矩为 $41.94\times10^3\text{mm}^3/\text{m}$，压型钢板具体截面形状和尺寸见图 3-15。压型钢板以上混凝土厚度为 74mm，楼板总厚度为 150mm，水泥砂浆面层厚度为 30mm。

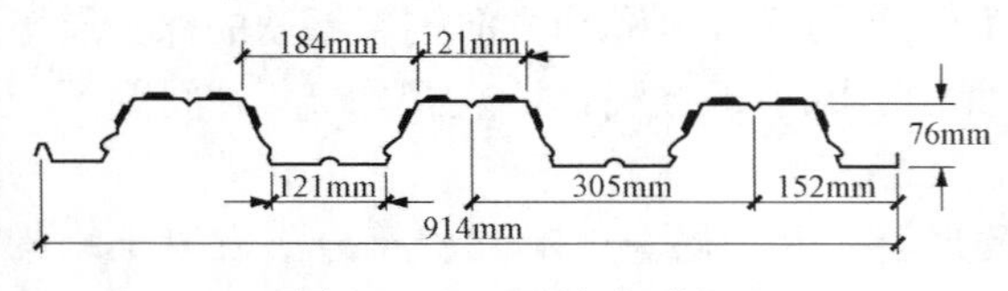

图 3-15 压型钢板截面

混凝土强度等级为 C30（$f_c=14.3\text{N/mm}^2$，$E_c=3.0\times10^4\text{N/mm}^2$）。施工阶段和使用阶段的活荷载分别为 1.5kN/m^2 和 2.0kN/m^2，使用阶段活荷载的准永久值系数 $\psi_q=0.5$。试对该组合板进行施工阶段和使用阶段的正截面受弯承载力和挠度验算。

解 1. 荷载计算

（1）施工阶段荷载及内力计算：

现浇混凝土板自重 $=25\times(0.074+0.076/2)=2.80(\text{kN/m}^2)$

压型钢板自重 $=0.13(\text{kN/m}^2)$

施工活荷载 $=1.5(\text{kN/m}^2)$

压型钢板上作用的恒荷载标准值和设计值分别为

$$g_{1k}=2.93(\text{kN/m}^2)$$

$$g_1=1.2g_{1k}=3.518(\text{kN/m}^2)$$

压型钢板上作用的活荷载标准值和设计值分别为

$$p_{1k}=1.5(\text{kN/m}^2)$$

$$p_1=1.4p_{1k}=2.1(\text{kN/m}^2)$$

1 个波距（305mm）宽度压型钢板上作用的弯矩设计值

$$M_1=\frac{1}{8}(g_1+p_1)l^2\times0.305=\frac{1}{8}\times(3.518+2.1)\times3^2\times0.305=1.93(\text{kN}\cdot\text{m})$$

（2）使用阶段荷载及内力计算：

混凝土板和压型钢板自重 $=2.93$（kN/m^2）

水泥砂浆面层 $=20\times0.03=0.6$（kN/m^2）

楼面活荷载 $=2.0$（kN/m^2）

组合板上的恒荷载标准值和设计值分别为

$$g_{2k}=3.53(\text{kN/m}^2)$$

$$g_2=1.2g_{2k}=4.24(\text{kN/m}^2)$$

组合板上的活荷载标准值和设计值分别为

$$p_{2k}=2.0(\text{kN/m}^2)$$

$$p_2=1.4p_{2k}=2.8(\text{kN/m}^2)$$

1 个波距（305mm）宽度组合板上作用的弯矩设计值

$$M'_2 = \frac{1}{8}(g_2 + p_2)l^2 \times 0.305 = \frac{1}{8} \times (4.24 + 2.8) \times 3^2 \times 0.305 = 2.42(\mathrm{kN \cdot m})$$

2. 施工阶段压型钢板计算

（1）受压翼缘有效计算宽度

$$b_e = 50t = 50 \times 1.2 = 60(\mathrm{mm}) < 121(\mathrm{mm})$$

故施工阶段承载力和变形计算应按有效截面计算。

（2）受弯承载力。按受压翼缘有效计算宽度为 60mm，重新计算得到 1 个波距板宽上有效截面的抵抗矩 $W_a = 7.30 \times 10^3\ \mathrm{mm}^3$，惯性矩 $I_a = 36.0 \times 10^4\ \mathrm{mm}^4$。

压型钢板的受弯承载力为

$$f_a W_a = 500 \times 7.30 \times 10^3 = 3.65 \times 10^6(\mathrm{N \cdot mm}) > 0.9M_1 = 1.74(\mathrm{kN \cdot m})$$

（3）挠度计算。挠度验算时应按荷载标准组合计算

$$q_{1k} = g_{1k} + p_{1k} = 2.932 + 1.5 = 4.432(\mathrm{kN/m^2})$$

$$\Delta_1 = \frac{5}{384}\frac{q_{1k}l^4}{E_{ss}I_a} \times 0.305 = \frac{5}{384} \times \frac{4.432 \times 3000^4}{2.06 \times 10^5 \times 36 \times 10^4} \times 0.305 = 19.20(\mathrm{mm})$$

$$\Delta_{lim} = \frac{l}{180} = \frac{3000}{180} = 16.7\mathrm{mm} < 19.20\mathrm{mm}, \text{不满足要求}$$

故施工阶段强度满足要求，但是挠度不满足要求，需要采取增加临时支撑或调整楼盖组合板布置跨度，在此例中，暂考虑采用增加临时支撑方案以确保满足施工阶段要求。

3. 使用阶段组合板计算

（1）受弯承载力。一个波距上压型钢板的面积为

$$A_a = 16.89 \times 10^2 \times \frac{305}{1000} = 515.1(\mathrm{mm^2})$$

因 $A_a f_a = 515.1 \times 500 = 257.55 \times 10^3$（N）$< f_c b h_c = 14.3 \times 305 \times 74 = 322.8 \times 10^3$（N）

故塑性中和轴在混凝土翼缘板内，这时压型钢板全截面有效，因此

$$x = \frac{f_a A_a}{f_c b} = \frac{500 \times 515.1}{14.3 \times 305} = 59(\mathrm{mm})$$

压型钢板的形心轴距混凝土板上翼缘的距离为

$$h_0 = h_c + (h_s - y_{cb}) = 74 + (76 - 41) = 109(\mathrm{mm})$$

组合板受弯承载力为

$$M_u = f_a A_a (h_0 - \frac{x}{2}) = 500 \times 515.1 \times \left(109 - \frac{59}{2}\right)$$

$$= 20.47 \times 10^6(\mathrm{N \cdot mm}) > 2.42 \times 10^6(\mathrm{N \cdot mm})$$

故正截面承载力满足要求。

（2）挠度验算。在 $b = 305\mathrm{mm}$ 宽度上，均布恒荷载和活荷载的标准值分别为

$$g_{2k} = 3.53 \times 0.305 = 1.08(\mathrm{kN/m}), p_{2k} = 2 \times 0.305 = 0.61(\mathrm{kN/m})$$

$$\alpha_E = 2.06 \times 10^5/(3.00 \times 10^4) = 6.87$$

$$A_a = 515.1\mathrm{mm^2}, b_r = \frac{184 + 121}{2} = 152.5(\mathrm{mm})$$

计算得

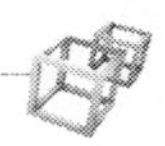

$$I_a = 1.721 \times 10^6 \times \frac{305}{1000} = 5.249 \times 10^5 (\text{mm}^4)$$

1）按荷载效应标准组合计算的换算截面惯性矩

$$y_{cc} = \frac{0.5bh_c^2 + \alpha_E A_a h_0 + b_r h_s (h_0 - 0.5h_s) b/c_s}{bh_c + \alpha_E A_a + b_r h_s b/c_s}$$

$$= \frac{0.5 \times 305 \times 74^2 + 6.87 \times 515.1 \times 109 + 152.5 \times 76 \times (109 - 0.5 \times 76) \times 305/305}{305 \times 74 + 6.87 \times 515.1 + 152.5 \times 76 \times 305/305}$$

$$= 54.21(\text{mm})$$

$$I_u^s = \frac{bh_c^3}{12} + bh_c(y_{cc} - 0.5h_c)^2 + \alpha_E I_a + \alpha_E A_a y_{cs}^2 + \frac{b_r b h_s}{c_s}\left[\frac{h_s^2}{12} + (h - y_{cc} - 0.5h_s)^2\right]$$

$$= \frac{305 \times 74^3}{12} + 305 \times 74 \times (54.21 - 0.5 \times 74)^2 + 6.87 \times 5.249 \times 10^5 + 6.87 \times 515.1$$

$$\times (109 - 54.21)^2 + \frac{152.5 \times 305 \times 76}{305} \times \left[\frac{76^2}{12} + (150 - 54.21 - 0.5 \times 76)^2\right]$$

$$= 7.55 \times 10^7 (\text{mm}^4)$$

$$\rho_a = \frac{A_a}{bh_0} = \frac{515.1}{305 \times 109} = 1.55\%$$

$$y'_{cc} = \left[\sqrt{2\rho_a \alpha_E + (\rho_a \alpha_E)^2} - \rho_a \alpha_E\right] h_0$$

$$= \left[\sqrt{2 \times 0.0155 \times 6.87 + (0.0155 \times 6.87)^2} - 0.0155 \times 6.87\right] \times 109$$

$$= 40.02(\text{mm})$$

$$I_c^s = \frac{b\,(y'_{cc})^3}{3} + \alpha_E A_a y_{cs}^2 + \alpha_E I_a$$

$$= \frac{305 \times 40.02^3}{3} + 6.87 \times 515.1 \times 54.79^2 + 6.87 \times 5.249 \times 10^5$$

$$= 2.07 \times 10^7 (\text{mm}^4)$$

$$I_{eq}^s = \frac{I_u^s + I_c^s}{2} = \frac{7.55 \times 10^7 + 2.07 \times 10^7}{2} = 4.81 \times 10^7\ (\text{mm}^4)$$

$$B_s = E_c I_{eq}^s = 3.0 \times 10^4 \times 4.81 \times 10^7 = 14.43 \times 10^{11} (\text{N} \cdot \text{mm}^2)$$

按荷载效应标准组合计算的挠度为

$$\Delta_2 = \alpha \frac{(g_{2k} + p_{2k}) l^4}{B_s} = \frac{5}{384} \times \frac{(1.08 + 0.61) \times 3000^4}{14.43 \times 10^{11}} = 1.24(\text{mm})$$

2）按荷载效应准永久组合计算的截面惯性矩为

$$y_{cc} = \frac{0.5bh_c^2 + 2\alpha_E A_a h_0 + b_r h_s (h_0 - 0.5h_s) b/c_s}{bh_c + 2\alpha_E A_a + b_r h_s b/c_s}$$

$$= \frac{0.5 \times 305 \times 74^2 + 2 \times 6.87 \times 515.1 \times 109 + 152.5 \times 76 \times (109 - 0.5 \times 76) \times 305/305}{305 \times 74 + 2 \times 6.87 \times 515.1 + 152.5 \times 76 \times 305/305}$$

$$= 58.89(\text{mm})$$

$$I_u^l = \frac{bh_c^3}{12} + bh_c(y_{cc} - 0.5h_c)^2 + 2\alpha_E I_a + 2\alpha_E A_a y_{cs}^2 + \frac{b_r b h_s}{c_s}\left[\frac{h_s^2}{12} + (h - y_{cc} - 0.5h_s)^2\right]$$

$$= \frac{305 \times 74^3}{12} + 305 \times 74 \times (58.89 - 0.5 \times 74)^2 + 2 \times 6.87 \times 5.249 \times 10^5 + 2 \times 6.87$$

$$\times 515.1 \times (109 - 58.89)^2 + \frac{152.5 \times 305 \times 76}{305} \times \left[\frac{76^2}{12} + (150 - 58.89 - 0.5 \times 76)^2\right]$$

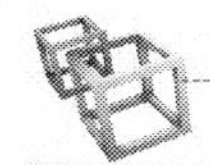

$$= 8.44 \times 10^7 (\text{mm}^4)$$

$$I_u^s = \frac{bh_c^3}{12} + bh_c(y_{cc} - 0.5h_c)^2 + \alpha_E I_a + \alpha_E A_a y_{cs}^2 + \frac{b_r b h_s}{c_s}\left[\frac{h_s^2}{12} + (h - y_{cc} - 0.5h_s)^2\right]$$

$$= \frac{305 \times 74^3}{12} + 305 \times 74 \times (54.21 - 0.5 \times 74)^2 + 6.87 \times 5.249 \times 10^5 + 6.87 \times 515.1$$

$$\times (109 - 54.21)^2 + \frac{152.5 \times 305 \times 76}{305} \times \left[\frac{76^2}{12} + (150 - 54.21 - 0.5 \times 76)^2\right]$$

$$= 7.55 \times 10^7 (\text{mm}^4)$$

$$\rho_a = \frac{A_a}{bh_0} = \frac{515.1}{305 \times 109} = 1.55\%$$

$$y'_{cc} = [\sqrt{2\rho_a \times 2\alpha_E + (\rho_a 2\alpha_E)^2} - \rho_a 2\alpha_E]h_0$$

$$= [\sqrt{4 \times 0.0155 \times 6.87 + (2 \times 0.0155 \times 6.87)^2} - 2 \times 0.0155 \times 6.87] \times 109$$

$$= 51.62(\text{mm})$$

$$I_c^l = \frac{b\,(y'_{cc})^3}{3} + 2\alpha_E A_a y_{cs}^2 + 2\alpha_E I_a$$

$$= \frac{305 \times 51.62^3}{3} + 2 \times 6.87 \times 515.1 \times 50.11^2 + 2 \times 6.87 \times 5.249 \times 10^5$$

$$= 3.90 \times 10^7 (\text{mm}^4)$$

$$I_{eq}^l = \frac{I_u^l + I_c^l}{2} = \frac{8.44 \times 10^7 + 3.90 \times 10^7}{2} = 6.17 \times 10^7 (\text{mm}^4)$$

$$B = 0.5E_c I_{eq}^l = 0.5 \times 3.0 \times 10^4 \times 6.17 \times 10^7 = 9.26 \times 10^{11} (\text{N} \cdot \text{mm}^2)$$

按荷载效应准永久组合计算的挠度为

$$\Delta_2 = \alpha\frac{(g_{2k} + \psi_q p_{2k})l^4}{B} = \frac{5}{384} \times \frac{(1.08 + 0.5 \times 0.61) \times 3000^4}{9.26 \times 10^{11}} = 1.58(\text{mm})$$

$$\Delta_{lim} = \frac{3000}{360} = 8.33(\text{mm}) > 1.58(\text{mm})$$

故使用阶段的挠度符合要求。

【例 3 - 2】 某工程楼板采用压型钢板 - 混凝土组合板，楼面压型钢板最大计算跨度 l= 2.4m。压型钢板型号采用 BONDEK - 200 - 600，压型钢板厚度为 1.20mm，波高为 53mm，波距为 200mm，压型钢板具体截面形状和尺寸见图 3 - 16，截面特性见表 3 - 5，压型钢板钢材设计强度为 500MPa。压型钢板以上混凝土厚度为 58mm，楼板总厚度为 110mm，水泥砂浆面层厚度为 30mm。组合板施工阶段和使用阶段的活荷载均为 2.0kN/m²，其他情况与［例 3 - 1］相同。试对该组合板进行施工阶段和使用阶段的正截面受弯承载力和挠度验算。

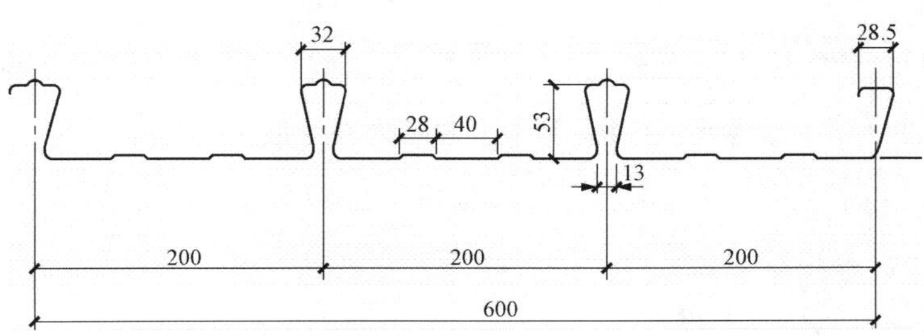

图 3 - 16　BONDEK Ⅱ 型压型钢板截面几何尺寸

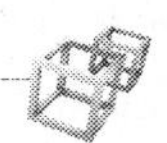

表 3-5　　BONDEK Ⅱ型闭口压型钢板截面特性

板型	板厚 (mm)	截面面积矩 (mm^3/m)	截面面积 (mm^2/m)	截面惯性矩 I_x (mm^4/m)	屈服强度 f_a (MPa)
1.20BMT	1.20	20.03×10^3	2014	76.90×10^4	500

解　1. 荷载计算

(1) 施工阶段荷载及内力计算：

现浇混凝土板自重＝25×（0.058＋0.052/2）＝2.10（kN/m^2）

压型钢板自重＝0.157（kN/m^2）

施工活荷载＝2.0（kN/m^2）

压型钢板上作用的恒荷载标准值和设计值分别为

$$g_{1k} = 2.257(kN/m^2)$$

$$g_1 = 1.2g_{1k} = 2.71(kN/m^2)$$

压型钢板上作用的活荷载标准值和设计值分别为

$$p_{1k} = 2.0(kN/m^2)$$

$$p_1 = 1.4p_{1k} = 2.8(kN/m^2)$$

1 个波距（200mm）宽度压型钢板上作用的弯矩设计值

$$M_1 = \frac{1}{8}(g_1 + p_1)l^2 \times 0.2 = \frac{1}{8} \times (2.71 + 2.8) \times 2.4^2 \times 0.2 = 0.79(kN \cdot m)$$

1 个波距（200mm）宽度压型钢板上作用的剪力设计值

$$V_1 = \frac{1}{2}(g_1 + p_1)l \times 0.2 = \frac{1}{2} \times (2.71 + 2.8) \times 2.4 \times 0.2 = 1.32(kN)$$

(2) 使用阶段荷载及内力计算

混凝土板和压型钢板自重＝2.257（kN/m^2）

水泥砂浆面层＝20×0.03＝0.6（kN/m^2）

楼面活荷载＝2.0（kN/m^2）

组合板上的恒荷载标准值和设计值分别为

$$g_{2k} = 2.86(kN/m^2)$$

$$g_2 = 1.2g_{2k} = 3.43(kN/m^2)$$

组合板上的活荷载标准值和设计值分别为

$$p_{2k} = 2.0(kN/m^2)$$

$$p_2 = 1.4p_{2k} = 2.8(kN/m^2)$$

1 个波距（200mm）宽度压型钢板上作用的弯矩设计值

$$M'_2 = \frac{1}{8}(g_2 + p_2)l^2 \times 0.2 = \frac{1}{8} \times (3.43 + 2.8) \times 2.4^2 \times 0.2 = 0.90(kN \cdot m)$$

1 个波距（200mm）宽度压型钢板上作用的剪力设计值

$$V'_2 = \frac{1}{2}(g_2 + p_2)l \times 0.2 = \frac{1}{2} \times (3.43 + 2.8) \times 2.4 \times 0.2 = 1.50(kN)$$

2. 施工阶段压型钢板计算

(1) 受压翼缘有效计算宽度

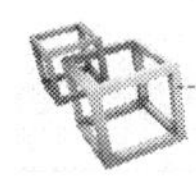

$$b_e = 50t = 50 \times 1.2 = 60(\text{mm}) > 32(\text{mm})$$

故施工阶段承载力和变形计算应按实际截面计算。

（2）受弯承载力。

1 个波距（200mm）板宽上截面的抵抗矩

$$W_a = 0.2 \times 20.03 \times 10^3 = 4 \times 10^3\ (\text{mm}^3)$$

1 个波距（200mm）板宽上截面的惯性矩

$$I_a = 0.2 \times 76.90 \times 10^4 = 15.38 \times 10^4\ (\text{mm}^4)$$

压型钢板的受弯承载力为

$$f_a W_a = 500 \times 4 \times 10^3 = 2 \times 10^6 (\text{N} \cdot \text{mm}) > 0.9M_1 = 0.71(\text{kN} \cdot \text{m})$$

（3）挠度计算。挠度验算时应按荷载标准组合计算

$$q_{1k} = g_{1k} + p_{1k} = 2.257 + 2.0 = 4.257(\text{kN/m}^2)$$

$$\Delta_1 = \frac{5}{384}\frac{q_{1k}l^4}{E_{ss}I_a} \times 0.200 = \frac{5}{384} \times \frac{4.257 \times 2400^4}{2.06 \times 10^5 \times 15.38 \times 10^4} \times 0.200 = 11.61(\text{mm})$$

$$\Delta_{\lim} = \frac{l}{180} = \frac{2400}{180} = 13.3(\text{mm}) > 11.61(\text{mm}),\text{满足要求}$$

故施工阶段正截面受弯承载力和挠度满足要求。

3. 使用阶段组合板计算

（1）受弯承载力。一个波距（200mm）上压型钢板的面积为

$$A_a = 20.14 \times 10^2 \times \frac{200}{1000} = 403(\text{mm}^2)$$

因

$$A_a f_a = 403 \times 500 = 201.50 \times 10^3 (\text{N}) > f_c b h_c = 14.3 \times 200 \times 58 = 165.88 \times 10^3 (\text{N})$$

故塑性中和轴在压型钢板腹板内，这时压型钢板部分受拉、部分受压，得

$$x = \frac{f_a A_a}{f_c b} = \frac{500 \times 403}{14.3 \times 200} = 70.5(\text{mm})$$

$$y_{a1} = \frac{h_c}{2} + \frac{I_x}{W_x} = 58/2 + \frac{76.90 \times 10^4}{20.03 \times 10^3} = 67.4(\text{mm})$$

$$y_{a2} = h - 13.6 - \frac{h_c}{2} - \frac{x}{2} = 110 - 13.6 - \frac{58}{2} - \frac{70.5}{2} = 32.2(\text{mm})$$

$$A_{a2} = (403 - 14.3 \times 58 \times 200/500)/2 = 35.62(\text{mm}^2)$$

$$\begin{aligned} M_u &= 14.3 \times 58 \times 200 \times 67.4 + 35.62 \times 500 \times 32.2 \\ &= 11.75 \times 10^6 (\text{N} \cdot \text{mm}) > 0.9 \times 10^6 (\text{N} \cdot \text{mm}) \end{aligned}$$

正截面承载力满足要求。

（2）挠度验算。在 b=200mm 宽度上，均布恒荷载和活荷载的标准值分别为

$$g_{2k} = 2.86 \times 0.2 = 0.572(\text{kN/m}), p_{2k} = 2 \times 0.2 = 0.4(\text{kN/m})$$

$$\alpha_E = 2.06 \times 10^5/(3.00 \times 10^4) = 6.87$$

$$A_a = 403\ \text{mm}^2, b_r = \frac{168 + 187}{2} = 177.5(\text{mm})$$

计算得

$$I_a = 76.90 \times 10^4 \times \frac{200}{1000} = 15.38 \times 10^4 (\text{mm}^4)$$

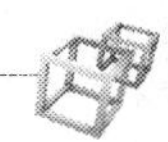

1）按荷载效应标准组合计算的换算截面惯性矩

$$y_{cc}=\frac{0.5bh_c^2+\alpha_E A_a h_0+b_r h_s(h_0-0.5h_s)b/c_s}{bh_c+\alpha_E A_a+b_r h_s b/c_s}$$

$$=\frac{0.5\times200\times58^2+6.87\times403\times96.4+177.5\times53\times(96.4-0.5\times53)\times200/200}{200\times58+6.87\times403+177.5\times53\times200/200}$$

$$=53.03(\text{mm})$$

$$I_u^s=\frac{bh_c^3}{12}+bh_c(y_{cc}-0.5h_c)^2+\alpha_E I_a+\alpha_E A_a y_{cs}^2+\frac{b_r bh_s}{c_s}\left[\frac{h_s^2}{12}+(h-y_{cc}-0.5h_s)^2\right]$$

$$=\frac{200\times58^3}{12}+200\times58\times(53.03-0.5\times58)^2+6.87\times15.38\times10^4+6.87\times403$$

$$\times(96.4-53.03)^2+\frac{177.5\times200\times53}{200}\times\left[\frac{53^2}{12}+(110-53.03-0.5\times53)^2\right]$$

$$=2.72\times10^7(\text{mm}^4)$$

$$\rho_a=\frac{A_a}{bh_0}=\frac{403}{200\times96.4}=2.09\%$$

$$y'_{cc}=\left[\sqrt{2\rho_a\alpha_E+(\rho_a\alpha_E)^2}-\rho_a\alpha_E\right]h_0$$

$$=\left[\sqrt{2\times0.0209\times6.87+(0.0209\times6.87)^2}-0.0209\times6.87\right]\times96.4$$

$$=39.64(\text{mm})$$

$$I_c^s=\frac{b\,(y'_{cc})^3}{3}+\alpha_E A_a y_{cs}^2+\alpha_E I_a$$

$$=\frac{200\times39.64^3}{3}+6.87\times403\times43.37^2+6.87\times1.538\times10^5$$

$$=1.04\times10^7(\text{mm}^4)$$

$$I_{eq}^s=\frac{I_u^s+I_c^s}{2}=\frac{2.72\times10^7+1.04\times10^7}{2}=1.88\times10^7\ (\text{mm}^4)$$

$$B_s=E_c I_{eq}^s=3.0\times10^4\times1.88\times10^7=5.64\times10^{11}(\text{N}\cdot\text{mm}^2)$$

按荷载效应标准组合计算的挠度为

$$\Delta_2=\alpha\frac{(g_{2k}+p_{2k})l^4}{B_s}=\frac{5}{384}\times\frac{(0.572+0.4)\times2400^4}{5.64\times10^{11}}=0.75(\text{mm})$$

2）按荷载效应准永久组合计算的截面惯性矩为

$$y_{cc}=\frac{0.5bh_c^2+2\alpha_E A_a h_0+b_r h_s(h_0-0.5h_s)b/c_s}{bh_c+2\alpha_E A_a+b_r h_s b/c_s}$$

$$=\frac{0.5\times200\times58^2+2\times6.87\times403\times96.4+177.5\times53\times(96.4-0.5\times53)\times200/200}{200\times58+2\times6.87\times403+177.5\times53\times200/200}$$

$$=57.55(\text{mm})$$

$$I_u^l=\frac{bh_c^3}{12}+bh_c(y_{cc}-0.5h_c)^2+2\alpha_E I_a+2\alpha_E A_a y_{cs}^2+\frac{b_r bh_s}{c_s}\left[\frac{h_s^2}{12}+(h-y_{cc}-0.5h_s)^2\right]$$

$$=\frac{200\times58^3}{12}+200\times58\times(57.55-0.5\times58)^2+2\times6.87\times1.538\times10^5+2\times6.87$$

$$\times403\times(96.4-57.55)^2+\frac{177.5\times200\times53}{200}\times\left[\frac{53^2}{12}+(110-57.55-0.5\times53)^2\right]$$

$$=3.17\times10^7(\text{mm}^4)$$

$$\rho_a = \frac{A_a}{bh_0} = \frac{403}{200 \times 96.4} = 2.09\%$$

$$y'_{cc} = \left[\sqrt{2\rho_a \times 2\alpha_E + (\rho_a 2\alpha_E)^2} - \rho_a 2\alpha_E\right] h_0$$

$$= \left[\sqrt{4 \times 0.0209 \times 6.87 + (2 \times 0.0209 \times 6.87)^2} - 2 \times 0.0209 \times 6.87\right] \times 96.4$$

$$= 50.44(\text{mm})$$

$$I_c^l = \frac{b\,(y'_{cc})^3}{3} + 2\alpha_E A_a y_{cs}^2 + 2\alpha_E I_a$$

$$= \frac{200 \times 50.44^3}{3} + 2 \times 6.87 \times 403 \times 38.85^2 + 2 \times 6.87 \times 1.538 \times 10^5$$

$$= 1.90 \times 10^7 (\text{mm}^4)$$

$$I_{eq}^l = \frac{I_u^l + I_c^l}{2} = \frac{3.17 \times 10^7 + 1.90 \times 10^7}{2} = 2.54 \times 10^7\ (\text{mm}^4)$$

$$B = 0.5 E_c I_{eq}^l = 0.5 \times 3.0 \times 10^4 \times 2.54 \times 10^7 = 3.82 \times 10^{11} (\text{N} \cdot \text{mm}^2)$$

按荷载效应准永久组合计算的挠度为

$$\Delta_2 = \alpha \frac{(g_{2k} + \psi_q p_{2k}) l^4}{B} = \frac{5}{384} \times \frac{(0.572 + 0.5 \times 0.4) \times 2400^4}{3.82 \times 10^{11}} = 0.89(\text{mm})$$

$$\Delta_{lim} = \frac{2400}{360} = 6.67(\text{mm}) > 0.89(\text{mm})$$

故使用阶段的挠度符合要求。

本章小结

(1) 压型钢板 - 混凝土组合板是由压型钢板与混凝土通过组合作用形成，具有较多性能优势和广泛应用前景。

(2) 施工阶段，压型钢板承担楼板上全部永久荷载和施工活荷载，采用钢结构理论，按照安全弹性方法进行承载力和变形验算，并且压型钢板受压翼缘要按有效翼缘宽度进行计算。

(3) 在使用阶段，压型钢板 - 混凝土组合板主要发生弯曲破坏、纵向剪切黏结破坏和斜截面剪切破坏三种主要破坏形态，有时也出现局部压曲破坏、局部冲切破坏等其他破坏形态。

(4) 对使用阶段的验算，组合板弯曲破坏承载力计算可采用以平截面假定为基础的塑性承载力计算方法进行计算，组合板纵向剪切黏结破坏承载力主要采用 $m-k$ 系数法进行计算，组合板斜截面剪切破坏承载力仅考虑混凝土抗剪贡献。

(5) 组合板截面弯曲刚度可以采用换算截面法计算；其挠度应按荷载效应的标准组合或准永久组合分别进行计算，取其中较大值作为挠度验算的依据。

(6) 连续组合板负弯矩区最大裂缝宽度应符合《混凝土结构设计规范》（GB 50010—2010）的规定。

(7) 应对组合板进行自振频率验算以考虑舒适度的要求。

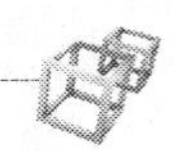

思考题

1. 简述压型钢板-混凝土组合板中，压型钢板有哪几种主要形式。
2. 简述压型钢板-混凝土组合板性能特点。
3. 简述压型钢板受压翼缘有效宽度计算方法及原因。
4. 简述压型钢板-混凝土组合板的主要破坏模式。
5. 简述压型钢板-混凝土组合板内力分析方法。
6. 简述计算组合板刚度时的换算截面法。
7. 简述组合板使用阶段承载力验算与钢筋混凝土板承载力验算的异同。
8. 评述组合板自振频率计算方法及振动控制要求。

习　题

某工程楼板采用压型钢板-混凝土组合板，楼面压型钢板最大计算跨度为 $l=2.5$m。压型钢板型号采用 BONDEK-200-600，压型钢板厚度为 1.00mm，波高为 53mm，波距为 200mm，压型钢板钢材设计强度为 500MPa，截面面积为 1678mm^2/m，截面惯性矩为 64.08×10^4mm^4/m，截面面积矩为 16.69×10^3mm^3/m，压型钢板具体截面形状和尺寸见图 3-16。压型钢板以上混凝土厚度为 68mm，楼板总厚度为 120mm，水泥砂浆面层厚度为 30mm。混凝土强度等级为 C30（$f_c=14.3$N/mm^2，$E_c=3.0\times10^4$N/mm^2）。施工阶段和使用阶段的活荷载分别为 1.5kN/m^2 和 2.5kN/m^2，使用阶段活荷载的准永久值系数 $\psi_q=0.5$。试对该组合板进行施工阶段和使用阶段的正截面受弯承载力和挠度验算。

第 4 章　钢 - 混凝土组合梁

4.1　概　　述

4.1.1　组合梁基本原理

钢 - 混凝土组合梁是通过抗剪连接件将钢梁与混凝土翼板组合在一起的横向承重组合构件，由于充分发挥了混凝土抗压性能好和钢材抗拉性能好的各自优势，已在实际工程中广泛应用。与传统梁式结构相比，钢 - 混凝土组合梁具有以下诸多优点：

（1）组合梁截面中混凝土主要受压，钢梁受拉，能充分发挥材料特性，承载力高。在承载力相同时，比非组合梁节约钢材 15%～25%。

（2）混凝土翼板参加梁的工作，梁的刚度增大。楼盖结构的刚度要求相同时，采用组合梁可比非组合梁减小截面高度 26%～30%。组合梁用于高层建筑，不仅降低楼层结构高度，且显著减轻对地基的荷载。

（3）组合梁的翼缘板较宽大，提高了钢梁的侧向刚度，也提高了梁的稳定性，改善了钢梁受压区的受力状态，增强抗疲劳性能。

（4）可以利用钢梁的刚度和承载力承担悬挂模板、混凝土翼板及施工荷载，无需设置支撑，加快施工速度。

（5）抗震性能好。

（6）在钢梁上便于焊接托架或牛腿，供支撑室内管线用，不需埋设预埋件。

图 4 - 1 中所示为钢 - 混凝土组合梁受弯后的基本变形形态，根据钢梁和混凝土翼板之间的“组合”程度，可分为部分组合梁和完全组合梁。

当钢梁的上翼缘与混凝土翼板的下表面直接接触时，两者之间未采取任何构造措施进行连接，两者之间沿梁的轴线方向可以完全自由滑动，在横向荷载作用下，混凝土翼板与钢梁分别绕各自的中和轴发生弯曲变形，整梁的抗弯承载力等于混凝土翼板和钢梁各自抗弯承载力之和，如图 4 - 1（a）所示。对于该种梁式结构，由于混凝土翼板的抗弯截面有效高度较小，导致其开裂弯矩和抗弯承载力较低，较早地发生了破坏。钢梁的受力状态与纯钢梁类似，当其进入受弯屈服状态后，上翼缘由于缺乏混凝土翼板的有效侧向支撑，整体稳定性和局部稳定性均难以得到保证，因此钢梁也难以达到其极限塑性抗弯承载力。

当钢梁和混凝土翼板之间采取足够的构造措施件形成如图 4 - 1（c）所示的完全组合梁时，钢梁和混凝土翼板之间不发生任何滑移错动，且绕同一中和轴发生弯曲变形，此时混凝土翼板基本处于全截面受压状态，钢梁大部处于受拉状态，而混凝土翼板通过剪力连接件将对钢梁产生侧向支撑作用，进而可以防止钢梁发生整体失稳，混凝土翼板对钢梁上翼缘的面外起支撑作用，也可以从一定程度上延缓钢梁上翼缘受压时的局部失稳，因此完全组合梁中

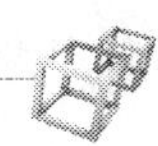

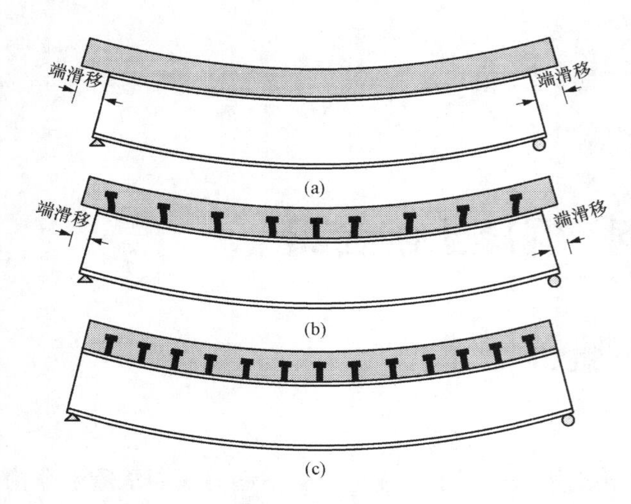

图 4-1 不同组合程度的钢-混凝土组合梁
(a) 无组合；(b) 部分组合；(c) 完全组合

钢材和混凝土的材料强度均可以得到充分的发挥。在实际工程中，常规构造下的钢-混凝土组合梁中纵向抗剪构造措施一般难以避免钢梁与混凝土翼板之间产生纵向相对滑移错动，即为部分组合梁，如图 4-1 (b) 所示。部分组合梁的承载力虽然低于完全组合梁，但其承载力往往也能够满足设计要求，且造价相对经济、施工更为方便，因此在工程中得到了广泛的使用。

4.1.2 组合梁类型及特点

通过在钢-混凝土组合梁中采用不同的结构材料并通过不同空间形式的组合，可以形成多种多样的组合梁。目前，组合梁的种类已从传统的外包式钢-混凝土组合梁发展至 T 形组合梁、现浇混凝土翼板组合梁、预制混凝土翼板组合梁、叠合板翼板组合梁、压型钢板组合梁等形式。

钢-混凝土组合梁按照截面形式可分为外包混凝土组合梁和钢梁外露的组合梁（如 T 形组合梁），如图 4-2 所示。外包混凝土组合梁又称劲性钢筋混凝土梁或钢骨混凝土梁或型钢混凝土梁，主要依靠钢材与混凝土之间的黏结力协同工作；T 形组合梁则依靠抗剪连接件将钢梁与混凝土翼板组合成一个整体来抵抗各种外界作用。大量的研究和实践经验表明，T 形组合梁更能够充分发挥不同材料的优势，具有更高的综合性能，是组合梁应用和发展的主要形式，也是本章讨论的主要对象。

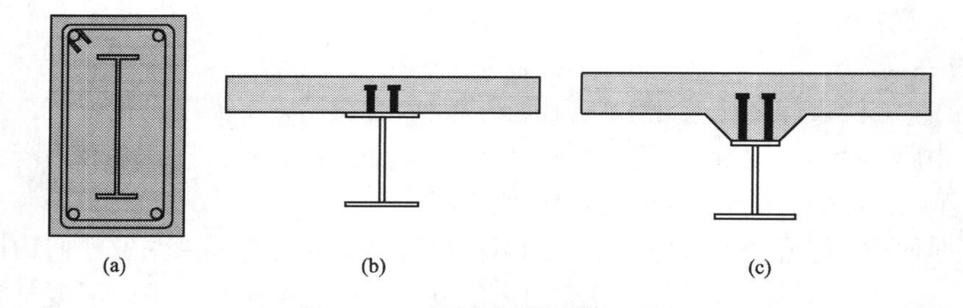

图 4-2 不同的组合梁截面形式
(a) 外包混凝土组合梁；(b) T 形组合梁（无托座）；(c) T 形组合梁（有托座）

组合梁按照混凝土翼板的形式不同可分为现浇混凝土翼板组合梁、预制混凝土翼板组合梁、叠合板翼板组合梁及压型钢板混凝土翼板组合梁等，如图 4-3 所示。

(1) 现浇混凝土翼板组合梁 [见图 4-3 (a)]。现浇混凝土翼板组合梁是指组合梁的混凝土翼板是在施工现场进行浇筑的。它的优点是组合梁的混凝土翼板整体性好，缺点是需要现场支模，湿作业工作量大，施工速度慢。

(2) 预制混凝土翼板组合梁 [见图 4-3 (b)]。预制混凝土翼板组合梁是指组合梁的混凝土翼板是事先预制好的，通过运输吊装等工序，在施工现场进行装配并在预留槽口处浇筑混凝土从而使之成为一个整体的形式。这种形式的组合梁的特点是混凝土翼板预制，现场只

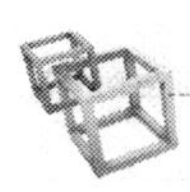

需要在预留槽口处浇筑混凝土，可以减少现场湿作业量，施工速度快，但是对预制板的加工精度要求高，不仅要求在预制板端部预留槽口，而且要求预留槽口在组合梁抗剪连接件的位置处对齐，同时槽口处需附加构造钢筋。由于槽口处构造及现浇混凝土是保证混凝土翼板和钢梁的整体工作的关键，因此，槽口处构造及现浇混凝土浇筑质量直接影响到混凝土翼板和钢梁的整体工作性能。

（3）叠合板翼板组合梁［见图4-3（c）］。叠合板翼板组合梁是我国科技工作者在现浇混凝土翼板组合梁和预制混凝土翼板组合梁的基础上发展起来的新型组合梁，具有构造简单、施工方便、受力性能好等优点。预制板在施工阶段作为模板，在使用阶段则作为楼面板或桥面板的一部分参与板的受力，同时还作为组合梁混凝土翼板的一部分参与组合梁的受力，做到了物尽其用。

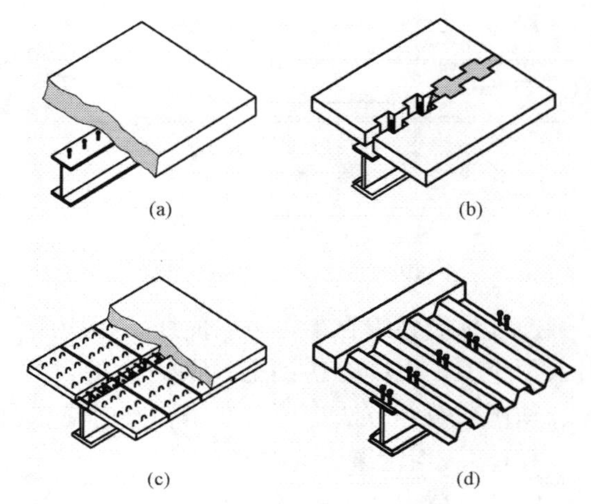

图4-3　组合梁的结构形式

（a）现浇混凝土翼板组合梁；（b）预制混凝土翼板组合梁；（c）叠合板翼板组合梁；（d）压型钢板混凝土翼板组合梁

（4）压型钢板混凝土翼板组合梁［见图4-3（d）］。随着我国钢材产量和加工技术的提高，压型钢板的应用越来越广泛，尤其是在高层建筑中的应用越来越多。压型钢板在施工阶段可以作为模板，在使用阶段的使用功能则取决于压型钢板的形状、规格及构造。对于带有压痕和抗剪键的开口型压型钢板，以及近年来发展起来的闭口型和缩口型压型钢板，还可以代替混凝土翼板中的下部受力钢筋，其他类型的压型钢板一般则只作为永久性模板使用。

另外，通过变化钢梁形式的方式，也可以形成多种组合梁，如组合梁采用的钢梁形式有工字形钢梁-混凝土组合梁、箱形钢梁-混凝土组合梁、钢桁架-混凝土组合梁、蜂窝形钢梁-混凝土组合梁等，如图4-4中所示。

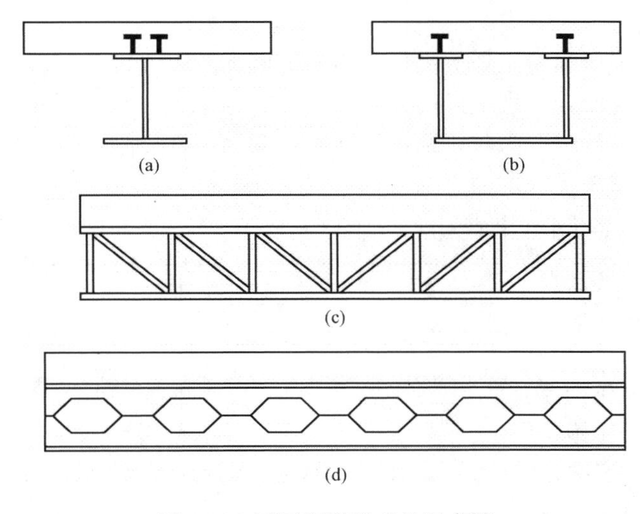

图4-4　不同钢梁形式的组合梁

（a）工字形钢梁-混凝土组合梁；（b）箱形钢梁-混凝土组合梁；（c）钢桁架-混凝土组合梁；（d）蜂窝形钢梁-混凝土组合梁

对于大跨结构和连续梁的负弯矩区，采用预应力技术形成预应力组合梁可以有效地提高普通组合梁的受力性能和正常使用性能。对于预应力组合梁，根据施加预应力的部位，可以分体内预应力组合梁（在混凝土翼板内施加纵向预应力）和体外预应力组合梁（只在钢梁上施加纵向预应力），见图4-5。在体内预应力组合梁中，通过在混凝土翼板内施加纵向预应力，可有效降低组合梁负弯矩区的混

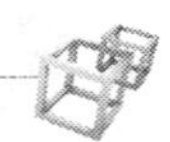

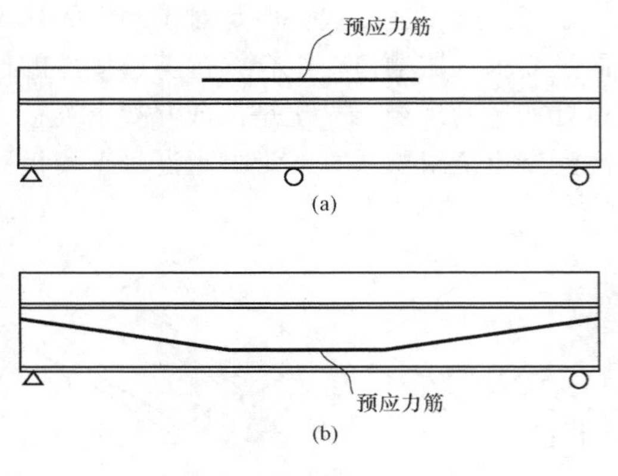

图 4-5　预应力组合梁

(a) 体内预应力；(b) 体外预应力

凝土翼板的拉应力，从而抑制混凝土产生开裂现象或减小裂缝宽度，适用于连续组合梁的负弯矩区；在体外预应力组合梁中，通过在钢梁上施加预应力，可有效以减小使用荷载作用下组合梁正弯矩区钢梁的最大拉应力，也可以提高组合梁的刚度从而减小竖向变形，适用于大跨结构。可以看出，在钢梁内施加预应力，可减小在使用荷载下组合梁正弯矩区钢梁的最大拉应力，增大钢梁的弹性范围，满足对钢梁应力水平的控制要求。在组合梁负弯矩区的混凝土翼板中施加预应力，则可以降低组合梁负弯矩区混凝土翼板的拉应力以控制混凝土开裂。对于连续预应力组合梁，可以曲线、折线或分离式布置预应力筋，在正弯矩区和负弯矩区都引入预应力，以同时达到上述两方面的目的。除了采用张拉钢丝束之外，调整支座相对高程、预压荷载等方法也可以在组合梁内施加预应力。

4.1.3　组合梁设计要求

(1) 承载力。组合梁的承载力验算内容主要包括各关键截面的抗弯承载力、竖向抗剪承载力和纵向抗剪承载力。对于组合梁的抗弯承载力，采用截面分析法计算并考虑钢梁和混凝土翼板间滑移效应的影响；对于组合梁的竖向抗剪承载力，在设计中可不考虑混凝土翼板的贡献，仅考虑钢梁腹板对竖向抗剪的贡献。根据分析方法的不同，组合梁的承载力设计方法可分为弹性设计和塑性设计。

(2) 刚度。组合梁的挠度均应采用弹性方法进行验算，并符合《钢结构设计标准》(GB 50017—2017) 的有关挠度限制要求。验算时，应考虑钢梁与混凝土翼板间滑移效应的影响，对组合梁的刚度进行折减。对于恒荷载引起的变形，可以通过钢梁预拱来抵消，这也是组合梁的优点之一。

(3) 稳定性。组合梁在使用阶段，由于混凝土翼板提供了很强的侧向约束，因此一般不需要进行整体稳定性的验算。但在施工阶段，特别是采用无临时支撑的施工方法时，则必须予以考虑。此外，当按照塑性方法进行设计时，为防止钢梁在达到全截面塑性极限弯矩前发生局部失稳，钢梁翼缘和腹板的宽厚比应满足一定的要求。

(4) 施工。根据在施工阶段钢梁下部是否设置临时支撑，组合梁的施工方法可以分为有临时支撑施工方法和无临时支撑施工方法。

若采用有临时支撑的施工方法（见图 4-6），钢梁安装完毕后，混凝土翼板浇筑前应在钢梁下方设置足够多的临时支撑，使得钢梁在施工阶段基本不承受荷载，当混凝土达到一定强度并与钢梁形成一定的组合作用后将拆除临时支撑，此时由组合梁来承担全部荷载。一般情况下，组合梁的跨度大于或等于 7m 时，应在钢

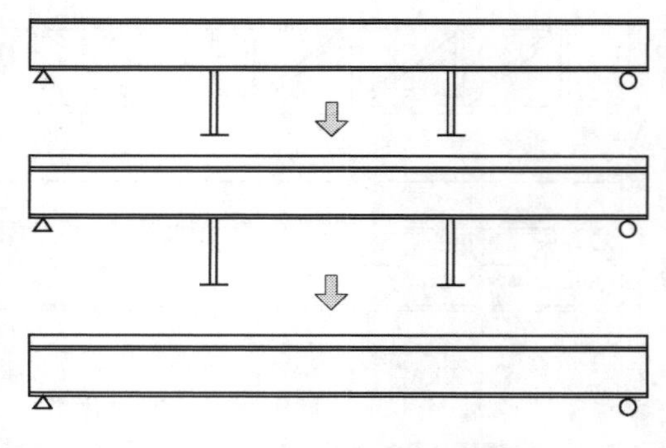

图 4-6　组合梁有临时支撑施工方法

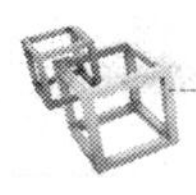

梁下方沿纵向设置不少于3个临时支撑，支撑等间距布置；当梁跨度小于7m时，钢梁下方沿纵向可设置1～2个临时支撑；也可视施工场地条件按一定间距布置临时支撑作为临时支点，但应考虑对应拆除的临时支撑点支反力反向作用于组合梁的效应。

若采用无临时支撑的施工方法（见图4-7），施工阶段混凝土硬化前的荷载均由钢梁承担，混凝土硬化后所增加的二期恒荷载及活荷载则由组合截面承担。这种方法在施工过程中钢梁的受力和变形较大，因此用钢量比有临时支撑的施工方法偏高，但比较方便快捷。

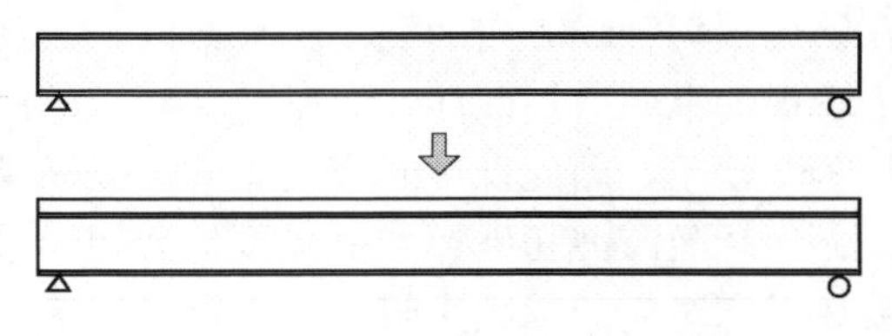

图4-7 组合梁无临时支撑施工方法

对于大跨度组合梁，通常施工阶段钢梁的刚度比较小，一般采用有临时支撑的施工方法。采用有临时支撑的施工方法时，全部的恒荷载及活荷载均由组合截面承担，采用弹性设计方法或塑性设计方法均能够充分考虑钢材和混凝土材料各自的优越性能。

当组合梁跨度较小时，可采用无临时支撑的施工方法，设计时应分两阶段进行验算。第一阶段，即混凝土硬化前处于湿混凝土时的阶段，验算内容应包括钢梁在湿混凝土自重、钢梁自重和施工荷载下的承载力、稳定性及变形，按照纯钢梁的计算方法满足《钢结构设计标准》（GB 50017—2017）的相关要求。第二阶段，即混凝土硬化后，混凝土与钢梁形成组合作用后的正常使用阶段，应验算组合梁在新增恒荷载及活荷载作用下的受力性能，按组合截面考虑。当采用弹性设计方法时，可将两阶段的应力和变形进行叠加；当采用塑性设计方法时，承载力极限状态时全部荷载则均由组合梁承担，按组合截面考虑。

4.2 组合梁的基本受力特征和破坏模式

4.2.1 简支组合梁

对于简支组合梁，根据抗剪连接程度及组合梁内材料配比的不同，有四种典型的破坏形态：

（1）弯曲型破坏：钢梁屈服、混凝土翼板压溃。对于抗剪连接程度和横向配筋率较高的组合梁，表现为混凝土翼板压溃的弯曲型破坏。弯曲型破坏的特征是跨中钢梁截面首先屈服，最后混凝土翼板压碎，仅仅在荷载下降之后剪跨区域才可能出现细小纵向劈裂裂缝。在加载初始阶段，混凝土翼板和钢梁之间表现出良好的组合作用。当钢梁下翼缘屈服后，截面中和轴不断上升。当中和轴进入到混凝土翼板内且混凝土最大弯曲拉应力超过其抗拉强度时开始出现裂缝。加载至极限荷载的80%左右时，组合梁的刚度开始明显下降，挠度增加，横向裂缝逐渐增多、扩展。最终跨中混凝土被压碎，组合梁达到承载力极限状态。随后荷载开始下降，变形继续增加。

（2）抗剪连接件纵向剪切破坏：剪力连接件失效。对于抗剪连接程度较低的组合梁，可能会出现抗剪连接件的纵向剪切破坏。此类组合梁加载时，钢梁与混凝土翼板间的滑移比完全抗剪连接组合梁的滑移大。接近极限承载力时，钢梁与混凝土翼板内会分别形成各自的中和轴，但两者的曲率一般仍保持相同。组合梁发生破坏时，某个剪跨内的栓钉会被纵向剪断。但通常情况下，钢梁下翼缘能够进入屈服状态，翼板顶部的混凝土也会压溃，因此构件的延性在很大程度上能够得到保证。对于使用压型钢板-混凝土作为翼板的组合梁，如果板

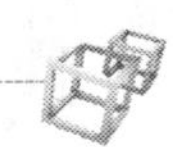

肋尺寸较小，也可能出现板肋剪断的破坏现象。

（3）混凝土翼板的纵向劈裂破坏：混凝土翼板出现纵向通缝。此类破坏以混凝土翼板纵向剪切破坏为标志，主要出现于横向钢筋配筋不足的情况。此类组合梁达到极限承载力时，在钢梁顶部轴线方向的混凝土翼板内会出现纵向剪切裂缝，并几乎贯通梁的剪跨。由于混凝土翼板的纵向剪切破坏，钢梁与混凝土的应力发展不充分，组合梁的极限抗弯承载力降低，且延性较差，因此设计时应避免此类破坏模式。

（4）竖向剪切破坏：钢梁腹板剪切屈服，混凝土翼板竖向剪切破坏。当组合梁的前三类破坏形态对应的承载力较高，而钢梁腹板面积较小时，在竖向荷载作用下，钢梁腹板将发生剪切屈服，随后混凝土翼板发生竖向剪切破坏。此类破坏形态为脆性破坏模式，延性较差，但在实际情况中较为少见。

4.2.2　连续组合梁

组合梁能够充分发挥钢材抗拉和混凝土抗压强度高的材料特性，而在连续组合梁的负弯矩区会出现钢梁受压、混凝土翼板受拉的情况（见图 4-8）。但是，综合考虑连续组合梁具有较高的承载力、刚度和整体性，并更利于控制梁端混凝土翼板的开裂，在很多情况下采用连续组合梁比简支组合梁仍具有较大优势。

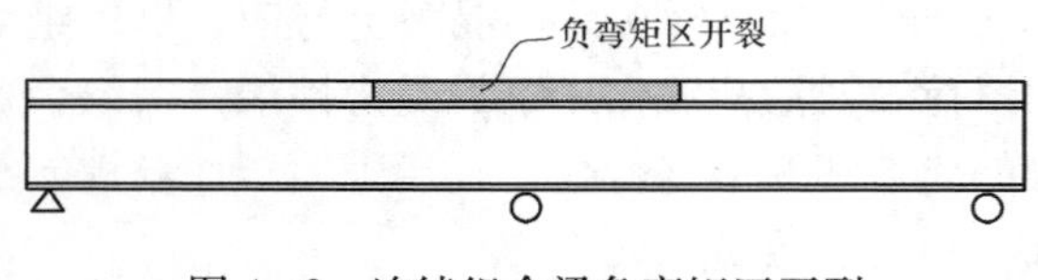

图 4-8　连续组合梁负弯矩区开裂

组合梁在正弯矩作用下弯曲破坏时，组合梁的塑性中和轴通常位于混凝土翼板或钢梁上翼缘内，钢梁腹板不会受压或受压高度很小，也不会发生局部屈曲。而混凝土翼板的约束作用也限制了钢梁受压翼缘的局部屈曲和钢梁的整体侧扭屈曲。因此，连续组合梁正弯矩区具有良好的转动能力和延性，其塑性转动能力主要取决于混凝土的极限压应变。

连续组合梁负弯矩区的钢梁则处于受压状态，其转动能力受到翼缘和腹板局部屈曲的控制。连续组合梁的正弯矩区或简支组合梁中钢梁的受压翼缘受到混凝土翼板的约束，钢梁不会发生整体失稳。而连续组合梁的负弯矩区如果钢梁截面刚度不足，且受压翼缘和腹板未受到有效的约束，则有可能发生侧扭屈曲。纯钢梁整体失稳时截面会产生刚体平移和转动，而组合梁由于钢梁上翼缘受到混凝土翼板的约束，钢梁下翼缘的位移必然伴随着腹板的弯曲和扭转。

4.2.3　组合梁的滑移特征

抗剪连接件是钢-混凝土组合梁中的钢梁和混凝土翼板能够共同工作的关键元件，目前被广泛应用的栓钉等柔性抗剪连接件在传递钢梁与混凝土交界面的水平剪力时会产生变形，引起交界面出现相对滑移变形，使截面曲率和组合梁的挠度增大。即使是完全抗剪连接，组合梁在弹性阶段由换算截面法得到的挠度值也总是小于实测值。因此在科学研究和工程应用中应当重视组合梁中钢梁与混凝土交界面间的滑移效应。在荷载作用初始阶段，栓钉和黏结力共同抵抗混凝土翼板和钢梁交界面上的剪力，当交界面上的剪应力达到极限黏结强度时，便使自然黏结发生破坏，并伴随着自然黏结破坏响声，自然黏结破坏荷载随着栓钉间距的增大仅略有减小，表明在自然黏结力破坏之前，栓钉连接件所起的抗剪作用较小。自然黏结破坏后组合梁的交界面即开始出现相对滑移。滑移是由连接件的本身变形和其周围混凝土的压缩变形所致。

在试验实测结果中的组合梁典型荷载 - 半跨内交界面滑移分布规律曲线如图 4 - 9 所示。由图 4 - 9 可知，交界面的相对滑移仅仅在钢梁和混凝土之间的自然黏结破坏后才开始出现，并且相对滑移随着荷载的增大而发展加快，尽管在剪跨内的分布规律不很明显，但相对滑移朝着梁端有增大的趋势，且梁端的相对滑移随着抗剪连接程度的降低而增大。在弹性阶段，抗剪连接程度对滑移分布曲线无明显影响，但是当钢梁进入屈服阶段后，滑移分布的形状随抗剪连接程度的变化有较明显的差别。由于抗剪连接程度低的组合梁相对滑移大，而塑性区以外的连接件数量较少，不能有效地阻止滑移，这就形成了连接件之间的内力重分布，使得滑移沿半跨内分布趋于一致，因此出现了随着抗剪连接程度的降低，滑移曲线趋于均匀的现象。

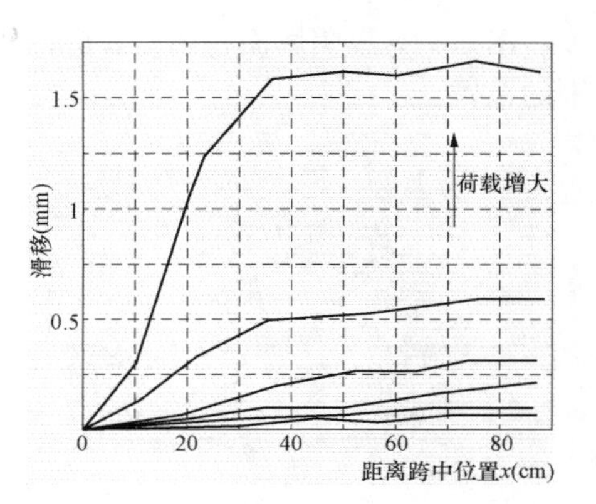

图 4 - 9　组合梁典型荷载 - 半跨内交界面滑移分布规律曲线

由大量试验研究和理论分析可知，组合梁界面滑移一般先出现在梁端，随着荷载的增加逐渐向跨中发展，且最大滑移均发生在离支座一段距离的某处。理论上，滑移应该在两端处最大，但由于连接件布置与外荷载弯矩不协调形成的相对滑移则发生在半跨内，加上支座反力使该处交界面上的局部压力增大，摩擦力增强了对滑移的抵抗。这些综合因素使最大位移并不发生在梁端，并且在剪力为零的纯弯段，相对滑移虽然较小，但并不为零。其主要原因是纯弯段连接件的水平剪力并不为零，因为在组合梁中栓钉的受力状态不同于推出试件中的栓钉，栓钉受到混凝土翼板传来的水平斜向压力，将其沿纵向方向和横向方向分解后，水平横向分力与外部剪力相平衡，水平纵向分力由栓钉直接承担，设计计算中视为连接件承受的纵向水平剪力。

4.3　混凝土翼缘有效宽度

4.3.1　有效宽度的基本概念

在建筑结构的楼盖和桥梁结构的桥面系中，组合楼盖或组合桥梁的桥面系通常由一系列平行或交叉的钢梁及上部浇筑的混凝土翼板所构成。在荷载作用下，钢梁与混凝土翼板共同受弯，混凝土的纵向应力主要由这一弯曲作用引起。混凝土翼板的纵向剪应力在钢梁与翼板交界面处最大，向两侧逐渐减小。由于混凝土翼板的剪切变形，会引起混凝土翼板内的纵向应力沿梁的宽度方向分布不均匀。在钢梁附近的混凝土纵向应力较大，距钢梁较远处的混凝土纵向应力则较小，如图 4 - 10 所示。这一现象称为梁的剪力滞效应。剪力滞效应的存在将导致混凝土翼板的宽度相对跨度和厚度较大时，与钢梁轴线相距较远的混凝土翼板无法完全参与组合梁的整体纵向受力，其纵向应力相对钢梁轴线附近的混凝土翼板较小。在实际设计时，为考虑剪力滞效应的影响并简化计算，通常用一个折减的宽度来代替混凝土翼板的实际宽度，假设这部分混凝土翼板内纵向应力沿宽度方向均匀分布，同时用这一模型进行计算而得到的混凝土翼板弯曲应力也与其实际的最大应力相等，这样即可按照 T 形截面和平截面假定来计算梁的刚度、承载力和变形等。折减后的混凝土翼板宽度称为有效宽

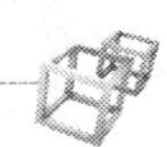

度。图 4 - 10 中阴影面积内为实际的纵向应力分布，有效宽度范围的混凝土翼板为虚线包围的范围。

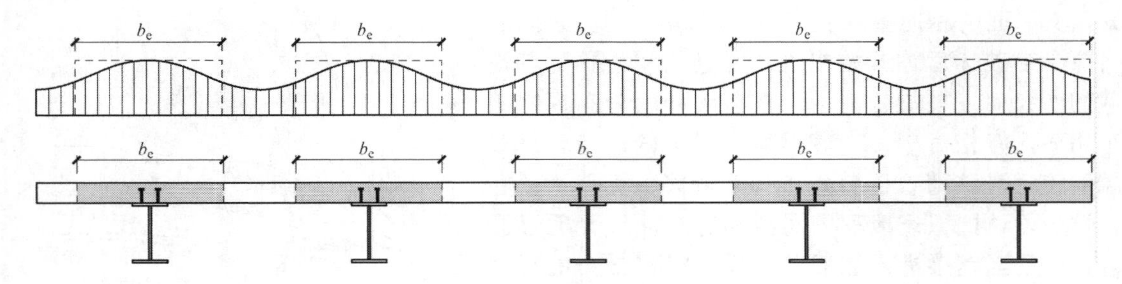

图 4 - 10　混凝土翼板有效宽度及应力分布

理论和试验研究发现，梁跨度与翼板宽度比、荷载形式及作用位置、混凝土翼板厚度、抗剪连接程度，以及混凝土翼板和钢梁的相对刚度等多种参数对混凝土有效翼缘宽度存在影响，而梁跨度与翼板宽度比、荷载形式及作用位置、混凝土翼板厚度是影响混凝土翼板有效宽度的主要因素。大量试验和分析表明，混凝土翼板有效宽度随梁跨度的增加而增大，当梁的跨宽比 L/b 超过 4 时，混凝土翼板有效宽度约等于混凝土翼板的实际宽度。再如，在集中荷载作用下，荷载作用处的混凝土翼板有效宽度最小，向两端逐渐增大；而在均布荷载作用下，梁跨中的混凝土翼板有效宽度最大，向两端支座方向逐渐减小。荷载形式对混凝土翼板有效宽度的影响如图 4 - 11 所示。

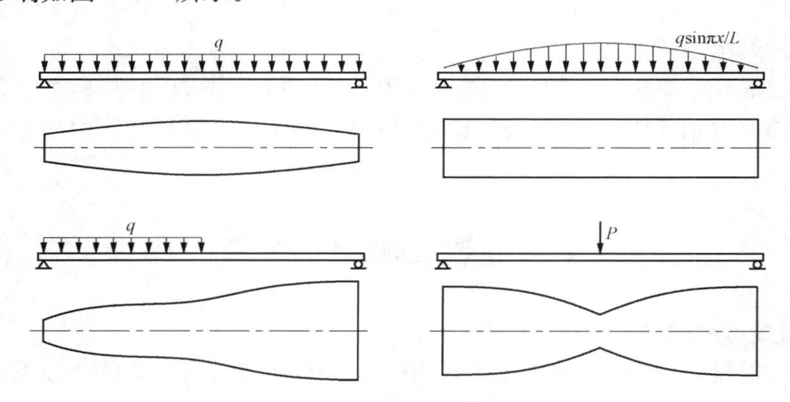

图 4 - 11　荷载形式对混凝土翼板有效宽度的影响

由图 4 - 11 可知，混凝土翼板有效宽度沿梁跨的分布规律很复杂，并且受到众多因素的影响，因此在实际工程设计中，对于简支组合梁通常沿梁长采用统一的混凝土翼板有效宽度值，这种处理方式在绝大多数情况下都可以满足工程设计的实际需要。目前，各国规范均根据组合梁的跨度、混凝土翼板实际宽度、混凝土翼板厚度等参数来确定混凝土翼板有效宽度。这些方法基本都是依据组合梁在弹性阶段的受力性能所建立起来的。而当组合梁达到极限承载力时，混凝土翼板已进入塑性状态，此时受压翼板中的应力分布趋向均匀，塑性阶段混凝土翼板的有效宽度大于弹性阶段。因此，将根据弹性分析得到的混凝土翼板有效宽度应用于塑性计算是偏于保守的。

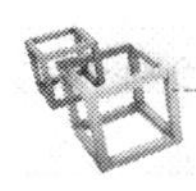

4.3.2　规范中的规定

美国钢结构协会的AISC-LRFD（1998）规定，钢梁中线每一侧的混凝土翼板有效宽度取以下两者中的较小值：

（1）组合梁梁跨度的1/8，其中梁跨度取相邻支座中心线间距。

（2）相邻钢梁间距的1/2或到混凝土翼板边缘的距离。

欧洲规范EC4规定混凝土翼板有效宽度取L_0的1/4和实际翼板宽度两者中的较小值。对于简支组合梁，L_0为实际跨度；对于连续组合梁，L_0可取为反弯点之间的距离。

《钢结构设计标准》（GB 50017—2017）对混凝土翼板有效宽度的规定（见图4-12）：在进行组合梁截面承载能力验算时，跨中及中间支座处混凝土翼板的有效宽度b_e应按下式计算

$$b_e = b_1 + b_0 + b_2 \tag{4-1}$$

式中　b_0——板托顶部的宽度，当板托倾角$\alpha<45°$时，应按$\alpha=45°$计算；当无板托时，则取钢梁上翼缘宽度；当混凝土板和钢梁不直接接触（如之间有压型钢板分隔）时，取栓钉的横向间距，仅有一列栓钉时取0（mm）。

b_1、b_2——梁外侧和内侧的翼板计算宽度，当塑性中和轴位于混凝土板内时，各取梁等效跨径l_e的1/6。此外，b_1尚不应超过翼板实际外伸宽度s_1；b_2不应超过相邻钢梁上翼缘或板托净距s_0的1/2（mm）。

l_e——等效跨径，对于简支组合梁，取为简支组合梁的跨度；对于连续组合梁，中间跨正弯矩取为$0.6l$，连跨正弯矩取为$0.8l$，l为组合梁跨度，支座负弯矩区取为相邻两跨跨度之和的20%（mm）。

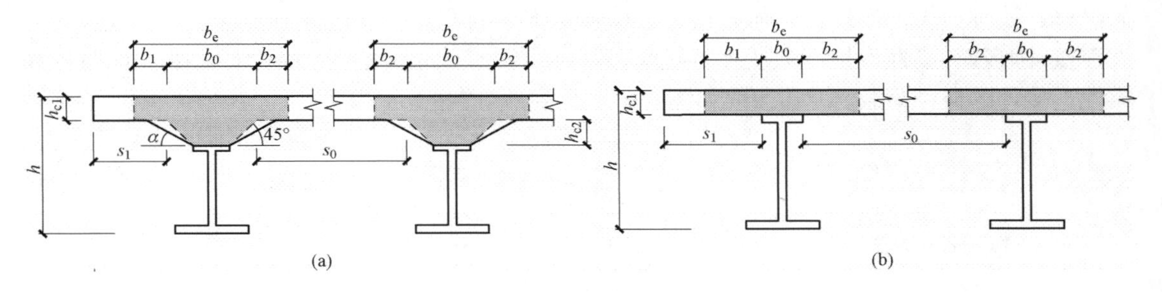

图4-12　混凝土翼板有效宽度

4.4　抗剪连接件设计

4.4.1　抗剪连接件的受力性能

钢-混凝土组合梁的组合效应取决于钢和混凝土界面处剪应力的有效传递，组合截面的整体作用的最终承载力和变形发展单靠自然黏结不足以保证在大荷载时界面处有足够的共同作用，必须设置足够的抗剪连接件。

对于混凝土翼板，如果界面上没有任何连接构造而允许两者自由滑动，在弯矩作用下钢梁和混凝土翼板将分别绕各自的中和轴发生弯曲，截面应变分布如图4-13（a）所示。另一种极端情况是钢梁与混凝土翼板之间通过某种措施能够完全避免发生相对滑移，则两部分将形成整体共同承受弯矩，截面应变分布如图4-13（b）所示。显然，后一种情况下结构的承

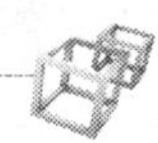

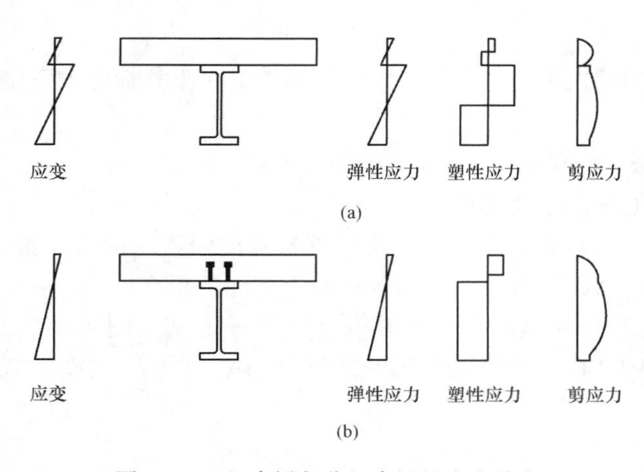

图 4-13　组合梁与非组合梁的应力分布

(a) 非组合梁；(b) 完全组合

载力及刚度将大大优于前者，其中抗剪连接件起到将钢梁与混凝土翼板组合在一起共同工作的关键作用，也是保证两种结构材料发挥组合效应的关键部件。除抗剪连接件外，钢梁与混凝土翼板之间的黏结力和摩擦力也可以发挥一定的抗剪作用。但由于这种黏结力和摩擦力具有不确定性，按照现有规范设计 T 形截面钢-混凝土组合梁时一般不考虑这部分的有利作用，而单纯依靠抗剪连接件作为钢梁与混凝土翼板之间的剪力传递构造。

除了传递钢梁与混凝土翼板之间的纵向剪力外，抗剪连接件还起到防止混凝土翼板与钢梁之间竖向分离的作用，即抗掀起的作用。由于钢梁与混凝土翼板弯曲刚度的不同及连接件本身的变形，使得两者之间存在竖向分离的趋势，在这种情况下抗剪连接件本身也受到一定的拉力作用。

4.4.2　抗剪连接件的主要类型和特点

实际上，工程中使用的各种抗剪连接件在荷载作用下的变形如图 4-14 所示。组合梁的连接件可分为栓钉、钢筋和型钢。栓钉和钢筋的连接件如果布置得足够多，可以完全抵抗混凝土翼板中传来的纵向剪力，但是连接件本身的弯曲会使混凝土翼板与型钢梁之间产生一定的滑移，故称为柔性连接件；而型钢连接件本身水平刚度大，滑移很小可以忽略，故称为刚性连接件。若在刚性连接件上加焊斜筋或环筋则可更有效地抵抗“掀起力”。刚性连接件和柔性连接件的典型荷载-滑移曲线如图 4-14 所示。

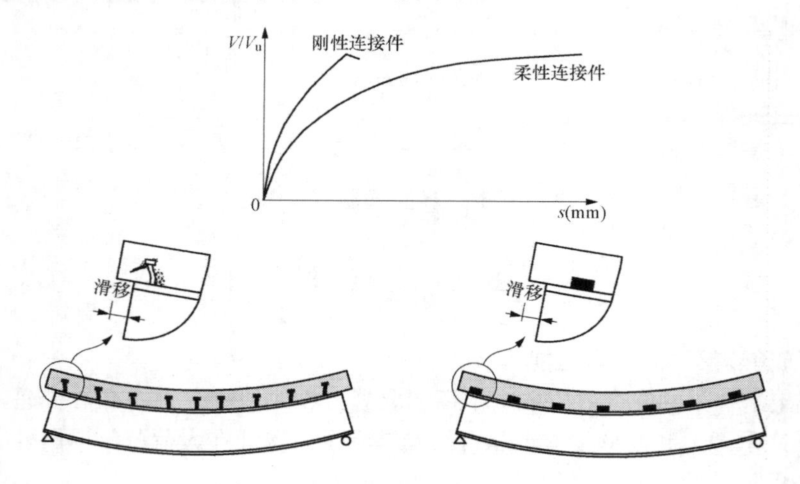

图 4-14　抗剪连接件的变形示意图

组合梁如果采用可以忽略变形的刚性连接件，弹性状态下的界面剪力分布与剪力图相一致，如图 4-15 (a) 中实线所示，其中 P_u 为连接件的抗剪承载力。组合梁内各个连接件的受力很不均匀，因此在剪力较大截面附近的连接件会出现内力集中的情况。如果刚性连接件

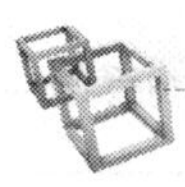

具有足够的强度能够抵抗纵向剪力，组合梁在承载力极限状态时控制截面的钢材与混凝土将进入塑性状态，此时的界面纵向剪力也会发生如图 4 - 15（a）中虚线所示的重分布现象，但内力集中的情况仍较为明显。刚性连接件需要按剪力图进行布置，可能造成设计施工不便，因此目前已很少采用。柔性连接件则有所不同，在剪力作用下会产生变形，使得混凝土翼板与钢梁之间发生一定程度的滑移。由于这类抗剪连接件的延性较好，变形后所能提供的抗剪承载力不会降低。利用柔性连接件的这一特点可以使组合梁的界面剪力在承载力极限状态下发生如图 4 - 15（b）虚线所示的重分布现象，剪跨内各个抗剪连接件的受力比较均匀，从而能够减少抗剪连接件的数量并可以分段均匀布置，设计和施工均非常方便。

抗剪连接件根部附近的混凝土可能局部受压开裂，顶部混凝土的约束作用则使得连接件发生弯曲变形。通常情况下，高度较大的连接件更易发生受弯变形，从而具有更好的延性；较短的连接件难以产生弯曲变形，因而脆性更大、延性较低。因此，对于最常用的栓钉抗剪连接件，设计规范通常要求其高度不小于钉杆直径的 4 倍。

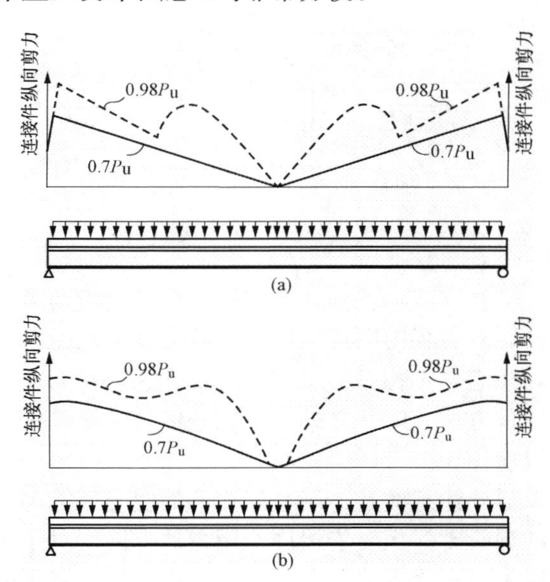

图 4 - 15　刚性连接件与柔性连接件所承受的水平剪力

（a）刚性连接件；（b）柔性连接件

采用延性很好的连接件时，界面可能发生较大的滑移，这对组合梁在承载力极限状态下的抗弯承载力无明显影响，但在使用阶段由于连接件的变形而使其刚度有所降低。因此，从截面应变分布的角度出发，如果组合梁使用刚度无穷大的连接件，截面应变能符合平截面假定，可称为完全组合作用梁。而连接件具有一定的变形能力时，在混凝土翼板与钢梁之间会产生滑移，但混凝土翼板和钢梁的应变仍符合平截面假定，且变形曲率相同，这种情况称为部分组合作用梁。

从承载能力的角度出发，根据抗剪连接件所能提供的抗力与组合梁达到完全塑性截面应力分布时纵向剪力的关系，又可分为完全抗剪连接组合梁与部分抗剪连接组合梁。如果组合梁内设置的抗剪连接件能够抵抗全截面塑性极限状态时所产生的纵向剪力，称为完全抗剪连接组合梁；如果布置的抗剪连接件的数量较少而不能使控制截面的混凝土或钢梁完全达到塑性极限状态，则称为部分抗剪连接组合梁。对于建筑结构中某些不需要充分发挥组合梁承载力的情况，可以使用部分抗剪连接组合梁。但桥梁中由于受到较大的动力荷载作用且结构的安全性要求高，除采用压型钢板 - 混凝土组合桥面板以外，一般均需要同时也容易做到按完全抗剪连接来设计组合梁的抗剪连接件。

早期组合梁设计采用弹性的容许应力法，多采用刚性连接件。刚性连接件的主要形式为方钢连接件［见图 4 - 16（a）］。此外，还有 T 型钢、马蹄形型钢等形式［见图 4 - 16（b）、（c）］。柔性连接件则有栓钉、槽钢及开孔板、摩擦型高强度螺栓等多种类型［见图 4 - 16（d）、（e）、（f）、（g）］。刚性抗剪连接件通常用于不考虑剪力重分布的结构，目前已很少采

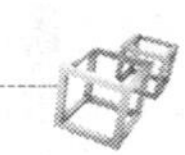

用，柔性连接件则已广泛应用于建筑和桥梁等结构中。

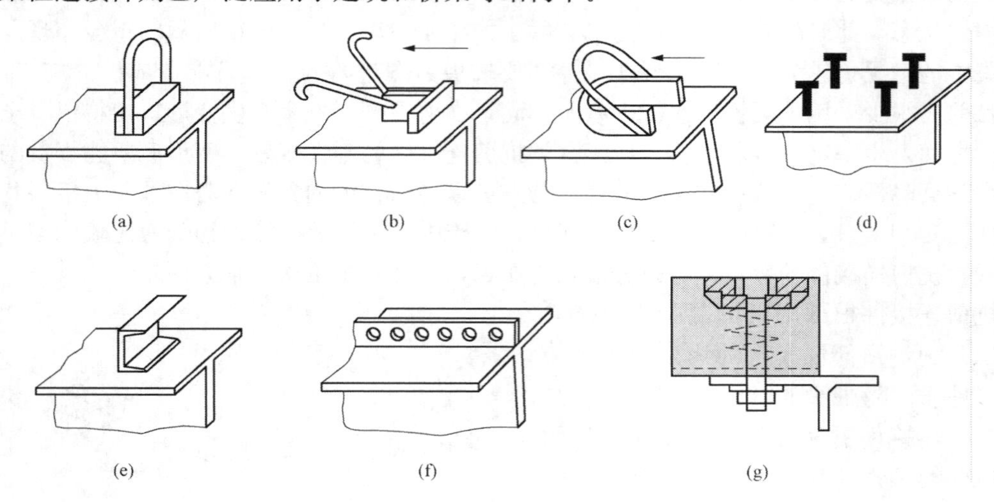

图 4-16　抗剪连接件的不同形式

栓钉（或称为圆柱头焊钉）是目前应用最广泛、综合受力性能及施工性能最好的抗剪连接件，具有各向同性、抗剪承载力高、抗掀起能力好、施工快速方便、焊接质量易保证等优点，在组合结构桥梁工程中应优先使用。目前欧洲规范 EC4 正文中也仅提供了栓钉连接件的设计方法。除此之外，槽钢连接件、开孔板连接件及高强度螺栓连接件等在某些情况下也可以应用于组合桥梁。

需要注意的是，某些连接件的受力性能与其设置方向有关。图 4-16 中箭头表示较为有利的混凝土翼板对连接件作用力的方向。对于这类有方向性要求的连接件，确定其设置方向时应考虑三个方面：①有利于抵抗混凝土翼板的掀起作用；②为避免混凝土劈裂破坏，宜将连接件的平面部分作为承压面；③锚筋的倾斜方向应与其受力方向一致。

4.4.3　栓钉的材性要求及试验方法

表 4-1 所示为《电弧螺柱焊用圆柱头焊钉》（GB 10433—2002）中对于栓钉材质的规定。其中，抗拉强度采用拉力试验检验。

表 4-1　　栓钉材性要求

抗拉强度最小值	抗拉强度最大值	屈服点最小值	伸长率最小值
400MPa	550MPa	240MPa	14%

栓钉通常应采用专用焊接设备熔焊于钢梁上翼缘。栓钉焊接部位的抗拉强度应满足表 4-2 的要求。

表 4-2　　栓钉焊接部位的材性要求

栓钉直径（mm）		6	8	10	13	16	19	22
拉力值（kN）	最大	15.55	27.6	43.2	73.0	111.0	156.0	209.0
	最小	11.31	20.1	31.4	53.1	80.4	113.0	152.0

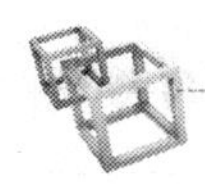

抗剪连接件在结构中的实际受力状态非常复杂，一般需要通过试验的方法来得到其受力性能。抗剪连接件的试验包括梁式试验和推出试验两类。梁式试验如图 4 - 17 所示。在简支组合梁施加两点集中荷载，则每个剪跨段内栓钉所承受的总剪力可通过组合梁的截面应力分布确定。梁式试验中栓钉的受力状态与实际情况一致，且可以较直接地确定其受力大小，因此得到的结果较为真实可信。但梁式试验成本较高，因此目前研究或测试栓钉受力性能时更多采用的是推出试验。

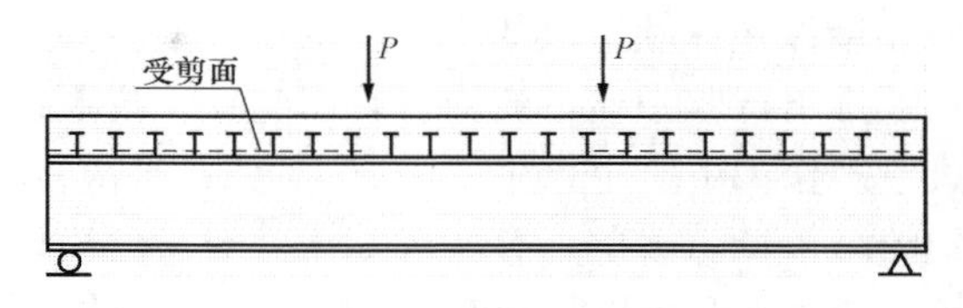

图 4 - 17　梁式试验示意图

推出试验是在两块混凝土翼板之间设置一段工字型钢，通过在型钢上施加压力来测试型钢与混凝土翼板间两个受剪面上栓钉的受力性能。推出试件的受力性能受到多种因素的影响，如抗剪连接件的数量、混凝土翼板及钢梁的尺寸、板内钢筋的布置方式及数量、钢梁与混凝土翼板交界面的黏结情况、混凝土的强度和密实度等。为统一试验方法，欧洲规范 EC4 规定了标准推出试验的尺寸，如图 4 - 18 所示。试验时，混凝土翼板底部应坐浆。如果试验发现横向抗剪钢筋不足而导致抗剪承载力偏低，也可以调整配筋梁以避免混凝土发生劈裂破坏。

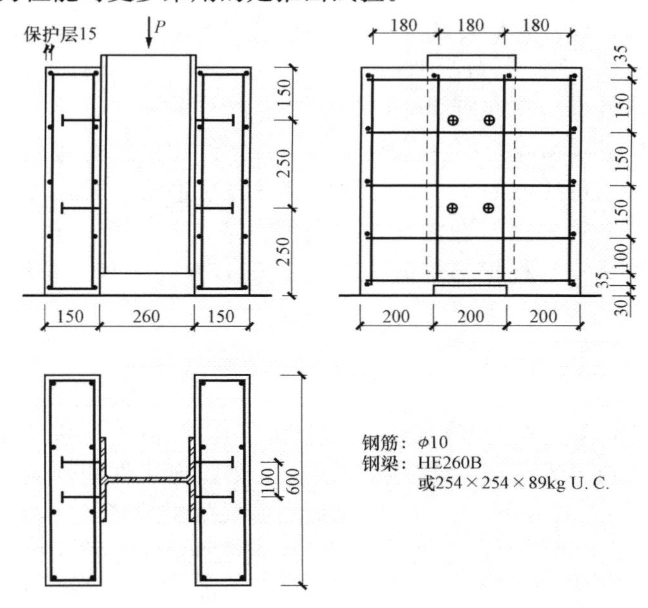

图 4 - 18　欧洲规范 EC4 的标准推出试件
（钢梁分别采用欧洲规范与英国规范的表示方法）

欧洲规范 EC4 规定，推出试件需要满足以下要求：

（1）将钢梁翼缘顶面抹油或采用其他适当方法，以消除钢梁与混凝土接触面的黏结作用。

（2）试验时的混凝土强度等级，必须是设计选用的混凝土圆柱体强度等级的 70%±10%，推出试件应在露天养护。

（3）必须检验抗剪连接件材料的屈服强度。

（4）试件加载速度必须均匀，达到破坏荷载时的时间不少于 15min。

由于推出试验结果具有较大的离散性，欧洲规范 EC4 规定可采用以下两种方法确定连接件的承载力设计值：

（1）同样的试件不得少于 3 个，且其中任一试件的偏差值不得超过 3 个试件试验平均值的 10%，极限荷载 V_u 取试验的最低值；如任一试件的偏差值超过连接件试验平均值的 10%，则至少再做 3 个同样试件，极限荷载应取 6 个试验中的最低值。

（2）至少做 10 个试件，取有 95%保证率的荷载值作为极限荷载 V_u。

由于在组合梁和推出试件中混凝土的受力状态不一样，因此通过推出试验得到的抗剪连接件刚度和强度与实际受力状况也有所不同。在正弯矩作用下，组合梁混凝土翼板受压，抗

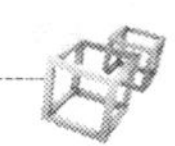

剪连接件在弹性阶段的刚度比推出试验值高，但两者的极限承载力相差不多。

推出试验中栓钉的受力状态与在正弯矩作用下组合梁中栓钉的受力状态较为一致。但在负弯矩作用下，组合梁中混凝土翼板受拉，抗剪连接件的刚度和极限承载力则比推出试验得到的结果低。因此，有些规范需要对负弯矩区栓钉的抗剪承载力进行折减。推出试验方便，结果直观，除可以得到连接件的抗剪承载力之外，还可以通过量测型钢与混凝土翼板之间的相对位移获得栓钉的荷载-滑移曲线。根据与梁式试验的对比分析，推出试验得到的抗剪连接件承载力比梁式试验得到的承载力偏低，因此将推出试验得到的结果用于设计将偏于安全。

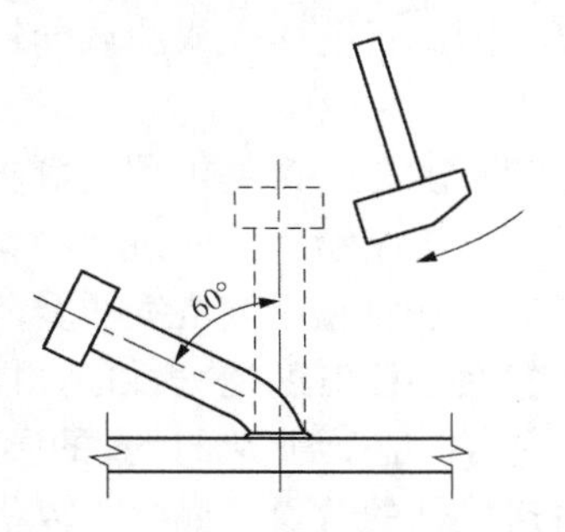

图 4-19　栓钉质量弯曲检验方法

由于栓钉是保证组合梁性能充分发挥的关键部件，因此对于焊接完成的栓钉，应采用可靠的手段检验其质量。焊缝外观检查时如发现焊肉不足或焊脚不连续，允许采用手工电弧焊或气体保护焊等合适的焊接方法来进行焊补。焊补后的焊脚高度通常可取 0.25 倍的栓钉杆直径。栓钉焊接质量外观检查合格后还应按 2%～5%的比例进行弯曲检验。检验可按如图 4-19 所示的锤击方法进行，或在栓钉杆上加套管来进行弯曲检验。当锤击或加套管弯曲至 60°时，如果栓钉杆根部焊缝及周边的热影响区未产生裂纹，则可判断栓钉焊接质量合格。

4.4.4　抗剪连接件的构造要求

1. 一般要求

无论何种连接件，其连接件顶端离开钢筋混凝土翼板顶面大于或等于 25mm；连接件的前后布置最大间距小于或等于 600mm，或不大于混凝土翼板厚度的 3 倍；连接件的外侧面到钢梁上翼缘外侧纵向边界的水平距离大于或等于 25mm；应保证浇捣混凝土的密实性，保证连接件周围的混凝土有效地抵抗所产生的拉应力；连接件外侧面到钢筋混凝土上翼缘板外侧边大于或等于 100mm；钢梁顶面不得涂油漆，在浇捣上翼缘混凝土之前，应除铁锈、焊渣、泥土和其他杂物；在悬挑结构中，悬臂端在接近混凝土翼板的自由边缘处，应设置足够的横向及纵向钢筋保证把纵向剪力传递到板中，连接件总高度（包括连接件端部的环或钩）大于或等于 100mm，混凝土翼板厚减去 25mm，钢筋的高度取其较大值。

2. 栓钉连接件

《钢结构设计标准》(GB 50017—2017) 规定栓钉应符合下列要求：

(1) 当栓钉位置不正对钢梁腹板时，如钢梁上翼缘承受拉力，则栓钉杆直径不应大于钢梁上翼缘厚度的 1.5 倍；如钢梁上翼缘不承受拉力，则栓钉杆直径不应大于钢梁上翼缘厚度的 2.5 倍。

(2) 栓钉长度不应小于栓钉杆直径的 4 倍。

(3) 栓钉沿梁轴线方向的间距不应小于栓钉杆直径的 6 倍，垂直于梁轴线方向的间距不应小于栓钉杆直径的 4 倍。

(4) 栓钉的最大中心间距不应超过 3 倍混凝土翼板（包括板托）厚度及 300mm。

(5) 连接件混凝土保护层厚度不应小于 30mm。

(6) 用压型钢板作底模的组合梁，栓钉杆直径不宜大于 19mm，混凝土凸肋宽度不应小于栓钉杆直径的 2.5 倍；栓钉高度 h_d 应符合 $h_d \geqslant h_e + 30$ 的要求。

欧洲规范 EC4 中的相关规定：

（1）当钢板或混凝土翼板的稳定性是通过两者间的连接来实现时，则栓钉的间距或布置方式应能够确保这种约束作用的发挥。

（2）对于受压翼缘为第三、四类截面的钢梁（第三类截面为截面能够达到屈服应力，但塑性抗弯承载力的发挥受到局部屈曲的限制，截面的最大抗弯承载力仅能达到弹性极限弯矩；第四类截面为钢梁截面受到局部屈曲的限制不能达到屈服强度，截面的最大抗弯承载力小于弹性弯矩），如考虑混凝土桥面板的约束作用后能使其达到完全塑性状态，则栓钉沿受压方向的间距应不大于 $22t_f\sqrt{235/f_y}$（对于混凝土和钢梁沿梁长全部接触的情况，如实心混凝土桥面板、板肋平行于梁方向的压型钢板组合桥面板）或 $15t_f\sqrt{235/f_y}$（对于混凝土和钢梁沿梁长间隔接触的情况，如板肋垂直于梁方向的压型钢板组合桥面板），其中 t_f 为钢梁受压翼缘厚度，f_y 为钢梁的屈服强度。同时，栓钉距钢梁边缘的净距不应大于 $9t_f\sqrt{235/f_y}$。

（3）栓钉之间的距离不应大于 4 倍混凝土桥面板厚度和 800mm 中的较小值。

（4）当栓钉集中布置形成栓钉群来使用时（如组合桁梁桥的节点区），栓钉群之间的距离可超过（2）或（3）的限制，但设计时应对以下问题进行特别的考虑：不均匀分布的纵向剪力流；钢梁与混凝土桥面板之间较大的滑移或竖向分离作用；钢梁受压翼缘的屈曲；混凝土桥面板在栓钉群集中劈裂作用下的承载能力。

（5）栓钉的总高度不应小于 3 倍栓钉杆直径。

（6）栓钉钉帽的直径不应小于 1.5 倍栓钉杆直径，厚度不小于 0.4 倍栓钉杆直径。

（7）对处于受拉状态并承受疲劳荷载的栓钉，其直径不应大于 1.5 倍钢梁翼缘厚度，除非通过疲劳试验已得到其疲劳承载力并证明可满足设计要求。

（8）沿剪力方向的栓钉的间距不应小于 5 倍栓钉杆直径，垂直于受剪方向的栓钉间距不应小于 2.5 倍（对于实心混凝土桥面板）或 4 倍（对于其他形式的桥面板）栓钉杆直径。

（9）除非通过相关试验来得到栓钉的实际承载力，栓钉杆直径不应超过 2.5 倍其焊接位置处的钢板厚度，对于焊接于正对钢梁腹板位置处的栓钉可不受本条的限制。

4.4.5　抗剪连接件的承载力计算

1. 栓钉连接件

（1）实心混凝土翼板中栓钉连接件的承载力。分析表明，影响栓钉抗剪承载力的主要因素有混凝土抗压强度 f_c、栓钉杆截面面积 A_s、栓钉抗拉强度 f 和栓钉长度 h。《公路钢结构桥梁设计规范》（JTG D64—2015）规定，当栓钉的长径比 $h/d\geqslant 4.0$（d 为栓钉杆直径）时，抗剪承载力设计值按下式计算

$$N_v^c = 0.43A_s\sqrt{E_c f_c} \leqslant 0.7A_s\gamma f \tag{4-2}$$

式中　E_c——混凝土弹性模量；

A_s——栓钉杆截面面积；

f_c——混凝土抗压强度设计值；

f——栓钉抗拉强度设计值；

γ——栓钉材料抗拉强度最小值与屈服强度之比。

栓钉的抗剪承载力并非随混凝土强度的提高而无限地提高，还存在一个与栓钉抗拉强度有关的上限值，即混凝土强度达到一定程度后，连接件将发生根部的剪切破坏。根据欧洲钢

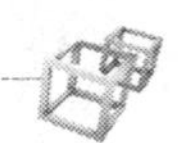

结构协会1981年组合结构规范等资料，其承载力的上限条件为$0.7A_sf_u$，f_u为栓钉的极限抗拉强度。当栓钉材料性能等级为4.6级（抗拉强度达400MPa，屈强比值为0.6）时，$\gamma=f_u/f_y=400/240=1.67$。《钢结构设计标准》（GB 50017—2017）中，直接取式（4-2）的右端项为$0.7A_sf_u$。

（2）压型钢板-混凝土组合板中栓钉承载力的折减。根据《钢结构设计标准》（GB 50017—2017），压型钢板对栓钉承载力的影响系数按以下公式计算：

当压型钢板的板肋平行于钢梁布置［见图4-20（a）］且$b_w/h_e<1.5$时，按式（4-2）算得的N_v^c应乘以折减系数β_v，β_v值按下式计算

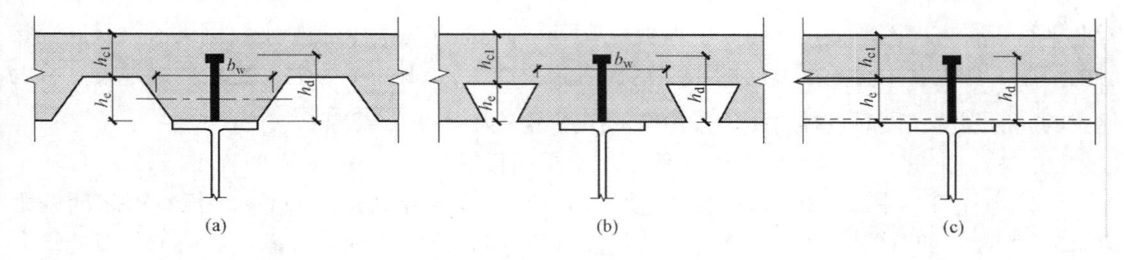

图4-20　用压型钢板作混凝土翼板底模的组合梁

$$\beta_v=0.6\frac{b_w}{h_e}\frac{h_d-h_e}{h_e}\leqslant 1 \tag{4-3}$$

式中　b_w——混凝土凸肋的平均宽度，当肋的上部宽度小于下部宽度时［见图4-20（b）］，改取上部宽度；

h_e——混凝土凸肋高度；

h_d——栓钉高度。

当压型钢板的板肋垂直于钢梁布置时［见图4-20（c）］，栓钉抗剪连接件承载力设计值的折减系数按下式计算

$$\beta_v=\frac{0.85}{\sqrt{n_0}}\frac{b_w}{h_e}\frac{h_d-h_e}{h_e}\leqslant 1 \tag{4-4}$$

式中　n_0——一个肋中布置的栓钉数，当多于3个时，按3个计算。

当栓钉位于负弯矩区段时，混凝土翼板处于受拉状态，栓钉周围混凝土对其约束程度不如正弯矩区高，所以《钢结构设计标准》（GB 50017—2017）规定位于负弯矩区的栓钉受剪承载力设计值N_v^c应乘以折减系数0.9。

2. 槽钢连接件

影响槽钢连接件抗剪承载力的主要因素是混凝土强度、槽钢材料强度和几何尺寸。通常情况下，随混凝土强度等级的提高，槽钢连接件的抗剪承载力相应提高，最后破坏产生于混凝土。但当混凝土强度等级增大到一定程度，槽钢连接件抗剪承载力不再随混凝土强度等级的提高而增加，最后破坏产生于槽钢。当增大槽钢翼缘厚度时，将会增大连接件根部混凝土的有效承压面积，从而提高抗剪能力；当增加槽钢腹板厚度时，会增加腹板抗弯刚度和抗拉能力，从而提高抗剪承载力；当增大腹板高度时，有利于腹板抗拉强度提高，从而提高槽钢抗掀起和抗剪能力。研究表明，槽钢抗剪连接件在顺槽钢背与逆槽钢背方向的剪力作用下，其极限承载力相近，因此《钢结构设计标准》（GB 50017—2017）中取消了对槽钢连接件肢

尖方向的限制，从而方便了设计和施工。

《钢结构设计标准》(GB 50017—2017) 规定，槽钢连接件的抗剪承载力设计值按下式计算

$$N_v^c = 0.26(t + 0.5t_w)l_c\sqrt{E_c f_c} \tag{4-5}$$

式中 f_c——混凝土抗压强度设计值；

t——槽钢翼缘的平均厚度 (mm)；

t_w——槽钢腹板的厚度 (mm)；

l_c——槽钢的长度 (mm)。

3. 各类刚性连接件

在刚性连接件中，型钢主要抵抗钢与混凝土间的纵向剪力，锚筋主要抵抗钢与混凝土间的竖向掀起力。

图 4-21 所示为欧洲规范 EC4 中给出的多种型钢连接件，其承载力计算公式为

$$N_{Rd} = \eta A_{f1} f_{ck}/\gamma_c \tag{4-6}$$

$$\eta = \sqrt{A_{f2}/A_{f1}} \tag{4-7}$$

式中 A_{f1}——型钢连接件受压面的面积；

η——混凝土受压强度提高系数，普通混凝土应小于 2.5，轻骨料混凝土应小于 2.0；

A_{f2}——连接件前立面按 1∶5 坡度扩大投影到前方相邻连接件后立面的面积（见图 4-22），且该面积不应超过混凝土的实际面积；

f_{ck}——混凝土 ϕ150mm×300mm 圆柱体抗压强度标准值；

γ_c——混凝土的材料分项安全系数，取为 1.5。

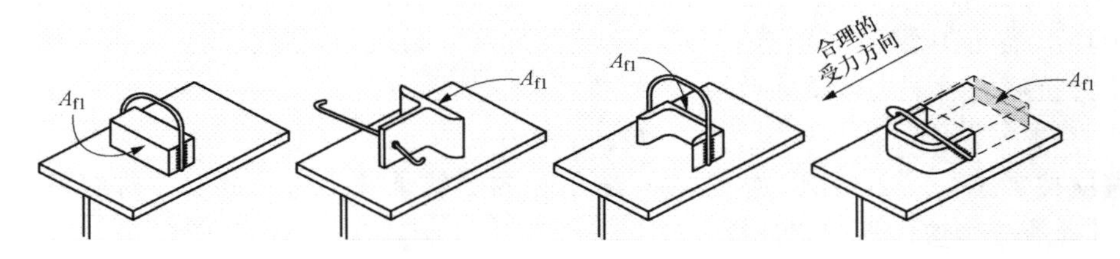

图 4-21　与锚筋联合使用的型钢连接件

槽钢与钢梁间的焊缝应根据纵向剪力大小进行验算，计算时需考虑荷载在连接件内的偏心作用。为避免连接件对混凝土产生劈裂破坏，这几种连接件的受力方向应与图 4-21所示方向一致。为增强连接件的抗掀起能力，这些类型的型钢连接件应与锚筋联合使用，如图 4-21 所示。尽管型钢与弯筋的刚度有较大差别，但能够共同承受剪力。根据欧洲规范 EC4，型钢与弯筋联合使用时的承载力为

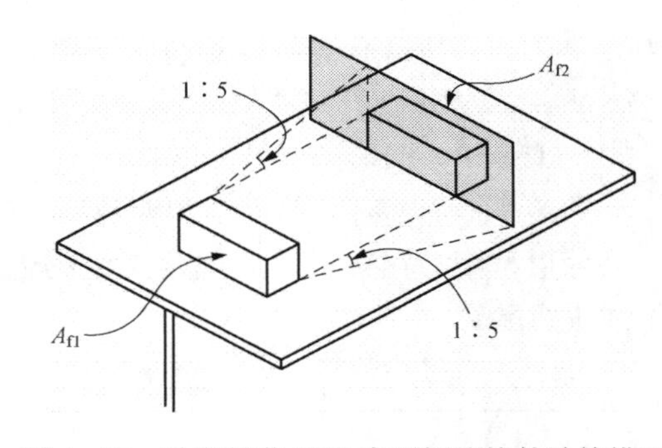

图 4-22　欧洲规范 EC4 中型钢连接件计算模型

$$N_{Rd} = N_{Rd,b} + \eta N_{Rd,r} \tag{4-8}$$

式中 $N_{Rd,b}$——型钢的抗剪承载力设计值；

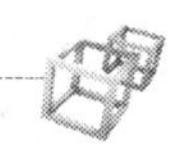

$N_{Rd,r}$——弯筋的承载力设计值；

η——与弯筋形式有关的承载力折减系数，当为非闭合弯筋时 $\eta=0.5$，当为闭合的环形弯筋时 $\eta=0.7$。

马蹄形连接件在较早期的铁路组合梁桥中有广泛应用。日本国铁曾对马蹄形连接件进行了较为系统的研究，并制订了如下的计算方法：马蹄形连接件应分两部分验算其抗剪承载力，即应分别验算混凝土的承压强度和马蹄形型钢与钢梁之间的焊缝强度。马蹄形连接件上同时设置环形锚筋时，其容许抗剪承载力 Q_a 取以下两式计算值中的较小值

$$Q_a = \sigma'_{ca}A_1 + 0.7\sigma_{sa}A_2 \tag{4-9}$$

$$Q_a = \sigma'_{ca}A_1 + 14\phi B \tag{4-10}$$

$$\sigma'_{ca} = (0.25 + 0.05A/A_1)f_{ck}$$

式中 A_1——马蹄形型钢的有效承压面积；

A_2——连接件中环形锚筋的截面面积（每根斜向放置的环形锚筋可按双肢计算，当环形锚筋垂直于梁顶面设置时则不计入）；

σ'_{ca}——考虑局部承压影响的混凝土容许压应力；

f_{ck}——混凝土的抗压强度标准值；

A——当混凝土桥面板无板肋时取为 $2h_0^2$，有板肋时取为 b_0h_c（b_0 为板肋下面的宽度，h_c 为板肋部分的厚度），且 $A\leqslant 5A_1$；

σ_{sa}——钢筋的容许拉应力；

ϕ——连接件上斜向布置的环形锚筋的直径；

B——连接件的宽度。

由于环形锚筋在疲劳荷载作用下往往先于其他部分断裂，因此在抗疲劳验算中不考虑锚筋的作用。抗疲劳承载力按下式验算

$$Q'_a = \sigma'_{ca}A_1 \tag{4-11}$$

焊缝应按考虑马蹄形型钢与锚筋共同作用时的受剪承载力进行验算。焊缝的剪力 S 及弯矩 M 设计值分别按以下两式计算

$$S = Q + P \tag{4-12}$$

$$M = 0.5HQ + Pd \tag{4-13}$$

式中 Q、P——马蹄形型钢与锚筋所分担的抗剪承载力，分别对应于连接件承载力计算式（4-8）或式（4-9）中的第 1 项及第 2 项；

H——马蹄形型钢的高度；

d——焊缝有效截面中和轴到环形锚筋的垂直距离（见图 4-23）。

马蹄形型钢与钢梁翼缘之间角焊缝的强度应按下式进行验算

$$\sqrt{\left(\frac{\sigma}{\sigma_a}\right)^2 + \left(\frac{\tau}{\tau_a}\right)^2} \leqslant 1.1 \tag{4-14}$$

$$\sigma = \frac{M}{I}y$$

$$\tau = \frac{S}{\sum al}$$

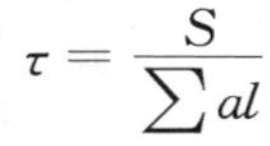

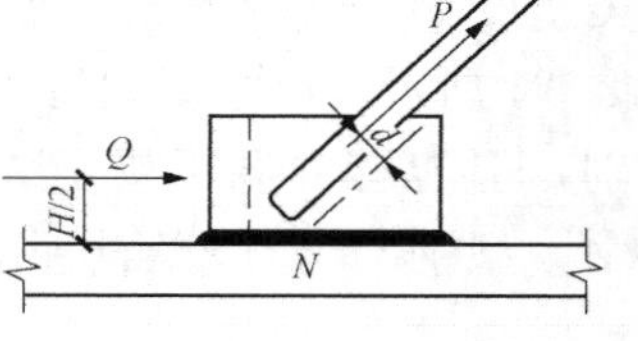

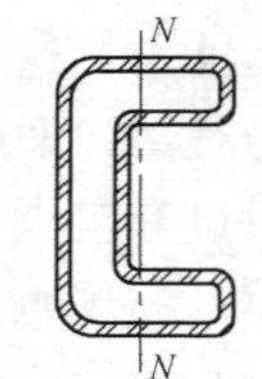

图 4-23 马蹄形连接件焊缝强度验算

式中　σ——角焊缝边缘的拉应力；

I——角焊缝有效截面的惯性矩；

y——角焊缝有效截面中和轴至焊缝受拉边缘的距离；

τ——角焊缝受到的平均剪应力；

a——角焊缝的有效高度；

l——角焊缝的有效长度；

σ_a、τ_a——角焊缝的抗拉、抗剪容许疲劳应力。

4. 高强度螺栓连接件

高强度螺栓抗剪连接件可按设计和受力的不同要求分为摩擦型、承压型和复合受力型三类。

（1）摩擦型高强度螺栓连接件。对于摩擦型高强度螺栓连接件，在极限状态时其承担的剪力不应超过叠合面的最大抗摩擦能力。根据欧洲规范EC4，每个高强度螺栓的抗剪承载力N_{Rd}受钢梁接合面的抗滑移能力和高强度螺栓的预紧力控制，并按下式进行计算

$$N_{Rd}=\mu F_{pr,cd}/\gamma_v \tag{4-15}$$

式中　$F_{pr,cd}$——高强度螺栓的预紧力，可按照欧洲规范3确定，并根据混凝土收缩徐变的影响进行折减；

μ——混凝土与钢梁间的摩擦系数，当钢板厚度不小于10mm时可取为0.50，当钢板厚度不小于15mm时可取为0.55；

γ_v——分项安全系数，取为1.25。

由于混凝土桥面板收缩徐变而引起的高强度螺栓预紧力损失，可根据长期荷载试验确定，或按不小于40%的损失值取用。通过间隔一定时间后的复拧，可以有效降低高强度螺栓预紧力的损失。

式（4-15）中规定的摩擦系数μ是针对钢梁接合面经过喷砂或喷丸除锈后的情况确定的。对于其他情况，则应根据试验来确定实际的摩擦系数值。

（2）普通螺栓连接件。当螺栓连接件按普通承压型螺栓进行设计时，允许接合面发生一定程度的滑移，但每个螺栓所能够承担的纵向剪力不应超过一个螺栓杆的抗剪承载力，且该纵向剪力不应超过孔壁即混凝土承压面的最大抗压承载力。

螺栓杆的抗剪承载力按欧洲规范EC3有关条文确定。螺栓孔处混凝土承压面的抗压承载力则按下式计算

$$N_{Rd}=\frac{0.29\alpha d^2\sqrt{f_{ck}E_{cm}}}{\gamma_v} \tag{4-16}$$

式中　d——螺栓杆的直径；

f_{ck}——混凝土的抗压强度标准值；

E_{cm}——混凝土的平均割线模量；

α——与螺栓长径比有关的系数，当$3\leqslant h/d\leqslant 4$时，$\alpha=0.2(h/d+1)$，当$h/d>4$时，$\alpha=1$；

γ_v——分项安全系数，取为1.25。

式（4-16）与栓钉连接件由混凝土抗压强度控制时的承载力计算公式一致。

（3）复合受力型螺栓连接件。当设计时需同时考虑螺栓的摩擦受力和螺栓杆的抗剪时，欧洲规范EC4规定应通过专门的试验来确定其纵向抗剪承载力设计值。

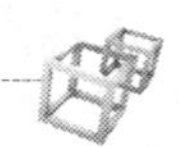

对于采用高强度螺栓连接件的组合梁，接合面的滑移对纵向剪力重分布及梁的刚度和承载力都有影响，如滑移过大在设计时应予以考虑。

欧洲规范 EC4 规定，在以下两种情况下，可以不考虑高强度螺栓连接件的滑移效应：

1）在正常使用极限状态下，当螺栓连接件受到的剪力未超过其摩擦抗剪承载力时，可以忽略滑移对组合梁受力性能的影响。

2）在承载力极限状态下，对于截面类型为第 1、2 类即密实截面的组合梁，如果螺栓孔直径不大于螺栓杆直径 3mm，在计算组合梁的极限承载力时可忽略接合面滑移效应的影响。

5. 开孔钢板连接件（见图 4-24）

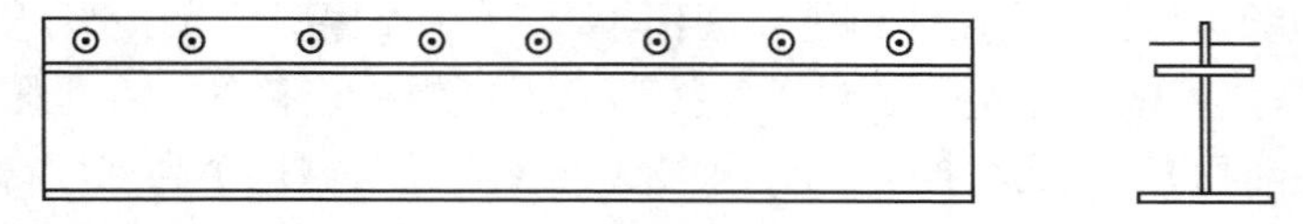

图 4-24 开孔钢板连接件

影响开孔钢板连接件承载力的因素很多，如钢板开孔大小及间距、混凝土强度、横向贯通钢筋的直径及强度等。国内外学者对开孔钢板连接件开展了试验研究，并在部分工程中得到了应用。但目前各有关组合结构的设计规范尚未给出开孔钢板连接件的承载力计算公式，以下为被有关文献引用较多的几类计算方式。

德国学者 Leonhardt 较早开展了开孔钢板连接件的试验。根据试验结果给出的开孔钢板连接件每一个圆孔处的极限抗剪承载力设计值为

$$V_{up} = 2 \times 0.7\frac{\pi D^2}{4}1.6f_c' = 1.76D^2 f_c' \tag{4-17}$$

式中 D——钢板开孔的直径；

f_c'——混凝土的圆柱体抗压强度。

式（4-17）中乘以 2 以反映开孔钢板内的混凝土榫的两个受剪面，0.7 为用于设计值的安全系数。这种破坏模式为开孔内的混凝土榫受剪破坏，对于混凝土榫承压破坏及孔间钢板剪切失效等破坏形式，则可用限制开孔的直径及增加钢板厚度等方法来控制。

穿过开孔的横向钢筋可以对孔附近的混凝土施加约束，能够提高连接件的抗剪承载力。所需的横向贯通钢筋数量可以按下式确定

$$A_{st} \geqslant 0.8\frac{V_{up}}{f_{st}} \tag{4-18}$$

式中 A_{st}——每个圆孔内所需的横向钢筋截面面积；

V_{up}——每个圆孔处混凝土榫的抗剪承载力设计值；

f_{st}——横向贯通钢筋的抗拉强度设计值。

加拿大学者 OgueJiofor 和 Hosain 通过推出试验，得到了混凝土翼板纵向劈裂的开孔钢板连接件破坏形式，据此提出的纵向抗剪承载力计算公式为

$$V_{up} = 4.5htf_c' + 3.31nd^2\sqrt{f_c'} + 0.91A_{tr}f_y \tag{4-19}$$

式中 h——钢板连接件的高度；

t——钢板连接件的厚度；

n——连接件圆孔的数量；

d——连接件圆孔的直径；

A_{tr}——穿过圆孔的全部横向钢筋的截面面积；

f_y——钢筋的屈服强度。

式（4-19）中第一项反映了混凝土的抗劈裂承载力，第二项反映了混凝土榫的抗剪承载力，第三项则反映了横向钢筋对混凝土的约束作用。

日本学者 Nishiumi 等通过开孔板连接件的试验发现，横向钢筋在极限状态时已经屈服，认为横向贯通钢筋可以作为混凝土榫的约束配筋来考虑，并据此得到了开孔板连接件抗剪承载力与侧向约束作用的相关曲线。按这一模型建立的开孔板抗剪承载力计算公式为：

当 $A_s f_y / A_c f_c < 1.28$ 时

$$V_u = 0.26 A_c f_c + 1.23 A_s f_y \tag{4-20}$$

当 $A_s f_y / A_c f_c \geqslant 1.28$ 时

$$V_u = 1.83 A_c f_c \tag{4-21}$$

式中 A_s——每个圆孔内横向钢筋的截面面积；

A_c——连接件圆孔的面积；

f_y——横向贯通钢筋的屈服强度；

f_c——混凝土抗压强度。

开孔钢板连接件的承载力计算公式形式不同，考虑的因素也有所区别，因此在桥梁设计时如采用这类连接件，除应参考现有的计算公式外，如有条件还应开展必要的试验验证工作。

【例4-1】 已知栓钉杆直径为16mm，$A_s=201\text{mm}^2$，求混凝土强度等级为C25和C30时该栓钉的抗剪承载力设计值。C25和C30相应的$\sqrt{E_c f_c}$分别为577N/mm²和655N/mm²。

解 对C25混凝土

$$\begin{aligned} N_v &= 0.43 A_s \sqrt{E_c f_c} = 0.43 \times 201 \times 577 \\ &= 49870(\text{N}) < 0.7 A_s \gamma f = 0.7 \times 201 \times 1.67 \times 215 = 50518(\text{N}) \end{aligned}$$

取 $N_v = 49870\text{N}$。

对C30混凝土

$$\begin{aligned} N_v &= 0.43 A_s \sqrt{E_c f_c} = 0.43 \times 201 \times 655 \\ &= 56610(\text{N}) > 0.7 A_s \gamma f = 0.7 \times 201 \times 1.67 \times 215 = 50518(\text{N}) \end{aligned}$$

取 $N_v = 50518\text{N}$。

4.4.6 抗剪连接件布置方式

在桥梁结构中，由于承受动力荷载的作用，组合梁在应用时应设置足够数量的抗剪连接件，即按完全抗剪连接进行设计。而当钢梁的稳定性或变形起控制作用时，可适当减少连接件的数量形成部分抗剪连接组合梁。另一种可采用部分抗剪连接设计的情况是组合梁桥在施工阶段完全由钢梁来承担施工荷载及湿混凝土的重量，不采用临时支撑（因此钢梁截面较大），而使用阶段组合梁的承载能力不需充分发挥时，也可采用部分抗剪连接。但在任何情况下，合理设计的组合梁桥都不允许因为连接件的首先破坏而导致结构失效，也不允许在正常使用阶段钢梁与混凝土翼板间的界面发生过大的滑移。

按照《公路钢结构桥梁设计规范》（JTG D64—2015），应采用弹性方法设计组合梁，即

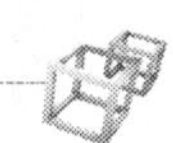

需要验算钢梁、混凝土桥面板和抗剪连接件的应力均不得超过材料的强度指标。为充分发挥抗剪连接件的效能，使设计更加经济，抗剪连接件的数量和间距应根据界面纵向剪力包络图确定，即在界面纵向剪力较大的支座或集中力作用处布置较多的抗剪连接件，其余区段则可以布置较少数量的连接件。按这种方式布置抗剪连接件，可以使得各个抗剪连接件在荷载作用下的受力较为一致，但由于需要确定界面纵向剪力包络图使得计算较为复杂，而得到的连接件布置方式也可能较为复杂，不利于方便施工。

当组合梁按照极限状态设计法进行设计时，组合梁在承载力极限状态时的界面纵向剪力分布将趋于均匀，因此可以将全部抗剪连接件按等间距布置。但按这种方式布置连接件时，正常使用状态下部分连接件的受力较大，而连接件本身也必须具备足够的变形能力以便在承载能力极限状态下使界面纵向剪力发生重分布现象，因此必须使用柔性抗剪连接件。

1. 抗剪连接件的弹性设计方法

按弹性方法设计组合梁的抗剪连接件时采用换算截面法，即根据混凝土与钢材弹性模量的比值，将混凝土截面换算为钢材截面进行计算。计算时，假定钢梁与混凝土翼板交界面上的纵向剪力完全由抗剪连接件承担，并忽略钢梁与混凝土翼板之间的黏结作用。

在荷载作用下，钢梁与混凝土翼板交界面产生的界面纵向剪力均应当根据整体分析得到的弯矩和竖向剪力值确定。单位长度内界面上的纵向剪力值 V_s应按弹性方法进行计算，并根据混凝土翼板或钢梁的纵向压力或拉力的变化梯度确定。组合梁钢梁与混凝土翼板接合面的纵向剪力作用按未开裂分析方法计算，不考虑负弯矩区混凝土开裂的影响。钢梁与混凝土翼板交界面单位长度上的纵向剪力也可根据组合截面承担的竖向剪力计算，此时可以只考虑钢梁与混凝土翼板形成组合作用之后施加到结构上的荷载和其他作用。钢梁与混凝土翼板交界面上的剪力由两部分组成。一部分是形成组合作用之后施加到结构上的准永久荷载所产生的剪力，需要考虑荷载的长期效应，即需要考虑混凝土收缩徐变等长期效应的影响，因此应按照长期效应下的换算截面计算；另一部分是可变荷载产生的剪力，不考虑荷载的长期效应，因此应按照短期效应下的换算截面计算。

当组合作用形成后，钢梁与混凝土翼板交界面单位长度上的纵向剪力计算式为

$$V_s = \frac{V_g S_0^c}{I_0^c} + \frac{V_q S_0}{I_0} \tag{4-22}$$

式中 V_g、V_q——计算截面处分别由形成组合截面之后施加到结构上的准永久荷载和除准永久荷载外的可变荷载所产生的竖向剪力设计值；

S_0^c——考虑荷载长期效应时，钢梁与混凝土翼板交界面以上换算截面对组合梁弹性中和轴的面积矩；

S_0——不考虑荷载长期效应时，钢梁与混凝土翼板交界面以上换算截面对组合梁弹性中和轴的面积矩；

I_0^c——考虑荷载长期效应时，组合梁的换算截面惯性矩；

I_0——不考虑荷载长期效应时，组合梁的换算截面惯性矩。

按式（4-22）可得到组合梁单位长度上的剪力 V_s及其剪力分布图。将剪力图分成若干段，用每段的面积即该段总剪力值，除以单个抗剪连接件的抗剪承载力 N_v^c 即可得到该段所需要的抗剪连接件数量。为方便布置并简化施工，当采用栓钉等柔性连接件时，连接件的数量可按梁长范围内的平均剪力计算并按等间距布置，如图 4-25 所示，图 4-25（a）为实际

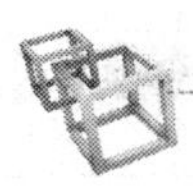

剪力分布图，图 4 - 25（b）为分段后用来设计栓钉的等效剪力图，V_{d1}、V_{d2}、V_{d3}、V_{d4}分别是实际剪力图中分段处的剪力大小，$V_{ld1}=(V_{d1}+V_{d2})/2$，$V_{ld2}=(V_{d2}+V_{d3})/2$，以此类推，应保证各连接件所受到的最大剪力不大于其抗剪承载力的 1.1 倍。

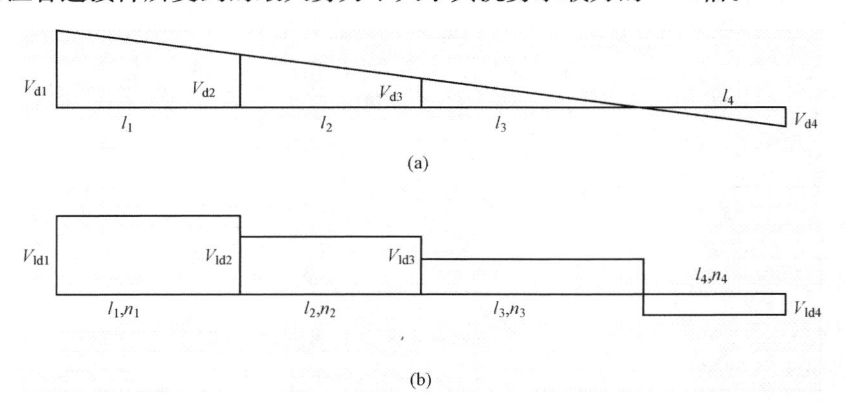

图 4 - 25　剪力图分段示意图

2. 抗剪连接件的塑性设计方法

大量研究表明，组合梁中常用的栓钉等柔性抗剪连接件在较大的荷载作用下会产生滑移变形，导致交界面上的剪力在各个连接件之间发生重分布，使得界面剪力沿梁长度方向的分布趋于均匀（见图 4 - 26）。当组合梁达到承载力极限状态时，各剪跨段内交界面上各抗剪连接件受力几乎相等，因此可以不必按照剪力分布图来布置连接件，可以在各段内均匀布置，从而给设计和施工带来极大的方便。

根据极限平衡方法，当采用塑性方法设计组合梁的抗剪连接件时，按以下原则进行布置：

（1）以弯矩绝对值最大点及支座为界限，将组合梁划分为若干剪跨区段（见图 4 - 26）。

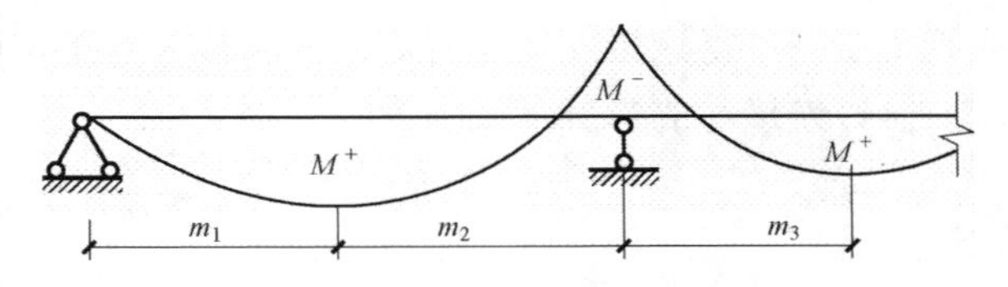

图 4 - 26　连续组合梁剪跨区划分图

（2）逐段确定各剪跨区段内钢梁与混凝土交界面的纵向剪力 V_s。

正弯矩最大点到边支座区段，即 m_1 区段

$$V_s=\min\{Af,b_e h_{c1} f_c\} \tag{4-23}$$

正弯矩最大点到中支座（负弯矩最大点）区段，即 m_2 和 m_3 区段

$$V_s=\min\{Af,b_e h_{c1} f_c\}+A_{st} f_{st} \tag{4-24}$$

式中　b_e——混凝土翼板的有效宽度；

h_{c1}——混凝土翼板厚度；

A、f——钢梁的截面面积和抗拉强度设计值；

A_{st}、f_{st}——负弯矩混凝土翼板内纵向受拉钢筋的截面面积和受拉钢筋的抗拉强度设计值。

（3）确定每个剪跨内所需抗剪连接件的数目 n_f。按完全抗剪连接设计时，每个剪跨段内的抗剪连接件数量为

$$n_f=V_s/N_v^c \tag{4-25}$$

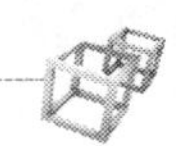

对于部分抗剪连接的组合梁，实际配置的连接件数目通常不得少于 n_f 的 50%。

(4) 将由式 (4-25) 计算得到的连接件数目 n_f 在相应的剪跨区段内均匀布置。

例如，对于简支组合梁，可以将连接件均匀布置在最大弯矩截面至梁端之间。对连续组合梁，则可按图 4-26 在剪跨区段 m_2 和 m_3 内分别均匀布置连接件，并采用完全抗剪连接设计。

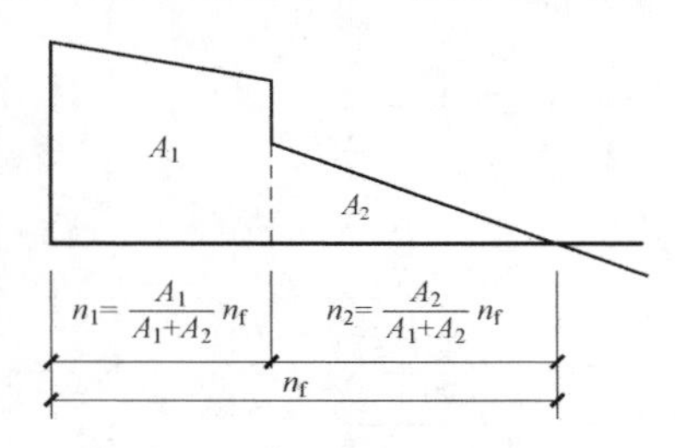

图 4-27 有较大集中荷载作用时抗剪连接件的布置

当在剪跨内作用有较大的集中荷载时，则应将计算得到的 n_f 按剪力图的面积比例进行分配后再各自均匀布置，如图 4-27 所示。各区段内的连接件数量为

$$n_1 = \frac{A_1}{A_1 + A_2} n_f \tag{4-26}$$

$$n_2 = \frac{A_2}{A_1 + A_2} n_f \tag{4-27}$$

式中 A_1、A_2——纵向剪力图的面积；

n_1、n_2——相应分段内抗剪连接件的数量。

【例 4-2】 简支组合梁，混凝土翼板的高度为 100mm，有效宽度为 1316mm，钢梁采用 I22a，Q235 号钢，截面面积 $A_s=4800\text{mm}^2$，塑性抗拉强度 $f_p=193.5\text{N/mm}^2$，混凝土强度等级为 C20，其抗压强度设计值 $f_c=9.6\text{N/mm}^2$，弹性模量 $E_c=2.55\times10^4\text{N/mm}^2$，现采用 ϕ19 栓钉连接件，其极限抗拉强度的最小值 $f_u=410\text{N/mm}^2$。试确定保证最大弯矩截面抗弯能力能充分发挥所需要的剪力连接件数目。

解　支座零弯矩截面和最大弯矩截面的纵向剪力差 V_1 为

$$\begin{aligned} V_s &= \min\{Af, b_c h_c f_c\} = \min\{4800\times193.5, 1316\times100\times9.6\} \\ &= \min\{928.8\text{kN}, 1263.36\text{kN}\} = 928.8(\text{kN}) \end{aligned}$$

取较小值，可得该梁支座零弯矩截面和最大弯矩截面的纵向剪力差为 928.8kN。

栓钉连接件的受剪承载力为

$$A_s = \frac{\pi d^2}{4} = \pi\times19^2/4 = 283.5(\text{mm}^2)$$

$$\begin{aligned} N_v^c &= 0.43A_s\sqrt{E_c f_c} = 0.43\times283.5\times\sqrt{9.6\times25500} \\ &= 60315(\text{N}) < 0.7A_s\gamma f = 0.7\times283.5\times410 = 81364(\text{N}) \end{aligned}$$

取 $N_v^c=60315\text{N}$。

半跨所需的连接件数目为

$$n_f = V_s/N_v^c = 928800/60315 = 15.4$$

选用 16 个，全跨 32 个。

4.5 混凝土翼板的设计及构造要求

4.5.1 组合梁的纵向剪切破坏

钢梁与混凝土翼板间的组合作用依靠抗剪连接件的纵向抗剪实现，这种纵向剪力集中分布在钢梁上翼缘布置有连接件的狭长范围内，因此混凝土翼板在这种集中力作用下可能发生开裂或破坏。混凝土翼板纵向开裂是组合梁的破坏形式之一，如果没有足够的横向钢筋来控制裂缝的发展，或虽有横向钢筋但布置不当，会导致组合梁无法达到极限状态的受弯承载

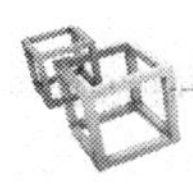

力，使结构的延性和极限承载能力降低。因此在设计组合梁时，应当验算混凝土翼板的纵向抗剪能力，保证组合梁在达到极限抗弯承载力之前不会出现纵向剪切破坏。混凝土翼板的实际受力状态比较复杂，抗剪连接件对混凝土翼板的作用力沿板厚及板长方向的分布并不均匀。混凝土翼板除了受到抗剪连接件对其作用的轴向偏心压力外，通常还要受到横向弯矩的作用，因此很难精确地分析混凝土翼板的实际内力分布。作为一种简化的处理方式，在进行纵向抗剪验算时可以假设混凝土翼板仅受到一系列纵向集中力的作用，如图 4 - 28 所示。

影响组合梁混凝土翼板纵向开裂和纵向抗剪承载力的因素很多，如混凝土翼板厚度、混凝土强度等级、横向配筋率和横向钢筋位置、抗剪连接件的种类及排列方式、数量、间距、荷载形式等。这些因素对混凝土翼板纵向开裂的影响程度各不相同。一般来说，采用承压面较大的槽钢连接件有利于控制混凝土翼板的纵向开裂。在数量相同的条件下避免栓钉连接件沿梁长方向的单列布置也有利于减缓混凝土翼板的纵向开裂。混凝土翼板中的横向钢筋对控制纵向开裂具有重要作用。组合梁在荷载的作用下首先在混凝土翼板底面出现纵向微裂缝，如果有适当的横向钢筋，则可以限制裂缝的发展，并可能使混凝土翼板顶面不出现纵向裂缝或使纵向裂缝宽度变小。同样数量的横向钢筋分上下双层布置时比居上、居中及居下单层布置时更有利于抵抗混凝土翼板的纵向开裂。组合梁的加载方式对纵向开裂也有影响。当组合梁作用有集中荷载时，在集中荷载附近将产生很大的横向拉应力，容易在这一区域较早地发生纵向开裂。作用于混凝土翼板的横向负弯矩也会对组合梁的纵向抗剪产生不利影响。

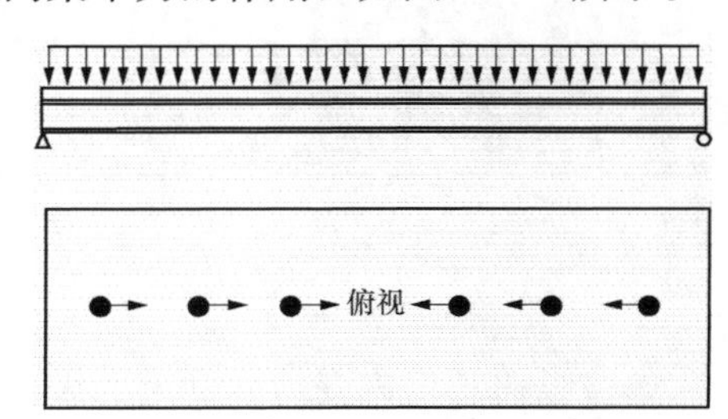

图 4 - 28　混凝土翼板受栓钉作用力示意图

若组合梁的横向配筋不足或混凝土截面过小，在连接件的纵向劈裂力作用下，混凝土翼板将可能发生纵向剪切破坏，潜在的破坏界面可能为如图 4 - 29 所示的竖向界面 a-a、d-d 及包络连接件的纵向界面 b-b、c-c 等。因此在进行组合梁纵向抗剪验算时，除了要验算纵向受剪竖界面 a-a、d-d 以外，还应该验算界面 b-b、c-c。在验算中，要求任意一个潜在的纵向剪切破坏界面，则要求单位长度上纵向剪力的设计值不得超过单位长度上的界面抗剪强度。

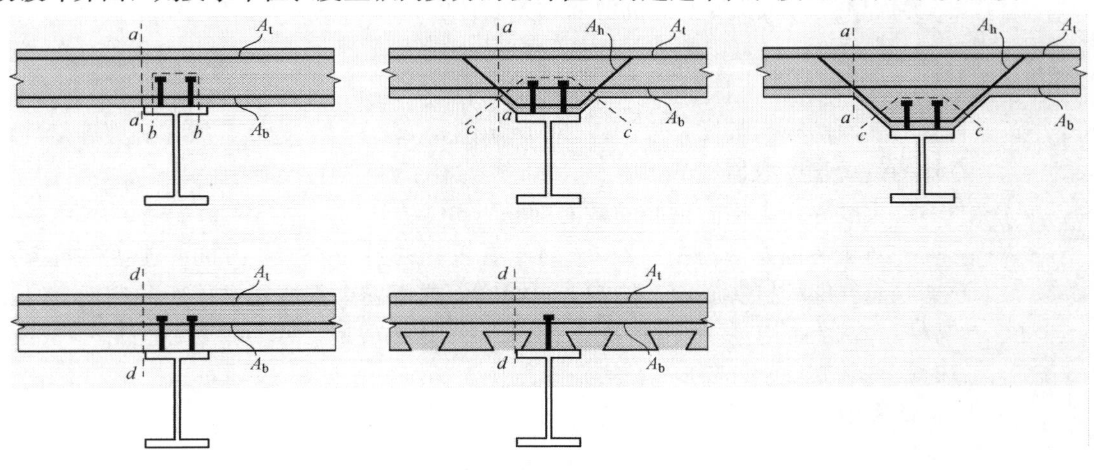

图 4 - 29　混凝土翼板纵向受剪控制界面

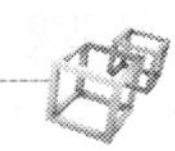

4.5.2 混凝土翼板的纵向抗剪验算

(1) 组合梁板托及翼缘板纵向抗剪承载力验算时，应分别验算图 4-30 所示的纵向受剪界面 a-a、b-b、c-c 及 d-d。

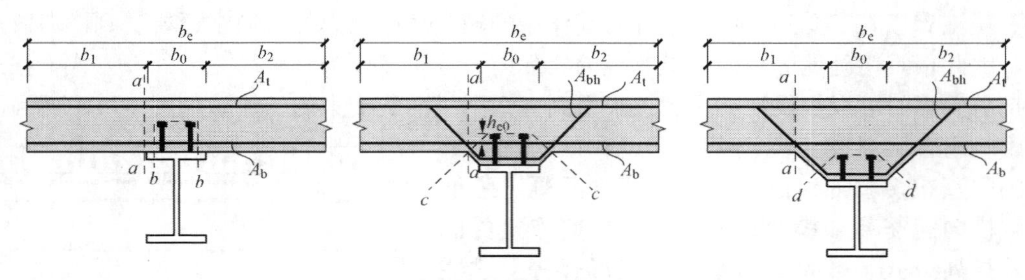

图 4-30 板托及翼板的纵向受剪界面及其横向配筋

单位纵向长度内受剪界面上的纵向剪力设计值按照下列公式计算：

1) 单位纵向长度 b-b、c-c 及 d-d 受剪界面（见图 4-30）的计算纵向剪力为

$$v_{l,1}=\frac{V_s}{m_i} \tag{4-28}$$

2) 单位纵向长度上 a—a 受剪界面（见图 4-30）的计算纵向剪力为

$$v_{l,1}=\max\left(\frac{V_s}{m_i}\times\frac{b_1}{b_e},\frac{V_s}{m_i}\times\frac{b_2}{b_e}\right) \tag{4-29}$$

式中 $v_{l,1}$——单位纵向长度内受剪界面上的纵向剪力设计值；

V_s——每个剪跨区段内钢梁与混凝土翼板交界面的纵向剪力；

m_i——剪跨区段长度；

b_e——混凝土翼板有效宽度；

b_1、b_2——混凝土翼板左右两侧的挑出宽度，如图 4-30 所示。

(2) 组合梁承托及翼缘板界面纵向受剪承载力计算应符合下列规定

$$v_{l,1}\leqslant v_{lu,1} \tag{4-30}$$

式中 $v_{l,1}$——荷载作用引起的界面单位长度上的纵向剪力；

$v_{lu,1}$——界面单位纵向长度上的抗剪承载力设计值，取以下两式的较小值。

$$v_{lu,1}=0.7f_tb_f+0.8A_ef_r \tag{4-31}$$

$$v_{lu,1}=0.25b_ff_c \tag{4-32}$$

式中 b_f——受剪界面的横向长度，按图 4-30 所示的 a-a、b-b、c-c 连线在抗剪连接件以外的最短长度取值（mm）。

A_e——单位长度界面上横向钢筋的截面面积（mm^2/mm），对于界面 a-a，$A_e=A_b+A_t$；对于界面 b-b，$A_e=2A_b$。对于有板托的界面 c-c，由抗剪连接件抗掀起端底面（即栓钉头底面、槽钢上翼缘底面或弯筋上部弯起水平段的底面）高出翼板底部钢筋上皮的距离决定。当 $h_{e0}\leqslant 30$mm 时，$A_e=2A_h$；当 $h_{e0}>30$mm 时，$A_e=2(A_h+A_b)$，见表 4-3。

f_r、f_c——钢筋和混凝土的强度设计值。

表 4 - 3　　单位长度上横向钢筋的截面面积 A_e

剪切面	$a-a$	$b-b$	$c-c$	$d-d$
A_e	A_b+A_t	$2A_b$	$2\ (A_b+A_{bh})$	$2A_{bh}$

(3) 组合梁的纵向抗剪强度在很大程度上受到横向钢筋配筋率的影响。为保证组合梁在达到承载力极限状态之前不发生纵向剪切破坏，并考虑荷载长期效应和混凝土收缩等不利因素的影响，《钢 - 混凝土组合结构设计规程》(DL/T 5085—1999) 建议混凝土翼板的横向钢筋最小配筋应符合如下条件

$$A_e f_r / b_f > 0.75 \tag{4-33}$$

式中　0.75——常数，N/mm^2。

组合梁混凝土翼板的横向钢筋中，除了板托中的横向钢筋 A_h 外，其余的横向钢筋 A_t 和 A_b 可作为混凝土板的受力钢筋使用，并应满足《混凝土结构设计规范》(GB 50010—2010) 的有关构造要求。

【例 4 - 3】 简支组合梁，采用 C25 混凝土翼板，板厚 100mm，每侧挑出钢梁的长度为 800mm，混凝土翼板的有效宽度 $b_e=2000mm$，$f_c=16.7N/mm^2$，采用 $\phi19$ 栓钉连接件，混凝土翼板顶部和底部均采用钢筋 $f_y=270N/mm^2$，每米板已在板顶配置横向钢筋 $A_t=550mm^2$，在板底配置横向钢筋 $A_b=791mm^2$，栓钉成对设置，纵向间距 $s_1=250mm$，一个栓钉的受剪承载力为 56.61kN，试验算该组合梁的纵向界面 a - a 和纵向界面 b - b (周长为 300mm) 的受剪承载力。

解　(1) 纵向界面 a - a 单位长度的剪力设计值为

$$v_{l,1} = \frac{n_s N_v^c}{p} \times \frac{b_1}{b_e} = \frac{2 \times 56610 \times 800}{250 \times 2000} = 181.2(N/mm)$$

$$A_e = A_t + A_b = 791 + 550 = 1341(mm^2/m) = 1.341(mm^2/mm)$$

纵向界面上单位长度的受剪承载力为

$$v_{lu,1} = 0.9b_f + 0.8A_e f_r = 0.9 \times 100 + 0.8 \times 1.341 \times 270$$

$$= 379.7(N/mm) \leqslant 0.25 \times 100 \times 14.3 = 417.5(N/mm)$$

由此可得，$v_{lu,1} > v_{l,1}$，纵向界面 a - a 的抗剪承载力满足要求。

(2) 纵向界面 b - b 单位长度的剪力设计值为

$$v_{l,1} = \frac{n_s N_v^c}{p} = \frac{2 \times 56610}{250} = 452.88(N/mm)$$

$$A_e = 2A_b = 1.582(mm^2/mm)$$

纵向界面上单位长度的受剪承载力为

$$v_{lu,1} = 0.9b_f + 0.8A_e f_r = 0.9 \times 300 + 0.8 \times 1.582 \times 270$$

$$= 611.7(N/mm) \leqslant 0.25 \times 300 \times 14.3 = 1072.5(N/mm)$$

由此可得，$v_{lu,1} > v_{l,1}$，纵向界面 b - b 的抗剪承载力满足要求。

4.5.3　横向钢筋及板托的构造要求

板托可以增加组合梁的截面高度和刚度，但板托的构造比较复杂，因此通常情况下建议不设置板托。如需要设置板托，其外形尺寸及构造应符合以下规定（见图 4 - 31）。

(1) 为了保证板托中抗剪连接件能够正常工作，板托边缘距抗剪连接件外侧的距离不得

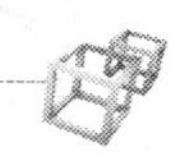

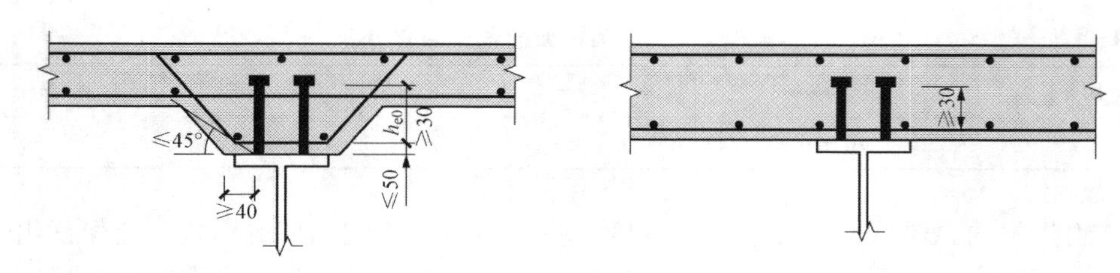

图 4-31　板托的构造要求

小于 40mm，同时板托外形轮廓应在自抗剪连接件根部算起的 45°仰角线之外。

(2) 因为板托中邻近钢梁上翼缘的部分混凝土受到抗剪连接件的局部压力作用，容易产生劈裂，需要配筋加强，板托中横向钢筋的下部水平段应该设置在距钢梁上翼缘 50mm 的范围以内。

(3) 为了保证抗剪连接件可靠地工作并具有充分的抗掀起能力，抗剪连接件抗掀起端底面高出底部横向钢筋水平段的距离不得小于 30mm。横向钢筋的间距应不大于 $4h_{e0}$，且应不大于 600mm。

对于没有板托的组合梁，混凝土翼板中的横向钢筋也应满足后两项的构造要求。

4.6　收缩徐变对组合梁受力性能的影响

4.6.1　混凝土收缩、徐变特征及计算方法

混凝土在空气中凝固和硬化的过程中会发生水分散发和体积收缩。影响混凝土收缩变形的主要因素有组成成分、养护条件、使用环境及构件的形状和尺寸等。对于素混凝土，其长期收缩变形在几十年后可达（300～600）$\times10^{-6}$，在不利条件下甚至可达到 1×10^{-3}。混凝土在荷载长期作用下会发生徐变，引起组合截面内力重分布。通常情况下，徐变效应使得混凝土翼板的应力降低，而钢梁的应力增加。影响混凝土徐变的因素很多，如应力水平、加载龄期、混凝土的配合比及成分、制作养护条件、结构的使用环境条件及构件尺寸等。由于影响因素众多且不易精确考虑，目前各国规范均采用经验系数法来考虑徐变作用。

根据徐变理论，混凝土中的应变由初始应变 ε_{ce} 和徐变 ε_{cc} 两部分组成。对于钢-混凝土组合梁，可近似认为混凝土徐变系数 $\phi_u=\varepsilon_{cc}/\varepsilon_{ce}$ 为 1，则在长期荷载作用下混凝土割线弹性模量为

$$E'_c=\frac{\sigma_c}{\varepsilon_{ce}+\varepsilon_{cc}}=\frac{1}{2}\frac{\sigma_c}{\varepsilon_{ce}}=\frac{1}{2}E_c \tag{4-34}$$

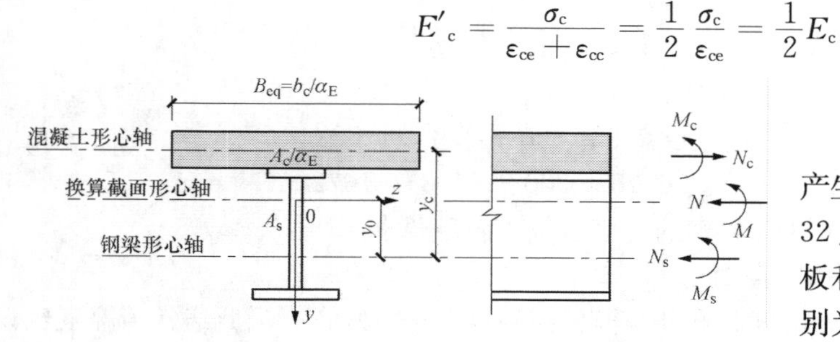

图 4-32　初始状态的组合梁截面内力图

1. 组合梁初始截面内力

组合梁在荷载作用下，截面产生轴向力 N 和弯矩 M，如图 4-32 所示。在 t_0 时刻，混凝土桥面板和钢梁承担的轴向力和弯矩分别为 $N_c(t_0)$、$M_c(t_0)$ 和 $N_s(t_0)$、$M_s(t_0)$，按以下各式计算

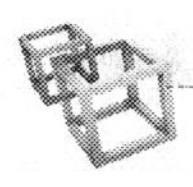

$$N_c(t_0)=N_{cN}(t_0)+N_{cM}(t_0)=(1-\alpha_N)N+\frac{(y_c-y_0)A_c}{n_0I_0}M \tag{4-35}$$

$$M_c(t_0)=\frac{I_c}{n_0I_0}M=(1-\alpha_M)M \tag{4-36}$$

$$N_s(t_0)=N_{sN}(t_0)+N_{sM}(t_0)=\alpha_NN+\frac{y_0A_s}{I_0}M \tag{4-37}$$

$$M_s(t_0)=\frac{I_s}{I_0}M=\alpha_MM \tag{4-38}$$

$$A_0=A_c/n_0+A_s$$

式中　A_c、A_s——混凝土桥面板和钢梁截面面积；

I_c、I_s——混凝土桥面板和钢梁截面的惯性矩；

n_0——钢与混凝土的弹性模量比；

A_0——组合梁的换算截面面积；

I_0——组合梁换算截面的惯性矩；

α_N、α_M——钢梁与组合梁换算截面的面积比和惯性矩比，即 $\alpha_M=\frac{I_s}{I_0}$、$\alpha_N=\frac{A_s}{A_0}$。

如果忽略钢筋与钢梁材料性能的微小差别，以上各式有关钢梁的参数中也可以包括钢筋截面，以反映混凝土桥面板内配筋的影响。

2. 考虑收缩、徐变后组合梁截面内力重分布

考虑收缩徐变后，根据组合梁的截面平衡条件可得到以下方程，如图 4 - 33 所示

$$N_c(t)+N_s(t)=N(x) \tag{4-39}$$

$$M_c(t)+M_s(t)+N_s(t)y_c=M(x) \tag{4-40}$$

式中　$N_c(t)$、$N_s(t)$ ——组合梁中混凝土和钢梁所承担的轴向力；

$M_c(t)$、$M_s(t)$ ——混凝土截面和钢梁截面所承担的弯矩；

$N(x)$、$M(x)$ ——荷载在计算截面所产生的轴向力和弯矩；

y_c——钢梁截面形心至混凝土截面形心间的距离。

以上各式中的钢梁截面同样也可包括混凝土桥面板内的钢筋。轴向力和应力均以受拉为正，受压为负。对于受弯状态下的非预应力组合梁，$N(x)=0$。

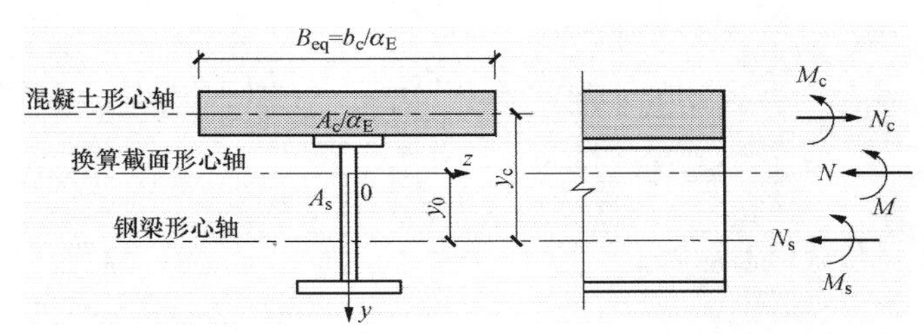

图 4 - 33　组合梁截面徐变作用下内力重分配

当混凝土的应力水平不超过强度值的 0.5 倍时，其弹性应变和徐变都与应力呈线性关系，因此由不断变化的应力所产生的应变可应用叠加原理，则混凝土截面形心的应变 $\varepsilon_c(t)$ 为

$$\varepsilon_c(t)=\frac{1}{E_c}\sigma_c(t_0)[1+\varphi(t,t_0)]+\frac{1}{E_c}\Delta\sigma_c(t,t_0)[1+\rho\varphi(t,t_0)]+\varepsilon_{sh}(t,t_0) \tag{4-41}$$

式中　t_0——加载时混凝土的龄期；

E_c——混凝土的模量；

$\varepsilon_{sh}(t,t_0)$ ——混凝土的自由收缩应变；

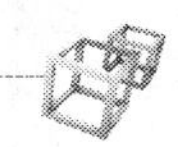

$\sigma_c(t_0)$ ——混凝土截面形心的初应力；

$\varphi(t, t_0)$ ——混凝土从 t_0 到 t 时刻的徐变系数增量；

ρ——龄期调整系数，也称为老化系数；

$\Delta\sigma_c(t, t_0)$ ——混凝土截面形心位置从 t_0 到 t 时刻所增加的应力。

混凝土截面形心的应力按下式计算

$$\sigma_c(t) = \frac{N_c(t)}{A_c} \tag{4-42}$$

将式（4-42）代入式（4-41）可以得到

$$\varepsilon_c(t) = \frac{N_c(t_0)}{E_cA_c}[1+\varphi(t,t_0)] + \frac{\Delta N_c(t,t_0)}{E_cA_c}[1+\rho\varphi(t,t_0)] + \varepsilon_{sh}(t,t_0) \tag{4-43}$$

同理可得混凝土截面曲率 $\phi_c(t)$ 的计算式为

$$\phi_c(t) = \frac{M_c(t_0)}{E_cI_c}[1+\varphi(t,t_0)] + \frac{\Delta M_c(t,t_0)}{E_cI_c}[1+\rho\varphi(t,t_0)] \tag{4-44}$$

从 t_0 到 t 时刻，混凝土与钢梁的内力因徐变收缩效应而发生变化，$N_c(t_0)$、$N_s(t_0)$、$M_c(t_0)$、$M_s(t_0)$ 分别变化为 $N_c(t, t_0)$、$N_s(t, t_0)$、$M_c(t, t_0)$、$M_s(t, t_0)$。但由平衡条件（对于静定结构），全截面的轴向力和弯矩保持不变，因此有

$$\Delta N_c(t,t_0) + \Delta N_s(t,t_0) = 0 \tag{4-45}$$

$$\Delta M_c(t,t_0) + \Delta M_s(t,t_0) + \Delta N_s(t,t_0)y_c = 0 \tag{4-46}$$

$\Delta N_c(t, t_0)=N_c(t, t_0)-N_c(t_0)$，$\Delta N_s(t, t_0)=N_s(t, t_0)-N_s(t_0)$，$\Delta M_c(t, t_0)=M_c(t, t_0)-M_c(t_0)$，$\Delta M_s(t, t_0)=M_s(t, t_0)-M_s(t_0)$

忽略钢梁与混凝土板之间的滑移效应，根据平截面假定有

$$\Delta\varepsilon_s(t) = \Delta\varepsilon_c(t) + \Delta\phi_c(t)y_c \tag{4-47}$$

$$\Delta\phi_s(t) = \Delta\phi_c(t) \tag{4-48}$$

将式（4-45）、式（4-46）代入式（4-43）和式（4-44）可以得到

$$\frac{\Delta N_s(t,t_0)}{E_sA_s} = \frac{1}{E_cA_c}[N_c(t_0)\varphi(t,t_0) + \Delta N_c(t,t_0)(1+\rho\varphi(t,t_0)] +$$

$$\frac{y_c}{E_cI_c}[M_c(t_0)\varphi(t,t_0) + \Delta M_c(t,t_0)(1+\rho\varphi(t,t_0)] + \varepsilon_{sh}(t,t_0) \tag{4-49}$$

$$\frac{\Delta M_s(t,t_0)}{E_sI_s} = \frac{1}{E_cI_c}[M_c(t_0)\varphi(t,t_0) + \Delta M_c(t,t_0)(1+\rho\varphi(t,t_0)] \tag{4-50}$$

将式（4-47）、式（4-48）代入式（4-49）和式（4-50）可得到钢梁的内力增量

$$\Delta N_s(t,t_0) = \frac{\left\{N_c(t_0) + \dfrac{E_cA_cM_c(t_0)y_c}{E_cI_c + E_sI_s[1+\rho\varphi(t,t_0)]}\right\}\varphi(t,t_0) + E_cA_c\varepsilon_{sh}(t,t_0)}{1+\rho\varphi(t,t_0) + \dfrac{E_cA_c}{E_sA_s} + \dfrac{E_cA_cy_c^2[1+\rho\varphi(t,t_0)]}{E_cI_c + E_sI_s[1+\rho\varphi(t,t_0)]}} \tag{4-51}$$

钢梁形心处应力增量为

$$\Delta\sigma_s(t) = \frac{\Delta N_s(t,t_0)}{A_s} \tag{4-52}$$

引入如下关系

$$\sigma_c^N(t_0) = \frac{N_c(t_0)}{A_c},\ \sigma_c^M(t_0) = \frac{M_c(t_0)y_c}{I_c},\ \chi = \frac{A_s}{A_c},\ n_0 = \frac{E_s}{E_c},\ i_c^2 = \frac{I_c}{A_c},\ i_s^2 = \frac{I_s}{A_s}$$

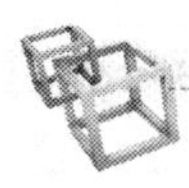

将以上各式代入式（4-52），便可得到钢梁形心处的应力增量为

$$\Delta\sigma_{s}(t,t_{0})=\frac{n_{0}\varphi(t,t_{0})\left\{\sigma_{c}^{N}(t_{0})+\frac{\sigma_{c}^{M}(t_{0})}{1+n_{0}\chi[1+\rho\varphi(t,t_{0})]i_{s}^{2}/i_{c}^{2}}\right\}+E_{s}\varepsilon_{sh}(t,t_{0})}{1+n_{0}\chi[1+\rho\varphi(t,t_{0})]\left\{1+\frac{y_{c}^{2}/i_{c}^{2}}{1+n_{0}\chi[1+\rho\varphi(t,t_{0})]i_{s}^{2}/i_{c}^{2}}\right\}} \tag{4-53}$$

根据式（4-52），可以得到混凝土板形心处的应力增量为

$$\Delta\sigma_{c}(t,t_{0})=-\chi\Delta\sigma_{s}(t,t_{0}) \tag{4-54}$$

同样方法，可以得到钢梁所承担的弯矩增量为

$$\Delta M_{s}(t,t_{0})=\frac{N_{c}(t_{0})\varphi(t,t_{0})-\Delta N_{s}(t_{0})y_{c}[1+\rho\varphi(t,t_{0})]}{\frac{E_{c}I_{c}}{E_{s}I_{s}}+[1+\rho\varphi(t,t_{0})]} \tag{4-55}$$

由此可得钢梁截面的应力增量为

$$\Delta\sigma_{s}(t,t_{0})=\Delta\sigma_{s}(t,t_{0})+\Delta M_{s}(t,t_{0})\frac{y_{s}}{I_{s}} \tag{4-56}$$

通常情况下，钢 - 混凝土组合梁桥中混凝土桥面板的惯性矩远小于钢梁的惯性矩，即可忽略混凝土桥面板的弯曲作用，认为 $i_{c}^{2}\approx0$，则式（4-53）可简化为

$$\Delta\sigma_{s}(t,t_{0})=\frac{n_{0}\varphi(t,t_{0})\sigma_{c}^{N}(t_{0})+E_{s}\varepsilon_{sh}(t,t_{0})}{1+n_{0}\chi[1+\rho\varphi(t,t_{0})](1+y_{c}^{2}/i_{s}^{2})} \tag{4-57}$$

混凝土桥面板形心处的应力为

$$\Delta\sigma_{c}(t,t_{0})=-\chi\frac{n_{0}\varphi(t,t_{0})\sigma_{c}^{N}(t_{0})+E_{s}\varepsilon_{sh}(t,t_{0})}{1+n_{0}\chi[1+\rho\varphi(t,t_{0})](1+y_{c}^{2}/i_{s}^{2})} \tag{4-58}$$

4.6.2　降低长期效应不利影响的措施

混凝土的收缩徐变等长期效应可能会引起桥梁变形增加、混凝土板开裂等不利效应，从而对结构的受力性能、耐久性、使用性能等产生很大影响。降低混凝土收缩徐变对组合梁桥的不利影响有多种手段和途径，主要包括材料措施、结构措施和施工措施等。

1. 材料措施

在混凝土中掺入膨胀剂或使用膨胀水泥可使混凝土膨胀变形，能够抵消收缩变形的不利影响。目前多采用在普通混凝土中添加膨胀剂的方法来配制膨胀混凝土，该技术已经较为成熟。我国自 20 世纪 90 年代开始，陆续研制出以 AEA、CEA、UEA 为主的多种膨胀剂，其中 UEA 膨胀剂由于性能稳定、价格合理，是用途最广、产量最大的产品。

纤维混凝土是在普通混凝土中掺入乱向分布的短纤维（如钢纤维、碳纤维、聚丙烯纤维等）所形成的一种多相复合材料。这些乱向分布的纤维能够有效地阻碍混凝土内部微裂缝的扩展及宏观裂缝的形成，显著地改善了混凝土的抗拉、抗弯、抗冲击及抗疲劳性能，具有较好的延性。

活性粉末混凝土 RPC 是一种具有极高强度和良好韧性的水泥基工程材料。由于 RPC 的水胶比非常低，因此收缩变形很小。研究表明，除了在热养护期间表现出一定的收缩外，RPC 使用后几乎不产生收缩，而徐变也可减少到普通混凝土或是高性能混凝土的 10%左右。由于 RPC 收缩徐变非常小，长期性能良好，因此设计时基本可以忽略与时间因素相关的许多问题。

2. 结构措施

采用预制混凝土翼板可有效降低混凝土收缩徐变效应对组合梁的影响。例如，在斜拉桥

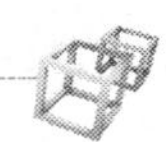

中采用预制混凝土翼板代替昂贵的正交异性钢桥面板，不仅便于施工，而且可大幅度降低混凝土桥面板的后期收缩徐变变形。我国自首座大跨度组合梁斜拉桥——南浦大桥建成以后，包括杨浦大桥、青州闽江大桥、上海东海大桥、颗珠山大桥、重庆江津观音岩长江大桥等在内的组合梁斜拉桥都采用了预制混凝土桥面板，见图 4-34 和图 4-35。对于预制桥面板，安装前一般需要储放 6 个月以上，让大部分混凝土收缩变形在安装前完成，同时提高了加载龄期，可减少徐变变形。

图 4-34　上海东海大桥主梁架设

图 4-35　颗珠山大桥主梁施工

除预制板外，叠合板则可以在施工的便捷性、桥面的整体性和长期性能之间获得良好的平衡。叠合板混凝土组合梁桥可减少现场支模等工序，同时由于桥面板部分采用预制，也降低了收缩徐变效应，而整体性则明显优于预制桥面。

3. *施工措施*

混凝土的收缩主要源于水分的散失，即混凝土自身的干燥收缩。一般认为，当混凝土表面暴露在干燥状态下时，混凝土会首先失去自由水；如果继续干燥，则导致吸附水损失。因此，混凝土的含水量越高，则干缩越大。混凝土表面的相对湿度关系到蒸发速度或失水速度。当混凝土刚开始失水时，最开始失去的是较大孔径中的毛细孔隙水，相应的收缩变形较小。如果失水量继续增加，则收缩量显著增加，因为这一阶段多为胶体孔隙水散失所致。因此，施工期间对混凝土是否养护充分对混凝土后期收缩变形具有十分重要的影响。由于混凝土的徐变与所受到的应力水平成正比，当组合梁桥采用无临时支撑的施工方式时，绝大部分恒荷载将主要由钢梁承担，这样也可以大大减少徐变的不利影响。因此，通过合理调整混凝土浇筑顺序，能够降低长期变形并减少桥面板的开裂。

4.7　简支组合梁弹性承载力计算

4.7.1　换算截面法

组合梁截面一般是指由钢梁和有效宽度范围内混凝土翼板所组成的截面，在同一高度处，正应力在截面内沿横向均匀分布。组合梁的弹性计算方法可以利用材料力学公式，但材料力学公式是针对单一材料，因此，对于由钢和混凝土两种材料组成的组合梁截面，首先应把它换算成同一种材料的截面。

定义钢材与混凝土的短期弹性模量比为

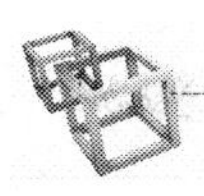

$$\alpha_E = \frac{E_s}{E_c} \tag{4-59}$$

实际计算时，可以将混凝土翼板的有效宽度除以 α_E 换算为钢截面（以下简称为换算截面），如图 4 - 36 所示。短期荷载效应组合下混凝土翼板的换算宽度按下式计算

$$b_{eq} = \frac{b_e}{\alpha_E} \tag{4-60}$$

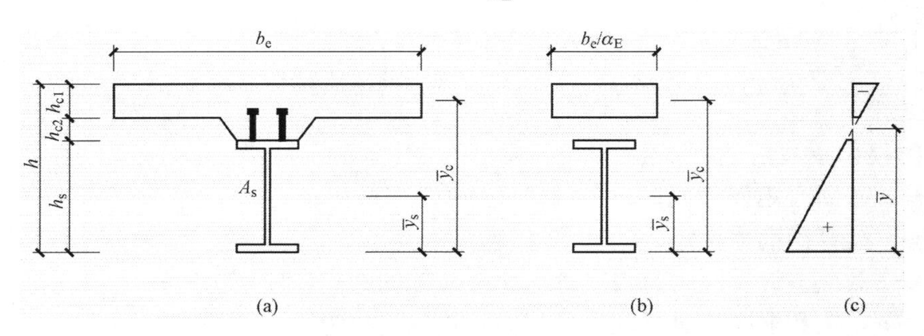

图 4 - 36　组合梁换算截面计算

(a) 有效宽度内的实际截面；(b) 换算截面；(c) 应变分布

换算时由于仅改变了混凝土翼板部分的宽度而未改变其厚度，因此换算前后的组合截面形心高度保持不变，即保证了换算截面对于组合截面横向主轴的惯性矩保持不变。利用换算截面计算出的某一截面高度处的弯曲应变即为该处的实际应变，而此处的应力则可以根据相应材料的弹性模量求得。

将组合梁截面换算成等效的钢截面以后，即可根据材料力学方法计算截面的中和轴位置、面积矩 S 和惯性矩 I 等几何特征，用于截面应力和变形分析。组合梁截面形状比较复杂，一般可以将换算截面划分为若干单元，用求和办法计算截面几何特征。根据前述的基本假定，计算时将板托全部忽略，而将混凝土翼板全部计入。

根据材料力学的移轴公式，换算截面的惯性矩可按下式计算

$$I = I_0 + A_0 d_c^2 \tag{4-61}$$

$$I_0 = I_s + \frac{I_c}{\alpha_E}, A_0 = \frac{A_s A_c}{\alpha_E A_s + A_c}$$

$$d_c = \bar{y}_c - \bar{y}_s$$

式中　I_s、I_c——钢梁和混凝土翼板的惯性矩；

d_c——钢梁形心到混凝土翼板形心的距离。

换算截面的弹性中和轴至钢梁底部的距离为

$$\bar{y} = \frac{A_s \bar{y}_s + A_c \bar{y}_c / \alpha_E}{A_s + A_c / \alpha_E} \tag{4-62}$$

式中　$\bar{y}_s$、$\bar{y}_c$——钢梁和混凝土翼板形心到钢梁底面的距离。

对于钢 - 混凝土组合梁，混凝土翼板通过抗剪连接件与钢梁连接，混凝土翼板在持续荷载作用下产生徐变变形。由于受到钢梁的约束，使得混凝土翼板的应力减小而钢梁应力增大。对荷载的准永久组合，可以将混凝土翼板有效宽度除以 $2\alpha_E$ 换算为钢截面（以下简称为徐变换算截面），并将换算截面法求得的混凝土高度处的应力除以 $2\alpha_E$ 以得到混凝土的实际应力。

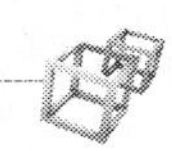

4.7.2 组合梁正应力分析

1. 不考虑滑移效应的组合梁截面应力计算

不考虑钢梁与混凝土翼板交界面之间的滑移，可以按照换算截面法计算组合梁截面的法向应力。组合截面的应力分布如图 4-37 所示。

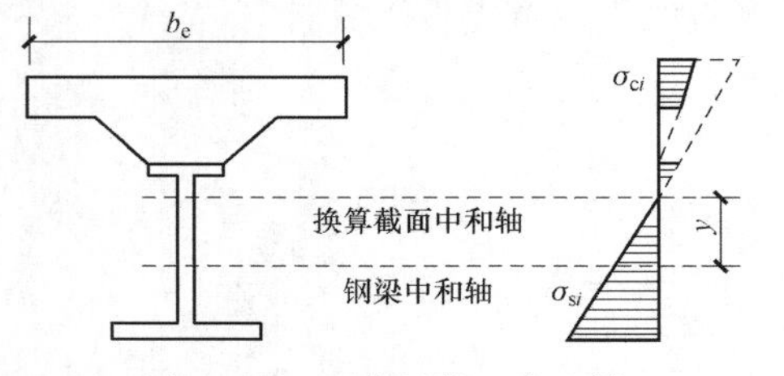

图 4-37 组合梁截面中和轴

对于钢梁部分

$$\sigma_s = \frac{My}{I} \tag{4-63}$$

对于混凝土部分

$$\sigma_c = \frac{My}{\alpha_E I} \tag{4-64}$$

式中 M——截面弯矩设计值；

I——换算截面惯性矩；

y——截面上计算应力点对换算截面形心轴的距离，向下为正；

σ_s、σ_c——钢梁和混凝土翼板的弯曲应力，均以受拉为正。

2. 考虑滑移效应的组合梁截面应力计算

弹性计算中通常忽略钢梁与混凝土交界面上的滑移。但实际上，由于滑移效应的存在，导致截面实际的弹性抗弯承载力小于按照换算截面法得到的弹性抗弯承载力，即在相同弯矩作用下，考虑滑移效应之后截面的法向应力会大于换算截面法得到的计算结果。

由于滑移应变 ε_s 的存在，截面上存在附加弯矩 ΔM，根据图 4-38 所示计算模型

$$\Delta M = \frac{h_s E_s}{6EI} M \xi (h A_w + 2 h_c A_{ft}) \tag{4-65}$$

式中 A_w、A_{ft}——钢梁腹板和上翼缘的面积；

ξ——刚度折减系数。

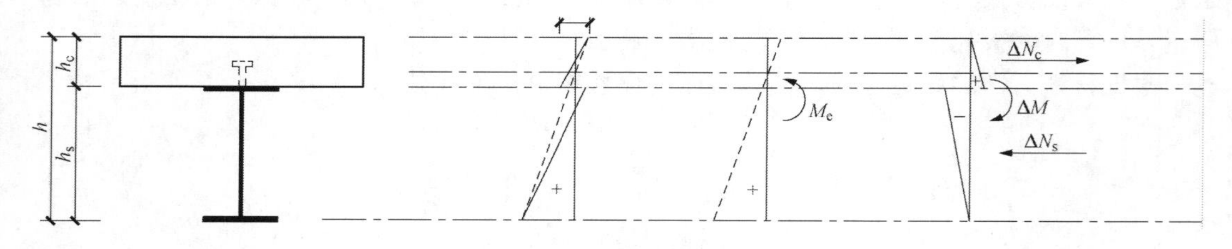

图 4-38 ΔM 计算模型

因此组合梁截面的实际弯矩为

$$M_p = M - \Delta M \tag{4-66}$$

设 $M_p = \zeta M$，则滑移效应引起的组合截面弹性弯矩减小的折减系数 ζ 如式（4-67）所示

$$\zeta = 1 - \frac{h_s E_s}{6EI} \xi (h A_w + 2 h_c A_{ft}) \tag{4-67}$$

ΔM 可简单地表示为

$$\Delta M = (1 - \zeta) M$$

交界面无相对滑移，即连接件刚度 $K \to \infty$ 时，$\xi = 0$，此时 $M_p = M$。在弹性极限状态，即对应钢梁开始屈服时的抗弯承载力 M_{py} 为

$$M_{py} = \zeta M_y \tag{4-68}$$

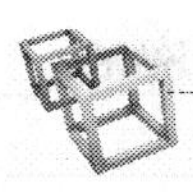

式中　M_y——换算截面法得到的对应钢梁开始屈服时的弯矩。

截面的法向应力可以表示为

$$\sigma = \frac{M - \Delta M}{W} = \frac{\zeta M}{W} \tag{4 - 69}$$

式中　σ——截面上某一点的应力；

W——按换算截面法得到相应的截面抵抗矩。

4.7.3　组合梁的剪应力分析

剪应力分析可以根据换算截面法，按照材料力学的公式进行。

对于钢材，剪应力为

$$\tau_s = \frac{VS}{It} \tag{4 - 70}$$

对于混凝土，剪应力为

$$\tau_c = \frac{VS}{\alpha_E It} \tag{4 - 71}$$

式中　V——竖向剪力设计值；

S——剪应力计算点以上的换算截面对总换算截面中和轴的面积矩；

t——换算截面的腹板厚度，在混凝土区等于该处的混凝土换算宽度，在钢梁区等于钢梁腹板厚度；

I——换算截面惯性矩。

对于钢 - 混凝土组合梁，混凝土翼板通过抗剪连接件与钢梁连接，混凝土翼板在持续荷载作用下产生徐变变形。由于受到钢梁的约束，使得混凝土翼板的应力减小而钢梁应力增大。

对于钢 - 混凝土组合梁，混凝土翼板通过抗剪连接件与钢梁连接，混凝土翼板在持续荷载作用下产生徐变变形。由于受到钢梁的约束，使得混凝土翼板的应力减小而钢梁应力增大。

关于剪应力的计算点，一般按照以下规则采用：

当换算截面中和轴位于钢梁腹板内时，如图 4 - 39 所示，钢梁的剪应力计算点取换算截面中和轴处（即图 4 - 39 中 1 点）。如无托板，混凝土翼板的剪应力计算点取混凝土与钢梁上翼缘连接处（即图 4 - 39 中 2 点）；如有托板，计算点上移板托高度（即图 4 - 39 中 2 点）。

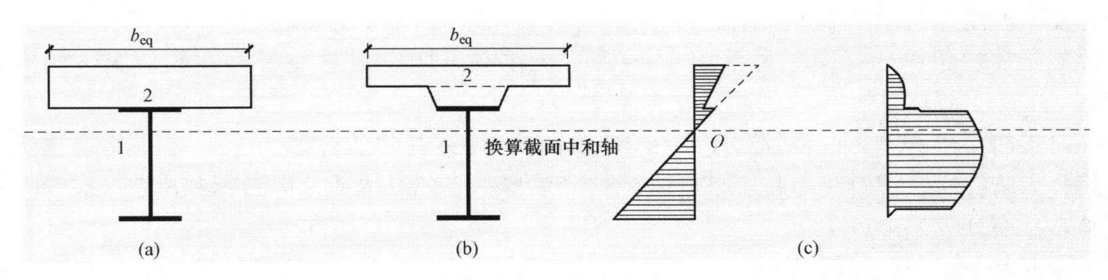

图 4 - 39　中和轴位于钢梁内时组合梁剪应力

（a）换算截面；（b）正应力；（c）剪应力

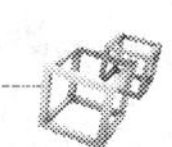

当换算截面中和轴位于钢梁以上时，钢梁的剪应力计算点取钢梁腹板上边缘处（即图 4-40 中 3 点），混凝土翼板的剪应力计算点取换算截面中和轴处（即图 4-40 中 4 点）。

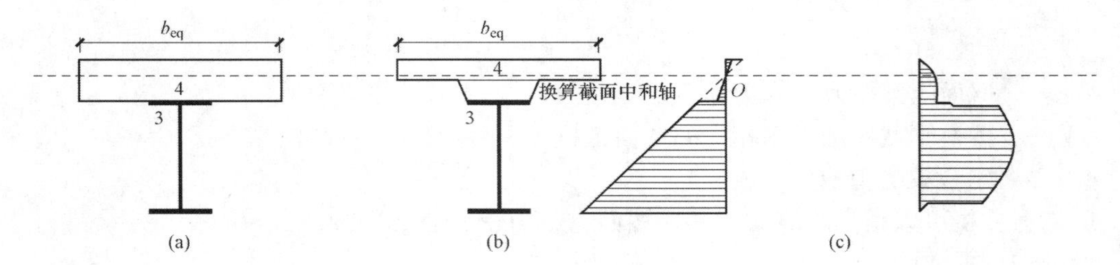

图 4-40　中和轴位于混凝土翼板内时组合梁剪应力
(a) 换算截面；(b) 正应力；(c) 剪应力

在分两阶段进行弹性计算时，如各阶段剪应力计算点位置不同，则以产生剪应力较大阶段的计算点作为两阶段共用的计算点，在该点上对两阶段剪应力进行叠加。

如钢梁在同一部位（同一截面的同一纤维位置处）处弯曲应力 σ 和剪应力 τ 都较大，应验算折算应力 σ_{eq} 是否满足要求，计算公式如下

$$\sigma_{eq} = \sqrt{\sigma^2 + 3\tau^2} \tag{4-72}$$

4.7.4　温差及混凝土收缩应力计算

1. 温差应力计算

钢材与混凝土材料的温度线膨胀系数几乎相等（为 $1.0\times10^{-5}\sim1.2\times10^{-5}$）。当两者温度同时提高或降低时，其温度变形基本协调，可以忽略由此引起的温度应力。但是，由于钢材的导热系数是混凝土的 50 倍左右，当外界环境温度剧烈变化时，钢材的温度很快就接近环境温度，而混凝土的温度则变化较慢，两种材料间的温差将会在组合梁内产生自平衡的内力。组合梁的温度应力主要是指这种由钢梁与混凝土翼板间温度差所引起的自平衡应力。对于简支组合梁，温差会引起梁的挠曲变形和截面应力重分布；对于连续组合梁或者其他超静定结构，温差还会引起进一步的约束弯矩。对于一般情况下在室内使用的组合梁，温度应力可以忽略。对于露天环境下使用的组合梁及直接受热源辐射作用的组合梁，则需要计算温度应力。

露天使用的组合梁，截面温度场的分布非常复杂。为简化分析，计算时通常可以假定：忽略同一截面内混凝土翼板和钢梁内部各自的温度梯度，整个截面内只存在混凝土与钢梁两个温度，温度差由两个温度决定；沿梁长度方向各截面的温度分布相同。一般情况下，钢梁和混凝土翼板间的计算温差可采用 10～15℃，在有可能发生更显著温差的情况下则另作考虑。

对于简支组合梁，假设混凝土翼板温度升高，与钢梁间的温差为 Δt。由于组合梁进行截面应力验算时，混凝土翼板顶部纤维和钢梁下翼缘底部纤维通常为最不利位置，因此应重点验算这两处的温度应力。

设混凝土翼板的温度高于钢梁的温度，即 Δt 为正，混凝土线膨胀系数为 α_t，应变和应力均以拉为正，以压为负，则简支组合梁中温差应力的计算过程为：

第一步，假设钢梁与混凝土翼板之间无连接，混凝土翼板沿轴向自由伸长。混凝土的初应变 $\varepsilon_{t,c0}=\alpha_t\Delta t$，初应力 $\sigma_{t,c0}=0$，此时钢梁中的应变和应力均为 0，如图 4-41 (a) 所示。

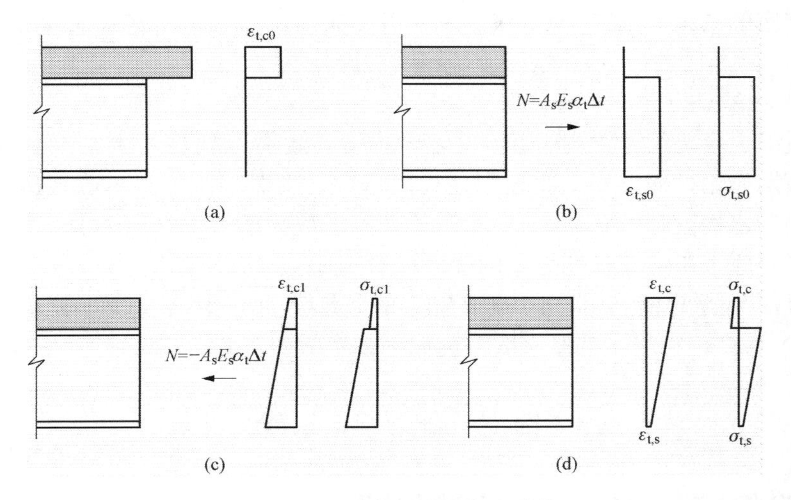

图 4 - 41　组合梁温差应力计算

第二步，在钢梁形心轴位置施加假想的拉力 $T=A_sE_s\alpha_t\Delta t$，使钢梁均匀受拉，拉应变为 $\alpha_t\Delta t$。此时，仍假设钢梁与混凝土翼板之间无连接，则混凝土翼板内的应力和应变保持不变，钢梁中的初应变为 $\varepsilon_{t,s0}=\alpha_t\Delta t$，初应力为 $\sigma_{t,s0}=E_s\varepsilon_{t,s0}=E_s\alpha_t\Delta t$，如图 4 - 41（b）所示。

第三步，恢复钢梁与混凝土之间的连接，并在钢梁形心轴位置施加压力 $N=-A_sE_s\alpha_t\Delta t$，抵消原来施加的假想拉力 T。此时，组合梁截面处于偏心受压状态，如图 4 - 41（c）所示。设压力 N 的作用点即钢梁形心与换算截面中和轴之间的距离为 y_0，则偏心压力 N 在组合梁截面中产生的应力为

$$\sigma_{t,s1}=\frac{N}{A}+\frac{Ny_0y_s}{I} \tag{4 - 73}$$

$$\sigma_{t,c1}=\frac{N}{A\alpha_E}+\frac{Ny_0y_c}{I\alpha_E} \tag{4 - 74}$$

式中　y_s、y_c——钢梁底部和混凝土翼板顶部距换算截面中和轴的距离，向下为正；

I——考虑短期效应的换算截面惯性矩；

A——换算截面面积。

将上述三个步骤的结果进行叠加就可以得到组合梁由于温差而产生的内应力

$$\sigma_{t,s}=E_s\alpha_t\Delta t-\frac{A_sE_s\alpha_t\Delta t}{A}-\frac{A_sE_s\alpha_t\Delta ty_0y_s}{I} \tag{4 - 75}$$

$$\sigma_{t,c}=-\frac{A_sE_s\alpha_t\Delta t}{A\alpha_E}-\frac{A_sE_s\alpha_t\Delta ty_0y_c}{I\alpha_E} \tag{4 - 76}$$

叠加后的组合梁温度应变及温度应力分布如图 4 - 40 所示。

在上述第一、第二步计算中，组合梁均不发生挠曲变形。第三步中组合梁在偏心压力 N 作用下会发生挠曲。对于简支梁，相当于全跨受弯，弯矩大小为 Ny_0，根据曲率面积法或者图乘法可求得变形。对于连续梁，梁的挠曲受到约束，可以按以下步骤计算其约束内力及变形：

（1）首先去除全部中间支座，按简支梁计算组合梁的变形曲线。

（2）在支座位置添加约束力，使支座处的挠度为 0。

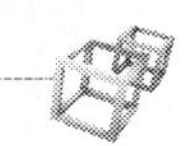

(3) 将支座的约束力加在步骤 (1) 中的简支梁上，即可求得连续组合梁的温度约束内力和挠度。

2. 混凝土收缩应力计算

混凝土收缩也会在组合梁内引起自平衡的内力，效果类似于组合梁的温度应力。不同的是，温差是短期作用，而混凝土收缩则是长期作用。当混凝土的自由收缩应变为 ε_{sh} 时，相当于混凝土温度比钢梁降低 $\varepsilon_{sh}/\alpha_t$，并参照计算温度应力的方法进行验算。其中，计算组合截面的惯性矩时应采用考虑长期效应的弹性模量比 $2\alpha_E$。

由于翼板内配置的钢筋可以阻止混凝土的收缩变形，钢筋混凝土翼板的收缩可取为 (150～200) $\times 10^{-6}$，相当于混凝土的温度比钢梁降低 15～20℃。

4.8 简支组合梁塑性承载力计算

4.8.1 完全抗剪连接组合梁抗弯承载力计算

在计算完全抗剪连接简支组合梁的塑性极限抗弯承载力时，采用以下基本假定：

(1) 在承载力极限状态下，抗剪连接件能够有效地传递钢梁和混凝土翼板之间的剪力，抗剪连接件的破坏不会先于钢梁的屈服和混凝土的压溃。

(2) 忽略受拉区及板托内混凝土的作用，受压区混凝土则能达到其轴心抗压强度设计值。

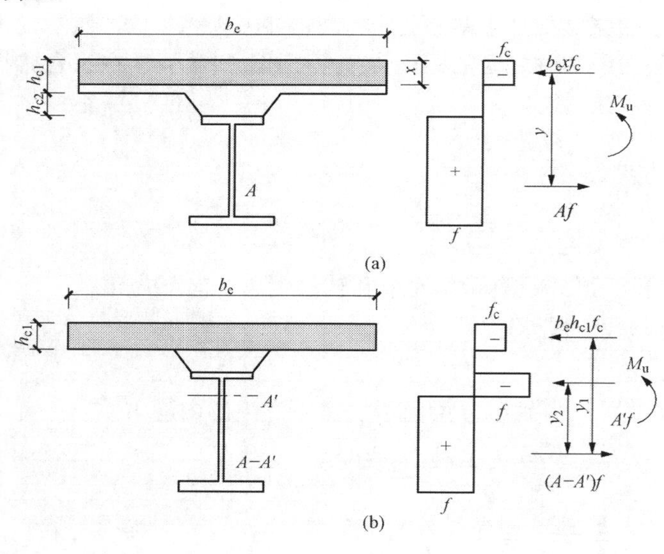

图 4-42 组合梁塑性承载力计算

(a) 塑性中和轴在混凝土翼板内；(b) 塑性中和轴在钢梁内

(3) 钢材均达到塑性设计强度设计值，即受压区钢材达到抗压强度设计值，受拉区钢材达到抗拉强度设计值，抗剪的钢梁腹板达到抗剪强度设计值。

(4) 忽略混凝土板托及钢筋混凝土翼板内的钢筋的作用。

根据以上假定，简支组合梁弯矩最大截面在承载力极限状态可能存在两种应力分布情况，即组合截面塑性中和轴位于混凝土翼板内或者塑性中和轴位于钢梁内，如图 4-42 所示。

(1) 塑性中和轴位于混凝土翼板内，即 $Af \leqslant b_e h_{c1} f_c$ 时，其极限状态的应力分布如图 4-42 (a) 所示。此时组合梁的正截面抗弯承载力应当满足

$$M \leqslant b_e x f_c y \tag{4-77}$$

式中 M——全部荷载引起的弯矩设计值；

x——混凝土翼板受压区高度；

y——钢梁截面应力合力至混凝土受压区应力合力间的距离。

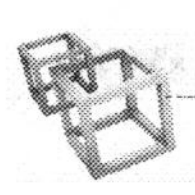

混凝土翼板受压区高度 x 按下式计算

$$x = Af/b_e f_c \tag{4-78}$$

钢梁截面应力合力至混凝土受压区应力合力间的距离 y 可按下式计算

$$y = y_s + h_{c2} + h_{c1} - 0.5x \tag{4-79}$$

式中 y_s——钢梁截面形心至钢梁顶面的距离；

h_{c2}——混凝土翼板托的高度。

(2) 塑性中和轴位于钢梁截面内，即 $Af > b_e h_{c1} f_c$ 时，其极限状态的应力图形如图4-42(b)所示。此时组合梁的正截面抗弯承载力应当满足

$$M \leqslant b_e h_{c1} f_c y_1 + A'f y_2 \tag{4-80}$$

式中 A'——钢梁受压区截面面积；

y_1——钢梁受拉区截面应力合力至混凝土翼板截面应力合力间的距离；

y_2——钢梁受拉区截面应力合力至钢梁受压区截面应力合力间的距离。

钢梁受压区截面面积 A' 按下式计算

$$A' = 0.5(A - b_e h_{c1} f_c / f) \tag{4-81}$$

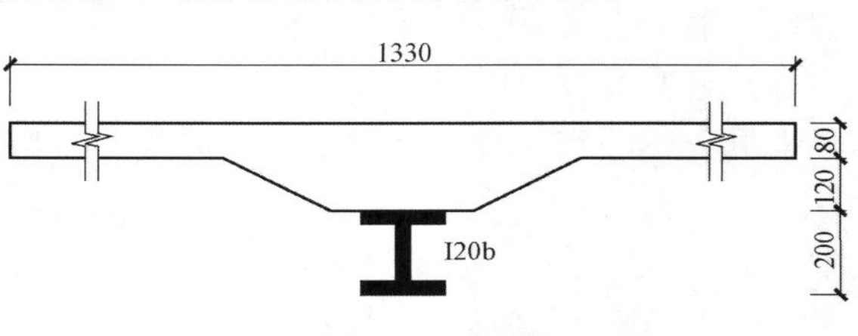

图4-43 组合梁截面

【例4-4】 已知组合截面如图4-43所示，混凝土强度等级为C25，轴心抗压强度设计值 $f_c = 11.9\text{N/mm}^2$，钢梁为I20b，截面面积 $A = 3958\text{mm}^2$，Q235钢，抗拉强度设计值 $f = 215\text{N/mm}^2$，求截面抗弯承载力设计值 M_u。

解 因为 $Af = 3958 \times 215 = 850970\text{N} < b_e h_{c1} f_c = 1330 \times 80 \times 11.9 = 1266160\text{N}$，所以塑性中和轴在混凝土翼缘内，有

$$x = Af/b_e f_c = 53.8(\text{mm})$$

$$y = 100 + 120 + 80 - x/2 = 300 - 53.8/2 = 273.1(\text{mm})$$

$$M_u = b_e x f_c y = 1330 \times 53.8 \times 11.9 \times 273.1 = 232.54 \times 10^6 (\text{N} \cdot \text{mm}) = 232.54 (\text{kN} \cdot \text{m})$$

4.8.2 部分抗剪连接组合梁抗弯承载力计算

对于采用组合楼板的组合梁，当受压型钢板尺寸的限制而无法布置足够数量的栓钉时，需要按照部分抗剪连接进行设计。此外，在满足承载力和变形要求的前提下，有时也没有必要充分发挥组合梁的承载力，也可以设计为部分抗剪连接的组合梁。试验和分析表明，采用柔性抗剪连接件（如栓钉、槽钢、弯筋等）的组合梁，随着连接件数量的减少，钢梁和混凝土翼板间协同工作程度下降，极限抗弯承载力随抗剪连接程度的降低而减小。由于混凝土翼板的截面高度较小，当抗剪连接程度 $n_r/n_f = 0$（n_r 为实际栓钉个数，n_f 为剪跨段所需抗剪连接件数目）时，组合梁极限抗弯承载力的下限即为钢梁的塑性极限弯矩，如图4-44中 A 点所示。当组合梁的抗剪连接程度 $0 < n_r/n_f < 1$ 时，其抗弯承载力 M_u 与连接件数量 n_r 的关系如图4-44中曲线 ABC 所示。

部分抗剪连接组合梁的极限抗弯承载力也可以按照矩形应力块根据极限平衡的方法计算。计算所基于的假定为：

(1) 抗剪连接件具有充分的塑性变形能力。

(2) 计算截面呈矩形应力块分布，混凝土翼板中的压应力达到抗压强度设计值 f_c，钢

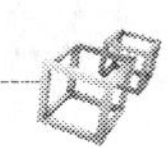

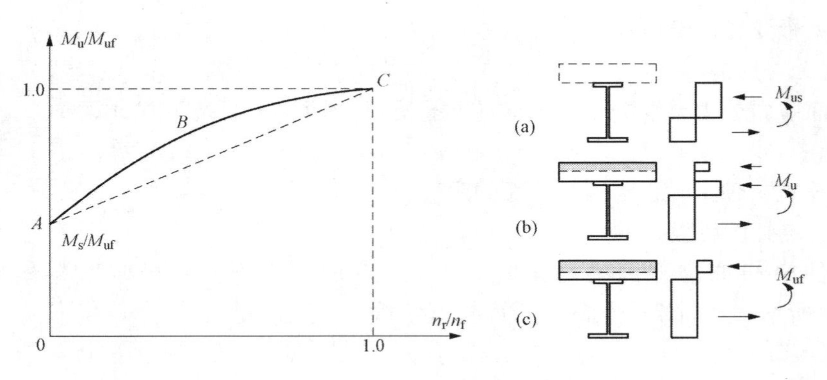

图 4-44　M_u 与 n_r 的关系曲线

梁的拉、压应力分别达到屈服强度 f。

（3）混凝土翼板中的压力等于最大弯矩截面一侧抗剪连接件所能够提供的纵向剪力之和。

（4）忽略混凝土的抗拉作用。

根据上述假定（3），极限状态下混凝土翼板受压区高度 x 为

$$x = n_r N_v^c / b_e f_c \tag{4-82}$$

式中　x——混凝土翼板受压区高度；

n_r——部分抗剪连接时最大弯矩截面一侧剪跨区内抗剪连接件的数量，当两侧数量不一样时取较小值；

N_v^c——每个抗剪连接件的抗剪承载力。

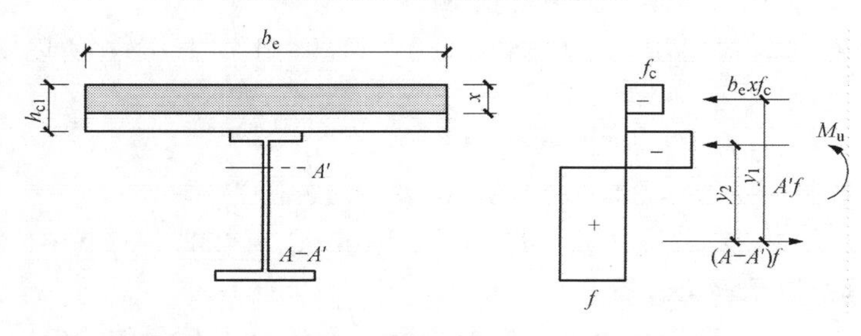

图 4-45　部分抗剪连接组合梁计算简图

部分抗剪连接组合梁的应力分布如图 4-45 所示，根据平衡关系，钢梁受压区的截面面积 A' 按下式计算

$$A' = (Af - n_r N_v^c)/(2f) \tag{4-83}$$

则部分抗剪连接简支组合梁的抗弯承载力为

$$\begin{aligned} M_u &= n_r N_v^c y_1 + A' f y_2 \\ &= n_r N_v^c y_1 + 0.5(Af - n_r N_v^c) y_2 \end{aligned} \tag{4-84}$$

式中　M_u——部分抗剪连接时截面抗弯承载力；

y_1——钢梁受拉区截面应力合力至混凝土翼板截面应力合力间的距离；

y_2——钢梁受拉区截面应力合力至钢梁受压区截面应力合力间的距离。

除极限平衡法之外，欧洲规范 EC4 还给出了线性插值的简化方法来计算部分抗剪连接组合梁的极限抗弯承载力，即偏于安全地采用图 4-44 中的直线 AC 来计算

$$M_u = M_s + \frac{n_r}{n_f}(M_{uf} - M_s) \tag{4-85}$$

式中　M_{uf}——完全抗剪连接组合梁的极限抗弯承载力；

M_s——钢梁的极限抗弯承载力；

n_f——对应于 n_r 的完全抗剪连接时所需要的抗剪连接件数量。

【例 4-5】 已知某均布荷载作用下的简支组合梁，跨度 7m，横截面如图 4-46 所示，混凝土强度等级为 C30，工字钢钢材等级为 Q235，钢材抗拉设计强度 $f=215\text{MPa}$。设计布置 30 个 4.6 级 $\phi16\times70$ 栓钉（4.6 表示栓钉极限抗拉强度），弯矩设计值为 162.3kN·m，试判断此组合梁为部分抗剪连接或是完全抗剪连接，并验算其抗弯承载力。

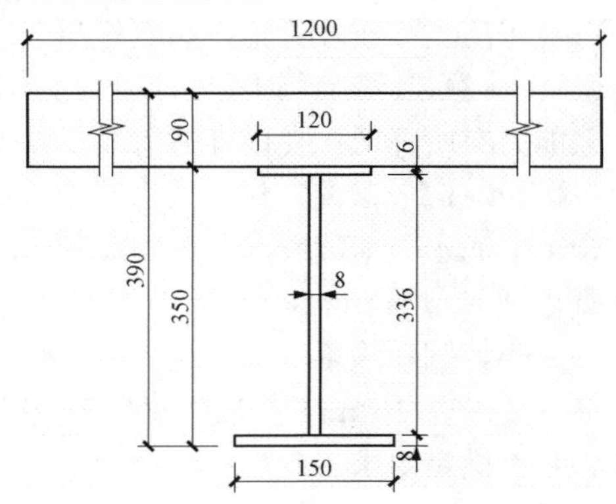

图 4-46　简支组合梁横截面

解　工字钢横截面面积 $A=4608\text{mm}^2$；混凝土翼板厚度 $h_c=90\text{mm}$，宽度 $b_e=1200\text{mm}$，抗压强度设计值 $f_c=14.3\ \text{N/mm}^2$。

栓钉横截面面积 $A_s=201.1\text{mm}^2$，材料屈服强度 $f_s=240\text{N/mm}^2$，材料强屈比 $\gamma=1.67$。

栓钉抗剪承载力设计值

$$N_v^c = 0.7A_s\gamma f_s = 50.53(\text{kN}) < 0.43A_s\sqrt{E_cf_c} = 56.63(\text{kN})$$

全梁共两个正弯矩剪跨段，无集中力作用，以跨中平分。每个剪跨段内钢梁与混凝土翼板交界面的纵向剪力

$$V_s = \min\{Af, b_eh_cf_c\} = 990.72(\text{kN})$$

按完全抗剪连接设计，每个剪跨段内需要的栓钉数量 $n_f=V_s/V_u=990.72/50.53=19.6$，取 $n_f=20$，则全跨应布置栓钉 40 个。

此梁共布置了 30 个栓钉，故为部分抗剪连接，且抗剪连接程度 $r=30/40=0.75$。

作用在混凝土翼板上的压力合力

$$F_c = rV_s = 0.75\times990.72 = 743.04(\text{kN})$$

混凝土翼板受压区高度　$x=F_c/(b_ef_c)=743.04\times10^3/(1200\times14.3)=43.30(\text{mm})$

工字钢受压区面积　$A'=(Af-F_c)/(2f)=(990.72\times10^3-743.04\times10^3)/(2\times215)=576(\text{mm}^2)$

混凝土受压区形心到工字钢受压区形心的距离 $y_1=70.75\text{mm}$，工字钢受拉区形心到工字钢受压区形心的距离 $y_2=221.98\text{mm}$。

由此可得，截面抗弯承载力

$$M_u = F_cy_1 + (A-A')fy_2 = 245.00(\text{kN}\cdot\text{m}) > M = 162.3(\text{kN}\cdot\text{m})$$

满足抗弯要求。

4.8.3　抗剪承载力计算

对于简支组合梁，梁端主要受到剪力的作用。当采用塑性方法计算组合梁的竖向抗剪承载力时，可以认为组合梁截面上的全部竖向剪力仅由钢梁腹板承担而忽略混凝土翼板的贡献。同时，在竖向抗剪极限状态时钢梁腹板均匀受剪并且达到了钢材抗剪强度设计值。

组合梁的塑性极限抗剪承载力按下式计算

$$V \leqslant h_wt_wf_v \tag{4-86}$$

式中　h_w、t_w——钢梁腹板的高度及厚度；

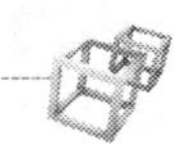

f_v——钢材的抗剪强度设计值。

对于简支梁在较大集中荷载作用下的情况，截面会同时作用有较大的弯矩和剪力。根据von Mises强度理论，钢梁同时受弯剪作用时，由于腹板中剪应力的存在，截面的极限抗弯承载能力有所降低，在设计时需要予以考虑。

【例4-6】 某简支组合梁，跨度6m，施工时钢梁下设置了临时支撑；使用阶段作用在组合梁上的永久荷载设计值为10kN/m，可变均布荷载设计值为20kN/m。混凝土翼板的计算宽度 $b_e=1316\text{mm}$，混凝土翼板的厚度 $h_c=100\text{mm}$，混凝土强度等级为C25，$f_c=11.9\text{MPa}$，钢梁采用I25a工字钢，钢号Q235，$f=215\text{MPa}$，$f_v=125\text{MPa}$，钢梁的截面面积 $A_s=4.85\times10^3\text{mm}^2$，试按塑性理论验算该组合梁截面在使用阶段的抗弯承载力和抗剪承载力是否满足要求。

解 （1）内力计算

使用阶段荷载设计值 $q=10+20=30(\text{kN/m})$

弯矩设计值 $M=(10+20)\times6^2/8=135(\text{kN}\cdot\text{m})$

剪力设计值 $V=(10+20)\times6/2=90(\text{kN})$

（2）判别中和轴位置

$$F_c=f_cb_eh_c=11.9\times1316\times100=1566040(\text{N})$$

$$F_p=fA_s=215\times4850=1042750\ (\text{N})<F_c$$

所以塑性中和轴在混凝土翼板中。

（3）求截面所能承受的最大弯矩

$$x=\frac{F_p}{f_cb_e}=\frac{1042750}{11.9\times1316}=66.6(\text{mm})$$

$$M_u=b_exf_cy=1316\times66.6\times11.9\times(125+100-66.6/2)=199.9\times10^6(\text{N}\cdot\text{mm})$$
$$=199.9(\text{kN}\cdot\text{m})>M=135(\text{kN}\cdot\text{m})$$

（4）求截面所能承受的最大剪力

$$V_u=f_vh_wt_w=125\times(250-13\times2)\times8=224000(\text{N})=224(\text{kN})>V=90(\text{kN})$$

因此，该组合梁截面的抗弯承载力和抗剪承载力都满足要求。

4.9 连续组合梁的内力计算

4.9.1 组合梁的截面类型

在负弯矩作用下，混凝土受拉而钢梁受压，在混凝土翼板有效宽度内的钢筋能够发挥其抗拉作用，而开裂后混凝土的抗拉作用则被忽略。无论是弹性分析还是塑性分析，由于在负弯矩作用下组合截面的中和轴总是位于混凝土翼板下方，因此在计算抗弯承载力时都不包括混凝土受压的作用。

由于剪力滞后现象，混凝土翼板有效宽度沿梁长度方向发生改变。通常情况下，在负弯矩作用下，组合梁混凝土翼板的有效宽度小于正弯矩区。按照《钢结构设计标准》（GB 50017—2017）设计时，正负弯矩区的有效宽度均主要取决于混凝土翼板厚度。

如考虑梁跨度的影响，则正、负弯矩区具有不同的有效宽度 b_e^+ 和 b_e^-。b_e^+ 和 b_e^- 分别取决于正弯矩区和负弯矩区的有效长度 L_0^+ 和 L_0^-，可根据连续组合梁在不同荷载条件下的反

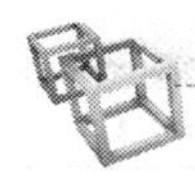

弯点位置确定。为方便设计，欧洲规范 EC4 提供了一种连续组合梁正、负弯矩区划分的简化方法，如图 4 - 47 所示。对于连续组合梁的中间支座区段，负弯矩区长度取为相邻两跨跨度的 1/4，则混凝土翼板有效宽度可按下式计算

$$b_e^- = \frac{2}{8} \times \frac{L_1 + L_2}{4} = \frac{L_1 + L_2}{16} \tag{4-87}$$

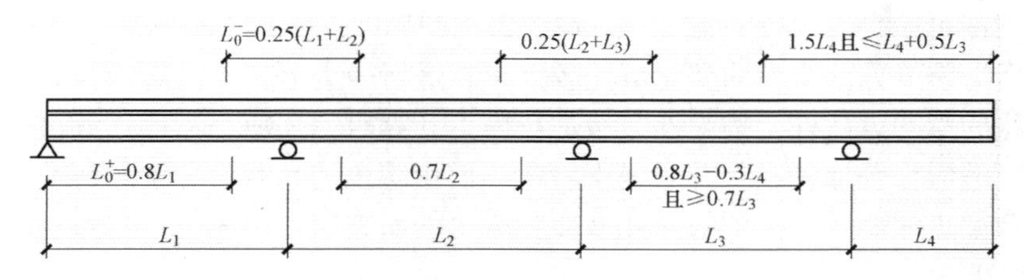

图 4 - 47　连续组合梁混凝土翼板有效宽度

式（4 - 87）同时要求钢梁腹板两侧混凝土翼板的实际宽度均应大于 $b_e^-/2$。

组合梁在正弯矩作用下，混凝土翼板的约束作用限制了钢梁受压翼缘的局部屈曲和钢梁的整体侧扭屈曲。同时，弯曲破坏时，组合梁的塑性中和轴通常位于混凝土翼板或钢梁上翼缘内，钢梁腹板不会受压或受压高度很小，也不会发生局部屈曲。因此，连续组合梁正弯矩区具有良好的转动能力和延性，其塑性转动能力主要取决于混凝土的极限压应变。

连续组合梁负弯矩区的钢梁则处于受压状态，其转动能力受到翼缘和腹板局部屈曲的控制。按塑性方法设计连续组合梁时，为保证结构在形成机构丧失承载力之前各控制截面不会发生突然破坏，负弯矩区应具有良好的转动能力以形成塑性铰。

采用塑性及弯矩调幅设计的结构构件，其截面板件宽厚比等级应符合下列规定：

（1）形成塑性铰并发生塑性转动的截面，其截面板件宽厚比等级应采用 S1 级。

（2）最后形成塑性铰的截面，其截面板件宽厚比等级不应低于 S2 级截面要求。

（3）其他截面板件宽厚比等级不应低于 S3 级截面要求。

表 4 - 4 给出了受弯构件的截面板件宽厚比等级及限值。钢梁截面板件宽厚比满足表 4 - 4 的要求时，达到承载力极限状态前不发生局部失稳，而且当钢材屈服以后具有较大的转动能力，此类截面称为密实截面。不符合表 4 - 4 要求的钢梁则称为非密实截面钢梁，应采用弹性方法计算内力和承载力。

表 4 - 4　　受弯构件的截面板件宽厚比等级及限值

构件	截面板件宽厚比等级		S1 级	S2 级	S3 级	S4 级	S5 级
受弯构件（梁）	工字形截面	翼缘 b/t	$9\varepsilon_k$	$11\varepsilon_k$	$13\varepsilon_k$	$15\varepsilon_k$	20
		腹板 h_0/t_w	$65\varepsilon_k$	$72\varepsilon_k$	$(40.4+0.5\lambda)\ \varepsilon_k$	$124\varepsilon_k$	250
	箱形截面	壁板（腹板）间翼缘 b_0/t	$25\varepsilon_k$	$32\varepsilon_k$	$37\varepsilon_k$	$42\varepsilon_k$	—

注　1. ε_k 为钢号修正系数，其值为 235 与钢材牌号中屈服点数值的比值的平方根。

2. b 为工字形、H 形截面的翼缘外伸宽度，t、h_0、t_w 分别为翼缘厚度、腹板净高和腹板厚度。对轧制型截面，腹板净高不包括翼缘腹板过渡处圆弧段；对于箱形截面，b_0、t 分别为壁板间的距离和壁板厚度；λ 为构件在弯矩平面内的长细比。

3. 箱形截面梁的腹板限制可根据 H 形截面腹板采用。

4. 腹板的宽厚比可通过设置加劲肋减小。

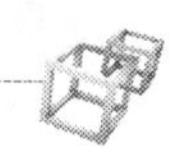

4.9.2 连续组合梁内力的弹性计算

弹性分析时，连续组合梁的弯矩和剪力分布取决于各梁跨及正、负弯矩区之间的相对刚度，而对构件延性不做要求。对于普通钢筋混凝土连续梁，在荷载作用下正、负弯矩区的混凝土都可能开裂，开裂后正弯矩区与负弯矩区的相对刚度变化不大，对弯矩分布的影响较小。而对于未施加预应力的连续组合梁中，混凝土受拉发生在负弯矩区，完全开裂后组合梁截面的抗弯刚度可能只有未开裂截面的1/3～2/3，所以一根等截面连续组合梁在负弯矩区混凝土开裂后沿跨度方向刚度的变化可能较大，在进行内力分析及挠度计算时应当充分考虑这种刚度变化的影响。此外，按弹性方法进行内力计算时，还应当考虑连续组合梁各施工阶段和使用阶段的应力叠加关系，并对施工阶段和使用阶段的承载力分别进行验算。

连续组合梁正弯矩区的刚度与同样截面和跨度的简支组合梁相同，负弯矩区的刚度则取决于钢梁和钢筋所形成的组合截面。当考虑施工过程中体系转换的影响，对等截面连续组合梁进行弹性分析时，每个截面应确定与施工阶段荷载、可变荷载及永久荷载相对应的抗弯刚度。其中，可变荷载及永久荷载所对应的抗弯刚度还与截面所受弯矩的符号有关。

(1) 不考虑混凝土开裂的分析方法。计算时假定连续梁各部分均可以采用未开裂截面的换算截面惯性矩进行计算。这种方法计算简便，但由于没有考虑组合梁沿长度方向刚度的变化，负弯矩区刚度取值偏大，导致负弯矩计算值要高于实际情况，不利于充分发挥组合梁的承载力潜力。

(2) 考虑混凝土开裂区影响的分析方法。在混凝土开裂区的长度范围内采用负弯矩区的截面惯性矩，而在未开裂区域仍采用正弯矩作用下的换算截面惯性矩。计算负弯矩开裂区的截面惯性矩时应包括钢梁和翼板有效宽度内纵向受力钢筋的作用，但不计混凝土的抗拉作用。按这种方法计算时，还应当确定负弯矩区的开裂范围，而开裂范围又取决于内力的分布，因此需要通过迭代方法才能够计算反弯点的准确位置。由于内力计算结果对混凝土开裂区的长度并不敏感，因此在满跨布置荷载的条件下，通常可以假定每个连续组合梁内支座两侧各15%的范围为开裂区域。

按弹性方法计算组合梁的内力并进行承载力验算往往与实际情况有较大差别，因此可按照未开裂的模型计算连续组合梁的内力并采用弯矩调幅法来考虑混凝土开裂的影响。而考虑混凝土开裂的计算模型则主要用于连续组合梁在正常使用极限状态下的挠度分析。

钢-混凝土连续组合梁在加载过程中，由于负弯矩区混凝土开裂、钢梁及钢筋的塑性变形引起结构内力的重分布，其内力和变形与弹性计算结果有明显的差异。因此，考虑结构非线性行为所引起的内力重分布可以使计算结果更符合实际受力情况，从而更充分地发挥组合梁的受力性能。

弯矩调幅法是普遍应用于钢筋混凝土框架结构和梁板结构的一种简单有效的计算方法。应用于连续组合梁的内力计算时，弯矩调幅法通过对弹性分析结果的调整可以反映各种材料的非线性行为，同时也可以反映混凝土开裂的影响。

连续组合梁弯矩调幅法的具体做法是减少位于内侧支座截面负弯矩的大小，同时增大与之异号的跨中正弯矩的大小，调幅后的内力应满足结构的平衡条件。由于组合梁在正弯矩作用下的承载力要明显高于负弯矩作用下的承载力，因此采用弯矩重分配可以显著提高设计的经济性。

连续组合梁弯矩调幅的程度主要取决于负弯矩区截面的承载力及其延性和转动能力。

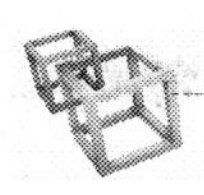

《钢结构设计标准》（GB 50017—2017）规定，当采用一阶弹性分析时，钢-混凝土组合梁的调幅幅度限值应按表4-5的规定采用。欧洲规范EC4则根据组合梁截面类型的不同，对负弯矩调幅程度的限值如表4-6所示。其中，负弯矩区的截面分类主要取决于钢梁受压翼缘及腹板的宽厚比。

表4-5　钢-混凝土组合梁调幅幅度限值

梁分析模型	调幅幅度限值	梁截面板件宽厚比等级
变截面模型	5%	S1级
	10%	S1级
等截面模型	15%	S1级
	20%	S1级

表4-6　负弯矩区调幅系数的限值　　%

负弯矩区截面分类	1	2	3	4
未开裂弹性分析	40	30	20	10
开裂弹性分析	25	15	10	0

需要指出的是，悬臂组合梁为静定结构，其内力由平衡条件确定，因此对悬臂组合梁及相邻梁跨的端部负弯矩都不能进行调幅。

表4-6中四种负弯矩区截面是欧洲规范EC4根据组合梁截面的转动能力，按照受压作用下钢梁的翼缘和腹板的宽厚比进行分类的：

第一类，截面能够形成具有塑性分析所需转动能力的塑性铰，截面塑性应变充分发展，抗弯能力能够达到塑性极限弯矩。

第二类，截面抗弯承载能力能够达到塑性极限弯矩，但转动能力受到钢梁局部屈曲的限制。

第三类，截面能够达到屈服能力，但塑性抗弯承载力的发挥受到局部屈曲的限制，截面的最大抗弯承载力仅能达到弹性极限弯矩。

第四类，钢梁截面受局部屈曲的限制不能达到屈曲强度，截面的最大抗弯承载力小于弹性弯矩。

4.9.3　连续组合梁塑性内力计算

如果连续组合梁各潜在的控制截面都具有充分的延性和转动能力，允许结构形成一系列塑性铰而达到极限状态，则可以根据极限平衡的方法计算其极限承载力。

极限塑性分析时假定连续组合梁的全部非弹性应变集中发生在塑性铰区，极限状态下结构的内力分布只取决于构件的强度和延性，而与各截面间的相对刚度无关。结构每形成一个塑性铰后减少一个冗余自由度，直到形成足够的塑性铰并产生了荷载最低的破坏机构时连续组合梁达到其极限承载力。如果能够预知结构的破坏模式，塑性内力分析的计算工作量很小。对于连续梁，其破坏机构为在支座负弯矩最大及跨中正弯矩最大的位置分别形成塑性铰。根据塑性铰的分布情况及其抗弯强度，利用极限平衡方法则可以很方便地计算出连续组合梁的极限承载力。

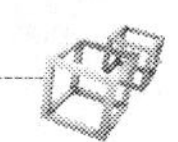

为保证结构能够达到塑性极限平衡状态，除最后形成的塑性铰，其他塑性铰都应当具有足够的转动能力以维持抗弯承载力不下降直至形成破坏机构。影响塑性铰转动能力的因素很多，如混凝土开裂、钢梁的屈曲及材料本构关系等，设计时一般通过限制截面形式及构造措施来保证各控制截面特别是负弯矩最大部位的延性。欧洲规范 EC4 规定，当采用塑性极限平衡方法设计连续组合梁时应满足如下要求：

（1）塑性铰处有足够的侧向约束，钢梁为第 1 类密实截面且关于其腹板对称。

（2）构件的全部截面都为第 1 或第 2 类。

（3）相邻跨的跨度之差不能大于短跨跨度的 50%。

（4）边跨跨度不能大于相邻跨跨度的 115%。

（5）构件不易发生侧扭屈曲。

塑性分析克服了弹性分析需要计算各截面弯曲刚度的困难，计算较为简便，同时得到的计算承载力也比弹性分析或调幅法得到的承载力更高。但塑性分析允许结构在极限状态下有较大的变形，因此对正常使用阶段混凝土裂缝开展或变形有较高要求的连续组合梁，不宜采用这种计算方法。

4.10 连续组合梁的稳定性及承载力验算

4.10.1 负弯矩区钢梁的稳定性验算

连续组合梁负弯矩区的侧扭失稳与纯钢梁的整体失稳有所不同，是一种介于钢梁局部失稳和整体失稳之间的一种失稳模式，两者间的主要差别见图 4-48。组合梁在施工阶段混凝土硬化之前，如果侧向约束不足可能会发生纯钢梁的整体失稳，其有关计算方法可参考相关专业资料。

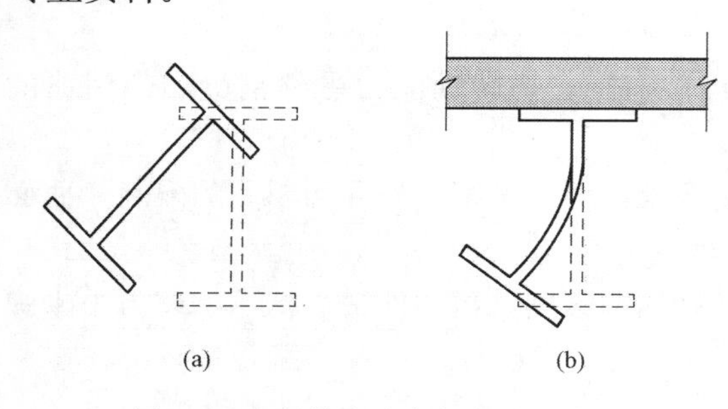

图 4-48　整体失稳与侧扭失稳模式

(a) 钢梁整体失稳；(b) 组合梁侧扭失稳

《钢结构设计标准》（GB 50017—2017）没有关于组合梁侧扭失稳验算的规定，如按照纯钢梁的设计方法进行验算，会使得设计偏于保守和不经济。欧洲规范 EC4 在大量研究工作的基础上，给出了考虑混凝土翼板侧向支撑和钢梁截面特征的组合梁侧扭失稳临界荷载计算方法。本节以下部分将依据欧洲规范 EC4 的有关内容，对组合梁侧扭屈曲的计算方法进行介绍和说明。

欧洲规范 EC4 规定，对于正弯矩作用下的组合梁，如果混凝土翼板与钢梁通过抗剪连接件有效地连接成整体，且混凝土翼板宽度大于或等于钢梁高度，则不需要验算组合梁的整体稳定性。对于其他情况，即钢梁上翼缘未受到混凝土翼板的有效约束，或承受负弯矩的组合梁，则需要在设计时验算其是否会发生侧扭失稳。需要说明的是，对施工时无临时支撑的组合梁，验算整体稳定性时任一截面的弯矩为作用于组合截面和钢梁截面的弯矩之和。

欧洲规范 EC4 验算组合梁整体稳定性的计算方法比较复杂，因此，该规范对不需要验算整体稳定性的情况进行了说明，而设计时也应尽量通过合理的布置和构造来避免侧扭失稳限制组合梁承载力的充分发挥。框架结构中的连续组合梁，如果能满足以下条件，则可以不

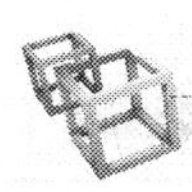

必进行负弯矩区侧扭稳定性的验算：

（1）相邻跨的跨度相差不超过短跨跨度的20%；对于有悬臂端的情况，悬臂长度不超过相邻跨跨度的15%。

（2）各梁跨的荷载均匀分布，且永久设计荷载占全部设计荷载的比例超过40%。

（3）钢梁上翼缘通过抗剪连接件与混凝土翼板通过抗剪连接件有效地连接成整体。

（4）对于钢梁腹板无外包混凝土的组合梁，栓钉纵向间距s满足以下条件

$$s/b \leqslant 0.02d^2h/t_w^3 \tag{4-88}$$

式中 d——栓钉直径；

b、h、t_w——其他尺寸，如图4-49所示。

（5）对于栓钉以外的其他形式抗剪连接件，确定纵向间距时应保证其对横向弯矩的承载力不小于使用栓钉时的承载力。

（6）混凝土翼板与相邻且近似平行的钢梁有效连接在一起，使整个梁板体系形成了图4-49所示的跨度为a的倒U形框架结构。

（7）如果组合梁翼板采用的是组合板，则组合板应跨越相邻的两根钢梁。

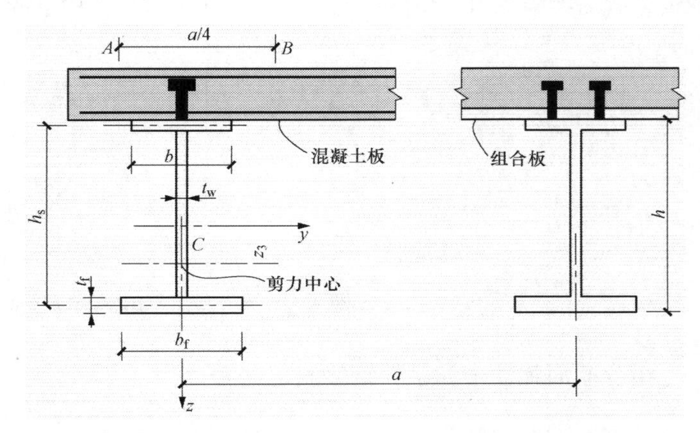

图4-49 欧洲规范EC4关于组合梁侧扭屈曲的计算模型

（8）当混凝土翼板简支在钢梁上时，顶层钢筋的锚固长度应满足图4-49所示$a/4$长度的要求。这部分钢筋沿梁单位长度对横向负弯矩的承载力应不低于$f_y t_w^3/4\gamma_a$，其中γ_a为钢梁的安全系数，可取为1.1。

（9）在组合梁端部，钢梁下翼缘受到横向约束，且腹板有加劲措施。

（10）混凝土翼板或组合翼板的弯曲刚度应满足以下条件

$$E_{cm}I_{c2} \geqslant 0.35E_a t_w^2 a/h \tag{4-89}$$

式中 $E_{cm}I_{c2}$——单位宽度翼板在钢梁之上部分的跨中平均抗弯刚度，其中忽略了混凝土的抗拉作用，而包括了对抗弯承载力有贡献的钢筋及压型钢板的换算面积；

E_{cm}——混凝土的短期弹性模量；

E_a——钢材的弹性模量；

t_w、a、h——其他尺寸，如图4-49所示。

（11）钢梁类型应为IPE截面钢梁或HE截面钢梁。对于其他具有相似截面形状的热轧型钢，其截面高度应满足以下条件

$$A_w/A_a \leqslant 0.45\text{，且}\left(\frac{h_s}{t_w}\right)^3 \frac{t_f}{b} \leqslant 10^4\varepsilon^4 \tag{4-90}$$

$$A_w = h_s t_w\text{，}\varepsilon = \sqrt{235/f_y}$$

式中 A_a——钢梁截面面积。

（12）若钢梁腹板没有外包混凝土，其高度h应满足表4-7的要求。

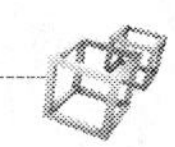

表 4-7　　不验算整体稳定性时的钢梁高度限值　　mm

钢梁	钢材名义等级		
	Fe360	Fe430	Fe510
IPE 系列或相似截面	≤600	≤550	≤400
HE 系列或相似截面	≤800	≤700	≤650

4.10.2　负弯矩作用下的弹性抗弯承载力验算

按弹性方法计算时，需要考虑施工阶段对组合梁受力性能的影响。通常情况下，施工阶段的荷载单独由钢梁截面承担；在使用状态下，弯矩则由钢梁与有效宽度内纵向受力钢筋所形成的组合截面共同承担。弹性状态下组合梁在负弯矩作用下的截面应力分布如图 4-50 所示。

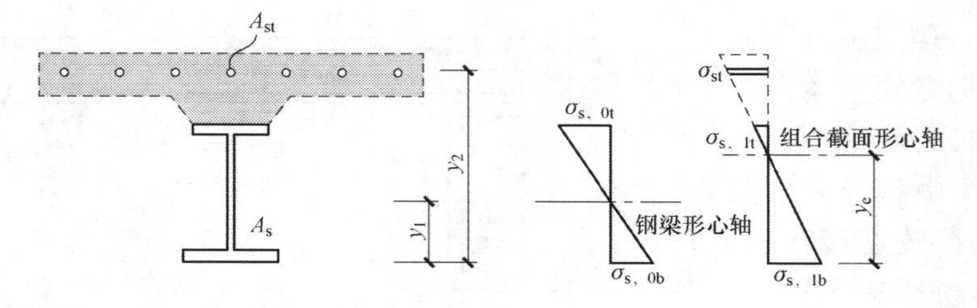

图 4-50　负弯矩作用下的弹性应力图

组合截面弹性中和轴至钢梁底部的距离为

$$y_e = \frac{A_s y_1 + A_{st} y_2}{A_s + A_{st}} \tag{4-91}$$

式中　y_1、y_2——钢梁形心和钢筋形心至钢梁底部的距离。

根据移轴公式，相对于组合截面中和轴的惯性矩为

$$I = I_s + A_0 d_c^2 \tag{4-92}$$

$$A_0 = \frac{A_s A_{st}}{A_s + A_{st}}$$

$$d_c = y_2 - y_1$$

式中　I_s——钢梁的惯性矩；

d_c——钢梁形心到钢筋形心的距离。

进行弹性阶段组合梁在负弯矩作用下的正截面抗弯验算时，应验算钢筋、钢梁顶部及钢梁底部等控制点的应力。抗弯验算时各控制点的应力按以下各式计算：

混凝土翼板内纵向钢筋的拉应力

$$\sigma_{st} = \frac{M_1 y_{st}}{I} \leqslant f_{st} \tag{4-93}$$

钢梁顶部应力

$$\sigma_{s,t} = \frac{M_0 y_{0t}}{I_s} + \frac{M_1 y_{1t}}{I} \leqslant f \tag{4-94}$$

钢梁底部压应力

$$\sigma_{s,b} = \frac{M_0 y_{0b}}{I_s} + \frac{M_1 y_{1b}}{I} \leqslant f \tag{4-95}$$

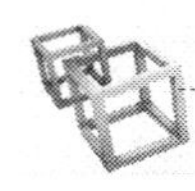

式中下标 t、b——钢梁截面上端及下端的验算点位置；

下标数字 0、1——施工阶段和使用阶段；

M——各阶段所对应的截面设计弯矩；

y——验算点距各阶段截面弹性中和轴的距离；

f_{st}——钢筋抗拉强度设计值。

4.10.3 负弯矩作用下的塑性抗弯承载力验算

组合梁在负弯矩作用下的试验表明，对于截面宽厚比满足塑性设计要求且不会发生侧扭屈曲的组合梁，在接近极限弯矩时钢梁下翼缘和钢筋都已经大大超过其屈服应变，截面的塑性应变发展较充分，可以将钢梁部分的应力图简化为等效矩形应力图，并根据全截面塑性极限平衡的方法计算其抗弯承载力。此时，应忽略混凝土的抗拉作用，而包括了混凝土翼板有效宽度内纵向钢筋的抗拉作用。在极限状态时，负弯矩作用下组合截面中和轴通常位于钢梁腹板内，截面应力分布如图 4-51 所示。

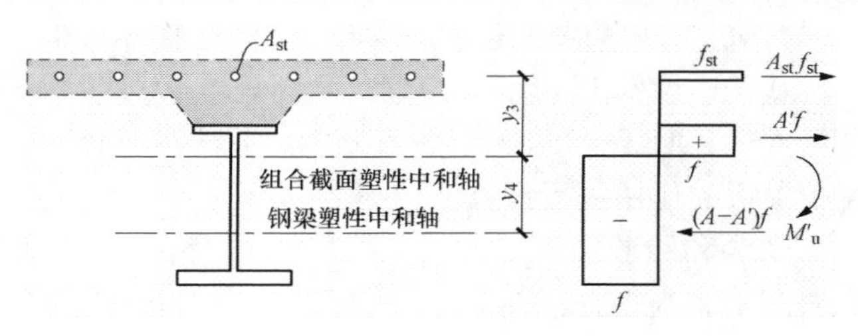

图 4-51 负弯矩作用时截面塑性应力图

极限抗弯承载力为

$$M'_u = M_s + A_{st} f_{st} (y_3 + y_4/2) \tag{4-96}$$

$$M_s = (S_1 + S_2) f \tag{4-97}$$

式中 M'_u——负弯矩承载力设计值；

S_1、S_2——钢梁塑性中和轴以上和以下截面对该轴的面积矩；

A_{st}——负弯矩区混凝土翼板有效宽度范围内的纵向钢筋截面面积；

f_{st}——钢筋抗拉强度设计值；

y_3——纵向钢筋截面形心至组合梁塑性中和轴的距离；

y_4——组合梁塑性中和轴至钢梁塑性中和轴的距离，当组合梁塑性中和轴在钢梁腹板内时，取 $y_4 = A_{st} f_{st} / (2 t_w f)$，$t_w$ 为钢梁腹板厚度。

4.10.4 考虑局部屈曲影响的承载力近似计算

1. 计算原则

欧洲规范 EC4 规定，对于侧向无约束的组合梁，其屈曲抗弯承载力按以下各式计算。

对于密实截面的组合梁

$$M_{b,Rd} = \chi_{LT} M_{pl,Rd} \tag{4-98}$$

对于非密实截面的组合梁

$$M_{b,Rd} = \chi_{LT} M_{el,Rd} \tag{4-99}$$

式中 χ_{LT}——考虑侧扭屈曲时的抗弯承载力折减系数；

$M_{pl,Rd}$——组合梁的塑性抗弯承载力；

$M_{el,Rd}$——组合梁的弹性抗弯承载力。

屈曲承载力折减系数 χ_{LT} 与组合梁的长细比 $\bar{\lambda}_{LT}$ 有关，可参考钢结构设计规范（欧洲规范 EC3）的有关内容，或者按下式计算

$$\chi_{LT} = \frac{1}{\varphi_{LT} + (\varphi_{LT}^2 - \bar{\lambda}_{LT}^2)^{1/2}} \leqslant 1 \tag{4-100}$$

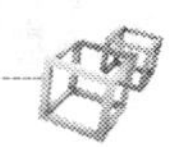

$$\varphi_{LT} = 0.5[1+\alpha_{LT}(\bar{\lambda}_{LT}-0.2)+\bar{\lambda}_{LT}^2] \tag{4-101}$$

对轧制钢梁 $\alpha_{LT}=0.21$，对焊接钢梁 $\alpha_{LT}=0.49$。

组合梁长细比 $\bar{\lambda}_{LT}$ 可按以下各式计算。

对于密实截面的组合梁

$$\bar{\lambda}_{LT} = (M_{pl}/M_{cr})^{1/2} \tag{4-102}$$

对于非密实截面的组合梁

$$\bar{\lambda}_{LT} = (M_{el}/M_{cr})^{1/2} \tag{4-103}$$

式中　M_{pl}——各材料的安全系数均取为 1.0 时的塑性抗弯承载力 $M_{pl,Rd}$；

M_{el}——各材料的安全系数均取为 1.0 时的弹性抗弯承载力 $M_{el,Rd}$；

M_{cr}——考虑侧扭屈曲影响时的弹性临界弯矩。

基于连续倒 U 形框架模型，欧洲规范 EC4 提供了长细比 $\bar{\lambda}_{LT}$ 及弹性临界弯矩 M_{cr} 的简化计算方法。M_{cr} 还可以采用数值分析的方法进行计算，或更偏于保守地仅考虑钢梁而忽略混凝土翼板的作用进行计算。

试验和经验表明，当 $\bar{\lambda}_{LT}<0.4$ 时，侧扭屈曲对抗弯承载力没有影响。所以欧洲规范 EC4 规定，当 $\bar{\lambda}_{LT}\leqslant 0.4$ 时，χ_{LT} 可以取为 1.0，即可忽略侧扭屈曲的不利影响。

2. 组合梁长细比及弹性临界弯矩计算

对于一端或两端连续且钢梁上翼缘有翼板约束的组合梁，若钢梁为密实截面，并关于横轴及竖轴均对称，欧洲规范 EC4 规定其长细比可较为保守地按下式计算

$$\bar{\lambda}_{LT} = 5.0\left[1+\frac{t_w h_s}{4b_f t_f}\right]\left[\left(\frac{f_y}{E_a C_4}\right)^2\left(\frac{h_s}{t_w}\right)^3\left(\frac{t_f}{b_f}\right)\right]^{\frac{1}{2}} \tag{4-104}$$

式中　f_y——钢材的屈服强度。

对于非密实截面的组合梁，则需要将式（4-104）得到的结果乘以折减系数 $(M_{el}/M_{pl})^{1/2}$。

当组合梁采用双轴或单轴对称的轧制或焊接工字形截面钢梁时，若沿跨度方向截面不变，则可以根据连续倒 U 形框架模型计算其弹性临界弯矩 M_{cr}。

中支座区的弹性临界负弯矩可按下式计算

$$M_{cr} = \frac{k_c C_4}{L}[(GI_{at}+k_s L^2/\pi^2)E_a I_{afz}]^{\frac{1}{2}} \tag{4-105}$$

式中　L——钢梁下翼缘侧向支点间的长度。

C_4——与长度 L 内弯矩分布有关的参数。屈曲弯矩在很大程度上受到该跨弯矩图形状的影响，这种影响通过由有限元分析得到的系数 C_4 反映。当全跨为纯弯情况时 $C_4=6.2$，当负弯矩区小于 1/10 跨度时 $C_4>40$。其取值见表 4-8～表 4-10。

表 4-8　有竖向荷载作用梁跨的系数 C_4 取值

荷载及边界条件	弯矩分布	C_4								
		$\psi=$ 0.50	$\psi=$ 0.75	$\psi=$ 1.00	$\psi=$ 1.25	$\psi=$ 1.50	$\psi=$ 1.75	$\psi=$ 2.00	$\psi=$ 2.25	$\psi=$ 2.50
	ψM_0　M_0	41.5	30.2	24.5	21.1	19.0	17.5	16.5	15.7	15.2

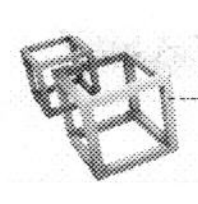

续表

荷载及边界条件	弯矩分布	C_4								
		$\psi=$ 0.50	$\psi=$ 0.75	$\psi=$ 1.00	$\psi=$ 1.25	$\psi=$ 1.50	$\psi=$ 1.75	$\psi=$ 2.00	$\psi=$ 2.25	$\psi=$ 2.50
均布荷载，两端弯矩	ψM_0，M_0，$0.50\psi M_0$	33.9	22.7	17.3	14.1	13.0	12.0	11.4	10.9	10.6
	ψM_0，M_0，$0.75\psi M_0$	28.2	18.0	13.7	11.7	10.6	10.0	9.5	9.1	8.9
	ψM_0，M_0，ψM_0	21.9	13.9	11.0	9.6	8.8	8.3	8.0	7.8	7.6
跨中集中荷载，一端弯矩	ψM_0，M_0	28.4	21.8	18.6	16.7	15.6	14.8	14.2	13.8	13.5
跨中集中荷载，两端弯矩	ψM_0，M_0，ψM_0	12.7	9.8	8.6	8.0	7.7	7.4	7.2	7.1	7.0

表 4 - 9　　无竖向荷载作用梁跨的系数 C_4 取值

荷载及边界条件	弯矩分布	C_4				
		$\psi=0.00$	$\psi=0.25$	$\psi=0.50$	$\psi=0.75$	$\psi=1.00$
两端同向弯矩	M，ψM	11.1	9.5	8.2	7.1	6.2
两端反向弯矩	M，ψM	11.1	12.8	14.6	16.3	18.1

表 4 - 10　　有悬臂端时边跨的系数 C_4 取值

荷载及边界条件	弯矩分布	L_c/L	C_4			
			$\psi=0.00$	$\psi=0.50$	$\psi=0.75$	$\psi=1.00$
均布荷载，L，L_c	ψM_0，M_0	0.25	47.6	33.8	26.6	22.1
		0.50	12.5	11.0	10.2	9.3
		0.75	9.2	8.8	8.6	8.4
		1.00	7.9	7.8	7.7	7.6

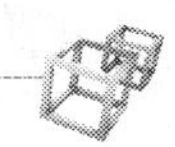

k_c——截面特征参数，计算见式（4-110）或式（4-111）。

ψ——跨中弯矩与支座负弯矩的比值。

E_a、G——钢材的弹性模量和剪切模量。

A——组合梁的换算截面面积，其中忽略了混凝土的抗拉作用。

I_y——换算截面 A 关于主轴的惯性矩。

A_a——钢梁的截面面积。

I_{ay}、I_{az}——钢梁截面关于截面中心的惯性矩，$i_x^2=(I_{ay}+I_{az})/A_a$。

I_{afz}——钢梁下翼缘关于钢梁 z 轴的惯性矩，$I_{afz}=b_f^3t_f/12$。

I_{at}——钢梁的圣维南扭转常数。

k_s——梁单位长度的横向刚度，

$$k_s=\frac{k_1k_2}{k_1+k_2} \tag{4-106}$$

k_1——垂直于梁方向的混凝土翼板或组合板开裂截面的弯曲刚度。对跨过钢梁的连续板，$k_1=4E_aI_2/a$；对于简支板或悬臂板，$k_1=2E_aI_2/a$。

E_aI_2——单位长度混凝土翼板或组合板的开裂截面弯曲刚度，I_2取为正弯矩及负弯矩作用两种情况中的较小值。

k_2——钢梁腹板的弯曲刚度，对腹板无外包混凝土的组合梁按下式计算

$$k_2=\frac{E_at_w^3}{4(1-\nu_a^2)h_s} \tag{4-107}$$

n——弹性模量比 $n=E_a/E_c$。

E'_c——混凝土的长期有效模量。

ν_a——钢材的泊松比。

b——钢梁上翼缘宽度。

h_s——钢梁翼缘剪力中心间的距离。

式（4-105）中 GI_{at} 一项反映了自由扭转所占的比例，与 k_sL^2/π^2 相比其数值很小，忽略它影响不大，则临界屈曲弯矩可以表示为

$$M_{cr}\approx\frac{k_cC_4}{\pi}(k_sE_aI_{afz})^{1/2} \tag{4-108}$$

式（4-108）与跨度 L 无关。所以 C_4 可以适用于各种梁跨。

此外，栓钉纵向间距 s 尚应满足以下条件

$$\frac{s}{b}\leqslant\frac{0.4f_ud^2(1-\chi_{LT}\bar{\lambda}_{LT}^2)}{k_s\chi_{LT}\bar{\lambda}_{LT}^2} \tag{4-109}$$

式中 d——栓钉直径；

f_u——栓钉抗拉强度。

当钢梁为双轴对称截面时，组合截面特征参数 k_c 按下式计算

$$k_c=\frac{h_sI_y/I_{ay}}{\dfrac{h_s^2/4+i_x^2}{e}+h_s} \tag{4-110}$$

$$e=\frac{AI_{ay}}{A_az_c(A-A_a)}$$

式中　z_c——钢梁形心与翼板形心间的距离。

当钢梁的上下翼缘不相等时，参数k_c按下式计算

$$k_c = \frac{h_s I_y / I_{ay}}{\dfrac{(z_f - z_s)^2 + i_x^2}{e} + 2(z_f - z_j)} \tag{4-111}$$

其中 $z_f = h_s I_{afz} / I_{az}$

$$z_j = z_s - \int_{A_a} \frac{z(y^2 + z^2)\mathrm{d}A}{2I_{ay}}，当 I_{afz} > 0.5I_{az} 时，可取为 z_j = 0.4h_s(2I_{afz}/I_{az} - 1)$$

式中　z_s——钢梁中和轴至其剪力中心的距离，当剪力中心与钢梁受压翼缘在中和轴同侧时为正号。

4.10.5　负弯矩-剪力承载力相关关系计算

连续组合梁的中间支座截面的弯矩和剪力都较大。钢梁由于同时受弯、剪作用，截面的极限抗弯承载能力有所降低。按照《钢结构设计标准》（GB 50017—2017），当采用弯矩调幅设计法计算组合梁的承载力时，按照下列规定考虑弯矩与剪力的相互影响：

（1）受正弯矩的组合梁截面不考虑弯矩的剪力的相互影响。

（2）受负弯矩的组合梁截面，当剪力设计值$V \leqslant 0.5h_w t_w f_w$时，可不对验算负弯矩受弯承载力所用的腹板钢材强度设计值进行折减；当$V > 0.5h_w f_w f_v$时，验算负弯矩受弯承载力所用的腹板钢材强度设计值f可折减为$(1-\rho)f$，折减系数ρ应按下式计算

$$\rho = \left(\frac{2V}{h_w t_w f_v} - 1\right)^2$$

欧洲规范EC4则规定按下述方法计算密实截面连续组合梁负弯矩区的弯剪相关承载力：

（1）如果竖向剪力设计值V不大于竖向塑性抗剪承载力V_p的一半，即$V \leqslant 0.5V_p$时，竖向剪力对抗弯承载力的不利影响可以忽略（图4-52曲线a段），抗弯计算时可以利用整个组合截面，如图4-52所示。

（2）如果竖向剪力设计值V等于竖向塑性抗剪承载力V_p，即$V = V_p$，则钢梁腹板只用于抗剪（图4-52曲线b段），不能再承担外荷载引起的弯矩，此时的设计弯矩由混凝土翼板有效宽度内的纵向钢筋和钢梁上下翼缘共同承担，如图4-52所示，其抗弯承载力记为M_f。

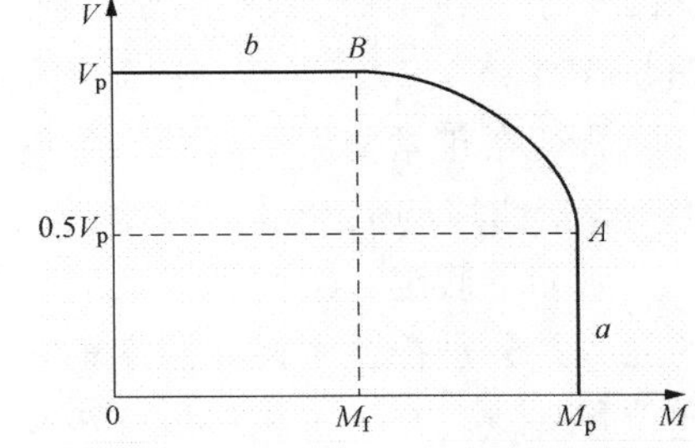

图4-52　负弯矩区的弯-剪相关承载力

（3）如果$0.5V_p < V < V_p$，弯剪作用的相关曲线则用一段抛物线表示，此时抗弯承载力M_R由下式计算

$$M_R = M_f + (M_p - M_f)\left[1 - \left(\frac{2V}{V_p} - 1\right)^2\right] \tag{4-112}$$

式中　V_p——仅考虑钢梁腹板的截面塑性抗剪承载力；

M_p——剪力等于零时的截面塑性抗弯承载力。

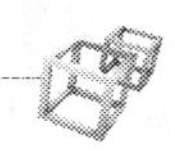

4.11 组合梁正常使用阶段验算

4.11.1 组合梁变形特点及分析

组合梁充分发挥了钢材抗拉和混凝土抗压性能好的优点，具有较高的承载力和刚度。当组合梁采用高强钢和高强混凝土且跨度较大时，正常使用极限状态下的挠度就可能成为控制设计的关键因素。抗剪连接件是保证钢梁和混凝土翼板组合成整体共同工作的关键部件，而广泛应用的栓钉等柔性抗剪连接件在传递界面剪力时会产生一定的变形，从而使钢梁和混凝土翼板间产生滑移，导致截面曲率和结构挠度增大。计算组合梁挠度可以采用材料力学的有关公式，如本章前面所述的换算截面法，将混凝土和钢材根据弹性模量比换算为同一种材料后计算其刚度和变形。但已有的试验结果表明，由于换算截面法没有考虑钢梁和混凝土翼板之间的滑移效应，得到的刚度计算值比实际刚度值偏大而挠度计算值偏小。因此，更可靠的方法是在计算组合梁变形时考虑滑移效应的影响。本节将介绍组合梁考虑滑移效应的刚度及变形计算方法。

此外，需要指出的是，如果组合梁的计算挠度偏大，可以通过以下三种方法减少其在恒荷载作用下的挠度：

(1) 如采用无临时支撑的施工方式，刚度较大的钢梁可以减少组合梁在施工阶段的挠度。

(2) 将钢梁起拱以补偿组合梁在恒荷载作用下的挠度。

(3) 施工时设置临时支撑以减少混凝土硬化前钢梁的挠度。

从经济可行的角度出发，设计组合梁时应尽量同时采用第 (2) 和第 (3) 种方法，即在条件允许的情况下尽可能多地布置临时支撑，同时使钢梁产生预拱以抵消部分恒荷载挠度。

4.11.2 组合梁考虑滑移效应的折减刚度计算法

1. *考虑滑移效应的组合梁刚度及变形计算*

组合梁的钢梁和混凝土界面的滑移将引起挠度的增大，目前应用最为广泛的计算方法是由清华大学聂建国院士提出的考虑滑移效应的折减刚度法，并纳入了《钢结构设计标准》(GB 50017—2017)，下面是该方法的详细介绍。

组合梁在正常使用极限状态下钢梁通常处于弹性状态，混凝土翼板的最大压应力也位于应力-应变曲线的上升段。因此，在分析滑移效应时可以近似地将组合梁作为弹性体来考虑，并做如下假定：①交界面上的水平剪力与相对滑移成正比；②钢梁和混凝土翼板具有相同的曲率并分别符合平截面假定；③忽略钢梁与混凝土翼板间的竖向掀起作用，假设两者的竖向位移一致。其中，相对滑移定义为同一截面处钢梁与混凝土翼板间的水平位移差。

以如图 4-53 所示的计算模型来分析集中荷载作用下简支组合梁的滑移效应。设抗剪连接件间距为 p，钢与混凝土交界面单位长度上的水平剪力为 V，组合梁的微段变形模型如图 4-54 所示。

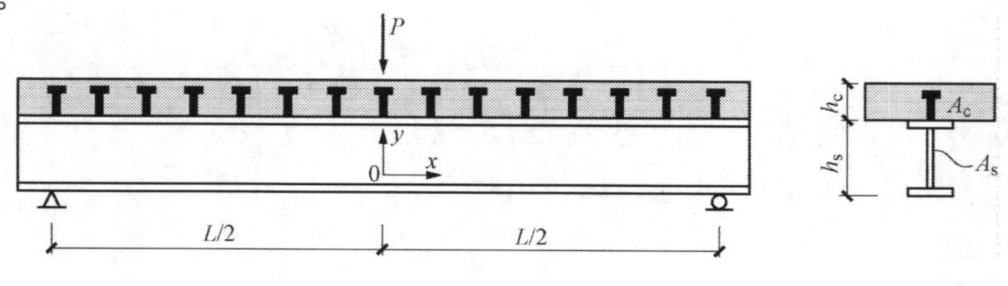

图 4-53　简支组合梁挠度计算模型

由假定（1）可以得到

$$pV = Ks \tag{4-113}$$

式中　K——抗剪连接件的刚度，根据试验结果，可取 $K=0.66n_sV_u$，其中 n_s 为同一截面栓钉个数，V_u 为单个栓钉的极限承载力；

s——钢梁与混凝土翼板间的相对滑移。

由水平方向上力的平衡关系有

$$\frac{\mathrm{d}C}{\mathrm{d}x} = -V \tag{4-114}$$

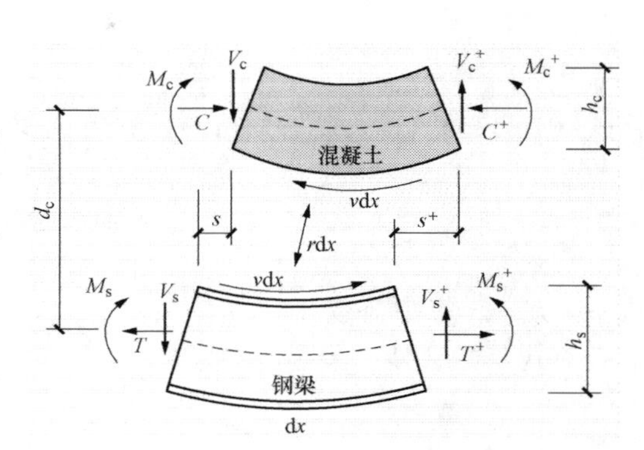

图 4 - 54　微段梁变形模型

分别对混凝土单元和钢梁单元体左侧形心取弯矩平衡关系可以得到

$$\frac{\mathrm{d}M_c}{\mathrm{d}x} + V_c = \frac{Vh_c}{2} - \frac{r\mathrm{d}x}{2} \tag{4-115}$$

$$\frac{\mathrm{d}M_s}{\mathrm{d}x} + V_s = Vy_1 + \frac{r\mathrm{d}x}{2} \tag{4-116}$$

式中　h_c——混凝土翼板的高度；

y_1——钢梁形心至钢梁上翼缘顶面的距离；

r——单位长度上的界面法向压力。

式（4 - 115）与式（4 - 116）相加并将 $V_c+V_s=P/2$ 代入，可以得到

$$\frac{\mathrm{d}M_c}{\mathrm{d}x} + \frac{\mathrm{d}M_s}{\mathrm{d}x} + \frac{P}{2} = Vd_c \tag{4-117}$$

$$d_c = y_1 + \frac{h_c}{2}$$

式中　P——跨中集中荷载；

d_c——钢梁形心至混凝土翼板形心的距离。

由假定（2）可得

$$\phi = \frac{M_s}{E_sI_s} = \frac{\alpha_E M_c}{E_sI_c} \tag{4-118}$$

式中　ϕ——截面曲率；

I_s、I_c——钢梁和混凝土翼板的惯性矩；

E_s——钢梁的弹性模量；

α_E——钢梁与混凝土的弹性模量比。

交界面上混凝土翼板底部应变 ε_{tb} 和钢梁顶部应变 ε_{tt} 分别为

$$\varepsilon_{tb} = \frac{\phi h_c}{2} - \frac{\alpha_E C}{E_sA_s} \tag{4-119}$$

$$\varepsilon_{tt} = \frac{T}{E_sA_s} - \phi y_1 \tag{4-120}$$

式中　T——轴向力。

定义 ε_{tb} 与 ε_{tt} 之差为滑移应变，则

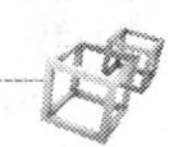

$$\varepsilon_s = s' = \varepsilon_{tb} - \varepsilon_{tt} = \phi d_c - \frac{\alpha_E C}{E_s A_c} - \frac{T}{E_s A_s} \tag{4-121}$$

将式（4-118）代入式（4-117），并考虑式（4-113），则有

$$\frac{d\phi}{dx} = \frac{Ksh/p - P/2}{E_s I_0} \tag{4-122}$$

$$I_0 = I_s + I_c/\alpha_E$$

式中　P——集中荷载。

对式（4-121）求导，并将式（4-122）和式（4-114）代入，就可以得到

$$s'' = \alpha^2 s + \frac{\alpha^2 \beta P}{2} \tag{4-123}$$

$$\alpha^2 = \frac{KA_1}{E_s A_0 p}, \beta = \frac{hp}{2KA_1}, A_1 = \frac{I_0}{A_0} + d_c^2, \frac{1}{A_0} = \frac{1}{A_s} + \frac{\alpha_E}{A_c}$$

式中　A_s、A_c——钢梁和混凝土翼板的截面积。

求解方程（4-123），并将边界条件 $s(0)=0$ 和 $s'(L/2)=0$ 代入，可以得到沿梁长度方向上的滑移分布规律

$$s = \frac{\beta P(1 + e^{-\alpha L} - e^{\alpha x - \alpha L} - e^{-\alpha x})}{2(1 + e^{-\alpha L})} \tag{4-124}$$

对式（4-124）求导得滑移应变 ε_s

$$\varepsilon_s = \frac{\alpha\beta P(e^{-\alpha x} - e^{\alpha x - \alpha L})}{2(1 + e^{-\beta L})} \tag{4-125}$$

考虑滑移效应的截面应变分布如图 4-55 中实线所示，可近似取 ε_s引起的附加曲率$\Delta\phi$ 为

$$\Delta\phi = \frac{\varepsilon_{sc}}{h_c} = \frac{\varepsilon_{ss}}{h_s} \tag{4-126}$$

由 $\varepsilon_{sc} + \varepsilon_{ss} = \varepsilon_s$，将式（4-126）改写为

$$\Delta\phi = \frac{\varepsilon_s}{h} \tag{4-127}$$

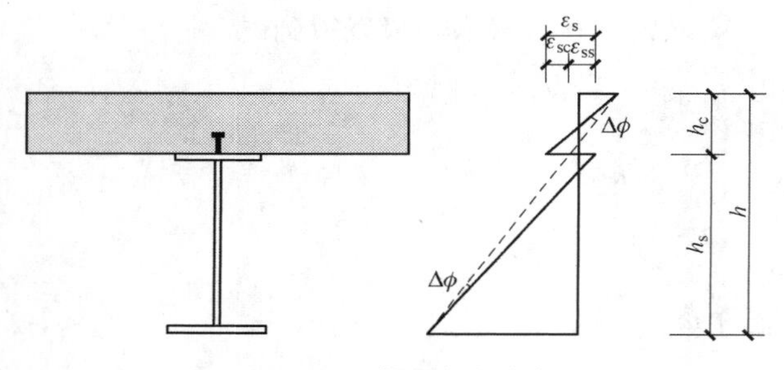

图 4-55　截面应变分布

沿梁长进行积分，可求得滑移效应引起的跨中附加挠度 $\Delta\delta_1$

$$\Delta\delta_1 = \frac{\beta P}{2h}\left[\frac{1}{2} + \frac{1 - e^{\alpha L}}{\alpha(1 + e^{\alpha L})}\right] \tag{4-128}$$

根据同样方法可以得到跨中两点对称加载和均布荷载作用下滑移效应引起的跨中附加挠度计算公式

$$\Delta\delta_2 = \frac{\beta P}{2h}\left[\frac{L}{2} - b + \frac{e^{\alpha b} - e^{\alpha L - \alpha b}}{\alpha(1 + e^{\alpha L})}\right] \tag{4-129}$$

$$\Delta\delta_3 = \frac{\beta q}{h}\left[\frac{L^2}{8} + \frac{2e^{\alpha L/2} - 1 - e^{\alpha L}}{\alpha^2(1 + e^{\alpha L})}\right] \tag{4-130}$$

式中　b——集中荷载到跨中的距离；

　　　P——总的外荷载；

　　　q——均布荷载。

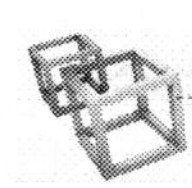

对于工程实用范围内的组合梁，$e^{-\alpha L}\approx 0$，因此，式（4-128）～式（4-130）可分别简化为

$$\Delta\delta_1=\frac{\beta P}{2h}\left(\frac{L}{2}-\frac{1}{\alpha}\right) \tag{4-131}$$

$$\Delta\delta_2=\frac{\beta P}{2h}\left(\frac{L}{2}-b-\frac{e^{-\alpha b}}{\alpha}\right) \tag{4-132}$$

$$\Delta\delta_3=\frac{\beta q}{h}\left(\frac{L^2}{8}-\frac{1}{\alpha^2}\right) \tag{4-133}$$

得到各工况下的附加挠度计算公式后，组合梁考虑滑移效应后的挠度可根据叠加原理按下式计算

$$\delta=\delta_e+\Delta\delta_i \tag{4-134}$$

式中　δ_e——根据弹性换算截面法得到的计算挠度；

$\Delta\delta_i$——由滑移效应引起的附加挠度。

将式（4-131）～式（4-133）代入式（4-134）可分别得到跨中集中荷载、两点对称荷载和满跨均布荷载条件下简支组合梁的跨中挠度计算公式

$$\begin{cases}\delta_1=\dfrac{PL^3}{48EI}+\dfrac{\beta P}{2h}\left(\dfrac{L}{2}-\dfrac{1}{\alpha}\right)\\ \delta_2=\dfrac{P}{12EI}\left[2\left(\dfrac{L}{2}-b\right)^3+3b\left(\dfrac{L}{2}-b\right)(L-b)\right]+\dfrac{\beta P}{2h}\left(\dfrac{L}{2}-b-\dfrac{e^{-\alpha b}}{\alpha}\right)\\ \delta_3=\dfrac{5qL^4}{384EI}+\dfrac{\beta q}{h}\left(\dfrac{L^2}{8}-\dfrac{1}{\alpha^2}\right)\end{cases} \tag{4-135}$$

将式（4-135）改写成如下形式

$$\begin{cases}\delta_1=\dfrac{PL^3}{48B}\\ \delta_2=\dfrac{P}{12B}\left[2\left(\dfrac{L}{2}-b\right)^3+3b\left(\dfrac{L}{2}-b\right)(L-b)\right]\\ \delta_3=\dfrac{5qL^4}{384B}\end{cases} \tag{4-136}$$

式中 B 即为考虑滑移效应影响时组合梁的折减刚度，它可以表达为

$$B=\frac{EI}{1+\xi_i} \tag{4-137}$$

其中刚度折减系数 ζ_i 分别为

$$\begin{cases}\xi_1=\eta\left(\dfrac{1}{2}-\dfrac{1}{\alpha L}\right)\\ \xi_2=\dfrac{\eta\left(\dfrac{1}{2}-\dfrac{b}{L}-\dfrac{e^{-\alpha b}}{\alpha L}\right)}{4\left[2\left(\dfrac{1}{2}-\dfrac{b}{L}\right)^3+3\left(\dfrac{1}{2}-\dfrac{b}{L}\right)\left(1-\dfrac{b}{L}\right)\dfrac{b}{L}\right]}\\ \xi_3=\eta\left[\dfrac{1}{2}-\dfrac{4}{(\alpha L)^2}\right]/1.25\end{cases} \tag{4-138}$$

$$\eta=24\frac{EI\beta}{L^2h}$$

组合梁截面刚度 EI 可以表示为

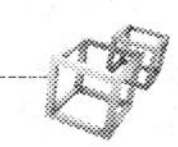

$$EI = E_s(I_0 + A_0 d_c^2) = E_s A_0 / A_1 \quad (4-139)$$

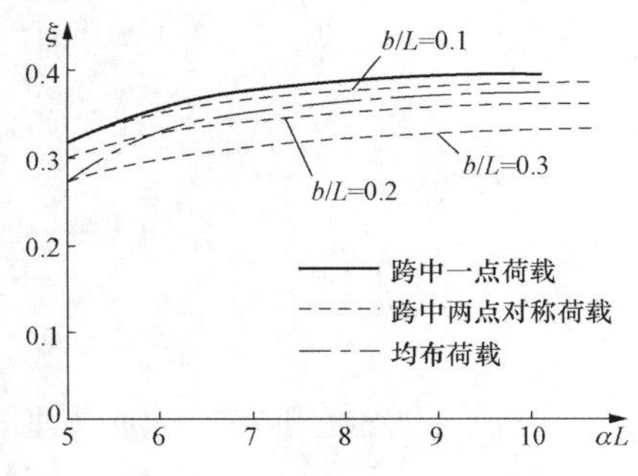

图 4-56　荷载模式对 ξ 的影响曲线

因此 $\eta = 24E_s d_c p A_0 / (khL^2)$，与荷载作用模式无关。影响 ξ_i 的主要变量为 αl 和 b/l。对于实用范围内的组合梁，αL 在 5～10 之间变化，不同荷载作用模式下 ξ 随 αL 的变化曲线如图 4-56 所示。可见三种荷载模式下 ξ 之间的差异较小，且 b/L 对 ξ 的影响也不明显。从简化计算并满足工程应用的角度出发，刚度折减系数可以式（4-138）为基础统一按下式计算

$$\xi = \eta\left[0.4 - \frac{3}{(\alpha L)^2}\right] \quad (4-140)$$

因此，折减刚度可按统一的简化公式计算

$$B = \frac{EI}{1+\xi} \quad (4-141)$$

将式（4-141）代入式（4-136），得到考虑滑移效应的挠度计算公式为

$$\delta = \delta_e(1+\xi) \quad (4-142)$$

2.《钢结构设计标准》(GB 50017—2017）关于组合梁挠度计算的规定

《钢结构设计标准》(GB 50017—2017）计算组合梁挠度的公式是基于折减刚度法，即考虑滑移效应后用折减刚度 B 来代替组合梁的换算截面刚度，然后按照结构力学的有关方法进行计算。

组合梁考虑滑移效应的折减刚度 B 按下式计算

$$B = \frac{EI_{eq}}{1+\zeta} \quad (4-143)$$

式中　E——钢梁的弹性模量；

I_{eq}——组合梁的换算截面惯性矩，对荷载的标准荷载组合，将混凝土翼板有效宽度除以钢材与混凝土弹性模量的比 α_E 换算为钢截面宽度；对荷载的准永久组合，则除以 $2\alpha_E$ 进行换算。对钢梁与压型钢板混凝土组合板构成的组合梁，可取薄弱截面的换算截面进行计算，且不计压型钢板的作用。

ζ——刚度折减系数，按下式计算（当 $\zeta \leqslant 0$ 时，取 $\zeta = 0$）

$$\zeta = \eta\left[0.4 - \frac{3}{(\alpha L)^2}\right] \quad (4-144)$$

$$\eta = \frac{36Ed_c p A_0}{n_s khL^2} \quad (4-145)$$

$$\alpha = 0.81\sqrt{\frac{n_s N_v^c A_1}{EI_0 p}} \quad (4-146)$$

$$A_0 = \frac{A_{cf}A}{\alpha_E A + A_{cf}} \quad (4-147)$$

$$A_1 = \frac{I_0 + A_0 d_c^2}{A_0} \quad (4-148)$$

$$I_0 = I + \frac{I_{cf}}{\alpha_E} \quad (4-149)$$

式中　A_{cf}——混凝土翼板截面面积，对压型钢板混凝土组合板的翼板，取其较弱截面的面

积，且不考虑压型钢板；

A——钢梁截面面积；

I——钢梁截面惯性矩；

I_{cf}——混凝土翼板的截面惯性矩，对压型钢板混凝土组合板的翼板，取薄弱截面的惯性矩，且不考虑压型钢板；

d_c——钢梁截面形心到混凝土翼板截面（对压型钢板组合板为薄弱截面）形心的距离；

h——组合梁截面高度；

L——组合梁的跨度；

k——抗剪连接件刚度系数，$k=N_v^c$（N/mm），N_v^c 为抗剪连接件承载力设计值（N）；

p——抗剪连接件的平均间距；

n_s——抗剪连接件在一根梁上的列数；

α_E——钢材与混凝土弹性模量的比值。

按以上各式计算组合梁挠度时，应分别按荷载的标准组合和准永久组合进行计算，并且不得大于《钢结构设计标准》（GB 50017—2017）所规定的限值。其中，当按荷载的准永久组合进行计算时，式（4 - 147）和式（4 - 149）中的 α_E 应乘以 2。

4.11.3　连续组合梁的刚度及变形计算

连续组合梁在荷载作用下会出现负弯矩区混凝土翼板开裂，从而使得连续组合梁的刚度沿长度方向发生改变。目前各国一般均采用“变截面杆件”计算连续组合梁的挠度。根据试验和分析，可以在支座两侧各 15% 跨度范围内采用负弯矩截面的抗弯刚度，其余区段采用正弯矩作用下的组合截面刚度，然后按照弹性理论计算组合梁的挠度。这种方法得到的组合梁挠度能够满足各种工况下的要求。其中，负弯矩区只考虑钢梁和钢筋的作用，正弯矩区则采用考虑钢梁与混凝土翼板之间滑移效应的折减刚度。对于不同的荷载工况，连续组合梁的挠度可参照表 4 - 11 和表 4 - 12 的计算图表和公式进行计算。

表 4 - 11　　　连续组合梁边跨的变形计算公式

荷载形式	S_l　B　B/α_1　S_r
S_l　P　S_r　b　a　L	$\Delta=\frac{pl^3}{48B}\left[\frac{3a}{l}-\frac{4a^3}{l^3}+\frac{0.027b}{l}(\alpha_1-1)\right], a\leqslant\frac{l}{2}$ $\Delta=\frac{pl^3}{48B}\left[\frac{4ab^2}{l^3}+\frac{b}{l^2}(3a-b)+\frac{0.027b}{l}(\alpha_1-1)\right], a>\frac{l}{2}$ $\theta_r=\frac{pl^2}{6B}\left[\frac{a^2b^2}{l^4}+\frac{ab}{l^2}+\frac{0.255b}{l}+\frac{0.061b}{l}(\alpha_1-1)\right]$ $\theta_l=\frac{pl^2}{6B}\left[\frac{2a^3b}{l^4}+\frac{3.3ab^2}{l^3}+\frac{0.00675b}{l}(\alpha_1-1)-\frac{0.255ab}{l^2}\right]$
S_l　M　S_r　L	$\Delta=\frac{Ml^2}{24B}[1+0.122(\alpha_1-1)]$ $\theta_r=\frac{Ml}{3B}[1+0.386(\alpha_1-1)]$ $\theta_l=\frac{Ml}{6B}[1+0.061(\alpha_1-1)]$

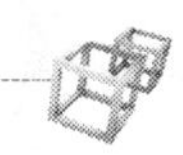

续表

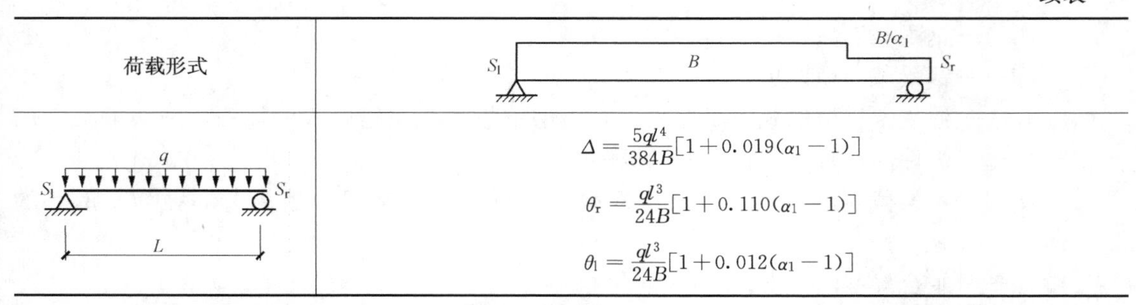

荷载形式	S_l B B/α_1 S_r
q, S_l, S_r, L	$\Delta=\frac{5ql^4}{384B}[1+0.019(\alpha_1-1)]$ $\theta_r=\frac{ql^3}{24B}[1+0.110(\alpha_1-1)]$ $\theta_l=\frac{ql^3}{24B}[1+0.012(\alpha_1-1)]$

注 α_1—组合梁正弯矩段的折减刚度 B_s 或 B_l 与中支座段的刚度之比；θ_r—梁右端的转角；θ_l—梁左端的转角。

表 4-12　连续组合梁中跨的变形计算公式

荷载形式	S_l B/α_1 B B/α_1 S_r
P, S_l, S_r, b, a, L	$\Delta=\frac{pl^3}{48B}\left[\frac{3ab}{l^2}+\frac{4ab^2}{l^3}-\frac{b^2}{l^2}+0.027(\alpha_1-1)\right]$ $\theta_r=\frac{pl}{6B}\left[\frac{ab}{l}(1.45+\frac{0.85b}{l}+0.0034(2.7b+0.3a)(\alpha_1-1)\right]$ $\theta_r=\frac{pl}{6B}\left[\frac{ab}{l}(1.45+\frac{0.85a}{l}+0.0034(2.7b+0.3b)(\alpha_1-1)\right]$
M, S_l, S_r, L	$\Delta=\frac{Ml^2}{24B}[1+0.135(\alpha_1-1)]$ $\theta_r=\frac{Ml}{3B}[1+0.389(\alpha_1-1)]$ $\theta_r=\frac{Ml}{6B}[1+0.061(\alpha_1-1)]$
q, S_l, S_r, L	$\Delta=\frac{5ql^4}{384B}[1+0.038(\alpha_1-1)]$ $\theta_r=\frac{ql^3}{24B}[1+0.122(\alpha_1-1)]$ $\theta_l=\theta_r$

注 α_1—组合梁正弯矩段的折减刚度 B_s 或 B_l 与中支座段的刚度之比；θ_r—梁右端的转角；θ_l—梁左端的转角。

钢-混凝土组合梁的最大挠度，不应超过表 4-13 规定的挠度限值。

表 4-13　钢-混凝土组合梁挠度限值　　mm

类型	挠度限值（以计算跨度 l_0 计算）
主梁	$l_0/300$（$l_0/400$）
其他梁	$l_0/250$（$l_0/300$）

注 1. l_0 为构件的计算跨度；悬臂构件的 l_0 按实际悬臂长度的 2 倍取用。
2. 表中数值为永久荷载和可变荷载组合产生的挠度允许值，有起拱时可减去起拱值。
3. 表中括号内数值为可变荷载标准值产生的挠度允许值。

4.11.4　混凝土翼板裂缝宽度计算

组合梁负弯矩区混凝土翼板的受力状况与钢筋混凝土轴心受拉构件相似，因此可采用《混凝土结构设计规范》（GB 50010—2010）的有关公式计算组合梁负弯矩区的最大裂缝宽度

$$w_{max}=2.7\psi\frac{\sigma_{sk}}{E_s}\left(1.9c+0.08\frac{d_{eq}}{\rho_{te}}\right)\tag{4-150}$$

式中　ψ——裂缝间纵向受拉钢筋的应变不均匀系数，当$\psi<0.2$时取$\psi=0.2$，当$\psi>1$时取$\psi=1$，对直接承受重复荷载的情况取$\psi=1$；

σ_{sk}——按荷载效应的标准组合计算的开裂截面纵向受拉钢筋的应力；

c——最上层纵向钢筋的保护层厚度，当$c<20$mm时取$c=20$mm，当$c>65$mm时取$c=65$mm；

d_{eq}——纵向受拉钢筋的等效直径；

ρ_{te}——以混凝土翼板薄弱截面处受拉混凝土的截面面积计算得到的受拉钢筋配筋率，$\rho_{te}=A_{st}/(b_eh_c)$，$b_e$和$h_c$是混凝土翼板的有效宽度和高度。

受拉钢筋应变不均匀系数ψ按下式计算

$$\psi=1.1-0.65\frac{f_{tk}}{\rho_{te}\sigma_{sk}}\tag{4-151}$$

式中　f_{tk}——混凝土的抗拉强度标准值。

纵向受拉钢筋的等效直径d_{eq}按下式计算

$$d_{eq}=\frac{\sum n_id_i^2}{\sum n_iv_id_i}\tag{4-152}$$

式中　n_i——受拉区第i种纵向钢筋的根数；

d_i——受拉区第i种纵向钢筋的公称直径；

v_i——受拉区第i种纵向钢筋的表面特征系数，带肋钢筋$v=1.0$，光面钢筋$v=0.7$。

对于连续组合梁的负弯矩区，受拉钢筋的应力σ_{sk}按下式计算

$$\sigma_{sk}=\frac{M_ky_s}{I_{cr}}\tag{4-153}$$

$$M_k=M_e(1-\alpha_r)\tag{4-154}$$

式中　y_s——钢筋截面重心至钢筋和钢梁形成的组合截面中和轴的距离；

I_{cr}——由纵向普通钢筋与钢梁形成的组合截面惯性矩；

M_k——钢与混凝土形成组合截面之后考虑了弯矩调幅的标准荷载作用下支座截面负弯矩组合值；

M_e——钢与混凝土形成组合截面之后标准荷载作用下按未开裂模型进行弹性计算得到的连续组合梁中支座负弯矩值；

α_r——连续组合梁中支座负弯矩调幅系数，其取值不宜超过15%。

需要指出的是，对于悬臂组合梁，M_k应根据平衡条件计算。

按式（4-150）计算出的最大裂缝宽度w_{max}不得超过允许的最大裂缝宽度限值w_{lim}。处于一类环境时，取$w_{lim}=0.3$mm；处于二、三类环境时，取$w_{lim}=0.2$mm；当处于年平均相对湿度小于60%地区的一类环境时，可取$w_{lim}=0.4$mm。

如果计算出的最大裂缝宽度w_{max}不满足要求，可采取以下措施有效地控制裂缝的产生和发展：

（1）使用直径较小的变形钢筋，可以有效地增大钢筋和混凝土之间的黏结作用。

（2）采取减小混凝土收缩的措施，避免收缩进一步加大裂缝宽度。

（3）保证钢梁和混凝土之间的抗剪连接程度，减小滑移的不利影响。

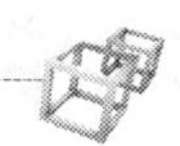

此外，如果对结构的使用要求比较高，在负弯矩区混凝土翼板内设置后浇带或施加预应力，是控制裂缝行之有效的方法之一。

【例 4-7】 某 7 跨连续组合梁，每跨跨度均为 $L=12\text{m}$，梁间距为 $s=4\text{m}$，属一类环境。初选连续梁的横截面尺寸如图 4-57 所示，已知混凝土强度等级 C30（$E_c=3\times10^4\ \text{N/mm}^2$，$f_c=14.3\text{N/mm}^2$，$f_t=1.43\text{N/mm}^2$，$f_{tk}=2.01\text{N/mm}^2$），混凝土翼板内配有Φ16@150（$A_{st}=1810\text{mm}^2$）纵向 HRB335 钢筋（$f_{st}=300\text{N/mm}^2$），抗剪连接件采用Φ 16×70 的栓钉，栓钉采用 4.6 级栓钉钢材（栓钉材料抗拉强度最小值与屈服强度之比 $\gamma=1.67$），钢梁和栓钉均采用 Q235（$E_s=2.06\times10^5\ \text{N/mm}^2$，$f=215\text{N/mm}^2$，$f_v=125\text{N/mm}^2$）。假设施工时钢梁下设足够临时支撑。楼层活荷载标准值为 2.5kN/m^2，楼面面层及吊顶荷载标准值为 1.5kN/m^2，活荷载组合值系数为 0.7，准永久值系数为 0.5。试设计组合梁抗剪连接件并验算该连续组合梁的承载力、变形及裂缝宽度。

解 1. 混凝土翼板的有效宽度计算

如图 4-58 所示，中间跨弯曲刚度图中将支座两侧各 15%跨度范围内采用负弯矩截面，而其余区段采用正弯矩截面。

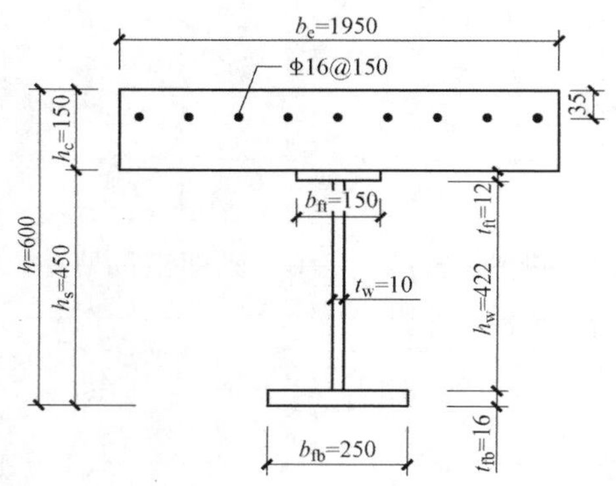

图 4-57 连续组合梁横截面尺寸

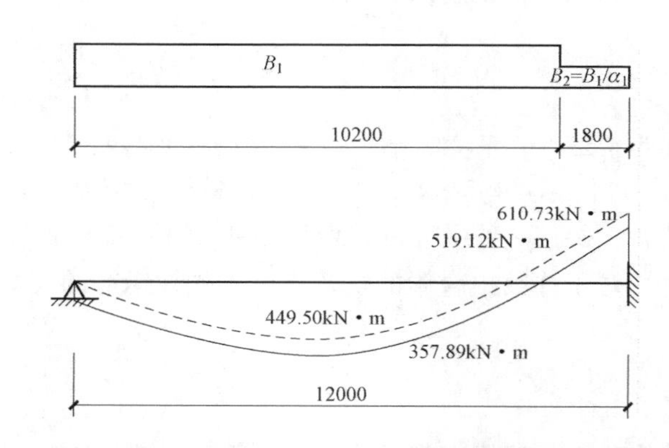

图 4-58 边跨弯曲刚度示意图及弯矩设计值图

正弯矩区长度 $L_1=(1-2\times0.15)\times12000=8400\text{mm}$，混凝土翼板有效宽度由板托顶部宽度 b_0 与梁跨度 L_1 的 1/6 和翼板厚度 h_c 的 6 倍中较小值确定的梁内侧翼板计算宽度之和确定，即

$$b_e=b_2+b_0+b_2=2b_2+b_0=2\times\min\left\{\frac{L_1}{6},6h_c\right\}+b_0$$

$$=2\times\min\left\{\frac{8400}{6},6\times150\right\}+150=1950(\text{mm})$$

负弯矩区长度 $L_2=2\times0.15\times12000=3600(\text{mm})$，混凝土翼板有效宽度由板托顶部宽度 b_0 与梁跨度 L_1 的 1/3 确定的梁内侧翼板计算宽度之和确定

$$b'_e=2b_2+b_0=2\times\frac{L_2}{3}+b_0=2\times\frac{3600}{6}+150=1350(\text{mm})$$

2. 截面特性计算

（1）钢梁截面特性。

钢梁上翼缘截面面积 $A_{ft}=b_{ft}\times t_{ft}=150\times12=1800(\text{mm}^2)$

钢梁腹板截面面积 $A_w = h_w \times t_w = 422 \times 10 = 4220(mm^2)$

钢梁下翼缘截面面积 $A_{fb} = b_{fb} \times t_{fb} = 250 \times 16 = 4000(mm^2)$

钢梁截面面积 $A = A_{ft} + A_w + A_{fb} = 1800 + 4220 + 4000 = 10020(mm^2)$

钢梁截面惯性矩 $I = 3.16 \times 10^8 (mm^4)$

(2) 混凝土翼板截面特性。支座负弯矩区混凝土翼板内配Φ16@150纵向HRB335级钢筋9根，$A_{st} = 1810 mm^2$，$f_{st} = 300MPa$。

混凝土翼板截面面积 $A_{cf} = h_c \times b_e = 150 \times 1950 = 292500(mm^2)$

混凝土翼板截面惯性矩 $I_{cf} = \frac{1}{12} b_e \times h_c{}^3 = \frac{1}{12} \times 1950 \times 150^3 = 5.48 \times 10^8 (mm^4)$

3. 抗剪连接件设计

依题意，栓钉采用Φ 16×70。

栓钉抗剪承载力设计值计算如下

$$0.7 A_s \gamma f = 0.7 \times 0.201 \times 1.67 \times 215 = 50.53(kN)$$

而 $$0.43 A_s \sqrt{E_c f_c} = 0.43 \times 0.201 \times \sqrt{30000 \times 14.3} = 56.61(kN)$$

故 $$N_v^c = \min(0.7 A_s \gamma f,\ 0.43 A_s \sqrt{E_c f_c}) = 50.53(kN)$$

正弯矩区所需的栓钉数量

$$V_s = \min(Af, A_{cf} f_c) = \min(10020 \times 215, 292500 \times 14.3) = 2154.3(kN)$$

$$n_f = \frac{V_s}{N_v^c} = \frac{2154.3}{50.53} = 42.6$$

因此正弯矩区段栓钉取44个。

负弯矩区所需的栓钉数量

$$V_s = A_{st} f_{st} = 1810 \times 300 = 543(kN)$$

$$n_f = \frac{V_s}{0.9 N_v^c} = \frac{543}{0.9 \times 50.53} = 11.9$$

因此负弯矩区段栓钉取12个。

实配栓钉2列，间距150mm，沿梁长均匀分布，正负弯矩区均满足完全抗剪连接的要求。

4. 内力分析

对于多跨连续梁（跨数大于或等于5跨），在满布竖向均布荷载作用下边跨跨中弯矩、第一内支座负弯矩及剪力相对其他截面最大，只需验算边跨内力。图4-58中实线为连续梁中间跨调幅后（调幅15%）的弯矩设计值，虚线为一端固支一端铰接的弯矩图。其中，固支梁按变截面梁计算，固支支座一侧0.15倍跨度范围内取为负弯矩刚度，正弯矩区考虑钢梁和钢筋混凝土组合截面，负弯矩区刚度只考虑钢梁和钢筋组成的截面。

5. 抗弯和抗剪承载力验算

(1) 承载能力极限状态设计荷载及内力计算。组合梁承受的荷载标准值如下

钢梁自重 $g_{1k} = 78.5 \times 10020/10^6 = 0.79(kN/m)$

混凝土重量 $g_{2k} = 25 \times 0.15 \times 4 = 15.00(kN/m)$

楼面铺装及吊顶 $g_{3k} = 1.5 \times 4 = 6.00(kN/m)$

楼面恒荷载 $g_k = g_{1k} + g_{2k} + g_{3k} = 0.79 + 15 + 6 = 21.79(kN/m)$

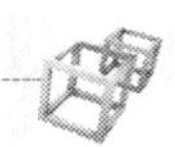

楼面活荷载 $q_k=2.5\times4=10.00(\text{kN/m})$

1）按由可变荷载控制的荷载设计值

$$Q_1=1.2g_k+1.4q_k=1.2\times21.79+1.4\times10=40.15(\text{kN/m})$$

2）按由永久荷载控制的荷载设计值

$$Q_2=1.35g_k+0.7\times1.4q_k=1.35\times21.79+0.7\times1.4\times10=39.22(\text{kN/m})$$

取最不利的效应组合，则荷载设计值

$$Q=40.15(\text{kN/m})>39.22(\text{kN/m})$$

如图 4-58 所示，对于计算承载能力极限状态，经结构力学计算 7 跨连续梁跨中正弯矩和支座负弯矩分别在边跨跨中和第一内支座处最大，故将此处作为最不利验算位置。计算得

弯矩调幅前支座处负弯矩最大设计值 $M_1=-610.73$ (kN・m)

弯矩调幅后支座负弯矩最大设计值

$$M'_1=M_1\times(1-15\%)=-610.73\times0.85=-519.12(\text{kN}\cdot\text{m})$$

弯矩调幅前跨中正弯矩最大设计值 $M_2=449.50(\text{kN}\cdot\text{m})$

弯矩调幅后跨中正弯矩最大设计值

$$M'_2=M_2-(M'_1-M_1)=449.50-(-519.12+610.73)=357.89(\text{kN}\cdot\text{m})$$

支座处剪力最大设计值 $V_1=291.79$ (kN)

(2) 正弯矩抗弯承载力验算

$$Af=10020\times215/10^3=2154.3\text{kN}\leqslant b_eh_cf_c=1950\times150\times14.3/10^3=4182.75(\text{kN})$$

说明塑性中和轴在混凝土翼板内

混凝土受压区高度 $x=Af/b_ef_c=10020\times215/1950\times14.3=77.26(\text{mm})$

钢梁截面形心到钢梁梁顶的距离 $y_s=271.44$ (mm)

$$\begin{aligned}M_u&=b_exf_cy=b_exf_c(y_s+h_c-x/2)\\&=1950\times77.26\times14.3\times(271.44+150-77.26/2)\\&=824.72(\text{kN}\cdot\text{m})>M'_2=357.89(\text{kN}\cdot\text{m})\end{aligned}$$

满足要求。

(3) 负弯矩抗弯承载力验算。负弯矩支座处为发生塑性转动的截面，其板件宽厚比等级应采用 S1 级。按塑性设计时，焊接钢梁受压翼缘（下翼缘）宽厚比限值要求：自由外伸宽度 b 与其厚度 t 之比 $b/t=120/16=7.5\leqslant9$。

腹板宽厚比应满足

$\dfrac{h_0}{t_w}=\dfrac{422}{10}=42.2\leqslant65$ 可采用塑性方法设计。

$$A_{st}f_{st}=1810\times300=543\text{kN}\leqslant(A_w+A_{fb}-A_{ft})f=(4220+4000-1800)\times215=1380.3(\text{kN})$$

故塑性中和轴在钢梁的腹板内。

组合截面塑性中和轴距离钢梁梁底的距离

$$\begin{aligned}y_c&=\left(\frac{A_{st}f_{st}+Af}{2f}-b_{fb}t_{fb}\right)/t_w+t_{fb}\\&=\left(\frac{1810\times300+10020\times215}{2\times215}-250\times16\right)/10+16=243.3(\text{mm})\end{aligned}$$

组合梁截面塑性中和轴至纵向钢筋截面形心的距离

$$y_3=(h-35)-y_c=(600-35)-243.3=321.7(\text{mm})$$

组合梁塑性中和轴至钢梁塑性中和轴的距离

$$y_4 = \frac{A_{st}f_{st}}{2t_w f} = \frac{1810 \times 300}{2 \times 10 \times 215} = 126.3(\mathrm{mm})$$

钢梁塑性中和轴到钢梁梁底的距离

$$y_{ps} = y_c - y_4 = 243.3 - 126.3 = 117.0(\mathrm{mm})$$

则钢梁塑性中和轴以上和以下截面对该轴的面积矩分别为

$$S_1 = b_{ft} \times t_{ft} \times (h_s - y_{ps} - t_{ft}/2) + (h_s - y_{ps} - t_{ft})^2 \times t_w/2$$
$$= 150 \times 12 \times (450 - 117 - 12/2) + 321^2 \times 10/2 = 1103805(\mathrm{mm}^3)$$
$$S_2 = b_{fb} \times t_{fb} \times (y_{ps} - t_{fb}/2) + (y_{ps} - t_{fb})^2 \times t_w/2$$
$$= 250 \times 16 \times (117 - 16/2) + 101^2 \times 10/2 = 487005(\mathrm{mm}^3)$$

钢梁绕自身塑性中和轴的塑性抗弯承载力

$$M_s = (S_1 + S_2) f = (1103805 + 487005) \times 215 = 342.0(\mathrm{kN \cdot m})$$
$$M'_u = M_s + A_{st}f_{st}(y_3 + y_4/2)$$
$$= 342.0 + 1810 \times 300 \times (321.7 + 126.3/2)/10^6$$
$$= 551.0(\mathrm{kN \cdot m}) > |M'_1| = 519.12(\mathrm{kN \cdot m})$$

满足要求。

由于

$$A_{st}f_{st} = 1810 \times 300 = 543(\mathrm{kN}) > 0.15Af = 323.1(\mathrm{kN})$$

故可以不考虑弯矩和剪力的相关作用。

（4）抗剪承载力计算

$$V_u = A_w f_v = 4220 \times 125 = 527.5(\mathrm{kN}) > V_1 = 291.79(\mathrm{kN})$$

满足抗剪承载力要求。

6. 正常使用极限状态下的刚度及变形验算

（1）正弯矩区截面弯曲刚度。

1）按荷载效应标准组合进行计算。已知参数 $A_{cf}=292500\mathrm{mm}^2$，$I_{cf}=5.48\times10^8\mathrm{mm}^4$，$A=10020\mathrm{mm}^2$，$I=3.16\times10^8\mathrm{mm}^4$，钢梁截面形心到混凝土翼板截面形心的距离 $d_c=y_s+h_c/2=271.44+150/2=346.44\mathrm{mm}$，抗剪连接件的平均间距 $p=150\mathrm{mm}$，抗剪连接件在一个梁上的列数 $n_s=2$，抗剪连接件的刚度系数 $k=N_v^c=50.53\times10^3\mathrm{N/mm}$，钢材与混凝土弹性模量的比值

$$\alpha_E = E_s/E_c = 206100/30000 = 6.87$$

$$A_0 = \frac{A_{cf}A}{\alpha_E A + A_{cf}} = \frac{292500 \times 10020}{6.87 \times 10020 + 292500} = 8.11 \times 10^3(\mathrm{mm}^2)$$

$$I_0 = I + \frac{I_{cf}}{\alpha_E} = 3.16 \times 10^8 + \frac{5.48 \times 10^8}{6.87} = 3.96 \times 10^8(\mathrm{mm}^4)$$

$$A_1 = \frac{I_0 + A_0 d_c^2}{A_0} = \frac{3.96 \times 10^8 + 8.11 \times 10^3 \times 346.44^2}{8.11 \times 10^3} = 1.69 \times 10^5(\mathrm{mm}^2)$$

$$\eta = \frac{36E_s d_c p A_0}{n_s k h l^2} = \frac{36 \times 2.06 \times 10^5 \times 346.44 \times 150 \times 8.11 \times 10^3}{2 \times 50.53 \times 10^3 \times 600 \times 8400^2} = 0.731$$

$$\alpha = 0.81\sqrt{\frac{n_s k A_1}{E_s I_0 p}} = 0.81 \times \sqrt{\frac{2 \times 50.53 \times 10^3 \times 1.69 \times 10^5}{2.06 \times 10^5 \times 3.96 \times 10^8 \times 150}} = 9.57 \times 10^{-4}$$

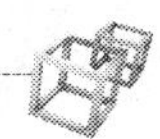

$$\zeta = \eta\left[0.4 - \frac{3}{(\alpha l)^2}\right] = 0.731 \times \left[0.4 - \frac{3}{(9.57 \times 10^{-4} \times 8400)^2}\right] = 0.258$$

$$I_{eq} = I_0 + A_0 d_c^2 = 3.96 \times 10^8 + 8.11 \times 10^3 \times 346.44^2 = 1.37 \times 10^9 (\mathrm{mm}^4)$$

$$B_1 = \frac{E_s I_{eq}}{1+\zeta} = \frac{2.06 \times 10^5 \times 1.37 \times 10^9}{1+0.258} = 2.24 \times 10^{14} (\mathrm{N \cdot mm^2})$$

2）按荷载效应准永久组合进行计算

$$A_0' = \frac{A_{cf} A}{2\alpha_E A + A_{cf}} = \frac{292500 \times 10020}{2 \times 6.87 \times 10020 + 292500} = 6.81 \times 10^3 (\mathrm{mm}^2)$$

$$I'_0 = I + \frac{I_{cf}}{2\alpha_E} = 3.16 \times 10^8 + \frac{5.48 \times 10^8}{2 \times 6.87} = 3.56 \times 10^8 \ (\mathrm{mm}^4)$$

$$A_1' = \frac{I'_0 + A_0' d_c^2}{A_0'} = \frac{3.56 \times 10^8 + 6.81 \times 10^3 \times 346.44^2}{6.81 \times 10^3} = 1.72 \times 10^5 (\mathrm{mm}^2)$$

$$\eta = \frac{36 E_s d_c p A_0'}{n_s k h l^2} = \frac{36 \times 2.06 \times 10^5 \times 346.44 \times 150 \times 6.81 \times 10^3}{2 \times 50.53 \times 10^3 \times 600 \times 8400^2} = 0.613$$

$$\alpha' = 0.81 \sqrt{\frac{n_s k A_1'}{E_s I_0 p}} = 0.81 \times \sqrt{\frac{2 \times 50.53 \times 10^3 \times 1.72 \times 10^5}{2.06 \times 10^5 \times 3.56 \times 10^8 \times 150}} = 1.02 \times 10^{-3}$$

$$\zeta' = \eta'\left[0.4 - \frac{3}{(\alpha' l)^2}\right] = 0.613 \times \left[0.4 - \frac{3}{(1.02 \times 10^{-3} \times 8400)^2}\right] = 0.220$$

$$I'_{eq} = I'_0 + A_0' d_c^2 = 3.56 \times 10^8 + 6.81 \times 10^3 \times 346.44^2 = 1.17 \times 10^9 (\mathrm{mm}^4)$$

$$B'_1 = \frac{E_s I'_{eq}}{1+\zeta'} = \frac{2.06 \times 10^5 \times 1.17 \times 10^9}{1+0.220} = 1.98 \times 10^{14} (\mathrm{N \cdot mm^2})$$

(2) 负弯矩区截面弯曲刚度。负弯矩区的有效截面由钢梁和纵向受力钢筋组成，弹性阶段钢梁高度 $h_s = 450\mathrm{mm}$，钢梁形心至钢梁底部的距离 $h_{s1} = h_s - y_s = 450 - 271.44 = 178.56\mathrm{mm}$，钢筋形心至钢梁顶部的距离 $h_{st} = h_c - 35 = 150 - 35 = 115\mathrm{mm}$，则组合截面弹性中和轴与钢梁弹性中和轴之间的距离

$$x_e = \frac{A_{st}(h_s - h_{s1} + h_{st})}{A_{st} + A} = \frac{1810 \times (450 - 178.56 + 115)}{1810 + 10020} = 59.13 (\mathrm{mm})$$

钢梁底距组合截面的弹性中和轴距离

$$y_s = h_{s1} + x_e = 178.56 + 59.13 = 237.7 (\mathrm{mm})$$

负弯矩区组合截面的惯性矩可按下式计算

$$\begin{aligned} I'' &= I_s + A x_e^2 + A_{st}(h_s - h_{s1} - x_e + h_{st})^2 \\ &= 3.16 \times 10^8 + 10020 \times 59.13^2 + 1810 \times (450 - 178.56 - 59.13 + 115)^2 \\ &= 5.45 \times 10^8 (\mathrm{mm}^4) \end{aligned}$$

$$B_2 = E_s I'' = 2.06 \times 10^5 \times 5.45 \times 10^8 = 1.12 \times 10^{14} (\mathrm{N \cdot mm^2})$$

(3) 连续组合梁挠度计算。依前述，楼面恒荷载标准值 $g_k = g_{1k} + g_{2k} + g_{3k} = 0.79 + 15 + 6 = 21.79$ (kN/m)，楼面活荷载标准值 $q_k = 2.5 \times 4 = 10.00$ (kN/m)。

组合梁上仅施加楼面恒荷载时，第一内支座负弯矩 $M_{gk} = -327.35(\mathrm{kN \cdot m})$。

考虑弯矩调幅，调幅后的第一内支座负弯矩

$$M'_{gk} = M_{gk} \times (1 - 15\%) = -327.35 \times 0.85 = -278.25 (\mathrm{kN \cdot m})$$

组合梁上仅施加楼面活荷载时，第一内支座负弯矩 $M_{qk} = -147.11(\mathrm{kN \cdot m})$。

考虑弯矩调幅，调幅后的第一内支座负弯矩

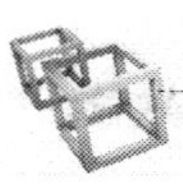

$$M'_{qk} = M_{qk} \times (1 - 15\%) = -147.11 \times 0.85 = -125.04(kN \cdot m)$$

计算组合梁变形时，应分别按效应标准组合和准永久组合进行计算。由于竖向重力荷载满布 7 跨连续梁时，连续梁边跨跨中挠度最大，故仅验算此处挠度。

1）边跨跨中挠度按荷载效应标准组合进行计算

组合后第一内支座负弯矩 $M_d = M'_{gk} + M'_{qk} = -278.25 - 125.04 = -403.29$（kN・m）

组合后竖向荷载 $p_d = g_k + q_k = 21.79 + 10.00 = 31.79$（kN/m）

边跨跨中挠度值按均布荷载作用下的挠度值与支座负弯矩作用下的挠度值叠加得到

$$\begin{aligned} f_d &= \frac{5p_d l^4}{384B_1}[1 + 0.019(\alpha_1 - 1)] + \frac{M_d l^2}{24B_1}[1 + 0.122(\alpha_1 - 1)] \\ &= \frac{5 \times 31.79 \times 12000^4}{384 \times 2.24 \times 10^{14}} \times 1.019 - \frac{403.29 \times 10^6 \times 12000^2}{24 \times 2.24 \times 10^{14}} \times 1.122 \\ &= 26.93\text{mm} < l/250 = 48\text{mm} \end{aligned}$$

其中 $\alpha_1 = B_1/B_2 = (2.24 \times 10^{14}) / (1.12 \times 10^{14}) = 2$

满足规范要求。

2）边跨跨中挠度按荷载效应准永久组合进行计算

组合后第一内支座负弯矩

$$M'_d = M'_{gk} + \psi_q M'_{qk} = -278.25 - 0.5 \times 125.04 = -340.77(kN \cdot m)$$

组合后竖向荷载　$p'_d = g_k + \psi_q q_k = 21.79 + 0.5 \times 10.00 = 26.79(kN/m)$

边跨跨中挠度值按均布荷载作用下的挠度值与支座负弯矩作用下的挠度值叠加得到

$$\begin{aligned} f'_d &= \frac{5p'_d l^4}{384B'_1}[1 + 0.019(\alpha'_1 - 1)] + \frac{M'_d l^2}{24B'_1}[1 + 0.122(\alpha'_1 - 1)] \\ &= \frac{5 \times 26.79 \times 12000^4}{384 \times 1.98 \times 10^{14}} \times 1.015 - \frac{340.77 \times 10^6 \times 12000^2}{24 \times 1.98 \times 10^{14}} \times 1.094 \\ &= 25.78\text{mm} < l/250 = 48\text{mm} \end{aligned}$$

其中 $\alpha'_1 = B'_1/B_2 = 1.98 \times 10^{14} / 1.12 \times 10^{14} = 1.77$

满足规范要求。

两种组合下，边跨跨中挠度均满足限值要求，故该 7 跨连续梁挠度验算满足要求。

7. 正常使用极限状态下的最大裂缝宽度验算

负弯矩混凝土翼板最大裂缝宽度按荷载效应标准组合进行计算，第一内支座负弯矩标准组合为

$$M_d = M'_{gk} + M'_{qk} = -278.25 - 125.04 = -403.29(kN \cdot m)$$

负弯矩区混凝土翼板内配筋率 $\rho_{te} = A_{st} / (b'_e h_c) = 1810 / (1350 \times 150) = 0.0089$

受拉钢筋的应力

$$\begin{aligned} \sigma_{sk} &= |M_d| y_{st} / I'' \\ &= 403.29 \times 10^6 \times (600 - 35 - 243.3) / (5.45 \times 10^8) \\ &= 238.05(N/mm^2) \end{aligned}$$

钢筋应变不均匀系数 $\psi = 1.1 - 0.65 f_{tk} / \rho_{te}\sigma_{sk} = 1.1 - 0.65 \times 2.01 / (0.0089 \times 238.05) = 0.483$，最大裂缝宽度计算如下

$$w_{max} = 2.7\psi \frac{\sigma_{sk}}{E_s}\left(1.9c + 0.08\frac{d_{eq}}{\rho_{te}}\right)$$

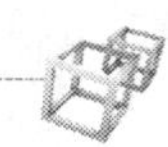

$$= 2.7 \times 0.483 \times \frac{238.05}{2.06 \times 10^5} \times \left(1.9 \times 27 + 0.08 \times \frac{16}{0.0089}\right)$$
$$= 0.29\text{mm} < 0.30\text{mm}$$

满足规范要求。

4.12 组合梁的抗疲劳性能

4.12.1 连接件的疲劳性能

由于连接件是保证组合梁中钢与混凝土发挥组合作用的关键元件，因此早期对组合梁疲劳性能的研究主要通过推出试验研究连接件的疲劳性能。

1. *疲劳破坏形态*

总结已有的栓钉疲劳推出试验结果可以发现栓钉的疲劳破坏模式主要有三种：①栓钉靠近根部处的栓钉杆发生剪切破坏［见图 4－59（a）］；②与栓钉相连的钢板被撕裂［见图 4－59（b）］；③栓钉根部的焊趾被撕裂［见图 4－59（c）］。

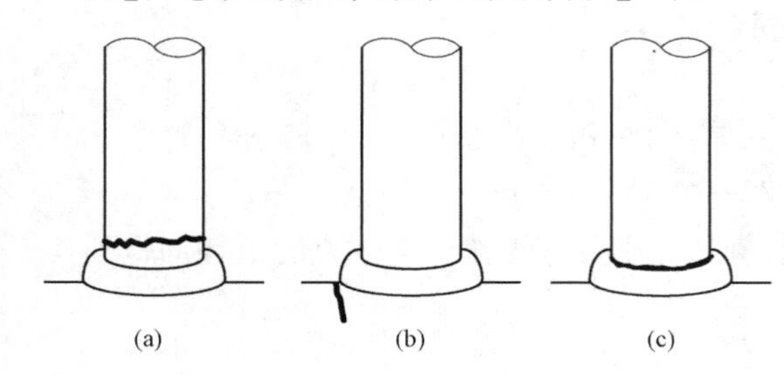

图 4－59　栓钉疲劳破坏模式

从微观层次上讲，栓钉的所有破坏模式均为在疲劳荷载作用下，由于初始缺陷和应力集中的双重影响，在材料局部产生细小的微裂纹，由于疲劳荷载的作用，裂纹尖端会产生高度集中的应力，使得裂纹进一步扩展，直到材料的净截面面积减小到不能抵抗疲劳荷载上限的作用，栓钉发生疲劳破坏。

栓钉的三种疲劳破坏模式中，第三种模式（栓钉根部的焊趾撕裂）的产生是由于焊接质量不足，导致局部应力集中及初始微裂纹增多，并且由于栓钉与焊趾交界面的刚度较低，在疲劳荷载作用下，焊趾将很快被撕裂而发生疲劳破坏。第二种模式（与栓钉相连的钢板被撕裂）是在栓钉的直径与钢板厚度的比值较大时产生，由于栓杆本身的抗剪强度较大使得钢板成为薄弱环节，在疲劳荷载的作用下，钢板靠近栓钉根部的部位开始出现微裂纹，随后钢板裂纹沿与栓钉剪力垂直的方向扩展，直至发生疲劳破坏。这种破坏模式中栓钉本身并没有破坏，而钢板破坏后将影响到整个结构的受力性能，甚至使整个结构迅速失效，因此在实际设计时应该控制栓钉直径和钢板厚度的比值，以避免这种破坏模式。第一种模式（栓钉本身发生剪切破坏）是最为常见的栓钉疲劳破坏模式，栓钉由于受到变幅剪力作用而在靠近根部的栓杆处产生初始裂纹并逐渐扩展，栓钉杆净截面面积逐渐减小，当栓钉杆的净截面面积不能承受剪力上限作用时，整个截面将突然被剪断，栓钉发生疲劳破坏。图 4－60 所示为栓钉发生第一种破坏模式后的栓钉杆截面。由图 4－60 可知，栓杆截面明显分为疲劳裂纹扩展区和静力剪切区。这种破坏模式对于整个结构来说是最好的，因为当单个栓钉发生疲劳破坏后，钢板并未发生任何破坏，钢与混凝土界面的剪力将重新分布，整个结构仍然

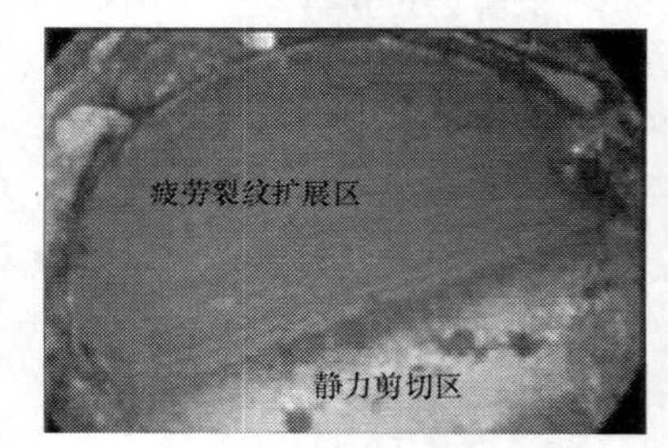

图 4－60　栓钉疲劳破坏断面

能够继续承载，不至于使整个结构立即失效。

2. 疲劳性能影响因素

所有研究均表明栓钉的疲劳寿命对其所承受的剪应力幅最为敏感，因此多数学者在提出栓钉疲劳寿命计算公式时都只考虑了栓钉应力幅对疲劳寿命的影响，并假设两者的对数值呈线性关系，即沿用了钢材中的 $S-N$ 曲线疲劳寿命计算方法。但从物理意义上来讲，当栓钉承受的应力上限接近，甚至等于栓钉的静力抗剪强度时，无论应力幅多大，栓钉都将很快发生疲劳破坏，这在栓钉的低周疲劳试验中已有所体现，因此用界面滑移量来评估承受低周疲劳荷载的栓钉的疲劳寿命是合理的。由于栓钉的静力抗剪强度与栓钉母材的强度、混凝土的强度和弹性模量有关，因此这三个因素对栓钉的疲劳寿命也有所影响。

4.12.2　栓钉连接件的疲劳设计方法

1. 计算模式

抗剪连接件的疲劳寿命问题是钢 - 混凝土组合梁桥疲劳设计的基础问题，大量学者对此进行了试验研究，建立了一系列的计算公式供设计参考。这些公式的基本形式为

$$N\sigma_r^m = K \tag{4-155}$$

或

$$\lg N + m\lg\sigma_r = \lg K \tag{4-156}$$

式中　N——疲劳寿命；

K、m——均为常数；

σ_r——应力幅。

式（4 - 155）为指数形式，式（4 - 156）为对数形式，两者是统一的。

由式（4 - 156）可知，在对数坐标系中，σ_r- N 曲线为一条直线，如图 4 - 61 所示，m 控制了直线的斜率，m 和 K 还同时控制了直线和坐标轴 $\lg\sigma_r$ 的交点。

由于各学者对所进行的试验荷载条件没有统一的规定，对试验数据的回归也缺乏一致的方法，同时疲劳试验的离散性较大而样本数量有限，因此造成了各学者回归出的抗剪连接件的疲劳寿命计算式有一定的差别，主要体现在 m 和 K 的取值及对 σ_r 计算方法的规定上。其中，m 的确定具有重要的实际意义：若 m 值过低，则绝大多数疲劳破坏由荷载频谱分布中的高频低应力幅部分引起；若 m 值过高，则绝大多数疲劳破坏由荷载频谱分布中的低频高应力幅引起，如通过桥梁的重型机车等，而这种情况在实际应用中较少。下面将主要介绍英国规范 BS5400、AASHTO 美国公路桥梁设计规范及欧洲规范 EC4 所采用的抗剪连接件疲劳寿命计算公式，同时也将列上其他一些试验结果，供读者参考。

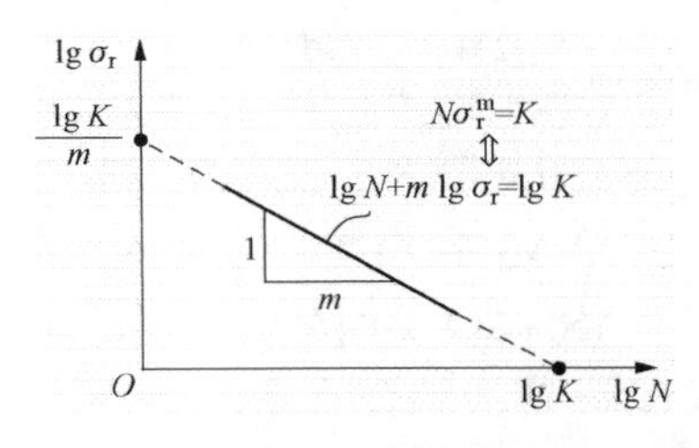

图 4 - 61　对数坐标系中表示疲劳寿命公式

2. 英国规范 BS5400 采用的疲劳寿命计算公式

在英国规范 BS5400 中，抗剪连接件的疲劳按 2.3%失效概率进行设计，因此设计采用的疲劳寿命曲线为平均疲劳寿命曲线平移两倍标准差所得到的结果。

栓钉的疲劳寿命计算公式主要基于一批直径为 19mm 的圆柱头栓钉的疲劳试验结果。试件的混凝土立方体强度从 23MPa 变化至 70MPa。公式中考虑了混凝土强度对栓钉疲劳荷载的影响，因此影响疲劳寿命的参数取为常幅疲劳试验中单个栓钉承受的剪力幅 P_r 和单个

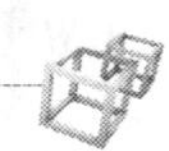

栓钉的名义静力极限抗剪承载力 P_u 的比值。

规范对 67 个栓钉的疲劳试验数据进行了回归分析。这些试验按照荷载比 R（最大和最小荷载的比值）的不同可分为两组，第 1 组 $R=-1$，第 2 组 $R\geqslant 0$。试验结果表明，第 1 组的平均寿命大约是第 2 组的 3 倍。于是取 $R\geqslant 0$ 的数据进行 2.3%失效概率的回归分析，即得到了单个栓钉的设计疲劳寿命计算公式

$$N\left(\frac{P_r}{P_u}\right)^8 = 19.54 \tag{4-157}$$

式中 P_r——单个栓钉的剪力幅（kN）；

P_u——单个栓钉的名义静力极限抗剪承载力（kN），可按英国规范 BS 5400-5：1979 中的建议进行计算，见表 4-14；

N——失效时的循环次数，即疲劳寿命。

表 4-14　　英国规范 BS5400 建议的单个栓钉名义静力极限抗剪承载力值

栓钉型号		对应不同混凝土立方体抗压强度 f_{cu}（N/mm²）的单个栓钉名义静力极限抗剪承载力（kN）			
杆径（mm）	总高度（mm）	20	30	40	50
25	100	139	154	168	183
22	100	112	126	139	153
19	100	90	100	109	119
19	75	78	87	96	105
16	75	66	74	82	90
13	65	42	47	52	57

注 1. f_{cu} 为 28 天龄期边长 150mm 标准立方体试块抗压强度标准值。
2. 对于实际混凝土强度处于给定强度等级中间的情况，可以采用线性插值的方法计算。
3. 对于栓钉总高度超过 100mm 的情况，仍按总高度 100mm 计算，除非有更准确的推出试验数据。
4. 对于本表未包含的情况，应采用 BS5400-5 建议的标准推出试验得到单个栓钉的名义静力极限抗剪承载力值。
5. 栓钉材料的强度标准值为 385N/mm²，极限抗拉强度标准值为 495N/mm²，最小延伸率为 18%。

3. AASHTO 美国公路桥梁设计规范采用的疲劳寿命计算公式

AASHTO 美国公路桥梁设计规范中所采用的栓钉疲劳寿命计算公式为 1966 年 Slutter 和 Fisher 等人拟合的公式

$$\sigma_r = 1020N^{-0.186} \tag{4-158}$$

写成式（4-157）所示的标准形式为

$$N\sigma_r^{5.4} = 1.764\times 10^{16} \tag{4-159}$$

$$\sigma_r = \frac{P_r}{\frac{\pi}{4}d^2} \tag{4-160}$$

式中 σ_r——栓钉焊接处的平均剪应力幅；

d——栓钉直径。

在式（4-158）和式（4-159）的基础上，AASHTO 美国公路桥梁设计规范发展了单个栓钉的疲劳抗剪承载力计算公式。规范规定，单个栓钉的疲劳抗剪承载力按下式计算

$$Z_r = \alpha d^2 \geqslant \frac{38.0d^2}{2} \tag{4-161}$$

$$\alpha = 238 - 29.5\lg N \tag{4-162}$$

式中　Z_r——单个栓钉能够承受的最大剪力幅（N）；

d——栓钉直径（mm）；

N——疲劳循环次数。

与英国规范BS5400相同的是，美国《公路桥梁设计规范》（AASHTO）考虑了低应力幅对栓钉疲劳寿命的影响，但未考虑变幅荷载对疲劳极限值的降低及其产生的不利影响。

4. 欧洲规范EC4采用的疲劳寿命计算公式

欧洲规范EC4规定，对于埋于普通混凝土的圆柱头栓钉，其疲劳寿命计算公式为

$$\sigma_r^m N = \sigma_c^m N_c \tag{4-163}$$

式中　σ_r——栓钉焊接处的平均剪应力幅，按式（4-160）计算；

N——疲劳循环次数；

m——常数，取$m=8$；

σ_c——σ_r-N曲线上$N_c=2\times10^6$对应的应力幅值$\sigma_c=90$MPa。

将上述数值代入式（4-163），得到栓钉疲劳寿命的具体表达式如下

$$\sigma_r^8 N = 10^{21.935} \tag{4-164}$$

欧洲规范EC4与英国规范BS5400及AASHTO美国公路桥梁设计规范不同，未考虑低应力幅对疲劳寿命的影响，这样做是偏于保守的。

5. 其他计算公式

以上主要介绍了三种目前应用比较广泛的抗剪连接件的疲劳寿命计算公式。除此之外，国内外还有许多学者就此问题开展了试验研究，现对他们的研究成果作简要介绍。

(1) 1990年，郑州工学院根据10个推出试件和2根压型钢板组合梁的试验结果，用断裂力学的方法推导了栓钉连接件的疲劳寿命公式如下

$$\lg N = 2.02 - 7.05\lg(P_r/P_u) \tag{4-165}$$

(2) 1990年，Hirokazu等总结了包括自己的179个静力试验数据和145个疲劳试验数据，采用回归分析的方法得到了栓钉疲劳强度计算公式为

$$P_r/P_u = 1.28N^{0.105} \tag{4-166}$$

P_r和N的含义同前所述，P_u为按回归法得到的栓钉极限抗剪承载力，计算公式为

$$P_u = 30A_s\sqrt{(h_s/d_s)f_{cu}} \tag{4-167}$$

式中　h_s、d_s——栓钉高度和直径；

A_s——栓钉的面积；

f_{cu}——混凝土的立方体抗压强度。

(3) 1997年，英国Warwick大学教授R. P. Johnson在总结前人研究成果的基础上给出了栓钉疲劳寿命计算公式为

$$N\sigma_r^8 = 10^{22.123} \tag{4-168}$$

式中　N——栓钉疲劳寿命；

σ_r——栓钉焊接处的平均剪应力幅，计算公式同式（4-160）。

(4) 2002年，清华大学聂建国等总结了前人及自己的试验结果（梁式试验）共16个，得到了95%保证率的栓钉疲劳寿命计算公式为

$$\lg N = 16.205 - 5.13\lg\sigma_r \tag{4-169}$$

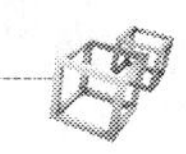

式中符号的意义同式（4-156）。

4.13 新型组合梁简介

4.13.1 槽型钢-混凝土组合梁

清华大学聂建国院士在对组合结构进行长期研究的基础上将钢-混凝土组合原理应用于槽形梁结构中，首先提出了一种新型的U形钢-混凝土组合梁，其截面构造形式如图4-62所示。先加工制作U形截面钢梁，钢梁安装就位后，在U形钢梁内侧浇筑混凝土，钢板与混凝土通过抗剪连接件组合成整体共同工作。通过对钢材与混凝土两种材料的有效组合，可以充分发挥钢材抗拉、混凝土抗压性能好的材料特点。槽形钢-混凝土组合梁除具有预应力混凝土槽形梁的一些优点外，如降低轨道标高、降低噪声污染等，还具有以下优点：

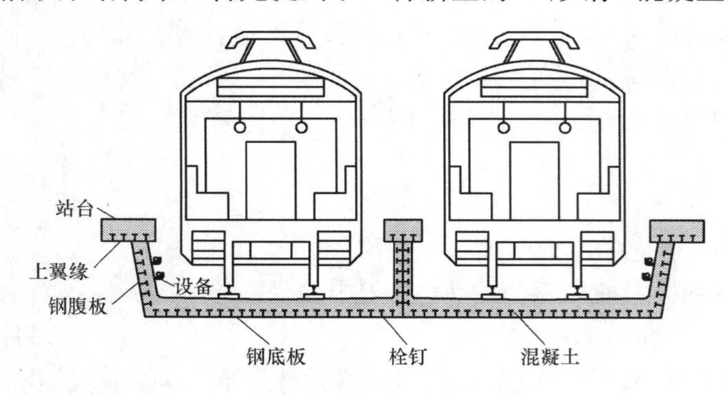

图4-62 槽形钢-混凝土组合梁

（1）钢结构部分为工厂制作，易于保证质量；混凝土直接利用钢板进行浇筑，可以无模板或使用较少模板进行施工，易于控制质量。

（2）钢结构部分重量较轻，给安装就位带来很大便利。

（3）结构受拉区外包钢板，避免混凝土裂缝暴露，便于维护。同时，外包钢板能在一定程度上缓解超高车辆撞击桥梁而使桥梁受损所产生的严重后果，因此结构的安全性和耐久性较好。

（4）构造简单。对于承受轨道及列车荷载而横向受弯的底板，下层钢板在横向可以充分发挥抗拉作用，避免板底纵向开裂；作为纵向主梁的下翼缘，底层钢板又可以在纵向充分发挥抗拉作用。因此，相对于预应力混凝土结构可大大简化构造，减少钢筋绑扎、焊接及多向预应力张拉的困难。

4.13.2 组合转换梁

转换梁往往承受较大的荷载，而高层建筑中楼板厚度一般不大。尤其在核心筒-框架结构体系，设置在外框的转换梁有效翼缘宽度不足，这就导致组合梁中和轴位于钢梁腹板中心附近的情况出现，从而降低钢-混凝土组合梁的工作效率。清华大学聂建国院士提出如图4-63所示的钢-混凝土组合梁截面，可以有效增大混凝土受压区面积，并防止转换梁端钢梁下翼

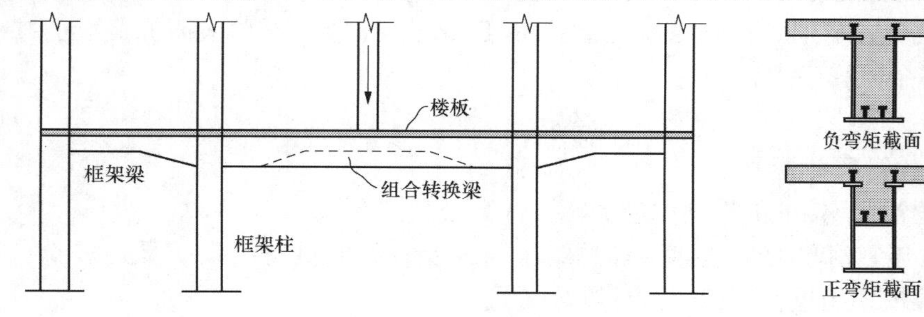

图4-63 组合转换梁示意图

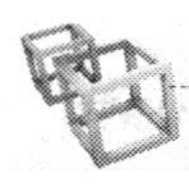

缘受压屈曲；跨中取消受拉区混凝土，有效降低自重。这种组合梁截面适用于转换梁位于结构边梁位置或转换层楼板较薄的情况。

目前，该组合转换梁技术已成功应用于国内多个实际工程中。

本章小结

（1）钢 - 混凝土组合梁在正弯矩作用下，混凝土板受压、钢梁受拉，可以充分发挥材料的力学特性，是一种受力效率很高的结构构件。根据使用要求的不同，组合梁可以采用现浇混凝土板、叠合混凝土板、预制混凝土板和压型钢板混凝土组合板等多种翼板形式，钢梁可采用工字形和箱形截面等多种截面形式。

（2）对于大跨结构和连续梁的负弯矩区，采用预应力技术形成预应力组合梁可以有效提高普通组合梁的受力性能和正常使用性能。根据施加预应力的部位，可以分体内预应力组合梁（在混凝土板内施加纵向预应力）和体外预应力组合梁（只在钢梁上施加纵向预应力）。

（3）组合梁的施工方法可分为有临时支撑施工方法和无临时支撑施工方法，在设计时应重点考虑不同施工方法对组合梁应力状态和变形的影响。

（4）简支组合梁主要有四种典型的破坏形态：弯曲型破坏、抗剪连接件纵向剪切破坏、混凝土翼板的纵向劈裂破坏、竖向剪切破坏。

（5）在组合梁设计中，通过采用混凝土翼板有效宽度来反映剪力滞效应的影响和简化计算。影响混凝土翼板有效宽度的因素很多，如梁跨度与翼板宽度比、荷载形式及作用位置、混凝土翼板厚度、抗剪连接程度及混凝土翼板和钢梁的相对刚度等，通常需要考虑混凝土板厚度、梁跨度和间距等。

（6）抗剪连接件是将混凝土板和钢梁组合成整体共同工作的关键部件。根据抗剪刚度的不同，抗剪连接件分为刚性连接件和柔性连接件两类，各包含多种形式，其中栓钉力学性能优良、施工快速方便，是最常用的抗剪连接件。采用柔性连接件时可根据极限平衡的方法在各个剪跨段内均匀布置连接件，设计及施工都较为方便。当连接件不能提供足够的纵向抗剪能力以使组合梁达到全截面塑性抗弯极限承载力时，为部分抗剪连接设计；反之，为完全抗剪连接设计。

（7）混凝土翼板既作为组合梁的受压翼缘，同时也作为楼板承担竖向荷载。混凝土翼板可按楼板进行设计，同时应验算在连接件的纵向劈裂作用下不会发生破坏。

（8）按弹性方法设计组合梁时，可根据钢材与混凝土的弹性模量比，采用换算截面法来验算施工及使用阶段组合梁的应力。同时，应考虑温差及混凝土收缩对组合梁应力状态的影响。

（9）组合梁可采用塑性方法计算其承载能力。抗弯承载力验算时，根据截面塑性中和轴位置的不同，按极限平衡的方法进行计算。剪力可认为由钢梁腹板单独承担。

（10）连续组合梁可按弹性方法进行内力分析，但应考虑负弯矩区混凝土开裂等因素所引起的内力重分布。在负弯矩作用下，组合截面由钢梁和混凝土翼板有效宽度内配置的纵向钢筋所组成。连续组合梁须验算负弯矩区的稳定性。

（11）采用柔性抗剪连接件的简支组合梁，其变形计算应考虑滑移效应的影响。对于连续组合梁，还应验算负弯矩区混凝土翼板的最大裂缝宽度不超过规范限值。

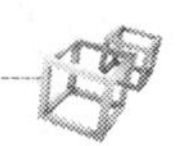

（12）栓钉的疲劳破坏模式主要有三种：栓钉靠近根部处的栓杆发生剪切破坏、与栓钉相连的钢板被撕裂、栓钉根部的焊趾被撕裂，设计时应保证栓钉的疲劳破坏模式为栓钉靠近根部处的栓杆发生剪切破坏。

思考题

1. 什么是钢-混凝土组合梁？
2. 钢-混凝土组合梁混凝土翼缘的有效宽度是如何定义的？
3. 按抗剪连接程度的高低组合梁可以分为哪两种？
4. 在组合梁的弹性分析法中，采用了哪些假定？
5. 连续组合梁的内力分析，可以采用哪两种计算方法？
6. 采用栓钉作为组合梁的剪力连接件时，栓钉的极限承载力随栓钉直径、抗拉强度和混凝土强度等级的变化关系如何？
7. 组合梁的设计计算理论有哪两种？一般各在什么情况下应用？
8. 组合梁按塑性理论计算时，钢梁截面应满足哪些要求？为什么？
9. 完全剪切连接组合梁按塑性理论计算时采用了哪些基本假定？
10. 连续组合梁在受力性能和设计计算方面有什么特点？
11. 连续组合梁按照弹性理论计算的原则和方法是什么？
12. 连续组合梁按塑性理论计算时应满足哪些要求？
13. 组合梁中的钢梁在哪些情况下可不进行整体稳定性验算？

习　题

4-1　某组合楼盖体系，采用简支组合梁，跨度 $L=7\text{m}$，间距 3m，截面尺寸如图 4-64 所示，试按弹性方法验算其截面承载力并进行变形校核。已知混凝土板厚度为 90mm，混凝土强度等级为 C30；焊接工字钢梁，钢材为 Q235；施工活荷载标准值为 1kN/m^2，楼面活荷载标准值为 3kN/m^2，准永久之系数为 0.5，楼面铺装及吊顶荷载标准值为 1.5kN/m^2；施工时只在跨中设一个临时支撑。

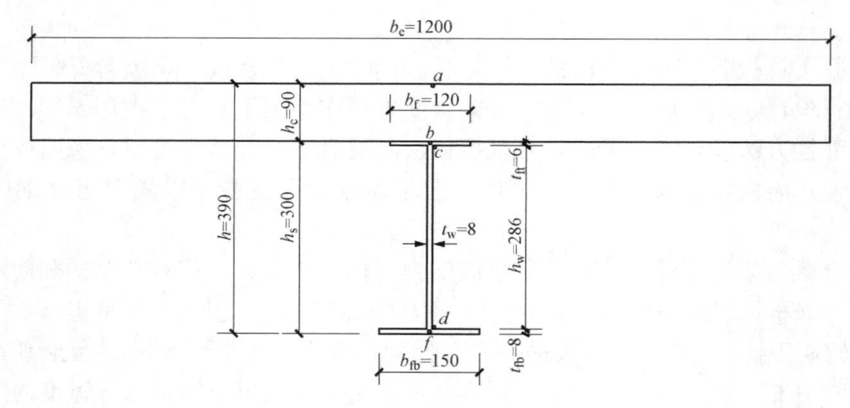

图 4-64　组合梁截面及其尺寸

4-2　试按塑性方法验算例 4-1 中组合梁的抗弯承载力及抗剪承载力，设施工时钢梁下设足够临时支撑。如抗剪连接程度为 0.75，重新进行以上验算。

4 - 3　试按塑性方法设计例 4 - 1 中组合梁的抗剪连接件，抗剪连接件采用 $\phi16\times70$ 栓钉。

4 - 4　某 6m 跨简支梁，间距 2m，混凝土翼板厚 100mm，混凝土翼板宽度为 2000mm，混凝土强度等级为 C30，焊接工字梁，高度为 200mm，翼缘宽度为 120mm，厚度为 10mm，腹板厚度为 8mm。试按塑性方法设计抗剪连接件。

4 - 5　试验算例 4 - 1 中组合梁的纵向抗剪是否满足要求，已知该梁横向配筋如图 4 - 65 所示，$A_b=841mm^2$，$A_t=630mm^2$，HPB300 级钢筋，栓钉布置如例 4 - 3 所示。

4 - 6　已知组合梁跨度 9m，间距 4m，栓钉采用 $\phi19\times120$，材料等级 4.6 级，沿梁轴线单排等间距布置，间距为 300mm；混凝土强度等级为 C30，；钢梁为焊接工字钢，钢材为 Q235，钢梁高度为 400mm，翼缘宽度为 200mm，厚度为 12mm，腹板厚度为 10mm。试设计该组合梁的横向配筋。

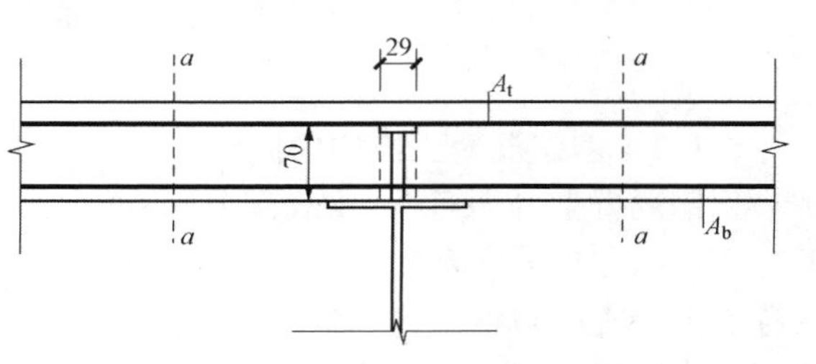

图 4 - 65　组合梁纵向抗剪验算

4 - 7　试验算例 4 - 1 中组合梁在荷载标准组合下的挠度。

4 - 8　某梁跨连续组合梁，每跨跨度均为 $L=8$m，截面尺寸如图 4 - 66 所示。作用有均布荷载设计值 23kN/m，标准值为 18kN/m。焊接工字钢梁，钢材为 Q235 级；压型钢板 - 混凝土组合楼板厚 120mm，混凝土强度等级为 C30，压型钢板型号为 YX60 - 200 - 600（厚度 1.0mm），肋高 60mm，板肋方向与钢梁垂直；栓钉为 $\phi16\times100$，材料等级 4.6 级，每个板肋熔焊一个，间距为 200mm；负弯矩区混凝土翼板内配有 $\phi12@150$ 的 HRB335 级钢筋。试验算该梁承载力及变形。

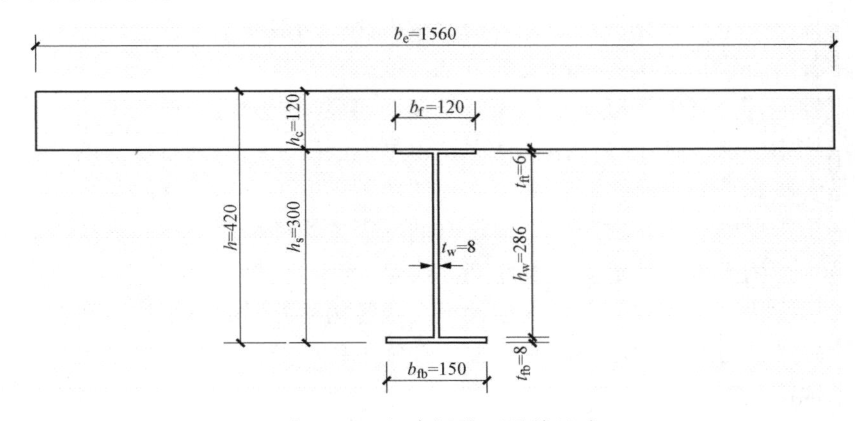

图 4 - 66　组合梁截面及其尺寸

第 5 章　型钢混凝土结构

5.1　概　　述

5.1.1　型钢混凝土结构的概念

型钢混凝土（steel reinforced concrete，SRC）结构是指在混凝土中主要配置型钢，并配有适量纵向钢筋和箍筋的一种结构形式。不同国家对该结构有不同的命名，英美等西方国家称为混凝土外包钢结构，日本称为钢骨钢筋混凝土结构，苏联称为劲性钢筋混凝土结构，我国对应于钢筋混凝土结构称为型钢混凝土结构。根据截面配钢形式的不同，型钢混凝土构件可分为实腹式和空腹式两类。实腹式型钢混凝土构件主要配置轧制或焊接工字钢、十字形钢、L 形钢及 T 形钢等，空腹式型钢混凝土构件主要配置由缀板或缀条连接角钢或槽钢构成的空间桁架式骨架。不同配钢形式的型钢混凝土构件截面如图 5-1 所示。

5.1.2　型钢混凝土结构的特点

型钢混凝土结构作为一种独立的结构形式，既发挥了钢筋混凝土结构和钢结构的优点，又克服了两者各自的缺点，具有良好的受力性能。

1. 型钢混凝土结构与钢筋混凝土结构相比

（1）承载力高。型钢混凝土结构配置了型钢，相对于钢筋混凝土结构截面含钢率较高，从而在同等截面条件下，型钢混凝土构件的承载力比钢筋混凝土构件大大提高。同时，型钢能够约束内部核心混凝土，改善混凝土的力学性能。

（2）抗震性能好。型钢混凝土结构相当于在钢筋混凝土截面中增加了型钢，钢材的塑性变形性质在结构中能够发挥主导作用，从而使得型钢混凝土结构具有良好的延性和抗震耗能能力。尤其是实腹式型钢混凝土构件的抗震性能比钢筋混凝土构件优越得多，而空腹式型钢混凝土构件的抗震性能虽不及实腹式，但与钢筋混凝土构件相比仍有明显改善。因此，型钢混凝土结构特别适用于地震区的高层及超高层建筑。

（3）施工速度快。实腹式和空腹式型钢混凝土结构所配置的型钢均可在加工厂制作，能够提高建筑物施工的工业化程度；同时，型钢在施工现场安装方便，可作为承重骨架承受施工荷载，极大地便利施工。

2. 型钢混凝土结构与钢结构相比

（1）刚度大。外包混凝土的存在使型钢混凝土结构的刚度明显大于钢结构，因而在超高层建筑及高耸结构中采用型钢混凝土结构，可以避免水平位移过大，容易满足限值要求。

（2）防火、耐久性能好。型钢混凝土结构最初的产生是为了利用外包混凝土提高钢结构的防火性能，实际上混凝土作为型钢最好的保护层，除防火性能之外，在防腐、防锈等耐久性方面也比钢结构有显著的提高。

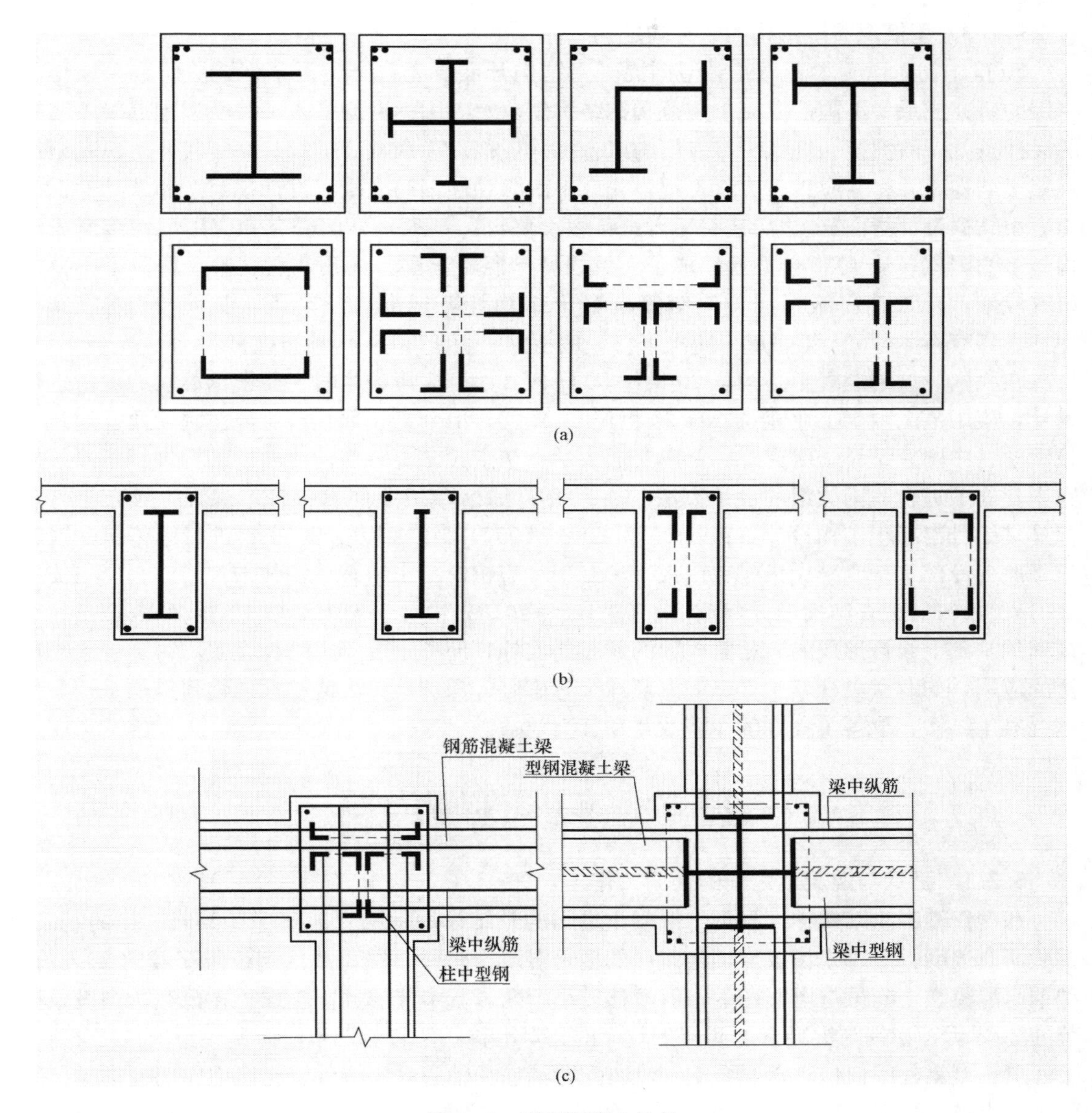

图 5-1　型钢混凝土构件

(a) 型钢混凝土柱；(b) 型钢混凝土梁；(c) 型钢混凝土梁柱节点

(3) 稳定性好。在型钢混凝土结构中，混凝土对型钢具有良好的包裹作用，可避免型钢发生整体失稳或局部屈曲，提高结构的稳定性。一般在型钢混凝土构件中配置的型钢不需要设置加劲肋。

当然，型钢混凝土结构也存在不足之处。型钢表面光滑，与混凝土之间的黏结性能相对较差，黏结滑移问题突出。另外，型钢与钢筋并存，使得节点构造复杂、浇筑混凝土困难，给设计和施工带来诸多不便。因此，型钢混凝土结构在实际工程应用中既要充分发挥其长处，又要尽量避免和解决其缺点和不足。

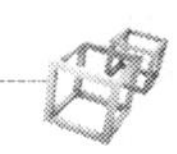

5.1.3 型钢混凝土结构的研究与应用

20世纪初，欧美学者最先对型钢混凝土结构开展研究，完成了系列试验研究，取得了一定的研究成果。美国的混凝土规范和钢结构规范及英国标准均列入了关于型钢混凝土结构的设计条款，欧洲统一规范中有专门的组合结构规范。苏联从20世纪30年代开始研究型钢混凝土结构，并将其应用于大量工程，先后出版《劲性钢筋混凝土设计规范》和《劲性钢筋混凝土结构设计指南》，之后还对后者进行多次修订。日本是早期研究和应用型钢混凝土结构最多的国家，从1920年开始完成了大量的型钢混凝土梁、柱及节点试验，取得了丰富的研究成果，1958年出版了《型钢钢筋混凝土结构计算标准》及其条文说明，并在1963、1975、1987年和2001年完成了四次修订，最新的一版于2014年颁布施行。

在我国，型钢混凝土结构从20世纪50年代开始有应用，当时主要根据苏联的规范进行设计，应用范围限于工业建筑。自20世纪80年代，冶金工业部建筑研究总院、西安建筑科技大学、中国建筑科学研究院、西南交通大学、东南大学等对型钢混凝土结构进行了系统研究，建立了适合我国国情的设计方法。1997年，原冶金工业部参考日本规程，颁布了行业标准《钢骨混凝土结构设计规程》（YB 9082—1997），该规程在2006年进行了修订。2002年，原建设部基于我国大量研究成果，编制了《型钢混凝土组合结构技术规程》（JGJ 138—2001），现行《组合结构设计规范》（JGJ 138—2016）中关于型钢混凝土结构的内容是在此规程的基础上修订形成的。相关规程的颁布与实施，使型钢混凝土结构在我国得到越来越广泛的应用，如北京央视新主楼、上海环球金融中心、深圳地王大厦等标志性建筑均采用了型钢混凝土结构，取得了良好的经济效益和社会效益。

5.2 型钢混凝土结构的黏结性能

5.2.1 型钢与混凝土之间的共同工作

在型钢混凝土结构中，型钢与混凝土之间的黏结作用是两者能够保持共同工作的基础。试验研究表明，对于未设置剪切连接件的型钢混凝土构件，在荷载达到极限荷载的80%前，型钢与混凝土之间虽有滑移产生，但滑移较小，两者基本能够共同工作；在荷载达到极限荷载的80%后，型钢与混凝土之间产生较大的相对滑移，两者变形不能协调一致。

对于型钢外围仅包裹素混凝土而没有配置箍筋的轴心受压构件，在压力作用较小时，混凝土发生横向变形，型钢与混凝土之间的黏结作用容易被破坏，影响两者的共同工作。最后，混凝土被压碎，型钢翼缘局部屈曲，构件达到极限承载力。因此，为保证型钢与混凝土之间能够共同工作，必须在型钢外围的混凝土中配置适量的箍筋，以约束核心混凝土，避免型钢发生失稳。一般情况下，轴心受压型钢混凝土构件中的型钢可以在混凝土达到极限压应变之前发生屈服，之后截面应力重分布，增加的压力主要由钢筋混凝土部分承担，直至构件破坏。

对于型钢混凝土受弯构件和偏心受压构件，当达到正截面承载力极限状态时，可能发生沿型钢翼缘外侧与混凝土接触面的黏结破坏，因此必要时可通过设置栓钉等抗剪连接件来增强型钢与混凝土之间的黏结作用。对于反复荷载作用下及承受较大剪力的型钢混凝土构件，在型钢翼缘外表面与混凝土的交界面处容易出现通长黏结裂缝，在计算分析时不容忽视。

5.2.2　型钢与混凝土之间的黏结作用机理

国内外的试验研究表明，型钢与混凝土之间的黏结机理和光圆钢筋与混凝土之间的黏结机理类似，两者之间的黏结力主要由三部分组成，即混凝土中水泥凝胶体与型钢表面的化学胶结力、型钢与混凝土接触面上的摩擦力和型钢表面粗糙不平产生的机械咬合力。化学胶结力主要存在于型钢与混凝土发生相对滑移之前，一旦连接面发生相对滑移，水泥晶体被剪断或挤碎，化学胶结力大大降低，此时黏结力主要依靠摩擦力和机械咬合力维持。摩擦力主要取决于型钢与混凝土界面上的正应力和摩擦系数，其大小与型钢混凝土构件的受力情况和所受的横向约束（混凝土凝固时的内收缩、构件保护层厚度和横向配箍率等）及型钢的表面特性相关。机械咬合力主要取决于型钢表面与混凝土的咬合程度，但其极限值受到混凝土强度的限制。

型钢与混凝土的黏结强度较小，根据国内外的试验结果，型钢与混凝土之间的黏结强度仅相当于光圆钢筋与混凝土之间黏结强度的 30%～50%。

5.2.3　影响型钢混凝土黏结强度的主要因素

1. 混凝土保护层厚度

当型钢的混凝土保护层厚度较小时，黏结裂缝容易扩展到构件表面，形成通长的劈裂裂缝。型钢与混凝土的平均黏结强度，在一定范围内随混凝土保护层厚度的增加而提高，但当混凝土保护层厚度增大到一定程度时，黏结强度不再提高，此时构件也不会再发生黏结破坏。

2. 混凝土强度等级

混凝土强度等级越高，黏结强度越大。其原因是较高强度的混凝土的化学胶结力较大，而型钢与混凝土之间的黏结强度主要取决于两者交界面上的化学胶结力。另外，抗拉强度高，抗裂能力强，不容易出现黏结裂缝和纵向劈裂裂缝。

3. 横向钢筋的配筋率

横向钢筋对初始黏结强度和极限黏结强度影响不大，因为型钢与混凝土之间的黏结力两者发生相对滑移之前主要由化学胶结力提供，而横向钢筋对提供化学胶结力并无多大作用。但横向钢筋能够提高型钢与混凝土发生相对滑移之后的残余黏结强度，因为横向钢筋通过对混凝土的约束提高了型钢与混凝土之间的摩阻力和机械咬合力。配置足够多的箍筋，有利于防止型钢外围混凝土的劈裂破坏和混凝土保护层的鼓出。

4. 型钢的配钢率

试验结果显示，当型钢的配钢率较大时，型钢的截面尺寸相对较大，周围握裹的混凝土较少，则型钢的混凝土保护层厚度减小，故随着配钢率的增大，黏结强度降低。但对于型钢含钢率不太大的构件，由于握裹型钢的混凝土足够，混凝土保护层厚度也足够，从而配钢率对黏结强度的影响不明显。

5. 型钢的表面状况

试验研究表明，现场喷砂（让型钢在空气中暴露 1 个月后再喷砂处理）和喷砂后生赤锈（喷砂后 1 个月内用盐溶液使型钢表明锈蚀）的两种型钢表面的平均黏结强度很接近，但比普通锈蚀（保持型钢表面的热轧氧化皮并在空气中自然锈蚀）的型钢表面的平均黏结强度高大约 30%。

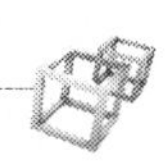

6. 加载方式

以型钢混凝土梁为例，承受均布荷载时，梁顶面有荷载压迫，产生了竖向压力，使得型钢与混凝土之间的摩擦力增大，黏结作用增强，有利于减小界面纵向滑移并阻止型钢外围混凝土向外鼓出。承受集中荷载时，型钢混凝土梁的黏结性能不会出现上述增强。

除此之外，影响型钢混凝土黏结性能的还有其他一些因素。例如，在一定范围内，型钢的锚固长度越长，型钢与混凝土的黏结面就越大，黏结作用越强；承受交变荷载与反复荷载的构件，由于荷载的多次交变与反复将促使内部黏结裂缝的出现与开展，使得其黏结强度低于静荷载作用下构件的黏结强度；混凝土的徐变会减小型钢混凝土的黏结强度；采用水平浇筑的型钢混凝土构件的黏结强度比垂直浇筑时小。

5.3 型钢混凝土梁正截面承载力分析

5.3.1 试验研究

通过对实腹式型钢混凝土梁进行两点集中对称加载（见图 5-2），得到荷载-跨中挠度关系曲线，如图 5-3 所示。由图 5-3 可知，在加荷初期（*OA* 段），梁处于弹性阶段，荷载与挠度基本呈线性关系。当荷载达到极限荷载的 15%～20%时，纯弯段的受拉区边缘混凝土开始出现裂缝。随着荷载的增加，纯弯段和弯剪段相继出现新的竖向裂缝，而原有裂缝不断开展，但当裂缝发展到型钢下翼缘附近后，不再随荷载的增加而继续发展，出现了“停滞”现象。这主要是因为型钢刚度较大，裂缝的发展受到型钢翼缘的阻止，同时型钢的翼缘和腹板对混凝土，尤其是核心混凝土的受拉变形有更大范围的约束。因此，虽然构件已经开裂，但此时荷载-挠度曲线并无明显的转折点（*AB* 段）。当荷载增加到极限荷载的 50%左右时，裂缝基本出齐。荷载继续增大，剪跨段的竖向裂缝逐渐指向加载点变为斜裂缝，剪跨比越小，这种现象越明显。当荷载加大到一定程度时，型钢受拉翼缘开始屈服，随后型钢腹板沿高度方向也逐渐屈服，此时，梁的刚度降低较大，裂缝和变形迅速发展（*CD* 段）。

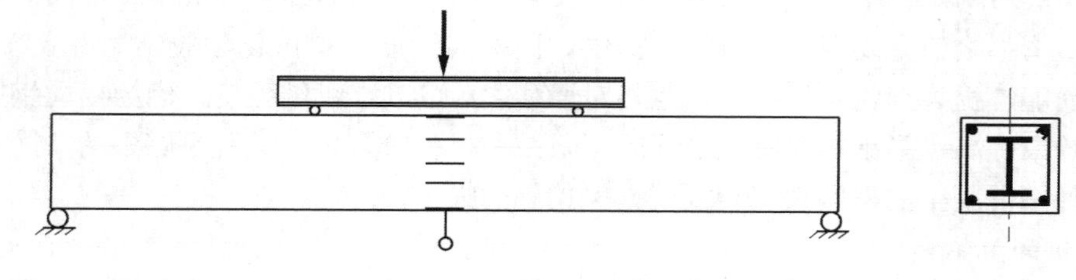

图 5-2　型钢混凝土梁加载图

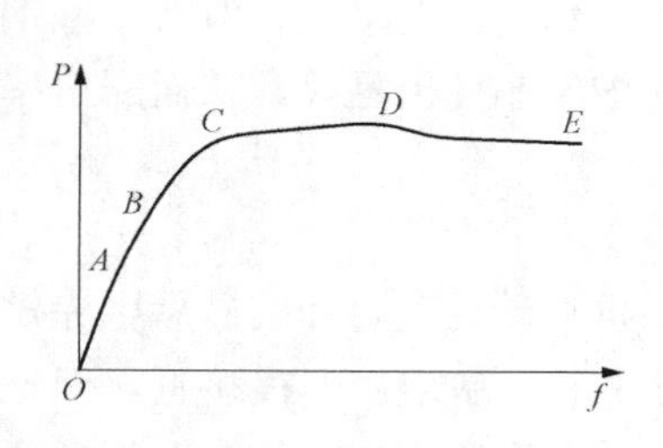

图 5-3　荷载—跨中挠度关系曲线

当荷载达到极限荷载的 80%左右时，对于具有抗剪连接件的梁，在型钢上翼缘与混凝土交界面上没有出现明显的纵向裂缝，型钢与混凝土变形协调，没有产生相对滑移，平截面假定符合良好；对于未设置抗剪连接件的梁，型钢上翼缘与混凝土交界面上的黏结力遭到破坏，产生明显的纵向裂缝，且随着荷载进一步增加，内力重分布，黏结裂缝贯通，保护层混凝土被压碎脱落，承载力开始下降。此时型钢上翼缘与混凝土之间产生了较大的相对滑移，型钢与混凝土已不能共同工作，平截面假定不成立。与钢筋混凝土梁相比，未设置抗剪连接件且受压区混凝土保护层厚度较薄的型钢混凝土梁的混凝土劈裂比较突出，导致梁的承载力在达到最大后下降较快，但由于型钢的存在及其对核心混凝土的约束作用，构件仍具有一定的承载力（*DE* 段），不会立即崩溃。

5.3.2　型钢混凝土梁正截面受弯承载力计算

1.《组合结构设计规范》(JGJ 138—2016) 建议的方法

（1）型钢混凝土梁正截面承载力计算应按下列基本假定进行：

1）截面应变保持平面。

2）不考虑混凝土的抗拉强度。

3）受压边缘混凝土极限压应变 ε_{cu} 取 0.003，相应的最大压应力取混凝土轴心抗压强度设计值 f_c 乘以受压区混凝土压应力影响系数 α_1，当混凝土强度等级不超过 C50 时，α_1 取为 1.0；当混凝土强度等级为 C80 时，α_1 取为 0.94，其间按线性内插法确定；受压区应力图简化为等效的矩形应力图，其高度取按平截面假定所确定的中和轴高度乘以受压区混凝土应力图形影响系数 β_1，当混凝土强度等级不超过 C50 时，α_1 取为 0.8；当混凝土强度等级为 C80 时，α_1 取为 0.74，其间按线性内插法确定。

4）型钢腹板的应力图形为拉压梯形应力图形，计算时简化为等效矩形应力图形。

5）钢筋、型钢的应力等于钢筋、型钢应变与其弹性模量的乘积，其绝对值不应大于其相应的强度设计值；纵向受拉钢筋和型钢受拉翼缘的极限拉应变取 0.01。

（2）型钢截面为充满型实腹式型钢混凝土梁，其正截面受弯承载力应按下列公式计算（计算简图如图 5-4 所示）：

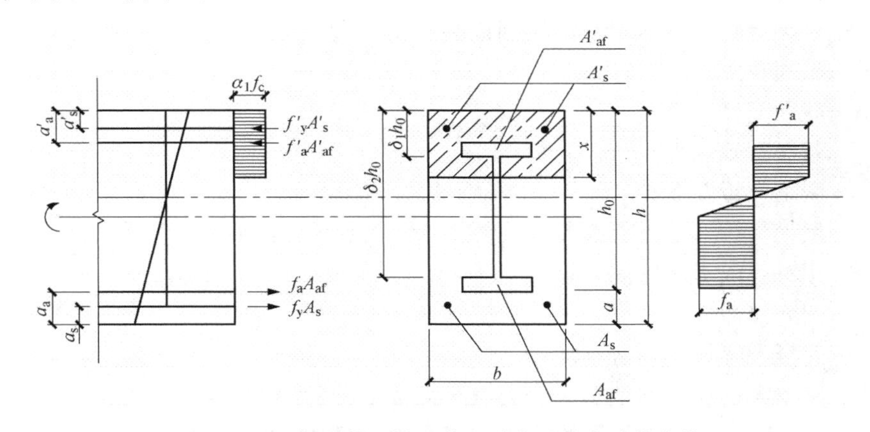

图 5-4　型钢混凝土梁正截面受弯承载力计算参数

对于持久、短暂设计状况

$$M \leqslant \alpha_1 f_c bx\left(h_0-\frac{x}{2}\right)+f'_y A'_s(h_0-a'_s)+f'_a A'_{af}(h_0-a'_a)+M_{aw} \tag{5-1}$$

$$\alpha_1 f_c bx+f'_y A'_s+f'_a A'_{af}-f_y A_s-f_a A_{af}+N_{aw}=0 \tag{5-2}$$

对于地震设计状况

$$M \leqslant \frac{1}{\gamma_{RE}}\left[\alpha_1 f_c bx\left(h_0-\frac{x}{2}\right)+f'_y A'_s(h_0-a'_s)+f'_a A'_{af}(h_0-a'_a)+M_{aw}\right] \tag{5-3}$$

$$\alpha_1 f_c bx+f'_y A'_s+f'_a A'_{af}-f_y A_s-f_a A_{af}+N_{aw}=0 \tag{5-4}$$

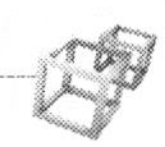

$$h_0 = h - a \tag{5-5}$$

当 $\delta_1 h_0 < 1.25x$，$\delta_2 h_0 > 1.25x$ 时

$$M_{aw} = \left[0.5(\delta_1^2 + \delta_2^2) - (\delta_1 + \delta_2) + 2.5\frac{x}{h_0} - \left(1.25\frac{x}{h_0}\right)^2\right] t_w h_0^2 f_a \tag{5-6}$$

$$N_{aw} = \left[2.5\frac{x}{h_0} - (\delta_1 + \delta_1)\right] t_w h_0 f_a \tag{5-7}$$

混凝土受压区高度 x 应符合下列公式要求

$$x \leqslant \xi_b h_0 \tag{5-8}$$

$$x \geqslant a_a' + t_f' \tag{5-9}$$

$$\xi_b = \frac{\beta_1}{1 + \dfrac{f_y + f_a}{2 \times 0.003 E_s}} \tag{5-10}$$

式中 M——弯矩设计值；

M_{aw}——型钢腹板承受的轴向合力对型钢受拉翼缘和纵向受拉钢筋合力点的力矩；

N_{aw}——型钢腹板承受的轴向合力；

α_1——受压区混凝土压应力影响系数；

β_1——受压区混凝土应力图形影响系数；

f_c——混凝土轴心抗压强度设计值；

f_a、f'_a——型钢抗拉、抗压强度设计值；

f_y、f'_y——钢筋抗拉、抗压强度设计值；

A_s、A'_s——钢筋受拉、受压的截面面积；

A_{af}、A'_{af}——型钢受拉、受压翼缘的截面面积；

b——截面宽度；

h——截面高度；

h_0——截面有效高度；

t_w——型钢腹板厚度；

t_f、t'_f——型钢受拉、受压翼缘厚度；

ξ_b——相对界限受压区高度；

E_s——钢筋弹性模量；

x——混凝土等效受压区高度；

a_s、a_a——受拉区钢筋、型钢翼缘合力点至截面受拉边缘的距离；

a'_s、a'_a——受压区钢筋、型钢翼缘合力点至截面受压边缘的距离；

a——型钢受拉翼缘与受拉钢筋合力点至截面受拉边缘的距离；

δ_1——型钢腹板上端至截面上边距离与 h_0 的比值，$\delta_1 h_0$ 为型钢腹板上端至截面上边的距离；

δ_2——型钢腹板下端至截面上边距离与 h_0 的比值，$\delta_2 h_0$ 为型钢腹板下端至截面上边的距离。

(3) 型钢混凝土梁的圆孔孔洞截面处的受弯承载力计算可按式 (5-1)～式 (5-10) 进行，计算中应扣除孔洞面积。

(4) 配置桁架式钢骨架的型钢混凝土梁，其受弯承载力计算可将桁架的上、下弦型钢等

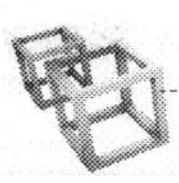

效为纵向钢筋，按《混凝土结构设计规范》（GB 50010—2010）中钢筋混凝土梁的相关规定计算。

2.《钢骨混凝土结构技术规程》（YB 9082—2006）建议的方法

（1）对称配置实腹式型钢混凝土梁，其正截面受弯承载力取梁中型钢部分的受弯承载力与钢筋混凝土部分的受弯承载力之和，即满足下列要求

$$M \leqslant M_{by}^{ss} + M_{bu}^{rc} \tag{5-11}$$

式中　M——弯矩设计值；

M_{by}^{ss}——梁中型钢部分的受弯承载力；

M_{bu}^{rc}——梁中钢筋混凝土部分的受弯承载力。

（2）型钢混凝土梁中型钢部分的受弯承载力，按下式计算

无地震作用时

$$M_{by}^{ss} = \gamma_s W_{ss} f_{ssy} \tag{5-12}$$

有地震作用时

$$M_{by}^{ss} = \frac{1}{\gamma_{RE}}[W_{ss} f_{ssy}] \tag{5-13}$$

式中　W_{ss}——型钢截面的抵抗矩，当型钢截面有孔洞时应取净截面的抵抗矩；

γ_s——截面塑性发展系数，对工字形型钢截面，取 $\gamma_s = 1.05$；

f_{ssy}——型钢的抗拉、压、弯强度设计值；

γ_{RE}——抗震承载力调整系数，取 0.8。

（3）型钢混凝土梁中钢筋混凝土部分的受弯承载力，按下式计算

无地震作用时

$$M_{bu}^{rc} = A_s f_{sy} \gamma h_{b0} \tag{5-14}$$

有地震作用时

$$M_{bu}^{rc} = \frac{1}{\gamma_{RE}}[A_s f_{sy} \gamma h_{b0}] \tag{5-15}$$

式中　A_s——受拉钢筋面积；

f_{sy}——受拉钢筋抗拉强度设计值；

γh_{b0}——受拉钢筋面积形心到受压区（混凝土和受压钢筋）压力合力点的距离，按《混凝土结构设计规范》（GB 50010—2010）中受弯构件的相关公式计算，计算时，受压区混凝土宜扣除型钢的面积；

h_{b0}——钢筋混凝土部分截面的有效高度，即受拉钢筋面积形心到截面受压边缘的距离，取 $h_{b0} = h_b - a_s$，h_b 和 a_s 分别为梁截面高度和受拉钢筋合力点至截面受拉边缘的距离。

对于型钢混凝土梁，由于钢筋的配置一般较少，所以钢筋混凝土部分的受拉钢筋通常都能达到屈服。

在用式（5-11）进行设计时，需先假定型钢截面，并按式（5-12）或式（5-13）计算型钢部分的受弯承载力 M_{by}^{ss}，然后取 $M - M_{by}^{ss}$ 作为钢筋混凝土部分的弯矩设计值，按钢筋混凝土受弯承载力的计算方法确定钢筋面积。

（4）型钢混凝土梁开圆形孔洞时，孔洞截面处的正截面受弯承载力的计算与普通型钢混

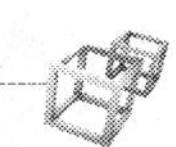

凝土梁相同，但计算中应扣除孔洞截面面积。

（5）桁架式型钢混凝土梁的上、下弦型钢可作为纵向钢筋，按《混凝土结构设计规范》（GB 50010—2010）的有关规定计算其受弯承载力。

3. AISC360－05 建议的方法

$$M \leqslant \phi_b M_n \tag{5-16}$$

式中 ϕ_b——受弯构件的抗力系数，取值与 M_n 所采用的计算方法有关；

M_n——名义受弯承载力，可采用下列方法之一进行计算：

（1）按照组合截面弹性应力的叠加进行计算，即钢筋混凝土部分的截面边缘最大应力达到混凝土的弹性极限时承担的弯矩和型钢部分的截面边缘最大应力达到型钢的弹性极限时所承担的弯矩相加，此时，$\phi_b=0.9$。

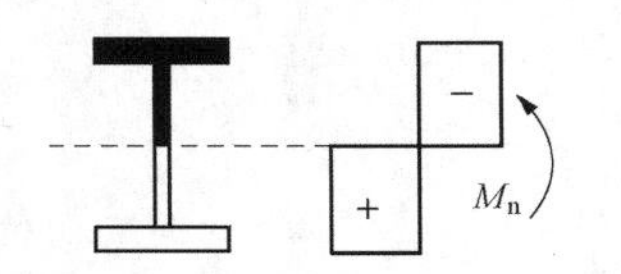

图 5－5 型钢截面的塑性应力分布

（2）按照型钢截面的塑性应力分布，根据内力平衡进行计算（如图 5－5 所示），此时，$\phi_b=0.9$。

$$M_n = F_y W_{pa} \tag{5-17}$$

式中 F_y——型钢的屈服应力；

W_{pa}——型钢截面的塑性截面模量，取 $W_{pa}=\frac{1}{4}\left[b_f\left(h_w+2t_f\right)^2-\left(b_f-t_w\right)h_f^2\right]$；

b_f、t_f——型钢翼缘的宽度和厚度；

b_w、t_w——型钢腹板的宽度和厚度。

（3）当设置抗剪连接件时，按照组合截面的塑性应力分布，根据内力平衡进行计算，此时，$\phi_b=0.85$。这里以图 5－6所示的截面应力分布为例说明计算方法。

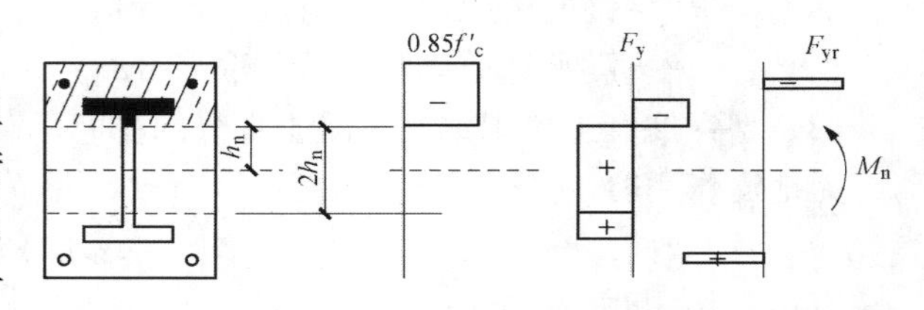

图 5－6 组合截面的塑性应力分布

$$M_n = M_m - M_0 \tag{5-18}$$

$$M_m = W_{pa}F_y + W_{ps}F_{yr} + 0.5W_{pc}(0.85f'_c) \tag{5-19}$$

$$M_0 = t_w h_n^2 F_y + (b-t_w)h_n^2(0.85f'_c) \tag{5-20}$$

$$h_n = N_0/(0.85f'_c b + 2F_y t_w) \tag{5-21}$$

$$N_0 = 0.5bh(0.85f'_c) \tag{5-22}$$

式中 M_m——截面中和轴通过形心时所承担的弯矩（截面应力分布如图 5－7 所示）；

M_0——M_n 与 M_m 之差；

W_{pa}、W_{ps}、W_{pc}——型钢、纵向钢筋和混凝土的塑性截面模量；

F_y——型钢的屈服应力；

F_{yr}——纵向钢筋的屈服应力；

f'_c——混凝土的抗压强度；

b——截面宽度；

t_w——型钢腹板的厚度；

N_0——截面中和轴通过形心时所承担的轴向力。

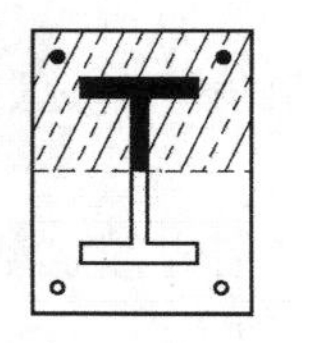

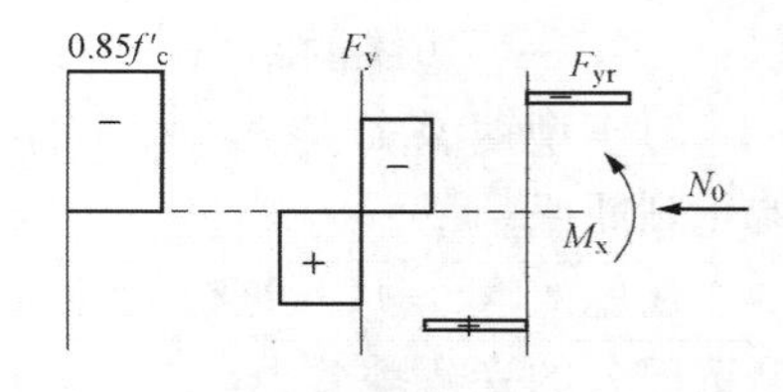

图 5－7 组合截面的塑性应力分布

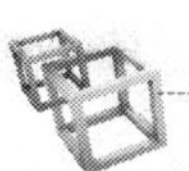

【例 5-1】 型钢混凝土梁的截面尺寸为400mm×800mm，如图5-8所示。混凝土采用C30，型钢采用Q345钢，纵筋采用HRB335级。梁承受的弯矩设计值M=1000kN·m。试配置梁中的型钢和纵筋。

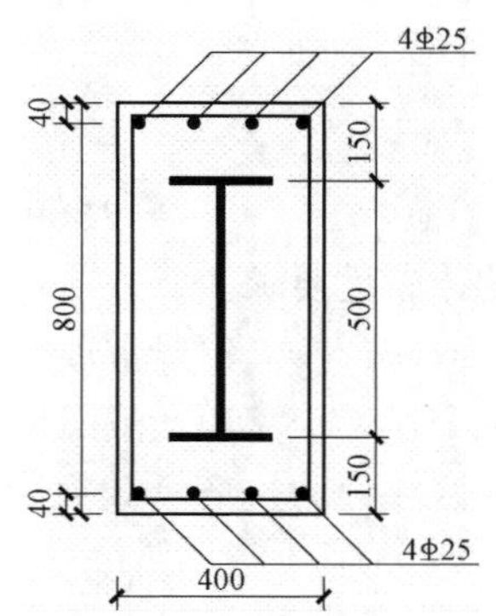

图5-8　型钢混凝土梁截面

解　(1) 按《组合结构设计规范》(JGJ 138—2016) 建议的方法计算，初选型钢截面HN500×200（截面尺寸为500mm×200mm×10mm×16mm）。

1）计算界限相对受压区高度

$$\xi_b = \frac{0.8}{1+\dfrac{f_y+f_a}{2\times0.003E_s}} = \frac{0.8}{1+\dfrac{300+310}{2\times0.003\times2.0\times10^5}} = 0.53$$

2）计算梁截面有效高度

$$a = \frac{2\times982\times300\times40+200\times16\times310\times150}{2\times982\times300+200\times16\times310} = 109(\text{mm})$$

$$h_0 = h-a = 800-109 = 691(\text{mm})$$

$$\delta_1 = \frac{142}{h_0} = \frac{142}{691} = 0.205$$

$$\delta_2 = \frac{800-142}{h_0} = \frac{685}{691} = 0.952$$

3）假定$\delta_1 h_0 < 1.25x$，$\delta_2 h_0 > 1.25x$

$$N_{aw} = [2.5\xi-(\delta_1+\delta_2)]t_w h_0 f_a$$

并且注意到

$$\alpha_1 f_c bx + f'_y A'_s + f'_a A'_{af} - f_y A_s - f_a A_{af} + N_{aw} = 0$$

由于截面对称配钢，因此

$$f_y A_s = f'_y A'_s,\ f_a A_{af} = f'_a A'_{af}$$

代入以上两式得

$$\alpha_1 f_c bx + N_{aw} = 0$$

$$\alpha_1 f_c bx + [2.5\xi-(\delta_1+\delta_2)]t_w h_0 f_a = 0$$

$x=\xi h_0$ 代入上式得

$$\alpha_1 f_c b\xi h_0 + [2.5\xi-(\delta_1+\delta_2)]t_w h_0 f_a = 0$$

$$1.0\times14.3\times400\times691\times\xi+[2.5\xi-(0.205+0.952)]\times10\times691\times310 = 0$$

求解得

$$\xi=0.264$$

$$x = \xi h_0 = 182.4(\text{mm})$$

$$\delta_1 h_0 = 141.7 < 1.25x = 228(\text{mm}),\delta_2 h_0 = 657.8 > 1.25x = 228(\text{mm})$$

故假定成立，并且满足

$$x = 182.4 < \xi_b h_0 = 0.529\times691 = 365.5(\text{mm})$$

$$x = 182.4 > a'_a + t_f = 158(\text{mm})$$

$$\begin{aligned}M_{aw} &= [0.5(\delta_1^2+\delta_2^2)-(\delta_1+\delta_2)+2.5\xi-(1.25\xi)^2]t_w h_0^2 f_a \\ &= [0.5(0.205^2+0.952^2)-(0.205+0.952)+2.5\times0.264 \\ &\quad -(1.25\times0.264)^2]\times10\times691^2\times310 \\ &= -194.99(\text{kN}\cdot\text{m})\end{aligned}$$

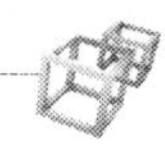

$$M \leqslant \alpha_1 f_c bx\left(h_0 - \frac{x}{2}\right) + f_y' A_s'(h_0 - a_s') + f_a' A_{af}'(h_0 - a_a') + M_{aw}'$$
$$= 1.0 \times 14.3 \times 400 \times 182.4 \times (691 - 91.2) + 300 \times 1964 \times (691 - 40) + 310 \times 200 \times 16 \times (691 - 142) + M_{aw}'$$
$$= 1359(\text{kN} \cdot \text{m})$$

设计满足要求。

(2) 按《钢骨混凝土结构技术规程》(YB 9082—2006)建议的方法计算，初选型钢截面 HN500×200（截面尺寸为 500mm×200mm×10mm×16mm，$W_s = 1910 \times 10^2 \text{mm}^3$），则型钢部分的抗弯承载力为

$$M_{by}^{ss} = 1.05 \times 1910 \times 10^3 \times 310 = 621.7 \times 10^6 (\text{N} \cdot \text{mm})$$

钢筋混凝土部分承担的弯矩为

$$M_{bu}^{rc} = M - M_{by}^{ss} = 1000 - 621.7 = 378.3(\text{kN} \cdot \text{mm})$$

钢筋按对称布置，取 $\alpha_s = \alpha_s' = 40\text{mm}$，则

$$h_{b0} = 800 - 40 = 760(\text{mm})$$

$$A_s = A_s' = \frac{M_{bu}^{rc}}{f_{sy}(h_{b0} - a_s')} = \frac{378.3 \times 10^6}{300 \times (760 - 40)} = 1751(\text{mm}^2)$$

取 4 Φ 25，$A_s = A_s' = 1960(\text{mm}^2)$

$$A_s = A'_s \geqslant \rho_{min} bh_b = 0.002 \times 400 \times 800 = 640(\text{mm}^2)$$

满足要求。

5.4 型钢混凝土梁斜截面受剪承载力分析

5.4.1 试验研究

试验结果表明，型钢混凝土梁在剪跨比较大（$\lambda > 2.5$）时易发生弯曲破坏，除此之外，其余梁常发生剪切破坏。型钢混凝土梁的剪切破坏形态主要包括三类，即剪切斜压破坏、剪切黏结破坏和剪压破坏。

1. *剪切斜压破坏*

当剪跨比 $\lambda < 1.0$ 或 $1.0 < \lambda < 1.5$ 且梁的含钢率较大时，易发生剪切斜压破坏。在这种情况下，梁的正应力不大，剪应力却相对较高，当荷载达到极限荷载的 30%～50%时，梁腹部首先出现斜裂缝。随着荷载的增加，腹部受剪斜裂缝逐渐向加载点和支座附近延伸，最终形成临界斜裂缝。当荷载接近极限荷载时，在临界斜裂缝的上下出现几条大致与之平行的斜裂缝，将梁分割成若干斜压杆，此时沿梁高连续配置的型钢腹板承担着斜裂缝面上混凝土释放出来的应力。最后，型钢腹板发生屈服，接着斜压杆混凝土被压碎，梁宣告破坏。梁的剪切斜压破坏形态如图 5-9 (a) 所示。

2. *剪切黏结破坏*

当剪跨比不太小而梁所配置的箍筋数量较少时，易发生剪切黏结破坏。加载初期，由于所产生的剪力较小，型钢与混凝土可作为整体共同工作。随着荷载的增加，型钢与混凝土交界面上的黏结力逐渐被破坏。当型钢外围混凝土达到其抗拉强度而退出工作时，交界面处产生劈裂裂缝，梁内发生应力重分布。最后，裂缝迅速发展，形成贯通的劈裂裂缝，梁失去承

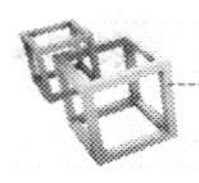

载力，宣告破坏。梁的剪切黏结破坏形态如图5-9（b）所示。

对于配有适量箍筋的型钢混凝土梁，由于箍筋对外围混凝土具有一定的约束作用，提高了型钢与混凝土之间的黏结强度，从而能够改善梁的黏结破坏形态。另外，对于承受均布荷载的型钢混凝土梁，由于均布荷载对外围混凝土有“压迫”作用，其黏结性能也能得到改善。

3. 剪压破坏

当剪跨比$\lambda>1.5$且梁的含钢率较小时，易发生剪压破坏。当荷载达到极限荷载的30%～40%时，首先在梁的受拉区边缘出现竖向裂缝。随着荷载的不断增加，梁腹部出现弯剪斜裂缝，指向加载点。当荷载达到极限荷载的40%～60%时，斜裂缝处的混凝土退出工作，主拉应力由型钢腹板承担。荷载继续增大，使型钢腹板逐渐发生剪切屈服。最后，在正应力和剪应力的共同作用下，剪压区混凝土达到弯剪复合受力时的强度而被压碎，构件破坏。梁的剪压破坏形态如图5-9（c）所示。

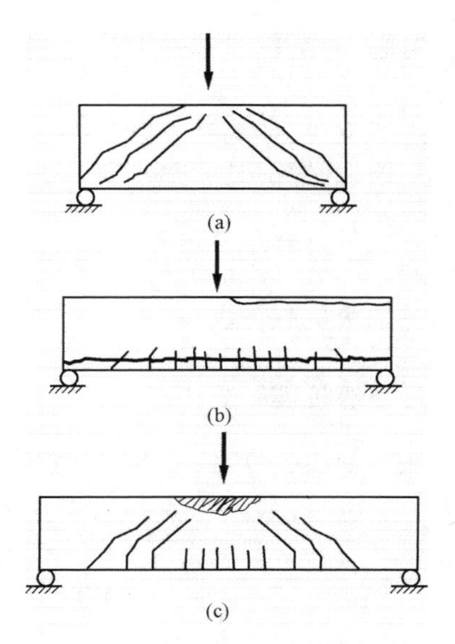

图5-9　型钢混凝土梁剪切破坏形态
（a）剪切斜压破坏；（b）剪切黏结破坏；（c）剪压破坏

5.4.2　影响型钢混凝土梁斜截面受剪承载力的主要因素

1. 剪跨比

剪跨比$\lambda=M/(Vh_0)$的变化实际反映了梁的弯剪作用相关关系，对梁的破坏形态有重要影响。试验结果显示，随着剪跨比的增大，型钢混凝土梁的受剪承载力逐渐降低。剪跨比对集中荷载作用下梁的受剪承载力影响更为显著。

2. 加载方式

试验研究表明，集中荷载作用下型钢混凝土梁的受剪承载力比均布荷载作用下有所降低。

3. 混凝土强度等级

型钢混凝土梁的受剪承载力主要由混凝土、型钢和箍筋三者提供。混凝土的强度等级直接影响混凝土斜压杆的强度、型钢与混凝土的黏结强度和剪压区混凝土的复合强度，因此型钢混凝土梁的受剪承载力随混凝土强度等级的提高而提高。

4. 含钢率与型钢强度

在一定范围内随含钢率的增加，型钢混凝土梁的受剪承载力提高。型钢的含钢率越大，其所承担的剪力也越大，且在含钢量较大的梁中，被型钢约束的混凝土较多，对于提高混凝土的强度和变形能力是有利的。在含钢率相同时，提高型钢的强度能有效提高型钢混凝土梁的受剪承载力。

5. 配箍率

型钢混凝土梁中配置的箍筋不仅可以直接承担一部分剪力，而且能够约束核心混凝土，提高梁的受剪承载力和变形能力，并有利于防止梁发生黏结破坏。

5.4.3　型钢混凝土梁斜截面受剪承载力计算

1.《组合结构设计规范》（JGJ 138—2016）建议的方法

（1）型钢混凝土梁的剪力设计值按下列规定计算：

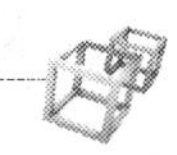

1）一级抗震等级的框架结构和9度设防烈度的一级抗震等级框架

$$V_b = 1.1\frac{M_{bua}^l + M_{bua}^r}{l_n} + V_{Gb} \tag{5-23}$$

2）其他情况

一级抗震等级
$$V_b = 1.3\frac{M_b^l + M_b^r}{l_n} + V_{Gb} \tag{5-24}$$

二级抗震等级
$$V_b = 1.2\frac{M_b^l + M_b^r}{l_n} + V_{Gb} \tag{5-25}$$

三级抗震等级
$$V_b = 1.1\frac{M_b^l + M_b^r}{l_n} + V_{Gb} \tag{5-26}$$

式中 M_{bua}^l、M_{ban}^r——梁左、右端顺时针或逆时针方向按实配钢筋和型钢截面面积（计入受压钢筋及梁有效翼缘宽度范围内的楼板钢筋）、材料强度标准值，且考虑承载力抗震调整系数的正截面受弯承载力所对应的弯矩值，两者之和应分别按顺时针和逆时针方向进行计算，并取其最大值，梁有效翼缘宽度取梁两侧跨度的1/6和翼板厚度6倍中的较小者；

M_b^l、M_b^r——考虑地震作用组合的梁左、右端顺时针或逆时针方向弯矩设计值，两者之和应取分别按顺时针和逆时针方向进行计算的较大值，对一级抗震等级框架，两端弯矩均为负弯矩时，绝对值较小的弯矩应取零；

V_{Gb}——考虑地震作用组合时的重力荷载代表值产生的剪力设计值，可按简支梁计算确定；

l_n——梁的净跨度。

四级抗震等级，取地震作用组合下的剪力设计值。

（2）对于充满型实腹式型钢混凝土梁，其斜截面受剪承载力应按下列公式计算：

1）一般型钢混凝土梁。

对于持久、短暂设计状况

$$V_b \leqslant 0.8f_t bh_0 + f_{yv}\frac{A_{sv}}{s}h_0 + 0.58f_a t_w h_w \tag{5-27}$$

对于地震设计状况

$$V_b \leqslant \frac{1}{\gamma_{RE}}\left(0.5f_t bh_0 + f_{yv}\frac{A_{sv}}{s}h_0 + 0.58f_a t_w h_w\right) \tag{5-28}$$

2）集中荷载作用下型钢混凝土梁。

对于持久、短暂设计状况

$$V_b \leqslant \frac{1.75}{\lambda+1}f_t bh_0 + f_{yv}\frac{A_{sv}}{s}h_0 + \frac{0.58}{\lambda}f_a t_w h_w \tag{5-29}$$

对于地震设计状况

$$V_b \leqslant \frac{1}{\gamma_{RE}}\left(\frac{1.05}{\lambda+1}f_t bh_0 + f_{yv}\frac{A_{sv}}{s}h_0 + \frac{0.58}{\lambda}f_a t_w h_w\right) \tag{5-30}$$

式中 V_b——型钢混凝土梁的剪力设计值；

f_{yv}——箍筋的抗拉强度设计值；

A_{sv}——配置在同一截面内箍筋各肢的全部截面面积；

s——沿构件长度方向上箍筋的间距；

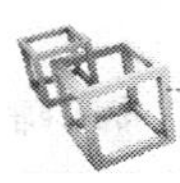

λ——计算截面剪跨比，可取 $\lambda=a/h_0$，其中，a 为计算截面至支座截面或节点边缘的距离，计算截面取集中荷载作用点处的截面，当 $\lambda<1.5$ 时取 $\lambda=1.5$，当 $\lambda>3$ 时取 $\lambda=3$；

f_t——混凝土抗拉强度设计值。

（3）为了防止型钢混凝土梁发生脆性较大的斜压破坏，型钢混凝土梁的受剪截面应符合下列条件：

对于持久、短暂设计状况

$$V_b \leqslant 0.45\beta_c f_c b h_0 \tag{5-31}$$

$$\frac{f_a t_w h_w}{\beta_c f_c b h_0} \geqslant 0.10 \tag{5-32}$$

对于地震设计状况

$$V_b \leqslant \frac{1}{\gamma_{RE}}(0.36\beta_c f_c b h_0) \tag{5-33}$$

$$\frac{f_a t_w h_w}{\beta_c f_c b h_0} \geqslant 0.10 \tag{5-34}$$

式中 f_c——混凝土的轴心抗压强度设计值；

f_a——型钢的抗拉强度设计值；

b、h_0——型钢混凝土梁的截面宽度和有效高度；

t_w、h_w——型钢腹板的厚度和高度；

β_c——混凝土强度影响系数，当混凝土强度等级不超过 C50 时取 $\beta_c=1$，当混凝土强度等级为 C80 时取 $\beta_c=0.8$，其间按线性内插法确定。

（4）型钢混凝土梁圆孔孔洞截面处的受剪承载力应符合下列规定：

对于持久、短暂设计状况

$$V_b \leqslant 0.8 f_t b h_0\left(1-1.6\frac{D_h}{h}\right)+0.58 f_a t_w(h_w-D_h)\gamma+\sum f_{yv}A_{sv} \tag{5-35}$$

对于地震设计状况

$$V_b \leqslant \frac{1}{\gamma_{RE}}\left[0.6 f_t b h_0\left(1-1.6\frac{D_h}{h}\right)+0.58 f_a t_w(h_w-D_h)\gamma+0.8\sum f_{yv}A_{sv}\right] \tag{5-36}$$

式中 γ——孔边条件系数，孔边设置钢套管时取 1.0，孔边不设钢套管时取 0.85；

D_h——圆孔孔洞直径；

$\sum f_{yv}A_{sv}$——加强箍筋的受剪承载力。

（5）配置桁架式钢骨架的型钢混凝土梁，其受剪承载力计算可将桁架的斜腹杆按其承载力的竖向分力等效为抗剪箍筋，按《混凝土结构设计规范》（GB 50010—2010）中钢筋混凝土梁的相关规定计算。

2.《钢骨混凝土结构技术规程》（YB 9082—2006）建议的方法

（1）型钢混凝土梁的剪力设计值按下列方法计算：

1）一级、二级、三级抗震等级的梁端加密区

$$V_b=\eta_{vb}\frac{M_b^l+M_b^r}{l_n}+V_{Gb} \tag{5-37}$$

2）特一级抗震等级、9 度设防烈度及一级抗震等级框架结构的梁端加密区

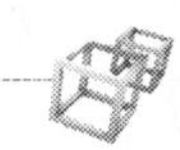

$$V_{b}=1.1\frac{M_{bua}^{l}+M_{bua}^{r}}{l_{n}}+V_{Gb} \tag{5-38}$$

式中 η_{vb}——梁剪力增大系数，对一级、二级、三级抗震等级分别取 1.3、1.2、1.1；

M_b^l、M_b^r——考虑地震作用组合的梁左、右端弯矩设计值，应按顺时针或逆时针两个方向分别代入式（5-37）计算，取其较大值；

M_{bua}^l、M_{bua}^r——梁左、右两端截面处考虑承载力抗震调整系数的受弯承载力，应按顺时针和逆时针两个方向分别代入式（5-38）计算，取其较大值，受弯承载力按式（5-11）右边计算，计算时应采用实配型钢截面和钢筋截面面积，并取型钢材料的屈服强度和钢筋及混凝土材料强度的标准值；

V_{Gb}——梁考虑地震作用组合时重力荷载代表值产生的剪力设计值，可按简支梁计算，对于 9 度抗震设防烈度及抗震等级为一级的结构，应考虑竖向地震作用的影响；

l_n——梁的净跨度。

3）非抗震结构、不需进行抗震验算及抗震等级为四级的抗震结构，取有关荷载组合得到的最大剪力设计值。

（2）对称配置实腹式型钢混凝土梁，其斜截面受剪承载力可取梁中型钢部分的受剪承载力与钢筋混凝土部分受剪承载力之和，即满足下列要求

$$V_{b}\leqslant V_{by}^{ss}+V_{bu}^{rc} \tag{5-39}$$

式中 V_b——梁的剪力设计值；

V_{by}^{ss}——梁中型钢部分的受剪承载力；

V_{bu}^{rc}——梁中钢筋混凝土部分的受剪承载力。

（3）梁中型钢部分的受剪承载力可按下列公式计算：

无地震作用时

$$V_{by}^{ss}=t_{w}h_{w}f_{ssv} \tag{5-40}$$

有地震作用时

$$V_{by}^{ss}=\frac{1}{\gamma_{RE}}(t_{w}h_{w}f_{ssv}) \tag{5-41}$$

式中 t_w——型钢腹板的厚度；

h_w——型钢腹板的高度，当有孔洞时，应扣除孔洞的尺寸；

f_{ssv}——型钢腹板的抗剪强度设计值。

（4）梁中钢筋混凝土部分的受剪承载力可按下列公式计算：

1）一般框架梁：

无地震作用时

$$V_{bu}^{rc}=0.7f_{t}b_{b}h_{b0}+1.25f_{yv}\frac{A_{sv}}{s}h_{b0} \tag{5-42}$$

有地震作用时

$$V_{bu}^{rc}=\frac{1}{\gamma_{RE}}\left(0.42f_{t}b_{b}h_{b0}+1.25f_{yv}\frac{A_{sv}}{s}h_{b0}\right) \tag{5-43}$$

2）集中荷载作用下（包括有多种荷载，其中集中荷载对节点边缘产生的剪力值占总剪力值的 75%以上的情况）的框架梁：

无地震作用时

$$V_{bu}^{rc}=\frac{1.75}{\gamma+1}f_t b_b h_{b0}+f_{yv}\frac{A_{sv}}{s}h_{b0} \tag{5-44}$$

有地震作用时

$$V_{bu}^{rc}=\frac{1}{\gamma_{RE}}\left(\frac{1.05}{\lambda+1}f_t b_b h_{b0}+f_{yv}\frac{A_{sv}}{s}h_{b0}\right) \tag{5-45}$$

式中　f_t——混凝土轴心抗拉强度设计值；

f_{yv}——箍筋的抗拉强度设计值；

A_{sv}——配置在同一截面内箍筋各肢的全部截面面积；

λ——计算截面剪跨比，可取 $\lambda=a/h_{b0}$，其中，a 为集中荷载作用点至节点边缘的距离，当 $\lambda<1.5$ 时取 $\lambda=1.5$，当 $\lambda>3$ 时取 $\lambda=3$；

b_b——框架梁截面宽度；

h_{b0}——钢筋混凝土部分截面的有效高度，即受拉钢筋面积形心到截面受压边缘的距离。

V_{bu}^{rc} 尚应满足下列要求

$$V_{bu}^{rc}\leqslant 0.25\beta_c f_c b_b h_{b0} \tag{5-46}$$

式中　β_c——混凝土强度影响系数，当混凝土强度等级不超过 C50 时取 $\beta_c=1$，当混凝土强度等级为 C80 时取 $\beta_c=0.8$，其间按线性内插法确定。

（5）为避免剪切斜压破坏，型钢混凝土梁的受剪截面，还应满足下列要求：

无地震作用时

$$V_b\leqslant 0.45\beta_c f_c b_b h_{b0} \tag{5-47}$$

有地震作用时

$$V_b\leqslant \frac{1}{\gamma_{RE}}[0.45\beta_c f_c b_b h_{b0}] \tag{5-48}$$

（6）为保证型钢混凝土梁具有一定的延性，型钢受剪截面应满足

$$f_{ssv}t_w h_w\geqslant 0.1\beta_c f_c b_b h_{b0} \tag{5-49}$$

（7）型钢混凝土梁开圆形孔洞时，孔洞截面处的受剪承载力应满足式（5 - 39）的要求。其中，型钢部分的受剪承载力按下式计算

$$V_{by}^{ss}\leqslant \gamma_h t_w(h_w-D_h)f_{ssv} \tag{5-50}$$

钢筋混凝土部分的受剪承载力按下式计算：

$$V_{bu}^{rc}\leqslant 0.7f_t b_b h_{b0}\left(1-.1.6\frac{D_h}{h_b}\right)+0.5\sum f_{yv}A_{svi} \tag{5-51}$$

式中　γ_h——孔边条件系数，孔边设置钢套管加强时取 1.0，孔边不设置钢套管时取 0.85；

D_h——圆孔孔洞直径；

$\sum f_{yv}A_{svi}$——从孔中心到两侧 1/2 梁高范围内箍筋的受剪承载力，符号意义见图 5 - 10。

（8）桁架式型钢混凝土梁的竖向腹杆或斜腹杆的竖向分力可作为箍筋受力，按《混凝土结构设计规范》（GB 50010—2010）的有关规定计算其斜截面受剪承载力。

【例 5 - 2】 型钢混凝土简支梁，计算跨度为 9m，承受的均布荷载设计值为 26kN/m。梁的截面尺寸为 250mm×500mm。经正截面受弯承载力计算，需配置Ⅰ32a 的 Q235 普通热轧工字钢，梁的上、下各配 2 Φ 14 纵向钢筋，如图 5 - 11 所示。混凝土强度等级为 C30。试

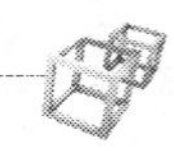

验算梁的斜截面受剪承载力，并配置箍筋。

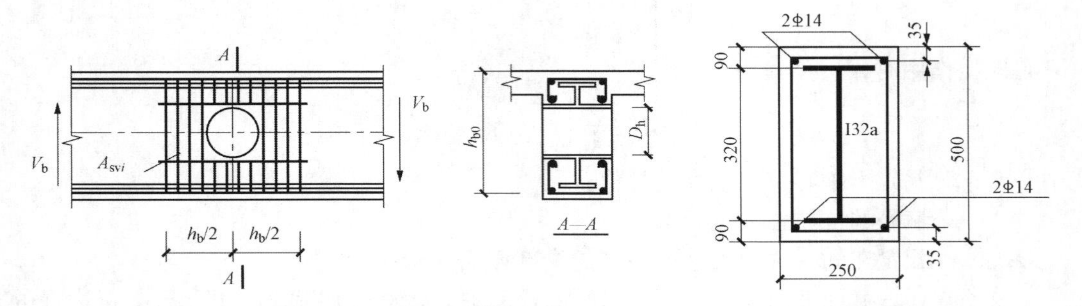

图 5-10　型钢混凝土梁的圆形孔洞截面

图 5-11　型钢混凝土梁截面

解　(1) 按《组合结构设计规范》(JGJ 138—2016) 建议的方法计算。已知 C30 混凝土，$f_c=14.3\text{N/mm}^2$，$f_t=14.3\text{N/mm}^2$，Q235 级 I32a 工字钢截面尺寸为 320mm×130mm×9.5mm×15mm，腹板厚度 $t_w=9.5\text{mm}$，翼缘厚度 $t_f=15\text{mm}$，$f_a=215\ \text{N/mm}^2$，取 $h_w=320-2\times15=290\text{mm}$，$h_0=500-35=465\text{mm}$，则梁上的最大剪力设计值

$$V_{max}=\frac{1}{2}\times26\times9=117(\text{kN})$$

$$0.45f_cbh_0=0.45\times14.3\times250\times465=748.1(\text{kN})$$

$$V_{max}=117(\text{kN})<0.45f_cbh_0=748.1(\text{kN}),\text{满足要求}$$

$$\frac{f_at_wh_w}{\beta_cf_cbh_0}=\frac{215\times9.5\times290}{1\times14.3\times250\times46.5}=0.356>0.10,\text{满足要求}$$

由 $V_b=0.8f_tbh_0+f_{yv}\dfrac{A_{sv}}{s}h_0+0.58f_at_wh_w$

$$117\times10^3=0.8\times1.43\times250\times465+f_{yv}\frac{A_{sv}}{s}h_0+0.58\times215\times9.5\times290$$

$$f_{yv}\frac{A_{sv}}{s}h_0=-359.54(\text{kN})<0$$

故箍筋可按构造配置，拟配双肢 $\phi8@200$。

(2) 按《钢骨混凝土结构技术规程》(YB 9082—2006) 建议的方法计算。已知 C30 混凝土，$f_c=14.3\text{N/mm}^2$，$f_t=1.43\text{N/mm}^2$，Q235 级 Ⅰ32a 工字钢：腹板厚度 $t_w=9.5\text{mm}$，翼缘厚度 $t_f=15\text{mm}$，$f_{ssv}=125\ \text{N/mm}^2$，取 $h_w=320-2\times15=290\text{mm}$，$h_{b0}=500-35=465\text{mm}$。

由式 (5-49)

$$125\times9.5\times290=344.4(\text{kN})>0.1\times1.0\times14.3\times250\times465=166.2(\text{kN})$$

因此型钢的受剪截面满足要求。

梁的剪力设计值为

$$V_b=\frac{1}{2}\times26\times9=117(\text{kN})$$

由式 (5-47)

$$V_b=117(\text{kN})<0.45\times1.0\times14.3\times250\times465=748.1(\text{kN})$$

因此梁的受剪截面满足要求。

已知　　$V_{by}^{ss}=t_w h_w f_{ssv}=344.4\ (\text{kN})$

因为　　$V_{bu}^{rc}=V_b-V_{by}^{ss}=117-344.4<0$

故仅需按构造配置箍筋，可取箍筋双肢 $\phi6@250$。

5.5　型钢混凝土梁裂缝计算

5.5.1　裂缝的分布特征

在荷载作用下，当型钢混凝土梁在最薄弱截面的拉应变超过了混凝土的极限拉应变时，就会出现第一条或第一批裂缝。随着荷载增加，受拉区的型钢和纵向钢筋与混凝土在不断伸长过程中产生变形差，又会在第一批裂缝间形成新的裂缝，如图 5-12 所示。当裂缝的间距减小到一定值时，型钢和钢筋通过黏结力传递给混凝土的拉应力已经不能达到混凝土的抗拉强度，梁上就不再有新的裂缝产生。

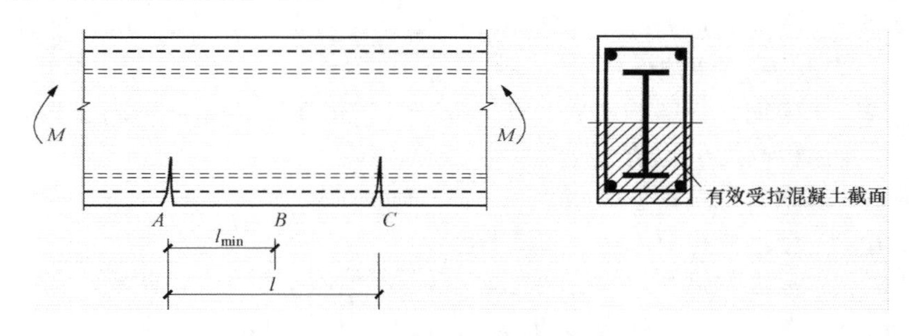

图 5-12　型钢混凝土梁的裂缝分布

试验研究表明，型钢混凝土梁的裂缝具有以下特征：

(1) 梁上裂缝一旦出现便很快延伸至型钢受拉翼缘附近，由于型钢刚度较大，且对核心混凝土约束，因此裂缝的发展受到抑制，出现“停滞”现象。

(2) 对于采用两点对称加载的型钢混凝土梁，裂缝一般首先在纯弯段出现，之后才出现在弯剪段。纯弯段的裂缝均为竖向裂缝，当荷载达到极限荷载的 50%左右时，裂缝基本出齐。弯剪段内一般先出现小的竖向裂缝，然后逐渐发展为指向加载点的斜裂缝，剪跨比越小，这种现象越明显。

(3) 在型钢混凝土梁中，由于型钢的存在，对裂缝两侧混凝土的有效约束作用增强，使得型钢混凝土梁的裂缝宽度比钢筋混凝土梁小。

5.5.2　裂缝宽度计算

1.《组合结构设计规范》(JGJ 138—2016) 建议的方法

(1) 型钢混凝土梁的最大裂缝宽度按荷载的准永久值并考虑长期作用的影响，按下列公式计算（见图 5-13）

$$\omega_{max}=1.9\psi\frac{\sigma_{sa}}{E_s}\left(1.9c_s+0.08\frac{d_e}{\rho_{te}}\right) \tag{5-52}$$

$$\psi=1.1(1-M_{cr}/M_q) \tag{5-53}$$

$$M_{cr}=0.235bh^2 f_{tk} \tag{5-54}$$

图 5-13　型钢混凝土梁最大裂缝宽度计算参数示意

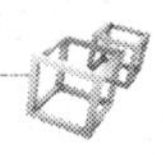

$$\sigma_{sa}=\frac{M_k}{0.87(A_s h_{0s}+A_{af}h_{0f}+kA_{aw}h_{0w})} \tag{5-55}$$

$$k=\frac{0.25h+0.5t_f-a_a}{h_w} \tag{5-56}$$

$$d_e=\frac{4(A_s+A_{af}+kA_{aw})}{u} \tag{5-57}$$

$$u=n\pi d_s+(2b_f+2t_f+2kh_{aw})\times 0.7 \tag{5-58}$$

$$\rho_{te}=\frac{A_s+A_{af}+kA_{aw}}{0.5bh} \tag{5-59}$$

式中 ω_{max}——最大裂缝宽度；

M_q——按荷载效应的准永久值计算的弯矩值；

M_{cr}——梁截面抗裂弯矩；

c_s——最外层纵向受拉钢筋的混凝土保护层厚度，mm，当 $c_s>65$ 时，取 $c_s=65$；

ψ——考虑型钢翼缘作用的钢筋应变不均匀系数，当 $\psi<0.2$ 时取 $\psi=0.2$，当 $\psi>1.0$ 时取 $\psi=1.0$；

k——型钢腹板影响系数，其值取梁受拉侧 1/4 梁高范围内腹板高度与整个腹板高度的比值；

n——纵向受拉钢筋数量；

b_f、t_f——型钢受拉翼缘的宽度、厚度；

d_e、ρ_{te}——考虑型钢受拉翼缘与部分腹板及受拉钢筋的有效直径、有效配箍率；

σ_{sa}——考虑型钢受拉翼缘与部分腹板及受拉钢筋的钢筋应力值；

A_s、A_{af}——纵向受拉钢筋、型钢受拉翼缘面积；

A_{aw}、h_{aw}——型钢腹板的面积、高度；

h_{0s}、h_{0f}、h_{0w}——纵向受拉钢筋、型钢受拉翼缘、梁受拉侧 1/4 梁高范围内型钢腹板的高度处（kA_{aw}）截面重心至混凝土截面受压边缘的距离；

u——纵向受拉钢筋和型钢受拉翼缘与部分腹板周长之和。

（2）型钢混凝土梁的最大裂缝宽度不应大于表 5-1 中规定的限值。

表 5-1　型钢混凝土梁最大裂缝宽度限值　(mm)

耐久性环境等级	裂缝控制等级	最大裂缝宽度限值 ω_{max}
一	三级	0.3（0.4）
二 a		0.2
二 b		
三 a、三 b		

注　对于年平均相对湿度小于 60%地区一级环境下的型钢混凝土梁，其裂缝最大宽度限值可采用括号内的数值。

2.《钢骨混凝土结构技术规程》（YB 9082—2006）建议的方法

（1）对称配置实腹式型钢混凝土梁，按荷载效应标准组合并考虑荷载长期作用影响的最大裂缝宽度（mm）计算公式为

$$w_{max}=2.1\psi\frac{\sigma_{sk}}{E_s}\left(1.9c+0.08\frac{d_{eq}}{\rho_{te}}\right) \tag{5-60}$$

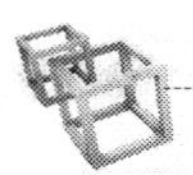

$$\psi = 1.1\left(1-\frac{M_c}{M_k^{rc}}\right) \tag{5-61}$$

$$M_c = 0.235bh^2 f_{tk} \tag{5-62}$$

$$M_k^{rc} = \frac{M_{bu}^{rc}}{M_{bu}^{rc}+M_{by}^{ss}}M_k \tag{5-63}$$

$$\sigma_{sk} = \frac{M_k^{rc}}{0.87A_s h_{b0}} \tag{5-64}$$

$$d_{eq} = \frac{4(A_s + A_{sf})}{\pi v_s n_s d + 0.7u_{sf}} \tag{5-65}$$

$$\rho_{te} = \frac{A_s + A_{sf}}{0.5bh} \tag{5-66}$$

式中 σ_{sk}——荷载效应标准组合下受拉钢筋的应力；

ψ——钢筋应变不均匀系数，当 $\psi>1.0$ 时取 1.0，当 $\psi<0.2$ 时取 0.2；

c——受拉钢筋的保护层厚度；

d_{ep}——受拉钢筋和型钢受拉翼缘的折算直径；

A_{sf}、u_{sf}——型钢受拉翼缘的面积和周长；

b、h——梁的截面宽度和高度；

v_s——受拉钢筋黏结特征系数，当为带肋钢筋时取 1.0，当为光面钢筋时取 0.7；

n_s——受拉钢筋根数；

d——受拉钢筋直径；

ρ_{te}——受拉钢筋截面和型钢受拉翼缘截面的有效配筋率；

M_c——混凝土截面的开裂弯矩；

M_k^{rc}——荷载效应标准组合下，混凝土截面部分所承担的弯矩；

M_k——荷载效应标准组合下的截面弯矩；

M_{bu}^{rc}——梁中钢筋混凝土部分的受弯承载力；

M_{by}^{ss}——梁中型钢部分的受弯承载力。

(2) 型钢混凝土梁的最大裂缝宽度限值，在一类环境下，可取 0.3mm；在二、三类环境下，可取 0.2mm。

5.6 型钢混凝土梁变形计算

由图 5-3 所示的型钢混凝土梁的荷载-跨中挠度关系曲线可知，当梁达到开裂荷载后，曲线上没有明显的转折点，这是因为受刚度较大的型钢的约束，裂缝开展到型钢下翼缘处几乎不再向上发展，宽度增加也不大，出现“停滞”现象，直到受拉钢筋和型钢发生屈服。因此，在使用阶段，型钢混凝土梁的荷载-跨中挠度曲线比较接近线性关系，抗弯刚度降低较小，可取一定值。

试验结果表明，型钢混凝土梁中配置的型钢对提高梁的抗弯刚度有显著作用，且截面含钢率越大，这种提高作用越显著。因此，在计算型钢混凝土梁的抗弯刚度时，型钢的作用不可忽略。下面介绍构件刚度的计算方法。

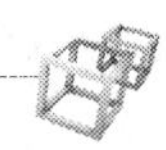

1.《组合结构设计规范》(JGJ 138—2016) 建议的方法

(1) 型钢混凝土梁的纵向受拉钢筋配筋率为0.3%~1.5%时，按荷载的准永久值计算短期刚度为

$$B_s = \left(0.22 + 3.75\frac{E_s}{E_c}\rho_s\right)E_c I_c + E_a I_a \tag{5-67}$$

按荷载的准永久值并考虑长期作用影响的长期刚度，可按下式计算

$$B = \frac{B_s - E_a I_a}{\theta} + E_a I_a \tag{5-68}$$

$$\theta = 2.0 - 0.4\frac{\rho'_{sa}}{\rho_{sa}} \tag{5-69}$$

式中 B_s——梁的短期刚度；

B——梁的长期刚度；

ρ_{sa}——梁截面受拉区配置的纵向受拉钢筋和型钢受拉翼缘面积之和的截面配筋率；

ρ'_{sa}——梁截面受压区配置的纵向受压钢筋和型钢受压翼缘面积之和的截面配筋率；

ρ_s——纵向受拉钢筋配筋率；

E_c——混凝土弹性模量；

E_a——型钢弹性模量；

E_s——钢筋弹性模量；

I_c——按截面尺寸计算的混凝土截面惯性矩；

I_a——型钢的截面惯性矩；

θ——考虑荷载长期作用对挠度增大的影响系数。

(2) 在正常使用极限状态下，型钢混凝土梁的挠度可根据其刚度用结构力学的方法进行计算。在等截面梁中，可假定各同号弯矩区段内的刚度相等，并取该区段内最大弯矩截面的刚度进行挠度计算。

型钢混凝土梁的挠度，不应大于表5-2规定的最大挠度限值。

表5-2 型钢混凝土梁的挠度限值

跨度(m)	挠度限值(以计算跨度 l_0 计算)
$l_0<7$	$l_0/200$ ($l_0/250$)
$7\leqslant l_0\leqslant 9$	$l_0/250$ ($l_0/300$)
$l_0>9$	$l_0/300$ ($l_0/400$)

注 1. 表中 l_0 为构件的计算跨度；悬臂构件的 l_0 按实际悬臂长度的2倍取用。
2. 构件有起拱时，可将计算所得的挠度值减去起拱值。
3. 表中括号中的数值适用于使用上对挠度有较高要求的构件。

2.《钢骨混凝土结构技术规程》(YB 9082—2006) 建议的方法

(1) 对称配置实腹型钢的型钢混凝土梁，在荷载效应标准组合下的抗弯刚度 B_s 按下列公式计算

$$B_s = B_s^{rc} + E_{ss} I_{ss} \tag{5-70}$$

$$B_s^{rc} = \frac{E_s A_s h_{b0}^2}{1.15\psi + 0.2 + \frac{6\alpha_E \rho}{1 + 3.5\gamma'_f}} \tag{5-71}$$

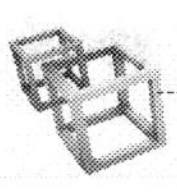

$$\rho = \frac{A_s}{bh_{b0}} \tag{5-72}$$

$$\gamma'_f = \frac{(b'_f - b)h'_f}{bh_{b0}} \tag{5-73}$$

式中　$E_{ss}I_{ss}$——型钢截面的抗弯刚度；

B_s^{rc}——型钢混凝土梁在荷载效应标准组合下，钢筋混凝土部分截面的短期抗弯刚度；

ψ——钢筋应变不均匀系数，当 $\psi>1.0$ 时取 1.0，当 $\psi<0.2$ 时取 0.2；

α_E——钢筋与混凝土的弹性模量比，即 $\alpha_E=E_s/E_c$；

ρ——受拉钢筋配筋率；

γ'_f——受压翼缘增强系数，当式（5-73）中 $h'_f>0.2h_{b0}$时，取 $h'_f=0.2h_{b0}$；

b'_f、h'_f——T 形或工字形截面受压区的翼缘宽度和高度；

b——梁肋的宽度。

对于型钢受拉翼缘大于受压翼缘的非对称截面，则可将受拉翼缘大于受压翼缘的面积作为受拉钢筋考虑，计入钢筋混凝土部分的抗弯刚度。

（2）型钢混凝土梁按荷载效应标准组合并考虑荷载长期作用影响的刚度 B，按下列公式计算

$$B = \frac{M_k^{rc}}{M_k^{rc} + 0.6M_q^{rc}} B_s^{rc} + E_{ss}I_{ss} \tag{5-74}$$

$$M_q^{rc} = \frac{M_q}{M_k} M_k^{rc} \tag{5-75}$$

式中　M_q——按荷载效应准永久组合计算的弯矩，取计算区段内的最大弯矩值；

M_k——短期效应标准组合下的弯矩；

M_k^{rc}——荷载效应标准组合下，混凝土截面部分所承担的弯矩；

M_q^{rc}——相应 M_q 作用下，钢筋混凝土截面部分所承担的弯矩。

（3）型钢混凝土框架梁在正常使用极限状态下的挠度，可根据构件的刚度用结构力学的方法计算。在等截面梁中，可假定各同号弯矩区段内的刚度相等，并取用该区段内最大弯矩截面的刚度进行挠度的计算。所求得的挠度值不应大于表 5-3 规定的挠度限值。

表 5-3　　型钢混凝土梁的挠度限值

构件类型	挠度限值
吊车梁：手动吊车	$l_0/500$
电动吊车	$l_0/600$
屋盖、楼盖及楼梯构件：	
当 $l_0<7$m 时	$l_0/200$（$l_0/250$）
当 7m$\leqslant l_0 \leqslant$9m 时	$l_0/250$（$l_0/300$）
当 $l_0>9$m 时	$l_0/300$（$l_0/400$）

注　1. 表中 l_0 为构件的计算跨度。
2. 表中括号内的数值适用于使用上对挠度有较高要求的构件。
3. 如果构件制作时预先起拱，且使用上也允许，则在验算挠度时，可将计算所得的挠度值减去起拱值。
4. 计算悬臂构件的挠度时，计算跨度 l_0 按实际悬臂长度的 2 倍取用。

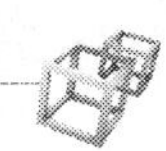

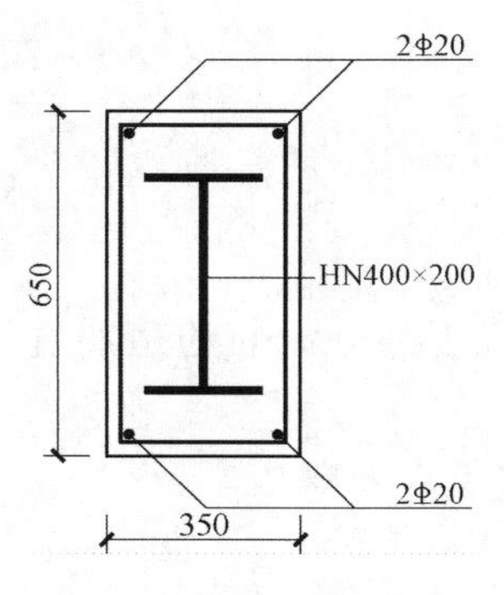

图 5-14　型钢混凝土梁截面

【例 5-3】　处于一类环境中的型钢混凝土简支梁，梁的计算跨度为 7m，截面尺寸为 350mm×650mm，如图 5-14 所示，纵向钢筋的保护层厚度为 25mm。型钢采用 HN400×200（截面为 400×200×8×13），材料级别为 Q345 级，$E_{ss}=2.06\times10^5$ N/mm²，纵向钢筋采用 HRB335 级 4 Φ 20 钢筋，$f_{sy}=300$ N/mm²，$E_s=2.0\times10^5$ N/mm²。混凝土强度等级为 C30，$f_{tk}=2.01$N/mm²，$E_c=3.0\times10^4$ N/mm²。在均布荷载作用下，按荷载效应标准组合计算的弯矩值 $M_k=440$kN·m，按荷载效应准永久组合计算的弯矩值 $M_q=293$kN·m。试验算该梁的裂缝宽度和挠度是否满足要求。

解　(1) 按《组合结构设计规范》(JGJ 138—2016) 建议的方法。

1) 裂缝宽度验算。截面特征高度

$$h_{0s}=h-a_s=650-25-10=615(\text{mm})$$

$$h_{0f}=h-a_a=650-125-6.5=518.5(\text{mm})$$

$$h_{0w}=\frac{3}{4}\times650+\frac{\frac{1}{4}\times650-125-13}{2}=499.8(\text{mm})$$

梁截面抗裂弯矩

$$M_{cr}=0.235bh^2f_{tk}=0.235\times350\times650^2\times2.01=69.85(\text{kN}\cdot\text{m})$$

考虑型钢翼缘作用的钢筋应变不均匀系数

$$\psi=1.1\left(1-\frac{M_{cr}}{M_q}\right)=1.1\times\left(1-\frac{69.85}{293}\right)=0.838$$

受拉区钢材面积，2 Φ 20 钢筋

$$A_s=628(\text{mm}^2)$$

$$A_{af}=200\times13=2600(\text{mm}^2),A_{aw}=(400-2\times13)\times8=2992(\text{mm})^2$$

考虑型钢受拉翼缘与部分腹板及受拉钢筋作用的系数及钢筋应力值

$$k=\frac{0.25h-0.5t_f-a_a}{h_w}=\frac{0.25\times650-0.5\times13-(125+6.5)}{400-2\times13}=0.066$$

$$\begin{aligned}\sigma_{sa}&=\frac{M_q}{0.87(A_sh_{0s}+A_{af}h_{0f}+kA_{aw}h_{0w})}\\&=\frac{293\times10^6}{0.87\times(628\times615+2600\times518.5+0.066\times2992\times499.8)}\\&=183.73(\text{N/mm}^2)\end{aligned}$$

纵向受拉钢筋和型钢受拉翼缘与部分腹板周长之和

$$\begin{aligned}u&=n\pi d_s+(2b_f+2t_f+2kh_{aw})\times0.7\\&=2\times3.14\times20+[2\times200+2\times13+2\times0.066\times(400-2\times13)]\times0.7\\&=458.36(\text{mm})\end{aligned}$$

考虑型钢受拉翼缘与部分腹板及受拉钢筋的有效直径和有效配箍率

$$d_e=\frac{4(A_s+A_{af}+kA_{aw})}{u}$$

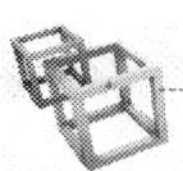

$$= \frac{4 \times (628 + 2600 + 0.066 \times 2992)}{458.36} = 29.89(\text{mm})$$

$$\rho_{te} = \frac{A_s + A_{af} + kA_{aw}}{0.5bh}$$

$$= \frac{628 + 2600 + 0.066 \times 2992}{0.5 \times 350 \times 650} = 0.0301$$

最大裂缝宽度

$$w_{max} = 1.9\psi \frac{\sigma_{sa}}{E_s}\left(1.9c_s + 0.08\frac{d_e}{\rho_{te}}\right)$$

$$= 1.9 \times 0.838 \times \frac{183.73}{2.0 \times 10^5} \times \left(1.9 \times 25 + 0.08 \times \frac{28.89}{0.0301}\right)$$

$$= 0.181(\text{mm}) < w_{min} = 0.2(\text{mm})$$

因此梁的裂缝宽度满足要求。

2）挠度验算。混凝土截面惯性矩

$$I_c = \frac{1}{12} \times 350 \times 650^3 = 8.0 \times 10^9(\text{mm}^4)$$

型钢截面惯性矩

$$I_a = 2 \times \left[\frac{1}{12} \times 200 \times 13^3 + 200 \times 13 \times \left(\frac{400 - 13}{2}\right)^2 + \frac{1}{12} \times 8 \times (400 - 13 \times 2)^3\right]$$

$$= 2.296 \times 10^8(\text{mm}^4)$$

截面受拉受压钢筋配筋率

$$\rho_s = \rho'_s = \frac{A_s}{bh_0} = \frac{628}{350 \times 615} = 0.3\%$$

此型钢混凝土梁的纵向受拉钢筋配筋率在 0.3%～1.5%范围内，则按荷载准永久值计算短期刚度为

$$B_s = \left(0.22 + 3.75\frac{E_s}{E_c}\rho_s\right)E_cI_c + E_aI_a$$

$$= \left(0.22 + 3.75\frac{2.0 \times 10^5}{3 \times 10^4} \times 0.003\right) \times 3 \times 10^4 \times 8.0 \times 10^9 + 2.06 \times 10^5 \times 2.296 \times 10^6$$

$$= 1.18 \times 10^{14}(\text{N} \cdot \text{mm}^2)$$

由于截面对称配筋，即 $\rho_s = \rho'_s$，故荷载长期效应组合对挠度增大的影响系数

$$\theta = 2.0 - 0.4\frac{\rho'_{sa}}{\rho_{sa}} = 2.0 - 0.4 \times 1 = 1.6$$

按荷载的准永久值并考虑长期作用影响的长期刚度

$$B = \frac{B_s - E_aI_a}{A} + E_aI_a$$

$$= \frac{1.18 \times 10^{14} - 2.06 \times 10^5 \times 2.296 \times 10^8}{1.6} + 2.06 \times 10^5 \times 2.296 \times 10^8$$

$$= 4.4189 \times 10^{13} + 4.72976 \times 10^{13}$$

$$= 9.15 \times 10^{13}(\text{N} \cdot \text{mm}^2)$$

则可得此型钢混凝土简支梁的挠度为

$$f = \frac{5}{48} \times \frac{M_q l_0^2}{B} = \frac{5}{48} \times \frac{293 \times 10^6 \times 7^2 \times 10^6}{9.15 \times 10^{13}} = 16.34(\text{mm}) < \frac{1}{250}l_0 = 28(\text{mm})$$

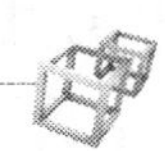

(2) 按《钢骨混凝土结构技术规程》(YB 9082—2006) 建议的方法计算。

1) 最大裂缝宽度验算。由已知条件可知

$h_{b0}=650-35=615(\text{mm})$

$A_s=A'_s=628(\text{mm}^2)$，$A_{sf}=200\times13=2600(\text{mm}^2)$

$u_{sf}=2\times(200+13)=426(\text{mm})$

$$d_{eq}=\frac{4\times(628+2600)}{\pi\times1.0\times2\times20+0.7\times426}=30.5(\text{mm})$$

$$\rho_{te}=\frac{628+2600}{0.5\times350\times650}=0.028$$

$M_c=0.235\times350\times650^2\times2.01=69.8\times10^6(\text{N}\cdot\text{mm})$

$M_{by}^{ss}=1.05\times310\times1190\times10^3=387.3\times10^6(\text{N}\cdot\text{mm})$

$M_{bu}^{rc}=300\times628\times(615-35)=109.3\times10^6(\text{N}\cdot\text{mm})$

$$M_k^{rc}=\frac{109.3}{109.3+387.3}\times440=96.8\times10^6(\text{N}\cdot\text{mm})$$

$$\psi=1.1\left(1-\frac{69.8}{96.8}\right)=0.31$$

$$\sigma_{sk}=\frac{96.8\times10^6}{0.87\times628\times615}=288.1(\text{N/mm}^2)$$

$$w_{max}=2.1\times0.31\times\frac{288.1}{2.0\times10^5}\times\left(1.9\times25+0.08\times\frac{30.5}{0.028}\right)$$

$$=0.13(\text{mm})<w_{lim}=0.2(\text{mm})$$

因此梁的裂缝宽度满足要求。

2) 挠度验算

$$\rho=\frac{628}{350\times615}=0.003，\alpha_E=\frac{2.0\times10^5}{3.0\times10^4}=6.67$$

$$B_s^{rc}=\frac{2.0\times10^5\times628\times615^2}{1.15\times0.31+0.2+6\times6.67\times0.003}=7.02\times10^{13}(\text{N}\cdot\text{mm}^2)$$

$E_{ss}I_{ss}=2.06\times10^5\times23700\times10^4=4.88\times10^{13}(\text{N}\cdot\text{mm}^2)$

$$M_q^{rc}=\frac{239}{440}\times96.8=64.5(\text{kN}\cdot\text{m})$$

$$B_l^{rc}=\frac{96.8}{96.8+0.6\times64.5}\times7.02\times10^{13}=5.02\times10^{13}(\text{N}\cdot\text{mm}^2)$$

$B=(5.02+4.88)\times10^{13}=9.90\times10^{13}(\text{N}\cdot\text{mm}^2)$

挠度 $f=\frac{5}{48}\frac{M_kl_0^2}{B}=\frac{5}{48}\times\frac{440\times10^6\times7000^2}{9.90\times10^{13}}=22.7(\text{mm})<\frac{l_0}{250}=\frac{7000}{250}=28(\text{mm})$

因此梁的挠度满足要求。

5.7 型钢混凝土柱正截面承载力分析

5.7.1 试验研究

型钢混凝土柱按其受力情况可分为轴心受压柱、偏心受压柱、轴心受拉柱和偏心受拉柱。下面仅给出轴心受压柱和偏心受压柱的试验概况。

1. 轴心受压柱

轴心受压柱按长细比的不同可分为短柱和长柱。型钢混凝土短柱在加载初期，型钢、钢筋和混凝土均能较好地共同工作，三者变形协调。随着荷载的增加，在柱的外表面产生纵向裂缝。荷载继续增加，纵向裂缝逐渐贯通，最终把型钢混凝土柱分成若干受压小柱而产生劈裂破坏。在荷载达到极限荷载的 80%之后，型钢与混凝土之间黏结滑移明显，通常表现为型钢翼缘处有明显的纵向裂缝。试件破坏时，在配钢量适当的情况下，型钢不会出现整体失稳或局部屈曲现象，它和纵向钢筋均能达到屈服强度，混凝土能够达到轴心抗压强度。型钢混凝土轴心受压短柱的破坏形态如图 5-15 所示。

由于二阶效应的影响，型钢混凝土长柱的轴心受压承载力低于相同条件下短柱的承载力，计算时应予以考虑。

2. 偏心受压柱

偏心受压柱承受轴向力 N 和弯矩 M 的作用，同时具有受压构件和受弯构件的性能。偏心距 $e_0=M/N$，反映了轴向力和弯矩之间的关系，当 $e_0\rightarrow 0$ 时，$M\rightarrow 0$，构件趋向于轴心受压性能，当 $e_0\rightarrow\infty$ 时，$N\rightarrow 0$，构件趋向于纯弯性能，说明偏心距 e_0 对偏心受压柱的受力性能有重要影响。另外，在轴向力和弯矩的共同作用下，型钢混凝土偏心受压柱将发生纵向弯曲，从而在柱截面产生二阶弯矩，使柱的承载力降低。纵向弯曲引起的二阶弯矩主要取决于柱的长细比 l_0/h。

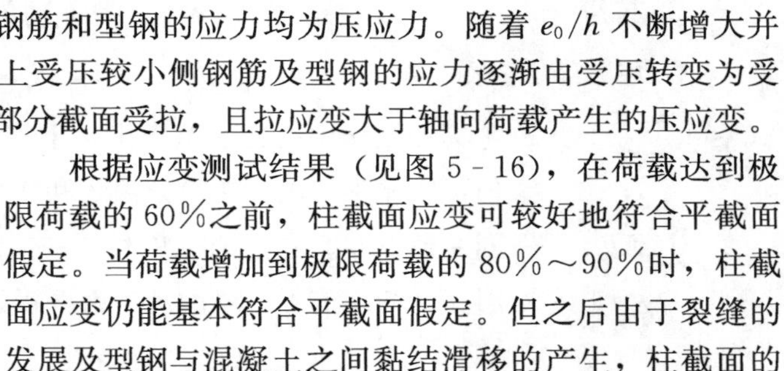

图 5-15　型钢混凝土柱轴心受压

试验表明，在具有不同偏心距的荷载作用下，型钢混凝土柱经历了混凝土初裂、裂缝开展、受压侧钢筋和型钢翼缘屈服、混凝土压碎剥落、构件达到极限承载力的过程。当相对偏心距 e_0/h 较小时，型钢混凝土柱全截面受压，此时钢筋和型钢的应力均为压应力。随着 e_0/h 不断增大并达到一定数值时，型钢混凝土柱截面上受压较小侧钢筋及型钢的应力逐渐由受压转变为受拉，这是由于偏心荷载产生的弯矩使部分截面受拉，且拉应变大于轴向荷载产生的压应变。

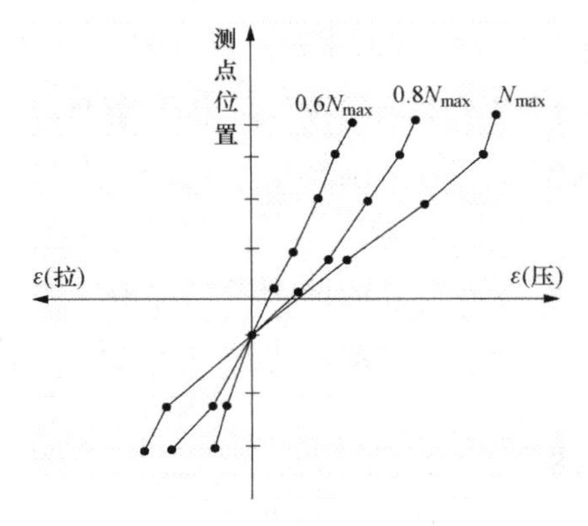

图 5-16　不同加载阶段偏心受压柱的截面应变分布

根据应变测试结果（见图 5-16），在荷载达到极限荷载的 60%之前，柱截面应变可较好地符合平截面假定。当荷载增加到极限荷载的 80%～90%时，柱截面应变仍能基本符合平截面假定。但之后由于裂缝的发展及型钢与混凝土之间黏结滑移的产生，柱截面的平均应变不再符合平截面假定。

根据偏心距及破坏特征的不同，型钢混凝土偏心受压柱可分为受压破坏和受拉破坏两种破坏形态。

（1）受压破坏（小偏心受压破坏）。当偏心距较小时，型钢混凝土柱一般发生受压破坏。当轴向压力增加到一定程度时，靠近轴向压力一侧的受压区边缘混凝土达到其极限压应变，混凝土被压碎剥落，柱发生破坏。此时，靠近轴向压力一侧的纵向钢筋和型钢翼缘能够发生屈服，而远离轴向压力一侧的纵向钢筋和型钢可能受压，也可能受拉，但均不发生屈服。

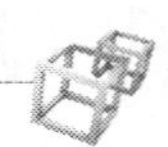

（2）受拉破坏（大偏心受压破坏）。当偏心距较大时，型钢混凝土柱一般发生受拉破坏。当轴向压力增加到一定数值时，远离轴向压力一侧的混凝土受拉形成与柱轴线垂直的水平裂缝。随着轴向压力的增加，水平裂缝不断扩展和延伸，受拉侧纵向钢筋和型钢翼缘相继发生屈服。之后，轴向压力仍可继续增加，直至受压区边缘混凝土达到极限压应变而逐渐被压碎剥落，柱宣告破坏。此时，受压侧纵向钢筋和型钢翼缘一般能够达到屈服，型钢腹板无论是受压还是受拉，都只能一部分达到屈服。偏心距越大，破坏过程越缓慢，横向裂缝开展越大。

5.7.2 型钢混凝土柱端截面的内力设计值

1.《组合结构设计规范》(JGJ 138—2016) 建议的方法

考虑地震作用组合一、二、三、四级抗震等级的型钢混凝土柱的节点上下端的内力设计值应按下列规定计算：

（1）节点上、下端的弯矩设计值。

1）一级抗震等级的框架结构和 9 度设防烈度一级抗震等级的各类框架

$$\sum M_c = 1.2\sum M_{bua} \tag{5-76}$$

2）框架结构

二级抗震等级 $$\sum M_c = 1.5\sum M_b \tag{5-77}$$

三级抗震等级 $$\sum M_c = 1.3\sum M_b \tag{5-78}$$

四级抗震等级 $$\sum M_c = 1.2\sum M_b \tag{5-79}$$

3）其他各类框架

一级抗震等级 $$\sum M_c = 1.4\sum M_b \tag{5-80}$$

二级抗震等级 $$\sum M_c = 1.2\sum M_b \tag{5-81}$$

三、四级抗震等级 $$\sum M_c = 1.1\sum M_b \tag{5-82}$$

式中 $\sum M_c$ ——考虑地震作用组合的节点上、下柱端的弯矩设计值之和，柱端弯矩设计值可取调整后的弯矩设计值之和按弹性分析的弯矩比例进行分配；

$\sum M_{bua}$ ——同一节点左、右梁端按顺时针和逆时针方向采用实配钢筋和实配型钢材料强度标准值，且考虑承载力抗震调整系数的正截面受弯承载力之和的较大值；

$\sum M_b$ ——同一节点左、右梁端按顺时针和逆时针方向计算的两端考虑地震作用组合的弯矩设计值之和，一级抗震等级，当两端弯矩均为负弯矩时，绝对值较小的弯矩值应取零。

（2）考虑地震作用组合的框架结构底层柱下端截面的弯矩设计值，对一、二、三、四级抗震等级应分别乘以弯矩增大系数 1.7、1.5、1.3 和 1.2。底层柱纵向钢筋宜按柱上、下端的不利情况配置。

（3）顶层柱、轴压比小于 0.15 的柱，其柱端弯矩设计值可取地震作用组合下的弯矩设计值。考虑地震作用组合的型钢混凝土柱的轴压比按下式计算，其值不宜大于表 5-4 规定的限值，即

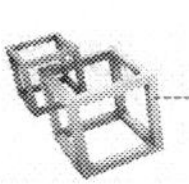

$$n = \frac{N}{f_c A_c + f_a A_a} \tag{5-83}$$

式中　n——柱轴压比；

N——考虑地震作用组合的柱轴向压力设计值。

表 5-4　型钢混凝土柱的轴压比限值

结构类型	抗震等级			
	一级	二级	三级	四级
框架结构	0.65	0.75	0.85	0.90
框架-剪力墙结构	0.70	0.80	0.90	0.95
框架-筒体结构	0.70	0.80	0.90	—
筒中筒结构	0.70	0.80	0.90	—

(4) 节点上、下柱端的轴向压力设计值，应取地震作用组合下各自的轴向压力设计值。

(5) 角柱宜按双向偏心受力构件进行正截面承载力计算。一、二、三、四级抗震等级的角柱弯矩设计值应取调整后的设计值乘以不小于 1.1 的增大系数。

2.《钢骨混凝土结构技术规程》(YB 9082—2006) 建议的方法

型钢混凝土框架节点上、下柱端截面的弯矩设计值可按以下方法确定：

(1) 一、二、三级抗震等级的框架柱中间层上、下端的弯矩设计值，除顶层和轴压比小于 0.15 者外

$$\sum M_c = \eta_c \sum M_b \tag{5-84}$$

式中　$\sum M_c$——考虑地震作用组合的节点上、下柱端的弯矩设计值之和，柱端弯矩设计值可根据弹性分析所得的、考虑地震作用组合的上、下柱端弯矩比例，将 $\sum M_c$ 进行分配得到；

$\sum M_b$——同一节点左、右梁端截面按顺时针和逆时针方向计算的两端考虑地震作用组合的弯矩设计值之和的较大值，当抗震等级为一级，且节点左、右梁端均为负弯矩时，绝对值较小的弯矩应取为零。

η_c——柱端弯矩增大系数，一、二、三级抗震等级分别取 1.4、1.2、1.1。

抗震设计时，型钢混凝土柱在重力荷载代表值作用下的轴压比按下式计算，并不应超过表 5-5 的限值，即

$$n = \frac{N}{f_c A_c + f_{ssy} A_{ss}} \tag{5-85}$$

式中　n——轴压比；

N——地震作用组合下柱承受的最大轴向压力设计值；

A_c——柱混凝土部分的截面面积；

A_{ss}——柱型钢部分的截面面积。

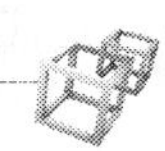

表 5-5　　型钢混凝土柱的轴压比限值

结构形式	抗震等级			
	特一级	一级	二级	三级
框架结构	0.60	0.65	0.75	0.85
框架－剪力墙结构 框架－筒体结构	0.65	0.70	0.80	0.90
地下结构的框架柱	0.70	0.75	0.85	0.95

(2) 特一级抗震等级、9 度设防烈度及一级抗震等级（纯）框架结构的节点上、下柱端

$$\sum M_c = 1.2\sum M_{bua} \tag{5-86}$$

式中　$\sum M_{bua}$——同一节点左、右梁端截面按顺时针或逆时针方向计算的正截面抗震受弯承载力所对应弯矩值之和的较大值，其中梁端的 M_{bua} 应按式（5-11）计算，计算时采用实配型钢截面和钢筋截面，并取型钢材料的屈服强度和钢筋及混凝土材料强度的标准值，且考虑承载力抗震调整系数。

(3) 抗震设计的特一、一、二、三级框架底层柱下端截面，其弯矩设计值应分别乘以增大系数 1.8、1.5、1.25 和 1.15。底层柱纵向钢筋宜按柱上、下端的不利情况配置。

(4) 非抗震结构、不需进行抗震验算和四级抗震等级的抗震结构中框架柱上、下端截面的弯矩设计值取荷载组合得到的弯矩值。

(5) 对于角柱，其弯矩设计值应按以上各计算值再乘以不小于 1.1 的增大系数。

5.7.3 型钢混凝土轴心受压柱的正截面受压承载力计算

1.《组合结构设计规范》(JGJ 138—2016) 建议的方法

型钢混凝土轴心受压柱的正截面受压承载力可按下式计算：

对于持久、短暂设计状况

$$N \leqslant 0.9\varphi(f_c A_c + f'_y A'_s + f'_a A'_a) \tag{5-87}$$

对于地震设计状况

$$N \leqslant \frac{1}{\gamma_{RE}}[0.9\varphi(f_c A_c + f'_y A'_s + f'_a A'_a)] \tag{5-88}$$

式中　N——轴向压力设计值；

A_c、A'_c、A'_a——混凝土、钢筋、型钢的截面面积；

f_c、f'_y、f'_a——混凝土、钢筋、型钢的抗压强度设计值；

φ——轴心受压柱稳定系数，主要考虑长柱承载力的降低程度，可按表 5-6 确定。

表 5-6　　型钢混凝土柱的稳定系数

l_0/i	≤28	35	42	48	55	62	69	76	83	90	97	104
φ	1.00	0.98	0.95	0.92	0.87	0.81	0.75	0.70	0.65	0.60	0.56	0.52

注　l_0 为型钢混凝土柱的计算长度；i 为截面的最小回转半径，$i=\sqrt{\dfrac{E_c I_c + E_a I_a}{E_c A_c + E_a A_a}}$。

2. AISC360-05 建议的方法

型钢混凝土轴心受压柱的正截面受压承载力按下式计算

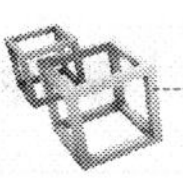

$$P \leqslant \phi_c P_n \tag{5-89}$$

式中　ϕ_c——受压构件的抗力系数，取 0.75；

P_n——名义轴心受压承载力。

P_n 按下列规定计算：

当 $P_e \geqslant 0.044P_o$ 时

$$P_n = P_o(0.658^{\frac{P_o}{P_e}}) \tag{5-90}$$

当 $P_e < 0.044P_o$ 时

$$P_n = 0.877P_e \tag{5-91}$$

$$P_o = A_s F_y + A_{sr} F_{yr} + 0.85 A_c f'_c \tag{5-92}$$

$$P_e = \pi^2 (EI_{eff})/(KL)^2$$

$$E_c = 0.043 w_c^{1.5} \sqrt{f'_c} \tag{5-93}$$

$$EI_{eff} = E_s I_s + 0.5 E_s I_{sr} + C_1 E_c I_c \tag{5-94}$$

$$C_1 = 0.1 + 2\left(\frac{A_s}{A_c + A_s}\right) \leqslant 0.3 \tag{5-95}$$

式中　A_s——型钢的面积；

A_c——混凝土的面积；

A_{sr}——纵向钢筋的面积；

E_c——混凝土的弹性模量；

E_s——钢材的弹性模量；

f'_c——混凝土的圆柱体抗压强度；

F_y——型钢的屈服应力；

F_{yr}——纵向钢筋的屈服应力；

I_c——混凝土截面的惯性矩；

I_s——型钢的惯性矩；

I_{sr}——纵向钢筋的惯性矩；

K——柱的有效长度系数，按结构分析确定；

L——柱侧向支撑点之间的距离；

w_c——混凝土的单位质量（$1500kg/m^3 \leqslant w_c \leqslant 2500kg/m^3$）；

EI_{eff}——组合截面的有效抗弯刚度。

3. Eurocode - 4 建议的方法

型钢混凝土轴心受压柱的正截面受压承载力满足下列规定

$$N_{sd} \leqslant \chi N_{pl,Rd} \tag{5-96}$$

$$N_{pl,Rd} = A_a \frac{f_y}{\gamma_{Ma}} + A_c \frac{0.85 f_{ck}}{\gamma_c} + A_s \frac{f_{sk}}{\gamma_s} \tag{5-97}$$

$$\chi = \frac{1}{\phi + \sqrt{\phi - \bar{\lambda}^2}} \leqslant 1 \tag{5-98}$$

$$\phi = 0.5[1 + \alpha(\bar{\lambda} - 0.2) + \bar{\lambda}^2] \tag{5-99}$$

$$\bar{\lambda} = \sqrt{\frac{N_{pl,Rk}}{N_{cr}}} \tag{5-100}$$

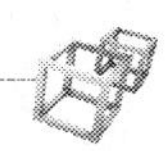

$$N_{pl,Rk} = A_a f_y + 0.85 A_c f_{ck} + A_s f_{sk} \tag{5-101}$$

$$N_{cr} = \frac{\pi^2 (EI)_{eff,k}}{L_{fl}^2} \tag{5-102}$$

$$(EI)_{eff,k} = E_a I_a + K_e E_{cm} I_c + E_s I_s \tag{5-103}$$

式中 N_{sd}——轴心压力设计值；

$N_{pl,Rd}$——截面塑性轴心受压承载力设计值；可按下式计算：

A_a、A_c、A_s——型钢、混凝土和钢筋的截面面积；

f_y——型钢的屈服强度标准值；

f_{ck}——混凝土的圆柱体抗压强度标准值，系数 0.85 是考虑荷载长期作用的影响；

f_{sk}——纵向钢筋的屈服强度标准值；

γ_{Ma}、γ_c、γ_s——型钢、混凝土和钢筋的材料强度分项系数；

χ——承载力折减系数；

ϕ——计算参数；

$\bar{\lambda}$——相对长细比；

$N_{pl,Rk}$——塑性轴心受压承载力标准值；

N_{cr}——柱的弹性临界力；

$(EI)_{eff,k}$——组合截面有效弹性抗弯刚度；

I_a、I_c、I_s——型钢、未开裂混凝土及纵向钢筋的截面惯性矩；

E_a、E_s——型钢和纵向钢筋的弹性模量；

E_{cm}——混凝土的弹性割线模量；

L_{fl}——柱的屈曲长度，对于刚性框架，可取柱的实际长度；

α——考虑残余应力和初弯曲的系数，对于配 H 型钢的截面，绕强轴屈曲时，取 $\alpha=0.34$，绕弱轴屈曲时，取 $\alpha=0.49$。

【例 5-4】 型钢混凝土柱截面如图 5-17 所示，混凝土强度等级为 C30，型钢采用 Q235 级，纵向钢筋采用 HRB335 级，柱的计算长度 $l_0=5.4$m。试求柱的轴心受压承载力。

解 按《组合结构设计规范》(JGJ 138—2016) 建议的方法计算

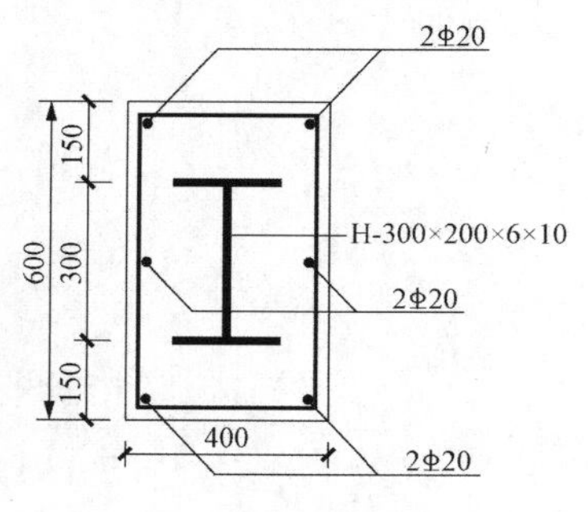

图 5-17 柱截面及配钢图

$$A'_a = 2\times(200\times10)+(300-2\times10)\times6 = 5680(\text{mm}^2)$$

$$A_c = A - A'_a = 400\times600-5680 = 234320(\text{mm}^2)$$

$$A'_s = 6\times314\times10^2 = 1884(\text{mm}^2)$$

$$i = \sqrt{\frac{E_c I_c + E_a I_a}{E_c A_c + E_a A_a}}$$

$$I_a = 2\times\frac{1}{12}\times200^3\times10+\frac{1}{12}\times(300-2\times10)\times6^3 = 1.33\times10^7(\text{mm}^4)$$

$$I_c = I - I_a = \frac{1}{12}\times400^3\times600-1.33\times10^7 = 3.19\times10^9(\text{mm}^4)$$

则

$$i = \sqrt{\frac{3.0\times10^4\times3.19\times10^9+2.06\times10^5\times1.33\times10^7}{3.0\times10^4\times234320+2.06\times10^5\times5680}} = 109.6(\text{mm})$$

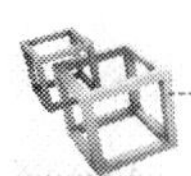

$\frac{l_0}{i}=\frac{5400}{109.6}=49.3$

查表得 $\varphi=0.91$，则

$N_a=0.9\varphi\ (f_cA_c+f_y'A_s'+f_a'A_a')$

$\quad=0.9\times0.91\times(14.3\times234320+300\times1884+215\times5680)$

$\quad=4207.3(\text{kN})$

5.7.4　型钢混凝土偏心受压柱的正截面受压承载力

1.《组合结构设计规范》(JGJ 138—2016) 建议的方法

(1) 型钢截面为充满型实腹式型钢混凝土偏心受压柱，其正截面受压承载力（见图 5-18）应按下列公式计算：

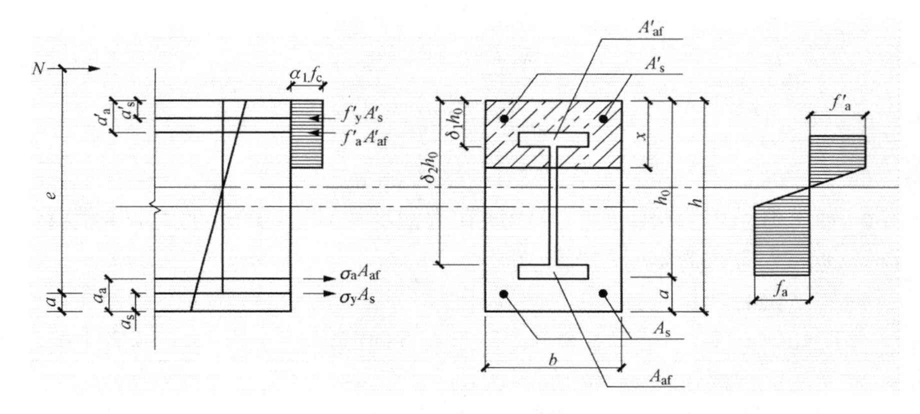

图 5-18　型钢混凝土偏心受压柱的正截面承载力计算

对于持久、短暂设计状况

$$N\leqslant\alpha_1f_cbx+f_y'A_s'+f_a'A_{af}'-\sigma_sA_s-\sigma_aA_{af}+N_{aw}\tag{5-104}$$

$$Ne\leqslant\alpha_1f_cbx\left(h_0-\frac{x}{2}\right)+f_y'A_s'(h_0-a_s')+f_a'A_{af}'(h_0-a_a')+M_{aw}\tag{5-105}$$

对于地震设计状况

$$N\leqslant\frac{1}{\gamma_{RE}}(\alpha_1f_cbx+f_y'A_s'+f_a'A_{af}'-\sigma_sA_s-\sigma_aA_{af}+N_{aw})\tag{5-106}$$

$$Ne\leqslant\frac{1}{\gamma_{RE}}\left[\alpha_1f_cbx\left(h_0-\frac{x}{2}\right)+f_y'A_s'(h_0-a_s')+f_a'A_{af}'(h_0-a_a')+M_{aw}\right]\tag{5-107}$$

$$h_0=h-a\tag{5-108}$$

$$e=e_i+\frac{h}{2}-a\tag{5-109}$$

$$e_i=e_0+e_a\tag{5-110}$$

$$e_0=\frac{M}{N}\tag{5-111}$$

对于 N_{aw} 和 M_{aw}，当 $\delta_1h_0<\frac{x}{\beta_1}$，$\delta_2h_0<\frac{x}{\beta_1}$ 时

$$N_{aw}=\left[\frac{2x}{\beta_1h_0}-(\delta_1+\delta_2)\right]t_wh_0f_a\tag{5-112}$$

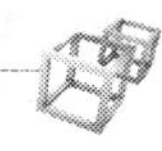

$$M_{aw}\left[0.5(\delta_1^2+\delta_2^2)-(\delta_1+\delta_2)+\frac{2x}{\beta_1 h_0}-\left(\frac{x}{\beta_1 h_0}\right)^2\right]t_w h_0^2 f_a \tag{5-113}$$

当 $\delta_1 h_0<\frac{x}{\beta_1}$，$\delta_2 h_0<\frac{x}{\beta_1}$时

$$N_{aw}=(\delta_2-\delta_1)t_w h_0 f_a \tag{5-114}$$

$$M_{aw}=[0.5(\delta_1^2-\delta_2^2)+(\delta_2-\delta_1)]t_w h_0^2 f_a \tag{5-115}$$

受拉或受压较小边的钢筋应力 σ_s 和型钢翼缘应力 σ_a 可按下列公式计算：

当 $x\leqslant\xi_b h_0$ 时，为大偏心受压构件，取 $\sigma_s=f_y$，$\sigma_a=f_a$。

当 $x>\xi_b h_0$ 时，为小偏心受压构件

$$\sigma_s=\frac{f_y}{\xi_b-\beta_1}\left(\frac{x}{h_0}-\beta_1\right) \tag{5-116}$$

$$\sigma_a=\frac{f_a}{\xi_b-\beta_1}\left(\frac{x}{h_0}-\beta_1\right) \tag{5-117}$$

$$\xi_b=\frac{\beta_1}{1+\frac{f_y+f_a}{2\times 0.003E_s}} \tag{5-118}$$

式中 e——轴向力作用点至纵向受拉钢筋和型钢受拉翼缘的合力点之间的距离；

e_0——轴向力对截面重心的偏心矩；

e_i——初始偏心矩；

e_a——附加偏心距，其值取 20mm 和偏心方向截面尺寸的 1/30 两者中的较大值；

α_1——受压区混凝土压应力影响系数；

β_1——受压区混凝土应力图形影响系数；

M——柱端较大弯矩设计值，当需要考虑挠曲产生的二阶效应时，柱端弯矩 M 应按《混凝土结构设计规范》(GB 50010—2010) 的规定确定；

N——与弯矩设计值 M 相对应的轴向压力设计值；

M_{aw}——型钢腹板承受的轴向合力对受拉或受压较小边型钢翼缘和纵向钢筋合力点的力矩；

N_{aw}——型钢腹板承受的轴向合力；

f_c——混凝土轴心抗压强度设计值；

f_a、f'_a——型钢的抗拉和抗压强度设计值；

f_y、f'_y——钢筋抗拉和抗压强度设计值；

A_s、A'_s——受拉和受压钢筋的截面面积；

A_{af}、A'_{af}——型钢受拉和受压翼缘的截面面积；

b——截面宽度；

h——截面高度；

h_0——截面有效高度；

t_w——型钢腹板厚度；

t_f、t'_f——型钢受拉和受压翼缘的厚度；

ξ_b——相对界限受压区高度；

E_s——钢筋弹性模量；

x——混凝土等效受压区高度；

a_s、a_a——受拉区钢筋和型钢翼缘合力点至截面受拉边缘的距离；

a'_s、a'_a——受压区钢筋和型钢翼缘合力点至截面受压边缘的距离；

a——型钢受拉翼缘与受拉钢筋合力点至截面受拉边缘的距离；

δ_1——型钢腹板上端至截面上边的距离与 h_0 的比值，$\delta_1 h_0$ 为型钢腹板上端至截面上边的距离；

δ_2——型钢腹板下端至截面上边的距离与 h_0 的比值，$\delta_2 h_0$ 为型钢腹板下端至截面上边的距离。

(2) 配置十字形型钢混凝土偏心受压柱（见图 5－19）的正截面受压承载力计算中可折算计入腹板两侧的侧腹板面积，等效腹板厚度 t'_w 可按下式计算

$$t'_w = t_w + \frac{0.5\sum A_{aw}}{h_w} \tag{5-119}$$

式中　$\sum A_{aw}$——两侧的侧腹板总面积；

t_w——型钢腹板厚度。

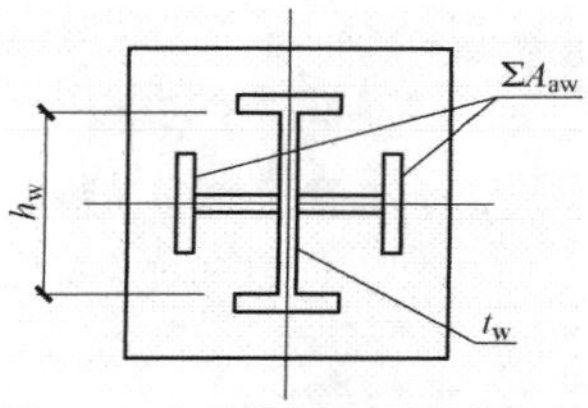

图 5－19　配置十字形型钢的型钢混凝土柱

(3) 对截面具有两个相互垂直的对称轴的型钢混凝土双向偏心受压柱，应符合 x 向和 y 向单向偏心受压承载力计算要求，其双向偏心受压承载力可按下列公式计算：

对于持久、短暂设计状况

$$N \leqslant \frac{1}{\dfrac{1}{N_{ux}} + \dfrac{1}{N_{uy}} - \dfrac{1}{N_{u0}}} \tag{5-120}$$

对于地震设计状况

$$N \leqslant \frac{1}{\gamma_{RE}}\left(\frac{1}{\dfrac{1}{N_{ux}} + \dfrac{1}{N_{uy}} - \dfrac{1}{N_{u0}}}\right) \tag{5-121}$$

当 e_{iy}/h、e_{ix}/b 不大于 0.6 时，可按下列公式计算（见图 5－20）：

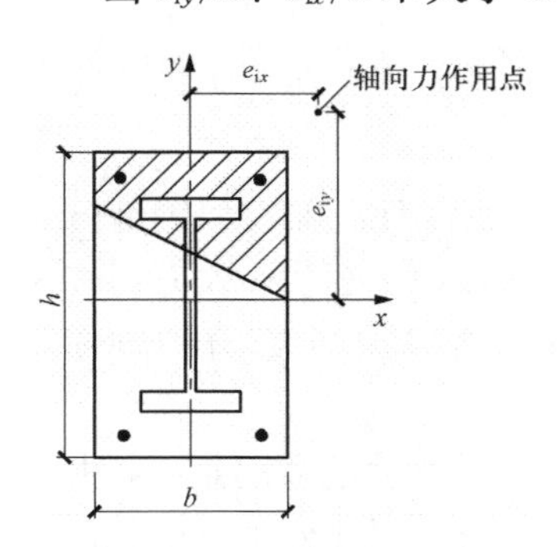

图 5－20　双向偏心受压柱的承载力计算

对于持久、短暂设计状况

$$N \leqslant \frac{A_c f_c + A_s f_s + A_a f_a/(1.7 - \sin\alpha)}{1 + 1.3\left(\dfrac{e_{ix}}{b} + \dfrac{e_{iy}}{h}\right) + 2.8\left(\dfrac{e_{ix}}{b} + \dfrac{e_{iy}}{h}\right)^2} k_1 k_2 \tag{5-122}$$

对于地震设计状况

$$N \leqslant \frac{1}{\gamma_{RE}}\left[\frac{A_c f_c + A_s f_y + A_a f_a/(1.7 - \sin\alpha)}{1 + 1.3\left(\dfrac{e_{ix}}{b} + \dfrac{e_{iy}}{h}\right) + 2.8\left(\dfrac{e_{ix}}{b} + \dfrac{e_{iy}}{h}\right)^2} k_1 k_2\right] \tag{5-123}$$

$$k_1 = 1.09 - 0.015\frac{l_0}{b} \tag{5-124}$$

$$k_2 = 1.09 - 0.015\frac{l_0}{h} \tag{5-125}$$

式中　N——双偏心轴向压力设计值；

N_{u0}——柱截面的轴向受压承载力设计值，应按式（5－87）计算，并将此式改为

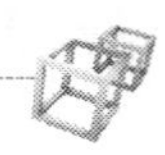

等号；

N_{ux}、N_{uy}——柱截面 x 轴和 y 轴方向的单向偏心受压承载力设计值，应按式（5-104）计算，式中的 N 应分别用 N_{ux}、N_{uy} 替换；

l_0——柱计算长度；

f_c、f_y、f_a——混凝土、纵向钢筋、型钢的抗压强度设计值；

A_c、A_y、A_a——混凝土、纵向钢筋、型钢的截面面积；

e_{ix}、e_{iy}——轴向力 N 对 x 轴和 y 轴的计算偏心距，按式（5-109）计算；

b、h——柱的截面宽度、高度；

k_1、k_2——x 轴和 y 轴的构件长细比影响系数；

α——荷载作用点与截面中心点连线相对于 x 轴或 y 轴的较小偏心角，取 $\alpha \leqslant 45°$。

2.《钢骨混凝土结构技术规程》（YB 9082—2006）建议的方法

（1）在轴力和弯矩作用下，型钢混凝土柱的正截面受弯承载力应满足下列要求

$$N \leqslant N_{cy}^{ss} + N_{cu}^{rc} \tag{5-126}$$

$$M \leqslant M_{cy}^{ss} + M_{cu}^{rc} \tag{5-127}$$

式中 N、M——型钢混凝土柱承受的轴向力和弯矩设计值，计算 M 时应考虑偏心距增大系数 η 的影响；

N_{cy}^{ss}、M_{cy}^{ss}——型钢部分承担的轴向力及相应的受弯承载力，当有地震作用组合时，尚应考虑抗震承载力调整系数 γ_{RE}；

N_{cu}^{rc}、M_{cu}^{rc}——钢筋混凝土部分承担的轴向力及相应的受弯承载力，当有地震作用组合时，尚应考虑抗震承载力调整系数 γ_{RE}。

具体计算步骤为：

1）对于给定的轴向力设计值 N，由式（5-126）任意分配型钢部分和钢筋混凝土部分承担的轴向力，即得 N_{cy}^{ss} 和 N_{cu}^{rc}；

2）由分配给型钢部分的轴向力 N_{cy}^{ss} 和钢筋混凝土部分的轴向力 N_{cu}^{rc}，分别求得相应各部分的受弯承载力 M_{cy}^{ss} 和 M_{cu}^{rc}；

3）重复上述步骤多次，从计算结果中找出 M_{cy}^{ss} 与 M_{cu}^{rc} 之和的最大值，即为轴向力设计值 N 作用下型钢混凝土柱的受弯承载力。

（2）按上述一般叠加方法计算型钢混凝土柱的正截面受弯承载力时，确定型钢部分和钢筋混凝土部分所分配的轴向力较为困难，需多次试算才能求得最大受弯承载力，计算较为复杂。从实用角度考虑，可采用近似方法确定型钢部分和钢筋混凝土部分的轴向力分配。

对于图 5-21 所示的型钢和钢筋均对称配置的型钢混凝土柱，可先设定型钢截面，并按下列简化方法进行设计：先按式（5-128）和式（5-129）分别确定型钢部分承担的轴向力和弯矩设计值，再按式（5-130）和式（5-131）分别确定钢筋混凝土部分承担的轴向力和弯矩设计值，并按《混凝土结构设计规范》（GB 50010—2010）计算钢筋混凝土部分截面的配筋。当有地震作用组合时，尚应考虑抗震承载力调整系数 γ_{RE}。

型钢部分承担的轴向力和弯矩设计值按下列公式确定：

型钢轴向力

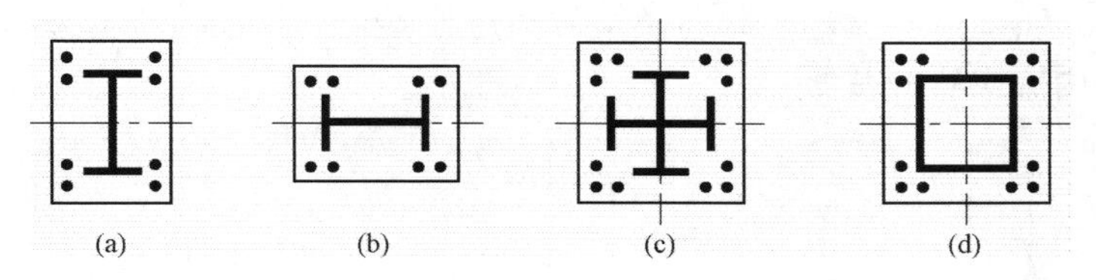

图 5-21　型钢和钢筋均为对称配置的截面

(a) 绕强和轴弯曲工字形型钢；(b) 绕弱轴弯曲工字形型钢；(c) 十字形型钢；(d) 箱形型钢

$$N_{cy}^{ss}=\frac{N-N_b}{N_{u0}-N_b}N_{c0}^{ss} \tag{5-128}$$

型钢弯矩

$$M_{cy}^{ss}=\left(1-\left|\frac{N_{cy}^{ss}}{N_{c0}^{ss}}\right|^{m}\right)M_{y0}^{ss} \tag{5-129}$$

钢筋混凝土部分承担的轴向力和弯矩设计值按下列公式确定

$$N_{c}^{rc}=N-N_{cy}^{ss} \tag{5-130}$$

$$M_{c}^{rc}=M-M_{cy}^{ss} \tag{5-131}$$

式中　N_{cy}^{ss}、M_{cy}^{ss}——型钢部分承担的轴向力和弯矩设计值；

N_{c}^{rc}、M_{c}^{rc}——钢筋混凝土部分承担的轴向力和弯矩设计值；

N_{u0}——型钢混凝土短柱轴心受压承载力，可取 $N_{u0}=N_{c0}^{ss}+N_{c0}^{rc}$，其中 $N_{c0}^{ss}=f_{ssy}A_{ss}$为型钢截面部分的轴心受压承载力，$N_{c0}^{rc}=f_cA_c+f_y'A_s$为钢筋混凝土截面部分的轴心受压承载力；

N_b——界限破坏时的轴向力，取 $N_b=0.5\alpha_1\beta_1 f_c bh$，其中参数 α_1 和 β_1 为混凝土等效矩形图形系数，当混凝土强度等级不超过 C50 时，α_1 取 1.0，β_1 取 0.8，当混凝土强度等级为 C80 时，α_1 取 0.94，β_1 取 0.74，其间按线性内插法确定；

M_{y0}^{ss}——型钢截面的受弯承载力，取 $\gamma_s W_{ss} f_{ssy}$，其中 γ_s 为型钢截面塑性发展系数，绕强轴弯曲工字形型钢截面取 1.05，绕弱轴弯曲工字形型钢截面取 1.1，十字形及箱形型钢截面取 1.05，抗震设计时 γ_s 取 1.0；

m——N_{cy}^{ss}-M_{cy}^{ss}相关曲线形状系数，它反映了配置于钢筋混凝土中型钢的压弯相关曲线的形状，按表 5-7 取值，当 $m=1$ 时，型钢截面的相关曲线为直线。

表 5-7　　N_{cy}^{ss}-M_{cy}^{ss}相关曲线形状系数 m

型钢形式	绕强轴弯曲 工字形型钢	绕弱轴弯曲 工字形型钢	十字形型钢 箱形型钢	单轴非对称 T 形型钢
$N\geqslant N_b$	1.0	1.5	1.3	1.0
$N<N_b$	1.3	3.0	2.6	2.4

对于截面中配置非对称型钢的柱，当型钢的非对称性不是很大时，可偏于安全地换算成对称截面，再采用上述方法进行计算。图 5-22 给出了将几种非对称截面换算为对称截面的

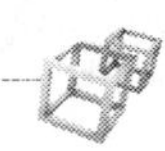

方法。应当注意，图 5-22（c）的截面当作为结构整体分析时，应采用实际截面；当计算截面承载力时可采用置换后的截面。

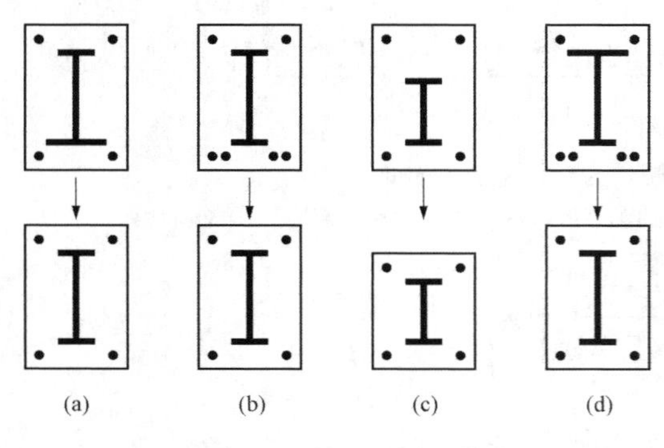

图 5-22　将不对称截面偏安全地置换为对称截面的方法

对于图 5-23 所示配置 T 形和 L 形型钢混凝土柱，在计算轴向力和单向弯矩作用下的正截面承载力时，可先设定型钢截面，并按式（5-132）和式（5-133）确定型钢部分承担的轴向力和弯矩设计值，再按式（5-130）和式（5-131）分别确定钢筋混凝土部分承担的轴向力和弯矩设计值，并按《混凝土结构设计规范》（GB 50010—2010）计算钢筋混凝土部分的配筋。当有地震作用组合时，尚应考虑抗震承载力调整系数 γ_{RE}。

型钢轴向力

$$N_{cy}^{ss}=\frac{N-N_b}{N_{u0}-N_b}(N_{c0}^{ss}-N_b^{ss})+N_b^{ss} \tag{5-132}$$

型钢弯矩

$$M_{cy}^{ss}=\left(1-\left|\frac{N_{cy}^{ss}-N_b^{ss}}{\pm N_{c0}^{ss}-N_b^{ss}}\right|\right)[M_b^{ss}-(\pm N_{c0}^{ss}e_{ss0})]\pm N_{c0}^{ss}e_{ss0} \tag{5-133}$$

式中　N_b——界限破坏时的轴向力，取 $N_b=0.5\alpha_1\beta_1 f_c bh+N_b^{ss}$，其中参数 α_1 和 β_1 为混凝土等效矩形图形系数；

N_b^{ss}——界限破坏时型钢截面的轴向力，$N_b^{ss}=f_{ssy}$（$A_{ssc}-A_{sst}$），其中 A_{ssc} 为截面形心上部受压区的型钢截面面积，A_{sst} 为截面形心下部受压区的型钢截面面积；

M_b^{ss}——界限破坏时型钢截面的弯矩，$M_b^{ss}=\gamma_s W_{ss} f_{ssy}+0.5N_b^{ss}e_{ss0}$，其中 W_{ss} 为型钢截面绕自身形心轴的弹性抵抗矩，γ_s 为型钢截面塑性发展系数，取 1.05，抗震设计时，γ_s 取 1.0；

e_{ss0}——型钢截面形心轴与截面几何形心轴之间的距离，以偏向截面受压侧为正，见图 5-23；

m——N_{cy}^{ss}-M_{cy}^{ss}相关曲线形状系数，按表 5-7 取值。

以上各式中，当轴向力 N 为压力时取“+”号，当轴向力 N 为拉力时取“−”号；N_{cy}^{ss}以压为正，当 N_{cy}^{ss} 大于 N_b^{ss} 时，式（5-133）中“±”号取“+”号；当 N_{cy}^{ss}小于 N_b^{ss}时，式（5-133）中“±”号取“−”号。型钢混凝土短柱轴心受压承载力 N_{u0}、型钢截面的轴心受压承载力 N_{c0}^{ss}仍按前述公式确定。

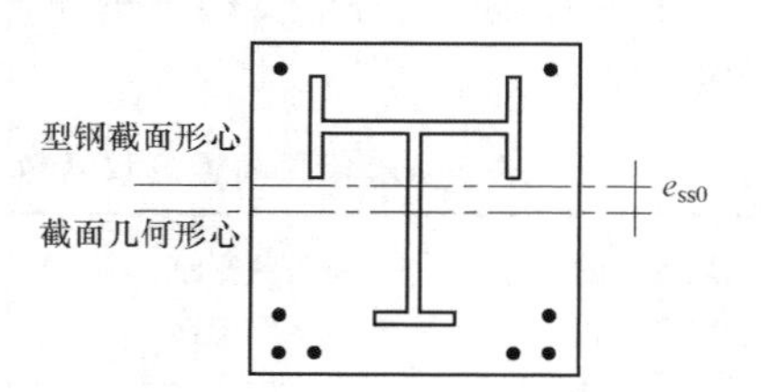

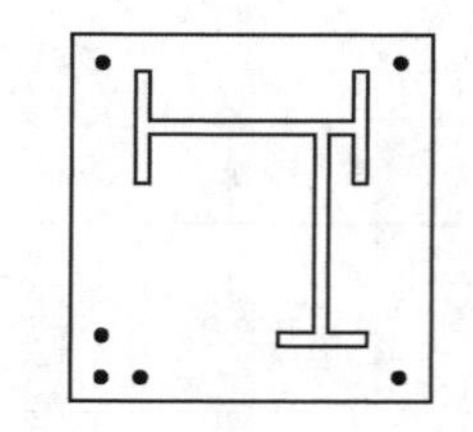

图 5-23　配置 T 形和 L 形型钢混凝土柱截面

（3）双向压弯构件正截面承载力计算。承受压力和双向弯矩作用的型钢混凝土柱的正截面承载力可采用一般叠加方法计算，即对于给定的轴向力设计值 N，根据轴向力平衡方程任意分配型钢部分和钢筋混凝土部分承担的轴向力，并分别求得相应各部分绕 x 轴和 y 轴的受弯承载力，两部分受弯承载力之和的最大值，即为在该轴向力下型钢混凝土柱的受弯承载力，则

$$\begin{cases} N \leqslant N_{cy}^{ss} + N_{cu}^{rc} \\ M_x \leqslant M_{cy,x}^{ss} + M_{cu,x}^{rc} \\ M_y \leqslant M_{cy,y}^{ss} + M_{cu,y}^{rc} \end{cases} \tag{5-134}$$

式中　M_x、M_y——绕 x 轴和绕 y 轴的弯矩设计值；

$M_{cy,x}^{ss}$、$M_{cy,y}^{ss}$——型钢部分绕 x 轴和绕 y 轴的受弯承载力；

$M_{cu,x}^{rc}$、$M_{cu,y}^{rc}$——钢筋混凝土部分绕 x 轴和绕 y 轴的受弯承载力。

当有地震作用组合时，尚应考虑抗震承载力调整系数 γ_{RE}。

式（5-134）表示的一般叠加方法难以确定型钢部分和钢筋混凝土部分的轴向力分配，无法用于实用计算，应进行简化。根据大量的计算分析，型钢混凝土截面在轴向力 N 和两个方向弯矩 M_x 和 M_y 的共同作用下，两个方向受弯承载力的相关关系可偏于安全地近似用直线方程表示，则对于图 5-22 和图 5-23 所示的型钢混凝土柱，其正截面承载力可按以下公式进行验算

$$\left(\frac{M_x}{M_{ux0}}\right) + \left(\frac{M_y}{M_{uy0}}\right) \leqslant 1 \tag{5-135}$$

式中　M_{ux0}、M_{uy0}——在轴向力设计值 N 作用下，仅绕 x 轴和仅绕 y 轴的单向受弯承载力，可按前述方法将轴向力设计值 N 分配给型钢部分和钢筋混凝土部分，然后计算各部分在相应轴向力作用下的受弯承载力，最后叠加得到。

（4）偏心距增大系数 η。在计算型钢混凝土柱正截面受压承载力时，应考虑结构侧移和构件挠曲引起的附加内力。在确定型钢混凝土柱内力设计值时，应考虑二阶弯矩对轴向压力偏心距影响的偏心距增大系数 η。对于一般型钢混凝土柱，偏心距增大系数可按下列公式计算：

$$\eta = 1 + 1.25\frac{(7-6a)}{e_i/h_c}\zeta\left(\frac{l_0}{h_c}\right)^2 \times 10^{-4} \tag{5-136}$$

$$\alpha = \frac{N - 0.4f_cA}{N_{c0}^{rc} + N_{c0}^{ss} - 0.4f_cA} \tag{5-137}$$

$$\zeta = 1.3 - 0.026\frac{l_0}{h_c} \tag{5-138}$$

式中　α——轴力影响系数；

ζ——长细比影响系数，当大于 1.0 时取 1.0，当小于 0.7 时取 0.7；

e_i——初始偏心距，取附加偏心距 e_a 与计算偏心距 e_0 之和，计算偏心距取 $e_0 = \dfrac{M}{N}$；

h_c、A——柱的截面高度和截面面积；

l_0——柱的计算长度；

N_{c0}^{rc}、N_{c0}^{ss}——钢筋混凝土部分和型钢部分的轴心受压承载力；

N、M——型钢混凝土柱承受的轴向压力设计值和弯矩设计值。

对于矩形截面，$l_0/h \leqslant 5$ 时，或者对于任意截面，柱的长细比 $l_0/i \leqslant 17.5$ 时，可取 $\eta =$

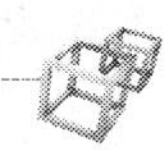

1.0，其中 i 为型钢混凝土柱截面的回转半径。

(5) 附加偏心距 e_a。由于工程实际中存在着荷载作用位置的不确定性、混凝土质量的不均匀性及施工偏差等因素，都可能产生附加偏心距，因此，应计入轴向压力在偏心方向存在的附加偏心距 e_a，可取 20mm 和荷载偏心方向截面尺寸的 1/30 两者中的较大值。

3. AISC360-05 建议的方法

型钢混凝土单向偏心受压柱的正截面承载力应满足下列要求

$$P \leqslant \phi_c P_n \tag{5-139}$$

$$M \leqslant \phi_b M_n \tag{5-140}$$

式中 p——轴向压力设计值；

M——弯矩设计值；

ϕ_c——受压构件抗力系数，取 0.75；

ϕ_b——受弯构件抗力系数，取 0.90；

p_n——名义轴心受压承载力，为考虑柱长细比对轴心受压强度的影响，可按本章 5.7.3 中的方法计算；

M_n——名义受弯承载力，可按本章 5.3.2 中的方法计算。

4. Eurocode-4（欧洲规范 4）建议的方法

(1) 型钢混凝土单向偏心受压柱的正截面承载力应满足下列要求（见图 5-24）

$$N_{Sd} \leqslant \chi N_{p1,Rd} \tag{5-141}$$

$$kM_{Sd} \leqslant 0.9\mu_d M_{p1,Rd} \tag{5-142}$$

$$k = \frac{\beta}{1 - N_{Sd}/N_{cr}} \geqslant 1 \tag{5-143}$$

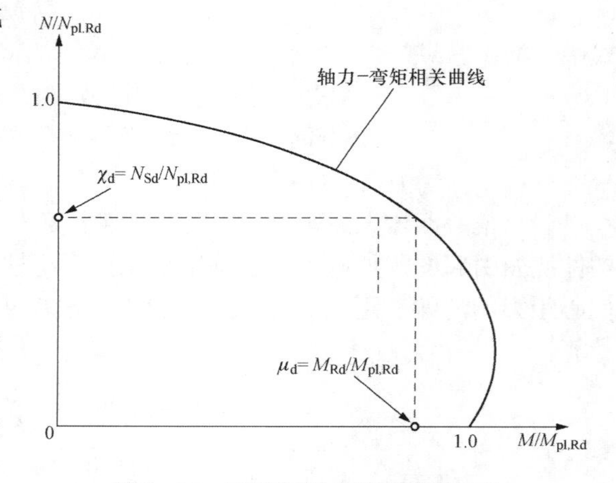

图 5-24 型钢混凝土偏心受压柱的正截面承载力计算示意图

式中 N_{Sd}——轴向压力设计值；

M_{Sd}——弯矩设计值；

χ——承载力折减系数，可按本章 5.7.3 中的方法计算；

$N_{p1,Rd}$——截面塑性轴心受压承载力设计值，可按本章 5.7.3 中的方法计算；

k——考虑二阶效应影响的扩大系数，对于无侧移的独立柱如果满足 $N_{Sd}/N_{cr} \leqslant 1$ 或 $\bar{\lambda} < 0.2(2-r)$，可不考虑二阶效应的影响，取 $k=1$；

r——端部最小弯矩与最大弯矩的比值，单曲为正，双曲为负；

β——等效弯矩系数，当弯曲由端部弯矩引起时，取 $\beta=0.66+0.44r$，当弯曲由侧向力引起时，取 $\beta=1.0$；

N_{cr}——柱的弹性临界力，可按本章 5.7.3 中的方法计算；

μ_d——等效弯矩系数，取 $\mu_d = M_{Rd}/M_{pl,Rd}$；

M_{Rd}——对应于 N_{Sd} 的截面塑性抗弯承载力设计值，根据弯矩-轴向力相关曲线确定（见图 5-25）；

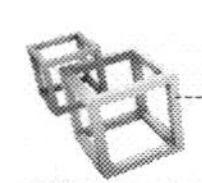

$M_{pl,Rd}$——截面塑性抗弯承载力设计值，按式（5-144）计算。

型钢混凝土截面在轴向力和弯矩共同作用下的相关曲线共引入 A、B、C、D、E 五个特征点。根据各特征点的受力特征，可以求出相应的截面承载力计算公式。

A 点：截面仅承受轴心压力作用（应力分布见图 5-26），此时的截面承载力为 $M_A=0$，$N_A=N_{pl,Rd}$，后者可根据式（5-97）计算。

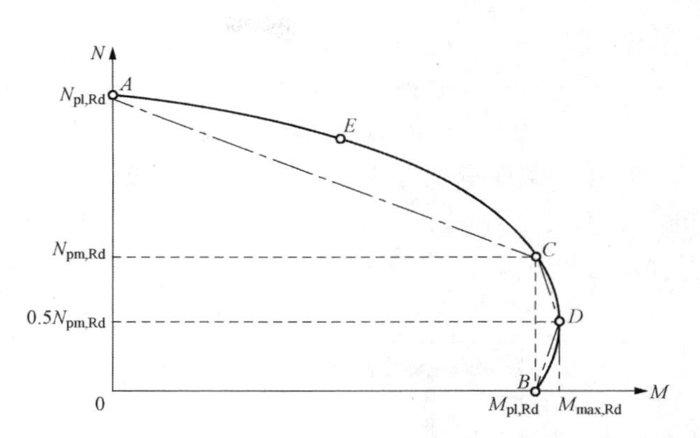

图 5-25　弯矩-轴向力相关曲线及特征点

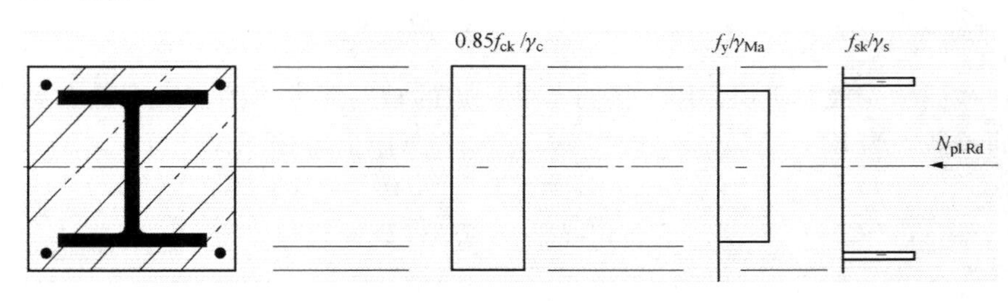

图 5-26　A 点的截面应力分布

B 点：截面承受纯弯作用，此时的截面承载力为 $M_B=M_{pl,Rd}$，$N_B=0$，前者可根据截面的内力平衡计算。对应于图 5-27 的应力分布，$M_{pl,Rd}$ 可按下式计算

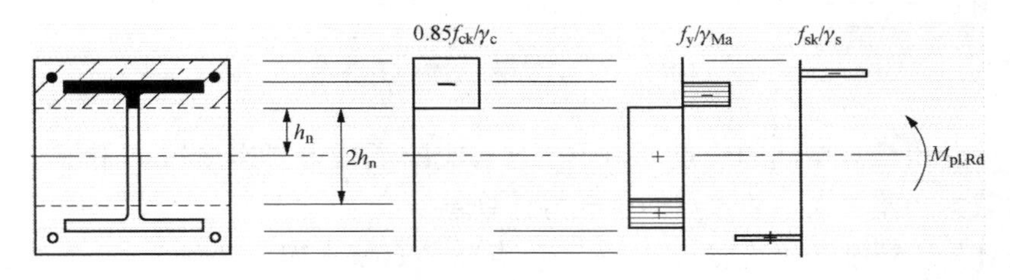

图 5-27　B 点的截面应力分布

$$M_{pl,Rd}=M_{max,Rd}-M_{n,Rd} \tag{5-144}$$

$$M_{n,Rd}=W_{pan}f_y/\gamma_{Ma}+W_{pcn}(0.85f_{ck}/\gamma_c) \tag{5-145}$$

$$W_{pan}=t_w h_n^2 \tag{5-146}$$

$$W_{pcn}=(b-t_w)h_n^2 \tag{5-147}$$

$$h_n=N_{pm,Rd}/[2(0.85f_{ck}/\gamma_c b+f_y/\gamma_{Ma}\cdot 2t_w)] \tag{5-148}$$

$$N_{pm,Rd}=bh(0.85f_{ck}/\gamma_c) \tag{5-149}$$

式中　$M_{max,Rd}$——截面最大抗弯承载力设计值，为截面在 D 点的受弯承载力；

f_y——型钢的屈服强度标准值；

f_{ck}——混凝土的圆柱体抗压强度标准值；

γ_{Ma}、γ_c——型钢和混凝土的材料强度分项系数；

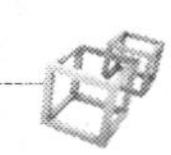

b——柱的截面宽度；

t_w——型钢腹板厚度；

h——柱的截面高度。

C 点：截面承受与纯弯承载力相等的弯矩作用，同时承受一部分轴向压力的作用，此时的截面承载力为 $M_C = M_{pl,Rd}$，$N_C = N_{pm,Rd}$。与图 5-27 对应的 C 点应力分布如图 5-28 所示，则 $M_{pl,Rd}$ 和 $N_{pm,Rd}$ 分别可按式（5-144）和式（5-149）计算。

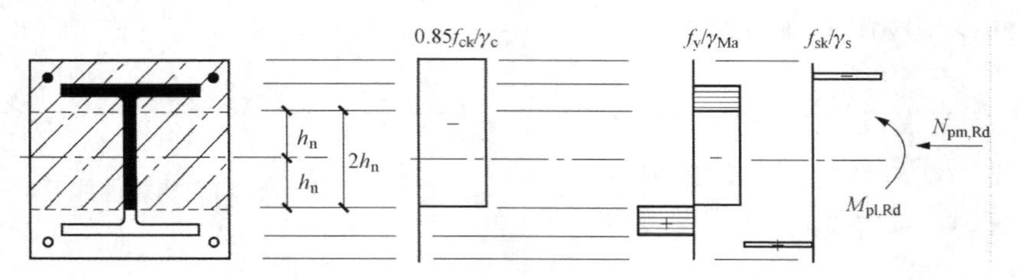

图 5-28　C 点的截面应力分布

D 点：截面承受最大弯矩作用，同时承受一定的轴向压力作用（应力分布见图 5-29），此时的截面承载力为 $M_D = M_{max,Rd}$，$N_C = N_{pm,Rd}/2$，其中前者按下式计算

$$M_{max,Rd} = W_{pa} f_y/\gamma_{Ma} + W_{ps} f_s/\gamma_s + 0.5W_{pc}(0.85f_c/\gamma_c) \tag{5-150}$$

式中　W_{pa}、W_{ps}、W_p——型钢、钢筋和混凝土的塑性截面模量。

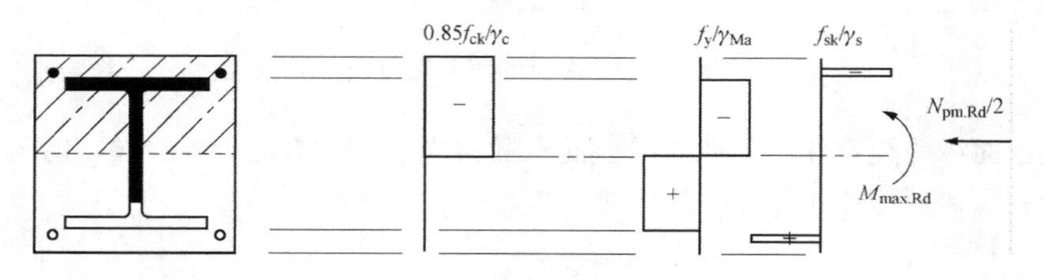

图 5-29　D 点的截面应力分布

E 点：A 点和 C 点中间的一点，由于该点对应的承载力与连接 A 点和 C 点后按线性方程计算的承载力相差不大，故该点的承载力计算省略。

为方便计算，通常采用直线将 A、C、D 点和 B 点依次连接（图 5-25 中的点画线），建立 3 条直线方程进行型钢混凝土截面的承载力计算。

（2）型钢混凝土双向偏心受压柱的正截面承载力应满足下列要求：

首先在截面绕 y 轴方向和绕 z 轴方向必须各自满足单向偏心受压承载力的要求，然后按双向偏心受压承载力进行验算（见图 5-30），验算时可仅在可能发生破坏的一个方向考虑初始缺陷的影响，另外一个方向可不考虑。但是，如果对破坏的方向不确定，建议两个方向均考虑初始缺陷的影响。

$$k_y M_{y,Sd} \leqslant 0.9\mu_{dy} M_{pl,y,Rd} \tag{5-151}$$

$$k_z M_{z,Sd} \leqslant 0.9\mu_{dz} M_{pl,z,Rd} \tag{5-152}$$

式中　$M_{y,Sd}$、$M_{z,Sd}$——绕 y 轴和 z 轴弯曲时的弯矩设计值；

k_y、k_z——绕 y 轴和 z 轴弯曲时考虑二阶效应影响的扩大系数；

μ_{dy}、μ_{dz}——绕 y 轴和 z 轴弯曲时的等效弯矩系数；

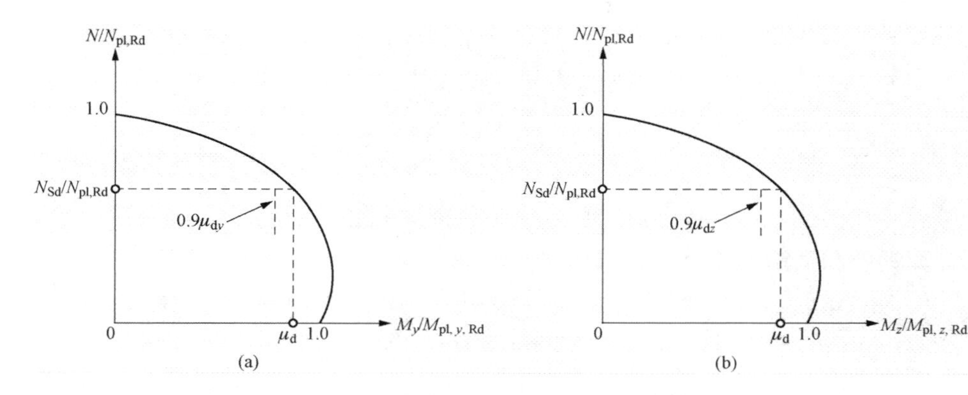

图5-30　双向偏心受压时截面承载力相关曲线

(a) 绕 y 轴；(b) 绕 z 轴

$M_{\text{pl},y,\text{Rd}}$、$M_{\text{pl},z,\text{Rd}}$——绕 y 轴和 z 轴弯曲时的截面塑性抗弯承载力设计值。

双向偏心受压柱还需同时满足下式的要求（见图5-31），此时两个方向均需考虑初始缺陷的影响，即

$$\frac{k_y M_{y,\text{Sd}}}{\mu_{\text{dy}} M_{\text{pl},y,\text{Rd}}} + \frac{k_z M_{z,\text{Sd}}}{\mu_{\text{dz}} M_{\text{pl},z,\text{Rd}}} \leqslant 1.0 \tag{5-153}$$

【例5-5】　型钢混凝土柱的计算长度为4.5m，截面尺寸为800mm×800mm，如图5-32所示。采用C30混凝土，纵向钢筋采用HRB400级，$\xi_b=0.518$，型钢采用Q345钢。截面承受的轴向力设计值 $N=8000$kN，弯矩设计值 $M_x=1450$kN·m，截面绕强轴受弯。试确定柱截面的配筋和配钢。

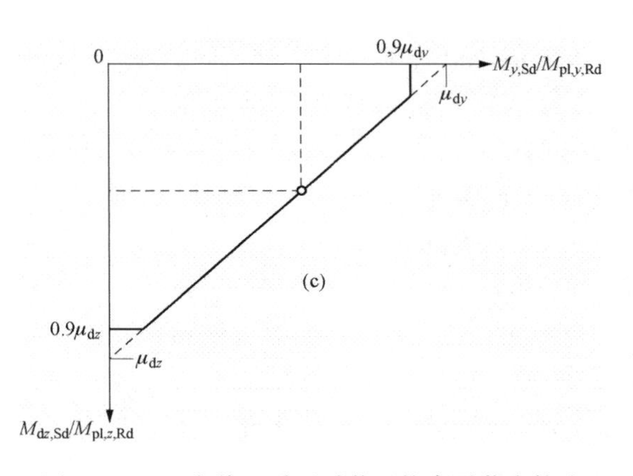

图5-31　双向偏心受压时截面抗弯承载力轨迹

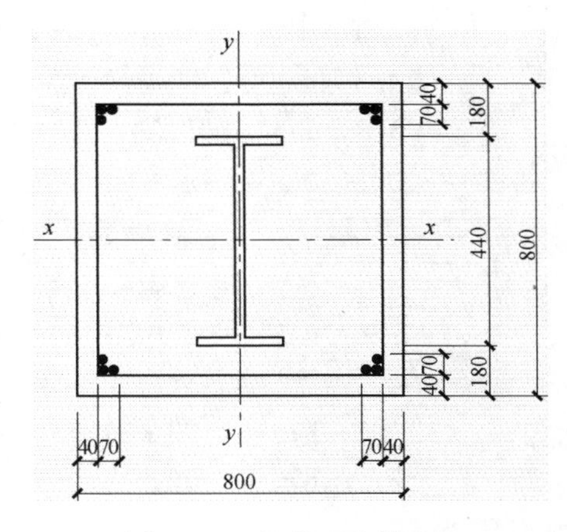

图5-32　柱截面及其配钢

解　(1) 按《组合结构设计规范》(JGJ 138—2016) 建议的方法计算。初选柱的型钢规格为HM450×300，其截面尺寸为440mm×300mm×11mm×18mm，纵筋为12⌀22。

1) 计算截面的有效高度 h_0。已知4⌀22，$A_s=1520\text{mm}^2$；2⌀22，$A_s=760\text{mm}^2$；6⌀22，$A_s=2280\text{mm}^2$，有

$$a=\frac{1520\times360\times40+760\times360\times110+300\times18\times310\times(180+18/2)}{1520\times360+760\times360+300\times18\times310}$$

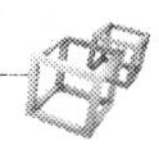

$$= 147.66(\text{mm})$$

$$a_s' = \frac{1520 \times 360 \times 40 + 760 \times 360 \times 110}{1520 \times 360 + 760 \times 360} = 63(\text{mm})$$

$$a_a' = 180 + 18/2 = 189(\text{mm})$$

则

$$h_0 = h - a = 800 - 147.66 = 652.34(\text{mm})$$

2）计算钢筋和型钢的应力

$$\delta_1 h_0 = 180 + 18 = 198(\text{mm}), \delta_1 = 198/652.34 = 0.304$$

$$\delta_2 h_0 = 800 - 198 = 602(\text{mm}), \delta_2 = 602/652.34 = 0.923$$

$$\sigma_s = \frac{f_y}{\xi_b - 0.8}(x/h_0 - 0.8) = \frac{360}{0.518 - 0.8}(\xi - 0.8) = -1276.6\xi + 1021.3$$

$$\sigma_a = \frac{f_a}{\xi_b - 0.8}(x/h_0 - 0.8) = \frac{310}{0.518 - 0.8}(\xi - 0.8) = -1099.3\xi + 879.4$$

3）初步判别大小偏压

$$\delta_1 h_0 < \frac{x}{\beta_1} = 1.25x, \delta_2 h_0 > \frac{x}{\beta_1} = 1.25x$$

假定

$$\begin{aligned} N_{aw} &= \left[\frac{2x}{\beta_1 h_0} - (\delta_1 + \delta_2)\right] t_w h_0 f_a \\ &= [2.5\xi - (0.304 + 0.923)] \times 11 \times 652.34 \times 310 \\ &= 5561198\xi - 2729436 \end{aligned}$$

将已知数据代入平衡条件

$$\begin{aligned} N &= \alpha_1 f_c bx + f_y' A_s' + f_a' A_{af}' - \sigma_s A_s - \sigma_a A_{af} + N_{aw} \\ &= 14.3 \times 800 \times 652.34\xi + 360 \times 2280 + 310 \times 300 \times 18 - (-1276.6\xi + 1021.3) \\ &\quad \times 2280 - (-1099.3\xi + 879.4) \times 300 \times 18 + 5561198\xi - 2729436 \end{aligned}$$

将 $N = 8000 \times 10^3$ 代入得

$$\xi = 0.7 > \xi_b = 0.518，为小偏压$$

$$x = \xi h_0 = 0.7 \times 652.34 = 456.64(\text{mm})$$

$$\sigma_s = -1276.6\xi + 1021.3 = 127.68(\text{N/mm}^2) < f_y = 360(\text{N/mm}^2)$$

$$\sigma_a = -1099.3\xi + 879.4 = 109.9(\text{N/mm}^2) < f_a = 310(\text{N/mm}^2)$$

$$\delta_1 h_0 = 198 < 1.25x = 1.25 \times 461.57 = 570.8(\text{mm})$$

$$\delta_2 h_0 = 602 > 1.25x = 1.25 \times 461.57 = 570.8(\text{mm})$$

符合假定。

4）承载力验算

$$\begin{aligned} M_{aw} &= \left[0.5(\delta_1^2 + \delta_2^2) - (\delta_1 + \delta_2) + \frac{2x}{\beta_1 h_0} - \left(\frac{x}{\beta_1 h_0}\right)^2\right] t_w h_0^2 f_a \\ &= [0.5(0.304^2 + 0.923^2) - (0.304 + 0.923) + 2.5 \times 0.7 \\ &\quad - (1.25 \times 0.7)^2] \times 11 \times 652.34^2 \times 310 \\ &= 333100254(\text{N} \cdot \text{mm}) \end{aligned}$$

$$\alpha_1 f_c bx(h_0 - x/2) + f_y' A_s'(h_0 - a_s') + f_a' A_{af}'(h_0 - a_a') + M_{aw}$$

$$= 14.3 \times 800 \times 456.64 \times (652.34 - 456.64/2) + 360 \times 2280$$
$$\times (652.34 - 63) + 310 \times 300 \times 18 \times (652.34 - 189) + M_{aw}$$
$$= 3807525884(\text{N} \cdot \text{m}) = 3807.53(\text{kN} \cdot \text{m}) > M = 1450(\text{kN} \cdot \text{m})$$

满足要求。

(2) 按《钢骨混凝土结构技术规程》(YB 9082—2006)建议的方法计算。初选柱的型钢规格为 HM450×300，其截面尺寸为 440mm×300mm×11mm×18mm，$A_{ss}=15740\text{mm}^2$，$W_{ss}=2550000\text{mm}^3$。

1) 型钢部分承担的轴向力和弯矩设计值。

型钢轴向力：因纵向钢筋的截面面积未知，故计算时，钢筋混凝土截面的轴向受压承载力近似以混凝土部分的轴向受压承载力代替。

$$N_b = 0.5 \times 1 \times 0.8 \times 14.3 \times 800 \times 800 = 3660.8 \times 10^3(\text{N})$$
$$N_{u0} = 310 \times 15740 + 14.3 \times 800 \times 800 = 14031.4 \times 10^3(\text{N})$$
$$N_{c0}^{ss} = 310 \times 15740 = 4879.4(\text{kN})$$
$$N_{cy}^{ss} = \frac{8000 - 3660.8}{14031.4 - 3660.8} \times 4879.4 = 2041.6(\text{kN})$$

型钢弯矩

$$M_{y0}^{ss} = 1.05 \times 2550 \times 10^3 \times 310 = 830.0 \times 10^6\text{N} \cdot \text{mm} < M_x = 1450(\text{kN} \cdot \text{m})$$
$$M_{cy}^{ss} = \left(1 - \left|\frac{2041.6}{4879.4}\right|\right) \times 830.0 = 482.7(\text{kN} \cdot \text{m})$$

2) 钢筋混凝土部分承担的轴向力和弯矩设计值。

轴向力

$$N_c^{rc} = 8000 - 2041.6 = 5958.4(\text{kN})$$

弯矩

$$M_c^{rc} = 1450 - 482.7 = 967.3(\text{kN} \cdot \text{m})$$

设柱的四角各配三根纵向钢筋，位置如图 5-32 所示，则截面有效高度

$$h_0 = \frac{4 \times 760 + 2 \times 690}{6} = 737(\text{mm})$$
$$e_0 = \frac{967.3 \times 10^3}{5958.4} = 162.3(\text{mm})$$

附加偏心距 $e_a = \max\left(20, \frac{h}{30}\right) = \max\left(20, \frac{800}{30}\right) = 27(\text{mm})$

初始偏心距 $e_i = e_0 + e_a = 162.3 + 27 = 189.3(\text{mm})$

因 $l_0/h = 4500/800 = 5.6 > 5$，需考虑偏心距增大系数 η 的影响。

$$\alpha = \frac{8000 \times 10^3 - 0.4 \times 14.3 \times 800 \times 800}{14.3 \times 800 \times 800 + 310 \times 15740 - 0.4 \times 14.3 \times 800 \times 800} = 0.418$$
$$\zeta = 1.3 - 0.026 \times \frac{4500}{800} = 1.15 > 1.0, \text{取 } \zeta = 1.0$$
$$\eta = 1 + 1.25 \times \frac{7 - 6 \times 0.418}{189.3/800} \times 1.0 \times \left(\frac{4500}{800}\right)^2 \times 10^{-4} = 1.08$$
$$\eta e_i / h_0 = 1.08 \times 189.3/737 = 0.28 < 0.3$$

故按小偏心受压情况计算。

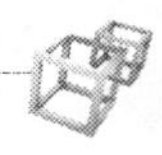

采用对称配筋

$$a_s = a_s' = h - h_0 = 800 - 737 = 63(\text{mm})$$

$$e = \eta e_i + \frac{h}{2} - a_s = 1.08 \times 189.3 + \frac{800}{2} - 63 = 541.4(\text{mm})$$

由于是小偏心受压，又采用对称配筋，则

$$\xi = \frac{5958.4 \times 10^3 - 1.0 \times 0.518 \times 14.3 \times 800 \times 737}{\dfrac{5958.4 \times 10^3 \times 541.4 - 0.43 \times 1.0 \times 14.3 \times 800 \times 737^2}{(0.8 - 0.518)(737 - 63)} + 1.0 \times 14.3 \times 800 \times 737} + 0.518$$

$$= 0.658$$

$$A_s = A_s' = \frac{5958.4 \times 10^3 \times 541.4 - 0.658 \times (1 - 0.5 \times 0.658) \times 14.3 \times 800 \times 737^2}{360 \times (737 - 63)}$$

$$= 1988(\text{mm}^2)$$

选 6 Φ 22

$A_s = A'_s = 2281$（mm^2）$> 0.002bh = 0.002 \times 800 \times 800 = 1280$（$\text{mm}^2$）

【例 5 - 6】 型钢混凝土柱的截面尺寸及型钢和纵筋的布置如图 5 - 32 所示，型钢选用 HM450×300（440mm×300mm×11mm×18mm），纵筋选用 12 Φ 22。柱的计算长度为 4m。混凝土强度等级为 C35，纵向钢筋采用 HRB335 级，$\xi_b = 0.55$，型钢采用 Q345 级。柱截面上作用的轴向压力设计值 $N = 8000\text{kN}$。试求截面绕弱轴的受弯承载力。

解 （1）按《组合结构设计规范》（JGJ 138—2016）建议的方法计算。

1）计算截面有效高度 h_0

$$a = \frac{1520 \times 300 \times 40 + 760 \times 300 \times 110}{1519.76 \times 300 + 759.88 \times 300} = 63(\text{mm})$$

则

$$h_0 = h - a = 800 - 63 = 737(\text{mm})$$

2）计算钢筋、型钢应力

$$t_w = \frac{0.5 \sum A_{aw}}{h_w} = \frac{0.5 \times (18 \times 300 \times 2)}{300} = 18(\text{mm})$$

$$\delta_1 h_0 = (800 - 300)/2 = 250(\text{mm})$$

$$\delta_1 = \frac{250}{737} = 0.399$$

$$\delta_2 h_0 = (800 - 250) = 550(\text{mm})$$

$$\delta_2 = \frac{550}{737} = 0.746$$

$$\sigma_s = \frac{f_y}{\xi_b - 0.8}\left(\frac{x}{h_0} - 0.8\right) = \frac{300}{0.55 - 0.8}(\xi - 0.8) = -1200\xi + 960$$

3）初步判别大小偏压。假定 $\delta_1 h_0 < \dfrac{x}{\beta_1} = 1.25x$，$\delta_2 h_0 < \dfrac{x}{\beta_1} = 1.25x$ 时

$$N_{aw} = (\delta_2 - \delta_1) t_w h_0 f_a = (0.746 - 0.339) \times 18 \times 737 \times 315 = 1700767.53(\text{N})$$

$$N = \alpha_1 f_c bx + f_y' A_s' + f_a' A_{af}' - \sigma_s A_s - \sigma_a A_{af} + N_{aw}$$

$$= 1.0 \times 16.7 \times 800 \times 737\xi + 300 \times 2279.64(1200\xi + 960) \times 2279.64 + 1700767.53$$

取 $N = 8000 \times 10^3\text{N}$ 代入得

$\xi=0.620>\xi_b=0.55$，为小偏压

$$x=\xi h_0=0.620\times737=456.94(\text{mm})$$

$$\sigma_s=-1200\xi+960=216\text{N/mm}^2<f_y=300\text{N/mm}^2$$

$$\sigma_1 h_0=250<1.25x=1.25\times456.94=571.175(\text{mm})$$

$$\sigma_2 h_0=550<1.25x=1.25\times456.94=571.175(\text{mm})$$

符合假定。

4）承载力计算

$$M_{aw}=\left[\frac{1}{2}(\delta_1^2-\delta_2^2)+(\delta_2-\delta_1)\right]t_w h_0^2 f_a$$

$$=\left[\frac{1}{2}(0.339^2-0.746^2)+(0.746-0.339)\right]\times18\times737^2\times315$$

$$=573460543.8(\text{N}\cdot\text{mm})$$

$$\alpha_1 f_c bx(h_0-x/2)+f_y' A_s'(h_0-a_s')+f_a' A_{af}'(h_0-a_s')+M_{aw}$$

$$=1.0\times16.7\times800\times456.94\times\left(737-\frac{456.94}{2}\right)+300$$

$$\times2279.64\times(737-63)+573460543.8$$

$$=4138.84(\text{kN}\cdot\text{m})$$

（2）按《钢骨混凝土结构技术规程》（YB 9082—2006）建议的方法计算。型钢绕弱轴的抵抗矩 $W_{ss}=541000\ \text{mm}^3$。

1）型钢绕弱轴承担的轴向力和弯矩，由［例 5 - 5］可知 $N_b=3660.8\text{kN}$，$N_{c0}^{ss}=4879.4\text{kN}$

钢筋混凝土部分的轴心受压承载力

$$N_{c0}^{rc}=16.7\times800^2+2\times300\times2281=12056.6\times10^3(\text{N})>N$$

$$N_{u0}=310\times15740+10520.6\times10^3=15400\times10^3(\text{N})$$

$$N_{cy}^{ss}=\frac{8000-3660.8}{15400-3660.8}\times4879.4=1803.6(\text{kN})$$

型钢弯矩

$$M_{y0}^{ss}=1.1\times541\times10^3\times310=184.5(\text{kN}\cdot\text{m})$$

$$M_{cy}^{ss}=\left(1-\left|\frac{1803.6}{4879.4}\right|^{1.5}\right)\times184.5=143.0(\text{kN}\cdot\text{m})$$

2）钢筋混凝土部分绕弱轴承担的轴向力和弯矩。

钢筋混凝土部分承担的轴向力为

$$N_c^{rc}=N-N_{cy}^{ss}=8000-1803.6=6196.4(\text{kN})$$

因

$$N_b=\alpha_1 f_c b h_0 \xi_b+f_{sy}' A_s'-f_{sy}A_s=1.0\times16.7\times800\times737\times0.55$$

$$=5415.5\times10^3(\text{N})<N_c^{rc}=6196.4(\text{kN})$$

故按小偏心受压构件计算。

根据力的平衡条件

$$N_c^{rc}=\alpha_1 f_c bx+f_y' A_s'-\frac{\xi-\beta_1}{\xi_b-\beta_1}f_{sy}A_s$$

即

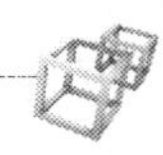

$$6196.4\times10^3=1.0\times16.7\times800x+300\times2281-\frac{x/737-0.8}{0.55-0.8}\times300\times2281$$

解得 x=451mm。

对受拉钢筋合力作用点取矩，可得

$$N_c^{rc}e=\alpha_1 f_c bx\left(h_0-\frac{x}{2}\right)+f'_{sy}A'_s(h_0-a'_s)$$

即

$$6196.4\times10^3 e=1.0\times16.7\times800\times451\times\left(737-\frac{451}{2}\right)+300\times2281\times(737-63)$$

解得 e=571.8mm。

因 l_0/h=4000/800=5，故取 η=1.0。

附加偏心距

$$e_a=800/30=27(\text{mm})$$

$$e=\eta e_i+\frac{h}{2}-a_s$$

即

$$571.8=(e_0+27)+\frac{800}{2}-63$$

得 e_0=207.8mm。

$$M_{cu}^{rc}=N_c^{rc}e_0=6196.4\times10^3\times207.8=1287.6\times10^6(\text{N}\cdot\text{mm})$$

因此，截面绕弱轴弯曲时得受弯承载力为

$$M_{cu}=1287.6+184.5=1472.1(\text{kN}\cdot\text{m})$$

【例 5-7】 型钢混凝土柱的截面尺寸为 800mm×800mm，如图 5-33 所示，柱的计算长度 l_0=4m。承受的轴向压力设计值 N=3000kN，弯矩设计值 M_x=1400kN·m。混凝土采用 C30 级，纵向钢筋采用 HRB335 级，ξ_b=0.55，型钢采用 Q345 级钢。试计算柱截面的配筋和配钢。

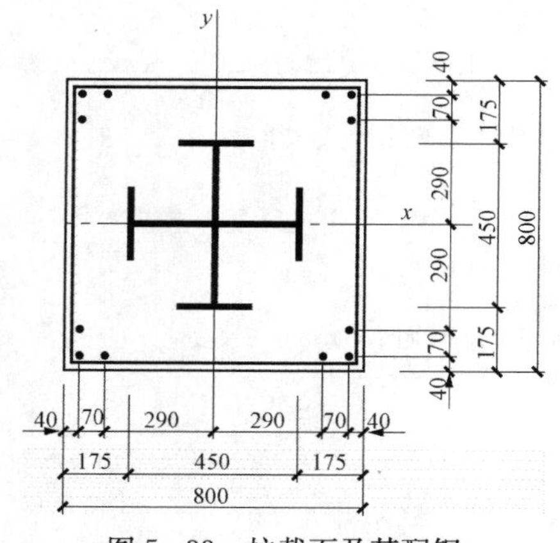

图 5-33 柱截面及其配钢

解 (1) 按《组合结构设计规范》(JGJ 138—2016) 建议的方法计算。型钢初选 2 个 HN450×200 (截面尺寸为 450mm×200mm×9mm×14mm) 构成十字形截面，纵筋选 12 Φ 18。

1) 等效腹板厚度

$$t'_w=t_w+\frac{0.5\sum A_{aw}}{h_w}=9+\frac{0.5\times2\times14\times200}{450-2\times14}=15.64(\text{mm})$$

2) 计算截面的有效高度 h_0。已知 4 Φ 18，A_s=1017mm²，2 Φ 18，A_s=509mm²，6 Φ 18，A_s=1526mm²，有

$$a=\frac{1017\times300\times40+509\times300\times110+200\times14\times310\times(175+14/2)}{1017\times300+509\times300+200\times310\times14}$$

$$=141(\text{mm})$$

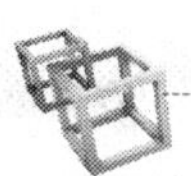

$$a_s' = \frac{1017 \times 300 \times 40 + 509 \times 300 \times 110}{1017 \times 300 + 509 \times 300} = 63.35(\text{mm})$$

$$a_a' = 175 + 14/2 = 182(\text{mm})$$

则

$$h_0 = h - a = 800 - 141 = 659(\text{mm})$$

3）计算钢筋和型钢的应力

$$\delta_1 h_0 = 175 + 14 = 189(\text{mm}),\quad \delta_1 = 189/659 = 0.287$$

$$\delta_2 h_0 = 800 - 189 = 611(\text{mm}),\quad \delta_2 = 611/659 = 0.927$$

$$\delta_s = \frac{f_y}{\xi_b - 0.8}(x/h_0 - 0.8) = \frac{300}{0.55 - 0.8}(\xi - 0.8) = -1200\xi + 960$$

$$\delta_a = \frac{f_a}{\xi_b - 0.8}(x/h_0 - 0.8) = \frac{310}{0.55 - 0.8}(\xi - 0.8) = -1240\xi + 992$$

4）初步判别大小偏压

$$\delta_1 h_0 < \frac{x}{\beta_1} = 1.25x, \delta_2 h_0 > \frac{x}{\beta_1} = 1.25x$$

假定

$$\begin{aligned} N_{aw} &= \left[\frac{2x}{\beta_1 h_0} - (\delta_1 + \delta_2)\right] t_w h_0 f_a \\ &= [2.5\xi - (0.287 + 0.927)] \times 15.64 \times 659 \times 310 \\ &= 7987739\xi - 3878846 \end{aligned}$$

将已知数据代入平衡条件

$$\begin{aligned} N &= \alpha_1 f_c bx + f_y' A_s' + f_a' A_{af}' - \sigma_s A_s - \sigma_a A_{af} + N_{aw} \\ &= 14.3 \times 800 \times 659\xi + 300 \times 1526 + 310 \times 200 \times 14 - (-1200\xi + 960) \\ &\quad \times 1526 - (-1240\xi + 992) \times 200 \times 14 + 7987739\xi - 3878846 \end{aligned}$$

将 $N=3000\times10^3$ 代入得 $\xi=0.46<\xi_b=0.55$，为大偏压

$$\text{取 } \sigma_s = f_y = 300\text{N/mm}^2, \sigma_a = f_a y = 310\text{N/mm}^2$$

$$x = \xi h_0 = 0.46 \times 659 = 303.14(\text{mm})$$

$$\delta_1 h_0 = 189\text{mm} < 1.25x = 1.25 \times 303.14 = 378.93(\text{mm})$$

$$\delta_2 h_0 = 611\text{mm} > 1.25x = 1.25 \times 303.14 = 378.93(\text{mm})$$

符合假定。

5）承载力验算

$$\begin{aligned} M_{aw} &= \left[0.5(\delta_1^2 + \delta_2^2) - (\delta_1 + \delta_2) + \frac{2x}{\beta_1 h_0} - \left(\frac{x}{\beta_1 h_0}\right)^2\right] t_w h_0^2 f_a \\ &= [0.5(0.287^2 + 0.927^2) - (0.287 + 0.927) + 2.5 \times 0.46 \\ &\quad - (1.25 \times 0.46)^2] \times 15.64 \times 659^2 \times 310 \\ &= 160494815(\text{N}\cdot\text{mm}) \end{aligned}$$

$$\alpha_1 f_c bx\left(h_0 - \frac{x}{2}\right) + f_y' A_s'(h_0 - a_s') + f_a' A_{af}'(h_0 - a_a') + M_{aw}$$

$$\begin{aligned} &= 14.3 \times 800 \times 309.73 \times (659 - 309.73/2) + 300 \times 1526 \times (659 - 63.53) \\ &\quad + 310 \times 200 \times 14 \times (659 - 182) + 160494815 \\ &= 2633444173(\text{N}\cdot\text{mm}) = 2633.44(\text{kN}\cdot\text{m}) > M = 1400(\text{kN}\cdot\text{m}) \end{aligned}$$

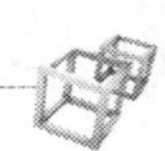

满足要求。

（2）按《钢骨混凝土结构技术规程》（YB 9082—2006）建议的方法计算。为了抵抗较大的轴向压力，初选2个HN450×200（截面尺寸为450mm×200mm×9mm×14mm）构成十字形截面，其截面抵抗矩为2个H型钢分别绕x轴和y轴的抵抗矩之和，即

$$W_{ss}=(1500+187)\times10^3=1687\times10^3(\mathrm{mm}^3)$$

截面面积$A_{ss}=2\times97.41\times10^2=19482(\mathrm{mm}^2)$

1）型钢部分承担的轴向力和弯矩

$$N_b=0.5\times1\times0.8\times14.3\times800\times800=3660.8\times10^3(\mathrm{N})>N=3000(\mathrm{kN})$$

查表5-7，取$N_{cy}^{ss}-M_{cy}^{ss}$相关曲线形状系数$m=2.6$。

$$N_{u0}=310\times19482+14.3\times800\times800=15191.4\times10^3(\mathrm{N})$$

$$N_{c0}^{ss}=310\times19482=6039.4(\mathrm{kN})$$

型钢承担的轴向力

$$N_{cy}^{ss}=\frac{3000-3660.8}{15191.4-3660.8}\times6039.4=-346.1(\mathrm{kN})$$

型钢弯矩

$$M_{y0}^{ss}=1.05\times1687\times10^3\times310=549.1\times10^6(\mathrm{N\cdot mm})<M_x=1400(\mathrm{kN\cdot m})$$

$$M_{cy}^{ss}=\left(1-\left|\frac{346.1}{6039.4}\right|^{2.6}\right)\times549.1=548.8(\mathrm{kN\cdot m})$$

2）钢筋混凝土部分承担的轴向力和弯矩。

轴向力

$$N_c^{rc}=3000-(-346.1)=3346.1(\mathrm{kN})$$

弯矩

$$M_c^{rc}=1400-548.8=851.2(\mathrm{kN\cdot m})$$

在柱的四角各配三根纵向钢筋，经计算，截面有效高度$h_0=737\mathrm{mm}$，有

$$a_s=a_s'=800-737=63(\mathrm{mm})$$

$$e_0=\frac{851.2\times10^3}{3346.1}=254.4(\mathrm{mm})$$

附加偏心距 $$e_a=\max\left(20,\frac{h}{30}\right)=\max\left(20,\frac{800}{30}\right)=27(\mathrm{mm})$$

初始偏心距 $$e_i=e_0+e_a=254.4+27=281.4(\mathrm{mm})$$

因$l_0/h=4000/800=5$，故取$\eta=1.0$。

$$\eta e_i=281.4(\mathrm{mm})>0.3h_0=221.1(\mathrm{mm})$$

按大偏心受压构件计算。截面采用对称配筋，则截面计算受压区高度为

$$x=\frac{N_c^{rc}}{\alpha_1f_cb}=\frac{3346.1\times10^3}{1.0\times14.3\times800}=292.5(\mathrm{mm})<\xi_bh_0=0.55\times737=405.4(\mathrm{mm})$$

轴向力合力至截面受拉钢筋合力点的距离为

$$e=\eta e_i+\frac{h}{2}-a_s=281.4+\frac{800}{2}-63=618.4(\mathrm{mm})$$

$$A_s=A_s'=\frac{3346.1\times10^3\times618.4-1.0\times14.3\times800\times292.5\times\left(737-\frac{292.5}{2}\right)}{300\times(737-63)}$$

$= 457(\text{mm}^2) < 0.002bh = 0.002 \times 800 \times 800 = 1280(\text{mm}^2)$

因此按构造配筋，受拉区和受压区各配 6 Φ 18（$A_s = A_s' = 1526\text{mm}^2$）。

5.7.5　型钢混凝土轴心受拉柱的正截面受拉承载力

1.《组合结构设计规范》(JGJ 138—2016) 建议的方法

型钢混凝土轴心受拉柱的正截面受拉承载力可按下式计算：

对于持久、短暂设计状况

$$N \leqslant f_y A_s + f_a A_a \tag{5-154}$$

对于地震设计状况

$$N \leqslant \frac{1}{\gamma_{RE}}(f_y A_s + f_a A_a) \tag{5-155}$$

式中　N——构件的轴向拉力设计值；

A_s、A_a——纵向受力钢筋和型钢的截面面积；

f_y、f_a——纵向受力钢筋和型钢的材料抗拉强度设计值。

2. AISC360 - 05 建议的方法

型钢混凝土轴心受拉柱的正截面受拉承载力按下式计算

$$P \leqslant \phi_t P_n \tag{5-156}$$

$$P_n = A_s F_y + A_{sr} F_{yr} \tag{5-157}$$

式中　P——构件的轴向拉力设计值；

ϕ_t——抗拉承载力调整系数，取 0.90；

P_n——名义抗拉强度；

A_s——型钢的面积；

A_{sr}——纵向钢筋的面积；

F_y——型钢的抗拉强度设计值；

F_{yr}——纵向钢筋的抗拉强度设计值。

5.7.6　型钢混凝土偏心受拉柱的正截面受拉承载力

《组合结构设计规范》(JGJ 138—2016) 建议的方法。型钢截面为充满型实腹式型钢混凝土偏心受拉柱，其正截面受拉承载力（见图 5 - 34）应按下列公式计算：

(1) 大偏心受拉。

对于持久、短暂设计状况

$$N \leqslant f_y A_s + f_a A_{af} - f_y' A_s' - f_a' A_{af}' - \alpha_1 f_c b x + N_{aw} \tag{5-158}$$

$$Ne \leqslant \alpha_1 f_c b x \left(h_0 - \frac{x}{2}\right) + f_y' A_s'(h_0 - a_s') + f_a' A_{af}'(h_0 - a_a') + M_{aw} \tag{5-159}$$

对于地震设计状况

$$N \leqslant \frac{1}{\gamma_{RE}}[f_y A_s + f_a A_{af} - f_y' A_s' - f_a' A_{af}' - \alpha_1 f_c b x + N_{aw}] \tag{5-160}$$

$$Ne \leqslant \frac{1}{\gamma_{RE}}\left[\alpha_1 f_c b x \left(h_0 - \frac{x}{2}\right) + f_y' A_s'(h_0 - a_s') + f_a' A_{af}'(h_0 - a_a') + M_{aw}\right] \tag{5-161}$$

$$h_0 = h - a \tag{5-162}$$

$$e = e_0 - \frac{h}{2} + a \tag{5-163}$$

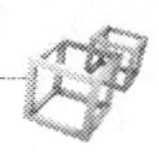

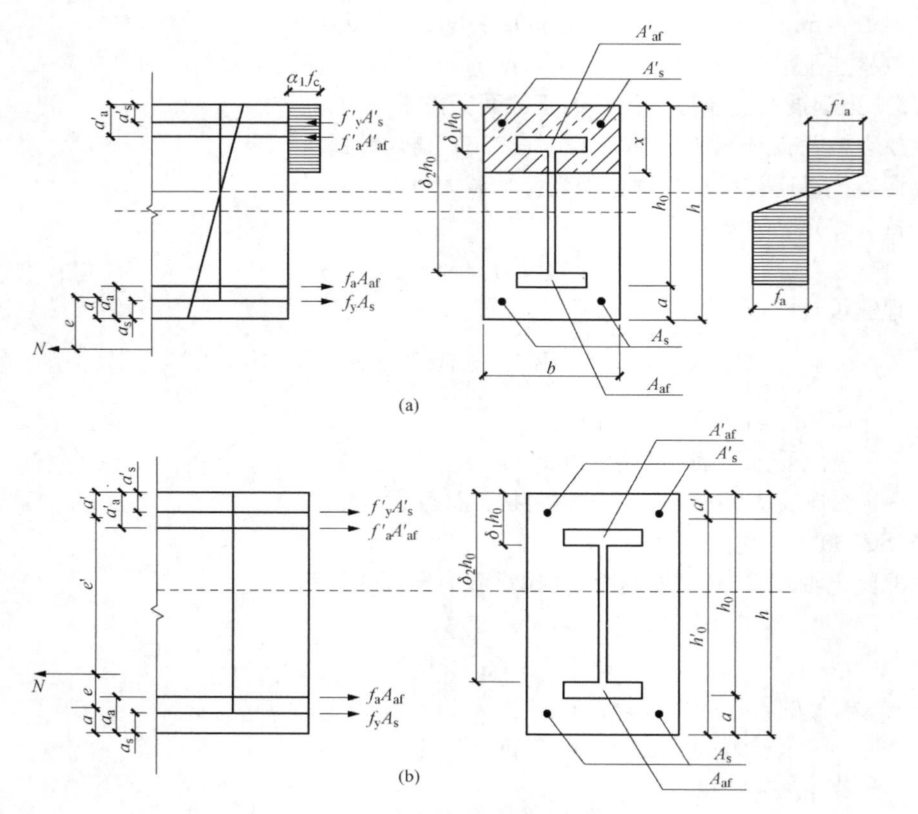

图 5-34　偏心受拉柱的承载力计算参数示意

(a) 大偏心受拉；(b) 小偏心受拉

$$e_0 = \frac{M}{N} \tag{5-164}$$

对于 N_{aw} 和 M_{aw}，当 $\delta_1 h_0 < \frac{x}{\beta_1}$，$\delta_2 h_0 > \frac{x}{\beta_1}$ 时

$$N_{aw} = \left[(\delta_1 + \delta_2) - \frac{2x}{\beta_1 h_0}\right] t_w h_0 f_a \tag{5-165}$$

$$M_{aw} = \left[(\delta_1 + \delta_2) - \left(\frac{x}{\beta_1 h_0}\right)^2 - \frac{2x}{\beta_1 h_0} - 0.5(\delta_1^2 + \delta_2^2)\right] t_w h_0^2 f_a \tag{5-166}$$

当 $\delta_1 h_0 > \frac{x}{\beta_1}$，$\delta_2 h_0 > \frac{x}{\beta_1}$ 时

$$N_{aw} = (\delta_2 - \delta_1) t_w h_0 f_a \tag{5-167}$$

$$M_{aw} = [(\delta_2 - \delta_1) - 0.5(\delta_1^2 - \delta_2^2)] t_w h_0^2 f_a \tag{5-168}$$

当 $x \leqslant 2a'_a$ 时，可按下列公式计算：

对于持久、短暂设计状况

$$N \leqslant f_y A_s + f_a A_{af} - f'_y A'_s - \sigma'_a A'_{af} - \alpha_1 f_c bx + N_{aw} \tag{5-169}$$

$$Ne \leqslant \alpha_1 f_c bx \left(h_0 - \frac{x}{2}\right) + f'_y A'_s (h_0 - a'_s) + \sigma'_a A'_{af} (h_0 - a'_a) + M_{aw} \tag{5-170}$$

对于地震设计状况

$$N \leqslant \frac{1}{\gamma_{RE}}[f_y A_s + f_a A_{af} - f_y' A_s' - \sigma'_a A_{af}' - \alpha_1 f_c bx + N_{aw}] \tag{5-171}$$

$$Ne \leqslant \alpha_1 f_c bx \left(h_0 - \frac{x}{2}\right) + f_y' A_s'(h_0 - a_s') + \sigma'_a A_{af}'(h_0 - a_a') + M_{aw} \tag{5-172}$$

$$\sigma_a' = \left(1 - \frac{\beta_1 a_a'}{x}\right)\varepsilon_{cu} E_a \tag{5-173}$$

（2）小偏心受拉。

对于持久、短暂设计状况

$$Ne \leqslant f_y' A_s'(h_0 - a_s') + f_a' A_{af}'(h_0 - a_a') + M_{aw} \tag{5-174}$$

$$Ne' \leqslant f_y A_s(h_0' - a_s) + f_a A_{af}(h_0 - a_a) + M_{aw}' \tag{5-175}$$

对于地震设计状况

$$Ne \leqslant \frac{1}{\gamma_{RE}}[f_y' A_s'(h_0 - a_s') + f_a' A_{af}'(h_0 - a_a') + M_{aw}] \tag{5-176}$$

$$Ne' \leqslant \frac{1}{\gamma_{RE}}[f_y A_s(h_0' - a_s) + f_a A_{af}(h_0 - a_a) + M_{aw}'] \tag{5-177}$$

$$M_{aw}[(\delta_2 - \delta_1) - 0.5(\delta_1^2 - \delta_2^2)]t_w h_0^2 f_a \tag{5-178}$$

$$M_{aw}' = \left[0.5(\delta_1^2 - \delta_2^2) - (\delta_2 - \delta_1)\frac{a'}{h_0}\right]t_w h_0^2 f_a \tag{5-179}$$

$$e' = e_0 + \frac{h}{2} - a \tag{5-180}$$

式中　e——轴向拉力作用点至纵向受拉钢筋和型钢受拉翼缘的合力点之间的距离；

e'——轴向拉力作用点至纵向受压钢筋和型钢受压翼缘的合力点之间的距离。

5.8　型钢混凝土柱斜截面承载力分析

5.8.1　斜截面受剪性能

试验研究表明，影响型钢混凝土柱受剪性能的因素较多，其中主要因素之一是剪跨比。对于框架柱，剪跨比可表示为$\lambda = \frac{M}{Vh_0}$，而对于框架结构中的框架柱，当其反弯点在层高范围内时，剪跨比可近似表示为$\lambda = \frac{H_n}{2h_0}$，其中$M$为计算截面上与剪力设计值$V$相应的弯矩设计值，$H_n$为柱净高，$h_0$为柱截面有效高度。剪跨比对型钢混凝土柱的破坏形态有显著影响。

当剪跨比$\lambda < 1.5$时，容易发生剪切斜压破坏。首先在柱的受剪表面出现许多沿对角线方向的斜裂缝，随着反复荷载的逐渐增大，斜裂缝不断发展，并形成交叉斜裂缝，将表面混凝土分割成若干斜压小柱体，最终因混凝土柱体被压碎而导致柱发生破坏。剪切斜压破坏形态如图 5 - 35（a）所示。

当剪跨比λ介于 1.5～2 之间时，容易发生剪切黏结破坏。首先在柱根部出现水平裂缝，随着荷载的增大，水平裂缝发展很慢，但出现新的斜裂缝，斜裂缝延伸至型钢翼缘外侧时转变为竖向裂缝，随着荷载的继续增大，这些竖向裂缝先后贯通，形成竖向的黏结裂缝，把型钢外侧混凝土剥开，柱宣告破坏，如图 5 - 35（b）所示。

当剪跨比$\lambda > 2.5$时，容易发生弯剪破坏。首先在柱端出现水平裂缝，随着反复荷载不

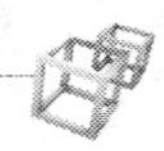

断施加，水平裂缝连通，与斜裂缝相交叉，荷载继续增大，柱端部混凝土压碎，柱宣告破坏。如图 5 - 35（c）所示。

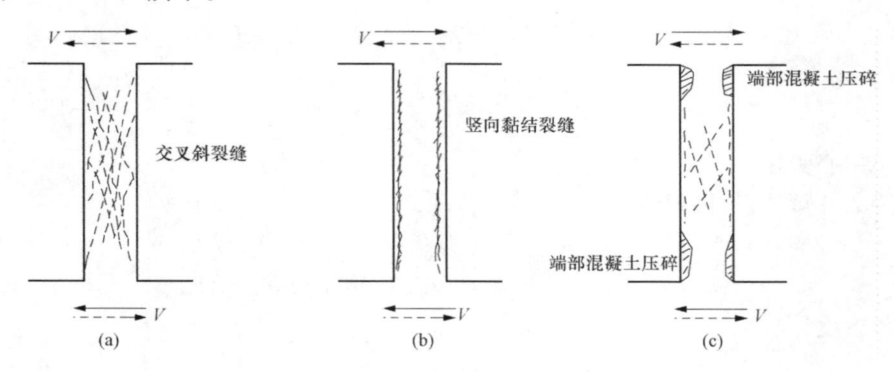

图 5 - 35　型钢混凝土柱的斜截面破坏形态

（a）剪切斜压破坏；（b）剪切黏结破坏；（c）弯剪破坏

柱的受剪承载力随着剪跨比的增大而减小，但是当剪跨比大于某一数值后，剪跨比对受剪承载力的影响将不明显。

轴向压力的存在抑制了柱斜裂缝的出现和开展，增加了混凝土剪压区高度，当 $N/(f_c bh)<0.5$时，随着轴向压力的提高，柱的受剪承载力将增大。当轴向压力很大时，会导致柱发生受压破坏。

混凝土的强度等级越高，柱的抗压强度和抗拉强度就越大，受剪承载力越高。

型钢的腹板含量及箍筋的配筋率越大，一方面，它们本身承担的剪力越多；另一方面，型钢和箍筋还能对核心混凝土提供较好的约束作用，使其抗剪承载力提高，变形能力增强。

5.8.2　斜截面受剪承载力计算

1.《组合结构设计规范》（JGJ 138—2016）建议的方法

（1）考虑地震作用组合的型钢混凝土柱剪力设计值应按下列规定计算：

1）一级抗震等级的框架结构和 9 度设防烈度一级抗震等级的各类框架

$$V_c = 1.2\frac{M_{cua}^t + M_{cua}^b}{H_n} \tag{5-181}$$

2）框架结构

二级抗震等级
$$V_c = 1.3\frac{M_c^t + M_c^b}{H_n} \tag{5-182}$$

三级抗震等级
$$V_c = 1.2\frac{M_c^t + M_c^b}{H_n} \tag{5-183}$$

四级抗震等级
$$V_c = 1.1\frac{M_c^t + M_c^b}{H_n} \tag{5-184}$$

3）其他各类框架

一级抗震等级
$$V_c = 1.4\frac{M_c^t + M_c^b}{H_n} \tag{5-185}$$

二级抗震等级
$$V_c = 1.2\frac{M_c^t + M_c^b}{H_n} \tag{5-186}$$

三、四级抗震等级
$$V_c=1.1\frac{M_c^t+M_c^b}{H_n} \tag{5-187}$$

式中　V_c——柱剪力设计值。

M_{cua}^t、M_{cua}^b——柱上、下端顺时针或逆时针方向按实配钢筋和型钢截面面积、材料强度标准值，且考虑承载力抗震调整系数的正截面受弯承载力所对应的弯矩值；M_{cua}^t与M_{cua}^b的值可按本章 5.7.4 中的方法计算，但在计算中应将材料的强度设计值以强度标准值代替，并取实配的纵向钢筋截面面积，不等式改为等式，对于对称配筋截面柱，将 Ne 以$\left[M_{cua}+N\left(\frac{h}{2}-a\right)\right]$代替；两者之和应分别按顺时针和逆时针方向进行计算，并取其较大值。

M_c^t、M_c^b——考虑地震作用组合，且经调整后的柱上、下端弯矩设计值；两者之和应分别按顺时针和逆时针方向进行计算，并取其较大值。

4）一、二、三、四级抗震等级的角柱剪力设计值应取调整后的设计值乘以不小于 1.1 的增大系数。

（2）型钢混凝土偏心受压柱的斜截面受剪承载力按下列公式进行计算：

对于持久、短暂设计状况

$$V_c\leqslant\frac{1.05}{\lambda+1}f_tbh_0+f_{yv}\frac{A_{sv}}{s}h_0+\frac{0.58}{\lambda}f_at_wh_w+0.07N \tag{5-188}$$

对于地震设计状况

$$V_c\leqslant\frac{1}{\gamma_{RE}}\left(\frac{1.05}{\lambda+1}f_tbh_0+f_{yv}\frac{A_{sv}}{s}h_0+\frac{0.58}{\lambda}f_at_wh_w+0.056N\right) \tag{5-189}$$

式中　f_{yv}——箍筋的抗拉强度设计值。

A_{sv}——配置在同一截面内箍筋各肢的全部截面面积。

s——沿构件长度方向上箍筋的间距。

λ——柱的计算剪跨比，其值取上、下端较大弯矩设计值 M 与对应的剪力设计值 V 和柱截面有效高度 h_0 的比值，即 $M/(Vh_0)$；当框架结构中框架柱的反弯点在柱层高范围内时，柱剪跨比也可采用 1/2 柱净高与柱截面有效高度 h_0 的比值；当 $\lambda<1$ 时，取 $\lambda=1$；当 $\lambda>3$ 时，取 $\lambda=3$。

N——柱的轴向压力设计值，当 $N>0.3f_cA_c$ 时，取 $N=0.3f_cA_c$。

考虑地震作用组合的剪跨比不大于 2.0 的偏心受压柱，其斜截面受剪承载力宜取下列公式计算的较小值

$$V_c\leqslant\frac{1}{\gamma_{RE}}\left(\frac{1.05}{\lambda+1}f_tbh_0+f_{yv}\frac{A_{sv}}{s}h_0+\frac{0.58}{\lambda}f_at_wh_w+0.056N\right) \tag{5-190}$$

$$V_c\leqslant\frac{1}{\gamma_{RE}}\left(\frac{4.2}{\lambda+1.4}f_tb_0h_0+f_{yv}\frac{A_{sv}}{s}h_0+\frac{0.58}{\lambda-0.2}f_at_wh_w\right) \tag{5-191}$$

式中　b_0——型钢截面外侧混凝土的宽度，取柱截面宽度与型钢翼缘宽度之差。

（3）型钢混凝土偏心受拉柱的斜截面受剪承载力按下列公式进行计算：

对于持久、短暂设计状况

$$V_c\leqslant\frac{1.75}{\lambda+1}f_tbh_0+f_{yv}\frac{A_{sv}}{s}h_0+\frac{0.58}{\lambda}f_at_wh_w-0.2N \tag{5-192}$$

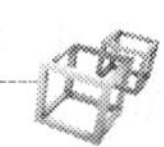

当$V_c \leqslant f_{yv}\frac{A_{sv}}{s}h_0+\frac{0.58}{\lambda}f_a t_w h_w$时，应取

$$V_c = f_{yv}\frac{A_{sv}}{s}h_0+\frac{0.58}{\lambda}f_a t_w h_w$$

对于地震设计状况

$$V_c \leqslant \frac{1}{\gamma_{RE}}\left(\frac{1.05}{\lambda+1}f_t b h_0 + f_{yv}\frac{A_{sv}}{s}h_0+\frac{0.58}{\lambda}f_a t_w h_w + 0.2N\right) \tag{5-193}$$

当$V_c \leqslant \frac{1}{\gamma_{RE}}\left(f_{yv}\frac{A_{sv}}{s}h_0+\frac{0.58}{\lambda}f_a t_w h_w\right)$时，应取

$$V_c = \frac{1}{\gamma_{RE}}\left(f_{yv}\frac{A_{sv}}{s}h_0+\frac{0.58}{\lambda}f_a t_w h_w\right)$$

式中　N——柱的轴向拉力设计值。

（4）为避免型钢混凝土柱发生剪切斜压破坏，其受剪截面尚应符合下列规定：

对于持久、短暂设计状况

$$V_c \leqslant 0.45\beta_c f_c b h_0 \tag{5-194}$$

$$\frac{f_a t_w h_w}{\beta_c f_c b h_0} \geqslant 0.10 \tag{5-195}$$

对于地震设计状况

$$V_c \leqslant \frac{1}{\gamma_{RE}}(0.36\beta_c f_c b h_0) \tag{5-196}$$

$$\frac{f_a t_w h_w}{\beta_c f_c b h_0} \geqslant 0.10 \tag{5-197}$$

式中　h_w——型钢腹板高度；

β_c——混凝土强度影响系数，当混凝土强度等级不超过C50时取$\beta_c=1$，当混凝土强度等级为C80时取$\beta_c=0.8$，其间按线性内插法确定。

（5）配置十字形型钢混凝土柱，其斜截面受剪承载力计算中可折算计入腹板两侧的侧腹板面积，等效腹板厚度可按式（5-119）计算。

2.《钢骨混凝土结构技术规程》（YB 9082—2006）建议的方法

（1）型钢混凝土柱的剪力设计值应按下列规定计算：

1）一、二、三级抗震结构的柱端箍筋加密区

$$V_c = \eta_{vc}\frac{M_c^t + M_c^b}{H_n} \tag{5-198}$$

式中　η_{vc}——柱剪力增大系数，一、二、三级抗震等级分别取1.4、1.2、1.1。

M_c^t、M_c^b——柱上、下端截面弯矩设计值，应分别按顺时针和逆时针方向计算M_c^t与M_c^b之和，并取较大值代入式（5-198）；

H_n——柱的净高度。

2）特一级抗震等级、9度设防烈度及一级抗震等级（纯）框架结构的柱端箍筋加密区

$$V_c = 1.2\frac{M_{cua}^t + M_{cua}^b}{H_n} \tag{5-199}$$

式中　M_{cua}^t、M_{cua}^b——柱上、下端截面的受弯承载力，计算时应采用实配型钢截面和钢筋截面面积，并取型钢材料的屈服强度和钢筋及混凝土材料强度的标准值，

且要求考虑承载力抗震调整系数，应分别按顺时针和逆时针方向计算 M_{cua}^{t} 与 M_{cua}^{b} 之和，并取较大值代入式（5-199）。

对于二级抗震等级的较高建筑中柱的箍筋加密区，剪力设计值宜按式（5-199）计算。

3）非抗震结构、不需进行抗震验算及四级抗震等级的抗震结构，以及一、二、三级抗震结构中柱的非箍筋加密区，取荷载组合得到的最大剪力设计值。

4）对于角柱，其剪力设计值应按以上计算值再乘以不宜小于 1.1 的增大系数。

（2）型钢混凝土柱的斜截面受剪承载力按下式计算

$$V_{c} \leqslant V_{cy}^{ss} + V_{cu}^{rc} \tag{5-200}$$

式中　V_{c}——柱剪力设计值；

V_{cy}^{ss}——柱内型钢部分的受剪承载力，按式（5-40）和式（5-41）计算；

V_{cu}^{rc}——柱内钢筋混凝土部分的受剪承载力。

（3）柱内钢筋混凝土部分的受剪承载力按下列公式计算：

无地震作用组合时

$$V_{cu}^{rc} = \frac{1.75}{\lambda + 1.0} f_{t} b_{c} h_{c0} + 1.0 f_{yv} \frac{A_{sv}}{s} h_{c0} + 0.07 N_{c}^{rc} \tag{5-201}$$

且应满足

$$V_{cu}^{rc} \leqslant 0.25 \beta_{c} f_{c} b_{c} h_{c0} \tag{5-202}$$

$$V_{cu}^{rc} = \frac{1}{\gamma_{RE}} \left(\frac{1.05}{\lambda + 1.0} f_{t} b_{c} h_{c0} + 1.0 f_{yv} \frac{A_{sv}}{s} h_{c0} + 0.07 N_{c}^{rc} \right) \tag{5-203}$$

且应满足

$$V_{cu}^{rc} \leqslant \frac{1}{\gamma_{RE}} (0.20 \beta_{c} f_{c} b_{c} h_{c0}) \tag{5-204}$$

式中　N_{c}^{rc}——钢筋混凝土部分承担的轴向力设计值，按式（5-130）确定；

λ——框架柱的计算剪跨比，取 $\lambda = H_{n}/(2h_{c0})$，其中 H_{n} 为框架柱的净高度，当 $\lambda < 1$ 时取 $\lambda = 1$，当 $\lambda > 3$ 时取 $\lambda = 3$。

（4）型钢混凝土柱截面的剪力设计值应满足下列要求：

无地震作用时

$$V_{c} \leqslant 0.45 f_{c} \beta_{c} b_{c} h_{c0} \tag{5-205}$$

有地震作用时

$$V_{c} \leqslant \frac{1}{\gamma_{RE}} (0.36 \beta_{c} f_{c} b_{c} h_{c0}) \tag{5-206}$$

型钢受剪截面尚应满足

$$f_{ssv} t_{w} h_{w} \geqslant 0.1 \beta_{c} f_{c} b_{c} h_{c0} \tag{5-207}$$

式中　f_{ssv}——型钢腹板的抗剪强度设计值；

$t_{w}h_{w}$——与受剪方向一致的型钢板材的截面面积之和；

b_{c}、h_{c0}——柱的截面宽度和有效高度；

A_{c}——柱中混凝土的净截面面积。

3. *AISC360-05 建议的方法*

型钢混凝土柱的斜截面受剪承载力可根据下列两种方法选择其一计算：

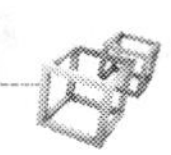

（1）考虑型钢和箍筋的抗剪作用

$$V_c \leqslant 0.6\phi_v F_y A_w C_v + A_{st} F_{yr}(d/s) \tag{5-208}$$

式中 V_c——柱剪力设计值。

ϕ_v——抗剪承载力调整系数，对于热轧I型钢且$h/t_w \leqslant 2.24\sqrt{E/F_y}$，取$\phi_v=1.0$，其他情况取$\phi_v=0.9$。

h——对于轧制截面，为减去圆角或角半径的翼缘之间的净距；对于组合焊接截面，为翼缘间的净距；对于组合栓接连接截面，为紧固件间的净距；对于T型钢，为全截面高度。

t_w——型钢腹板的厚度。

E——钢材的弹性模量。

F_y——型钢的屈服强度设计值。

A_w——型钢腹板的截面面积，$A_w=dt_w$。

d——型钢腹板的高度。

C_v——腹板抗剪系数，对于热轧I型钢且$h/t_w \leqslant 2.24\sqrt{E/F_y}$，取$C_v=1.0$；其他情况，当$h/t_w \leqslant 1.10\sqrt{k_v E/F_y}$时，取$C_v=1.0$；当$1.10\sqrt{k_v E/F_y} \leqslant h/t_w \leqslant 1.37\sqrt{k_v E/F_y}$时，取$C_v=\dfrac{1.10\sqrt{k_v E/F_y}}{h/t_w}$；当$h/t_w > 1.37\sqrt{k_v E/F_y}$，取$C_v=\dfrac{1.51Ek_v}{(h/t_w)^2 F_y}$。

k_v——腹板屈曲系数，对于无加劲肋的腹板，且$h/t_w<260$，取$k_v=5$，不满足此要求的T型钢，取$k_v=1.2$；对于有加劲肋的腹板，$k_v=5+\dfrac{5}{(a/h)^2}$，当$a/h>3.0$或$a/h>\left[\dfrac{260}{(h/t_w)}\right]^2$时，取$k_v=5$。

a——横向加劲肋的净距。

F_{yr}——箍筋的抗拉强度设计值。

A_{st}——配置在同一截面内箍筋各肢的全部截面面积。

d——柱的有效截面高度；

s——沿构件长度方向上箍筋的间距。

（2）考虑钢筋混凝土的抗剪作用

$$V_u \leqslant \phi(V_c + V_s) \tag{5-209}$$

式中 V_u——柱剪力设计值；

ϕ——承载力折减系数，取$\phi=0.75$；

V_c——混凝土承担的剪力，按下列方法计算：

对于偏心受压柱

$$V_c = \left(0.16\sqrt{f_c'} + 17\rho_w \frac{V_u d}{M_m}\right) b_w d \tag{5-210}$$

$$M_m = M_u - N_u \frac{4h-d}{8} \tag{5-211}$$

且V_c不能大于按下式计算的值

$$V_c = 0.29\sqrt{f_c'} b_w d \sqrt{1 + \frac{0.29N_u}{A_g}} \tag{5-212}$$

如果按式（5-211）计算的 M_m 为负值，则按式（5-210）计算 V_c。

对于偏心受拉柱

$$V_c = 0.17\left(1+\frac{0.29N_u}{A_g}\right)\sqrt{f_c'}b_w d \geqslant 0 \tag{5-213}$$

f_c'——混凝土的圆柱体抗压强度设计值；

ρ_w——纵筋的配筋率，取 $\rho_w=\dfrac{A_s}{b_w d}$；

b_w——柱的截面宽度；

d——柱的有效截面高度；

M_u——截面的计算弯矩；

h——柱的高度；

N_u——截面的计算轴向力，受压时取正值，受拉时取负值；

A_g——混凝土的截面面积；

V_s——箍筋承担的剪力，按下列方法计算：

$$V_s = \frac{A_v f_{yr} d}{s} \tag{5-214}$$

A_v——配置在同一截面内箍筋各肢的全部截面面积；

f_{yr}——箍筋的抗拉强度设计值；

d——混凝土截面的有效高度；

s——沿构件长度方向上箍筋的间距。

【例5-8】 型钢混凝土柱的净高为 $L=3.15$m，截面尺寸为800mm×800mm，见图5-36。型钢采用拼接的十字形截面，截面尺寸为500mm×200mm×20mm×20mm，截面面积 $A_{ss}=34400\text{mm}^2$，截面弹性抵抗矩 $W_{ss}=2601000\text{mm}^3$，纵向钢筋为12Φ18，受拉区和受压区钢筋截面面积为 $A_s=A_s'=1526\text{mm}^2$，型钢采用Q235钢材，$f_a=205\text{N/mm}^2$，纵向钢筋采用HRB335级钢筋，$f_{sy}=300\text{N/mm}^2$，箍筋为HPB300级钢筋，混凝土强度等级采用C30。柱承受的剪力设计值 $V_c=1600$kN，轴向力设计值 $N=3100$kN，弯矩设计值 $M_x=1450$kN·m。试对该柱进行受剪承载力验算。

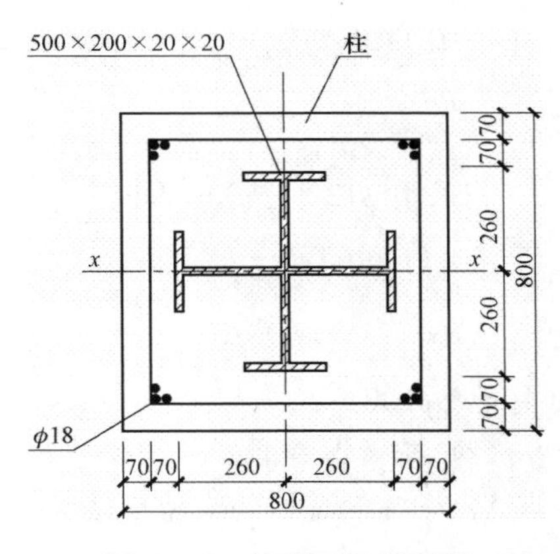

图5-36　柱截面及其配钢

解　(1) 按《组合结构设计规范》(JGJ 138—2016) 建议的方法计算

1) 计算柱截面有效高度

$$a=\frac{2\times508.68\times300\times70+2\times254.34\times300\times140+200\times20\times205\times\left(140+\dfrac{20}{2}\right)}{2\times508.68\times300+2\times254.34\times300+200\times20\times205}$$

$$=129.7(\text{mm})$$

$$h_0=h-a=800-129.7=670.3(\text{mm})$$

2) 验算受剪截面是否符合以下两个条件

$$0.45f_c bh_0=0.45\times14.3\times800\times670.3$$

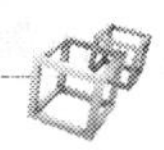

$$= 3450.704(\text{kN})$$

$$V_c = 1600\text{kN} < 0.45 f_c b h_0 = 3450.704(\text{kN})\text{，满足要求}$$

$$\frac{f_a t_w h_w}{\beta_c f_c b h_0} = \frac{205 \times 20 \times (500 - 40)}{1.0 \times 14.3 \times 800 \times 670.3} = 0.2460 > 0.1\text{，满足要求}$$

3）计算框架柱的剪跨比

$$\lambda = L/(2h_0) = 3150/(2 \times 670.3) = 2.35 < 3\text{，取}\lambda = 2.35$$

$$N = 3100(\text{kN}) > 0.3 f_c A_c = 0.3 \times 14.3 \times 800 \times 800 = 2745.6(\text{kN})\text{，取} N = 2745.6\text{kN}$$

4）等效腹板厚度

$$t'_w = t_w + \frac{0.5 \sum A_{aw}}{h_w} = 20 + \frac{0.5 \times 200 \times 20 \times 2}{460} = 28.7(\text{mm})$$

5）计算箍筋用量

将 V_c=1600kN，N=3100kN 代入下式计算

$$V_c = \frac{1.75}{\lambda + 1} f_t b h_0 + f_{yv} \frac{A_{sv}}{s} h_0 + \frac{0.58}{\lambda} f_a t'_w h_w + 0.07N$$

$$1600 \times 10^3 = \frac{1.75}{2.35 + 1} \times 1.43 \times 800 \times 670.3 + f_{yv} \frac{A_{sv}}{s} h_0 + \frac{0.58}{2.35} \times 205 \times 28.7 \times 460 + 0.07 \times 2745.6 \times 10^3$$

解得

$$f_{yv} \frac{A_{sv}}{s} h_0 = 339264(\text{N})$$

选用 HPB300 钢筋作箍筋，f_{yv}=270N/mm^2，代入计算得

$$\frac{A_{sv}}{s} = 1.87$$

若采用 ϕ12 双肢筋，则

$$A_{sv} = 226(\text{mm}^2)$$

$$s = \frac{226}{1.87} = 120.9(\text{mm})$$

实际取 2ϕ12@120。

（2）按《钢骨混凝土结构技术规程》（YB 9082—2006）建议的方法计算

1）求柱内型钢的受剪承载力 V_{cy}^{ss}

$$V_{cy}^{ss} = f_{ssv} t_w h_w = 120 \times 460 \times 20 = 1104 \times 10^3(\text{N})$$

2）求柱内钢筋混凝土部分承受的剪力 V_{cu}^{rc}

$$a_s = a'_s = 94(\text{mm}), h_{c0} = 706(\text{mm})$$

$$V_{cu}^{rc} = V - V_{cy}^{ss} = 1600 - 1104 = 496(\text{kN})$$

$$0.25 \beta_c f_c b_c h_{c0} = 0.25 \times 1 \times 14.3 \times 800 \times 706 = 2019.2(\text{kN}) > V_{cu}^{rc}$$

3）计算柱中箍筋

$$V = 1600\text{kN} < 0.45 \beta_c f_c b h_{c0} = 0.45 \times 1.0 \times 14.3 \times 800 \times 706 = 3634 \times 10^3(\text{N})$$

$$\frac{f_{ssv} t_w h_w}{f_c b h_0} = \frac{120 \times 20 \times 460}{14.3 \times 800 \times 706} = 0.14 > 0.1$$

故截面尺寸符合要求。

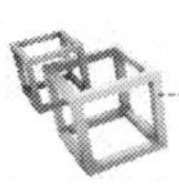

$$\lambda = \frac{H_n}{2h_{c0}} = \frac{3150}{2 \times 706} = 2.23$$

型钢承担的轴向力为

$$N_b = 0.5 \times 1 \times 0.8 \times 14.3 \times 800 \times 800 = 3660.8 \times 10^3 (\mathrm{N})$$

$$N_{u0} = 205 \times 34400 + 14.3 \times 800 \times 800 + 2 \times 300 \times 1526 = 17119.6 \times 10^3 (\mathrm{N})$$

$$N_{c0}^{ss} = 205 \times 34400 = 7052 \times 10^3 (\mathrm{N})$$

则

$$N_{cy}^{ss} = \frac{3100 - 3660.8}{17119.6 - 3660.8} \times 7052 = -293.8\ (\mathrm{kN})$$

钢筋混凝土部分承担的轴向力为

$$N_c^{rc} = 3100 - (-293.8) = 3393.8 (\mathrm{kN})$$

由于　$0.3 f_c A = 0.3 \times 14.3 \times 800 \times 800 = 2745.6 \times 10^3\ (\mathrm{N}) < N_c^{rc} = 3393.8 (\mathrm{kN})$

可取 $N_c^{rc} = 2745.6\mathrm{kN}$。

则　$$V_{cu}^{rc} = 496\mathrm{kN} < \frac{1.75}{\lambda + 1.0} f_t b h_{c0} + 0.07 N_c^{rc}$$

$$= \frac{1.75}{2.23 + 1.0} \times 1.43 \times 800 \times 706 + 0.07 \times 2745.6 \times 10^3 = 629.8 \times 10^3 (\mathrm{N})$$

因此可按构造配置箍筋，取双肢 $\phi 8@250$。

5.9　型钢混凝土柱裂缝宽度计算

按《组合结构设计规范》(JGJ 138—2016) 建议的公式计算型钢混凝土柱裂缝宽度。配置工字形的型钢混凝土轴心受拉构件，按荷载的准永久组合并考虑长期效应组合影响的最大裂缝宽度可按下列公式计算，并不应大于表 5 - 1 规定的限值，即

$$w_{max} = 2.7 \psi \frac{\sigma_{sq}}{E_s} \left(1.9 c_s + 0.07 \frac{d_e}{\rho_{te}}\right) \tag{5 - 215}$$

$$\psi = 1.1 - 0.65 \frac{f_{tk}}{\rho_{te} \sigma_{sq}} \tag{5 - 216}$$

$$\sigma_{sq} = \frac{N_q}{A_s + A_a} \tag{5 - 217}$$

$$\rho_{te} = \frac{A_s + A_a}{A_{te}} \tag{5 - 218}$$

$$d_e = \frac{4(A_s + A_a)}{u} \tag{5 - 219}$$

$$u = n \pi d_s + 4(b_f + t_f) + 2h_w \tag{5 - 220}$$

式中　w_{max}——最大裂缝宽度；

c_s——纵向受拉钢筋的混凝土保护层厚度；

ψ——裂缝间受拉钢筋和型钢应变不均匀系数，当 $\psi < 0.2$ 时取 $\psi = 0.2$，当 $\psi > 1$ 时取 $\psi = 1$；

N_q——按荷载效应的准永久组合计算的轴向拉力值；

σ_{sq}——按荷载效应的准永久组合计算的型钢混凝土构件纵向受拉钢筋和受拉型钢的应力的平均值；

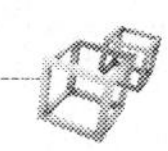

d_e、ρ_{te}——综合考虑受拉钢筋和受拉型钢的有效直径和有效配筋率；

A_{te}——轴心受拉构件的横截面面积；

u——纵向受拉钢筋和型钢截面的总周长；

n、d_s——纵向受拉变形钢筋的数量和直径；

b_f、t_f、h_w——型钢截面的翼缘宽度、厚度和腹板高度。

5.10 型钢混凝土梁柱节点

5.10.1 节点形式

梁柱节点是结构的关键部位，它承受并传递梁和柱的内力，因此节点的安全可靠是保证结构安全工作的前提。工程中常见的型钢混凝土梁柱节点主要有三种形式：

（1）型钢混凝土柱与型钢混凝土梁连接节点。梁型钢焊于柱型钢翼缘，在柱型钢内部对应于梁型钢上下翼缘处设置水平加劲肋［见图 5-37（a)］。

（2）型钢混凝土柱与钢筋混凝土梁连接节点。梁纵向钢筋穿过柱型钢腹板或通过连接套筒或钢牛腿与柱型钢翼缘连接，在柱型钢内部对应于梁纵向钢筋水平处设置水平加劲肋［见图 5-37（b)］。

（3）型钢混凝土柱与钢梁连接节点。钢梁直接焊接于柱型钢翼缘，在柱型钢内部对应于钢梁上下翼缘处设置水平加劲肋［见图 5-37（c)］。

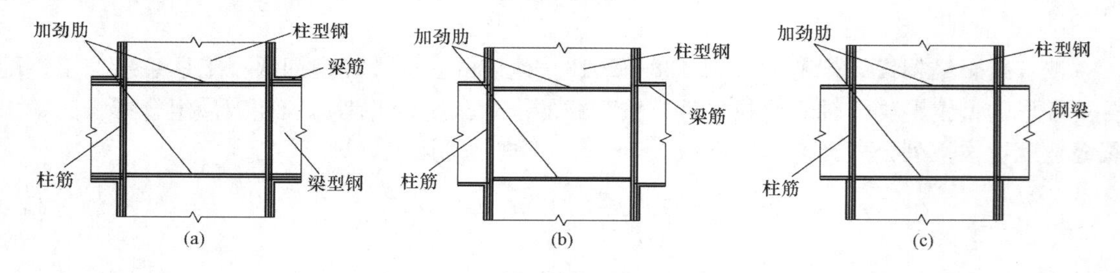

图 5-37 型钢混凝土梁柱节点形式

（a）型钢混凝土柱-型钢混凝土梁连接节点；（b）型钢混凝土柱-钢筋混凝土梁连接节点；

（c）型钢混凝土柱-钢梁连接节点

5.10.2 试验研究

型钢混凝土梁柱节点受力复杂，处于压、弯、剪复合应力状态，但根据试验可知，一般节点主要都是在水平荷载作用下发生剪切破坏。当荷载加到极限荷载的 30%～40%时，梁柱连接处首先出现微小弯曲裂缝，随着荷载的增加，弯曲裂缝发展缓慢，节点核心区中心开始出现斜裂缝。荷载继续增加，节点核心区的斜裂缝由中心向四周发展，主斜裂缝最终发展到梁端和柱端。由于荷载的反复，核心区出现双向斜裂缝。当裂缝出齐后，互相交叉的斜裂缝将核心区混凝土分割成许多菱形小块，核心区型钢腹板逐渐发生屈服。最后，核心区混凝土被压碎，保护层混凝土鼓出而剥落，导致节点破坏。

由于节点中配置了型钢，型钢混凝土梁柱节点的延性和耗能能力均优于钢筋混凝土梁柱节点。同时，型钢本身具有较大刚度，且柱型钢翼缘和其间加劲肋构成的“翼缘框”约束着核心混凝土，使得型钢混凝土梁柱节点的刚度大于钢筋混凝土梁柱节点，前者的刚度退化也

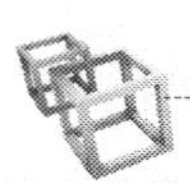

比后者更慢。

轴向压力的存在能够抑制型钢混凝土梁柱节点裂缝的出现和开展，故轴压比越大，裂缝出现越晚，宽度越小，节点刚度越大。但轴压比大时，节点的延性和耗能能力变差。在一定范围内，轴压比的增大能够提高节点的受剪承载力。

5.10.3　节点受剪承载力计算

1.《组合结构设计规范》(JGJ 138—2016) 建议的方法

(1) 考虑地震作用组合的型钢混凝土梁柱节点剪力设计值应按下列公式计算：

1) 型钢混凝土柱与型钢混凝土梁或钢筋混凝土梁连接的梁柱节点。对于一级抗震等级的框架结构和9度设防烈度一级抗震等级的各类框架：

顶层中间节点和端节点

$$V_j = 1.15\frac{M_{bua}^l + M_{bua}^r}{Z} \tag{5-221}$$

其他层中间节点和端节点

$$V_j = 1.15\frac{M_{bua}^l + M_{bua}^r}{Z}\left(1 - \frac{Z}{H_c - h_b}\right) \tag{5-222}$$

对于二级抗震等级的框架结构：

顶层中间节点和端节点

$$V_j = 1.35\frac{M_b^l + M_b^r}{Z} \tag{5-223}$$

其他层中间节点和端节点

$$V_j = 1.35\frac{M_b^l + M_b^r}{Z}\left(1 - \frac{Z}{H_c - h_b}\right) \tag{5-224}$$

对于其他各类框架：

一级抗震等级顶层中间节点和端节点

$$V_j = 1.35\frac{M_b^l + M_b^r}{Z} \tag{5-225}$$

一级抗震等级其他层中间节点和端节点

$$V_j = 1.35\frac{M_b^l + M_b^r}{Z}\left(1 - \frac{Z}{H_c - h_b}\right) \tag{5-226}$$

二级抗震等级顶层中间节点和端节点

$$V_j = 1.20\frac{M_b^l + M_b^r}{Z} \tag{5-227}$$

二级抗震等级其他层中间节点和端节点

$$V_j = 1.20\frac{M_b^l + M_b^r}{Z}\left(1 - \frac{Z}{H_c - h_b}\right) \tag{5-228}$$

2) 型钢混凝土柱与钢梁连接的梁柱节点。对于一级抗震等级的框架结构和9度设防烈度一级抗震等级的各类框架：

顶层中间节点和端节点

$$V_j = 1.15\frac{M_{au}^l + M_{au}^r}{h_a} \tag{5-229}$$

其他层中间节点和端节点

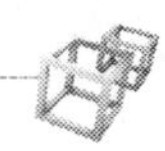

$$V_{j}=1.15\frac{M_{au}^{l}+M_{au}^{r}}{h_{a}}\left(1-\frac{h_{a}}{H_{c}-h_{a}}\right) \tag{5-230}$$

对于二级抗震等级的框架结构：

顶层中间节点和端节点

$$V_{j}=1.20\frac{M_{a}^{l}+M_{a}^{r}}{h_{a}} \tag{5-231}$$

其他层中间节点和端节点

$$V_{j}=1.20\frac{M_{a}^{l}+M_{a}^{r}}{h_{a}}\left(1-\frac{h_{a}}{H_{c}-h_{a}}\right) \tag{5-232}$$

对于其他各类框架：

一级抗震等级顶层中间节点和端节点

$$V_{j}=1.35\frac{M_{a}^{l}+M_{a}^{r}}{h_{a}} \tag{5-233}$$

一级抗震等级其他层中间节点和端节点

$$V_{j}=1.35\frac{M_{a}^{l}+M_{a}^{r}}{h_{a}}\left(1-\frac{h_{a}}{H_{c}-h_{a}}\right) \tag{5-234}$$

二级抗震等级顶层中间节点和端节点

$$V_{j}=1.20\frac{M_{a}^{l}+M_{a}^{r}}{h_{a}} \tag{5-235}$$

二级抗震等级其他层中间节点和端节点

$$V_{j}=1.20\frac{M_{a}^{l}+M_{a}^{r}}{h_{a}}\left(1-\frac{h_{a}}{H_{c}-h_{a}}\right) \tag{5-236}$$

式中 V_j——框架梁柱节点的剪力设计值；

M_{au}^{l}、M_{au}^{r}——节点左、右两侧钢梁的正截面受弯承载力对应的弯矩值，其值应按实际型钢面积和钢材强度标准值计算；

M_{a}^{l}、M_{a}^{r}——节点左、右两侧钢梁的梁端弯矩设计值；

M_{bua}^{l}、M_{bua}^{r}——节点左、右两侧型钢混凝土梁或钢筋混凝土梁的梁端考虑承载力抗震调整系数的正截面受弯承载力对应的弯矩值，其值应按本章 5.3.2 或《混凝土结构设计规范》（GB 50010—2010）的规定计算；

M_{b}^{l}、M_{b}^{r}——节点左、右两侧型钢混凝土梁或钢筋混凝土梁的梁端弯矩设计值；

H_c——节点上柱和下柱反弯点之间的距离；

Z——对型钢混凝土梁，取型钢上翼缘和梁上部钢筋合力点与型钢下翼缘和梁下部钢筋合力点间的距离，对钢筋混凝土梁，取梁上部钢筋合力点与梁下部钢筋合力点间的距离；

h_a——型钢截面高度，当节点两侧梁高不相同时，应取平均值；

h_b——梁截面高度，当节点两侧梁高不相同时，应取平均值。

（2）考虑地震作用组合框架梁柱节点，其核心区的受剪水平截面应符合下式规定

$$V_{j}\leqslant\frac{1}{\gamma_{RE}}(0.36\eta_{j}f_{c}b_{j}h_{j}) \tag{5-237}$$

式中 h_j——节点截面高度，可取受剪方向的柱截面高度。

η_j——梁对节点的约束影响系数，对两个正交方向有梁约束，且节点核心区内配有十

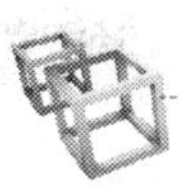

字形型钢的中间节点，当梁的截面宽度均大于柱截面宽度的 1/2，且正交方向梁截面高度不小于较高框架梁截面高度的 3/4 时，可取 $\eta_j=1.3$，但 9 度设防烈度宜取 1.25；其他情况的节点，可取 $\eta_j=1$。

b_j——节点有效截面宽度。

b_j 可按下列规定计算：

对于型钢混凝土柱与型钢混凝土梁节点

$$b_j=(b_b+b_c)/2 \tag{5-238}$$

对于型钢混凝土柱与钢筋混凝土梁节点：

1）梁柱轴线重合

当 $b_b>b_c/2$ 时

$$b_j=b_c \tag{5-239}$$

当 $b_b\leqslant b_c/2$ 时

$$b_j=\min(b_b+0.5h_c,b_c) \tag{5-240}$$

2）梁柱轴线不重合，且偏心距不大于柱截面宽度的 1/4

$$b_j=\min(0.5b_c+0.5b_b+0.25h_c-e_0,b_b+0.5h_c,b_c) \tag{5-241}$$

对于型钢混凝土柱与钢梁节点

$$b_j=b_c/2 \tag{5-242}$$

式中 b_c——柱截面宽度；

h_c——柱截面高度；

b_b——梁截面宽度。

（3）型钢混凝土梁柱节点的受剪承载力应按下列公式计算：

1）一级抗震等级的框架结构和 9 度设防烈度一级抗震等级的各类框架：

型钢混凝土柱与型钢混凝土梁连接的梁柱节点

$$V_j\leqslant\frac{1}{\gamma_{RE}}\left[2.0\phi_j\eta_jf_tb_jh_j+f_{yv}\frac{A_{sv}}{s}(h_0-a_s')+0.58f_at_wh_w\right] \tag{5-243}$$

型钢混凝土柱与钢筋混凝土梁连接的梁柱节点

$$V_j\leqslant\frac{1}{\gamma_{RE}}\left[1.0\phi_j\eta_jf_tb_jh_j+f_{yv}\frac{A_{sv}}{s}(h_0-a_s')+0.3f_at_wh_w\right] \tag{5-244}$$

型钢混凝土柱与钢梁连接的梁柱节点

$$V_j\leqslant\frac{1}{\gamma_{RE}}\left[1.7\phi_j\eta_jf_tb_jh_j+f_{yv}\frac{A_{sv}}{s}(h_0-a_s')+0.58f_at_wh_w\right] \tag{5-245}$$

2）其他各类框架：

型钢混凝土柱与型钢混凝土梁连接的梁柱节点

$$V_j\leqslant\frac{1}{\gamma_{RE}}\left[2.3\phi_j\eta_jf_tb_jh_j+f_{yv}\frac{A_{sv}}{s}(h_0-a_s')+0.58f_at_wh_w\right] \tag{5-246}$$

型钢混凝土柱与钢筋混凝土梁连接的梁柱节点

$$V_j\leqslant\frac{1}{\gamma_{RE}}\left[1.2\phi_j\eta_jf_tb_jh_j+f_{yv}\frac{A_{sv}}{s}(h_0-a_s')+0.3f_at_wh_w\right] \tag{5-247}$$

型钢混凝土柱与钢梁连接的梁柱节点

$$V_j\leqslant\frac{1}{\gamma_{RE}}\left[1.8\phi_j\eta_jf_tb_jh_j+f_{yv}\frac{A_{sv}}{s}(h_0-a_s')+0.58f_at_wh_w\right] \tag{5-248}$$

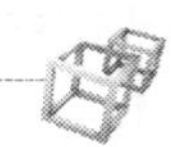

式中　ϕ_j——节点位置影响系数，中柱中节点取1.0，边柱节点及顶层中节点取0.6，顶层边节点取0.3。

(4) 型钢混凝土柱与型钢混凝土梁节点双向受剪承载力宜按下式计算

$$\left(\frac{V_{jx}}{1.1V_{jux}}\right)^2+\left(\frac{V_{jy}}{1.1V_{juy}}\right)^2=1 \tag{5-249}$$

式中　V_{jx}、V_{jy}——x、y方向剪力设计值；

V_{jux}、V_{juy}——x、y方向单向极限受剪承载力。

(5) 型钢混凝土柱与型钢混凝土梁节点抗裂计算宜符合下列规定

$$\frac{\sum M_{bk}}{Z}\left(1-\frac{Z}{H_c-h_b}\right)\leqslant A_cf_t(1+\beta)+0.05N \tag{5-250}$$

$$\beta=\frac{E_a}{E_c}\frac{t_wh_w}{b_c(h_b-2c)} \tag{5-251}$$

式中　β——型钢抗裂系数；

t_w——柱型钢腹板厚度；

h_w——柱型钢腹板高度；

c——柱钢筋保护层厚度；

$\sum M_{bk}$——节点左、右梁端逆时针或顺时针方向组合弯矩准永久值之和；

Z——型钢混凝土梁中型钢上翼缘和梁上部钢筋合力点与型钢下翼缘和梁下部钢筋合力点间的距离；

A_c——柱截面面积。

(6) 型钢混凝土梁柱节点的梁端、柱端型钢和钢筋混凝土各自承担的受弯承载力之和，宜分别符合下列条件

$$0.4\leqslant\frac{\sum M_c^a}{\sum M_b^a}\leqslant 2.0 \tag{5-252}$$

$$\frac{\sum M_c^{rc}}{\sum M_b^{rc}}\geqslant 0.4 \tag{5-253}$$

式中　$\sum M_c^a$——节点上、下柱端型钢受弯承载力之和；

$\sum M_b^a$——节点左、右梁端型钢受弯承载力之和；

$\sum M_c^{rc}$——节点上、下柱端钢筋混凝土截面受弯承载力之和；

$\sum M_b^{rc}$——节点左、右梁端钢筋混凝土截面受弯承载力之和。

2.《钢骨混凝土结构技术规程》(YB 9082—2006) 建议的方法

(1) 型钢混凝土梁柱节点的剪力设计值V_j，按下列规定计算：

1) 型钢混凝土柱的抗震等级为一级或二级抗震等级：

当梁为型钢混凝土梁或钢筋混凝土梁时

$$V_j=\eta_j\frac{M_b^l+M_b^r}{h_b-2a_b}\frac{H_n}{H} \tag{5-254}$$

当梁为钢梁时

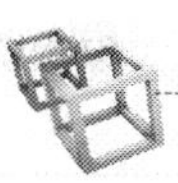

$$V_j = \eta_j \frac{M_b^l + M_b^r}{h_b} \frac{H_n}{H} \tag{5-255}$$

2）型钢混凝土柱的抗震等级为特一级抗震等级、抗震设防烈度为 9 度和一级框架结构：当梁为型钢混凝土梁或钢筋混凝土梁时

$$V_j = 1.15 \frac{M_{bua}^l + M_{bua}^r}{h_b - 2a_b} \frac{H_n}{H} \tag{5-256}$$

当梁为钢梁时

$$V_j = 1.15 \frac{M_{bua}^l + M_{bua}^r}{h_b} \frac{H_n}{H} \tag{5-257}$$

式中　η_j——节点核心区剪力增大系数，一级抗震等级取 1.25，二级抗震等级取 1.15；

M_b^l、M_b^r——节点左、右梁端截面处的弯矩设计值，应按顺时针和逆时针方向分别计算两者之和，取较大值；

M_{bua}^l、M_{bua}^r——节点左、右梁端截面的受弯承载力，应按实配型钢截面和实配配筋面积（或钢梁截面），并取型钢（或钢梁）材料的屈服强度及混凝土和钢筋材料强度的标准值，且考虑承载力抗震调整系数计算，应按顺时针和逆时针分别计算两者之和，取较大值；

H、H_n——层高和柱的净高；

h_b——梁的截面高度；

a_b——型钢混凝土梁受拉主筋形心至截面受拉边缘的距离。

（2）型钢混凝土梁柱节点的受剪承载力应满足下列要求：

1）型钢混凝土柱的抗震等级为一级抗震等级和二级抗震等级

$$V_j \leqslant \frac{1}{\gamma_{RE}} \left(\delta_j f_t b_j h_j + f_{yv} \frac{A_{sv}}{s} h_j + f_{ssv} t_w h_w + 0.1 N_c^{rc} \right) \tag{5-258}$$

2）型钢混凝土柱的抗震等级为特一级抗震等级、抗震设防烈度为 9 度和一级抗震等级框架结构

$$V_j \leqslant \frac{1}{\gamma_{RE}} \left(\delta_j f_t b_j h_j + f_{yv} \frac{A_{sv}}{s} h_j + f_{ssv} t_w h_w \right) \tag{5-259}$$

式中　t_w、h_w——柱中与受力方向相同的型钢腹板厚度和高度，当型钢为十字形、节点核心区受剪截面宽度 b_j 大于型钢宽度时，$t_w h_w$ 可计入与腹板方向相同的翼缘的面积；

b_j、h_j——节点核心区受剪截面宽度和高度［b_j 的取值方法为：当梁为型钢混凝土梁或钢筋混凝土梁时，取 $b_j=(b_c+b_b)/2$；当梁为钢梁时，取 $b_j=b_c/2$；当梁与柱轴线有偏心距 e_0 时，在计算中取 (b_c-2e_0) 代替柱截面宽度 b_c；h_j 的取值为 $h_j=(h_c-2a_c)$，其中，b_c、h_c 分别为柱的截面宽度和高度，b_b 为梁截面宽度］；

N_c^{rc}——柱混凝土部分所承担的轴向压力，按式（5－130）确定；当 $N_c^{rc} > 0.5 f_c b_c h_c$ 时取 $N_c^{rc} > 0.5 f_c b_c h_c$，当 N_c^{rc} 为拉力时取 $N_c^{rc}=0$；

δ_j——节点形式系数，对中节点取 3.0，对边节点取 2.0，对角节点取 1.0；

f_{yv}——节点核心区箍筋抗拉强度设计值；

A_{sv}——节点核心区同一截面内箍筋各肢面积之和；

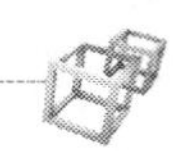

s——节点核心区箍筋间距；

f_{ssv}——型钢腹板的抗剪强度设计值。

(3) 型钢混凝土节点的构造应能保证梁中型钢部分承担的弯矩传递给柱中型钢，梁中钢筋混凝土部分的弯矩传递给柱中钢筋混凝土，与节点连接的梁端和柱端型钢部分及钢筋混凝土部分各自的受弯承载力应分别满足下列要求

$$0.4 \leqslant \frac{\sum M_{cy}^{ss}}{\sum M_{by}^{ss}} \leqslant 2.5 \tag{5-260}$$

$$\frac{\sum M_{cu}^{rc}}{\sum M_{bu}^{rc}} \geqslant 0.4 \tag{5-261}$$

式中 $\sum M_{cy}^{ss}$——与节点连接的柱上、下端截面型钢部分的受弯承载力之和；

$\sum M_{by}^{ss}$——与节点连接的梁左、右端截面型钢部分的受弯承载力之和；

$\sum M_{cu}^{rc}$——与节点连接的柱上、下端钢筋混凝土部分的受弯承载力之和；

$\sum M_{bu}^{rc}$——与节点连接的梁左、右端钢筋混凝土部分的受弯承载力之和。

3. 欧洲规范 EC4 建议的方法

(1) 型钢混凝土柱与钢-混凝土组合梁连接的节点核心区承担的剪力设计值按下式计算（见图 5-38）

$$V_{wp,Sd} = \frac{M_{b1,Sd} + M_{b2,Sd}}{z} - \frac{V_{c1,Sd} + V_{c2,Sd}}{2} \tag{5-262}$$

式中 $M_{b1,Sd}$、$M_{b2,Sd}$——节点左、右组合梁端截面承担的弯矩；

$V_{c1,Sd}$、$V_{c2,Sd}$——节点上、下柱端截面承担的剪力；

z——组合梁的内力臂。

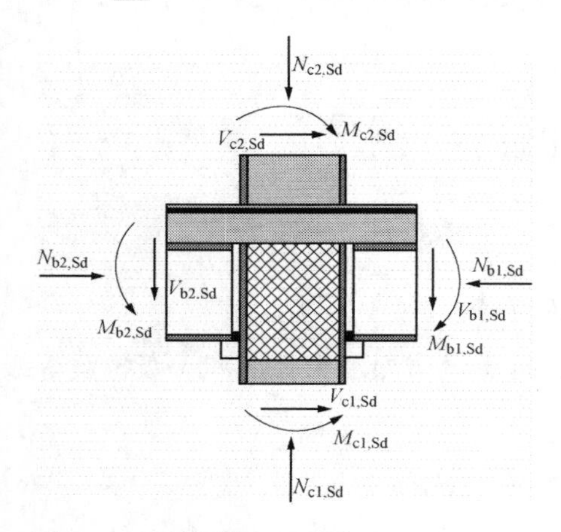

图 5-38 型钢混凝土柱与钢-混凝土组合梁连接节点的受力模型

(2) 型钢混凝土柱与钢-混凝土组合梁连接节点的受剪承载力按下列公式计算

$$V_{wp,Rd} = V_{wp,a,Rd} + V_{wp,c,Rd} \tag{5-263}$$

$$V_{wp,a,Rd} = \frac{0.9 f_{y,wc} A_{vc}}{\sqrt{3}\gamma_{M0}} \tag{5-264}$$

$$V_{wp,c,Rd} = v(0.85 f_{ck}/\gamma_c) A_c \sin\theta \tag{5-265}$$

$$A_c = [0.8(h_c - 2t_{fc})\cos\theta](b_c - t_{wc}) \tag{5-266}$$

$$\theta = \arctan[(h_c - 2t_{fc})/z] \tag{5-267}$$

$$v = 0.55[1 + 2(N_{Sd}/N_{pl,Rd})] \leqslant 1.1 \tag{5-268}$$

式中 $V_{wp,a,Rd}$——节点核心区型钢腹板的受剪承载力；

$f_{y,wc}$——节点核心区型钢腹板的屈服强度标准值；

A_{vc}——节点核心区型钢腹板的横截面面积；

γ_{M0}——型钢的材料强度分项系数；

$V_{wp,c,Rd}$——节点核心区混凝土的受剪承载力；

f_{ck}——混凝土的立方体抗压强度标准值；

γ_c——混凝土的材料强度分项系数；

b_c、h_c——柱截面的宽度和高度；

t_{fc}——节点核心区型钢翼缘的厚度；

t_{wc}——节点核心区型钢腹板的厚度；

υ——考虑轴向压力影响的承载力系数；

N_{Sd}——柱的设计轴向压力；

$N_{pl,Rd}$——柱截面的轴向受压承载力。

【例 5-9】 已知框架抗震等级为二级，柱截面尺寸 $b_c \times h_c$=800mm×800mm，柱内型钢为 2HN500×200，截面尺寸为 500mm×200mm×10mm×16mm，受力纵筋直径为 20mm，纵筋布置同［例 5-8］，梁截面尺寸为 $b_b \times h_b$=550mm×850mm，梁内型钢为 H-600×200×11×17，梁的上下各配 5 ⌽ 20 纵向钢筋，纵筋截面形心到梁截面边缘的距离为 50mm，箍筋为 4 ⌽ 14@125，梁柱材料强度分别为：混凝土抗压强度设计值为 19.1N/mm²，型钢屈服强度设计值为 295N/mm²，抗剪强度设计值为 170N/mm²，纵筋屈服强度设计值为 300N/mm²，箍筋屈服强度设计值为 270N/mm²，节点左、右梁端截面的弯矩设计值分别为：M_b^l=1200N/mm²，M_b^r=800N/mm²，柱的净高度为 4m，轴向压力为 8000kN。试对中间梁柱节点进行截面受剪验算。

解　(1) 按《组合结构设计规范》(JGJ 138—2016) 建议的方法计算

$$a_s = a_s' = \frac{4 \times 314 \times 300 \times 40 + 2 \times 314 \times 300 \times 110 + 200 \times 17 \times 295 \times 160.5}{4 \times 314 \times 300 + 2 \times 314 \times 300 + 200 \times 17 \times 295}$$

$$= 125.5(\text{mm})$$

$$Z = 800 - 2a_s = 800 - 125.5 \times 2 = 549(\text{mm})$$

$$V_j = 1.35\frac{M_b^l + M_b^r}{Z}\left(1 - \frac{Z}{H_c - h_b}\right)$$

$$= 1.35 \times \frac{1200 \times 10^6 + 800 \times 10^6}{549} \times \left(1 - \frac{549}{4000 - 850}\right)$$

$$= 4060.9(\text{kN})$$

节点计算宽度

$$b_j = \frac{b_b + b_c}{2} = 675(\text{mm})$$

节点截面高度

$$h_j = h_c = 800(\text{mm})$$

对中柱中间节点

$$\phi_j = 1, \eta_j = 1.3$$

$$V_j \leqslant \frac{1}{\gamma_{RE}}\left[2.3\varphi_j\eta_j f_t b_j h_j + f_{yv}\frac{A_{sv}}{s}(h_0 - a_s') + 0.58 f_a t_w h_w\right]$$

$$= \frac{1}{0.85}\left[2.3 \times 1 \times 1.3 \times 1.91 \times 675 \times 800 + 270 \times \frac{153.9}{125} \times 549 + 0.58 \times 295 \times 10 \times 490\right]$$

$$= 4829.15(\text{kN})$$

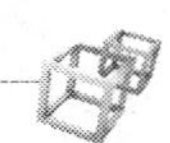

（2）按《钢骨混凝土结构技术规程》（YB 9082—2006）建议的方法计算。

1）节点核心区剪力增大系数 $\eta_j=1.15$，则框架梁柱节点核心区的剪力设计值

$$V_j=\eta_j\frac{M_b^l+M_b^r}{h_b+2a_b}\cdot\frac{H_n}{H}=1.15\times\frac{(1200+800)\times10^6}{850-2\times50}\times\frac{4000}{4850}=2529.2(\mathrm{kN})$$

2）框架柱型钢截面面积

$$A_{ss}=[200\times16\times2+(500-16\times2)\times10]\times2-10\times10=22060(\mathrm{mm}^2)$$

钢筋截面面积

$$A_s=12\times3.14\times10^2=3768(\mathrm{mm}^2)$$

混凝土截面面积

$$A_c=800\times800-22060-3768=614172(\mathrm{mm}^2)$$

型钢截面部分的轴心受压承载力

$$N_{c0}^{ss}=f_{ssy}A_{ss}=295\times22060=6.5077\times10^6(\mathrm{N})$$

钢筋混凝土截面部分的轴心受压承载力

$$N_{c0}^{rc}=f_cA_c+f_y'A_s=19.1\times614172+300\times3768=12.8611\times10^6(\mathrm{N})$$

型钢混凝土短柱轴心受压承载力

$$N_{u0}=N_{c0}^{ss}+N_{c0}^{rc}=6.5077\times10^6+12.8611\times10^6=19.3688\times10^6(\mathrm{N})$$

界限破坏时的轴向力

$$N_b=0.5\alpha_1\beta_1f_cb_ch_c=0.5\times1.0\times0.8\times19.1\times800\times800=4.8896\times10^6(\mathrm{N})$$

型钢部分承担的轴向力

$$N_{cy}^{ss}=\frac{N-N_b}{N_{u0}-N_b}\cdot N_{c0}^{ss}=\frac{8\times10^6-4.8896\times10^6}{19.3688\times10^6-4.8896\times10^6}\times6.5077\times10^6$$
$$=1.3980\times10^6(\mathrm{N})$$

钢筋混凝土部分承担的轴向力

$$N_c^{rc}=N-N_{cy}^{ss}=8\times10^6-1.3980\times10^6=6.6020\times10^6(\mathrm{N})$$

抗震承载力调整系数 $\gamma_{RE}=0.8$，中柱中间节点形式系数 $\delta_j=3$。

$$a_c=\frac{3.14\times10^2\times2\times40+3.14\times10^2\times110}{3.14\times10^2\times3}=63.33(\mathrm{mm})$$

节点核心区受剪截面宽度和高度

$$b_j=\frac{b_c+b_b}{2}=\frac{800+550}{2}=675(\mathrm{mm})$$

$$h_j=h_c-2a_c=800-2\times63.33=673.34(\mathrm{mm})$$

节点受剪承载力

$$V_j<\frac{1}{\gamma_{RE}}\left[\delta_jf_tb_jh_j+f_{yv}\frac{A_{sv}}{s}h_j+f_{ssv}t_wh_w+0.1N_c^{rc}\right]$$
$$=\frac{1}{0.8}\times\left[3\times1.71\times675\times673.34+270\times\frac{2\times3.14\times7^2}{125}\times673.34\right.$$
$$\left.+170\times(10\times468+200\times16\times2)+0.1\times6.6020\times10^6\right]$$
$$=6095.09(\mathrm{kN})$$

5.11　柱　　脚

5.11.1　基本形式

型钢混凝土柱的柱脚包括非埋入式柱脚和埋入式柱脚两种形式。型钢不埋入基础内部，将型钢柱下部的钢底板采用地脚螺栓锚固在基础或基础梁顶，称为非埋入式柱脚，如图 5－39（a）所示。将柱型钢伸入基础内部，称为埋入式柱脚，如图 5－39（b）所示。考虑地震作用组合的偏心受压柱宜采用埋入式柱脚；不考虑地震作用组合的偏心受压柱可采用埋入式柱脚，也可采用非埋入式柱脚；偏心受拉柱应采用埋入式柱脚。

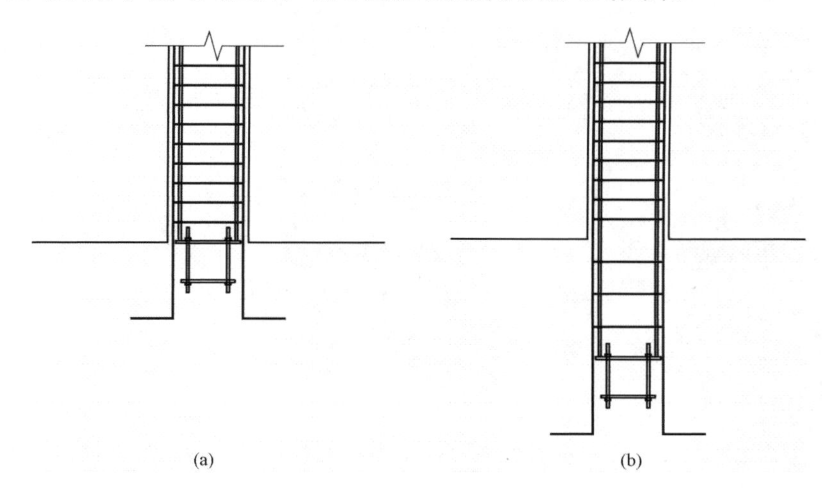

图 5－39　型钢混凝土柱脚

（a）非埋入式柱脚；（b）埋入式柱脚

非埋入式柱脚是通过底板及其螺栓将型钢的内力传至基础，钢筋混凝土部分的钢筋可按锚固要求埋入基础，如图 5－40 所示。若型钢部分的连接为铰接，则弯矩全部由周边钢筋混凝土部分承担；若型钢部分的连接为刚接，则应验算受拉锚固所需的面积，并计算柱脚的受弯承载力。非埋入式柱脚的柱底剪力由型钢柱下部钢底板摩擦力及四周混凝土截面抗剪承载力共同承担。

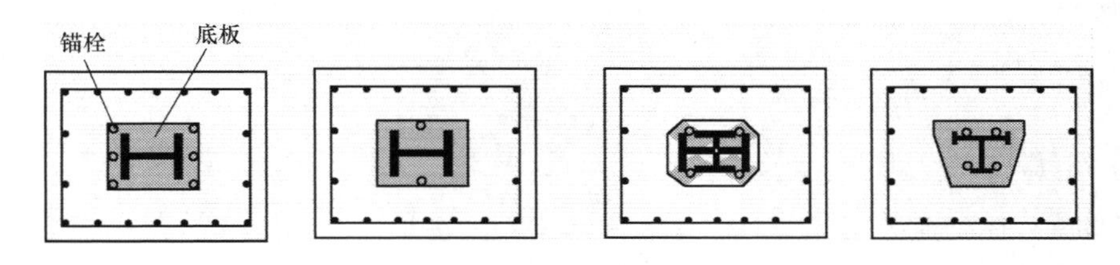

图 5－40　非埋入式柱脚底板和锚栓与基础的连接

埋入式柱脚是通过基础对型钢柱翼缘的承压力来提供抗弯和抗剪承载力，承压力在埋入部分的顶部最大。埋入式柱脚的抗弯作用除了由基础底板和地脚螺栓提供外，还主要由型钢侧面的混凝土参与，因此埋入部分的外包混凝土必须达到一定厚度。当柱脚埋置较深时，剪力将对柱脚侧面混凝土产生压力，几乎不可能传至柱脚底板处，因此可不予考虑。

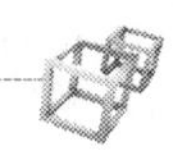

5.11.2 非埋入式柱脚的设计计算

1.《组合结构设计规范》(JGJ 138—2016) 建议的方法

(1) 型钢混凝土偏心受压柱，其非埋入式柱脚型钢底板截面处的锚栓配置，应符合下列偏心受压正截面承载力计算规定（见图 5-41）。

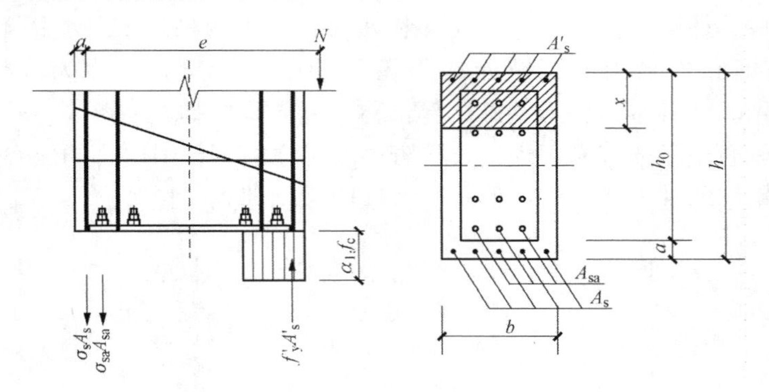

图 5-41 柱脚底板锚栓配置计算参数示意

对于持久、短暂设计状况

$$N \leqslant \alpha_1 f_c bx + f'_y A'_s - \sigma_s A_s - 0.75\sigma_{sa} A_{sa} \tag{5-269}$$

$$Ne \leqslant \alpha_1 f_c bx\left(h_0 - \frac{x}{2}\right) + f'_y A'_s (h_0 - a'_s) \tag{5-270}$$

对于地震设计状况

$$N \leqslant \frac{1}{\gamma_{RE}}(\alpha_1 f_c bx + f'_y A'_s - \sigma_s A_s - 0.75\sigma_{sa} A_{sa}) \tag{5-271}$$

$$Ne \leqslant \frac{1}{\gamma_{RE}}\left[\alpha_1 f_c bx\left(h_0 - \frac{x}{2}\right) + f'_y A'_s (h_0 - a'_s)\right] \tag{5-272}$$

$$e = e_i + \frac{h}{2} - a \tag{5-273}$$

$$e_i = e_0 + e_a \tag{5-274}$$

$$e_0 = \frac{M}{N} \tag{5-275}$$

$$h_0 = h - a \tag{5-276}$$

纵向受拉钢筋应力 σ_s 和受拉一侧最外排锚栓应力 σ_{sa} 可按下列规定计算：

当 $x \leqslant \xi_b h_0$ 时

$$\sigma_s = f_y, \sigma_{sa} = f_{sa}$$

当 $x \geqslant \xi_b h_0$ 时

$$\sigma_s = \frac{f_y}{\xi_b - \beta_1}\left(\frac{x}{h_0} - \beta_1\right) \tag{5-277}$$

$$\sigma_{sa} = \frac{f_{sa}}{\xi_b - \beta_1}\left(\frac{x}{h_0} - \beta_1\right) \tag{5-278}$$

$$\xi_b = \frac{\beta_1}{1 + \dfrac{f_y + f_{sa}}{2 \times 0.003 E_s}} \tag{5-279}$$

式中 N——非埋入式柱脚底板截面处轴向压力设计值；

M——非埋入式柱脚底板截面处弯矩设计值；

e——轴向力作用点至纵向受拉钢筋与受拉一侧最外排锚栓合力点之间的距离；

e_0——轴向力对截面重心的偏心矩；

e_a——附加偏心距，其值取 20mm 和偏心方向截面尺寸的 1/30 两者中的较大值；

A_s、A'_s、A_{sa}——纵向受拉钢筋、纵向受压钢筋、受拉一侧最外排锚栓的截面面积；

σ_s、σ_{sa}——纵向受拉钢筋、受拉一侧最外排锚栓的应力；

a——纵向受拉钢筋与受拉一侧最外排锚栓合力点至受拉边缘的距离；

E_s——钢筋弹性模量；

x——混凝土受压区高度；

b、h——型钢混凝土柱截面宽度、高度；

h_0——截面有效高度；

ξ_b——相对界限受压区高度；

f_y、f_{sa}——钢筋抗拉强度设计值、锚栓抗拉强度设计值；

α_1——受压区混凝土压应力影响系数；

β_1——受压区混凝土应力图形影响系数。

如果型钢混凝土偏心受压柱非埋入式柱脚底板截面处的偏心受压正截面承载力不符合上述计算规定，可在柱周边外包钢筋混凝土增大柱截面，并配置计算所需的纵向钢筋及构造规定的箍筋。外包钢筋混凝土应延伸至基础底板以上一层的层高范围，其纵筋锚入基础底板的锚固长度应符合《混凝土结构设计规范》(GB 50010—2010) 的规定，钢筋端部应设置弯钩。

(2) 型钢混凝土偏心受压柱，其非埋入式柱脚在柱轴向压力作用下，基础底板的局部受压承载力应符合《混凝土结构设计规范》(GB 50010—2010) 中有关局部受压承载力计算的规定。

(3) 型钢混凝土偏心受压柱，其非埋入式柱脚在柱轴向压力作用下，基础底板的受冲切承载力应符合《混凝土结构设计规范》(GB 50010—2010) 中有关受冲切承载力计算的规定。

(4) 型钢混凝土偏心受压柱，其非埋入式柱脚型钢底板截面处受剪承载力应符合下列规定（见图 5-42）：

当柱脚型钢底板下不设置抗剪连接件时

$$V \leqslant 0.4N_B + V_{rc} \tag{5-280}$$

当柱脚型钢底板下设置抗剪连接件时

$$V \leqslant 0.4N_B + V_{rc} + 0.58f_aA_{wa} \tag{5-281}$$

$$N_B = N\frac{E_aA_a}{E_cA_c + E_aA_a} \tag{5-282}$$

$$V_{rc} = 1.5f_t(b_{c1} + b_{c2})h + 0.5f_yA_{sl} \tag{5-283}$$

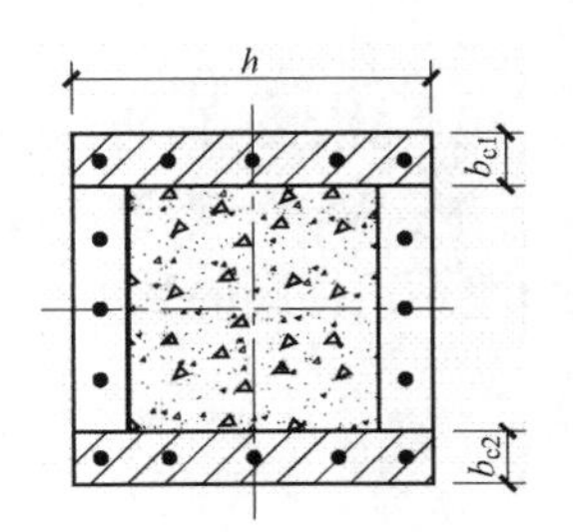

图 5-42　型钢混凝土柱非埋入式柱脚受剪承载力的计算参数示意

式中　V——柱脚型钢底板处剪力设计值；

N_B——柱脚型钢底板下按弹性刚度分配的轴向压力设计值；

N——柱脚型钢底板下与剪力设计值 V 相应的轴向压力设计值；

A_c——型钢混凝土柱混凝土截面面积；

A_a——型钢混凝土柱型钢截面面积；

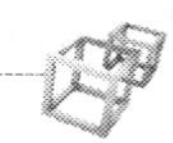

b_{c1}、b_{c2}——柱脚型钢底板周边箱形混凝土截面左、右侧沿受剪方向的有效受剪宽度；

h——柱脚底板周边箱形混凝土截面沿受剪方向的高度；

A_{s1}——柱脚底板周边箱形混凝土截面沿受剪方向的有效受剪宽度和高度范围内的纵向钢筋截面面积；

A_{wa}——抗剪连接件型钢腹板的受剪截面面积。

2.《钢骨混凝土结构技术规程》(YB 9082—2006) 建议的方法

计算非埋入式柱脚在轴向力和弯矩共同作用下的承载力时，可将柱脚截面［见图 5-43 (a)］分为两部分：一部分为型钢柱脚锚栓和底板下混凝土组成的截面［见图 5-43 (b)］；另一部分为周边钢筋混凝土箱形截面［见图 5-43 (c)］，然后采用下列方法进行设计。

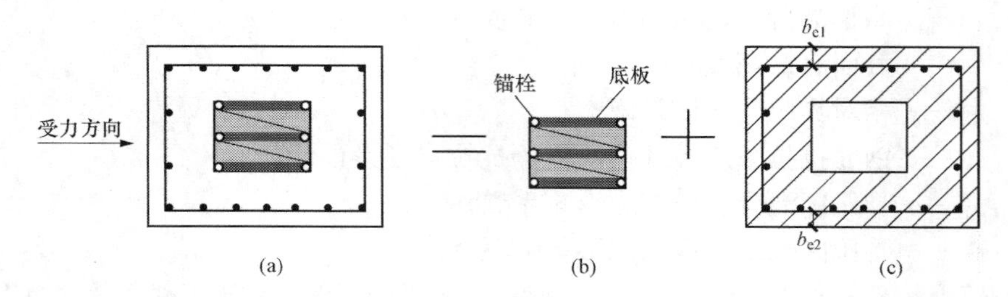

图 5-43 非埋入式基础承载力的叠加

(1) 型钢柱脚锚栓和型钢底板下混凝土组成的截面部分承担的轴向力 N_b 取上部型钢混凝土柱中型钢部分传来的轴向力，再按钢筋混凝土截面压弯承载力的计算方法确定其所承担的弯矩 M_b，计算时锚固螺栓仅作为受拉钢筋考虑，忽略受压锚固螺栓的作用。柱脚截面处型钢部分承担的轴向力可按式 (5-128) 确定。当柱脚锚固螺栓仅按构造要求设置时，应取 $M_b=0$。

(2) 周边钢筋混凝土箱形截面的轴向力和弯矩设计值按下列公式取值，然后按钢筋混凝土箱形截面压弯承载力计算方法确定配筋，即

$$N_r = N - N_b \tag{5-284}$$

$$M_r = M - M_b \tag{5-285}$$

式中 N_r、M_r——周边钢筋混凝土箱形截面的轴向力设计值和弯矩设计值；

N、M——型钢混凝土柱脚截面处轴向力设计值和弯矩设计值。

非埋入式柱脚的受剪承载力应满足下列要求

$$V \leqslant V_{By}^{ss} + V_{Bu}^{rc} \tag{5-286}$$

$$V_{By}^{ss} = 0.4N_c^{ss} + \sum A_a \tau_a \tag{5-287}$$

$$V_{Bu}^{rc} = 0.7 f_t b_e h_0 + 0.5 f_{yv} A_{sv} \tag{5-288}$$

$$\tau_a = \frac{1.4 f_a - \sigma_a}{1.6} \tag{5-289}$$

且

$$\tau_a \leqslant f_{av} \tag{5-290}$$

式中 V——柱脚剪力设计值；

V_{By}^{ss}——柱型钢底板摩擦力和锚栓的受剪承载力之和；

V_{Bu}^{rc}——周边钢筋混凝土部分的受剪承载力；

A_a——单根锚栓的净截面面积；

τ_a——锚栓在有拉力时的容许剪应力；

f_a——锚栓钢材的抗拉强度设计值；

σ_a——锚栓的拉应力；

f_{av}——锚栓钢材的抗剪强度设计值；

b_e——周边箱形混凝土截面的有效受剪宽度，$b_e=b_{e1}+b_{e2}$，具体见图 5-43（c）；

h_0——沿受力方向周边箱形混凝土截面的有效高度；

N_c^{ss}——基础底面柱型钢部分承担的最小轴向力设计值。

5.11.3　埋入式柱脚的设计计算

1.《组合结构设计规范》(JGJ 138—2016) 建议的方法

(1) 型钢混凝土偏心受压柱，其埋入式柱脚的埋置深度应符合下式的规定（见图 5-44）

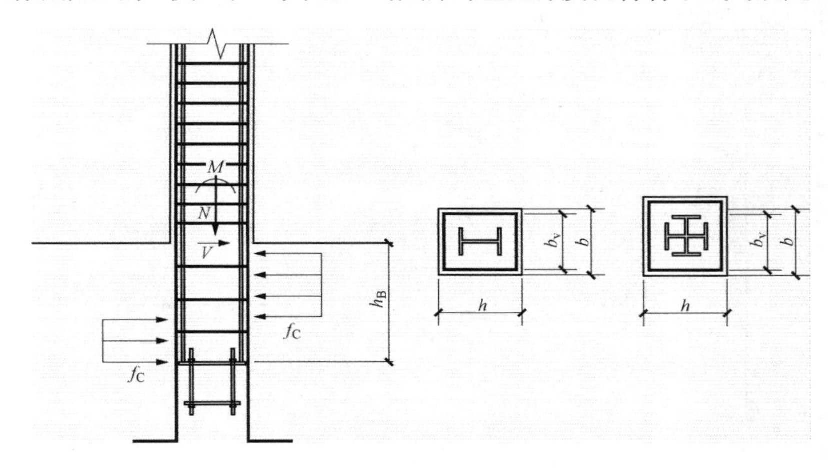

图 5-44　埋入式柱脚的埋置深度

$$h_B \geqslant 2.5\sqrt{\frac{M}{b_v f_c}} \tag{5-291}$$

式中　h_B——型钢混凝土柱脚埋置深度；

M——埋入式柱脚最大组合弯矩设计值；

f_c——基础底板混凝土抗压强度设计值；

b_v——型钢混凝土柱垂直于计算弯曲平面方向的箍筋边长。

(2) 型钢混凝土偏心受压柱，其埋入式柱脚在柱轴向压力作用下，基础底板的局部受压承载力应符合《混凝土结构设计规范》(GB 50010—2010) 中有关局部受压承载力计算的规定。

(3) 型钢混凝土偏心受压柱，其埋入式柱脚在柱轴向压力作用下，基础底板受冲切承载力应符合《混凝土结构设计规范》(GB 50010—2010) 中有关冲切承载力计算的规定。

(4) 型钢混凝土偏心受拉柱，其埋入式柱脚的埋置深度应按式 (5-291) 计算。基础底板在轴向拉力作用下的受冲切承载力应符合《混凝土结构设计规范》(GB 50010—2010) 中有关冲切承载力计算的规定，冲切面高度应取型钢的埋置深度，冲切计算中的轴向拉力设计值应按下式计算

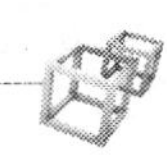

$$N_{\mathrm{t}}=N_{\mathrm{t\,max}}\frac{f_{\mathrm{a}}A_{\mathrm{a}}}{f_{\mathrm{y}}A_{\mathrm{s}}+f_{\mathrm{a}}A_{\mathrm{a}}} \tag{5-292}$$

式中 N_{t}——冲切计算中的轴向拉力设计值；

$N_{\mathrm{t\,max}}$——埋入式柱脚最大组合轴向拉力设计值；

A_{a}——型钢截面面积；

A_{s}——全部纵向钢筋截面面积；

f_{a}——型钢抗拉强度设计值；

f_{y}——纵向钢筋抗拉强度设计值。

2.《钢骨混凝土结构技术规程》(YB 9082—2006) 建议的方法

(1) 埋入式柱脚应按下列方法确定柱型钢底部的弯矩、轴向力和剪力设计值。

1) 当柱型钢部分的埋深 $h_{\mathrm{B}}>h_{\mathrm{s}}$ 时［见图 5-45 (a)］。设侧压力为矩形分布，根据图 5-45 (a) 所示的水平方向平衡条件，可得

$$V_{\mathrm{c}}^{\mathrm{ss}}=b_{\mathrm{se}}h_{\mathrm{s}}f_{\mathrm{B}} \tag{5-293}$$

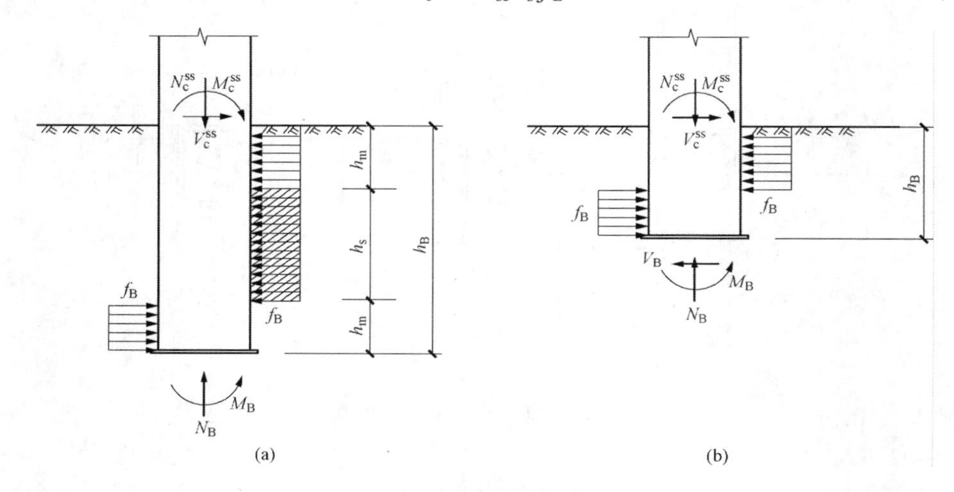

图 5-45 埋入式柱脚的内力传递

(a) 埋置深度较深时；(b) 埋置深度较浅时

由弯矩平衡条件，得到

$$M_{\mathrm{c}}^{\mathrm{ss}}-M_{\mathrm{B}}+\frac{V_{\mathrm{c}}^{\mathrm{ss}}h_{\mathrm{B}}}{2}-b_{\mathrm{se}}\frac{h_{\mathrm{B}}-h_{\mathrm{s}}}{2}f_{\mathrm{B}}\left(h_{\mathrm{B}}-\frac{h_{\mathrm{B}}-h_{\mathrm{s}}}{2}\right)=0 \tag{5-294}$$

由式 (5-290) 得

$$h_{\mathrm{s}}=\frac{V_{\mathrm{c}}^{\mathrm{ss}}}{b_{\mathrm{se}}f_{\mathrm{B}}} \tag{5-295}$$

将式 (5-292) 代入式 (5-291)，得

$$M_{\mathrm{B}}=M_{\mathrm{c}}^{\mathrm{ss}}+\frac{V_{\mathrm{c}}^{\mathrm{ss}}h_{\mathrm{B}}}{2}-b_{\mathrm{se}}h_{\mathrm{m}}f_{\mathrm{B}}(h_{\mathrm{B}}-h_{\mathrm{m}}) \tag{5-296}$$

且有

$$N_{\mathrm{B}}=N_{\mathrm{c}}^{\mathrm{ss}} \tag{5-297}$$

$$V_{\mathrm{B}}=0 \tag{5-298}$$

2) 当柱型钢部分的埋置深度 $h_{\mathrm{B}}\leqslant h_{\mathrm{s}}$ 时［见图 5-45 (b)］

$$M_{\mathrm{B}}=M_{\mathrm{c}}^{\mathrm{ss}}+V_{\mathrm{c}}^{\mathrm{ss}}h_{\mathrm{B}}-\frac{b_{\mathrm{se}}h_{\mathrm{B}}^{2}f_{\mathrm{B}}}{4} \tag{5-299}$$

$$N_{\mathrm{B}}=N_{\mathrm{c}}^{\mathrm{ss}} \tag{5-300}$$

$$V_{\mathrm{B}}=V_{\mathrm{c}}^{\mathrm{ss}} \tag{5-301}$$

$$h_{\mathrm{m}}=\frac{h_{\mathrm{B}}-h_{\mathrm{s}}}{2} \tag{5-302}$$

$$h_{\mathrm{s}}=\frac{V_{\mathrm{c}}^{\mathrm{ss}}}{b_{\mathrm{se}}f_{\mathrm{B}}} \tag{5-303}$$

式中　N_{B}——柱型钢底部截面的轴向力设计值；

M_{B}——柱型钢底部截面的弯矩设计值；

V_{B}——柱型钢底部截面的剪力设计值；

$N_{\mathrm{c}}^{\mathrm{ss}}$——基础顶面柱型钢部分承担的轴向力设计值；

$M_{\mathrm{c}}^{\mathrm{ss}}$——基础顶面柱型钢部分承担的弯矩设计值，可取 $M_{\mathrm{c}}^{\mathrm{ss}}=M_{\mathrm{y0}}^{\mathrm{ss}}$，其中 $M_{\mathrm{y0}}^{\mathrm{ss}}$ 为型钢的受弯承载力；

$V_{\mathrm{c}}^{\mathrm{ss}}$——基础顶面柱型钢部分承担的剪力设计值，可取 $V_{\mathrm{c}}^{\mathrm{ss}}=M_{\mathrm{y0}}^{\mathrm{ss}}/H_{\mathrm{n}}$，其中 H_{n} 为柱的净高度；

f_{B}——混凝土的承压强度设计值，取 $f_{\mathrm{B}}=\sqrt{\frac{b}{b_{\mathrm{se}}}}f_{\mathrm{c}}$，且 $f_{\mathrm{B}}<3f_{\mathrm{c}}$；

f_{c}——混凝土轴心抗压强度设计值；

b_{se}——柱型钢埋入部分的有效承压宽度，可按图 5-46 及表 5-8 取值；

b——柱脚型钢翼缘宽度；

h_{B}——埋入式柱脚型钢的埋置深度，$h_{\mathrm{B}}\geqslant\frac{V_{\mathrm{c}}^{\mathrm{ss}}}{b_{\mathrm{se}}f_{\mathrm{B}}}+\sqrt{2\left(\frac{V_{\mathrm{c}}^{\mathrm{ss}}}{b_{\mathrm{se}}f_{\mathrm{B}}}\right)^{2}+\frac{4M_{\mathrm{c}}^{\mathrm{ss}}}{b_{\mathrm{se}}f_{\mathrm{B}}}}$；

h_{m}——埋入式柱脚型钢的有效承压高度。

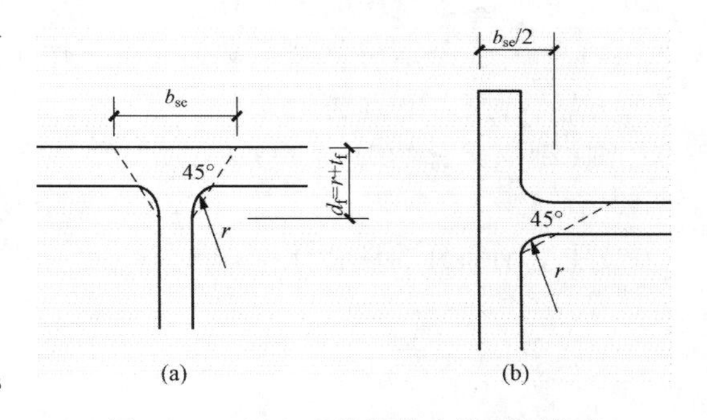

图 5-46　埋入式柱脚的有效承压宽度

(a) 翼缘表面；(b) 腹板面和翼缘侧面

表 5-8　　柱型钢埋入式柱脚埋入部分侧向的有效宽度 b_{se}

型钢截面形式及承压方向	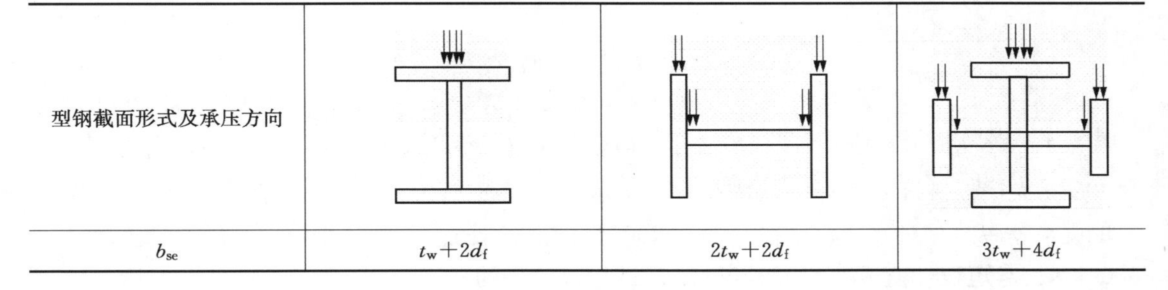		
b_{se}	$t_{\mathrm{w}}+2d_{\mathrm{f}}$	$2t_{\mathrm{w}}+2d_{\mathrm{f}}$	$3t_{\mathrm{w}}+4d_{\mathrm{f}}$

设底层柱的反弯点在柱中点，取柱底截面型钢的弯矩 $M_{\mathrm{c}}^{\mathrm{ss}}=M_{\mathrm{cy}}^{\mathrm{ss}}$，则型钢的剪力为

$$V_{\mathrm{c}}^{\mathrm{ss}}=\frac{2M_{\mathrm{cy}}^{\mathrm{ss}}}{H_{\mathrm{n}}} \tag{5-304}$$

把式（5-301）代入式（5-291），并取 $M_{\mathrm{B}}=0$，则可求得埋入式柱脚的型钢伸入基础的

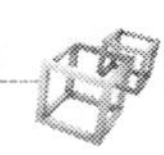

最大埋置深度 $h_{B,max}$ 为

$$h_{B,max}=\frac{V_c^{ss}}{b_{se}f_B}+\sqrt{2\left(\frac{V_c^{ss}}{b_{se}f_B}\right)^2+\frac{4M_c^{ss}}{b_{se}f_B}}$$
$$=\frac{2M_{cy}^{ss}}{b_{se}f_BH_n}+\sqrt{2\left(\frac{2M_{cy}^{ss}}{b_{se}f_BH_n}\right)^2+\frac{4M_c^{ss}}{b_{se}f_B}} \tag{5-305}$$

若柱脚型钢的埋置深度大于 $h_{B,max}$ 时，柱脚的设计可不必进行特别验算，此时基础底板和地脚螺栓可根据构造和施工要求设置。

(2) 埋入式柱脚型钢底部的混凝土在轴向力 N_B 和弯矩 M_B 作用下，应满足下式要求

$$M_B\leqslant M_{Bu} \tag{5-306}$$

式中 M_{Bu}——型钢底部的混凝土压弯承载力，可将型钢柱脚底板的锚栓作为受拉钢筋，与底板下混凝土部分组成的截面，取轴向力 N_B，按钢筋混凝土压弯截面计算。

埋入式柱脚尚应按下列方法验算基础梁端部混凝土的剪力：

1) 基础梁端部混凝土的剪力应满足下式要求

$$V_{Bt}\leqslant f_tA_{cs} \tag{5-307}$$

式中 f_t——基础梁端部混凝土轴心抗拉强度设计值；

A_{cs}——基础梁端部的混凝土受剪面积；

V_{Bt}——柱型钢对基础梁端部混凝土作用的剪力设计值。

2) V_{Bt} 可按以下方法计算：

当柱型钢部分的埋置深度 $h_B>h_s$ 时［见图 5-38 (a)］

$$V_{Bt}=0.5f_Bb_{se}(h_B-h_s) \tag{5-308}$$

当柱型钢部分的埋置深度 $h_B\leqslant h_s$ 时［见图 5-38 (b)］

$$V_{Bt}=0.5f_Bb_{se}h_B \tag{5-309}$$

3) A_{cs} 可按下式计算

$$A_{cs}=B_c\left(a+\frac{h_c^{ss}}{2}\right)-\frac{bh_c^{ss}}{2} \tag{5-310}$$

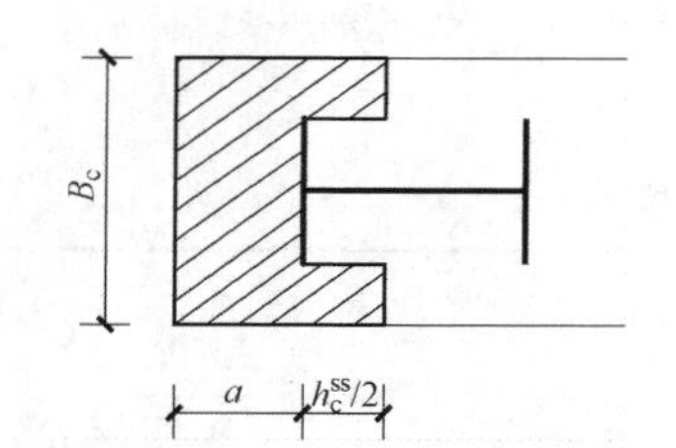

图 5-47 基础梁端部的受剪面积

式中 h_c^{ss}——柱中型钢的截面高度；

B_c——基础梁的宽度；

a——柱型钢表面至基础梁端部的距离，如图 5-47 所示；

b——柱型钢翼缘宽度。

【例 5-10】 某型钢混凝土框架底层柱的净高为 3.15m，截面尺寸为 $b=800$mm，$h=800$mm，内含型钢采用 Q235 级钢板拼接十字形，如图 5-48 所示，$A_{ss}=34400\text{mm}^2$，$W_{ss}=2601000\text{mm}^3$，混凝土的强度等级为 C40，箍筋采用 HPB300 级钢筋。柱底承受的轴向压力设计值为 $N=8800$kN，弯矩设计值 $M_x=1320\text{kN}\cdot\text{m}$。试设计该柱的柱脚。

解 (1) 按《组合结构设计规范》(JGJ 138—2016) 建议的方法设计。采用埋入式柱脚，取柱脚箍筋为四肢 ϕ14@100，则柱脚所需埋置深度 h_B 应满足下式要求

$$h_B\geqslant 2.5\sqrt{\frac{M}{b_vf_c}}=2.5\times\sqrt{\frac{1320\times10^6}{752\times19.1}}=758(\text{mm})$$

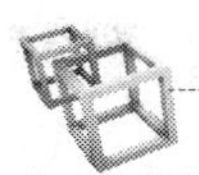

其中：b_v为型钢混凝土柱垂直于计算弯曲平面方向的箍筋边长。

当埋置深度大于 758mm 时，基础底板和地脚螺栓可根据构造和施工要求设置，现取埋置深度为 800mm。

(2) 按《钢骨混凝土结构技术规程》(YB 9082—2006) 建议的方法设计。

1) 计算型钢部分承担的轴向力和弯矩设计值

$$N_b = 0.5\alpha_1\beta_1 f_c bh = 0.5\times1\times0.8\times19.1\times800\times800 = 4889.6\times10^3(\mathrm{N})$$

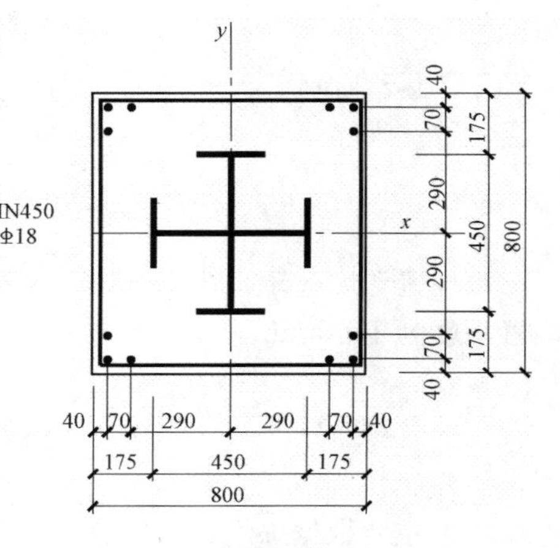

图 5-48　柱截面及其配钢

$$N_{u0} = N_{c0}^{ss} + N_{c0}^{rc} = 205\times34400 + 19.1\times800\times800 = 19276\times10^3(\mathrm{N})$$

$$N_{c0}^{ss} = f_{ssy}A_{ss} = 205\times34400 = 7052(\mathrm{kN})$$

则型钢承担的轴向力

$$N_{cy}^{ss} = \frac{N-N_b}{N_{u0}-N_b}N_{c0}^{ss} = \frac{8800-4889.6}{19276-4889.6}\times7052 = 1916.8(\mathrm{kN})$$

型钢弯矩

$$M_{y0}^{ss} = \gamma_s W_{ss} f_{ssy} = 1.0\times2601\times10^3\times205 = 533.2\times10^6(\mathrm{N\cdot mm})$$

$$M_{cy}^{ss} = \left(1-\left|\frac{N_{cy}^{ss}}{N_{c0}^{ss}}\right|^m\right)M_{y0}^{ss} = \left(1-\left|\frac{1916.8}{7052}\right|^{2.6}\right)\times533.2 = 515.2(\mathrm{kN\cdot m})$$

2) 柱脚计算。采用埋入式柱脚，取 $M_c^{ss} = M_{cy}^{ss} = 515.2(\mathrm{kN\cdot m})$，则

$$V_c^{ss} = \frac{M_c^{ss}}{H_n/2} = \frac{2\times515.2\times10^3}{3150} = 327.1(\mathrm{kN})$$

$$b_{se} = 3t_w + 4d_f = 3\times20 + 4\times25 = 160(\mathrm{mm})$$

取柱脚箍筋为四肢 ϕ14@100，A_{sv}=612mm^2，则

$$f_B = \min\left\{\sqrt{\frac{b_c}{b_{se}}}f_c, 12f_c, \frac{A_{sv}f_{yv}}{b_{se}s}\right\} = \min\left\{\sqrt{\frac{800}{160}}\times19.1, 12\times19.1, \frac{612\times270}{160\times100}\right\} = \min\{42.7, 229.2, 10.32\} = 10.32(\mathrm{N/mm^2})$$

$$h_s = \frac{V_c^{ss}}{b_{se}f_B} = \frac{327.1\times10^3}{160\times10.32} = 198(\mathrm{mm})$$

当型钢底部的弯矩为 0 时，所需的埋置深度为

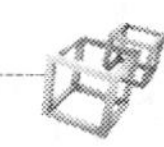

$$h_{\mathrm{B}}=\frac{V_{\mathrm{c}}^{\mathrm{ss}}}{b_{\mathrm{se}}f_{\mathrm{B}}}+\sqrt{2\left(\frac{V_{\mathrm{c}}^{\mathrm{ss}}}{b_{\mathrm{se}}f_{\mathrm{B}}}\right)^{2}+\frac{4M_{\mathrm{c}}^{\mathrm{ss}}}{b_{\mathrm{se}}f_{\mathrm{B}}}}$$

$$=255+\sqrt{2\times255^{2}+\frac{4\times515.2\times10^{6}}{160\times10.32}}$$

$$=1429(\mathrm{mm})$$

当埋置深度大于1429mm时，基础底板和地脚螺栓可根据构造和施工要求设置。现取埋置深度为1500mm。

5.12 构 造 要 求

本节主要根据《组合结构设计规范》(JGJ 138—2016) 介绍型钢混凝土梁、柱、节点及柱脚的构造要求。

5.12.1 型钢混凝土梁

(1) 型钢混凝土梁中的型钢，宜采用充满型实腹式型钢，其型钢的一侧翼缘宜位于受压区，另一侧翼缘应位于受拉区（见图5-49)。

(2) 型钢混凝土梁中型钢钢板厚度不宜小于6mm，其钢板宽厚比（见图5-50）应符合表5-9的规定。

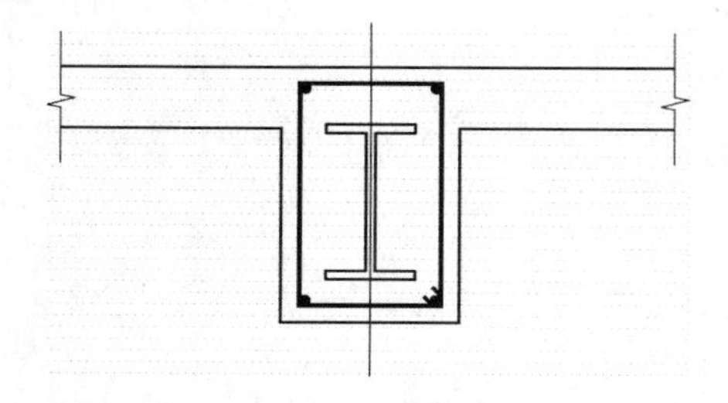

图5-49 型钢混凝土梁的截面配钢形式

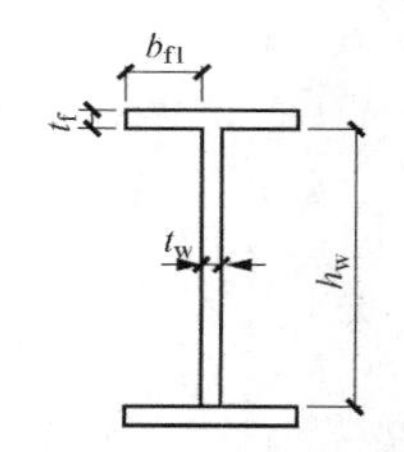

图5-50 型钢混凝土梁的型钢钢板宽厚比

表5-9 型钢混凝土梁的型钢钢板宽厚比限值

钢号	b_{f1}/t_f	h_w/t_w
Q235	≤23	≤107
Q345、Q345GJ	≤19	≤91
Q390	≤18	≤83
Q420	≤17	≤80

(3) 型钢混凝土梁最外层钢筋的混凝土保护层最小厚度应符合《混凝土结构设计规范》(GB 50010—2010) 的规定。型钢的混凝土保护层最小厚度（见图5-51）不宜小于100mm，且梁内型钢翼缘离两侧边距离 b_1、b_2之和不宜小于截面宽度的1/3。

(4) 型钢混凝土梁截面宽度不宜小于300mm。

(5) 型钢混凝土梁中纵向受拉钢筋不宜超过两排，其配筋率不宜小于0.3%，直径宜取

16～25mm，净距不宜小于 30mm 和 1.5d，d 为纵筋最大直径；梁的上部和下部纵向钢筋伸入节点的锚固构造要求应符合《混凝土结构设计规范》(GB 50010—2010) 的规定。

(6) 型钢混凝土梁的腹板高度大于或等于 450mm 时，在梁的两侧沿高度方向每隔 200mm 应设置一根纵向腰筋，且每侧腰筋截面面积不宜小于梁腹板截面面积的 0.1%。

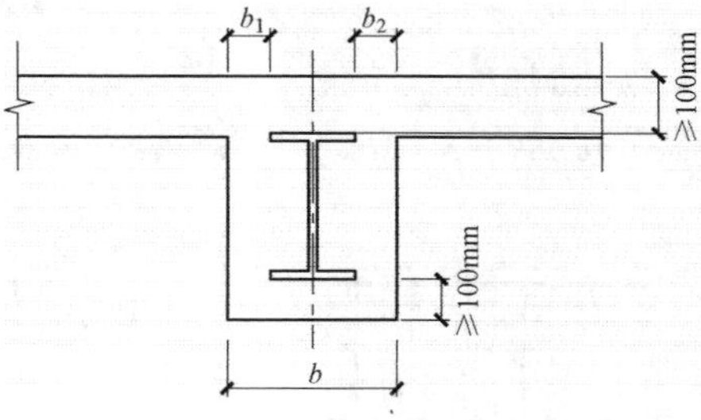

图 5-51　型钢混凝土梁中型钢的混凝土保护层最小厚度

(7) 考虑地震作用组合的型钢混凝土梁应采用封闭箍筋，其末端应有 135°的弯钩，弯钩端头平直段长度不应小于 10 倍箍筋直径。

(8) 考虑地震作用组合的型钢混凝土梁，梁端应设置箍筋加密区，其加密区长度、加密区箍筋最大间距和箍筋最小直径应符合表 5-10 的要求。非加密区的箍筋间距不宜大于加密区箍筋间距的 2 倍。

表 5-10　抗震设计型钢混凝土梁箍筋加密区的构造要求

抗震等级	箍筋加密区长度	加密区箍筋最大间距 (mm)	箍筋最小直径 (mm)
一级	$2h$	100	12
二级	$1.5h$	100	10
三级	$1.5h$	150	10
四级	$1.5h$	150	8

注　1. h 为梁高。
2. 当梁跨度小于梁截面高度 4 倍时，梁全跨应按箍筋加密区配置。
3. 一级抗震等级框架梁箍筋直径大于 12mm，二级抗震等级框架梁箍筋直径大于 10mm，箍筋数量不少于 4 肢且肢距不大于 150mm 时，加密区箍筋最大间距应允许适当放宽，但不得大于 150mm。

(9) 非抗震设计时，型钢混凝土梁应采用封闭箍筋，其箍筋直径不应小于 8mm，箍筋间距不应大于 250mm。

(10) 梁端设置的第一个箍筋距节点边缘不应大于 50mm。沿梁全长箍筋的面积配筋率应符合下列规定：

对于持久、短暂设计状况

$$\rho_{sv} \geqslant 0.24 f_t / f_{yv} \tag{5-311}$$

对于地震设计状况

一级抗震等级　$$\rho_{sv} \geqslant 0.30 f_t / f_{yv} \tag{5-312}$$

二级抗震等级　$$\rho_{sv} \geqslant 0.28 f_t / f_{yv} \tag{5-313}$$

三、四级抗震等级　$$\rho_{sv} \geqslant 0.26 f_t / f_{yv} \tag{5-314}$$

箍筋的面积配筋率应按下式计算

$$\rho_{sv} = \frac{A_{sv}}{bs} \tag{5-315}$$

(11) 型钢混凝土梁的箍筋肢距，可按《混凝土结构设计规范》(GB 50010—2010) 的规定适当放松。

(12) 配置桁架式型钢混凝土梁，其压杆的长细比不宜大于 120。

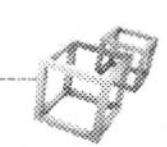

(13) 在型钢混凝土梁上开孔时，其孔位宜设置在剪力较小截面的附近，且宜采用圆形孔。当孔洞位于离支座1/4跨度以外时，圆形孔的直径不宜大于0.4倍梁高，且不宜大于型钢截面高度的0.7倍；当孔洞位于离支座1/4跨度以内时，圆孔的直径不宜大于0.3倍的梁高，且不宜大于型钢截面高度的0.5倍。孔洞周边宜设置钢套管，管壁厚度不宜小于梁型钢腹板厚度，套管与梁型钢腹板连接的角焊缝高度宜取0.7倍腹板厚度；腹板孔周围两侧宜各焊上厚度稍小于腹板厚度的环形补强板，环形补强板的宽度可取75～125mm，且孔边应加设构造箍筋和水平筋（见图5-52）。

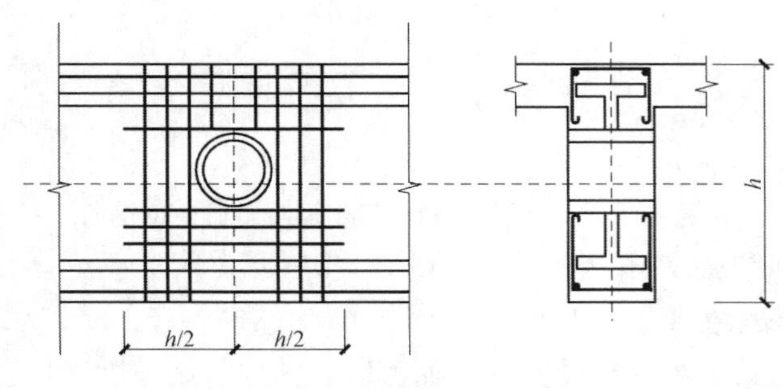

图5-52 圆形孔孔口加强措施

5.12.2 型钢混凝土柱

(1) 型钢混凝土柱内配置的型钢，宜采用实腹式焊接型钢［见图5-53 (a)、(b)、(c)］；对于型钢混凝土巨型柱，其型钢宜采用多个焊接型钢通过钢板连接成整体的实腹式焊接型钢［见图5-53 (d)］。

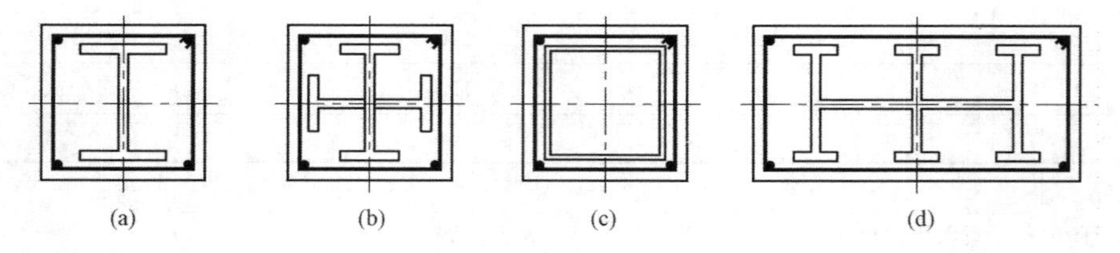

图5-53 型钢混凝土柱的截面配钢形式

(a) 工字型实腹式焊接型钢；(b) 十字形实腹式焊接型钢；
(c) 箱形实腹式焊接型钢；(d) 钢板连接成整体实腹式焊接型钢

(2) 型钢混凝土柱受力型钢的含钢率不宜小于4%，且不宜大于15%。当含钢率大于15%时，应增加箍筋、纵向钢筋的配筋量，并宜通过试验进行专门研究。

(3) 型钢混凝土柱纵向受力钢筋的直径不宜小于16mm，其全部纵向受力钢筋的总配筋率不宜小于0.8%，每一侧的配筋百分率不宜小于0.2%；纵向受力钢筋与型钢的最小净距不宜小于30mm；柱内纵向钢筋的净距不宜小于50mm，且不宜大于250mm。纵向受力钢筋的最小锚固长度、搭接长度应符合《混凝土结构设计规范》(GB 50010—2010) 的规定。

(4) 型钢混凝土柱的最外层纵向受力钢筋的混凝土保护层最小厚度应符合《混凝土结构设计规范》(GB 50010—2010) 的规定。型钢的混凝土保护层最小厚度（见图5-54）不宜小于200mm。

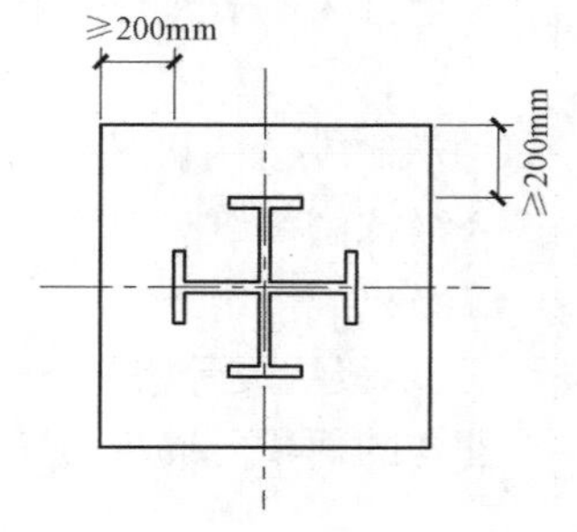

图5-54 型钢混凝土柱中型钢保护层最小厚度

(5) 型钢混凝土柱中型钢钢板厚度不宜小于8mm，其钢板宽厚比（见图5-55）应符合表5-11的规定。

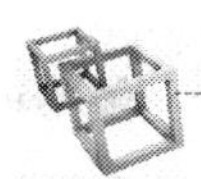

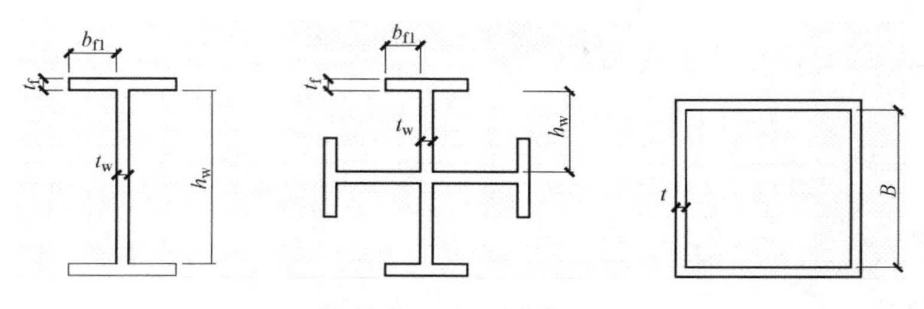

图 5-55 型钢混凝土柱中型钢钢板宽厚比

表 5-11 **型钢混凝土柱中型钢钢板宽厚比限值**

钢号	柱		
	b_{f1}/t_f	h_w/t_w	B/t
Q235	≤23	≤96	≤72
Q345、Q345GJ	≤19	≤81	≤61
Q390	≤18	≤75	≤56
Q420	≤17	≤71	≤54

（6）考虑地震作用组合的型钢混凝土柱应设置箍筋加密区。加密区箍筋最大间距和箍筋最小直径应符合表 5-12 的规定。

表 5-12 **柱端箍筋加密区的构造要求**

抗震等级	加密区箍筋间距（mm）	箍筋最小直径（mm）
一级	100	12
二级	100	10
三、四级	150（柱根 100）	8

注 1. 底层柱的柱根是指地下室的顶面或无地下室情况的基础顶面。

2. 二级抗震等级柱的箍筋直径大于 10mm，且箍筋采用封闭复合箍、螺旋箍时，除柱根外加密区箍筋最大间距应允许采用 150mm。

（7）考虑地震作用组合的型钢混凝土柱，其箍筋加密区应为下列范围：

1）柱上、下两端，取截面长边尺寸、柱净高度的 1/6 和 500mm 中的最大值；

2）底层柱下端不小于 1/3 柱净高度的范围；

3）刚性地面上、下各 500mm 的范围；

4）一、二级角柱的全高范围。

（8）考虑地震作用组合的型钢混凝土柱加密区箍筋的体积配筋率应符合以下规定

$$\rho_v \geqslant 0.85\lambda_v \frac{f_c}{f_{yv}} \tag{5-316}$$

式中 ρ_v——柱加密区箍筋的体积配箍率；

f_c——混凝土轴心抗压强度设计值，当强度等级低于 C35 时，按 C35 取值；

f_{yv}——箍筋及拉筋抗拉强度设计值；

λ_v——最小配箍特征值，按表 5-13 采用。

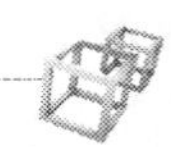

表 5-13　　柱箍筋最小配箍特征值 λ_v

抗震等级	箍筋形式	轴压比						
		≤0.3	0.4	0.5	0.6	0.7	0.8	0.9
一级	普通箍、复合箍	0.10	0.11	0.13	0.15	0.17	0.20	0.23
	螺旋箍、复合或连续复合矩形螺旋箍	0.08	0.09	0.11	0.13	0.15	0.18	0.21
二级	普通箍、复合箍	0.08	0.09	0.11	0.13	0.15	0.17	0.19
	螺旋箍、复合或连续复合矩形螺旋箍	0.06	0.07	0.09	0.11	0.13	0.15	0.17
三、四级	普通箍、复合箍	0.06	0.07	0.09	0.11	0.13	0.15	0.17
	螺旋箍、复合或连续复合矩形螺旋箍	0.05	0.06	0.07	0.09	0.11	0.13	0.15

注　1. 普通箍是指单个矩形箍筋或单个圆形箍筋；螺旋箍是指单个螺旋箍筋；复合箍是指由多个矩形或多边形、圆形箍与拉筋组成的箍筋；复合螺旋箍是指矩形、多边形、圆形螺旋箍筋与拉筋组成的箍筋；连续复合螺旋箍是指全部螺旋箍筋为同一根钢筋加工而成的箍筋。
2. 在计算复合螺旋箍的体积配箍率时，其中非螺旋箍的体积应乘以换算系数 0.8。
3. 对一、二、三、四级抗震等级的柱，其加密区箍筋体积配箍率分别不应小于 0.8%、0.6%、0.4%和 0.4%。
4. 混凝土强度等级高于 C60 时，箍筋宜采用复合箍、复合螺旋箍或连续复合矩形螺旋箍；当轴压比不大于 0.6 时，其加密区的最小配箍特征值宜按表中数值增加 0.02；当轴压比大于 0.6 时，宜按表中数值增加 0.03。

（9）考虑地震作用组合的型钢混凝土柱非加密区箍筋的体积配筋率不宜小于加密区的 1/2；箍筋间距不应大于加密区箍筋间距的 2 倍。一、二级抗震等级，箍筋间距尚不应大于 10 倍纵向钢筋直径；三、四级抗震等级，箍筋间距尚不应大于 15 倍纵向钢筋直径。

（10）考虑地震作用组合的型钢混凝土柱，应采用封闭复合箍筋，其末端应有 135°的弯钩，弯钩端头平直段长度不应小于 10 倍箍筋直径。截面中纵向钢筋在两个方向宜有箍筋或拉筋约束。当部分箍筋采用拉筋时，拉筋宜紧靠纵向钢筋并勾住封闭箍筋。当符合箍筋配筋率计算和构造要求的情况下，对加密区内的箍筋肢距可按《混凝土结构设计规范》（GB 50010—2010）的规定作适当放松，但应配置不少于两道封闭复合箍或螺旋箍（见图 5-56）。

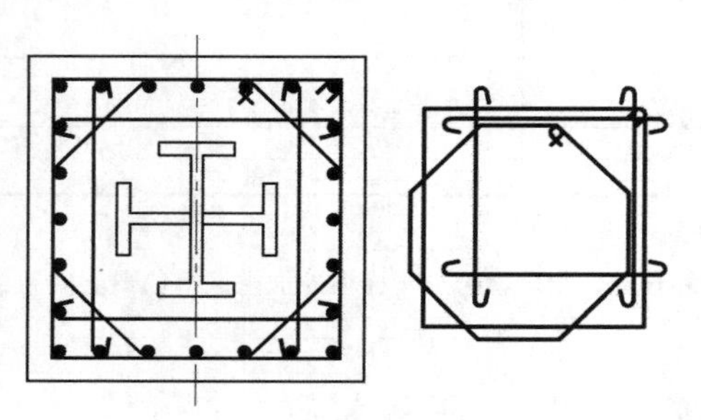

图 5-56　箍筋配置

（11）考虑地震作用组合的剪跨比不大于 2 的型钢混凝土柱，箍筋宜采用封闭复合箍或螺旋箍，箍筋间距不应大于 100mm 并沿全高加密；其箍筋体积配箍率不应小于 1.2%；9 度设防烈度时，不应小于 1.5%。

（12）非抗震设计时，型钢混凝土柱应采用封闭箍筋，其箍筋直径不应小于 8mm，箍筋间距不应大于 250mm。

5.12.3　型钢混凝土梁柱节点

（1）在各种结构体系中，型钢混凝土梁柱节点的连接件构造应做到构造简单，传力明确，便于混凝土浇捣和配筋。梁柱连接可采用：

1）型钢混凝土柱与型钢混凝土梁的连接；

2）型钢混凝土柱与钢筋混凝土梁的连接；

3）型钢混凝土柱与钢梁的连接。

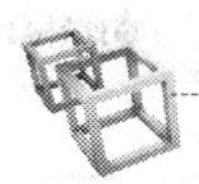

（2）在各种结构体系中，型钢混凝土柱与型钢混凝土梁、钢筋混凝土梁或钢梁的连接，其柱内型钢宜采用贯通型，柱内型钢的拼接构造应符合钢结构的连接规定（见图5-57）。当钢梁采用箱形等空腔截面时，钢梁与柱型钢连接所形成的节点区混凝土不连续部位，宜采用同等强度等级的自密实低收缩混凝土填充。

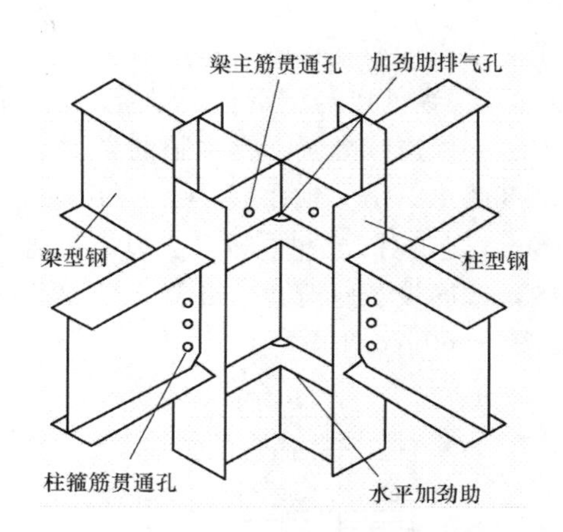

图5-57　型钢混凝土梁柱节点及水平加劲肋

（3）型钢混凝土柱与型钢混凝土梁或钢梁采用刚性连接时，其柱内型钢与型钢混凝土梁内型钢或钢梁的连接应采用刚性连接。当钢梁直接与钢柱连接时，钢梁翼缘与柱内型钢翼缘应采用全熔透焊缝连接；梁腹板与柱宜采用摩擦型高强度螺栓连接；当采用柱边伸出钢悬臂梁段时，悬臂梁段与柱应采用全熔透焊缝连接。具体连接构造应符合《钢结构设计标准》（GB 50017—2017）、《高层民用建筑钢结构技术规程》（JGJ 99—2015）的规定（见图5-58）。

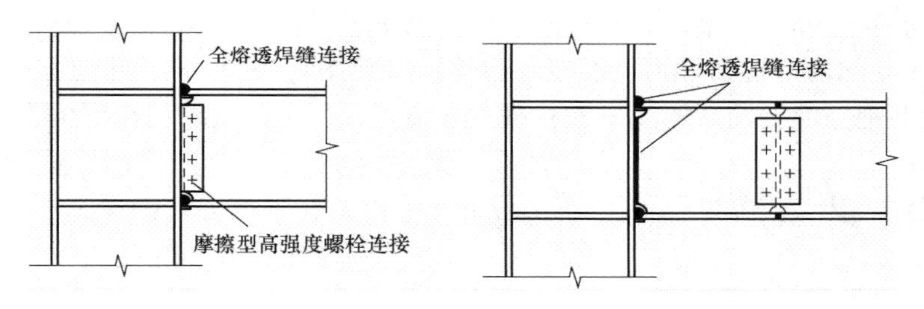

图5-58　型钢混凝土柱与型钢混凝土梁内型钢或钢梁的连接构造

（4）型钢混凝土柱与钢梁采用铰接时，可在钢柱上焊接短牛腿，牛腿端部宜焊接与柱边平齐的封口板，钢梁腹板与封口板宜采用高强度螺栓连接；钢梁翼缘与牛腿翼缘不应焊接（见图5-59）。

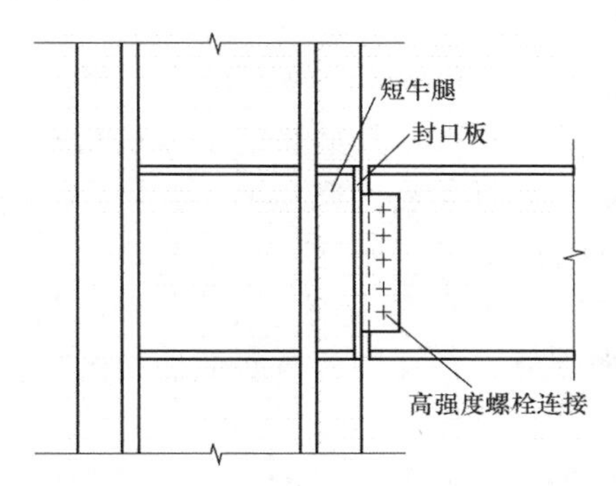

图5-59　型钢混凝土柱与钢梁的铰接连接

（5）型钢混凝土柱与钢筋混凝土梁的梁柱节点宜采用刚性连接，梁的纵向钢筋应伸入柱节点，且应符合《混凝土结构设计规范》（GB 50010—2010）对钢筋的锚固规定。柱内型钢的截面形式和纵向钢筋的配置，宜减少梁纵向钢筋穿过柱内型钢柱的数量，且不宜穿过型钢翼缘，也不应与柱内型钢直接焊接连接。梁柱连接节点可采用的连接方式：

1）梁的纵向钢筋可采取双排钢筋等措施尽可能多的贯通节点，其余纵向钢筋可在柱内型钢腹板上预留贯穿孔，型钢腹板截面损失率宜小于腹板面积的20%［见图5-60（a）］。

2）当梁纵向钢筋伸入柱节点与柱内型钢翼缘相碰时，可在柱型钢翼缘上设置可焊接机械连接套筒与梁纵筋连接，并应在连接套筒位置的柱型钢内设置水平加劲肋，加劲肋形式应

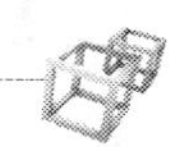

便于混凝土浇灌［见图 5-60（b）］。

3）梁纵筋可与型钢柱上设置的钢牛腿可靠焊接，且宜有不少于 1/2 梁纵筋面积穿过型钢混凝土柱连续配置。钢牛腿的高度不宜小于 0.7 倍混凝土梁高，长度不宜小于混凝土梁截面高度的 1.5 倍。钢牛腿的上、下翼缘应设置栓钉，直径不宜小于 19mm，间距不宜大于 200mm，且栓钉至钢牛腿翼缘边缘距离不应小于 50mm。梁端至牛腿端部以外 1.5 倍梁高范围内，箍筋设置应符合《混凝土结构设计规范》（GB 50010—2010）梁端箍筋加密区的规定［见图 5-60（c）］。

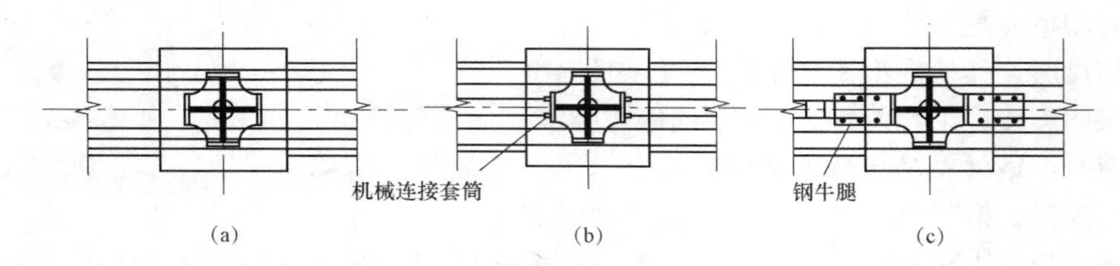

图 5-60　型钢混凝土柱与钢筋混凝土梁的连接

(a) 梁柱节点穿筋构造；(b) 可焊接连接器连接；(c) 钢牛腿焊接

(6) 型钢混凝土柱与钢梁、钢斜撑连接的复杂梁柱节点，其节点核心区除在纵筋外围设置间距为 200mm 的构造箍筋外，可设置外包钢板（见图 5-61）。外包钢板宜与柱表面平齐，其高度宜与梁型钢高度相同，厚度可取柱截面宽度的 1/100，钢板与钢梁的翼缘和腹板应可靠焊接。梁型钢上、下部可设置条形小钢板箍，条形小钢板箍尺寸应符合下列公式的规定

$$t_{w1}/h_b \geqslant 1/30 \tag{5-317}$$

$$t_{w1}/b_c \geqslant 1/30 \tag{5-318}$$

$$h_{w1}/h_b \geqslant 1/5 \tag{5-319}$$

式中　t_{w1}——小钢板箍厚度；

h_{w1}——小钢板箍高度；

h_b——钢梁高度；

b_c——柱截面宽度。

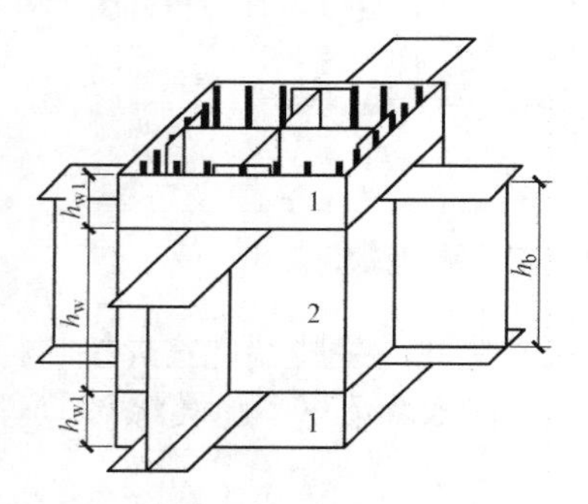

图 5-61　型钢混凝土柱与钢梁连接节点

1—小钢板箍；2—大钢板箍

(7) 型钢混凝土节点核心区的箍筋最小直径宜符合第 5.12.2 的规定。对一、二、三级抗震等级的框架节点核心区，其箍筋最小体积配筋率分别不宜小于 0.6%、0.5%、0.4%，且箍筋间距不宜大于柱端加密区间距的 1.5 倍，箍筋直径不宜小于柱端箍筋加密区的箍筋直径；柱纵向受力钢筋不应在各层节点中切断。

(8) 型钢柱的翼缘与竖向腹板间连接焊缝宜采用坡口全熔透焊缝或部分熔透焊缝。在节点区及梁翼缘上下各 500mm 范围内，应采用坡口全熔透焊缝；在高层建筑底部加强区，应采用坡口全熔透焊缝；焊缝质量等级为一级。

(9) 型钢柱沿高度方向，对应于型钢混凝土梁内型钢或钢筋混凝土梁的上、下边缘处或钢梁的上、下翼缘处，应设置水平加劲肋，加劲肋形式宜便于混凝土浇筑；对型钢混凝土梁或钢梁，水平加劲肋厚度不宜小于梁端型钢翼缘厚度，且不宜小于 12mm；对钢筋混凝土梁，水平加劲肋厚度不宜小于型钢柱腹板厚度。加劲肋与型钢翼缘的连接宜采用坡口全熔透焊缝，与型钢腹板可采用角焊缝，焊缝高度不宜小于加劲肋厚度。

5.12.4　柱脚

（1）型钢混凝土偏心受压柱嵌固端以下有两层及两层以上地下室时，可将型钢混凝土柱伸入基础底板，也可伸至基础底板顶面。当伸至基础底板顶面时，纵向钢筋和锚栓应锚入基础底板并符合锚固要求；柱脚除应按非埋入式柱脚计算其受压、受弯和受剪承载力，计算中不考虑型钢作用，轴向力、弯矩和剪力设计值应取柱底部的相应设计值。

（2）型钢混凝土偏心受压柱，其非埋入式柱脚型钢底板厚度不应小于柱脚型钢翼缘厚度，且不宜小于30mm。

（3）型钢混凝土偏心受压柱，其非埋入式柱脚型钢底板的锚栓直径不宜小于25mm，锚栓锚入基础底板的长度不宜小于40倍锚栓直径。纵向钢筋锚入基础的长度应符合受拉钢筋锚固规定，外围纵向钢筋锚入基础部分应设置箍筋。柱与基础在一定范围内混凝土宜连续浇筑。

（4）型钢混凝土偏心受压柱，其非埋入式柱脚上一层的型钢翼缘和腹板应设置栓钉，栓钉直径不宜小于19mm，水平和竖向间距不宜大于200mm，栓钉距离型钢翼缘板边缘不宜小于50mm，且不宜大于100mm。

（5）无地下室或仅有一层地下室的型钢混凝土柱的埋入式柱脚，其型钢在基础底板（承台）中的埋置深度除满足式（5-288）外，尚不应小于柱型钢截面高度的2.0倍。

（6）型钢混凝土柱的埋入式柱脚，其型钢底板厚度不应小于柱脚型钢翼缘厚度，且不宜小于25mm。

（7）型钢混凝土柱的埋入式柱脚，其埋入范围及其上一层的型钢翼缘和腹板部位应按（4）设置栓钉。

（8）型钢混凝土柱的埋入式柱脚，其伸入基础内型钢外侧的混凝土保护层的最小厚度，中柱不应小于180mm，边柱和角柱不应小于250mm（见图5-62）。

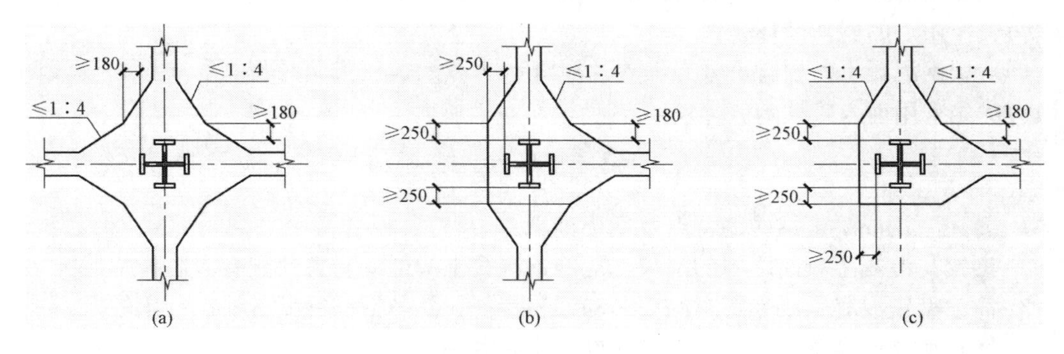

图5-62　埋入式柱脚混凝土保护层厚度（单位：mm）
（a）中柱；（b）边柱；（c）角柱

（9）型钢混凝土柱的埋入式柱脚，在其埋入部分顶面位置处，应设置水平加劲肋，加劲肋的厚度宜与型钢翼缘等厚，其形状应便于混凝土浇筑。

（10）埋入式柱脚型钢底板处设置的锚栓埋置深度，以及柱内纵向钢筋在基础底板中的锚固长度，应符合《混凝土结构设计规范》（GB 50010—2010）的规定，柱内纵向钢筋锚入基础底板部分应设置箍筋。

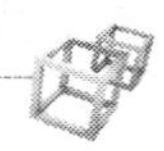

本章小结

(1) 型钢与混凝土的黏结强度较小，对承载力、变形及裂缝均有影响，必要时在某些受力关键部位可设置抗剪连接件以增强型钢与混凝土之间的黏结作用。影响型钢混凝土黏结强度的因素很多，主要有混凝土保护层厚度、混凝土的强度等级、横向钢筋配筋率、型钢含钢率、型钢的表面状况及加载方式等。

(2) 实腹式型钢混凝土梁是在型钢受拉翼缘或腹板全部或部分屈服，变形加大，受压区混凝土压碎之后达到正截面受弯承载力。

(3) 型钢混凝土梁的斜截面破坏形式可以分为三类，分别为剪切斜压破坏、剪切黏结破坏和剪压破坏；承载力计算公式以剪压破坏为依据建立。影响型钢混凝土梁斜截面受剪承载力的主要因素包括剪跨比、加载方式、混凝土强度等级、含钢率与型钢强度及配箍率。

(4) 在型钢混凝土构件中，由于型钢的存在，增强了对核心混凝土的约束作用，抑制了裂缝的发展，使得型钢混凝土构件的裂缝宽度比钢筋混凝土构件为小。

(5) 型钢混凝土框架梁中配置的型钢能够显著提高梁的抗弯刚度，且提高作用随截面含钢率的增大而增大。在正常使用极限状态下，型钢混凝土梁的挠度可采用结构力学的方法计算。

(6) 与钢筋混凝土偏心受压柱类似，型钢混凝土偏心受压柱根据荷载偏心距大小的不同，可以发生大偏心受压破坏和小偏心受压破坏。

(7) 影响型钢混凝土柱受剪性能的主要因素包括剪跨比、轴压比、混凝土强度等级、型钢腹板含量及箍筋配筋率。根据剪跨比的不同，型钢混凝土柱可能发生剪切斜压破坏、剪切黏结破坏和剪弯破坏。

(8) 型钢混凝土梁柱节点受力复杂，处于压、弯、剪复合受力状态，其破坏模式一般为水平荷载作用下的剪切破坏。

(9) 型钢混凝土的柱脚可分为埋入式柱脚和非埋入式柱脚两种形式。考虑抗震设防时，一般宜优先采用埋入式柱脚。

思考题

1. 简述型钢混凝土结构的特点及适用范围。
2. 型钢与混凝土界面之间的滑移，对型钢混凝土构件的受力性能有何影响？
3. 简述型钢混凝土梁受弯时的变形和裂缝特征，并与钢筋混凝土梁进行比较。
4. 影响型钢混凝土梁抗剪性能的主要因素有哪些？
5. 简述型钢混凝土柱受压时的破坏形态及相应特征。
6. 型钢混凝土柱斜截面破坏有哪些类型？
7. 简述型钢混凝土梁柱节点的形式及受力特征。
8. 型钢混凝土柱脚有哪几类？试简要说明其受力特点。
9. 简述型钢混凝土结构的主要构造要求。

习　题

5-1　已知型钢混凝土梁截面如图 5-63 所示，弯矩设计值为 560kN·m，混凝土强度

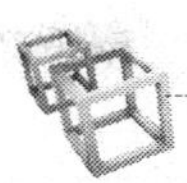

等级为C40，型钢为Q235，纵筋为HRB400级钢，要求进行正截面承载力验算。

5-2　已知型钢混凝土梁截面如图5-64所示，梁端剪力设计值为1500kN，混凝土强度等级为C40，型钢为Q235，纵筋为HRB400级钢，箍筋为HPB300级钢。型钢和纵筋已根据正截面受弯承载力计算确定，试验算该梁的斜截面受剪承载力。

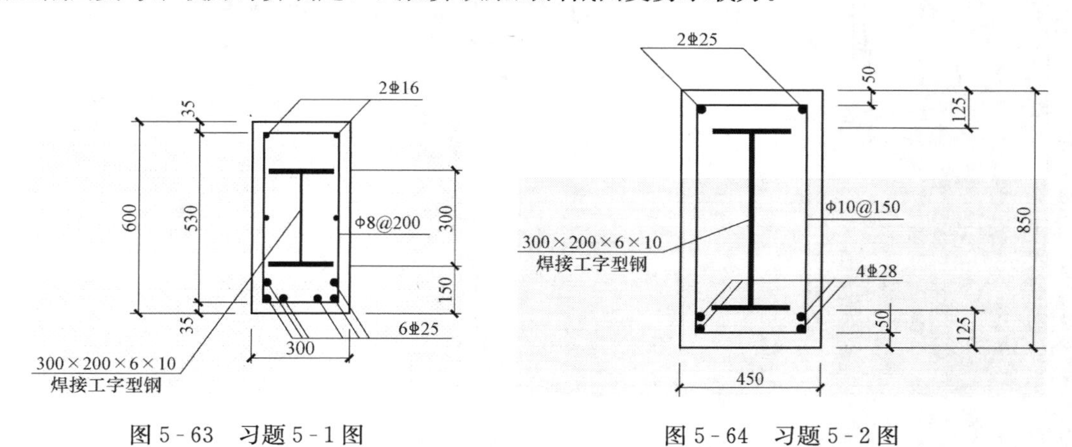

图5-63　习题5-1图　　　　图5-64　习题5-2图

5-3　已知型钢混凝土柱截面如图5-65所示，承担的轴向压力设计值为8500kN，弯矩设计值为1280 kN·m，混凝土强度等级为C35，型钢为Q345，纵筋为HRB335级钢，要求进行正截面受压承载力验算。

5-4　型钢混凝土柱的净高度为3.0m，截面尺寸为500mm×400mm，考虑水平地震作用的柱端组合剪力设计值为400kN，轴向压力为1500kN，弯矩为180kN·m，弯矩和剪力均沿截面长边方向作用，如图5-66所示。柱内配Q235级H型钢（300mm×200mm×8mm×16mm），纵筋采用HRB400级钢，箍筋采用HPB300级钢，混凝土强度等级为C30，试计算其箍筋用量。

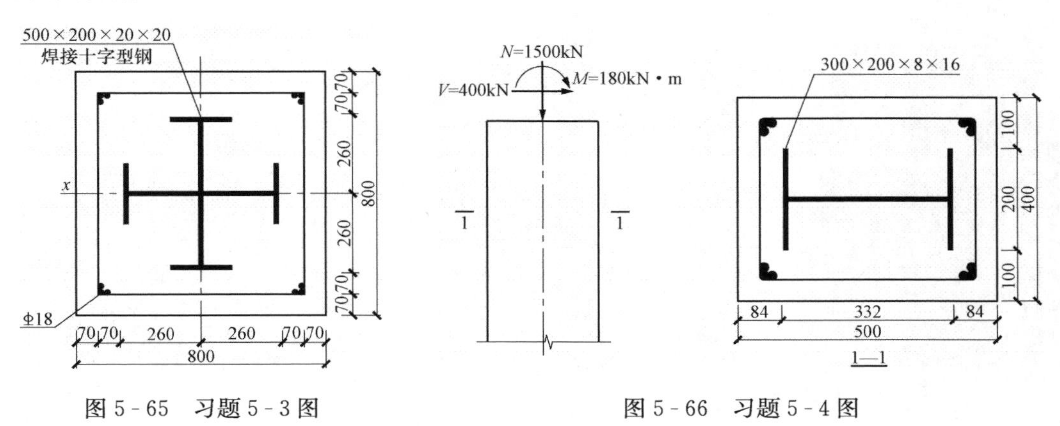

图5-65　习题5-3图　　　　图5-66　习题5-4图

5-5　某型钢混凝土框架中节点，左右梁截面均为600mm×300mm，内配I45a的Q235级工字钢。节点上下柱截面为500mm×400mm，内配I40a的Q235级工字钢，如图5-67所示。混凝土强度等级为C30。在竖向荷载和水平地震作用下，节点左、右梁端的弯矩设计值分别为130 kN·m和−200kN·m。柱中轴向压力设计值为1500kN，节点上下反弯点之间的距离为

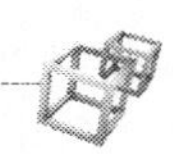

3.6m。试验算节点受剪承载力。

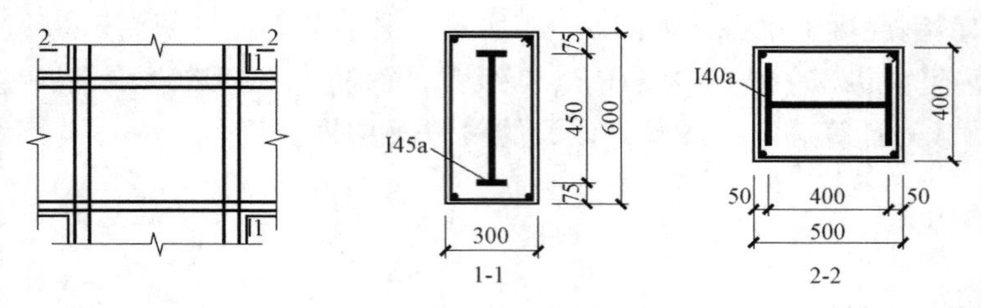

图 5-67　习题 5-5 图

第6章　钢管混凝土结构

6.1　概　　述

钢管混凝土是指在钢管中填充混凝土而形成，且钢管及其核心混凝土能共同承受外荷载作用的结构构件，根据截面形式不同可分为圆钢管混凝土、方（矩形）钢管混凝土、多边形钢管混凝土；根据钢管内混凝土的填充面积不同可分为实心钢管混凝土和空心钢管混凝土；根据核心混凝土是否配置钢筋可分为钢管混凝土构件和钢管钢筋混凝土构件。目前工程中应用较多且设计方法较为成熟的是钢管内填充素混凝土的圆钢管混凝土和方（矩形）钢管混凝土构件，因此本章主要讲述圆钢管混凝土构件和方钢管混凝土构件的基本性能、设计方法及梁柱节点和柱脚节点的形式及设计方法。

6.2　钢管混凝土轴心受压基本性能

6.2.1　圆钢管混凝土

对于常见的圆形截面钢管混凝土而言，包含实心圆形钢管混凝土和空心圆形钢管混凝土。其中实心钢管混凝土采用浇灌的方式制作，混凝土完全填满钢管，空心钢管混凝土采用离心法浇筑管内混凝土并通过蒸汽养护制作而成，混凝土部分为中空。

1. 实心圆钢管混凝土

（1）钢管混凝土组合作用工作机理。在轴心压力作用下，对于钢管和混凝土同时受力的情况，钢管和混凝土产生纵向压缩变形，由于泊松效应，导致横向和环向随之产生变形，变形大小取决于材料的泊松比。

钢材在弹性阶段泊松比 $\mu_s=0.25\sim0.30$，平均值为 0.283，进入弹塑性阶段后泊松比随着应力水平的增加逐渐提高，达到塑性阶段时 μ_s为 0.5。混凝土的泊松比 μ_c随其纵向压应力的变化而改变，低应力时为 0.17，随压应力的增大而不断提高，由 0.17 增至 0.5，又增至大于 0.5，达极限状态时，由于纵向开裂，μ_c甚至大于 1.0。由此可见，随着轴心压力的不断增加，钢管与混凝土界面横向相对变形不断变化，界面的接触状态和相互作用也随之改变。

加载初期，钢管与混凝土共同受压，由于钢管的泊松比大于混凝土的泊松比，因此，钢管的横向变形比混凝土大，此时钢管对混凝土并未产生约束作用，相反在钢管与混凝土接触界面产生相互分离的趋势。

随着纵向荷载的增加，待钢管的纵向压应力 σ_3增至比例极限 f_p时，此时 $\mu_c=\mu_s$，核心混凝土的横向变形等于钢管的横向变形，钢管与混凝土之间无相互作用，近似为单向受力

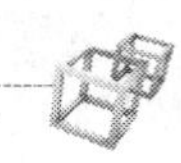

状态。

随着轴心压力的继续增大，钢管应力超过比例极限后，$\mu_c>\mu_s$，核心混凝土的横向变形将大于钢管的横向变形，钢管对混凝土产生横向约束，阻碍混凝土径向发展，由此产生了钢管与核心混凝土之间的相互作用力 p，即紧箍力，如图 6-1（a）所示，钢管和混凝土进入共同工作阶段。此时，钢管处于纵向、径向受压、环向受拉状态；混凝土处于三向受压状态，如图 6-1（b）所示。图 6-2 为紧箍力分布。

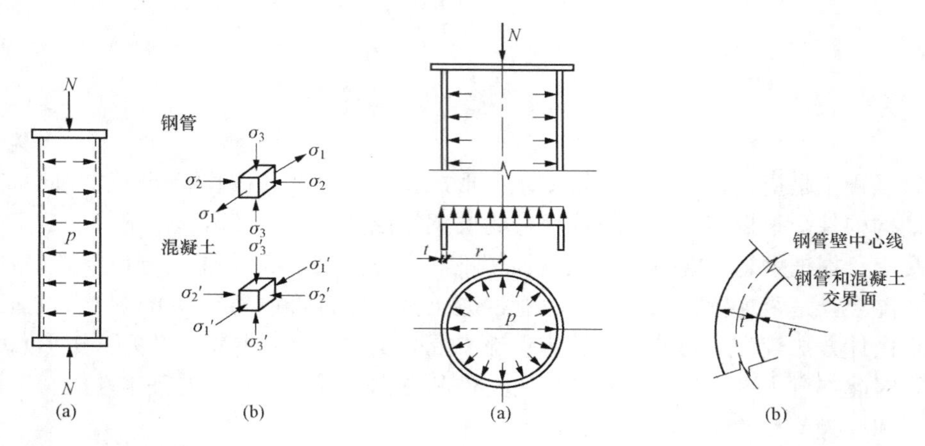

图 6-1　钢管和混凝土三向受力状态　　　　图 6-2　紧箍力分布

三向受压混凝土不但纵向抗压强度得到了提高，而且弹性模量也得到了提高，并增加了塑性。对于钢管而言，在纵向轴心压力作用下，属于异号应力场，其纵向抗压强度将下降，小于单向受压时的屈服应力。同时，钢管是薄钢管，单向受压时，其稳定承载力受管壁局部缺陷的影响很大，远远低于理论临界应力计算值。但当管内填入混凝土后，由于混凝土的密贴，充分保证了钢管不会发生屈曲，可使折算应力达到钢材的屈服强度，得以充分发挥钢材的强度承载力。

（2）实心圆钢管混凝土轴心受压时的工作性能。为了获得圆钢管混凝土轴心受压时的强度和变形的关系曲线，国内外众多研究者都采用长径比 $L/D=3\sim3.5$ 的标准试件在平板铰压力机上进行轴心受压试验。圆钢管混凝土轴心受压的工作性能、破坏形态及荷载—变形关系与钢管对混凝土的约束能力大小有密切的关系。研究表明，套箍系数标准值 $\xi=\alpha f_y/f_{ck}$ 可以较好地反映钢管对混凝土的约束作用，式中，f_y 是钢材的屈服强度，f_{ck} 是混凝土的抗压强度标准值，$\alpha=A_s/A_c$ 是含钢率，A_s 是钢管的截面面积，A_c 是核心混凝土的截面面积。

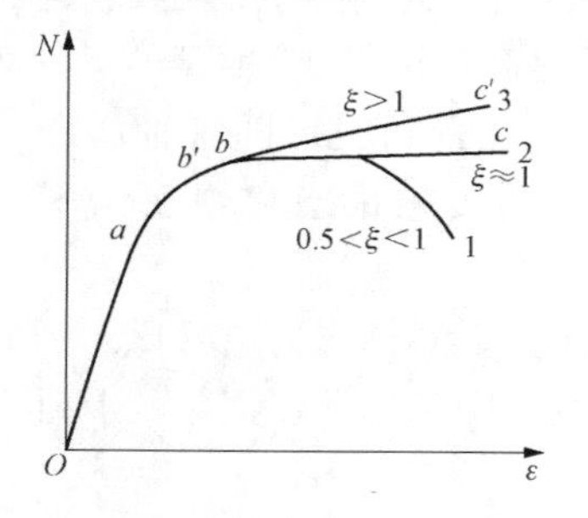

图 6-3　轴心受压试件工作的三种类型（N-ε 典型标准曲线）

通过圆钢管混凝土轴心受压标准试件的荷载—纵向应变关系曲线（N-ε），可以清楚地了解轴心受压构件的受压工作性能。图 6-3 表示 N—ε 典型标准曲线，圆钢管混凝土标准试件随套箍系数 ξ 的不同，N—ε 曲线有三种情况。

1）套箍系数 $0.5<\xi<1$，如图 6-3 中曲线 1 所示。这时，由于钢管对核心混凝土的约束力不大，曲

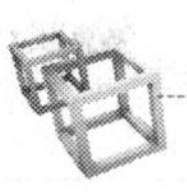

线有下降段，且随着套箍系数的减小，塑性（或强化）阶段越来越短。当 $\xi \approx 0.4 \sim 0.5$ 时，几乎无塑性段，呈脆性破坏。当 $\xi < 0.5$ 时则有下降段，完全属于脆性破坏。

2）套箍系数 $\xi \approx 1$ 时，工作分为弹性、弹塑性和塑性三个阶段，如图 6-3 中曲线 2 所示。

3）套箍系数 $\xi > 1$ 时，工作分为弹性、弹塑性和强化三个阶段，如图 6-3 中曲线 3 所示。

实际工程应用中，最常遇到的情况是第二、第三种情况，即 $\xi \geqslant 1$。只有含钢率很低，而混凝土强度又较高时，才能遇到第一种情况。

第二和第三种情况的圆钢管混凝土轴心受压时的工作过程如下：

1）Oa 段为十分接近直线的弹性工作阶段。这一阶段一直到 a 点，这时钢管应力在比例极限 f_p 左右，荷载为比例极限的 70%～80%。

2）ab 段为弹塑性工作阶段。这时钢管应力进入弹塑性工作阶段，弹性模量 E_s 不断减小，而核心混凝土的模量并未减小，或减小不多，这就引起钢管和核心混凝土之间所受轴心压力分配比例的不断变化。混凝土所受的压力不断增加，而钢管所受的压力不断减小，$N-\varepsilon$ 曲线逐渐偏离直线而形成过渡曲线，进入弹塑性阶段。混凝土由于压应力的增加，泊松比 μ_c 超过了钢材的泊松比 μ_s，两者间产生了渐增的相互作用力，即紧箍力 p，使钢管与混凝土处于三向应力状态，钢材纵向和径向受压而环向受拉，属于异号应力场；混凝土则三向受压。

3）bc' 段为强化阶段。从 b 点开始，由于钢管塑性的继续发展，荷载增量将由核心混凝土承担，使混凝土的横向变形迅速发展，μ_c 大大超过了钢材的泊松比 μ_s，而径向挤压钢管，促使钢管的环向应力不断增大，但此时处于异号应力场的钢管已进入塑性阶段，如忽略相对较小的径向应力 σ_2，则钢管的纵向压应力 σ_3 和环向拉应力 σ_1 将按 von Mises 屈服椭圆中第四象限中的轨迹变化，在环向拉应力增加的同时，其承受的纵向压应力逐渐减小，见图 6-4，由 a 点经 $b'b$ 向 c' 点变化，因此钢管逐渐以纵向受压为主转变成环向受拉为主。与此同时，混凝土由于侧向力的增加提高了承载力，混凝土承载力的提高弥补和超过了钢管纵向受压承载力的降低，这就形成了 bc' 强化段。对于第二种情况，在塑性阶段结束后（b 点），由于套箍系数较低，使得混凝土抗压承载力的提高恰好弥补了钢管纵向抗压承载力的降低，这就形成了水平段。

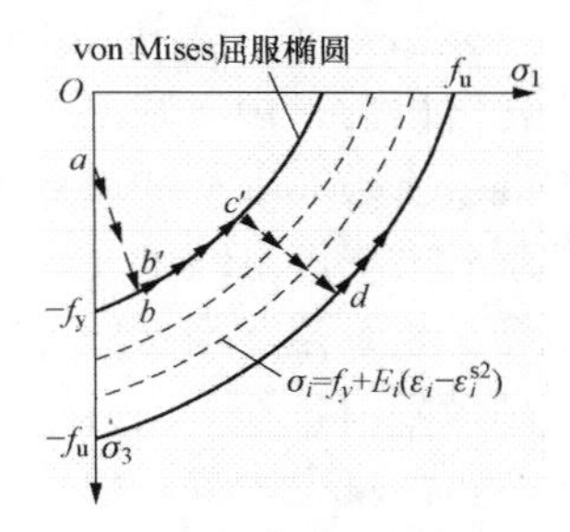

图 6-4　von Mises 屈服椭圆

钢材在多轴应力状态下达 von Mises 屈服椭圆后，发展塑性，但屈服阶段的范围是有限的，只有 2%～3%，当历尽屈服阶段后，进入了强化阶段，恢复了一定的弹性，一直到抗拉强度。这时钢材产生颈缩现象，荷载虽在下降，但截面也在缩小。因此，可认为应力大小不变，成为二次塑流，如图 6-4 所示以抗压强度 f_u 为极限的第二次椭圆的部分。

2. 空心圆钢管混凝土

钢管混凝土用于电力工业中的输变电杆塔取得了很好的经济效益，但钢管混凝土应用于输变电杆塔中时，现场浇筑混凝土的工序很难办到。特别是满山遍野的输变电杆塔，分布在野外甚至高山上，对档距为数百米的输变电塔架，要在现场浇灌混凝土是不可能的。

为了解决此问题，钢管混凝土构件必须在工厂中预制。同时，为了便于运输和现场组

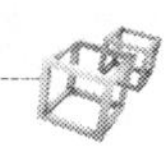

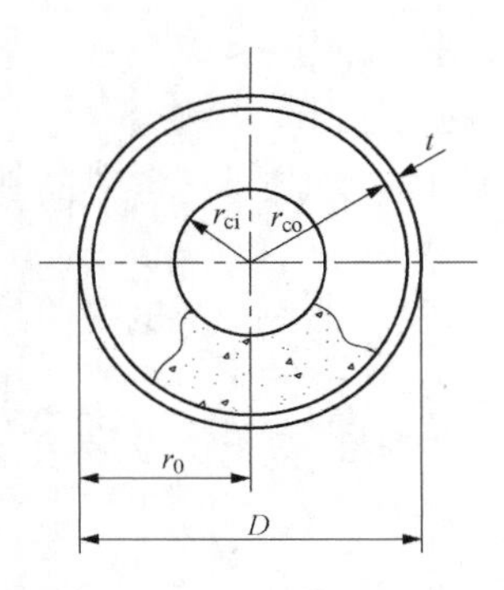

图 6-5 空心钢管混凝土截面

装，可把中心部分的混凝土抽去，以减轻自重。这就出现了空心钢管混凝土构件。在预制厂中，以钢管为模具，用离心法浇灌管内混凝土，经蒸汽养护，即得中部为空心的钢管混凝土构件，如图 6-5 所示。图 6-5中 r_{co}和 r_{ci}分别为混凝土的外半径和内半径，D 和 r_0分别为钢管的外直径和外半径，t 是钢管壁厚。核心混凝土的内外半径之比，称为空心率，$\psi=r_{ci}/r_{co}$。当 $\psi=0$ 时，就是实心钢管混凝土；$0<\psi<1$ 时为空心钢管混凝土，$\psi=1$ 时为空钢管。

对于空心圆钢管混凝土，在轴心压力作用下，与实心的一样，开始无紧箍力，随后产生紧箍力。钢管的应力状态和实心钢管混凝土相同。但核心混凝土的应力状态却大不一样。无论是纵向应力（σ'_3）、环向应力（σ'_1）及径向应力（σ'_2）皆为非均匀分布，如图6-6所示。钢管内壁处（r_{co}）纵向应力 σ'_3 最大，并向混凝土内壁（r_{ci}）逐渐减小；环向应力 σ'_1 却相反，在混凝土外壁处较小，而向内壁逐渐增至最大值；径向应力 σ'_2 则由外壁处的较大值向内壁逐渐减为零。因而，核心混凝土的应力状态由外壁的三向受压到内壁处变为双向受压。

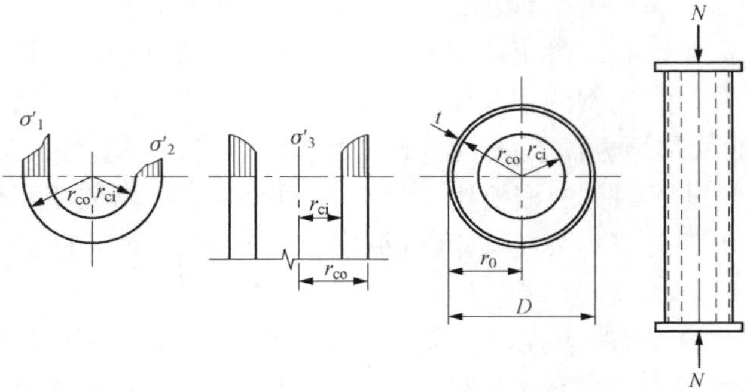

图 6-6 空心钢管混凝土轴心受压时的应力分布

显然，当钢管进入塑流或进入强化阶段后，由于紧箍力很大，混凝土内壁在双向（σ'_1 和 σ'_3）受压下首先软化而压碎。该层混凝土破坏后，如果剩余混凝土在紧箍力作用下强度的增长尚能承受纵向荷载的增长，构件承载力仍能继续上升。随后内壁混凝土软化区不断向混凝土内部发展，剩余混凝土面积不断缩小，其强度增长值平衡不了荷载的增值，钢管因内力的增加被压屈服而鼓曲，这时压力达到极限值，整个应力应变关系曲线下降，试件破坏。当空心率 ψ 值较大时，钢材进入屈服区后，混凝土内壁开始破坏；ψ 值较小时，钢材进入强化阶段，混凝土内壁开始破坏；当 $\psi=0$ 时，变为实心钢管混凝土。当 ψ 值较大时，其应力应变关系曲线将出现下降段，ψ 值越大，曲线的塑性段越短，最后呈完全脆性破坏。

图 6-7（a)所示为套箍系数 ξ 大于 1 的 N-ε 全过程曲线。可见，对于实心圆钢管混凝土在轴心压力作用下，关系曲线无下降段；但随着空心率的逐渐增大，空心圆钢管混凝土轴心受压承载力逐渐降低，曲线出现了下降段，塑性阶段不断缩短，最后呈完全脆性破坏。图 6-7（b)所示为套箍系数 $\xi=0.9$ 时，实心圆钢管混凝土在轴心压力作用下就存在下降段，有空心时，随着空心率的增大，塑性阶段逐渐缩短，更早地呈现脆性。

6.2.2 方钢管混凝土

方钢管混凝土柱具有节点构造简单、连接简单、抗弯性能好和延性高等优点，并且便于建筑平面布置和房间使用，多用于多层和高层民用建筑受压构件。

在轴心受压荷载作用下，由于材料泊松比的不同，在方钢管和混凝土之间同样会产生紧

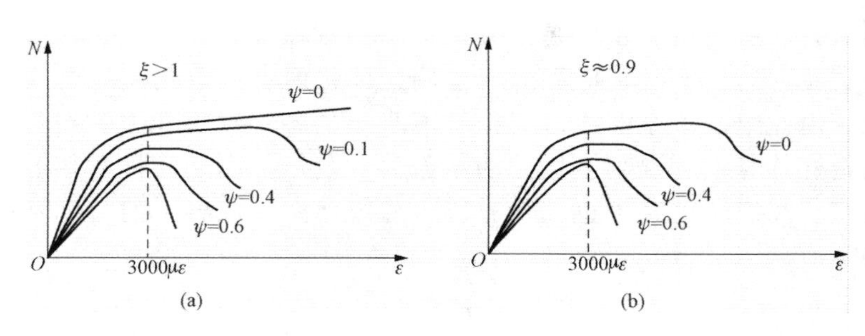

图6-7　空心钢管混凝土轴心受压时工作性能随空心率的变化

箍效应，但是相互作用不如圆钢管混凝土强，主要是由于钢管壁在轴心受压荷载作用下出现局部屈曲，以及在直线边由于紧箍力作用下发生弯曲，削弱了钢管对混凝土的约束作用，在截面上形成了非均布的切向和法向约束共存的应力场。在该应力场中，钢管承担着纵向压力和环向拉力、交界面上的法向压力和切向力，混凝土同样承载着上述的复杂应力作用，因此，方钢管混凝土的紧箍力分布在直线边的中部大为减小，而四角部紧箍力最大。

与实心圆钢管混凝土轴心受压类似，采用长宽比$L/B=3.0$作为标准试件进行加压试验，得到实心方钢管混凝土轴心受压标准试件的荷载一纵向应变关系曲线。与实心圆钢管轴心受压关系曲线类似，关系曲线的基本形状与套箍系数ξ有关，对于方形截面，当$\xi>3.2$时，曲线具有强化阶段，且ξ越大，强化的幅度越大；$\xi=3.2$时，曲线基本趋于平缓；$\xi<3.2$时，曲线达到某一峰值后进入下降段，且ξ越小，下降的幅度越大，下降段也出现得越早。

实心方钢管混凝土的轴心受压承载力比钢管和混凝土承载力的简单叠加高5%～20%，提高幅度取决于构件的套箍系数，套箍系数越大，钢管对混凝土的约束程度越高，承载力提高幅度越大。此外，管内混凝土的存在改变了方钢管的屈曲模式，并抑制了管壁局部屈曲的发展，部分钢管可进入强化阶段，从而提高了钢管的局部稳定承载力。由于钢管对混凝土的约束作用，使内部混凝土由脆性转变为塑性破坏，构件的延性得到了显著提高。

空心方钢管混凝土柱轴心受压性能与空心圆钢管混凝土柱类似，在轴心受压的情况下，空心方钢管混凝土的核心混凝土内壁受力最大，为双向受压。当应变的增长与内壁混凝土的应力不协调时，内壁混凝土开始卸载软化，这时尚未卸载的混凝土部分的纵向承载力却仍在继续增加。当钢管和部分混凝土的卸载量之和超过了继续承载部分混凝土的加载量时，曲线形成下降段。随着变形的继续增加，核心混凝土的卸载部分由内壁向外壁扩展，直至全截面卸载而破坏。随着空心率的增大，曲线出现下降段，且塑性阶段不断缩短，最后呈完全脆性破坏。随着空心率的增大，空心方钢管混凝土柱的轴心受压承载力降低不显著，这是由于正方形截面中钢板过早地产生了局部屈曲，导致了截面的应力分布有所变化，使得承载力的降低并不明显。

6.3　钢管混凝土轴心受压时的N-ε全过程曲线

6.3.1　圆钢管混凝土

6.3.1.1　实心圆钢管混凝土

这里介绍一种采用合成法来计算得到实心圆钢管混凝土轴心受压时的$N-\varepsilon(\bar{\sigma}-\varepsilon)$全

过程关系曲线。合成法的研究步骤是：分别选定钢材和核心混凝土在三向应力状态下较为正确的本构关系，运用平衡条件和变形协调条件将两者的本构关系合成构件的组合关系全过程曲线。由此组合关系曲线可得钢管混凝土的各种物理和力学组合性能指标，然后用组合性能指标计算钢管混凝土构件的承载力和变形。由于两种材料的本构关系中已包含了紧箍效应，在组合关系中也就含有紧箍效应，钢管混凝土的整体性能指标中自然也就包含这种效应。

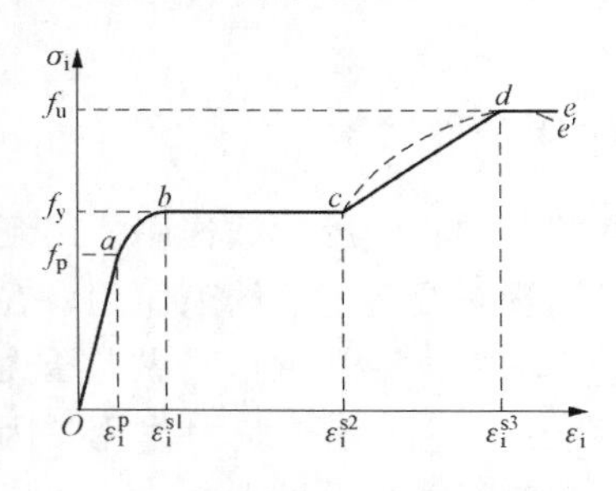

图 6-8 钢材应力-应变曲线

1. 钢材三向应力场的本构关系

钢材在三向应力状态下，折算应力 σ_i 和折算应变 ε_i 的关系如图 6-8 所示。工作分为弹性、弹塑性、塑流、强化和二次塑流五个阶段，采用下列三点假设：

(1) 强化阶段以直线 cd 代替；

(2) 达强度极限 d 点后，钢材进入二次塑流；

(3) 忽略相对很小的径向应力 σ_2。

钢管在纵向压应力 σ_3 和环向拉应力 σ_1 共同作用下的折算应力 σ_i 和折算应变 ε_i 为

$$\sigma_i = (\sigma_1^2 + \sigma_3^2 - \sigma_1\sigma_3)^{1/2} \tag{6-1}$$

$$\varepsilon_i = \frac{2}{3}(\varepsilon_1^2 + \varepsilon_3^2 - \varepsilon_1\varepsilon_3)^{1/2} \tag{6-2}$$

式中 ε_1、ε_3——钢管的环向应变和纵向应变实测值。

1) 弹性阶段 Oa：$\sigma_i \leqslant f_p$。按广义胡克定律，得

$$\sigma_1 = \frac{E_s}{1-\mu_s^2}(\varepsilon_1 + \mu_s\varepsilon_3) \tag{6-3a}$$

$$\sigma_3 = \frac{E_s}{1-\mu_s^2}(\varepsilon_3 + \mu_s\varepsilon_1) \tag{6-3b}$$

2) 弹塑性阶段 ab：$f_p < \sigma_i < f_y$。采用弹性增量理论确定应力增量和应变增量关系

$$\mathrm{d}\sigma_1 = \frac{E_s^t}{1-(\mu_s^t)^2}(\mathrm{d}\varepsilon + \mu_s^t \mathrm{d}\varepsilon_3) \tag{6-4}$$

$$\mathrm{d}\sigma_3 = \frac{E_s^t}{(1-\mu_s^t)^2}(\mathrm{d}\varepsilon_3 + \mu_s^t \mathrm{d}\varepsilon_1) \tag{6-5}$$

$$E_s^t = \frac{(f_y - \sigma_i)\sigma_i}{(f_y - f_p)f_p}E_s \tag{6-6}$$

$$\mu_s^t = 0.217\frac{\sigma_i - f_p}{f_y - f_p} + 0.283 \tag{6-7}$$

式中 E_s^t——弹塑性阶段钢材的切线模量；

μ_s^t——弹塑性阶段钢材的泊松比。

钢材的比例极限取 $f_p = 0.8f_y$。

3) 塑流阶段 bc 及应变强化阶段 cd 和二次塑流阶段 de。采用增量理论求解应力和应变的增量关系，并取 $\varepsilon_i^{s2} = 10\varepsilon_i^{s1}$，$\varepsilon_i^{s3}/\varepsilon_i^{s1} = 100$ 及 $f_u/f_y = 1.6$，则

$$\mathrm{d}\{\sigma\} = [\boldsymbol{D}]_{ep}\mathrm{d}\{\varepsilon\} \tag{6-8}$$

式中 $[\boldsymbol{D}]_{ep} = [\boldsymbol{D}]_e - [\boldsymbol{D}]_p$——弹塑性刚度矩阵；

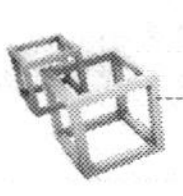

$[\boldsymbol{D}]_e$和 $[\boldsymbol{D}]_p$——弹性刚度矩阵和塑性刚度矩阵。

2. 混凝土三向应力状态下的本构关系

根据圆钢管混凝土轴心受压试件得到的试验曲线，采用分解分析法得到核心混凝土的应力应变关系，经回归后，提出下列本构关系

$$\sigma_c = \sigma_u[A\varepsilon/\varepsilon_0 - B(\varepsilon/\varepsilon_0)^2](\varepsilon_i \leqslant \varepsilon_0) \tag{6-9a}$$

$$\sigma_c = \sigma_u(1-q) + \sigma_u q(\varepsilon/\varepsilon_0)^{(0.2+\alpha)}(\varepsilon_i > \varepsilon_0) \tag{6-9b}$$

其中

$$\sigma_u = f_{ck}\left[1 + (30/f_{cu})^{0.4} \times (-0.0626\xi^2 + 0.4848\xi)\right]$$

$$\varepsilon_0 = \varepsilon_c + 3600\alpha^{1/2}$$

$$\varepsilon_c = 1300 + 10f_{cu}$$

$$A = 2-K,\ B = 1-k$$

$$K = (-5\alpha^2 + 3\alpha)\left(\frac{50-f_{cu}}{50}\right) + (1-\alpha^3+2.15\alpha)\left(\frac{f_{cu}-30}{50}\right)$$

$$q = K/(0.2+\alpha),\ f_{ck} = 0.8f_{cu},\ \xi = \alpha f_y/f_{ck},\ \alpha = A_s/A_c$$

式中　f_y和 f_{ck}——钢材的屈服强度和混凝土抗压强度标准值；

f_{cu}——混凝土的立方体抗压强度标准值；

A_s和 A_c——钢管和混凝土的横截面面积。

3. 圆钢管混凝土轴心受压时 N-ε 全过程关系曲线

采用合成法的步骤如下：取一个应变值 ε_1，由钢材和混凝土的本构关系中得到与 ε_1分别对应的 σ_s和 σ_c；由 $N_s=A_s\sigma_s$和 $N_c=A_c\sigma_c$加起来，这就得到了 N-ε 关系曲线上对应 ε_1的一点；但必须满足下列条件：

内外力平衡条件
$$N = N_s + N_c \tag{6-10}$$

纵向变形协调条件
$$\Delta_{sl} = \Delta_{cl} \tag{6-11}$$

$$\Delta_{sr} = \Delta_{cr} \tag{6-12}$$

式中　N——外荷载；

N_s、N_c——圆钢管和核心混凝土所承受的轴心力；

Δ_{sl}、Δ_{cl}——圆钢管和混凝土的纵向变形；

Δ_{sr}、Δ_{cr}——圆钢管和混凝土的径向变形；

角标 l 和 r——纵向和径向；

角标 s 和 c——钢管和混凝土。

再取第二个应变值 ε_2，重复上述步骤，得到曲线上的第二个点。依次进行，即得 N-ε 全过程关系曲线。合成后的 N-ε 全过程曲线如图 6-9 所示。

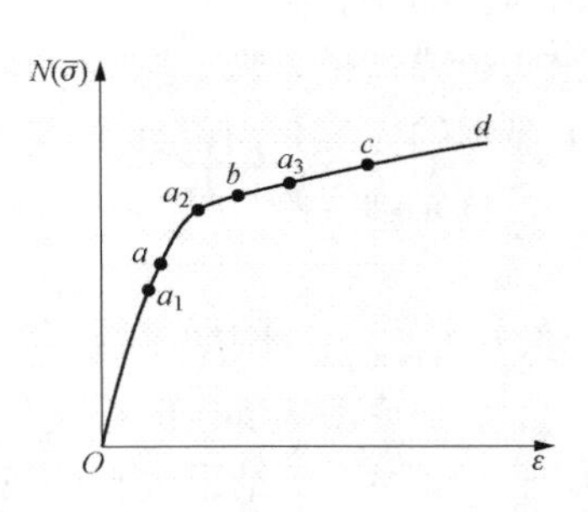

图 6-9　N-ε（$\overline{\sigma}$-ε）合成曲线

图 6-9 中，a_1点是开始产生紧箍力的点（$\mu_c=\mu_s$），这时钢管的纵向应力稍低于比例极限 f_p。a 点相应于钢管应力强度达 f_p，过 a 点后，进入弹塑性阶段，但在钢管的弹塑性阶段结束点 b 前，核心混凝土的纵向应力达到棱柱体强度标准值 f_{ck}（a_2点）；a_2点和 b 点处轴向力相差约 5%。b 点时钢管的应力强度达屈服点 f_y，进入塑流，不久到 a_3点，核心混凝土进入强度包络线。a_3点与 b 点轴向力之差为 1%～10%。随着变形的继续增加，混凝土沿强度包络线变化；而钢管的应

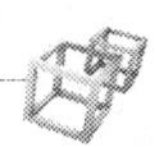

力强度为屈服应力，直至 c 点开始进入强化阶段，故 c 点处上升线段斜率稍有增大。到 d 点时，钢管的应力强度达到强度极限 f_u 而进入破坏面，这时的纵向应变值在 20%以上。图 6 - 10 所示为几种情况下的计算全过程曲线。

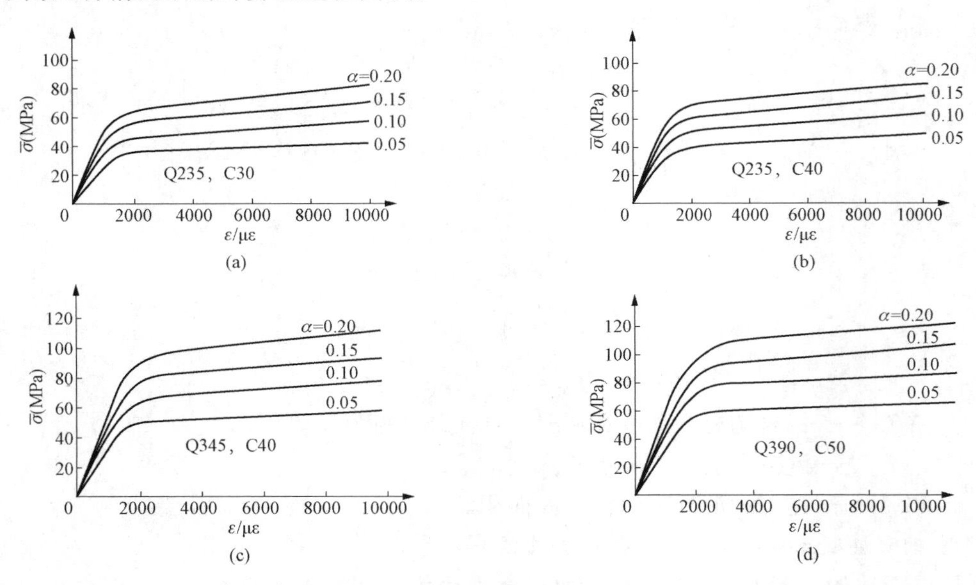

图 6 - 10　轴心受压圆钢管混凝土（$\overline{\sigma}$-ε）全过程曲线

6.3.1.2　空心圆钢管混凝土

1. 钢材的本构关系

空心钢管混凝土轴心受压构件中的钢材本构关系与实心圆钢管混凝土的钢材本构关系一致。

2. 核心混凝土的本构关系

核心混凝土的三向受压本构关系采用塑性断裂理论导得。塑性断裂理论是在塑性理论的基础上，考虑了断裂破损应力的增量。塑性断裂理论将非弹性应变分为两部分：塑性应变和裂缝应变。当混凝土所受的紧箍力较小时，裂缝变形占主要地位；当所受紧箍力较大时，塑性滑移占主导地位。这两种变形对材料性能的影响，可从应力 - 应变卸载曲线上明显地表现出来。如果卸载模量与初始弹性模量相近，说明非弹性变形以塑性滑移为主；如果卸载模量比初始弹性模量低，则说明非弹性变形以微裂缝为主。因此，可认为混凝土应力 - 应变曲线上显示的应变是由弹性、塑性和微裂缝三部分变形所引起的。

首先确定塑性变形，然后确定断裂破损变形，最后可得本构关系

$$d\sigma_{ij} = C_{ijkm} d\varepsilon_{km} \tag{6 - 13}$$

式中　C_{ijkm}——刚度函数，包含 6 个待定参数，这些待定参数与混凝土的弹性模量、剪切模量、体积模量和断裂破坏模量，以及一些钢材的物理参数等有关，通过试验结果进行分析回归来确定。

3. 空心钢管混凝土轴心受压时 N - ε 全过程关系曲线

根据钢管与核心混凝土的本构关系，采用有限元法计算空心钢管混凝土轴心受压时的应力 - 应变全过程曲线。由于是轴对称问题，采用三角形截面的整个圆环为单元，如图 6 - 11

所示，A 为钢单元，其他为混凝土单元。钢管与核心混凝土接触面上认为钢管单元节点位移与混凝土单元节点位移协调。

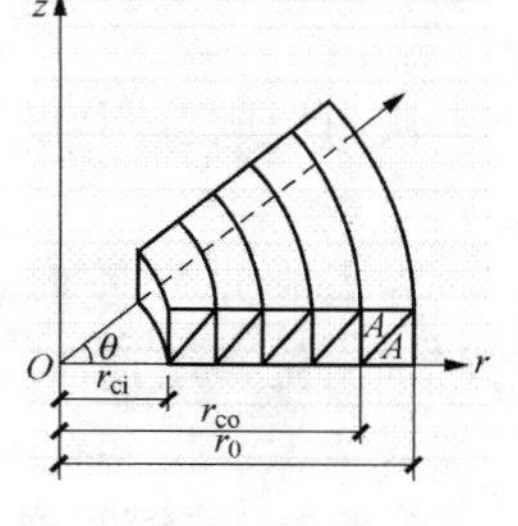

图 6-11　有限元划分

单元的基本未知量取为节点位移，单元的节点位移列阵

$$\{\delta\}^{e}=(u_i\omega_i u_j\omega_j u_m\omega_m)^{T} \tag{6-14}$$

θ 方向无位移，故位移只在 r 和 z 两个方向进行插值。取线性位移模式

$$u=a_1+a_2r+a_3z$$

$$\omega=a_4+a_5r+a_6z$$

式中　a_k——待定常数，k=1，2，3，4，5，6。

得节点位移

$$u=N_iu_i+N_ju_j+N_mu_m \tag{6-15}$$

$$\omega=N_i\omega_i+N_j\omega_j+N_m\omega_m \tag{6-16}$$

形函数 $N_k=(a_k+b_kr+c_kz)/(2\Delta)$，$k=i$，$j$，$m$。

Δ 为三角形单元面积

$$\Delta=\frac{1}{2}\begin{bmatrix}1 & r_i & z_i\\ 1 & r_j & z_j\\ 1 & r_m & z_m\end{bmatrix} \tag{6-17}$$

$$a_i=r_iz_m-r_mz_i,\ b_i=z_i-z_m,\ c_i=-r_i+r_m$$

$k=j$ 及 $k=m$ 时，轮换坐标。

由几何方程，得单元体内的应变

$$\{\varepsilon\}=\begin{Bmatrix}\varepsilon_r\\ \varepsilon_\theta\\ \varepsilon_z\\ \gamma_{rz}\end{Bmatrix}=\begin{Bmatrix}\partial u/\partial r\\ u/r\\ \partial \omega/\partial z\\ \partial \omega/\partial r+\partial u/\partial z\end{Bmatrix}=\frac{1}{2\Delta}\begin{bmatrix}b_i & 0 & b_j & 0 & b_m & 0\\ f_i & 0 & f_j & 0 & f_m & 0\\ 0 & c_i & 0 & c_j & 0 & c_m\\ c_i & b_i & c_j & b_j & c_m & b_m\end{bmatrix}\begin{Bmatrix}u_i\\ \omega_i\\ u_j\\ \omega_j\\ u_m\\ \omega_m\end{Bmatrix}$$

$$=[B]\{\delta\}^{e}=[B_i\ B_j\ B_m]\{\delta\}^{e} \tag{6-18}$$

式中　$[B]$——应变矩阵

$$[B_i]=\frac{1}{2\Delta}\begin{bmatrix}b_i & 0\\ f_i & 0\\ 0 & c_i\\ c_i & b_i\end{bmatrix},\ f_i=\frac{a_i}{r}+b_i+\frac{c_iz}{r}$$

由此可知，单元中应变分量 ε_r、ε_z 和 γ_{rz} 都是常量，只有环向应变为非常量。

单元应力分量的增量可表示为

$$d\{\sigma\}=[\boldsymbol{D}]d\{\varepsilon\}=[\boldsymbol{D}][\boldsymbol{B}]d\{\delta\}^{e} \tag{6-19}$$

单元应力

$$\{\sigma\}=[\boldsymbol{D}][\boldsymbol{B}]\{\delta\}^{e} \tag{6-20}$$

式中　$[\boldsymbol{D}]$——单元材料的本构关系。

利用虚功原理得单元刚度矩阵

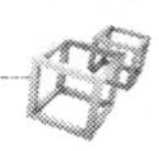

$$[\boldsymbol{K}] = 2\pi\iint[\boldsymbol{B}]^{\mathrm{T}}[\boldsymbol{D}][\boldsymbol{B}]r\mathrm{d}r\mathrm{d}z \tag{6-21}$$

从而形成总刚度矩阵

$$\{R\} = [\boldsymbol{K}]\{\delta\} \tag{6-22}$$

为了能分析钢管混凝土作为一种组合整体的一次受压全过程曲线，计算中以纵向位移控制，采用位移增量法，也即按照平截面假设逐渐增加 z 方向的位移，由此获得各单元的应力与位移增量，得到在外荷载作用下外力与变形关系的全过程曲线。

6.3.2 方钢管混凝土

1. 钢材的本构关系

方钢管的钢材本构关系与圆钢管一致。

2. 混凝土的三向本构关系

核心混凝土的应力（σ_c）-应变（ε_c）关系模型如下

$$\sigma_c = \begin{cases} \sigma_0\left[A\dfrac{\varepsilon_c}{\varepsilon_0} - B\left(\dfrac{\varepsilon_c}{\varepsilon_0}\right)^2\right] & (\varepsilon_c \leqslant \varepsilon_0) \\ \sigma_0\left(\dfrac{\varepsilon_c}{\varepsilon_0}\right)\dfrac{1}{\beta\left(\dfrac{\varepsilon_c}{\varepsilon_0}-1\right)^{\eta}+\dfrac{\varepsilon_c}{\varepsilon_0}} & (\varepsilon_c > \varepsilon_0) \end{cases} \tag{6-23}$$

其中

$$\sigma_0 = f_{ck}\left[1.194 + 0.25\left(\frac{13}{f_{ck}}\right)^{0.45}(-0.07845\xi^2 + 0.5789\xi)\right]$$

$$\varepsilon_0 = \varepsilon_{cc} + 0.95\left[1400 + 800\left(\frac{f_{ck}-20}{20}\right)\right]\xi^{0.2}\ (\mu\varepsilon)$$

$$\varepsilon_{cc} = 1300 + 14.93 f_{ck}\ (\mu\varepsilon)$$

$$A = 2.0 - k,\ B = 1.0 - k,\ k = 0.1\xi^{0.745}$$

$$\eta = 1.60 + 1.5\varepsilon_0/\varepsilon_c$$

$$\beta = \begin{cases} 0.75\dfrac{1}{\sqrt{1+\xi}}f_{ck}^{0.1} & (\xi \leqslant 3.0) \\ 0.75\dfrac{1}{\sqrt{1+\xi(\xi-2)^2}}f_{ck}^{0.1} & (\xi > 3.0) \end{cases}$$

3. 方钢管混凝土轴心受压时 N-ε 全过程关系曲线

为了准确地研究钢管混凝土的轴心受压力学性能，所选择的构件必须恰当：过长的试件将出现弯曲变形，试验测得的抗力不能代表真实抗压强度；试件过短，端部效应的影响不能忽略。根据大量试验研究结果分析，方钢管混凝土建议取标准试件的长宽比 L/B 为 3.0。

利用数值分析法，可计算出钢管混凝土轴心受压构件的荷载一变形曲线，计算时采用如下假设：

（1）钢和混凝土之间无滑移；

（2）钢材的应力 - 应变关系按图 6 - 8 确定；

（3）混凝土的应力 - 应变关系按式（6 - 23）确定。

方钢管混凝土在受力过程中应符合如下条件：

内外力平衡条件
$$N = N_s + N_c \tag{6-24}$$

纵向变形协调条件
$$\Delta_{sl} = \Delta_{cl} \tag{6-25}$$

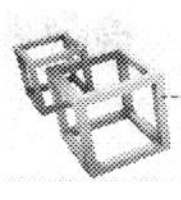

计算时，先给定一个纵向应变增量 $d\varepsilon_{l}$，可求得本步应变值 $\varepsilon_{l,i+1}=\varepsilon_{l}+d\varepsilon_{l}$（$\varepsilon_{l}$为前一步应变值），由钢材和混凝土的应力 - 应变关系可求得对应的纵向应力 $\sigma_{sl,l+1}$和 $\sigma_{cl,l+1}$，根据钢材和混凝土的应力计算内力 N_s和 N_c，由此得 N 值。这样就可得 N 和 ε 的一组值，依次类推，可得到方钢管混凝土轴心受压时的 N - ε 关系曲线。

6.4 钢管混凝土轴心受拉时的 N - ε 全过程曲线

钢管混凝土轴心受拉时，由于混凝土的抗拉强度较低，很快就开裂，因此不能承受纵向拉力。钢管在纵向受拉时，径向将缩小，但由于受到内部混凝土的阻碍，因而处于纵向受拉、径向受压而环向受拉的三向应力状态。同理，可忽略相对较小的径向压力，则为纵向和环向双向受拉应力状态。混凝土则处于径向和环向双向受压应力状态。

6.4.1 圆钢管混凝土

6.4.1.1 实心圆钢管混凝土

1. 钢材双向同号应力场的本构关系

忽略相对较小的径向应力，钢管属于双向受拉的应力状态，钢材的应力与应变 σ_i - ε_i关系曲线仍如图 6 - 8 所示。由于是双向同号应力场，纵向应力 σ_3和环向应力 σ_1的关系如图 6 - 12 中第一象限所示。它的特点是：钢管混凝土开始受拉时，因有紧箍力的存在，立即产生环向拉应力 σ_1，沿 Oab 到 b 点，a 点相当于钢管应力达比例极限，b 点对应于钢管屈服，这时纵向应力高于单向应力时的屈服点，随即进入屈服阶段，到 c 点后进入强化阶段，直至 d 点二次塑流。分析证明，钢材在双向同号拉应力场时，屈服点比单向应力状态时最大可提高 15%。钢材的应力强度和应变强度本构关系的数学表达式与轴心受压构件的一致。

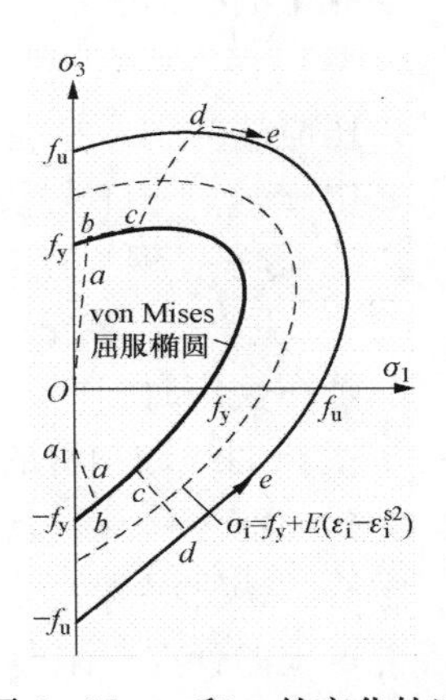

图 6 - 12 σ_1和 σ_3的变化轨迹

2. 核心混凝土双向受压时的本构关系

采用了刘、尼尔森和史拉特（T. C. Y. Liu，A. H. Nlison，F. O. Slate）等给出的混凝土应力一应变关系（数学函数表达式）

$$\sigma_c=\frac{\varepsilon_c E_c}{(1-\mu_c)\left[1+\left(\frac{1}{1-\mu_c}\frac{E_c}{E_0}-2\right)\left(\frac{\varepsilon_c}{\varepsilon_0}\right)+\left(\frac{\varepsilon_c}{\varepsilon_0}\right)^2\right]} \tag{6 - 26}$$

$$E_0=\sigma_0/\varepsilon_0$$

$$E_c=\frac{9.8\times10^4}{2.2+\dfrac{32.362}{f_{cu}}} \tag{6 - 27}$$

式中 E_0——峰值点的割线模量；

σ_0和 ε_0——混凝土的峰值应力和应变；

E_c——混凝土单轴受压时的弹性模量。

混凝土的泊松比 μ_c 按下列公式计算

$$\mu_c=0.173\quad(\sigma_c/\sigma_0\leqslant0.4) \tag{6 - 28a}$$

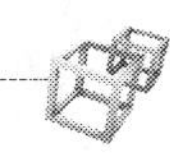

$$\mu_c = 0.173 + 0.7036(\sigma_c/\sigma_0 - 0.4)^{1.5} \quad (\sigma_c/\sigma_0 > 0.4) \tag{6-28b}$$

3. 圆钢管混凝土轴心受拉时 N-ε 全过程曲线

同样采用合成法，在轴心拉力作用下，应满足平衡条件和径向变形协调条件。

（1）外力平衡条件

$N=N_s+N_c$，但 $N_c=0$，拉力全部由钢管承受，钢管的纵向应力为

$$\sigma_0 = N/A_s = N/[\pi(r_0^2 - r_{co}{}^2)] \tag{6-29}$$

式中 r_0——钢管外半径；

r_{co}——混凝土外半径，即钢管内半径。

（2）径向变形协调条件

$$\Delta_{sr} = \Delta_{cr} \tag{6-30}$$

钢管的径向变形

$$\Delta_{sr} = -\left(r_{co} + \frac{t}{2}\right)\varepsilon_1\mu_s + \frac{t}{2}\varepsilon_2 \tag{6-31a}$$

混凝土的径向变形

$$\Delta_{cr} = r_{co}\varepsilon'_2 \tag{6-31b}$$

以压应变为正，拉应变为负。

式中 t——钢管厚度；

ε_2——钢管径向应变；

ε_2'——混凝土的径向应变。

与轴心受压时相同，根据钢管为弹性和弹塑性阶段等进行迭代求解，计算得到的 N-ε（σ-ε）关系曲线和钢材的应力与应变（σ_i-ε_i）关系类似。

6.4.1.2 空心圆钢管混凝土

空心圆钢管混凝土轴心受拉时，钢管在产生纵向拉伸应变的同时，径向将发生收缩，但由于混凝土的存在，阻碍了钢管的径向变形。因此，轴心拉力一旦作用，钢管就处于纵向和环向受拉而径向受压的三向应力状态，直到破坏。

核心混凝土由于抗拉强度很低，轴心拉力不大时，就产生很多横向微裂缝，因而它只起约束钢管横向变形的作用，核心混凝土只有环向和径向压应力，且为非均匀分布，径向压应力由外壁到内壁逐渐降为零，即核心混凝土由外壁的双向受压变化到内壁的单向受压。内壁工作最不利，破坏由内壁开始，破坏过程与轴心受压时的情况类似。

空心圆钢管混凝土轴心受拉时，钢材和核心混凝土的本构关系与轴心受压的空心圆钢管混凝土一致。用有限元法求解钢管混凝土轴心受拉时的 N-ε 全过程曲线。这也是轴对称问题，取三角形整圆环单元，转化为平面问题求解，插值函数只在 r、z 方向进行插值。

在轴心拉力作用下，由于核心混凝土产生很多横向微裂缝，钢管与混凝土之间发生了 z 方向的相对滑移，截面不再保持为平面。因此，在采用有限元法计算时，在钢管与混凝土之间必须设连接单元。如图 6-13 所示为单元划分示意图，图中 C 部分为混凝土单元，A 部分为钢单元，在钢管与混凝土之间的单元（B 部分）为连接单元。所谓连接单元是一种假想的、不占空间（尺寸为零）的单元，它由两根相互垂直的弹簧组成，在节点处将混凝土单元与钢单元联系起来。

连接单元的应变是指 i 和 j 节点分别在 r、z 方向位移的差额，量纲是长度，如图 6-14

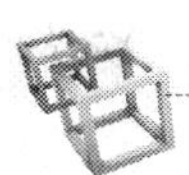

所示。连接单元的应变和结点位移间的关系可表示为

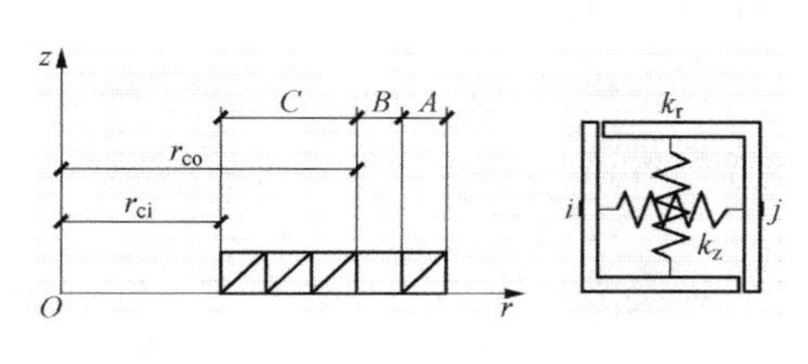

图 6 - 13　单元划分

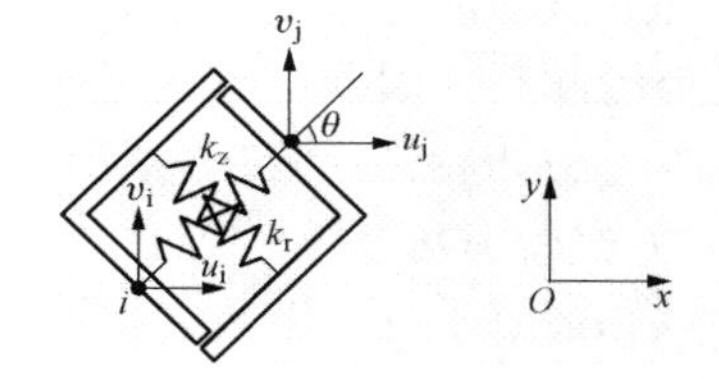

图 6 - 14　连接单元节点力与节点位移

$$\{\varepsilon\}=\begin{Bmatrix}\varepsilon_r\\ \varepsilon_z\end{Bmatrix}=\begin{bmatrix}-\cos\theta & -\sin\theta & \cos\theta & \sin\theta\\ \sin\theta & -\cos\theta & -\sin\theta & \cos\theta\end{bmatrix}\begin{Bmatrix}u_i\\ v_i\\ u_j\\ v_j\end{Bmatrix}$$

$$=[\boldsymbol{B}_{cn}]\{\delta\}^e \tag{6-32}$$

$$[\boldsymbol{B}_{cn}]=\begin{bmatrix}-\cos\theta & -\sin\theta & \cos\theta & \sin\theta\\ \sin\theta & -\cos\theta & -\sin\theta & \cos\theta\end{bmatrix} \tag{6-33}$$

称 $[\boldsymbol{B}_{cn}]$ 为应变矩阵。

由应力 - 应变关系得应力矩阵

$$\{\sigma\}=\begin{Bmatrix}\sigma_i\\ \sigma_z\end{Bmatrix}=[\boldsymbol{D}_{cn}]\{\varepsilon\}=[\boldsymbol{D}_{cn}][\boldsymbol{B}_{cn}]\{\delta\}^e \tag{6-34}$$

$$[\boldsymbol{D}_{cn}]=\begin{bmatrix}\boldsymbol{K}_r & 0\\ 0 & K_z\end{bmatrix} \tag{6-35}$$

式中　$[\boldsymbol{D}_{cn}]$ ——弹簧刚度矩阵；

$\boldsymbol{K}_r$、$\boldsymbol{K}_z$——r、z 方向的弹簧刚度。

与其他单元形成总体刚度矩阵的方法一样，可得出连接单元节点力和节点位移之间的关系式

$$\{F\}^e=[\boldsymbol{D}]\{\delta\}^e \tag{6-36}$$

$$[\boldsymbol{K}]=[\boldsymbol{B}_{cn}]^T[\boldsymbol{D}_{cn}][\boldsymbol{B}_{cn}]$$

式中　$\{F\}^e$——节点力列阵；

$\{\delta\}^e$——节点位移列阵；

$[\boldsymbol{K}]$ ——单元刚度矩阵。

采用连接单元模拟钢管与混凝土间的相互作用，关键在于决定弹簧刚度。

钢管混凝土在轴心拉力作用下，从受荷一开始，钢管的横向变形就受到核心混凝土的约束处于双向受拉的应力状态，产生相互作用的紧箍力。由于此紧箍力不大，可近似地认为连接单元在 r 方向无应变，即 i 节点与 j 节点的 r 方向位移相等。i 节点与 j 节点在 z 方向上有滑移产生。为了满足上述要求，令 $K_r=K_z=0$，并附加上述两个边界条件，才可保证钢与混凝土既不分离，也不互相侵入，并在 z 方向相对滑动。同理，运用已获得的钢与混凝土的本构关系进行有限元分析，可得空心圆钢管混凝土在轴心受拉下的 N-ε 全过程曲线，如图 6 - 15 所示。全过程曲

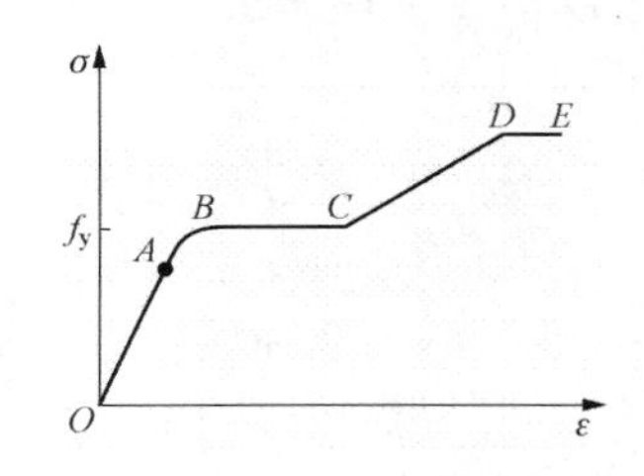

图 6 - 15　空心圆钢管混凝土轴心受拉时的应力 - 应变全过程曲线

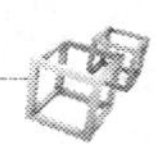

线与钢材受拉时的曲线相同，只是屈服点和抗拉强度因双向受拉有所提高。

受拉构件的核心混凝土处于双向受压状态，内壁则处于单向受压，因而构件破坏总是始于内壁混凝土的卸载。因此，当混凝土很薄时，由于钢管环向应力的增长将导致内衬混凝土的破坏，混凝土破坏后，钢管环向应力立即消失，构件的变形呈空钢管本身的性能。

6.4.2 方钢管混凝土

实心方钢管混凝土轴心受拉时钢材和混凝土本构关系与实心圆钢管混凝土轴心受拉构件一致。

通过计算可得实心方钢管混凝土轴心受拉时的关系曲线，在轴心拉力作用下，应满足内外力平衡条件和径向变形协调条件。

内外力平衡条件 $N = N_s + N_c, N_c = 0$

径向变形协调条件 $\Delta_{sr} = \Delta_{cr}$

实心方钢管混凝土轴心受拉构件的 N-ε(σ-ε) 关系曲线和空钢管的 N-ε(σ-ε) 关系曲线类似，但高于空钢管曲线，这主要是由于方钢管混凝土轴心受拉时，核心混凝土可承担较少部分纵向拉力；同时，由于核心混凝土的支撑作用，钢管的径向收缩得到延缓，使得钢管材料性能得到更充分地发挥。

影响方钢管混凝土受拉工作性能的因素有钢材屈服强度和含钢率。随着钢材屈服强度的增加，钢管混凝土抗拉强度也增加，但钢材屈服强度的变化对 N-ε 关系曲线的弹性刚度影响不大；随着含钢率的增大，关系曲线的弹性刚度有所增大，且抗拉强度也有所提高。

核心混凝土强度对 N-ε 关系曲线影响很小，其原因为钢管混凝土受轴心拉力时，核心混凝土处于纵向受拉、环向和径向受压的三向应力场。由混凝土两向应力强度包络图可知，当其他方向存在压应力时，此方向的抗拉强度会减小，由于混凝土本身的抗拉强度很小，加之侧向压力使其进一步减小，因此核心混凝土强度的变化对钢管混凝土抗拉强度的影响很小。

6.5 钢管混凝土受剪时的工作性能

6.5.1 圆钢管混凝土

1. 实心圆钢管混凝土

实心圆钢管混凝土受剪的钢材本构关系同 6.3 节，而混凝土则用内时理论得到的本构关系。

内时理论是把混凝土受力时产生的应变分为弹性应变和非弹性应变两部分，并用增量表示，经推导，最后得

$$\{d\sigma_{ij} + d\sigma''_{ij}\} = [D]\{d\varepsilon_{ij}\} \tag{6-37}$$

式中 $d\sigma_{ij}$——弹性应力增量；

$d\varepsilon_{ij}$——应变增量；

$d\sigma''_{ij}$——非弹性应力增量；

$[D]$ ——切线刚度矩阵。

按照钢管混凝土受扭矩 T 作用下，采用有限元法计算受扭构件的扭矩 T 和扭转角 θ 之间的全过程关系曲线。因构件受纯扭矩作用时，截面产生纯剪应力 τ，可得到最大剪应力

$\tau = T/W_{sc}^{T}$和最大剪应变γ的关系。

（1）单元划分。实心圆钢管混凝土构件是以z轴为对称轴的对称结构，在扭矩作用下，受力为反对称而结构为轴对称，只能引起反对称位移。因而，可只在构件的r、z平面内划分单元，沿坐标θ方向的位移只与r和z坐标有关，位移可只在r和z平面内进行插值。这就变成了平面有限元问题，简化了计算。

（2）有限元分析。采用下列基本假设：

1）钢管和混凝土变形协调，总扭转角相等；

2）构件保持平截面，扭转变形过程中不发生翘曲。

取节点位移为基本未知量

$$\{\delta\}^{e} = [\upsilon_i, \upsilon_j, \upsilon_m]^{T} \tag{6-38}$$

式中　υ_k——节点沿环向（θ方向）的位移，（$k=i$，j，m）。

取位移模式为

$$\upsilon = a_1 + a_2 r + a_3 z \tag{6-39}$$

式中　a_k——待定常数，$k=1$，2，3。

由此得节点位移

$$\{f\} = [\boldsymbol{N}]\{\delta\}^{e} \tag{6-40}$$

式中　$[\boldsymbol{N}]$——形函数矩阵，$[\boldsymbol{N}] = [N_i, N_j, N_m]$。

由几何方程

$$\{\varepsilon\} = [\boldsymbol{B}]\{\delta\}^{e} \tag{6-41}$$

式中　$[\boldsymbol{B}]$——应变矩阵。

单元应力分量的增量可表示为

$$\mathrm{d}\{\sigma\} = [\boldsymbol{B}][\boldsymbol{B}]\mathrm{d}\{\delta\}^{e} \tag{6-42}$$

利用虚功原理，经整理可得荷载和位移的增量表达式

$$\Delta\{R\}^{e} = [\boldsymbol{k}]\Delta\{\delta\}^{e} \tag{6-43}$$

其中　$[\boldsymbol{k}] = \iiint_{\upsilon} [\boldsymbol{B}]^{T}[\boldsymbol{D}][\boldsymbol{B}]\, r\mathrm{d}r\mathrm{d}\theta\mathrm{d}z$为单元切线刚度矩阵，由此可形成总刚度矩阵。为了便于求解，采用增量初应力法求解非线性方程，即位移增量$\Delta\{\delta\}$所应满足的平衡方程为

$$[\boldsymbol{K}]\Delta\{\delta\} = \Delta\{R\} + \{\overline{\boldsymbol{R}}(\Delta\{\varepsilon\})\} \tag{6-44}$$

其中　$[\boldsymbol{K}] = \iiint_{\upsilon} [\boldsymbol{B}]^{T}[\boldsymbol{D}][\boldsymbol{B}]\,\mathrm{d}\upsilon$，即由（6-42）中的单元刚度矩阵通过集装形成的线弹性计算中的刚度矩阵，而

$$\{\overline{R}(\Delta\{\varepsilon\})\} = \int [\boldsymbol{B}]^{T}\Delta\{\sigma_0\}\mathrm{d}\upsilon \tag{6-45}$$

这是由初应力$\Delta\{\sigma_0\}$转化而得到的等效节点力，它取决于应变增量$\Delta\{\varepsilon\}$，而$\Delta\{\varepsilon\}$本身又是一个特定的量，因而对于每个荷载增量，必须通过迭代求出位移增量和应变增量。

设第n级荷载增量的迭代公式为

$$[\boldsymbol{K}]\Delta\{\delta\}_n^{j} = \Delta\{R\}_n + \{\overline{R}\}_n^{j-1}, (j = 0,1,2,\cdots) \tag{6-46}$$

一般情况下，如已求得应变增量的第$j-1$次近似值$\Delta\{\delta\}_n^{j-1}$，就可根据当时的应力水平，由式（6-44）求出初应力的第$j-1$次近似值$\Delta\{\sigma_0\}_n^{j-1}$，然后由式（6-45）算出相应的等效节点力$\{\overline{R}\}_n^{j-1}$，再次求解式（6-46），如此进行迭代，迭代过程一直进行到相邻二次迭代所决定的应变增量相差甚小时为止。把这时的位移增量、应变增量和应力增量作为这次

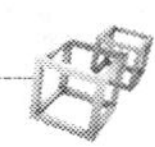

荷载增量的结果迭加到当时的位移、应变和应力上去，即

$$\{\delta\}_n=\{\delta\}_{n-1}+\Delta\{\delta\}_n \quad (6-47a)$$

$$\{\varepsilon\}_n=\{\varepsilon\}_{n-1}+\Delta\{\varepsilon\}_n \quad (6-47b)$$

$$\{\sigma\}_n=\{\sigma\}_{n-1}+\Delta\{\sigma\}_n \quad (6-47c)$$

在此基础上再进行下一步加载，直至加到全部荷载为止，即得到 T-θ（$\overline{\tau}$-γ）全过程关系曲线。

（3）全过程曲线。图 6-16 示为 $\overline{\tau}$-γ 的典型全过程曲线。其工作分三个阶段：

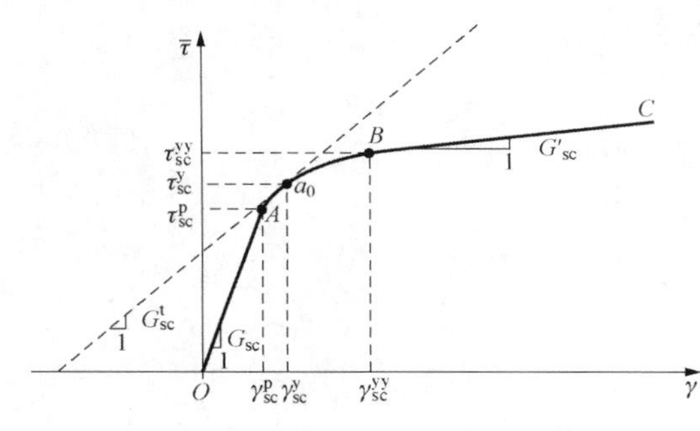

图 6-16　$\overline{\tau}$-γ 的典型全过程曲线

1）弹性阶段（OA）。这一阶段，应力不大，故无紧箍力，钢管和混凝土两者单独受力，A 点对应于钢材进入弹塑性阶段的起点，构件截面剪应力分布如图 6-17（a）所示。

2）弹塑性阶段（AB）。随着应力的增加，钢材首先进入弹塑性阶段，a_0 点相应于核心混凝土开始发展微裂缝，产生紧箍力，但其值不大。钢管和混凝土主要处于双向受剪应力状态，如图 6-17（d）所示。截面的剪应力分布如图 6-17（b）所示，B 点对应于钢材已屈服。

3）塑性强化阶段（BC）。钢管屈服后，核心混凝土虽已发展了微裂缝，但仍有效地约束钢管不发生局部凹陷，因而构件的抗扭承载力继续增长，表现出良好的塑性性能，且稍有强化。图 6-17（c）所示为塑性发展时的截面应力状态。

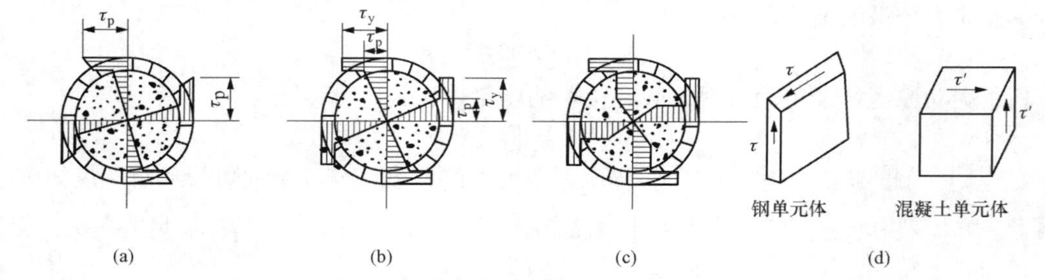

图 6-17　实心圆钢管混凝土纯扭构件截面应力分布示意图

2. 空心圆钢管混凝土

空心圆钢管混凝土构件受扭和受剪时的全过程关系曲线与实心圆钢管混凝土的类似。其工作分为弹性变形阶段、弹塑性变形阶段、极限破坏阶段。在弹性变形阶段中，钢管与混凝土一起协同工作；在弹塑性变形阶段，混凝土将出现微裂缝，并逐步退出受拉工作，而受压则以斜短棱柱体形式发挥作用，直到钢管表面达到屈服；在极限破坏阶段，随着钢材塑性变形的增大，混凝土最终达到其极限压应变，之后钢管将发生表面失稳，而导致屈曲，构件的塑性性能很好。截面上剪应力分布也与实心圆钢管混凝土类似，不同的只是中心部分无混凝土，剪应力的分布到空心处为零。因此，空心圆钢管混凝土构件的抗扭和受剪的剪切屈服强度为

标准值
$$f_{sc}^{ytk}=f_{sc}^{yvk}=f_{sc}^{yv}-0.2\xi\psi f_{ck} \quad (6-48)$$

设计值
$$f_{sc}^{tk}=f_{sc}^{vk}=f_{sc}^{v}-0.5\xi_0\psi f_c \quad (6-49)$$

式中　f_{sc}^{ytk}、f_{sc}^{yvk}——空心圆钢管混凝土抗扭和抗剪强度标准值；

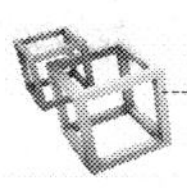

f_{sc}^{tk}、f_{sc}^{vk}——空心圆钢管混凝土抗扭和抗剪强度设计值；

f_{sc}^{yv}、f_{sc}^{v}——按实心圆钢管混凝土构件计算的组合抗剪强度标准值和设计值；

ξ、ξ_0——按空心圆钢管混凝土构件计算的套箍系数的标准值和设计值；

ψ——空心钢管混凝土构件的空心率；

计算时，混凝土的抗压强度标准值和设计值都应乘以1.1的提高系数。

由此得空心圆钢管混凝土构件的抗扭承载力：

标准抗扭承载力 $$T'^{k}_{0}=\gamma_T W_{sc}^{Tk} f_{sc}^{ytk} \tag{6-50}$$

设计抗扭承载力 $$T^{k}=\gamma_T W_{sc}^{Tk} f_{sc}^{tk} \tag{6-51}$$

空心圆钢管混凝土构件的抗剪承载力：

标准抗剪承载力 $$V'^{k}_{0}=\gamma_v A_{sc}^{k} f_{sc}^{yvk} \tag{6-52}$$

设计抗剪承载力 $$V^{k}=\gamma_v A_{sc}^{k} f_{sc}^{vk} \tag{6-53}$$

式中 W_{sc}^{Tk}——空心构件的截面抗扭模数，对于圆截面 $W_{sc}^{Tk}=\pi/2(r_0^3-r_{ci}^3)$，其中 r_0 和 r_{ci} 分别是钢管的外半径和混凝土的内半径；

γ_T——抗扭构件截面塑性发展系数，因内部空心，取 $\gamma_T=1$；

γ_v——抗剪构件截面塑性发展系数，因内部空心，取 $\gamma_v=0.85$。

6.5.2 方钢管混凝土

6.5.2.1 实心方钢管混凝土

实心方钢管混凝土受扭构件的钢材和核心混凝土与方钢管混凝土轴心受压时的应力一应变关系一致。

实心方钢管混凝土受扭构件荷载一变形全过程关系曲线。与实心圆钢管混凝土受扭关系曲线类似，同时两者规律一致，如图6-16所示。

图6-18给出了核心混凝土截面不同位置处的剪应力 τ_{xz} 的变化情况。可见在受力初期，剪应力增长较快。构件进入弹塑性阶段后，剪应力增长的幅度趋于平缓。对于实心圆钢管混凝土，受力过程中混凝土应力的分布规律始终随着与截面中心距离的增加而增加。对于实心方钢管混凝土，在受荷初始阶段，随着与截面中心距离的增加，混凝土的剪应力也增加；构件进入弹塑性阶段后，剪应力的分布规律则开始发生变化。

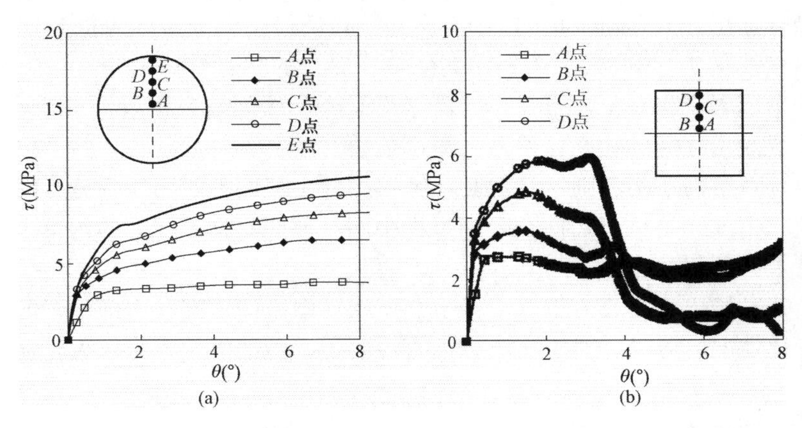

图6-18 核心混凝土不同位置处剪应力 τ_{xz}-θ 关系曲线

(a) 圆钢管混凝土；(b) 方钢管混凝土

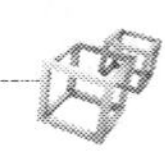

1. 受力特性分析

图 6-19 给出了扭矩作用下钢管混凝土试件及其钢管和核心混凝土的 T-θ 关系曲线。由此可知，在纯扭荷载作用下，钢管混凝土和钢管的关系曲线均没有出现下降段，核心混凝土的关系曲线也未出现下降段，钢管混凝土纯扭构件表现出良好的塑性性能。同时钢管对钢管混凝土的抗扭强度贡献较为显著。

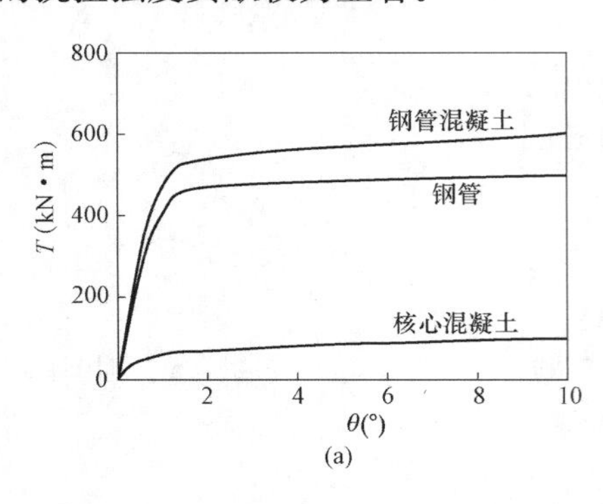

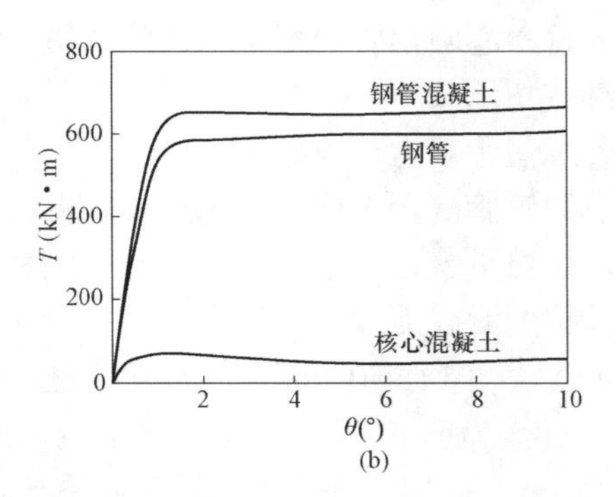

图 6-19 纯扭 T-θ 关系曲线

(a) 圆钢管混凝土；(b) 方钢管混凝土

钢管混凝土在纯扭状态下钢管的约束作用可延缓其核心混凝土的开裂。随着扭矩逐渐增大，开裂混凝土要转动就要绕柱轴沿螺旋破坏面螺旋式上升，但外包钢管的约束作用会在混凝土的破坏面间产生压应力，且这种压应力随着转角的增大而增大。另外，由于钢管内壁和核心混凝土之间的黏结，也可限制混凝土发生转动错位，延缓混凝土裂缝的扩展并防止发生突然的脆性破坏。此外，核心混凝土的存在可防止钢管发生内凹屈曲，使得钢材的力学特性得到较为充分的发挥。因此，钢管混凝土纯扭构件表现出良好的承载和抵抗变形的能力。

2. 相互作用分析

圆钢管混凝土纯扭构件的约束力在与横截面呈 45°角的方向上较大，而方钢管对其核心混凝土的约束力则主要集中在截面的角部区域。对于实心圆钢管混凝土试件中的核心混凝土，由于钢管与混凝土截面的黏结力及钢管的约束作用，混凝土的开裂得以缓解，但其开裂仍为拉裂，破坏面仍为 45°翘曲面。由于界面黏结力使得钢管势必约束混凝土不能发生转动错位，因此沿轴线呈 45°翘曲面上产生比其他位置更大的相互作用力，这也解释了实心圆钢管混凝土构件中混凝土出现沿轴线 45°斜裂缝的原因。而实心方钢管混凝土在扭矩作用下，钢管直边处与混凝土之间的相互作用不如角部显著。

图 6-20 (a) 给出了实心圆钢管混凝土纯扭构件中截面沿圆周四等分点的约束力 p 在受力过程中的变化情况，可见，构件在受力过程中同一截面对称位置处的约束力基本相同，且曲线一直保持上升的趋势。

图 6-20 (b) 给出了实心方钢管混凝土纯扭构件中截面角部和中部位置的约束力 p 在受力过程中的变化情况。可见，对于实心方钢管混凝土，角部的约束力较大，在其他位置约束力则较小。

3. 荷载-变形关系的影响因素分析

影响钢管混凝土纯扭荷载-变形关系曲线的可能因素有钢材屈服强度 f_y、混凝土强度 f_{cu}和截面含钢率 α。通过算例分析可得：钢材的屈服强度 f_y对实心圆、方钢管混凝土的 T-

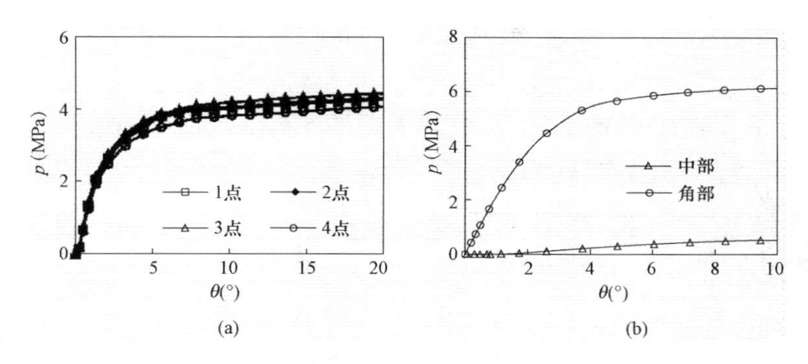

图 6－20　钢管混凝土纯扭构件 p-θ 关系曲线

(a) 圆钢管混凝土；(b) 方钢管混凝土

γ 曲线影响规律类似，且 f_y对曲线弹性阶段的刚度影响较小，但随着 f_y的提高，构件的抗扭强度增大（见图 6－21）；混凝土强度 f_{cu}对实心圆、方钢管混凝土的 T-γ 曲线影响规律类似，f_{cu}对钢管混凝土抗扭强度影响不大，但两者曲线弹性阶段的刚度均随 f_{cu}的提高而略有提高（见图 6－22）；含钢率 α 对实心圆、方钢管混凝土的 T-γ 曲线影响规律类似，且随着 α 的增大，关系曲线弹性阶段的刚度增大，构件的抗扭强度承载力也增大（见图 6－23）。

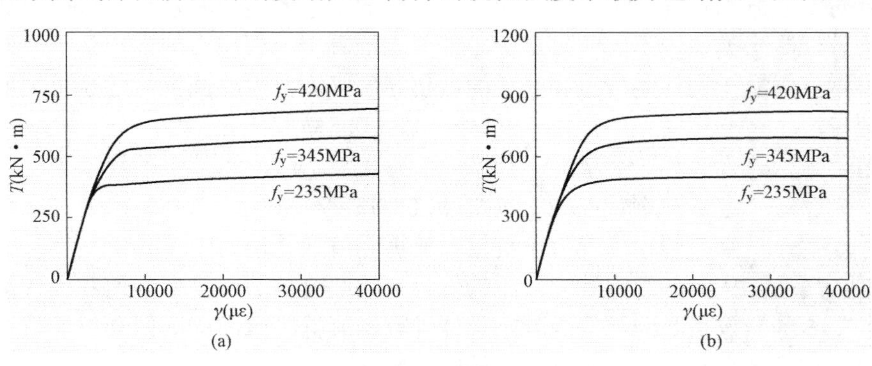

图 6－21　钢材屈服强度的影响

(a) 圆钢管混凝土；(b) 方钢管混凝土

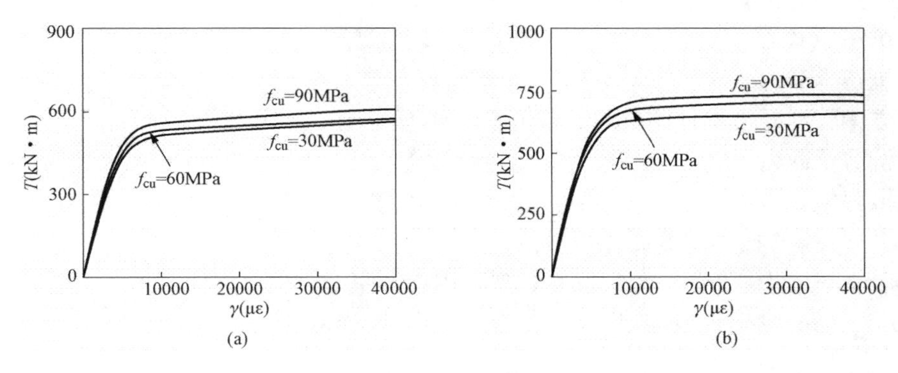

图 6－22　混凝土强度的影响

(a) 圆钢管混凝土；(b) 方钢管混凝土

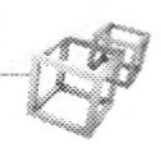

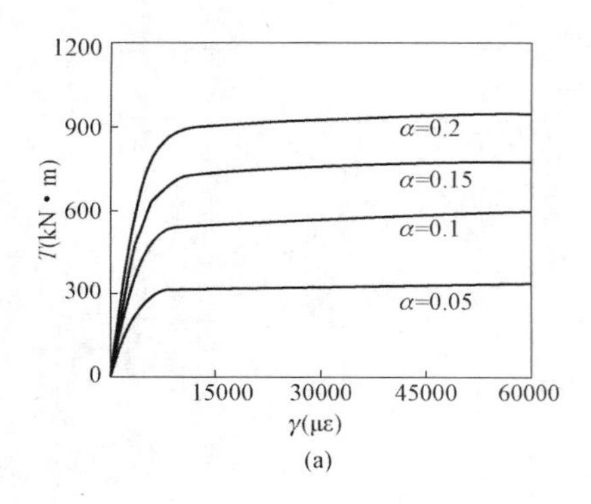

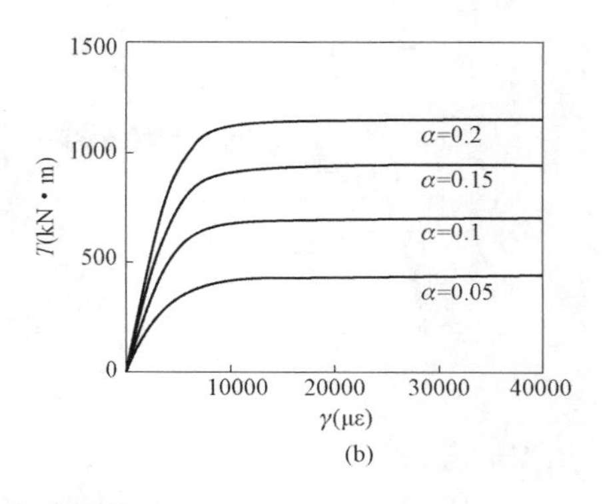

图 6-23　含钢率的影响

(a) 圆钢管混凝土；(b) 方钢管混凝土

综上可知，钢材屈服强度、混凝土强度和截面含钢率等参数只会影响钢管混凝土纯扭构件 T-γ 关系曲线的数值，不会显著影响曲线的基本形状。在常用的参数范围内，钢管混凝土纯扭构件 T-γ 关系曲线不会出现下降段。

6.5.2.2　空心方钢管混凝土

目前针对空心方钢管混凝土构件受扭和受剪时的工作性能研究较少。截面上剪应力分布与实心方钢管混凝土类似，不同的只是中心部分无混凝土，剪应力的分布到空心处为零。因此，空心方钢管混凝土构件的抗扭和受剪的剪切屈服强度与空心圆钢管混凝土类似。

标准值　$$f_{sc}^{ytk} = f_{sc}^{yvk} = f_{sc}^{yv} - 0.5\xi\psi f_{ck} \tag{6-54}$$

设计值　$$f_{sc}^{tk} = f_{sc}^{vk} = f_{sc}^{v} - 0.5\xi_0\psi f_c \tag{6-55}$$

式中　f_{sc}^{ytk}、f_{sc}^{yvk}——空心圆钢管混凝土抗扭和抗剪强度标准值；

f_{sc}^{tk}、f_{sc}^{vk}——空心圆钢管混凝土抗扭和抗剪强度设计值；

f_{sc}^{yv}、f_{sc}^{v}——按实心圆钢管混凝土构件计算的组合抗剪强度标准值和设计值；

ξ、ξ_0——按空心圆钢管混凝土构件计算的套箍系数的标准值和设计值；

ψ——空心圆钢管混凝土构件的空心率；

计算时，混凝土的抗压强度标准值和设计值都应乘以 1.1 的提高系数。

由此得空心方钢管混凝土构件的抗扭承载力：

标准抗扭承载力　$$T'^{k}_{0} = \gamma_T W_{sc}^{Tk} f_{sc}^{ytk} \tag{6-56}$$

设计抗扭承载力　$$T^{k} = \gamma_T W_{sc}^{Tk} f_{sc}^{tk} \tag{6-57}$$

空心方钢管混凝土构件的抗剪承载力：

标准抗剪承载力　$$V'^{k}_{0} = \gamma_v A_{sc}^{k} f_{sc}^{yvk} \tag{6-58}$$

设计抗剪承载力　$$V^{k} = \gamma_v A_{sc}^{k} f_{sc}^{vk} \tag{6-59}$$

式中　W_{sc}^{Tk}——空心构件的截面抗扭模数；

γ_T——抗扭构件截面塑性发展系数，因内部空心，取 $\gamma_T=1$；

γ_v——抗剪构件截面塑性发展系数，因内部空心，取 $\gamma_v=0.85$。

6.6　钢管混凝土的组合设计指标（统一理论）

“钢管混凝土统一理论”指出，钢管混凝土构件的工作性能，随着材料的物理参数、构

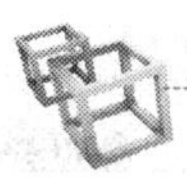

件的几何参数和截面形式，以及应力状态的改变而改变，变化是连续的、相关的，计算是统一的。概括而言，钢管混凝土构件的工作性能具有统一性、连续性和相关性。

统一理论的具体内容是，把钢管混凝土视为统一的一种组合材料，用构件的整体几何特性和钢管混凝土的组合性能指标，来计算构件的各项承载力，不再区分钢管和混凝土。

钢管混凝土的组合性能指标按下列步骤获得：

（1）导出钢材和混凝土在多轴应力状态下准确的本构关系的全过程数学表达式。

（2）用合成法或有限元法计算钢管混凝土在轴向力和扭矩作用下的荷载一变形（平均应力一应变）全过程关系曲线。

（3）根据全过程曲线和承载力极限状态的定义，确定极限准则，定出组合设计指标。

由于所用材料的本构关系中包括了钢管和核心混凝土间相互作用的紧箍效应，确定的组合设计指标中也就包含了这种紧箍效应。

6.6.1　组合抗压强度标准值 f_{sc}^{y}

根据钢管混凝土轴心受压时的全过程分析，可知钢管混凝土轴心受压性能属于塑性破坏，因而以弹塑性阶段终了和强化（或塑性）阶段开始的交界点 b 为其强度设计标准，如图 6 - 9 所示。按照《建筑结构可靠度设计统一标准》（GB 50068—2001）的规定，对于塑性破坏的结构或构件，应以出现不适于继续承载的变形为承载力极限。b 点对应的纵向应变都在 $3000\mu\varepsilon$ 左右，因此，以纵向应变为 $3000\mu\varepsilon$ 对应的平均应力作为组合抗压强度标准值 f_{sc}^{y}，也可称其为组合屈服点。由此得

$$f_{sc}^{y}=(1.212+B\xi+C\xi^{2})f_{ck} \tag{6-60}$$

式中　ξ——套箍系数标准值，$\xi=\alpha f_{y}/f_{ck}$；

α——构件截面含钢率，$\alpha=A_{s}/A_{c}$；

f_{ck}——混凝土轴心抗压强度标准值；

f_{y}——钢材的屈服强度；

B、C——截面形状对套箍效应的影响系数，按表 6 - 1 取值。

表 6 - 1　　截面形状对套箍效应的影响系数取值表

截面形式		B	C
实心	圆形和正十六边形	$0.176f/213+0.974$	$-0.104f_{c}/14.4+0.031$
	正八边形	$0.140f/213+0.778$	$-0.070f_{c}/14.4+0.026$
	正方形	$0.131f/213+0.723$	$-0.070f_{c}/14.4+0.026$
空心	圆形和正十六边形	$0.106f/213+0.584$	$-0.037f_{c}/14.4+0.011$
	正八边形	$0.056f/213+0.311$	$-0.011f_{c}/14.4+0.004$
	正方形	$0.039f/213+0.217$	$-0.006f_{c}/14.4+0.002$

注　矩形截面应换算成等效正方形截面进行计算，等效正方形的边长为矩形截面的长短边边长的乘积的平方根。

6.6.2　组合抗压强度设计值 f_{sc}

分别引入钢材和混凝土的材料分项系数后，得组合强度设计值

$$f_{sc}=(1.212+B\xi_{0}+C\xi_{0}^{2})f_{c} \tag{6-61}$$

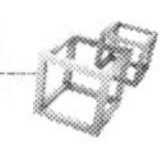

式中　ξ_0——套箍系数设计值，$\xi_0=\alpha f/f_c$；

f——钢材抗压强度设计值；

f_c——混凝土抗压强度设计值。

6.6.3　组合轴心受压模量和组合轴心受压强度

组合轴心受压弹性模量按下式计算，即

$$E_{sc}=f_{sc}^{p}/\varepsilon_{sc}^{p} \tag{6-62}$$

$$f_{sc}^{p}=(0.192f_y/235+0.488)f_{sc}^{y} \tag{6-63}$$

$$\varepsilon_{sc}^{p}=0.67f_y/E_s \tag{6-64}$$

式中　f_{sc}^{p}——轴心受压组合比例极限；

ε_{sc}^{p}——轴心受压组合比例极限对应的应变值。

在弹塑性阶段，假定切线模量按二次抛物线变化，得

$$E_{sc}^{t}=\frac{(A_1f_{sc}^{y}-B_1\bar{\sigma})\bar{\sigma}}{(f_{sc}^{y}-f_{sc}^{p})f_{sc}^{p}}E_{sc} \tag{6-65}$$

$$A_1=1-\frac{E'_{sc}}{E_{sc}}\left(\frac{f_{sc}^{p}}{f_{sc}^{y}}\right)^2,B_1=1-\frac{E'_{sc}}{E_{sc}}\left(\frac{f_{sc}^{p}}{f_{sc}^{y}}\right) \tag{6-66}$$

$$E'_{sc}=5000\alpha+550\quad(\xi\geqslant0.96) \tag{6-67a}$$

$$E'_{sc}=400\xi-150\quad(\xi<0.96) \tag{6-67b}$$

式中　$\bar{\sigma}$——平均应力，$\bar{\sigma}=N/A_{sc}$；

E'_{sc}——组合强化模量。

组合轴心受压刚度采用考虑紧箍效应而使核心混凝土弹性模量提高的组合轴心受压弹性模量 E_{sc}，因此，钢管混凝土轴心受压构件的组合弹性轴心受压刚度为 $E_{sc}A_{sc}$。

6.6.4　组合抗剪强度标准值 f_{sc}^{yv} 和设计值 f_{sc}^{v}

以 $\gamma=3500\mu\varepsilon$ 时的剪应力为钢管混凝土组合剪切屈服点，因此，组合抗剪强度标准值按下式计算，即

$$f_{sc}^{yv}=(0.385+0.25\alpha^{1.5})\xi^{0.125}f_{sc}^{y} \tag{6-68}$$

引入材料分项系数，得组合抗剪强度设计值

$$f_{sc}^{v}=(0.385+0.25\alpha^{1.5})\xi^{0.125}f_{sc} \tag{6-69}$$

6.6.5　组合剪切模量 G_{sc}

组合剪切模量按下式计算

$$G_{sc}=f_{sc}^{pv}/\gamma^{p} \tag{6-70}$$

$$f_{sc}^{pv}=\{[0.149(f_y/235)+0.322]-[0.842(f_y/235)^2-1.755(f_y/235)+0.933]\alpha^{0.933}\}(20/f_{ck})^{0.032}f_{sc}^{yv} \tag{6-71}$$

$$\gamma^{p}=0.595f_y/E_s+0.07(f_{ck}-20)/E_s \tag{6-72}$$

式中　f_{sc}^{pv}——剪切比例极限；

γ^{p}——剪切比例应变。

在弹塑性阶段，剪切模量按抛物线变化

$$G_{sc}^{t}=\frac{A_1f_{sc}^{yy}-B_1\bar{\tau}}{(f_{sc}^{yy}-f_{sc}^{pv})f_{sc}^{pv}}G_{sc} \tag{6-73}$$

$$A_1=1-\frac{G'_{sc}}{G_{sc}}\left(\frac{f_{sc}^{pv}}{f_{sc}^{yy}}\right)^2,\ B_1=1-\frac{G'_{sc}}{G_{sc}}\left(\frac{f_{sc}^{pv}}{f_{sc}^{yy}}\right)$$

$$f_{sc}^{pv} = (-0.5265\xi + 2.137\sqrt{\xi}) f_{sc}^{yy} \tag{6-74}$$

$$G'_{sc} = 2210\alpha + 375 \quad (\xi \geqslant 0.96) \tag{6-75a}$$

$$G'_{sc} = 150\xi - 60 \quad (\xi < 0.96) \tag{6-75b}$$

式中　f_{sc}^{yy}——强化极限；

　　G'_{sc}——组合剪切强化模量。

6.7　混凝土徐变和收缩对钢管混凝土性能的影响

6.7.1　核心混凝土徐变的影响

在荷载不变的条件下，随着持荷时间的增加，混凝土变形逐渐增长的现象称为徐变。

影响混凝土产生徐变的因素很复杂，如混凝土的组成成分、水泥品种、骨料种类和粒径、水灰比、密实度、试件尺寸、环境温度和湿度、龄期、持荷应力大小及持荷时间等，总之，影响因素多而复杂。

人们研究主要集中于单向受压混凝土，对三向受压混凝土徐变性能的研究不多。多轴心受压应力下混凝土的徐变，在低应力和单向受压时的情况类似；但在高应力时，特别是侧压力较大时，由于混凝土弹性工作范围的扩大，使徐变的某些性质有所改变。同时由于徐变的横向效应，即受力方向发生徐变时，非受力方向变形的变化，而使在多轴心受压应力作用下混凝土的徐变量小于单轴心受压应力状态下的徐变量。

1. *核心混凝土徐变对钢管混凝土轴心受压强度的影响*

钢管中的混凝土采用的是干硬性的，又与外界隔绝，养护时都不浇水。因此，常温下影响核心混凝土产生徐变的因素除含水率外，主要是核心混凝土弹性模量的高低、持荷应力级别和含钢率的大小三个方面。在多轴心受压应力受力状态下，钢管混凝土的徐变早期发展很快，一年后徐变几乎停止，徐变量比单向受压混凝土小得多。当含钢率 α＝0.05～0.20时，管内核心混凝土的徐变量约为单向受压混凝土徐变量的74%（见图6-24）。由于混凝土徐变的横向效应，环向徐变也随着时间而增加，因此在徐变计算中，可忽略紧箍力变化的影响（见图6-25）。随着含钢率的提高，钢管混凝土的徐变量减小，当钢管进入弹塑性工作阶段后，含钢率的影响减小（见图6-26）；徐变量随持荷大小的增减而增加（见图6-27）；徐变对钢管混凝土的轴心受压强度无影响，且与持荷的大小无关（见图6-27）。

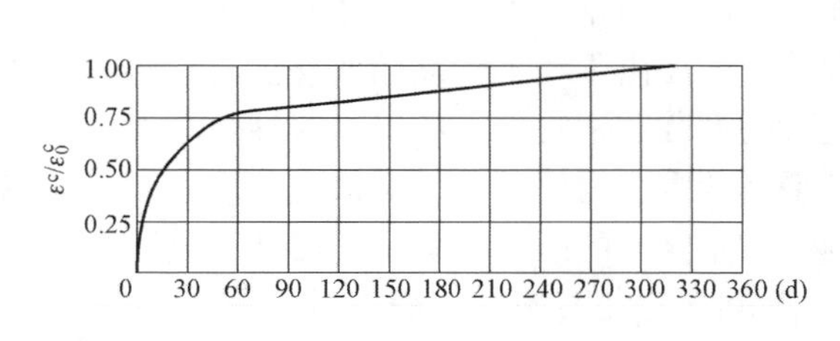

图6-24　管内混凝土徐变的发展

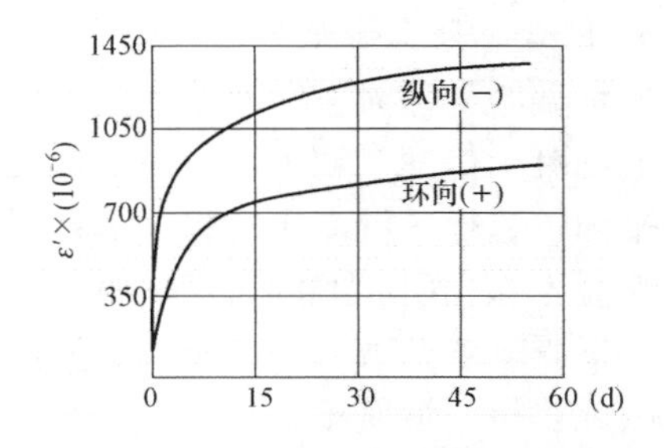

图6-25　纵向和环向徐变的变化

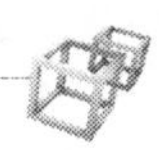

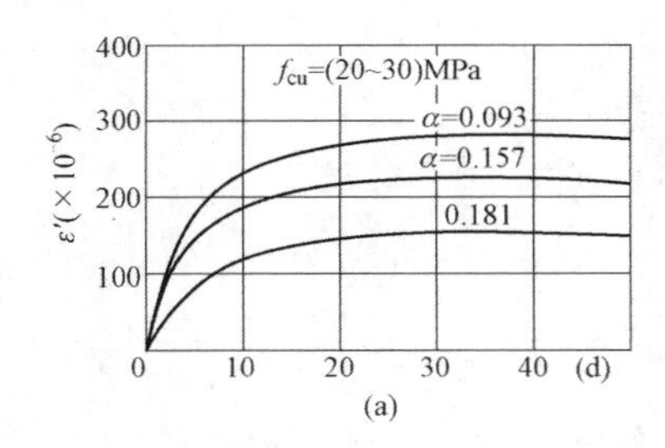

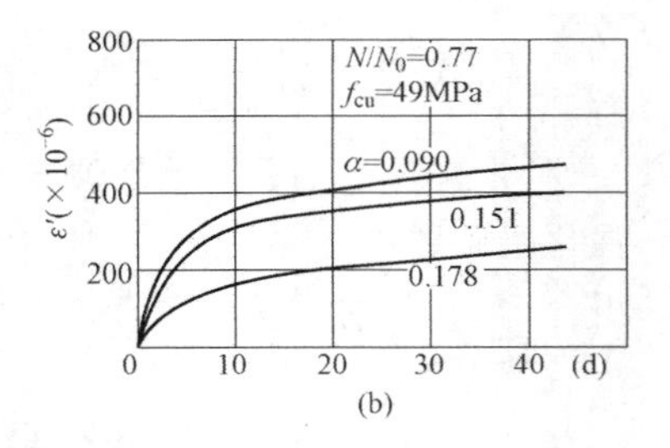

图 6-26　徐变与含钢率的关系

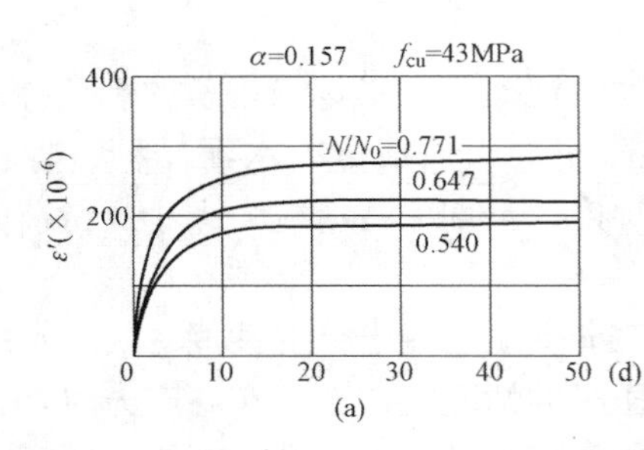

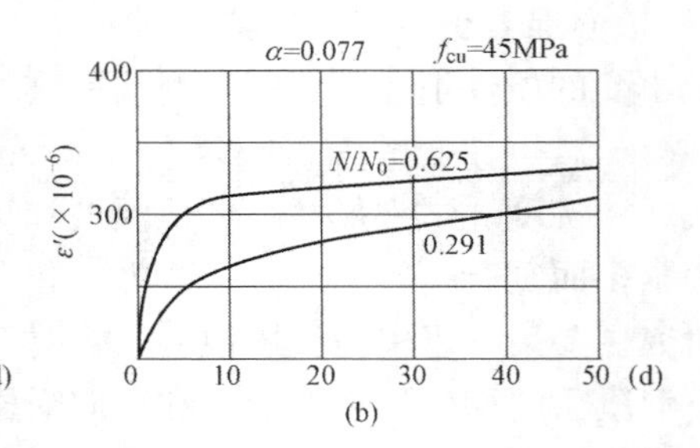

图 6-27　徐变和持荷大小的关系

2. 核心混凝土徐变对钢管混凝土轴心受压和偏压构件稳定的影响

混凝土徐变会导致构件变形的增加，从而影响长期荷载作用下构件的稳定承载力，在实用计算时，可按以下方法考虑：轴心受压构件、$e/r_0>0.3$ 的偏心受压构件（r_0是钢管的外半径）可不考虑徐变对承载力的影响。对 $e/r_0\leqslant0.3$ 的偏心受压构件，当构件长细比 $\lambda\leqslant50$ 和 $\lambda\geqslant120$ 时，可不考虑徐变的影响；其他情况下需引入徐变影响系数 K_c，将构件承载力乘以 K_c进行修正，见表 6-2。

表 6-2　　**徐变影响系数 K_c**

构件长细比 λ	永久荷载引起的轴向力占全部轴向力的比例		
	30%	50%	70%
$50<\lambda\leqslant70$	0.90	0.85	0.80
$70<\lambda\leqslant120$	0.85	0.80	0.75

3. 核心混凝土徐变对偏压构件强度的影响

构件偏心受压时，沿核心混凝土截面上的压应力是非均布的。随着时间的变化，应力较高处的混凝土徐变量较大，应力较低处则较小。但由于和钢管黏结成整体，可认为截面始终保持平面。这样，混凝土的徐变引起混凝土的卸载和钢管的加载皆为线性分布。

混凝土徐变引起的内力变化属于自相平衡的内应力体系。考虑徐变的横向效应在轴心受压时并不影响紧箍力，则对于偏心受压构件对紧箍力的影响将更小，可认为紧箍力不发生变化。因此，核心混凝土的徐变，仅仅使钢管较早地发展塑性，而混凝土的塑性发展则稍后延，最终并不影响构件的强度承载力。

6.7.2　核心混凝土收缩的影响

混凝土的收缩一般包括两部分：一部分是水泥水化后体积缩小引起的化学收缩；另外一

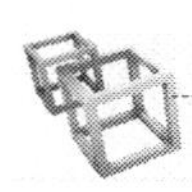

部分是失水引起的胶体体积改变的失水收缩。在一般条件和保水条件下，混凝土的纵向和径向极限收缩值分别为（50～55）$\times10^{-5}$和10×10^{-5}。对于钢管混凝土构件中的混凝土，由于混凝土的纵向收缩受到钢管壁的阻碍，结果在截面中产生收缩应力，钢管中为压力，混凝土中为拉力，两者相互平衡。为了简化分析工作，可认为应变变化为直线，其分布如图6-28（a）所示，其中ε_1为混凝土表面的实测应变，ε_{01}是混凝土中心的实测应变。图6-28（b）所示为由于混凝土的径向收缩而产生的反向紧箍力。

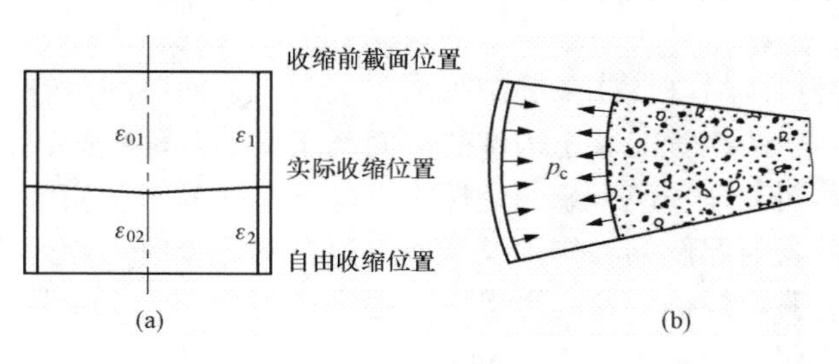

图6-28 混凝土的收缩

钢管混凝土构件中混凝土的收缩分为两种情况。第一，浇筑混凝土后立即封闭，多余水分无法挥发，混凝土处于密闭状态下养护，混凝土由于水泥水化作用而产生的收缩是缓慢发生的，持续时间可达1～2年之久；第二，浇筑混凝土后，隔一定时间再封闭，接近于在空气中养护的条件。

对于第一种情况，可认为混凝土的收缩是在构件承受荷载作用下发生的，因而由于混凝土的收缩而产生的内力重分布现象和徐变的效果相同。

对于第二种情况，构件在未承受荷载作用前混凝土发生纵向收缩，此收缩量相当大，以致使混凝土产生横向裂缝，因而并不引起纵向收缩应力。这样的钢管混凝土构件在开始承受荷载阶段，荷载完全由钢管承受，在钢管的受压纵向应变等于混凝土收缩时的拉伸应变后，横向裂缝被压而闭合，混凝土才参与受力。混凝土纵向收缩对构件的强度承载力并无影响。第二种情况中还有混凝土的径向收缩。当此收缩不引起环向纵裂缝时，则钢管和混凝土之间将产生一个反紧箍力$-p_c$，这种情况，收缩和徐变一样。当收缩引起环向纵裂缝时，p_c立即消失，对承载力无影响。

关于管内混凝土收缩问题，可得以下结论：

（1）钢管混凝土构件中混凝土的养护条件接近于一般自然条件时，其极限收缩应变值为（550～580）$\times10^{-6}$。如果浇筑管内混凝土后立即焊接密封，则接近于保水条件，极限收缩应变值不超过250×10^{-6}。

（2）浇筑混凝土后立即封闭钢管，使管内混凝土密闭养护，这时由于混凝土的纵向和径向收缩将产生收缩附加应力。随着含钢率的增大，混凝土收缩引起的σ_{1s}、σ_{3c}和σ_{1c}值都增加，而σ_{3s}则降低。混凝土强度提高时，将使σ_{3s}、σ_{1s}、σ_{3c}和σ_{1c}值都提高。角标中1为环向，3为纵向。

（3）浇筑混凝土后不封闭钢管，这种情况接近自然养护。这种情况在常用的含钢率和混凝土强度等级条件下，收缩引起混凝土的纵向拉伸应变，其值都超过混凝土的极限拉伸应变，产生横向裂缝，纵向收缩应力即消失，对构件承载力无影响。

（4）与徐变类似，因收缩应力属于自相平衡的内应力，不影响构件的强度承载力。

综上，混凝土的收缩一般通过施工解决，在设计时一般不考虑收缩的影响。对于混凝土的纵向收缩，建议浇灌混凝土后，敞口3～4天，待混凝土纵向收缩而形成下凹状态，用相同强度等级的水泥砂浆填平收缩区域，再封闭钢管；也可结合设计施工情况，适当添加膨胀剂。

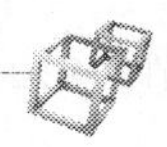

6.8 单管钢管混凝土轴心受压构件的稳定

根据“统一理论”的定义，把钢管混凝土视为一种组合材料的统一体，因而可按单一的材料用组合性能来确定其临界应力。下面以圆钢管混凝土轴心受压构件为研究对象。

圆钢管混凝土构件的截面属于双轴对称截面，在轴心压力的作用下，只可能产生弯曲屈曲而破坏，但理想的受压构件是不存在的。在实际工程中，构件常常带有微小的初始弯曲，荷载的偶然偏心作用及截面上存在着焊接应力，这些都影响着构件的稳定承载力，但经分析表明，焊接钢管的焊接应力很小，可忽略不计。因此仿照钢结构的处理方法，按照 具有初始偏心距 $e_0=l/1000$ 的微小偏心受压构件来确定构件的临界应力 σ_{cr}^0，得钢管混凝土轴心受压构件承载力的计算公式

$$\sigma = N/A_{sc} \leqslant \sigma_{cr}^0 f_{sc}^y / f_{sc}^y = \varphi f_{sc}^y \tag{6-76}$$

得

$$N \leqslant \varphi A_{sc} f_{sc}^y \tag{6-77}$$

其中稳定系数 φ 可参照《钢结构设计标准》(GB 50017—2017）求得。对于实心和空心钢管混凝土构件，其稳定系数的统一计算公式为

$$\varphi = \frac{1}{2\bar{\lambda}_{sc}^2}\left\{\bar{\lambda}_{sc}^2 + (1+\varepsilon_{sc}) - \sqrt{[\bar{\lambda}_{sc}^2 + (1+\varepsilon_{sc})]^2 - 4\bar{\lambda}_{sc}^2}\right\} \tag{6-78}$$

$$\bar{\lambda}_{sc} = \frac{\lambda_{sc}}{\pi}\sqrt{\frac{f_{sc}}{E_{sc}}},\ \lambda_{sc} = \frac{L_0}{i_{sc}},\ i_{sc} = \sqrt{\frac{I_{sc}}{A_{sc}}}$$

式中 $\bar{\lambda}_{sc}$——正则长细比；

E_{sc}——钢管混凝土弹性模量；

L_0——钢管混凝土构件的计算长度；

i_{sc}——回转半径。

为了避免用分段函数来计算稳定系数，假设钢管混凝土构件的等效初始偏心率为

$$\varepsilon_{sc} = K\bar{\lambda}_{sc} \tag{6-79}$$

式中 K——等效初始偏心率系数，用来综合考虑不同含钢率和形状对稳定系数的影响，经分析计算，最后给出钢管混凝土构件的等效初始偏心率系数为 $K=0.25$。

最后得到钢管混凝土构件的稳定系数计算公式为

$$\varphi = \frac{1}{2\bar{\lambda}_{sc}^2}\left\{\bar{\lambda}_{sc}^2 + (1+0.25\bar{\lambda}_{sc}) - \sqrt{[\bar{\lambda}_{sc}^2 + (1+0.25\bar{\lambda}_{sc})]^2 - 4\bar{\lambda}_{sc}^2}\right\} \tag{6-80}$$

虽然通过式（6-80）可计算得出钢管混凝土轴心受压构件的稳定系数，但需根据钢管混凝土构件的强度 f_{sc}和钢管混凝土弹性模量 E_{sc}计算$\bar{\lambda}_{sc}$。f_{sc}和 E_{sc}的计算并不方便，故采用钢结构的处理方法，转换为按照钢材的强度和弹性模量来查稳定系数，因为钢材的这些值是确定的，因此需要进一步进行等效处理，即

$$E_{sc} = f_{sc}^p/\varepsilon_{sc}^p = \frac{(0.192f_y/235 + 0.448)f_{sc}^y}{0.67f_y/E_s} = k_E f_{sc}^y \tag{6-81}$$

由长细比定义

$$\bar{\lambda}_{sc} = \frac{\lambda_{sc}}{\pi}\sqrt{\frac{f_{sc}^y}{E_{sc}}} = \frac{\lambda_{sc}}{\pi}\sqrt{\frac{1}{k_E}} \approx 0.01(0.001f_y + 0.781)\lambda_{sc} \tag{6-82}$$

由此，轴心受压构件的稳定系数由 $\lambda_{sc}(0.001f_y+0.781)$ 查得，轴心受压构件稳定系数列入表 6-3 中。

表 6-3　轴心受压构件的稳定系数

$\lambda_{sc}(0.001f_y+0.781)$	φ	$\lambda_{sc}(0.001f_y+0.781)$	φ
0	1.000	130	0.440
10	0.975	140	0.394
20	0.951	150	0.353
30	0.924	160	0.318
40	0.896	170	0.287
50	0.863	180	0.260
60	0.824	190	0.236
70	0.779	200	0.216
80	0.728	210	0.198
90	0.670	220	0.181
100	0.610	230	0.167
110	0.549	240	0.155
120	0.492	250	0.143

6.9　格构式圆钢管混凝土轴心受压构件的稳定

钢管混凝土宜用作轴心受压或小偏心受压构件。对长度较大的轴心受压构件，或荷载偏心较大的压弯构件，为了能充分发挥钢管混凝土抗压性能好的特点及节约材料，应采用格构式截面，把弯矩转化为轴向力。

钢管混凝土格构式柱通常用于荷载或跨度较大的单层或多层工业厂房中，或者用作各种设备构架柱、支架、栈桥及送变电杆塔等。目前实际工程中的钢管混凝土格构式柱的柱肢多采用圆钢管混凝土。

图 6-29 为常用的格构式截面，主要有双肢、三肢和四肢等几种形式。格构式构件由柱肢和缀材组成，穿过柱肢的轴为实轴，如图 6-29（a）中的 x 轴。穿过缀材平面的轴为虚轴，如图 6-29（a）中的 y 轴。图 6-29（b）、(c) 中的 x 轴和 y 轴均为虚轴。

钢管混凝土格构式柱中的柱肢通过缀材连接，缀材分缀板和缀条，又称平腹杆和斜腹杆，可形成平腹杆格构式柱和斜腹杆格构式柱，如图 6-30 所示。采用平腹杆格构式柱时，平腹杆应与柱肢刚接并组成多层框架体系，各杆的零弯矩点都在杆件的中点。采用斜腹杆格构式柱时，其腹杆由斜杆组成，也可由斜杆和横杆组成，认为腹杆与柱肢铰接，组成桁架体系。

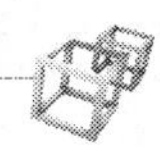

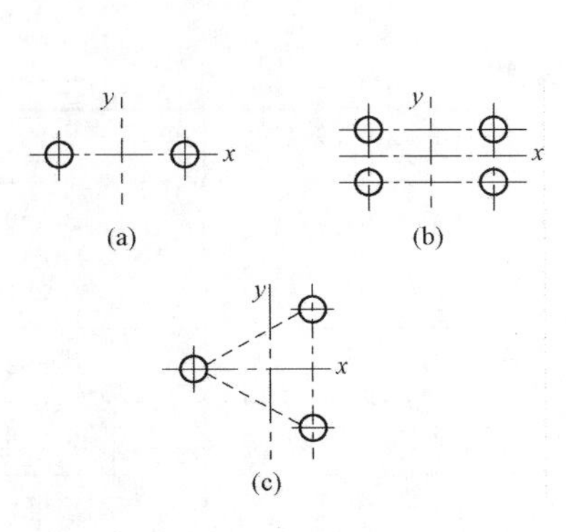

图 6-29 格构式截面

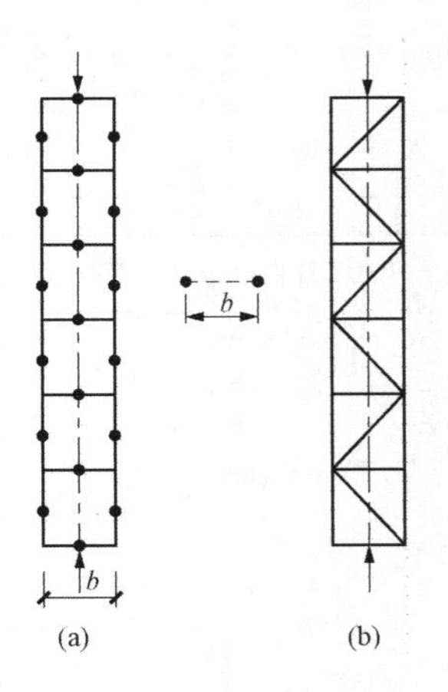

图 6-30 缀材体系

(a) 平腹杆（缀板）；(b) 斜腹杆（缀条）

钢管混凝土单肢柱在轴心受压过程中产生的横向剪力及由此产生的附加变形通常均很小，可忽略不计。格构式轴心受压杆绕实轴发生弯曲失稳时的情况和钢管混凝土单肢柱的情况类似。但是当绕虚轴发生弯曲失稳时，因为剪力要由比较柔弱的空钢管腹杆承担，剪切变形较大，导致构件产生较大的附加变形，它引起的构件临界力的降低不容忽视。尤其是对采用平腹杆的钢管混凝土格构式柱，由于平腹杆的刚度远小于柱肢刚度，这种缀材剪切变形的影响更加显著。

因此，确定格构式轴心受压构件的临界力时，应计入缀材变形的影响。由弹性稳定理论可知，临界力为

$$N_{cr}=\frac{\pi^2(EI)_{sc}}{l_y^2\left[1+\gamma_1\frac{\pi^2(EI)_{sc}}{l_y^2}\right]}=\frac{\pi^2(EI)_{sc}}{(\mu l_y)^2} \tag{6-83}$$

临界应力为

$$\sigma_{cr}=\frac{N_{cr}}{A_{sc}}=\frac{\pi^2E_{sc}}{\mu\lambda_y^2}=\frac{\pi^2E_{sc}}{\lambda_{oy}^2} \tag{6-84}$$

换算长细比为

$$\lambda_{oy}=\mu\lambda_y \tag{6-85}$$

换算长度系数

$$\mu=\sqrt{1+\gamma_1\frac{\pi^2(EI)_{sc}}{l_y^2}} \tag{6-86}$$

式中 $(EI)_{sc}$——格构式柱截面的总抗弯刚度；

γ_1——格构式体系的单位剪切角；

λ_y——格构式截面对 y 轴（虚轴）的长细比。

由此可知，格构式柱对虚轴的临界应力取决于换算长细比，即取决于体系的单位剪切角。

6.9.1 双肢平腹杆柱

双肢平腹杆柱达到临界状态时，按多层框架考虑，零弯矩点位于柱肢各节间的中点和平腹杆的中点，取节间单元，如图 6-31 所示。

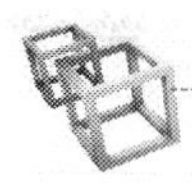

在单位剪力$V=1$的作用下，柱肢产生的剪切角包括两部分：一部分是柱肢在剪力1/2的作用下产生的转角γ_{01}；另一部分是平腹杆弯曲引起的转角γ_{02}，如图6-31所示。由图6-31可知

$$\delta_1=\frac{1}{3E_{sc}I_{sc}}\left(\frac{1}{2}\right)\left(\frac{l_1}{2}\right)^3=\frac{l_1^3}{48E_{sc}I_{sc}}$$

$$\gamma_{01}=\arctan\frac{\delta_1}{(l_1/2)}\approx\frac{2\delta_1}{l_1}=\frac{l_1^2}{24E_{sc}I_{sc}}$$

$$\delta_2=\frac{1}{3E_sI_1}(T)\left(\frac{b}{2}\right)^3=\frac{1}{3E_sI_1}\left(\frac{l_1}{b}\right)\left(\frac{b}{2}\right)^3=\frac{l_1b^2}{24E_sI_1}$$

$$\gamma_{02}\cong\frac{\delta_2}{b/2}=\frac{l_1b}{12E_sI_1}$$

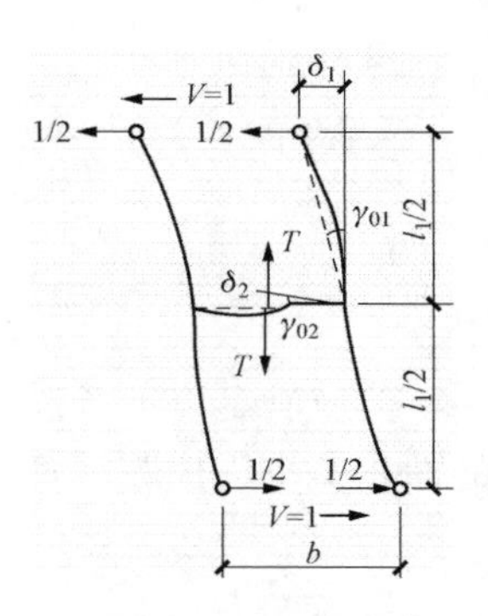

图6-31　双肢平腹杆柱

得单位剪力作用时的剪切角（即单位剪切角）

$$\gamma_1=\gamma_{01}+\gamma_{02}=\frac{l_1^2}{24E_{sc}I_{sc}}+\frac{l_1b}{12E_sI_1}\tag{6-87}$$

式中　$E_{sc}I_{sc}$——一根钢管混凝土柱肢的组合刚度；

E_sI_1——一根空钢管横腹杆的刚度。

将式（6-87）代入式（6-86），得

$$\mu=\sqrt{1+\frac{\pi^2(EI)_{sc}}{l_y^2}\left(\frac{l_1^2}{24E_{sc}I_{sc}}+\frac{l_1b}{12E_sI_1}\right)}$$

$$=\sqrt{1+\frac{\pi^2(EA)_{sc}}{\lambda_y^2}\left(\frac{\lambda_1^2}{24E_{sc}A_{sc}}+\frac{l_1\lambda_0^2}{12E_sA_1b}\right)}\tag{6-88}$$

$$\lambda_1=l_1/(r_0/2)$$

$$\lambda_0=b/\sqrt{I_1/A_1}$$

式中　λ_1——钢管混凝土单肢长细比；

r_0——钢管外半径；

λ_0——平腹杆空钢管长细比；

I_1、A_1——一根横腹杆的惯性矩和截面面积。

一般双肢柱的两肢截面相等，故

$$(EA)_{sc}=2E_{sc}A_{sc}$$

$$\mu=\sqrt{1+\frac{\pi^2 2E_{sc}A_{sc}}{\lambda_y^2}\left(\frac{\lambda_1^2}{24E_{sc}A_{sc}}+\frac{l_1\lambda_0^2}{12E_sA_1b}\right)}$$

$$=\sqrt{1+\frac{\pi^2}{\lambda_y^2}\left(\frac{\lambda_1^2}{12}+\frac{\lambda_0^2l_1E_{sc}A_{sc}}{6E_sA_1b}\right)}$$

换算长细比为

$$\lambda_{oy}=\mu\lambda_y=\sqrt{\lambda_y^2+\pi^2\left(\frac{\lambda_1^2}{12}+\frac{\lambda_0^2l_1E_{sc}A_{sc}}{6E_sA_1b}\right)}\tag{6-89}$$

式中根号内的第二项是平腹杆剪切变形的影响。$E_{sc}A_{sc}=E_sA_s+E_cA_c=(1+1/\alpha n)E_sA_s$，其中，$n=E_s/E_c$，$\alpha=A_s/A_c$，一般可取$1+1/\alpha n=2.5$；$l_1/b=4$，$A_s/A_1=4$，且$\lambda_0=0.5\lambda_1$；则式（6-89）中第二项可简化为

$$\frac{\lambda_0^2l_1E_{sc}A_{sc}}{6E_sA_1b}=\frac{\lambda_0^2l_1 2.5E_sA_s}{6E_sA_1b}=\frac{40\lambda_0^2}{6}=\frac{10\lambda_1^2}{6}=1.67\lambda_1^2$$

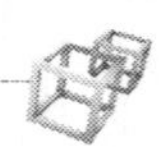

则

$$\lambda_{oy}=\sqrt{\lambda_y^2+\pi^2\left(\frac{\lambda_1^2}{12}+1.67\lambda_1^2\right)}=\sqrt{\lambda_y^2+17.3\lambda_1^2}$$

取

$$\lambda_{oy}=\sqrt{\lambda_y^2+17\lambda_1^2} \tag{6-90}$$

但应满足以下条件：①平腹杆间距 l_1 不大于两柱肢间距的 4 倍，即 $4b$；②平腹杆空钢管的面积不小于柱肢钢管面积的 1/4；③$\lambda_0<0.5\lambda_1$。

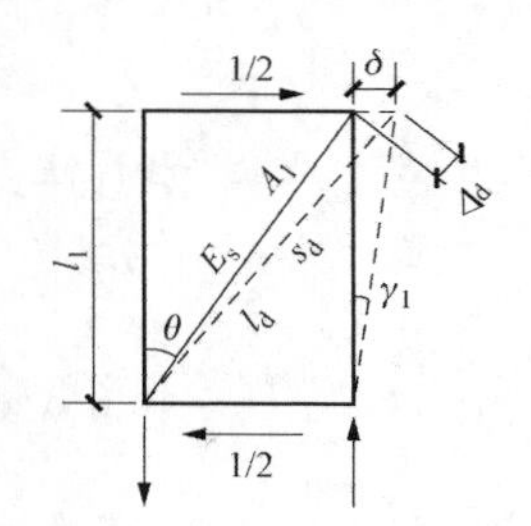

图 6-32　斜腹杆的变形

6.9.2　双（四）肢斜腹杆柱

在单位剪力作用下，斜腹杆（缀条）的受力和变形如图 6-32 所示。斜腹杆（缀条）的内力为

$$s_d=1/(2\sin\theta)$$

斜腹杆受拉伸长为

$$\Delta d=\frac{s_d l_d}{E_s A_1}=\frac{s_d l_1}{E_s A_1\cos\theta}=\frac{l_1}{2E_s A_1\cos\theta\sin\theta}$$

式中 A_1——一根斜腹杆空钢管的截面面积。

单位剪切角

$$\gamma_1\approx\delta/l_1=\frac{\Delta d}{l_1\sin\theta}=\frac{1}{2E_s A_1\cos\theta\sin^2\theta}$$

代入式（6-86）

$$\mu=\sqrt{1+\frac{\pi^2(EI)_{sc}}{l_y^2}\frac{1}{2E_s A_1\cos\theta\sin^2\theta}}$$

通常要求 $\theta=40°\sim60°$，可取 $\frac{\pi^2}{\cos\theta\sin^2\theta}=27$，则

$$\mu=\sqrt{1+\frac{(EI)_{sc}}{l_y^2}\frac{13.5}{E_s A_1}}=\sqrt{1+\frac{(EA)_{sc}}{\lambda_y^2}\frac{13.5}{E_s A_1}}$$

$$\lambda_{oy}=\mu\lambda_y=\sqrt{\lambda_y^2+13.5\frac{(EA)_{sc}}{E_s A_1}} \tag{6-91}$$

当双肢柱的两肢截面相同时，有 $(EA)_{sc}=2(E_s A_s+E_c A_c)=2E_s A_s(1+1/\alpha n)$；同理，取 $1+1/\alpha n=2.5$，则

$$\lambda_{oy}=\sqrt{\lambda_y^2+67.5\frac{A_s}{A_1}} \tag{6-92}$$

式中　A_s——一根钢管混凝土柱肢的钢管面积；

　　　A_1——一根斜腹杆空钢管的面积［式（6-93）中 A_1 取两根空钢管面积］。

对于四肢柱，且四肢截面相同时，有 $(EA)_{sc}=4(E_s A_s+E_c A_c)=4E_s A_s(1+1/\alpha n)$；同理，取 $1+1/\alpha n=2.5$，这时斜腹杆也应取两根空钢管面积，即

$$\lambda_{oy}=\sqrt{\lambda_y^2+67.5\frac{A_s}{A_1}} \tag{6-93}$$

四肢柱在 x 方向常采用斜腹杆体系，而在 y 方向则采用平腹杆体系。故平面外应按双肢平腹杆体系计算。这时，对虚轴 x 的换算长细比为

$$\lambda_{ox}=\sqrt{\lambda_x^2+17\lambda_1^2} \tag{6-94}$$

6.9.3　三肢斜腹杆柱

三肢柱都用于边列柱，它的平面外刚度较差，因而外肢（单管）必须和围护结构可靠地连接，以保证外单肢平面外的稳定。因而三肢柱应验算平面内的整体稳定及内双肢平面外的稳定（y方向，双肢平腹杆柱），以及内单肢的稳定。三肢斜腹杆柱的变形如图6-33所示。

下面推导x方向的换算长细比。

$V=1$时，两肢斜腹杆面各受剪力$1/(2\cos\theta_1)$，斜腹杆轴向力为

$$s_d = 1/(2\cos\theta_1 \sin\theta)$$

斜腹杆伸长为

$$\Delta d = \frac{s_d l_d}{E_s A_1} = \frac{l_1}{2E_s A_1 \cos\theta_1 \sin\theta\cos\theta}$$

腹杆面产生的位移为

$$\delta' = \frac{\Delta d}{\sin\theta} = \frac{l_1}{2E_s A_1 \cos\theta_1 \ \sin^2\theta\cos\theta}$$

两个腹杆面在$V=1$作用下，在V作用方向的合位移为

$$\delta = 2\delta'\cos\theta_1 = \frac{l_1}{E_s A_1 \ \sin^2\theta\cos\theta}$$

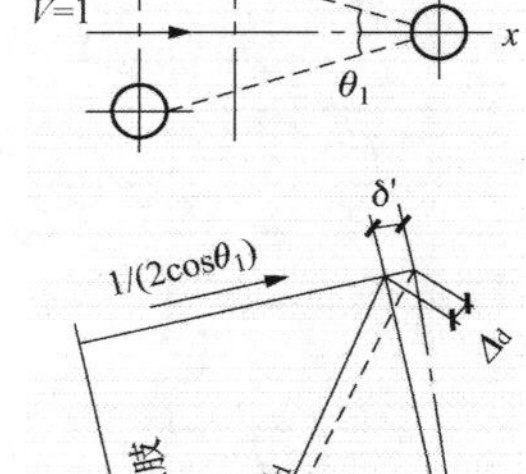

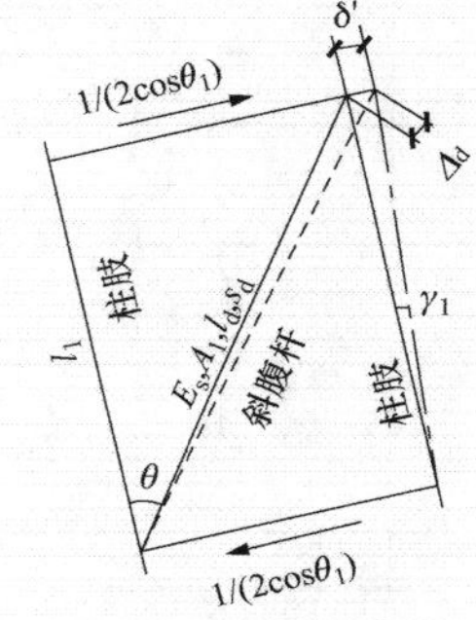

图6-33　三肢斜腹杆柱的变形

单位剪切角为

$$\gamma_1 \approx \delta/l_1 = \frac{1}{E_s A_1 \ \sin^2\theta\cos\theta}$$

$$\mu = \sqrt{1+\frac{\pi^2\ (EI)_{sc}}{l_y^2}\frac{1}{E_s A_1\ \sin^2\theta\cos\theta}}$$

$$= \sqrt{1+\frac{\pi^2\ (EI)_{sc}}{\lambda_y^2}\frac{1}{E_s A_1\ \sin^2\theta\cos\theta}}$$

同理取$\dfrac{\pi^2}{\cos\theta\cdot\sin^2\theta}=27$

$$\lambda_{0y} = \mu\lambda_y = \sqrt{\lambda_y^2 + 27\frac{(EA)_{sc}}{E_s A_1}} \tag{6-95}$$

当三肢钢管混凝土的钢管截面相同时，有

$$(EA)_{sc} = 3(E_s A_s + E_c A_c) = 3E_s A_s(1+1/\alpha n) = 7.5E_s A_s$$

则

$$\lambda_{0y} = \sqrt{\lambda_y^2 + 101.3\frac{A_s}{A_1}}，取\ \lambda_{0y} = \sqrt{\lambda_y^2 + 100\frac{A_s}{A_1}} \tag{6-96}$$

式中　A_s——一根钢管混凝土柱肢的钢管面积；

A_1——一根斜腹杆空钢管的面积［式（6-96）中应取两根空钢管面积］。

这里腹杆也取两根空钢管的面积。

以上导出的公式汇总列入表6-4中。

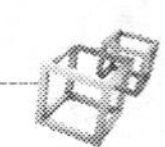

表 6-4　　换算长细比公式

项目	截面形式	腹杆类别	计算公式	符号意义
双肢柱	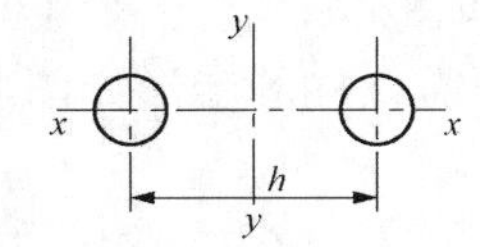	平腹杆	$\lambda_{0y}=\sqrt{\lambda_y^2+17\lambda_1^2}$	λ_x和λ_y是整个构件对x-x轴和y-y轴的长细比； λ_1是单肢一个节间的长细比； A_s是一个柱肢的钢管面积； A_w是一根腹杆空钢管的截面面积，因而式（6-93）和式（6-96）中的常数67.5和100应乘以2倍，得表中的公式
		斜腹杆	$\lambda_{0y}=\sqrt{\lambda_y^2+67.5\frac{A_s}{A_w}}$	
三肢柱	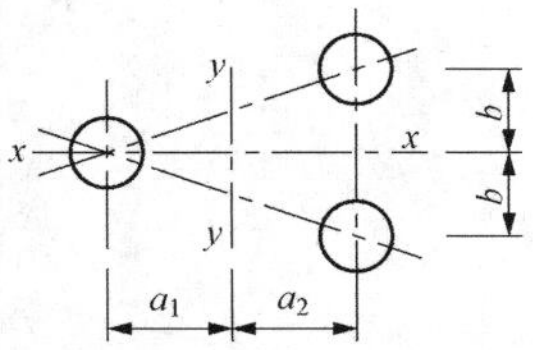	斜腹杆	$\lambda_{0y}=\sqrt{\lambda_y^2+200\frac{A_s}{A_w}}$	
四肢柱	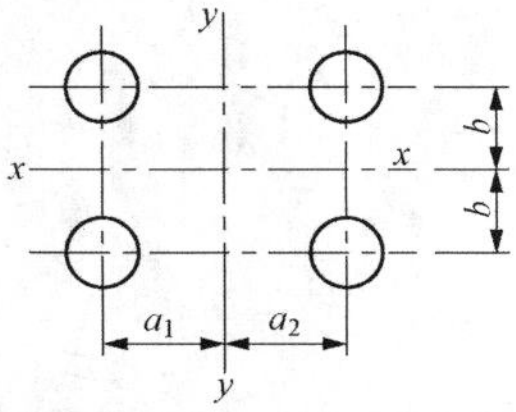	斜腹杆	$\lambda_{0y}=\sqrt{\lambda_y^2+135\frac{A_s}{A_w}}$ $\lambda_{0y}=\sqrt{\lambda_y^2+135\frac{A_s}{A_w}}$	

当四肢斜腹杆柱内外肢截面不相同时，按下式计算换算长细比

$$\lambda_{0x}=\sqrt{\lambda_x^2+13.5\frac{2.5\sum_1^4 A_{si}}{2A_1}} \tag{6-97}$$

$$\lambda_{0y}=\sqrt{\lambda_y^2+13.5\frac{2.5\sum_1^4 A_{si}}{2A_1}} \tag{6-98}$$

当双肢斜腹杆柱内外肢截面不相同时，按下式计算换算长细比

$$\lambda_{0y}=\sqrt{\lambda_y^2+13.5\frac{2.5\sum_1^2 A_{si}}{2A_1}} \tag{6-99}$$

当三肢柱内外肢截面不相同时，按下式计算换算长细比

$$\lambda_{0y}=\sqrt{\lambda_y^2+27\frac{2.5\sum_1^3 A_{si}}{2A_1}} \tag{6-100}$$

以上各式中A_{si}是各柱肢的钢管面积，$i=1$，2，3，4。

各长细比的计算公式如下

$$\lambda_y=\frac{l_{0y}}{\sqrt{I_y/\sum A_{sc}}}，\lambda_x=\frac{l_{0x}}{\sqrt{I_x/\sum A_{sc}}}，\lambda_1=\frac{l_1}{\sqrt{I_{sc}/A_{sc}}}$$

$$I_x=\sum_1^m(I_{sc}+b^2A_{sc})，I_y=\sum_1^m(I_{sc}+a^2A_{sc})$$

式中　A_{sc}——一根钢管混凝土柱肢的截面面积，$A_{sc}=\pi r_0^2$；

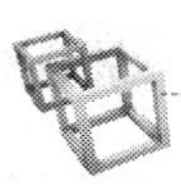

I_{sc}——一根钢管混凝土柱肢的截面惯性矩，$I_{sc}=\pi r_0^4/4$；

l_1——柱肢的节间距离；

m——柱肢数；

a、b——柱肢中心到虚轴 $y-y$ 和 $x-x$ 的距离。

6.10　钢管混凝土压弯构件的稳定

6.10.1　偏心受压构件的工作性能

首先以偏心受压构件为例，简要说明钢管混凝土压弯构件的工作特点。

构件在偏心压力作用下，一开始就发生侧向挠曲，且截面上的应力分布不均匀。如图 6-34 (a)所示为一偏心受压构件示意图。如果构件长细比较小，当荷载偏心距也较小时，试件破坏往往呈现出强度破坏的特征，构件在达到极限承载力前全截面发展塑性，如图 6-34 (b)所示。对于长细比较大的偏心受压试件，其承载力常决定于稳定。

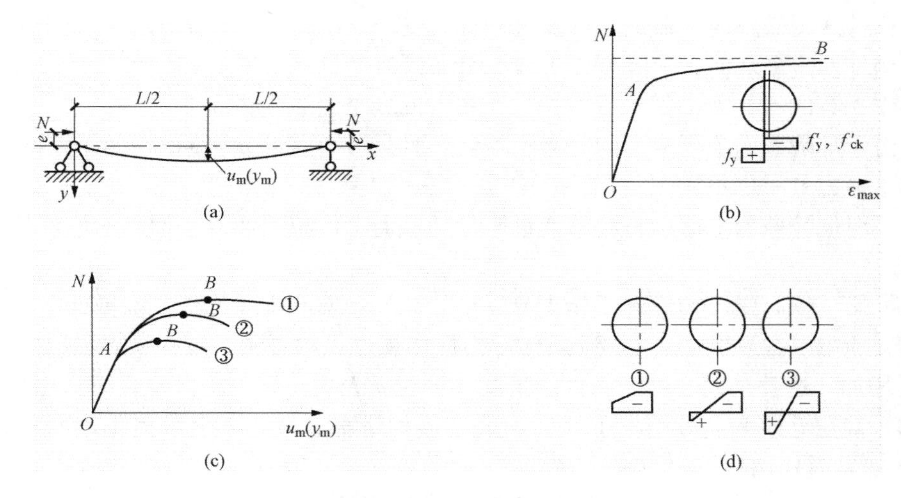

图 6-34　偏心受压构件的工作

图 6-34 (b) 为杆件中截面偏心力 N 与最大纤维压应变 ε_{max} 的关系。工作分两个阶段：OA 段为弹性工作阶段，到 A 点时，钢管受力最大的纤维应力达屈服点。过 A 点后，截面发展塑性，AB 段为弹塑性工作阶段。到 B 点时，截面趋近塑性铰，变形将无限增长。这时受压区钢管纵向受压而环向受拉，其屈服点低于单向受力屈服点，受拉区钢管纵向与环向均受拉，故屈服点比单向受力屈服点高。受压区混凝土的抗压强度由于紧箍效应而提高，比单向抗压强度高，而受拉区混凝土开裂不参加受力。偏压构件强度极限承载力为形成偏心塑性铰，截面中性轴偏向受拉区。

图 6-34 (c) 为偏心压力 N 与杆中挠度的关系曲线，曲线由上升段和下降段组成。在上升段中，要想使构件的挠度增加，必须增加偏心压力 N。构件处于稳定平衡状态。下降段则相反，这时挠度不断增大，荷载也不断下降，构件失去了稳定平衡状态。随着挠度的继续发展，最后构件彻底崩溃。显然，曲线的最高点是偏压构件稳定承载力的极限。

曲线上的 OA 段为弹性工作阶段，过了 A 点，截面受压区不断发展塑性，钢管和受压

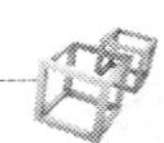

混凝土间产生了非均匀的紧箍力，工作呈弹塑性。随着荷载的继续增加，塑性区继续深入，到达曲线的最高点时，内外力不再保持平衡，构件遂失去了承载力，这时受拉区混凝土不参加工作，曲线开始下降，构件破坏。由此可见，钢管混凝土偏心受压构件的工作性能具有本身的特点，在接近破坏时，外荷载量很小，而变形却发展很快，与钢构件相比，曲线过 B 点后平稳许多，这说明由于紧箍力的作用，不但提高了核心混凝土的承载力，而且增加了构件的延性。

图 6 - 34（c）所示三条曲线为不同长细比和偏心率时荷载和构件中截面最大挠度的关系曲线［N - $u_m(y_m)$］。由图 6 - 34（d）可知，偏心受压构件丧失稳定时，随着构件长细比和荷载偏心率的不同，危险截面上应力的分布也不同。当长细比和偏心率较小时，全截面受压（曲线 1），长细比和偏心率很大时，拉压区都发展塑性（曲线 3），中间状态为受压区一侧发展塑性（曲线 2）。

因此，钢管混凝土偏心受压构件的工作比轴心受压时复杂得多，其工作特点归纳起来有以下四点：

（1）构件强度破坏时，截面全部发展塑性，受拉区混凝土不参加工作。

（2）构件稳定破坏时，危险截面上应力分布既有塑性区，又有弹性区。受拉区混凝土有的参加工作，有的不参加工作，后者拉应变超过混凝土的极限拉应变。

（3）由于危险截面上压应变的分布不均匀，且只分布在部分截面上，因而钢管与核心混凝土间的紧箍力分布也不均匀。

（4）不但危险截面上两种材料的变形模量随截面上的位置而异，而且沿构件长度方向也是变化的。

由此可见，偏心受压构件的工作十分复杂。此外，偏心受压构件危险截面上的应力分布与变化还与加载过程有关。图 6 - 35 是压弯构件加载过程示意图。过程 a 表示压力 N 和弯矩 M 按比例增加，这就是偏心受压构件的情况。过程 b 表示先作用压力 N，然后保持 N 不变，再作用 M，高层建筑和高耸结构中的柱子属于这种情况。过程 c 表示先作用弯矩 M，然后保持 M 不变，再作用 N。

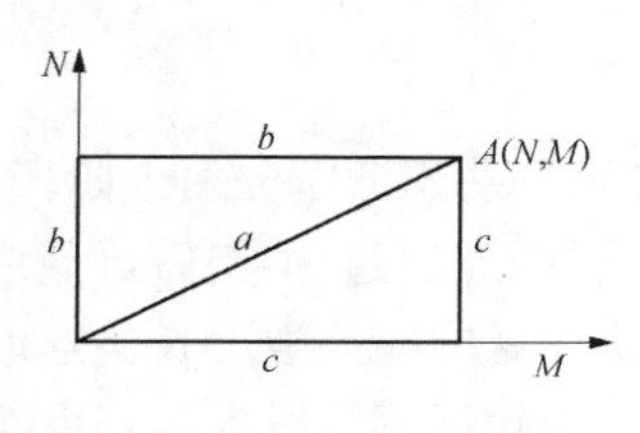

图 6 - 35　压弯构件加载过程示意图

对于实际结构，压弯构件的受载过程是很复杂的。如构件到达 A 点的受力状态，在 M 和 N 共同作用下仍处于弹性工作状态，则构件截面上的应力状态只和 M、N 有关，与加载过程无关。如果这时构件产生了塑性变形，则构件截面上的应力状态不但和 M、N 有关，而且还与加载过程有关。

上述加载过程中，过程 c 在实际工程中并不多见，因而只有 a 和 b 过程两种。

加载过程 b，因为 N 为常值且为最大值，故当 M 作用而构件发生挠曲时，N 产生的附加弯矩比加载过程 a 要大。但计算表明，a 和 b 两种情况的临界荷载相差并不多，故一般按偏心受压构件，即加载过程 a 来确定构件的承载力。

求解偏心受压构件承载力可采用合成法，也可采用有限元法。

6.10.2　压弯构件的强度与稳定承载力

根据已得到的钢管和核心混凝土在三向应力状态下的本构关系，由变形协调和平衡条件可以合成钢管混凝土压弯构件的内力和变形关系，从而导出其承载力计算公式。

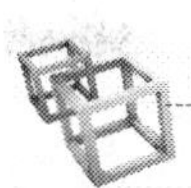

1. 压弯构件的强度

计算时采用了两点假定：

（1）杆轴线挠曲为正弦半波曲线；

（2）只考虑杆件中截面的内外力平衡。

将截面分成 m 条，列出杆件中截面的内外力平衡方程，如图 6 - 36 所示

$$N_{in}=\sum_{i=1}^{m}(\sigma_{si}dA_{si}+\sigma_{ci}dA_{ci})=N \quad (6-101)$$

$$M_{in}=\sum_{i=1}^{m}(\sigma_{si}x_i dA_{si}+\sigma_{ci}x_i dA_{ci})=N(e+y_m) \quad (6-102)$$

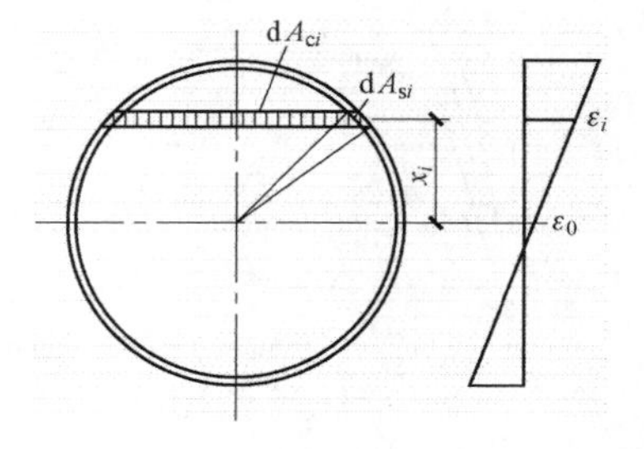

图 6 - 36　截面划分为 m 条

式中　σ_{si}和σ_{ci}——任意点钢管和混凝土的纵向应力；

x_i——任意点距截面形心轴的距离；

e——荷载作用偏心；

y_m——杆件中点的挠度。

杆件中截面处的曲率为

$$\phi=\frac{\pi^2}{l^2}y_m \quad (6-103)$$

杆件中截面任意点的纵向应变为

$$\varepsilon_i=\frac{\pi^2}{l^2}y_m x_i+\varepsilon_0 \quad (6-104)$$

式中 ε_0——截面形心轴处的纵向应变。

首先给定曲率 ϕ_1，假设 ε_0，按照 ε_i值分别由钢材和混凝土的本构关系获得σ_{si}和σ_{ci}，由式（6 - 101）和式（6 - 102）确定N_{in}和M_{in}；校核平衡条件。如不能满足，则调整ε_0，直到满足为止。这样得到荷载 - 位移曲线上的一个点。给定下一级位移 y_m，重复上述步骤，得荷载 - 位移曲线上的另一个点。随着 y_m的逐渐增加，外荷载不断增加，截面转角不断增大，最后形成塑性铰。N - y_m关系如图 6 - 34（c）所示。

如果不断改变计算参数，可得各种情况下的最大偏心压力 N 和对应的弯矩 $M=Ne$。以$\eta=N/N_0'$为纵坐标，$\zeta=M/M_0'$为横坐标，可绘出不同情况下的 N/N_0' - M/M_0'关系曲线，如图 6 - 37 所示。这里 $N_0'=A_{sc}f_{sc}^y$是轴心受压时的强度承载力，$M_0'=y_m w_{sc}f_{sc}^y$是构件的抗弯强度。

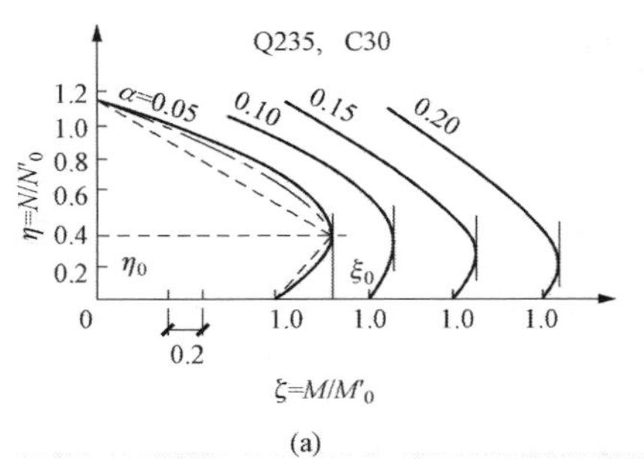

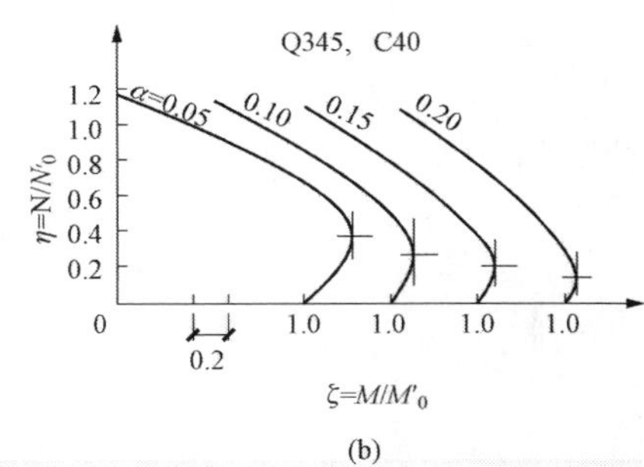

图 6 - 37　N/N_0' - M/M_0'关系曲线

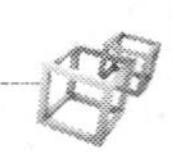

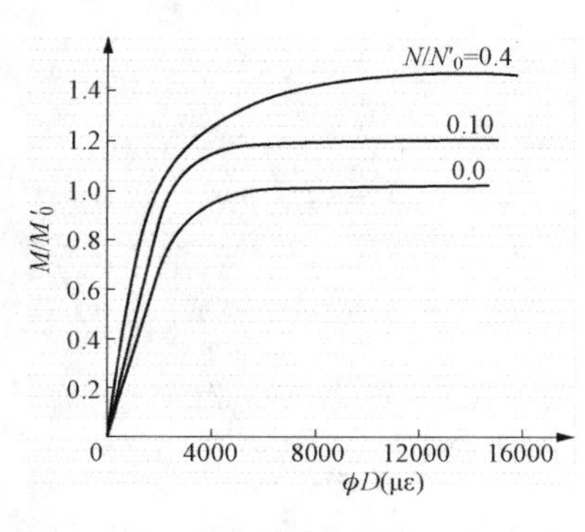

图 6-38　不同情况下 M/M_0'-ϕ 的关系曲线

以 M/M_0' 为纵坐标，杆件中截面的曲率 ϕ 为横坐标，可绘出不同 N/N_0' 时的 M/M_0'-ϕ 关系曲线，如图 6-38 所示。

由此可见，钢管混凝土偏心受压时，N/N_0'-M/M_0' 关系曲线与钢筋混凝土构件类似，具有平衡点。而不同轴压比（N/N_0'）时的弯矩-曲率关系又类似于钢构件，具有良好的塑性性能。

N/N_0'-M/M_0' 的相关曲线具有平衡点，并随含钢率的提高平衡点逐渐下移。曲线分为两段，可以通过拟合得到分别表示两段曲线的相关方程。根据 N/N_0'-M/M_0' 关系曲线，可确定具体构件的 N 和 M 的相关关系，但应首先确定平衡点 $\eta_0=N/N_0'$ 和 $\zeta_0=M/M_0'$ 的值，得

$$\frac{M}{M_0'}=a\left(\frac{N}{N_0'}\right)+b\left(\frac{N}{N_0'}\right)+c\left(\frac{N}{N_0'}\right)+d \tag{6-105}$$

式中：系数 a、b、c 和 d 根据下列 4 个条件确定

$$\frac{N}{N_0'}=0\text{ 时},\frac{M}{M_0'}=1$$

$$\frac{N}{N_0'}=\eta_0\text{ 时},\frac{M}{M_0'}=\xi_0$$

$$\frac{N}{N_0'}=\frac{M}{M_0'}\text{ 时},\mathrm{d}\xi/\mathrm{d}\eta=0$$

$$\frac{N}{N_0'}=1.1\text{ 时},\frac{M}{M_0'}=0$$

拟合曲线如图 6-37（a）中的点画线所示（$\alpha=0.05$），它与计算曲线差别很小。这里，当 $N/N_0'=1$ 时，构件的抗弯能力并不为零，这是由于轴向压力 N_0' 和偏心压力 N 的定义不一致造成的。一般情况下，在 N 趋近于（1.1～1.15）N_0' 时，M 趋近于零。图 6-37（a）还画了一根虚直线，它与计算曲线相差很大。

2. 压弯构件的稳定

压弯构件的承载力由稳定控制时，压力 N 与杆件中截面的挠度 y_m 的关系如图 6-34（c）所示，曲线最高点对应的 N 值是偏压构件的临界力。

假设构件挠曲线为正弦半波，曲率 ϕ 与挠度 y_m 的关系为

$$\phi=\frac{\pi^2}{l^2}y_m\sin\frac{\pi x}{l} \tag{6-106}$$

杆件中截面处 $x=l/2$，则

$$\phi=\frac{\pi^2}{l^2}y_m \tag{6-107}$$

或可写成

$$y_m=\frac{l^2\phi}{\pi^2} \tag{6-108}$$

设杆件中截面的内弯矩按抛物线关系变化

$$M_{in}=\left[2\frac{\phi}{\phi_0}-\left(\frac{\phi}{\phi_0}\right)^2\right]M_p \tag{6-109}$$

杆件中截面的外弯矩为

$$M=N(e+y_m)=N\left(e+\frac{l^2\phi}{\pi^2}\right) \tag{6-110}$$

$$\phi_0=3.5f_y/(E_sD)$$

式中　M_p——给定轴压比时的极限弯矩。

平衡条件　　$M_{in}=M$　　(6-111)

取 $W=\phi/\phi_0$，得

$$(2W-W^2)\left(\frac{\eta-a_1}{b_1}\right)M'_0-N'_0\eta(e+\overline{u}_0W)=0 \tag{6-112}$$

其中

$$\overline{u}_0=\frac{l^2}{\pi^2}\phi_0 \tag{6-113}$$

令　　$K_1=e/(M'_0/N'_0)$，$K_2=\overline{u}_0/(M'_0/N'_0)$

代入式（6-112）得

$$(2W-W^2)(\eta-a_1)-b_1\eta(K_1+K_2W)=0 \tag{6-114}$$

解出

$$\eta=\frac{2a_1W-a_1W^2}{(2W-W^2)-b_1K_1-b_1K_2W} \tag{6-115}$$

达临界状态时，$\mathrm{d}\eta/\mathrm{d}W=0$，得

$$W^2+2\frac{K_1}{K_2}W-2\frac{K_1}{K_2}=0$$

则

$$W=\sqrt{\left(\frac{K_1}{K_2}\right)^2+2\left(\frac{K_1}{K_2}\right)}-\frac{K_1}{K_2} \tag{6-116}$$

代入式（6-115），得偏压构件的稳定承载力

$$N_{crp}=\eta N'_0 \tag{6-117}$$

上面公式中的系数 a_1 和 b_1 取值如下：$N/N'_0\geqslant\eta_0$ 时，为小偏心受压，$a_1=1.1$，$b_1=(\eta_0-1.1)/\xi_0$；$N/N'_0<\eta_0$ 时，为大偏心受压，$a_1=-\eta_0/(\xi_0-1)$，$b_1=\eta_0/(\xi_0-1)$。

偏心受压构件的稳定系数

$$\varphi_e=\eta=N_{crp}/N'_0$$

稳定承载力　　$N\leqslant N_{crp}=\varphi_eN'_0=\varphi_eA_{sc}f_{sc}^y$

设计公式为

$$\sigma=\frac{N}{A_{sc}}\leqslant\varphi_ef_{sc} \tag{6-118}$$

研究表明，计算临界力与试验得到的极限临界力相当吻合。

图 6-39 所示不同长细比时的轴向力和弯矩的关系曲线。图 6-39 中 $\lambda=0$ 的曲线，是偏压构件强度承载力与弯矩的相关关系。长细比 λ 越大，则抗压承载力就越低。图 6-39 中还标示了偏心率 e/r 的关系，e/r 越大，偏心受压构件的承载力下降就越多，变化是连续的。

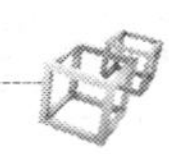

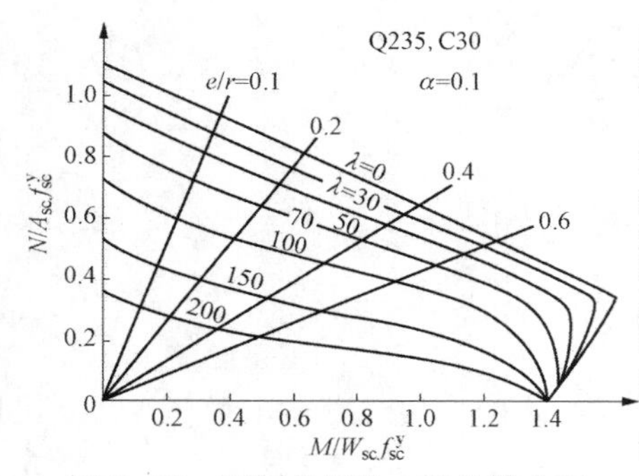

图 6-39 不同长细比 λ 时的轴力和弯矩 N/N'_0-M/M'_0 的关系曲线

6.10.3 偏心受压构件的相关方程

综上所述，根据钢材和混凝土在三向应力状态下的本构关系，用合成法和有限元法可得到压弯构件的 N-y_m（u_m）全过程曲线和 N/N'_0-M/M'_0 相关关系曲线。由 N-y_m 关系，可导得构件的最大承载力（临界力 N_{crp}），得到压弯构件整体稳定的单项计算式（6-118）；也可由 N/N'_0-M/M'_0 的相关关系导得相关方程，如式（6-124）。下面参照《钢结构设计标准》（GB 50017—2017）的方法，采用相关方程来计算构件的承载力。

1. 以纤维屈服为准则的相关公式

$$\frac{N}{A_{sc}}+\frac{M+Ne_0}{W_{sc}(1-N/N_{Ex})}=f_{sc}^{y} \tag{6-119}$$

$$N_{Ex}=(\pi^2E_{sc}A_{sc})/(1.1\lambda_{sc}^2)$$

$$A_{sc}=\pi r_0^2$$

$$W_{sc}=\frac{\pi}{4}r_0^3$$

应力以受压为正。

式中 N、M——轴心力和最大作用弯矩；

e_0——初始缺陷偏心矩；

$1/(1-N/N_{Ex})$——考虑弯曲变形时的挠度放大系数；

N_{Ex}——欧拉临界力；

E_{sc}——截面的组合弹性模量；

A_{sc}——截面面积；

r_0——钢管外半径；

W_{sc}——截面模数；

λ_{sc}——构件长细比。

式（6-119）可改写为

$$\frac{N}{A_{sc}f_{sc}^{y}}+\frac{M+Ne_0}{f_{sc}^{y}W_{sc}(1-N/N_{Ex})}=1.0 \tag{6-120}$$

当 $M=0$ 时，是具有初始缺陷 e_0 的轴心受压构件，由此式导得 e_0 值，这时构件的临界力为 $N_x=\varphi_xA_{sc}f_{sc}^{y}$，再代入式（6-120），整理后得

$$\frac{N}{\varphi_xA_{sc}f_{sc}^{y}}+\frac{Ne}{f_{sc}^{y}W_{sc}(1-\varphi_xN/N_{Ex})}\leqslant 1.0 \tag{6-121}$$

$$e=M/N$$

式中 M——构件两端弯矩相等时的端弯矩。当两端弯矩不等，或构件受有横向荷载作用时，应引入等效弯矩 β_mM，这时 M 是构件中的最大弯矩。等效弯矩系数 β_m 值按《钢结构设计标准》（GB 50017—2017）中的规定采用。

对于格构式钢管混凝土偏心受压柱，不允许发展塑性，应按此式验算构件的整体稳定，设计公式为

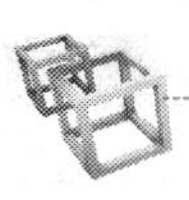

$$\frac{N}{\varphi_x A_{sc} f_{sc}^y}+\frac{f_{sc}^y \beta_m M}{f_{sc}^y W_{sc}(1-\varphi_x N/N_{Ex})}\leqslant 1.0 \qquad (6-122)$$

2. 截面部分发展塑性的相关公式

如图 6-37 所示，N/N_0'-M/M_0'的相关曲线具有平衡点，此平衡点随含钢率的增大而下移，考虑常用的含钢率范围，统一取平衡点 $N/N_0'=0.2$，把相关曲线分成两段来计算。写成设计公式时，为 $N/N_0=0.2$。强度计算时，$N_0=A_{sc}f_{sc}$；稳定计算时，$N_0=\varphi A_{sc}f_{sc}$。

对于单管钢管混凝土偏压构件，临界状态时允许截面发展部分塑性，可将式（6-122）中的 W_{sc} 改为 $\gamma_x W_{sc}$，γ_x是塑性发展系数，并取 $\gamma_x=1.8$。以 Q235、C30、$\alpha=0.1$ 的偏压构件为例，$N/\varphi A_{sc}f_{sc}^y$和 $M/W_{sc}f_{sc}^y$的关系如图 6-40 所示。由此相关曲线可见，$N/A_{sc}\geqslant 0.2f_{sc}^y$时，相关曲线的延长线和横坐标相交于 1.8；$N/A_{sc}\leqslant 0.2f_{sc}^y$时，相关曲线和横坐标相交于 1.4，经多次分析比较和优选后，将式（6-121）中第二项分母中的 φ_x取为 0.4，得到如下压弯构件的承载力相关公式。

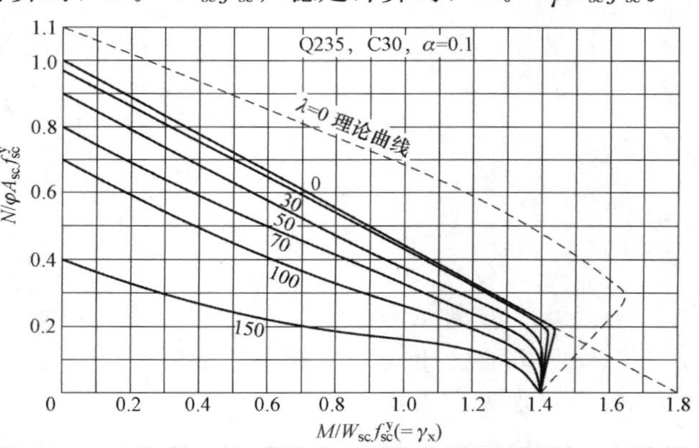

图 6-40　偏压构件相关曲线

强度计算：

（1）当 $N/A_{sc}\geqslant 0.2f_{sc}$时

$$\frac{N}{N_0}+\frac{M}{1.8M_0}\leqslant 1 \qquad (6-123a)$$

（2）当 $N/A_{sc}<0.2f_{sc}$时

$$-\frac{N}{7N_0}+\frac{M}{1.4M_0}\leqslant 1 \qquad (6-123b)$$

稳定计算：

（1）当 $N/\varphi A_{sc}\geqslant 0.2f_{sc}$时

$$\frac{N}{\phi N_0}+\frac{\beta_m M}{1.8M_0(1-0.4N/N_{Ex})}\leqslant 1 \qquad (6-124a)$$

（2）当 $N/\varphi A_{sc}<0.2f_{sc}$时

$$-\frac{N}{7\varphi N_0}+\frac{\beta_m M}{1.4M_0(1-N/N_{Ex})}\leqslant 1 \qquad (6-124b)$$

式（6-124）适用于各种截面的单肢钢管混凝土构件，只是式中的 φ、N_0和 M_0等取各种截面的相应值。

6.11　各国设计规范的设计方法

6.11.1　轴心受压构件

1. 美国规范 LRFD（1999 年）

LRFD 为美国钢结构协会所制定。该规程中对轴心受压构件是考虑构件的整体稳定，将

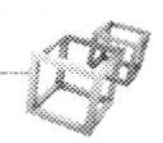

混凝土的强度折算到钢材中，得到钢材名义抗压强度 F_{cr}，再由 F_{cr} 计算钢管混凝土轴心受压构件的承载力

$$N = \phi_c P_n = 0.85 A_s F_{cr} \tag{6-125}$$

当 $\lambda_c \leqslant 1.5$ 时

$$F_{cr} = (0.658\lambda_c^2) F_{my} \tag{6-126}$$

当 $\lambda_c > 1.5$ 时

$$F_{cr} = (0.877/\lambda_c^2) F_{my} \tag{6-127}$$

$$\lambda_c = \frac{L_0}{r_m \pi} \sqrt{F_{my}/E_m} \tag{6-128}$$

$$F_{my} = F_y + 0.85 f'_c (A_c/A_s) \tag{6-129}$$

$$E_m = E_s + 0.4 E_c (A_c/A_s) \tag{6-130}$$

$$P_n = A_s F_{cr}$$

式中 ϕ_c——轴心受压构件的抗力系数，$\phi_c = 0.85$；

P_n——轴心受压构件承载力标准值；

F_{cr}——临界应力；

λ_c——构件换算长细比；

L_0——构件的计算长度；

r_m——钢管的回转半径；

F_y——钢材的屈服强度；

$f_c{}'$——混凝土的圆柱体抗压强度；

A_c、A_s——混凝土和钢管的截面面积；

E_c、E_s——混凝土和钢材的弹性模量。

2. 欧洲规范 EC4（1996 年）

对于圆钢管混凝土构件，该规程考虑紧箍效应而使承载力的增加，因此圆钢管混凝土轴心受压构件强度承载力为

$$N \leqslant N_{plRd} = \frac{\eta_2 A_s f_y}{\gamma_{ma}} + [1 + \eta_1 (t/d)(f_y/f_{ck})] A_c f_{ck}/\gamma_c \tag{6-131}$$

方钢管混凝土轴心受压构件未考虑紧箍效应的影响，强度承载力为钢管和混凝土两者的叠加。因此，方钢管混凝土轴心受压构件的强度承载力为

$$N \leqslant N_{plRd} = A_s f_y/\gamma_{ma} + A_c f_{ck}/\gamma_c \tag{6-132}$$

式中 N_{plRd}——截面塑性抗压承载力设计值。

A_s、A_c——钢管和混凝土的截面面积。

f_y、f_{ck}——钢管的屈服强度标准值和混凝土圆柱体抗压强度标准值。

γ_{ma}、γ_c——钢管和混凝土的材料分项系数，分别为 1.1 和 1.5。

η_1、η_2——附加系数，$\eta_1 \geqslant 0$，$\eta_2 \leqslant 1$，这是考虑圆钢管对混凝土的紧箍效应系数。当相对长细比 $\bar{\lambda} \leqslant 0.5$ 和荷载偏心距 $e \leqslant d/10$ 时，$\eta_1 = 4.9$，$\eta_2 = 0.75$；当相对长细比 $\bar{\lambda} > 0.5$ 和荷载偏心距 $e > d/10$ 时，$\eta_1 = 0$，$\eta_2 = 1$。

t、d——圆钢管的壁厚和外直径。

钢管混凝土轴心受压构件稳定承载力为

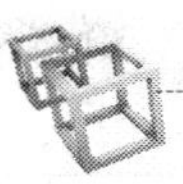

$$N = \chi N_{\text{plRd}} \tag{6-133}$$

$$\phi = 0.5(1+0.21(\bar{\lambda}-0.2)+\bar{\lambda}^2)$$

$$\bar{\lambda} = \sqrt{N_{\text{plR}}/N_{\text{cr}}}$$

$$N_{\text{plR}} = A_s f_y + A_c f_{ck}$$

$$N_{\text{cr}} = \pi^2 (EI)_e / l^2$$

式中 χ——通过稳定曲线得到的与相对长细比$\bar{\lambda}$相关的折减系数，当$\bar{\lambda}\leqslant 0.2$时，$\chi=1.0$；当$\bar{\lambda}>0.2$时，$\chi=1/(\phi+\sqrt{\phi^2-\bar{\lambda}^2})$。

ϕ——计算系数。

$\bar{\lambda}$——相对长细比。

N_{plR}——塑性轴心受压标准值。

N_{cr}——受压构件的弹性临界力。

$(EI)_e$——组合截面的有效弹性抗弯刚度$(EI)_e=E_a I_a+0.6E_{cm}I_c$，0.6是考虑混凝土徐变的影响；

E_a——钢管的弹性模量。

E_{cm}——混凝土相应于应力为$0.4f_{ck}$的割线刚度，$E_{cm}=9.5(f_{ck}+8)^{1/3}$，$f_{ck}$的单位是$\text{N/mm}^2$，$E_{cm}$的单位是$\text{kN/mm}^2$。

I_a、I_c——钢管和混凝土的截面惯性矩。

l——构件的计算长度。

3. 日本规范AIJ（1997年）

AIJ在设计方法上同时采用极限状态设计法和允许应力法。该规程采用叠加钢管和混凝土两者承载力的方法进行钢管混凝土轴心受压构件承载力的计算，计算时按不同长径比L/D（其中，L为构件有效计算长度，D为圆钢管混凝土钢管外径或方、矩形钢管混凝土构件横截面短边边长）将柱分为短柱、中长柱和长柱，并分别建立计算公式。将$L/D\leqslant 4$时的构件称为“短柱”；$4<L/D\leqslant 12$时的构件称为“中长柱”；$L/D>12$时的构件称为“长柱”。短柱只需计算强度承载力，而中长柱和长柱除计算强度承载力外，还需计算稳定承载力。

（1）极限状态设计法。

1）圆钢管混凝土轴心受压构件承载力：

a. 短柱（$L/D\leqslant 4$）

$$N_u = {}_cN_u + {}_sN_u = {}_cA\ {}_cr_u\ F_c + (1+\eta)\ {}_sA\ F \tag{6-134}$$

式中 N_u——钢管混凝土柱的极限抗压承载力；

${}_cN_u$、${}_sN_u$——混凝土部分和钢管部分的极限抗压承载力；

${}_cA$、${}_sA$——混凝土部分和钢管部分的截面面积；

${}_cr_u$——混凝土圆柱体抗压强度c F的折减系数，取${}_cr_u=0.85$；

η——应力上升系数，取$\eta=0.27$；

F_c——混凝土圆柱体设计标准抗压强度；

F——决定钢材允许应力的强度标准值，$F=\min({}_s\sigma_y, 0.7{}_s\sigma_u)$；

${}_s\sigma_y$、${}_s\sigma_u$——钢管的屈服强度和抗拉强度。

b. 中长柱（$4<L/D\leqslant 12$）。中长柱在轴向压力作用下的极限强度计算公式取$L/D=4$

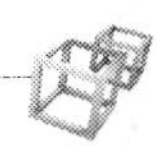

时的短柱极限抗压承载力 N_{u1} 和 $L/D=12$ 时的长柱极限抗压承载力 N_{u2} 间的插值函数直线方程

$$N_u = N_{u1} - 0.125(N_{u1} - N_{u2})(L/D - 4) \tag{6-135}$$

c. 长柱（$L/D>12$）

$$N_{cu} = {}_sN_{cr} + {}_cN_{cr} \tag{6-136}$$

$$\lambda_1 = \frac{\lambda}{\pi}\sqrt{F/{}_sE} = \sqrt{{}_sN_y/{}_sN_k},\ {}_sN_y = {}_sA\,F$$

$${}_s\lambda = L/\sqrt{{}_sI/{}_sA}$$

$${}_sN_k = \pi_s^2 E_s I/L^2$$

式中 ${}_sN_{cr}$——长柱中钢管部分的极限抗压承载力；

${}_cN_{cr}$——长柱中混凝土部分的极限抗压承载力。

${}_sN_{cr}$按下式计算可得

$\lambda_1 \leqslant 0.3$ 时，
$${}_sN_{cr} = {}_sA\,F \tag{6-137a}$$

$0.3 < \lambda_1 \leqslant 1.3$ 时，
$${}_sN_{cr} = [1 - 0.545(\lambda_1 - 0.3)]_s\,A\,F \tag{6-137b}$$

$\lambda_1 > 1.3$ 时，
$${}_sN_{cr} = {}_sA\,F/(1.3\lambda_1^2) \tag{6-137c}$$

式中 λ_1——标准化长细比；

${}_s\lambda$——钢构件的长细比；

${}_sI$——钢管截面惯性矩；

${}_sN_k$——钢管的欧拉承载力；

${}_sE$——钢管的弹性模量。

${}_cN_{cr}$按下式计算可得

$${}_cN_{cr} = {}_cA\ {}_c\sigma_{cr}$$

$${}_c\lambda_1 = \frac{{}_c\lambda}{\pi}\sqrt{{}_c\varepsilon_U}$$

$${}_c\lambda = L/\sqrt{{}_cI/{}_cA}$$

当${}_c\lambda_1 \leqslant 1.0$ 时
$${}_c\sigma_{cr} = \frac{2}{1+\sqrt{{}_c\lambda_1^4+1}}\ {}_c\sigma_B$$

当${}_c\lambda_1 > 1.0$ 时
$${}_c\sigma_{cr} = 0.83\exp\{C_c(1-\lambda_{c1})\}\ {}_c\sigma_B$$

式中 ${}_c\lambda_1$——混凝土标准长细比；

${}_c\lambda$——混凝土柱的长细比；

${}_c\sigma_B$——素混凝土抗压强度，极限状态设计法中取${}_c\sigma_B = {}_cr_u\,F_c$；

${}_c\varepsilon_U$——素混凝土强度时的应变，${}_c\varepsilon_U = 0.93\ {}_c\sigma_B{}^{1/4} \times 10^{-3}$，其中，素混凝土抗压强度${}_c\sigma_B$的单位采用 N/mm^2；

C_c——系数，当 F_c分别等于 24、36、48 和 $60N/mm^2$时，C_c分别等于 0.71、0.79、0.86 和 0.95，或者 $C_c = 0.568 + 0.00612F_c$。

2）方钢管混凝土轴心受压构件承载力：

a. 短柱（$L/D \leqslant 4$）

$$N_u = {}_cN_u + {}_sN_u = {}_cA\ {}_cr_uF_c + {}_sAF \tag{6-138}$$

b. 中长柱（$4<L/D\leqslant 12$）、长柱（$L/D>12$）。与圆钢管混凝土轴心受压承载力计算公

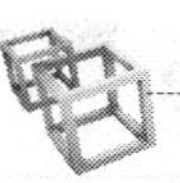

式一致。

（2）允许应力法。

1）圆钢管混凝土轴心受压构件承载力：

a. 短柱（$L/D\leqslant4$）

$$N_a={}_cN_c+{}_sN_c={}_cAf_c+(1+\eta)_sA\ {}_sf_c \tag{6-139}$$

式中　N_a——钢管混凝土柱的允许抗压承载力；

${}_cN_c$、${}_sN_c$——混凝土部分和钢管的允许抗压承载力；

f_c——混凝土的允许抗压强度，$f_c=F_c/{}_c\nu$；

${}_c\upsilon$——混凝土的安全系数，长期荷载作用下${}_c\upsilon=3.0$，短期荷载作用下${}_c\upsilon=1.5$；

η——应力上升系数，取 $\eta=0.27$；

${}_sf_c$——钢管的允许抗压强度，${}_sf_c=F/{}_s\nu$；

${}_s\upsilon$——钢材的安全系数，长期荷载作用下${}_s\upsilon=1.5$，短期荷载作用下${}_s\upsilon=1.0$。

b. 中长柱（$4<L/D\leqslant12$）。中长柱在轴向压力作用下的允许应力计算公式的建立与中长柱在轴向压力作用下的极限状态法计算公式的建立类似，即取 $L/D=4$ 时的短柱允许抗压承载力 N_{a1}和 $L/D=12$ 时的长柱允许抗压承载力 N_{a2}间的插值函数直线方程，具体公式如下

$$N_a=N_{a1}-0.125(N_{a1}-N_{a2})(L/D-4) \tag{6-140}$$

c. 长柱（$L/D>12$）

$$N_a={}_cN_c+{}_sN_c \tag{6-141}$$

$${}_cN_c={}_cN_{cr}/{}_c\nu,\ {}_sN_c={}_sA_sf_c$$

式中　${}_cN_c$——长柱中混凝土部分的允许抗压承载力；

${}_cN_{cr}$——长柱中混凝土部分的极限抗压承载力；

${}_sN_c$——长柱中钢管部分的允许抗压承载力；

${}_sf_c$——长柱中钢管部分的允许抗压应力，与短柱不同的是，这里要考虑长细比对稳定性的影响，对于长期荷载作用下的计算公式如下

当 $\lambda\leqslant\Lambda$ 时　$${}_sf_c=\frac{[1-0.4(\lambda/\Lambda)^2]F}{\nu}$$

当 $\lambda>\Lambda$ 时　$${}_sf_c=\frac{0.277F}{(\lambda/\Lambda)^2}$$

式中：界限长细比 $\Lambda=\pi\sqrt{\frac{{}_sE}{0.6F}}$，钢管部分的稳定安全系数 $\nu=\frac{3}{2}+\frac{2}{3}\left(\frac{\lambda}{\Lambda}\right)^2$。

2）方钢管混凝土柱轴心受压构件承载力：

a. 短柱（$L/D\leqslant4$）

$$N_a={}_cN_c+{}_sN_c={}_cAf_c+{}_sA_sf_c \tag{6-142}$$

b. 中长柱（$4<L/D\leqslant12$）、长柱（$L/D>12$）。与圆钢管混凝土轴心受压承载力计算公式一致。

（3）《钢管混凝土结构技术规程》（CECS 28：2012）。

钢管混凝土柱轴心受压承载力设计值按下式计算

$$N_u=\varphi_1 N_0 \tag{6-143}$$

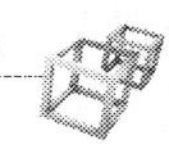

当 $0.5<\theta\leqslant[\theta]$ 时

$$N_0=0.9A_c f_c(1+\alpha\theta) \tag{6-144a}$$

当 $2.5>\theta>[\theta]$ 时

$$N_0=0.9A_c f_c(1+\sqrt{\theta}+\theta) \tag{6-144b}$$

套箍系数

$$\theta=f_a A_a/f_c A_c \tag{6-145}$$

式中 N_0——钢管混凝土轴心受压短柱的承载力设计值；

α——与混凝土强度等级有关的系数，按表 6-5 取值；

$[\theta]$——与混凝土强度等级有关的套箍指标界限值，按表 6-5 取值；

f_a、f_c——钢材和混凝土抗压强度设计值；

A_a、A_c——钢管和混凝土的截面面积。

φ_1——考虑长细比影响的承载力折减系数

当 $L_e/D>4$ 时

$$\varphi_1=1-0.115\sqrt{L_e/D-4} \tag{6-146a}$$

$$L_e=\mu kL$$

当 $L_e/D<4$ 时

$$\varphi_1=1 \tag{6-146b}$$

式中 L_e——柱的等效长度；

D——钢管的外直径；

L——柱的实际长度；

μ——考虑柱端约束条件的计算长度系数，按《钢结构设计标准》（GB 50017—2017）确定；

k——考虑柱身弯矩分布梯度影响的等效长度系数，轴心受压柱 $k=1$。

表 6-5　系数 α、套箍指标界限值 $[\theta]$

混凝土等级	≤C50	C55～C80
α	2.00	1.8
$[\theta]=\frac{1}{(\alpha-1)^2}$	1.00	1.56

（4）《组合结构设计规范》（JGJ 138—2016）。

1）圆钢管混凝土轴心受压柱的正截面受压承载力按下式计算：

当 $\theta\leqslant[\theta]$ 时

$$N=0.9\varphi_1 A_c f_c(1+\alpha\theta) \tag{6-147a}$$

当 $\theta>[\theta]$ 时

$$N=0.9\varphi_1 A_c f_c(1+\sqrt{\theta}+\theta) \tag{6-147b}$$

式中 N——圆钢管混凝土柱的轴向压力设计值；

α——与混凝土强度等级有关的系数，按表 6-5 取值；

$[\theta]$——与混凝土强度等级有关的套箍指标界限值，按表 6-5 取值；

φ_l——考虑长细比影响的承载力折减系数，按式（6-146）计算。

2）矩形钢管混凝土轴心受压柱的受压承载力按下式计算

$$N \leqslant 0.9\varphi(\alpha_1 f_c b_c h_c + 2f_a bt + 2f_a h_c t) \tag{6-148}$$

式中 N——矩形钢管混凝土轴向压力设计值；

f_a、f_c——矩形钢管抗压和抗拉强度设计值、内填混凝土抗压强度设计值；

b、h——矩形钢管截面宽度、高度；

b_c、h_c——矩形钢管内填混凝土的截面宽度、截面高度；

t——矩形钢管的管壁厚度；

α_1——受压区混凝土压应力影响系数，当混凝土强度等级不超过 C50 时，α_1 取 1.0，当混凝土强度等级为 C80 时，α_1 取 0.94，其间按线性内插法确定；

φ——轴心受压柱稳定系数，按表 6-6 取值。

表 6-6 轴心受压柱稳定系数 φ

l_0/i	≤28	35	42	48	55	62	69	76	83	90	97	104
φ	1.00	0.98	0.95	0.92	0.87	0.81	0.75	0.70	0.65	0.60	0.56	0.52

注 l_0 为构件的计算长度；i 为截面的最小回转半径，$i=\sqrt{\dfrac{E_c I_c + E_a I_a}{E_c A_c + E_a A_a}}$。

6.11.2 纯弯构件

1. 美国规范 LRFD（1999 年）

LRFD（1999）在计算钢管混凝土纯弯构件承载力时采用了类似的计算公式，即忽略了混凝土对构件抗弯能力的贡献，仅考虑钢管的作用，全截面塑性抗弯承载力设计值计算公式如下

$$M = \phi_b M_n = \phi_b Z f_y \tag{6-149}$$

式中 ϕ_b——受弯构件的抗力系数，$\phi_b = 0.9$；

Z——钢管截面的塑性抵抗矩。

2. 欧洲规范 EC4（1996 年）

（1）圆钢管混凝土纯弯构件承载力

$$M_{Sd} = 0.9 M_{plRd} \tag{6-150}$$

$$M_{plRd} = M_{max\,Rd} - M_{nRd}$$

$$M_{max\,Rd} = W_{pa} f_{yd} + W_{pc} f_{cd}/2, M_{nRd} = W_{pan} f_{yd} + W_{pcn} f_{cd}/2$$

$$W_{pa} = d^3/6 - W_{pc}, W_{pc} = 4r_c^3/3, r_c = d/2 - t$$

$$W_{pcn} = (d-2t)h_n^2, W_{pan} = dh_n^2 - W_{pcn}$$

$$h_n = N_{pmRd}/[2df_{cd} + 4t(2f_{yd} - f_{cd})], N_{pmRd} = A_c f_{cd}$$

$$f_{yd} = f_y/\gamma_{ma}, f_{cd} = f_{ck}/\gamma_c$$

式中 M_{Sd}——构件受到的弯矩设计值；

M_{plRd}——截面塑性抗弯承载力设计值。

（2）方钢管混凝土纯弯构件承载力

$$M_u = f_y[A_s(B - 2t - d_c)/2 + Bt(t + d_c)] \tag{6-151}$$

$$d_c = \frac{A_s - 2Bt}{(B-2t)\rho + 4t} \tag{6-152}$$

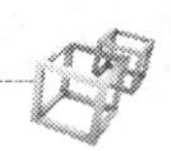

$$\rho = 0.6f_{ck}/f_y$$

式中 B——方钢管混凝土构件截面的外边长；

d_c——截面中和轴距受压区边缘的距离。

3. 日本规范 AIJ（1997 年）

AIJ 规范采用极限状态设计法和允许应力设计法公式计算钢管混凝土纯弯构件的承载力。该规范对短柱、中长柱和长柱做了严格的区分，因此针对短柱和中长柱及长柱有着不同的公式。

(1) 极限状态设计法。

1) 圆钢管混凝土压弯构件承载力：

a. 短柱和中长柱（$L/D \leqslant 12$）

$$N_u = {}_cN_u + {}_sN_u \tag{6-153}$$

$$M_u = {}_cM_u + {}_sM_u \tag{6-154}$$

$${}_cN_u = r_1^2(\theta - \sin\theta\cos\theta)_c\sigma_{cB} \tag{6-155}$$

$${}_cM_u = \frac{2}{3}r_1^3 \sin^3\theta_c\sigma_{cB} \tag{6-156}$$

$${}_sN_u = 2r_2t(\beta_1\theta + \beta_2\theta - \beta_2\pi)_s\sigma_y \tag{6-157}$$

$${}_sM_u = 2r_2^2t(\beta_1 + \beta_2)\sin\theta_s\sigma_y \tag{6-158}$$

其中

$${}_c\sigma_{cB} = {}_cr_uF_c + 4.1\sigma_r = {}_cr_uF_c + 0.78\frac{2t}{D-2t_s}\sigma_y$$

$${}_cr_u = 0.85, \beta_1 = 0.89, \beta_2 = 1.08$$

$$r_1 = \frac{{}_cD}{2}, r_2 = \frac{D-t}{2}, \theta = \cos\left(\frac{r_1 - x_n}{r_1}\right)$$

式中 ${}_cM_u$、${}_sM_u$——混凝土部分和钢管部分的极限抗弯承载力；

${}_c\sigma_{cB}$——考虑约束力作用的混凝土抗压强度；

r_1——核心混凝土部分的半径；

r_2——钢管轴线半径；

θ——受压区混凝土转角；

x_n——混凝土受压区高度；

${}_cD$——混凝土直径。

采用上述极限状态法计算受弯构件承载力时，首先求出式（6-153）等于零的受压混凝土转角 θ，然后将其代入式（6-154），即求得受弯构件的极限承载力。

b. 长柱（$L/D>12$）。不考虑混凝土抗弯能力，因此

$${}_sM_{u0} = {}_sZ_pF \tag{6-159}$$

式中 ${}_sM_{u0}$——钢管单独承受弯矩时的极限抗弯承载力；

${}_sZ_p$——钢管的塑性截面模量，当 $t \leqslant D$ 时，${}_sZ_p = D^2t$。

2) 方钢管混凝土纯弯构件承载力。

a. 短柱和中长柱（$L/D \leqslant 12$）

$$N_u = {}_cN_u + {}_sN_u \tag{6-160}$$

$$M_u = {}_cM_u + {}_sM_u \tag{6-161}$$

$${}_cN_u = {}_cDx_{nc}r_uF_c \tag{6-162}$$

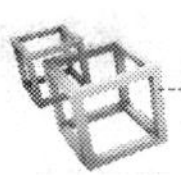

$$ {}_{c}M_{u}=\frac{1}{2}({}_{c}D-x_{n}){}_{c}Dx_{nc}r_{u}F_{c} \tag{6-163}$$

$$ {}_{s}N_{u}=2t(2x_{n}-{}_{c}D){}_{s}\sigma_{y} \tag{6-164}$$

$$ {}_{s}M_{u}=Dt(D-t){}_{s}\sigma_{y}+2t({}_{c}D-x_{n})x_{ns}\sigma_{y} \tag{6-165}$$

式中　${}_{c}D$——矩形混凝土部分短边边长（方形混凝土部分边长）。

b. 长柱（$L/D>12$）

$$ {}_{s}M_{u0}={}_{s}Z_{p}F \tag{6-166}$$

$$ {}_{s}Z_{p}=\frac{1}{6}[D^{3}-(D-2t)^{3}] \tag{6-167}$$

(2) 允许应力设计法。根据允许应力设计法压弯短柱和中长柱设计公式，圆钢管混凝土受弯构件的承载力为外层钢管提供的弹性承载力，计算公式如下

$$ {}_{s}M_{0}={}_{s}Z_{s}f_{t}=\frac{\pi D^{3}}{32}\left[1-\left(1-\frac{t}{D}\right)^{4}\right]\left(\frac{F}{{}_{s}\nu}\right) \tag{6-168}$$

$$ {}_{s}f_{t}={}_{s}f_{c}(\lambda=0)=F/{}_{s}\nu $$

式中　${}_{s}M_{0}$——钢管单独承受弯矩时的允许抗弯承载力；

　　${}_{s}Z$——钢管的弹性截面模量；

　　${}_{s}f_{t}$——钢管的允许抗拉强度。

当受弯构件为长柱时，受弯承载力计算公式与式（6 - 168）一致。

方钢管混凝土纯弯构件承载力

$$ {}_{s}M_{0}={}_{s}Z_{s}f_{t}=[D^{3}-(D-2t)^{3}]/4\frac{F}{{}_{s}\nu} \tag{6-169}$$

4.《钢管混凝土结构技术规程》(CECS 28：2012)

CECS 28：2012 没有给出纯弯构件承载力的公式。

5.《组合结构设计规范》(JGJ 138—2016)

圆钢管混凝土柱正截面受弯承载力按下式计算：

$$ M\leqslant M_{u}=0.3r_{c}N_{0} \tag{6-170}$$

当 $\theta\leqslant[\theta]$ 时

$$ N_{0}=0.9A_{c}f_{c}(1+\alpha\theta) \tag{6-171a}$$

当 $\theta>[\theta]$ 时

$$ N_{0}=0.9A_{c}f_{c}(1+\sqrt{\theta}+\theta) \tag{6-171b}$$

式中　M、M_{u}——圆钢管混凝土柱正截面受弯承载力设计值、计算值；

　　r_{c}——核心混凝土的半径；

　　N_{0}——圆钢管混凝土轴心受压短柱的承载力计算值。

该规范未给出矩形钢管混凝土柱受弯承载力的计算公式。

6.11.3　压弯构件

1. 美国规范 LRFD (1999)

采用两段直线形式的相关方程验算钢管混凝土压弯构件的承载力：

当 $P_{u}/\phi_{c}P_{n}<0.2$ 时

$$ P_{u}/(2\phi_{c}P_{n})+M_{u}/\phi_{b}M_{n}\leqslant 1 \tag{6-172a}$$

当 $P_{u}/\phi_{c}P_{n}\geqslant 0.2$ 时

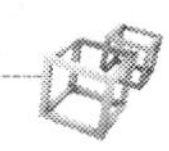

$$P_u/\phi_c P_n + 8M_u/(9\phi_b M_n) \leqslant 1 \tag{6-172b}$$

式中 P_u、M_u——作用于钢管混凝土构件的压力和弯矩；

P_n、M_n——按式（6-125）和式（6-149）计算；

ϕ_b——受弯构件的抗力系数，ϕ_b 取 0.9。

式（6-172）适用于圆钢管混凝土和方钢管混凝土压弯构件。

2. 欧洲规范 EC4（1996 年）

EC4 关于圆钢管混凝土单肢柱压弯（偏压）设计公式是建立在轴向力与弯矩相关曲线的基础上的，但是从公式的形式上没有采用同时含有轴向力 N 与弯矩 M 的相关方程，而是分别建立了轴向力与弯矩应当满足的方程，但两方程之间的相互联系归根到底还是来源于相关曲线。

$$N_{Sd} \leqslant \chi N_{plRd} \tag{6-173a}$$

$$kM_{Sd} \leqslant 0.9\mu M_{plRd} \tag{6-173b}$$

式中 N_{Sd}——构件受到的轴心压力设计值；

k——考虑二阶效应影响的扩大系数，$k=\beta/[1-(N/N_{cr})]$；

β——等效弯矩系数，$\beta=0.66+0.44r\geqslant0.44$，当有侧向力作用在柱上时，$M_{Sd}$ 为沿柱长度由侧向力产生的一阶柱内最大弯矩，忽略二阶效应影响，此时取 $\beta=1.0$；

r——端部最小弯矩与最大弯矩的比值，$-1\leqslant r\leqslant1$，$r=M_{min}/M_{max}$；

μ——设计弯矩与塑性弯矩比值，$\mu=M/M_{plRd}$。

验算方钢管混凝土压弯构件承载力时，EC4 提供的相关方程形式采用曲线形式，其表达式为

$$N = N_{cr}[k_1-(k_1-k_2-4k_3)M/M_u-4k_3(M/M_u)^2] \tag{6-174}$$

式中 k_1、k_2、k_3——计算系数；

N_{cr}、M_u——分别按式（6-132）、式（6-151）计算。

3. 日本规范 AIJ（1997 年）

AIJ 规范采用极限状态设计法和允许应力设计法公式计算钢管混凝土压弯构件的承载力，均采用累加强度的方法，即分别研究钢管和混凝土的承载力，再叠加得到构件的承载力。

（1）压弯构件强度承载力。

1）极限状态设计法。圆钢管混凝土压弯构件强度承载力按式（6-153）～式（6-158）的参数方程进行计算。

方钢管混凝土压弯构件强度承载力按式（6-160）～式（6-165）的参数方程进行计算。

2）允许应力设计法。圆钢管混凝土压弯构件强度承载力设计公式即为 $L/D\leqslant12$ 的短柱和中长柱压弯承载力设计公式。

当 $0\leqslant N\leqslant {}_cN_c$ 或 $M\geqslant {}_sM_0$ 时

$$N={}_cN,\ M\leqslant {}_sM_0+{}_cM \tag{6-175a}$$

当 $N>{}_cN_c$ 或 $M\leqslant {}_sM_0$ 时

$$N\leqslant {}_cN_c+{}_sN,\ M={}_sM \tag{6-175b}$$

式中 M——弯矩设计值；

N——轴向压力设计值；

${}_{c}N_{c}$——混凝土部分单独承受压力时的允许抗压承载力；

${}_{c}M$——混凝土部分的允许抗弯承载力；

${}_{c}N$——混凝土部分的允许抗压承载力；

${}_{s}M$——钢管部分的允许抗弯承载力；

${}_{s}N$——钢管部分的允许抗压承载力。

方钢管混凝土压弯构件强度承载力计算公式与圆钢管混凝土压弯构件一致。

(2) 压弯构件稳定承载力。该规范规定无论是极限状态设计法还是允许应力设计法，对于 $L/D\leqslant 12$ 的钢管混凝土短柱和中长柱，不需计算构件稳定承载力，只要满足强度承载力即可；而对于 $L/D>12$ 的长柱，才需计算构件的稳定承载力。同时，圆、方钢管混凝土压弯构件的计算公式一致。

1) 极限状态设计法。采用叠加公式，并考虑二阶效应的影响。

当 $0\leqslant N_{u}\leqslant {}_{c}N_{cu}$ 或 $M_{u}\geqslant {}_{s}M_{u0}$ $(1-{}_{c}N_{cu}/N_{k})$ $/C_{M}$ 时

$$N_{u}={}_{c}N_{u},\ M_{u}=\{{}_{s}M_{u0}(1-{}_{c}N_{u}/N_{k})+{}_{c}M_{u}\}/C_{M} \tag{6-176a}$$

当 $N_{u}>{}_{c}N_{cu}$ 或 $M_{u}<{}_{s}M_{u0}$ $(1-{}_{c}N_{cu}/N_{k})$ $/C_{M}$ 时

$$N_{u}={}_{c}N_{cu}+{}_{s}N_{u},\ M_{u}={}_{s}M_{u}(1-{}_{c}N_{cu}/N_{k})/C_{M} \tag{6-176b}$$

式中　M_{u}——极限抗弯承载力；

N_{u}——极限抗压承载力；

N_{k}——组合构件的等效稳定承载力，$N_{k}=\pi^{2}$ $({}_{c}E_{c}I/5+{}_{s}E_{s}I)/L_{k}^{2}$；

C_{M}——等效弯矩系数，$C_{M}=1-0.5$ $(1-M_{2}/M_{1})$ (N_{u}/N_{k}) $0.5\geqslant 0.25$；

${}_{c}N_{cu}$——混凝土部分单独承受压力时的极限抗压承载力，${}_{c}N_{cu}={}_{c}N_{cr}$；

${}_{c}M_{u}$——混凝土部分的极限抗弯承载力；

${}_{c}N_{u}$——混凝土部分的极限抗压承载力；

${}_{s}M_{u}$——钢管部分的极限抗弯承载力；

${}_{s}N_{u}$——钢管部分的极限抗压承载力。

2) 允许应力设计法。

当 $0\leqslant N\leqslant {}_{c}N_{c}$ 或 $M\geqslant {}_{s}M_{0}$ $(1-{}_{c}v_{c}N_{c}/N_{k})$ $/C_{M}$ 时

$$N={}_{c}N,M=\{{}_{s}M_{0}(1-{}_{c}v_{c}N/N_{k})+{}_{c}M\}/C_{M} \tag{6-177a}$$

当 $N>{}_{c}N_{c}$ 或 $M<{}_{s}M_{0}$ $(1-{}_{c}v_{c}N_{c}/N_{k})$ $/C_{M}$ 时

$$N={}_{c}N_{c}+{}_{s}N,M={}_{s}M(1-{}_{c}v_{c}N_{c}/N_{k})/C_{M} \tag{6-177b}$$

式中　${}_{c}N_{c}$——钢管内混凝土的抗压承载力；

${}_{s}N$、${}_{c}N$——钢管和混凝土承担的允许轴向压力；

${}_{s}M$、${}_{c}M$——钢管和混凝土承担的允许抗弯承载力。

4.《钢管混凝土结构技术规程》(CECS 28：2012)

CECE 28：2012 采用引入考虑偏心影响的承载力折减系数的方法计算圆钢管混凝土压弯构件承载力

$$N=\varphi_{e}N_{u} \tag{6-178}$$

式中　N_{u}——按式 (6-143) 计算；

φ_{e}——考虑偏心率影响的承载力折减系数：

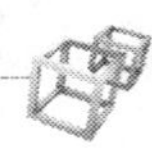

当 $e_0/r_c \leqslant 1.55$ 时

$$\varphi_e = 1/\left(1+1.85\frac{e_0}{r_c}\right) \tag{6-179a}$$

当 $e_0/r_c > 1.55$ 时

$$\varphi_e = 0.4/(e_0/r_c) \tag{6-179b}$$

式中 e_0——柱端轴向压力偏心距之较大者，$e_0 = M_2/N$；

r_c——核心混凝土的半径；

M_2——柱端弯矩设计值的较大者；

N——轴向压力设计值。

5.《组合结构设计规范》(JGJ 138—2016)

圆钢管混凝土柱的偏心受压承载力按下式计算：

当 $\theta \leqslant [\theta]$ 时

$$N_0 = 0.9\varphi_1\varphi_e A_c f_c(1+\alpha\theta) \tag{6-180a}$$

当 $\theta > [\theta]$ 时

$$N_0 = 0.9\varphi_1\varphi_e A_c f_c(1+\sqrt{\theta}+\theta) \tag{6-180b}$$

$$\varphi_1\varphi_e \leqslant \varphi_0 \tag{6-181}$$

式中 φ_e——考虑偏心率影响的承载力折减系数；

φ_1——考虑长细比影响的承载力折减系数；

φ_0——按轴心受压柱考虑的长细比影响的承载力折减系数；

α——与混凝土强度等级有关的系数，按表 6-5 取值；

$[\theta]$——与混凝土强度等级有关的套箍指标界限值，按表 6-5 取值。

其中 φ_e 按下列公式计算：

当 $e_0/r_c \leqslant 1.55$ 时

$$\varphi_e = \frac{1}{1+1.85\frac{e_0}{r_c}} \tag{6-182a}$$

当 $e_0/r_c > 1.55$ 时

$$\varphi_e = \frac{1}{3.92-5.16\varphi_1+\varphi_1\frac{e_0}{0.3r_c}} \tag{6-182b}$$

式中 e_0——柱端轴向压力偏心距之较大值，$e_0 = M/N$；

r_c——核心混凝土的半径；

M——柱端较大弯矩设计值；

N——轴向压力设计值；

φ_1 按下列公式计算：

当 $L_e/D > 4$ 时

$$\varphi_1 = 1-0.115\sqrt{L_e/D-4} \tag{6-183a}$$

当 $L_e/D < 4$ 时

$$\varphi_1 = 1 \tag{6-183b}$$

$$L_e = \mu k L \tag{6-184}$$

式中　k——考虑柱身弯矩分布梯度影响的等效长度系数，

无侧移时，$k=0.5+0.3\beta+0.2\beta^2$，$\beta=M_1/M_2$。

有侧移时，当 $e_0/r_c\leqslant 0.8$ 时，$k=1-0.625e_0/r_c$；

当 $e_0/r_c>0.8$ 时，$k=0.5$。

β——柱两端弯矩设计值之绝对值较小者 M_1 与较大者 M_2 的比值；单向压弯时，β 为正值；双向压弯时，β 为负值。

矩形钢管混凝土柱的偏心受压承载力按下式计算：

当 $x\leqslant\xi_b h_c$ 时

$$N\leqslant\alpha_1 f_c b_c x+2f_a t\left(2\frac{x}{\beta_1}-h_c\right)\tag{6-185}$$

$$Ne\leqslant\alpha_1 f_c b_c x(h_c+0.5t-0.5x)+f_a bt(h_c+t)+M_{aw}\tag{6-186}$$

$$M_{aw}=f_a t\frac{x}{\beta_1}\left(2h_c+t-\frac{x}{\beta_1}\right)-f_a t\left(h_c-\frac{x}{\beta_1}\right)\left(h_c+t-\frac{x}{\beta_1}\right)\tag{6-187}$$

当 $x>\xi_b h_c$ 时

$$N\leqslant\alpha_1 f_c b_c x+f_a bt+2f_a t\frac{x}{\beta_1}-2\sigma_a t\left(h_c-\frac{x}{\beta_1}\right)-\sigma_a bt\tag{6-188}$$

$$Ne\leqslant\alpha_1 f_c b_c x(h_c+0.5t-0.5x)+f_a bt(h_c+t)+M_{aw}\tag{6-189}$$

$$M_{aw}=f_a t\frac{x}{\beta_1}\left(2h_c+t-\frac{x}{\beta_1}\right)-\sigma_a t\left(h_c-\frac{x}{\beta_1}\right)\left(h_c+t-\frac{x}{\beta_1}\right)\tag{6-190}$$

$$\sigma_a=\frac{f_a}{\xi_b-\beta_1}\left(\frac{x}{h_c}-\beta_1\right)\tag{6-191}$$

$$\xi_b=\frac{\beta_1}{1+\frac{f_a}{E_a\varepsilon_{cu}}},\ e=e_i+\frac{h}{2}-\frac{t}{2},\ e_i=e_0+e_a,\ e_0=M/N$$

式中　x——混凝土等效受压区高度；

ξ_b——相对界限受压区高度；

N——与弯矩设计值 M 相对应的轴向压力设计值；

M——柱端较大弯矩设计值，当考虑挠曲产生的二阶效应时，柱端弯矩 M 应按《混凝土结构设计规范》(GB 50010—2010) 的规定确定；

M_{aw}——钢管腹板轴向合力对受拉或受压较小端钢管翼缘钢板厚度中心的力矩；

β_1——受压区混凝土应力图形影响系数，当混凝土强度等级不超过 C50 时，β_1 取 0.8，当混凝土强度等级为 C80 时，β_1 取 0.74，其间按线性内插法确定；

σ_a——受拉或受压较小端钢管翼缘应力；

ε_{cu}——混凝土极限压应变，ε_{cu} 取 0.003。

综上，可知：钢管混凝土构件的承载力计算大都采用叠加法，即钢管承载力与混凝土的承载力叠加即为构件的承载力；除日本外，大都考虑钢管对混凝土的紧箍效应，但紧箍效应确定的根据不明确。

下面将采用我国《钢管混凝土结构技术规范》(GB 50936—2014) 中的“统一理论”计算钢管混凝土构件在单一荷载或复杂荷载组合作用下的承载力，统一公式同时适用于实心和空心钢管混凝土，也适用于不同截面形式，如圆形和正十六边形、正八边形、正方形和矩形等对称截面形式。

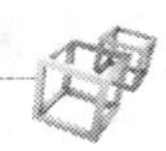

6.12 基于统一理论的钢管混凝土轴心受压构件

轴心受压构件的承载力验算包括强度验算和稳定性验算。

6.12.1 单肢轴心受压钢管混凝土构件验算

1. 单肢轴心受压钢管混凝土构件强度验算

单肢钢管混凝土构件的轴心受压强度承载力设计值按下列公式计算

$$N_0 \leqslant A_{sc} f_{sc} \tag{6-192}$$

$$f_{sc} = (1.212 + B\xi_0 + C\xi_0^2) f_c \tag{6-193}$$

$$\xi_0 = \alpha f / f_c \tag{6-194}$$

式中 N_0——单肢钢管混凝土构件的轴心受压强度承载力设计值；

A_{sc}——钢管混凝土构件的截面面积，等于钢管和管内混凝土面积之和；

f_{sc}——钢管混凝土组合抗压强度设计值；

ξ_0——钢管混凝土构件的套箍系数设计值；

α——含钢率，$\alpha = A_s/A_c$，A_s和A_c分别为钢管和混凝土的截面面积；

f、f_c——钢材和混凝土的抗压强度设计值，对于空心构件，f_c均应乘以1.1；

B、C——截面形状对套箍效应的影响系数，按表6-1取值。

2. 单肢轴心受压钢管混凝土构件稳定性验算

单肢钢管混凝土构件轴心受压稳定承载力设计值按下列公式计算

$$N_u \leqslant \varphi N_0 = \varphi A_{sc} f_{sc} \tag{6-195}$$

$$\varphi = \frac{1}{2\bar{\lambda}_{sc}^2}\left\{\bar{\lambda}_{sc}^2 + (1 + 0.25\bar{\lambda}_{sc}) - \sqrt{[\bar{\lambda}_{sc}^2 + (1 + 0.25\bar{\lambda}_{sc})]^2 - 4\bar{\lambda}_{sc}^2}\right\} \tag{6-196}$$

$$\bar{\lambda}_{sc} = \frac{\lambda_{sc}}{\pi}\sqrt{\frac{f_{sc}}{E_{sc}}} \approx 0.01\lambda_{sc}(0.001 f_y + 0.781) \tag{6-197}$$

式中 N_0——钢管混凝土构件的轴心受压强度承载力设计值；

φ——轴心受压构件稳定系数，也可按表6-6取值；

λ_{sc}——各种构件的长细比，等于构件的计算长度除以回转半径；

$\bar{\lambda}_{sc}$——构件正则化长细比。

【例6-1】 设有一两端铰接钢管混凝土单肢轴心受压柱，钢管截面尺寸为273mm×8mm，采用Q235钢材，混凝土强度等级为C40，柱长L=5m，计算其在轴心受压荷载作用下的极限承载力设计值。

解 先确定基本参数：钢管横截面面积$A_s = 6660.18\text{mm}^2$，混凝土横截面面积$A_c = 51874.76\text{mm}^2$，构件组合截面面积$A_{sc} = A_s + A_c = 58534.94\text{mm}^2$。柱为两端铰接，则计算长度$L_0 = L = 5\text{m}$。

（1）按统一理论方法计算。已知

$$f = 215(\text{N/mm}^2),\ f_c = 19.1(\text{N/mm}^2)$$

$$\alpha = A_s/A_c = 0.1284,\ \xi_0 = \alpha f/f_c = 0.1284 \times 215/19.1 = 1.445$$

$$B = 0.176f/213 + 0.974 = 0.176 \times 215/213 + 0.974 = 1.15165$$

$$C = -0.104f_c/14.4 + 0.031 = -0.104 \times 19.1/14.4 + 0.031 = -0.1069$$

$$f_{sc}=(1.212+B\xi_0+C\xi_0^2)f_c$$
$$=(1.212+1.15165\times1.3395-0.1069\times1.3395^2)\times19.1$$
$$=48.95\ (\mathrm{N/mm})^2$$

长细比 $\lambda_{sc}=4L_0/D=4\times5000/273=73$，$\lambda_{sc}$（$0.001f_y+0.781$）$=74$

查表6-3，当 λ_{sc}（$0.001f_y+0.781$）$=70$ 时，$\varphi=0.779$；当 λ_{sc}（$0.001f_y+0.781$）$=80$ 时，$\varphi=0.728$。经插值计算得 $\varphi=0.759$。

根据式（6-195）计算该柱的轴心受压极限承载力设计值为

$$N_u=\varphi N_0=\varphi A_{sc}f_{sc}=0.759\times58534.94\times48.95\times10^{-3}=2174.8(\mathrm{kN})$$

（2）按美国规范LRFD（1999年）方法计算。已知

$$F_y=235(\mathrm{N/mm^2}),\ f_c'=32(\mathrm{N/mm^2})$$
$$E_s=200100(\mathrm{N/mm^2}),\ E_c=4588\sqrt{f_c'}=4588\times\sqrt{32}=25954(\mathrm{N/mm})^2$$
$$I_s=I_{sc}-I_c=\pi r^4/4-\pi(r-t)^4/4$$
$$=\pi\times136.5^4/4-\pi\times(136.5-8)^4/4=58517142.5(\mathrm{mm})^4$$
$$r_m=\sqrt{I_s/A_s}=\sqrt{58517142.5/6660.18}=93.7(\mathrm{mm})$$
$$F_{my}=F_y+0.85f_c'(A_c/A_s)$$
$$=235+0.85\times32\times(51874.76/6660.18)$$
$$=446.86(\mathrm{N/mm})^2$$
$$E_m=E_s+0.4E_c(A_c/A_s)$$
$$=200100+0.4\times25954\times(51874.76/6660.18)$$
$$=280960(\mathrm{N/mm^2})$$
$$\lambda_c=\frac{L_0}{r_m\pi}\sqrt{F_{my}/E_m}=\frac{5000}{97.3\times\pi}\sqrt{446.86/280960}=0.65\leqslant1.5$$
$$F_{cr}=(0.658^{\lambda_c^2})F_{my}=(0.658^{0.65^2})\times446.86=374.43(\mathrm{N/mm})^2$$

根据式（6-125）计算该柱的轴心受压极限承载力设计值为

$$N=\phi_cP_n=0.85A_sF_{cr}=0.85\times6660.18\times374.43\times10^{-3}=2119.7(\mathrm{kN})$$

（3）按欧洲规范EC4（1996年）方法计算。已知

$$f_y=235(\mathrm{N/mm^2}),\ f_{ck}=40(\mathrm{N/mm^2})$$
$$E_a=210000(\mathrm{N/mm^2}),\ E_{cm}=9.5(f_{ck}+8)^{1/3}=34525(\mathrm{N/mm^2})$$
$$I_a=I_s=I_{sc}-I_c=\pi r^4/4-\pi(r-t)^4/4=58517142.5(\mathrm{mm^4})$$
$$I_c=\pi(r-t)^4/4=\pi\times(136.5-8)^4/4=214142265.1(\mathrm{mm^4})$$
$$(EI)_e=E_aI_a+0.6E_{cm}I_c$$
$$=210000\times58517142.5+0.6\times34525\times214142265.1$$
$$=1.67\times10^{13}(\mathrm{N\cdot mm^2})$$
$$N_{cr}=\pi^2(EI)_e/l^2=\pi\times1.67\times10^{13}/5000^2=2101.67(\mathrm{kN})$$
$$N_{plR}=A_af_y+A_cf_{ck}=6660.18\times235+51874.76\times40=3640.13(\mathrm{kN})$$
$$\bar{\lambda}=\sqrt{N_{plR}/N_{cr}}=\sqrt{3640.13/2101.67}=1.32>0.2,\bar{\lambda}=1.32>0.5，故\ \eta_1=0,\eta_2=1$$
$$\varphi=0.5(1+0.21(\bar{\lambda}-0.2)+\bar{\lambda}^2)=0.5\times(1+0.21(1.32-0.2)+1.32^2)=1.4888$$
$$\chi=1/(\phi+\sqrt{\phi^2-\bar{\lambda}^2})=1/(1.4888+\sqrt{1.4888^2-1.32^2})=0.459$$

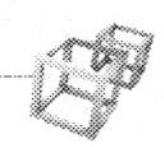

$$N_{plRd}=A_a f_y/\gamma_{ma}+A_c f_{ck}/\gamma_c=6660.18\times 235/1.1+51874.76\times 40/1.5=2806.2(\mathrm{kN})$$

根据式（6-133）计算该柱的轴心受压极限承载力设计值为

$$N=\chi N_{plRd}=0.459\times 2806.2=1288.8(\mathrm{kN})$$

（4）按日本规范 AIJ（1997 年）方法计算。因 $L/D=5000/273=18.3>12$，故该柱为轴心受压长柱。

1）极限状态设计法。已知

$$F=235(\mathrm{N/mm^2}),\ {}_sE=205800(\mathrm{N/mm^2}),\ F_c=33.3(\mathrm{N/mm^2})$$

$$\begin{aligned}I_s&=I_{sc}-I_c=\pi r^4/4-\pi(r-t)^4/4\\&=\pi\times 136.5^4/4-\pi\times(136.5-8)^4/4=58517142.5(\mathrm{mm^4})\end{aligned}$$

$$I_c=\pi(r-t)^4/4=\pi\times(136.5-8)^4/4=214142265.1(\mathrm{mm^4})$$

$${}_sN_k=\pi_s^2 E_s I/L^2=\pi^2\times 205800\times 58517142.5/5000^2=4754.3(\mathrm{kN})$$

$${}_sN_y={}_sAF=6660.18\times 235=1565.1(\mathrm{kN})$$

$$\lambda_1=\frac{\lambda}{\pi}\sqrt{F/{}_sE}=\sqrt{{}_sN_y/{}_sN_k}=\sqrt{1565.1/4754.3}=0.574,0.3<0.574\leqslant 1.3$$

$$\begin{aligned}{}_sN_{cr}&=[1-0.545(\lambda_1-0.3)]\,{}_sAF\\&=[1-0.545\times(0.574-0.3)]\times 6660.18\times 235=1331.4(\mathrm{kN})\end{aligned}$$

$${}_c\lambda=L/\sqrt{{}_cI/{}_cA}=5000/\sqrt{214142265.1/51874.76}=77.82$$

$${}_c\sigma_B={}_cr_uF_c=0.85\times 33.3=28.305(\mathrm{N/mm^2}),$$

$${}_c\varepsilon_U=0.93\cdot{}_c\sigma_B^{1/4}\times 10^{-3}=0.93\times 28.305^{1/4}\times 10^{-3}=6.58\times 10^{-3}$$

$${}_c\lambda_1=\frac{{}_c\lambda}{\pi}\sqrt{{}_c\varepsilon_U}=\frac{77.82}{\pi}\sqrt{6.58\times 10^{-3}}=2>1$$

$$C_c=0.568+0.00612F_c=0.568+0.00612\times 33.3=0.772$$

$$\begin{aligned}{}_c\sigma_{cr}&=0.83\exp\{C_c(1-{}_c\lambda)\}{}_c\sigma_B\\&=0.83\times\exp\{0.772\times(1-2)\}\times 28.305=10.856(\mathrm{N/mm^2})\end{aligned}$$

$${}_cN_{cr}={}_cA_c\sigma_{cr}=51874.76\times 10.856=563.2(\mathrm{kN})$$

根据式（6-136）计算该柱的轴心受压极限承载力设计值为

$$N_{cu}={}_sN_{cr}+{}_cN_{cr}=1331.4+563.2=1894.6(\mathrm{kN})$$

2）允许应力设计法

$${}_cN_{cr}={}_cA_c\sigma_{cr}=51874.76\times 10.856=563.2(\mathrm{kN})$$

$${}_cN_c={}_cN_{cr}/{}_cv=563.2/3=187.7(\mathrm{kN})$$

界限长细比 $\Lambda=\pi\sqrt{\frac{{}_sE}{0.6F}}=\pi\sqrt{\frac{205800}{0.6\times 235}}=120$

钢构件长细比 $\lambda=L/\sqrt{{}_sI/{}_sA}=5000/\sqrt{58517142.5/6660.18}=53.34$，$\lambda\leqslant\Lambda$

钢管部分的稳定安全系数 $v=1.5+(2/3)(\lambda/\Lambda)=1.796$

$${}_sf_c=\frac{[1-0.4(\lambda/\Lambda)^2]F}{\nu}=\frac{[1-0.4\times(53.34/120)^2]235}{1.796}=120.51(\mathrm{N/mm^2})$$

$${}_sN_c={}_sA_s f_c=6660.18\times 120.51=802.6(\mathrm{kN})$$

根据式（6-141）计算该柱的轴压允许承载力设计值为

$$N_a={}_cN_c+{}_sN_c=187.7+802.6=990.3(\mathrm{kN})$$

（5）按《钢管混凝土结构技术规程》（CECS 28：2012）方法计算。已知

$$f_a = 215(\text{N/mm}^2), f_c = 19.1(\text{N/mm}^2)$$

$$[\theta] = 1/(\alpha - 1)^2 = 1/(2-1)^2 = 1$$

$$\theta = f_a A_a / f_c A_c = 215 \times 6660.18/(19.1 \times 51874.76) = 1.45 > [\theta] = 1$$

$$\varphi_l = 1 - 0.115\sqrt{L_e/D - 4} = 1 - 0.115\sqrt{5000/273 - 4} = 0.566$$

$$N_0 = 0.9 A_c f_c (1 + \sqrt{\theta} + \theta) = 0.9 \times 51874.76 \times 19.1 \times (1 + \sqrt{1.45} + 1.45) = 3258.5(\text{kN})$$

根据式（6－143）计算该柱的轴心受压极限承载力设计值为

$$N_u = \varphi_1 \varphi_e N_0 = 0.566 \times 1 \times 3258.5 = 1844.3(\text{kN})$$

（6）按《组合结构设计规范》（JGJ 138—2016）方法计算。《组合结构设计规范》（JGJ 138—2016）中关于圆钢管混凝土轴心受压承载力的计算与《钢管混凝土结构技术规程》（CECS 28：2012）基本一致，只是钢管混凝土的套箍指标 θ 的取值范围略有不同。因此

$$N = \varphi_l N_0 = 0.566 \times 3258.5 = 1844.3(\text{kN})$$

综上所述，可知按统一理论计算的轴心受压承载力最大；按欧洲规范 EC4（1996 年）方法和日本规范 AIJ 中的允许应力设计法计算的承载力比其他设计方法偏小；而《钢管混凝土结构技术规程》（CECS 28：2012）和《组合结构设计规范》（JGJ 138—2016）采用的计算方法一致，因此两者计算结果相同。

6.12.2　格构式钢管混凝土构件验算

1. 格构式轴心受压钢管混凝土构件强度验算

格构式钢管混凝土构件的轴心受压强度承载力设计值按下式计算

$$N_0 = f_{sc} \sum A_{sci} \tag{6-198}$$

式中　A_{sci}——各肢柱的截面面积。

2. 格构式轴心受压钢管混凝土构件稳定性验算

格构式钢管混凝土轴心受压构件的稳定性计算包括以下几个方面：

（1）构件整体稳定承载力。计算格构式构件整体稳定承载力时，需要考虑缀材变形对剪切刚度的影响，可采用换算长细比的方法验算整体稳定承载力。

格构式钢管混凝土构件的轴心受压整体稳定承载力设计值按下式计算

$$N_u = \varphi N_0 = \varphi f_{sc} \sum A_{sci} \tag{6-199}$$

式中　N_u——格构式钢管混凝土构件的轴心受压稳定承载力设计值；

N_0——格构式钢管混凝土构件的轴心受压承载力设计值；

f_{sc}——各肢柱的抗压强度设计值，按单肢柱计算；

φ——格构式钢管混凝土轴心受压构件稳定系数，应根据换算长细比按表 6－6 确定。

（2）构件单肢稳定承载力。按平衡条件求得柱肢的轴向压力后，可按上述单肢稳定承载力的计算方法验算其稳定承载力。当符合下列条件时，可不验算：

平腹杆缀板格构式构件：$\lambda_1 \leqslant 40$ 且 $\lambda_1 \leqslant 0.5\lambda_{max}$；

斜腹杆缀条格构式构件；$\lambda_1 \leqslant 0.7\lambda_{max}$。

式中　λ_{max}——构件在 $x-x$ 和 $y-y$ 方向上换算长细比的较大值；

λ_1——单肢长细比。

通常三肢柱在 x 平面内采用斜腹杆体系，而在内双肢平面内则采用平腹杆体系（见表

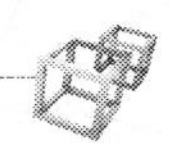

6-4)。除验算 x 平面内的整体稳定性外，尚应验算内双肢在 y 方向的稳定性。四肢柱也类似，x 平面内采用斜腹杆体系，y 平面内采用平腹杆体系，也应验算 y 方向的双肢稳定性。

（3）腹杆受剪承载力。格构式钢管混凝土轴心受压构件腹杆承受剪力按下式计算

$$V = \sum A_{sci} f_{sc}/85 \tag{6-200}$$

式中 A_{sci}——各肢柱的截面面积；

f_{sc}——各柱肢实心或空心钢管混凝土构件的抗压强度设计值。

同时，认为此剪力沿构件全长不变。

采用斜腹杆时，斜腹杆在剪力 V_1 作用下，产生轴力，即

$$N_d = V_1/\sin\alpha \tag{6-201}$$

双肢柱 $V_1=V$，四肢柱 $V_1=V/2$，三肢柱 $V_1=V/(2\cos\theta)$。

剪力方向可向左或向右，因而斜腹杆可能受拉，也可能受压，应按压杆设计。常采用空钢管。

采用平腹杆体系时，为了保证属于框架体系，平腹杆间距不应大于柱肢中心线间距的4倍，且平腹杆空钢管的截面面积不小于一个柱肢截面面积的1/4。平腹杆按《钢结构设计标准》(GB 50017—2017) 中压弯构件的设计方法计算。

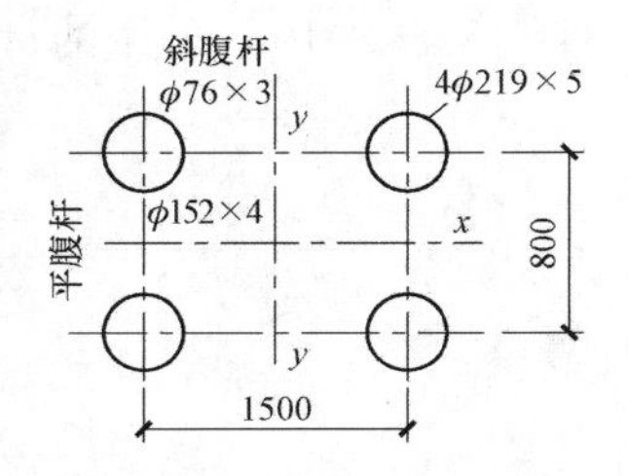

图6-41 【例6-2】图

【例6-2】 有一轴心受压柱，已知 $l_{0y}=36\text{m}$，$l_{0x}=18\text{m}$。采用Q235钢材，C30混凝土，截面如图6-41所示。试计算其承载力。

解 先确定基本参数：

柱肢尺寸为 $\phi219\text{mm}\times5\text{mm}$，则柱肢钢管横截面面积为 $A_s=3361.5\text{mm}^2$，混凝土横截面面积为 $A_c=34307\text{mm}^2$；单个柱肢组合截面面积为 $A_{sc}=37668.5\text{mm}^2$。

斜腹杆尺寸为76×3，采用空钢管，则斜腹杆钢管横截面面积为 $A_{w1}=688\text{mm}^2$。

平腹杆尺寸为 $\phi152\times4$，同样采用空钢管，则平腹杆钢管横截面面积为 $A_{w2}=1859.8\text{mm}^2$。

（1）整体稳定。根据已知

$$\text{柱肢 } \phi219\times5;A_s = 3361.5(\text{mm}^2), A_c = 34307(\text{mm}^2), A_{sc} = 37668.5(\text{mm}^2)$$

$$I_{sc} = \pi r_0^4/4 = \pi\times(219/2)^4/4 = 112913627(\text{mm}^4)$$

$$I_x = 4\times(I_{sc}+400^2A_{sc}) = 4\times(112913627+400^2\times37668.5) = 2.456\times10^{10}(\text{mm}^4)$$

$$I_y = 4\times(I_{sc}+750^2A_{sc}) = 4\times(112913627+750^2\times37668.5) = 8.521\times10^{10}(\text{mm}^4)$$

$$\lambda_x = \frac{l_{0x}}{\sqrt{I_x/\sum A_{sc}}} = \frac{18000}{\sqrt{2.456\times10^{10}/(4\times37668.5)}} = 45$$

$$\lambda_y = \frac{l_{0y}}{\sqrt{I_y/\sum A_{sc}}} = \frac{36000}{\sqrt{8.521\times10^{10}/(4\times37668.5)}} = 48$$

换算长细比为：

平腹杆体系 $\lambda_{0x}=\sqrt{\lambda_x^2+17\lambda_1^2}$，斜腹杆体系 $\lambda_{0y}=\sqrt{\lambda_y^2+135A_s/A_w}$

又因为 A_s 为一根柱肢的钢管截面积，$A_s=3361.5\text{mm}^2$；斜腹杆为 $\phi76\times3$，$A_{w1}=688\text{mm}^2$，$l_1=1500\text{mm}$；平腹杆为 $\phi152\times4$，$A_{w2}=1859.8\text{mm}^2$，$l_1=750\text{mm}$，则

$$\lambda_1 = \frac{l_1}{\sqrt{I_{sc}/A_{sc}}} = 750/\sqrt{112913627/37668.5} = 14$$

$$\lambda_{0x} = \sqrt{\lambda_x^2 + 17\lambda_1^2} = \sqrt{45^2 + 17 \times 14^2} = 73,$$

$$\lambda_{0y} = \sqrt{\lambda_y^2 + 135A_s/A_w} = \sqrt{48^2 + 135 \times 3361.5/688} = 54$$

因 $\lambda_{0x} > \lambda_{0y}$，故整体稳定是绕 y 轴的承载力，属于四肢斜腹杆体系。

$$\alpha = A_s/A_c = 0.098, \xi_0 = \alpha f/f_c = 0.098 \times 215/14.3 = 1.473$$

$$B = 0.176f/213 + 0.974 = 0.176 \times 215/213 + 0.974 = 1.15165$$

$$C = -0.104f_c/14.4 + 0.031 = -0.104 \times 14.3/14.4 + 0.031 = -0.0723$$

$$\begin{aligned} f_{sc} &= (1.212 + B\xi_0 + C\xi_0^2)f_c \\ &= (1.212 + 1.15165 \times 1.473 - 0.0723 \times 1.473^2) \times 14.3 \\ &= 39.3(\mathrm{N/mm})^2 \end{aligned}$$

换算长细比 $\lambda_{oy}=54$，λ_{sc}（$0.001f_y+0.781$）$=54\times$（$0.001\times235+0.781$）$=55$

查表 6-3，当 λ_{sc}（$0.001f_y+0.781$）$=50$ 时，$\varphi=0.863$；当 λ_{sc}（$0.001f_y+0.781$）$=60$ 时，$\varphi=0.824$，经插值计算得 $\varphi=0.844$。

根据式（6-199）计算该格构柱的轴心受压整体稳定承载力设计值为

$$N_0 = \varphi f_{sc} \sum A_{sc} = 0.844 \times 39.3 \times 4 \times 37668.5 \times 10^{-3} = 4997.7(\mathrm{kN})$$

（2）对 x 轴的平面外双肢平腹杆体系的稳定

$$\lambda_{0x}=73，\lambda_{sc}（0.001f_y+0.781）=74$$

查表 6-3，当 λ_{sc}（$0.001f_y+0.781$）$=70$ 时，$\varphi=0.779$；当 λ_{sc}（$0.001f_y+0.781$）$=80$ 时，$\varphi=0.728$，经插值计算得 $\varphi=0.759$，根据式（6-198）计算稳定承载力为

$$N = \varphi f_{sc} \sum A_{sc} = 0.759 \times 39.3 \times 2 \times 37668.5 \times 10^{-3} = 2247.2(\mathrm{kN})$$

共两个双肢，故承载力为 $N_0=2N=4494.4\mathrm{kN}$。

因而承载力决定于平面外稳定，为 4494.4kN。

（3）单肢稳定——平面外平腹杆体系的单肢

$$\phi219 \times 5: A_{sc} = 37668.5(\mathrm{mm}^2), l_1 = 750(\mathrm{mm})$$

$$I_{sc} = \pi r_0{}^4/4 = \pi \times (219/2)^4/4 = 112913627(\mathrm{mm}^4)$$

$$i_{sc} = \sqrt{I_{sc}/A_{sc}} = 54.75(\mathrm{mm}), \lambda_1 = l_1/i_{sc} = 14 < 40, \lambda_1 < 0.5\lambda_{max} = 0.5 \times 73 = 36.5$$

单肢稳定能保证，可不验算。

采用平腹杆体系时，为了保证属于框架体系，平腹杆间距不应大于柱肢中心线间距的 4 倍，且平腹杆空钢管的截面面积不小于一个柱肢截面面积的 1/4，即

$$l_1 = 750(\mathrm{mm}) < 4\mathrm{b} = 4 \times 800 = 3200(\mathrm{mm})$$

$$A_{w2} = 1859.8(\mathrm{mm}^2) > A_s/4 = 3361.5/4 = 840(\mathrm{mm}^2)$$

平腹杆 $\phi152\times4$，$I_{w2}=5095910$（mm^4），$A_{w2}=1859.8$（mm^2），$i_{w2}=52.3$（mm）

$l_{w2}=800-219=581$（mm）

$\lambda_{w2}=0.5\times l_{w2}/i_{w2}=0.5\times581/52.3=5.6<0.5\lambda_1=7$（平腹杆两端固定，$l_0=l_{w2}/2$）

因此，满足采用平腹杆时的构造要求。

（4）腹杆承载力验算

1）斜腹杆验算（$\phi76\times3$）

$$A_{w1} = 688(\mathrm{mm}^2), I_{w1} = 459070(\mathrm{mm}^4), i_{w1} = 25.8(\mathrm{mm})$$

$$l_{w1} = (1.5^2 + 1.5^2)^{1/2} = 2.12\mathrm{m}, \lambda_{w1} = l_{w1}/i_{w1} = 82$$

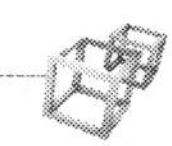

根据式（6-200）计算格构式轴心受压构件腹杆承受剪力为

$V=\sum f_{sc}A_{sc}/85=4\times39.3\times37668.5/85=69664.6(\mathrm{N})$

由于是空钢管，查钢结构标准 $\varphi_d=0.77$，根据《钢结构设计标准》（GB 50017—2017）计算斜腹杆承载力为

$$N_d=\varphi_d fA_w=0.77\times215\times688=113.9(\mathrm{kN})$$

实际受到的轴向力为

$$N'=V/(2\cos45°)=69664.6/(2\times\cos45°)=49.3(\mathrm{kN})<N_d$$

满足要求。

2）平腹杆验算（$\phi152\times4$）

$$A_{w2}=1859.8(\mathrm{mm}^2),\ I_{w2}=5095910(\mathrm{mm}^4),\ i_{w2}=52.3(\mathrm{mm})$$

$$l_{w2}=750(\mathrm{mm}),W_{w2}=I/76=67051.4(\mathrm{mm}^3)$$

$$T=\frac{2l_1}{b}V_1=\frac{2\times750}{80}\times\frac{V}{4}=\frac{2\times750}{80}\times\frac{69664.6}{4}=32655.3(\mathrm{N})$$

$$M_1=Tb/2=32655.3\times400\times10^{-6}=13.1(\mathrm{kN\cdot m})$$

$$\sigma=M_1/W_{w2}=13.1\times10^6/67051.4=194.8(\mathrm{N/mm^2})<f=215(\mathrm{N/mm^2})$$

$$\tau=T/A_{w2}=32655.3/1859.8=17.6(\mathrm{N/mm^2})<f_v=125(\mathrm{N/mm^2})$$

满足要求。

6.13 基于统一理论的钢管混凝土轴心受拉构件

钢管混凝土轴心受拉构件的承载力只有强度问题，钢管混凝土构件的轴心受拉承载力设计值按下式计算

$$N_{ut}=C_1A_s f \tag{6-202}$$

式中 N_{ut}——钢管混凝土构件轴心受拉承载力设计值；

C_1——钢管受拉强度提高系数，实心截面取 $C_1=1.1$，空心截面取 $C_2=1.0$；

f——钢材的抗拉强度设计值。

对于受拉构件，为了避免构件过于纤细而因自重产生过大的挠曲，以及使用中如发生振动而不利于节点，因而也规定了容许长细比

$$[\lambda]\leqslant200$$

【例 6-3】 有一变电构架转角塔的 A 型柱，采用钢管混凝土。在横向风荷载作用下，受拉肢承受的最大计算拉力 $N=2100\mathrm{kN}$，试设计此构件。其中，钢材为 Q235 钢，混凝土强度等级为 C30，柱子的计算长度 $L=18\mathrm{m}$。

解 已知 $f=215\mathrm{MPa}$，由式（6-202）可知

$$A_s=N/(1.1f)=2100\times103/(1.1\times215)=8879.5(\mathrm{mm}^2)$$

由规格表查得 $\phi478\times6$，$A_s=89\mathrm{cm}^2$。

按式（6-202）验算该钢管混凝土柱轴心受拉承载力

$$N_{ut}=C_1A_s f=1.1\times8900\times215\times10^{-3}=2104.9(\mathrm{kN})\approx N=2100(\mathrm{kN})$$

构件长细比：$\lambda=4L/D=4\times1800/47.8=151<[\lambda]=200$，故满足要求。

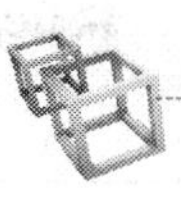

6.14　基于统一理论的钢管混凝土受剪和受扭构件

6.14.1　单肢钢管混凝土受剪构件

钢管混凝土构件的受剪承载力设计值应按下列公式计算：

实心截面

$$V_u = 0.71 f_{sc}^v A_{sc} \tag{6-203}$$

空心截面

$$V_u = (0.736\psi^2 - 1.094\psi + 1) \times 0.71 f_{sc}^v A_{sc} \tag{6-204}$$

$$\psi = \frac{A_h}{A_c + A_h} \tag{6-205}$$

$$f_{sc}^v = 1.547 f \frac{\alpha}{\alpha + 1} \tag{6-206}$$

式中　V_u——实心或空心钢管混凝土构件的受剪承载力设计值；

ψ——空心率，对于实心构件取 0；

A_c、A_h——混凝土面积和空心部分面积；

f_{sc}^v——钢管混凝土受剪强度设计值；

α——钢管混凝土构件的含钢率。

6.14.2　单肢钢管混凝土受扭构件

钢管混凝土构件的受扭承载力设计值应按下列公式计算：

实心截面

$$T_u = W_T f_{sc}^v \tag{6-207}$$

空心截面

$$T_u = 0.9 W_T f_{sc}^v \tag{6-208}$$

$$W_T = \pi r_0^3 / 2 \tag{6-209}$$

式中　T_u——实心或空心钢管混凝土构件的受扭承载力设计值；

W_T——对应实心钢管混凝土构件的截面受扭模量；

r_0——等效圆半径，圆形截面取钢管外半径，非圆形截面取按面积相等等效成圆形的外半径。

【例 6-4】　例 6-3 中的变电构架转角塔的 A 型柱，试计算其抗剪承载力和抗扭承载力。

解　采用 ϕ478×6，Q235 和 C30。$\alpha = A_s/A_c = 0.052$，$A_{sc} = A_s + A_c = 179450.9$（$cm^2$）。

$$f_{sc}^v = 1.547 f\alpha/(\alpha + 1) = 1.547 \times 215 \times 0.052/(0.052 + 1) = 16.44(N \cdot mm^{-2})$$

$$W_T = \pi r_0^3/2 = \pi\, 239^3/2 = 21\,444\,384(mm^3)$$

由式（6-203）和式（6-207）分别计算钢管混凝土构件的受剪承载力和抗扭承载力为

$$V_u = 0.71 f_{sc}^v A_{sc} = 0.71 \times 16.44 \times 179450.9 \times 10^{-3} = 2094.6(kN)$$

$$T_u = W_T f_{sc}^v = 21444384 \times 16.44 \times 10^{-6} = 352.55(kN \cdot m)$$

由此可见，钢管混凝土的抗剪和抗扭能力很强，且塑性很好。与抗压性能一样，同是这种构件的优越之处。

对于圆形构件，剪应力的分布是不均匀的，在截面中心处的剪应力最大。式（6-203）

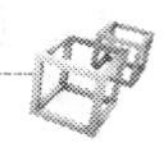

对抗剪承载力是按均布计算的，$f_{sc}^{v}A_{sc}$认为全截面皆达到剪切屈服点，只考虑部分发展塑性时，该值偏大，因此结合试验数据，取折减系数为0.71，以此修正。

6.14.3 格构式受剪和受扭构件

格构式构件受剪承载力和受扭承载力设计值应按下列公式计算

$$V_u = \sum V_{ui} \tag{6-210}$$

$$T_u = \sum T_{ui} + \sum V_{ui} r_i \tag{6-211}$$

式中 V_{ui}——各柱肢实心或空心钢管混凝土构件的受剪承载力设计值，按式（6-203）和式（6-204）计算；

T_{ui}——各柱肢实心或空心钢管混凝土构件的受扭承载力设计值，按式（6-207）和式（6-208）计算；

r_i——各柱肢实心或空心钢管混凝土构件截面形心到格构式截面中心的距离。

6.15 基于统一理论的钢管混凝土受弯构件

6.15.1 单肢钢管混凝土受弯构件

单肢钢管混凝土构件的受弯承载力设计值应按下列公式计算

$$M_u = \gamma_m W_{sc} f_{sc} \tag{6-212}$$

$$W_{sc} = \frac{\pi(r_0^4 - r_{ci}^4)}{4r_0} \tag{6-213}$$

$$\gamma_m = (1 - 0.5\psi)(-0.483\xi_0 + 1.926\sqrt{\xi_0}) \tag{6-214}$$

式中 γ_m——塑性发展系数，对实心圆形截面取1.2；

W_{sc}——受弯构件的截面模量；

r_0——等效圆半径，圆形截面为半径，非圆形截面为按面积相等等效成圆形的半径；

r_{ci}——空心半径，对实心构件取0。

【例6-5】 有两个圆钢管混凝土受弯构件，受均布荷载作用，分别采用ϕ219×6和ϕ273×6，Q235钢材，C40混凝土。当跨度分别为5.5m和8.5m时，试计算最大能承受的均布荷载各是多少？

解 （1）按统一理论方法计算。已知：f=215N/mm²，f_c=19.1 N/mm²。

1）ϕ219×6构件

$$A_s = 4014.96(\text{mm}^2),\ A_c = 33653.53(\text{mm}^2),\ \alpha = A_s/A_c = 4014.96/33653.53 = 0.119$$

$$\xi_0 = \alpha f/f_c = 0.119 \times 215/19.1 = 1.3395$$

$$B = 0.176f/213 + 0.974 = 0.176 \times 215/213 + 0.974 = 1.15165$$

$$C = -0.104f_c/14.4 + 0.031 = -0.1069$$

$$\begin{aligned} f_{sc} &= (1.212 + B\xi_0 + C\xi_0^2)f_c \\ &= (1.212 + 1.15165 \times 1.3395 - 0.1069 \times 1.3395^2) \times 19.1 \\ &= 48.95(\text{N/mm})^2 \end{aligned}$$

$$W_{sc} = \pi(r_0^4 - r_{ci}^4)/4r_0 = \pi \times 109.5^4/(4 \times 109.5) = 1031174.7(\text{mm}^3)$$

塑性发展系数γ_m=1.2。

根据式（6-212）计算该钢管混凝土构件的受弯承载力为

$$M_u = \gamma_m W_{sc} f_{sc} = 1.2 \times 1031174.7 \times 48.95 \times 10^{-6} = 60.57(\text{kN} \cdot \text{m})$$

则最大均布荷载 $q_{max}=8M_u/l^2=8\times60.57/5.5^2=16$（kN/m）

2）ϕ273×6 构件

$$A_s = 5032.83(\text{mm}^2),\ A_c = 53502.11(\text{mm}^2),\ \alpha = A_s/A_c = 5032.83/53502.11 = 0.094$$

$$\xi_0 = \alpha f/f_c = 0.094 \times 215/19.1 = 1.0581$$

$$B = 0.176f/213 + 0.974 = 0.176 \times 215/213 + 0.974 = 1.15165$$

$$C = -0.104f_c/14.4 + 0.031 = -0.1069$$

$$\begin{aligned} f_{sc} &= (1.212 + B\xi_0 + C\xi_0^2)f_c \\ &= (1.212 + 1.15165 \times 1.0581 - 0.1069 \times 1.0581^2) \times 19.1 \\ &= 44.14(\text{N/mm}^2) \end{aligned}$$

$$W_{sc} = \pi(r_0^4 - r_{ci}^4)/4r_0 = \pi \times 136.5^4/(4 \times 136.5) = 1997504.8(\text{mm}^3)$$

塑性发展系数 $\gamma_m=1.2$。

根据式（6-212）计算该钢管混凝土构件的受弯承载力为

$$M_u = \gamma_m W_{sc} f_{sc} = 1.2 \times 1997504.8 \times 44.14 \times 10^{-6} = 105.8(\text{kN} \cdot \text{m})$$

则最大均布荷载 $q_{max}=8M_u/l^2=8\times105.8/8.5^2=12$（kN/m）

（2）按美国规范 LRFD（1999年）方法计算。已知：$F_y=235$ N/mm²。

1）ϕ219×6 构件

$$Z = 2rA_s/\pi = 2 \times 109.5 \times 4014.96/\pi = 279882.3(\text{mm}^3)$$

根据式（6-149）计算该受弯构件的承载力设计值

$$M = \phi_b M_n = \phi_b Z f_y = 0.9 \times 279882.3 \times 235 \times 10^{-6} = 59.2(\text{kN} \cdot \text{m})$$

则最大均布荷载

$$q_{max}=8M_u/l^2=8\times59.2/5.5^2=15.6(\text{kN/m})$$

2）ϕ273×6 构件

$$Z = 2rA_s\pi = 2 \times 136.5 \times 5032.83/\pi = 437345.9(\text{mm}^3)$$

$$M = \phi_b M_n = \phi_b Z f_y = 0.9 \times 437345.9 \times 235 \times 10^{-6} = 92.5(\text{kN} \cdot \text{m})$$

则最大均布荷载：$q_{max}=8M_u/l^2=8\times92.5/8.5^2=10.2$（kN/m）

（3）按欧洲规范 EC4（1996年）方法计算。已知：$f_y=235\text{N/mm}^2$，$f_{ck}=40\text{N/mm}^2$，$f_{yd}=f_y/\gamma_{ma}=235/1.1=213.6\text{N/mm}^2$，$f_{cd}=f_{ck}/\gamma_c=40/1.5=26.7\text{N/mm}^2$。

1）ϕ219×6 构件

$$r_c = d/2 - t = 219/2 - 6 = 103.5(\text{mm}),\ W_{pc} = 4r_c^3/3 = 4 \times 103.5^3/3 = 1478290.5(\text{mm}^3)$$

$$W_{pa} = d^3/6 - W_{pc} = 219^3/6 - 1478290.5 = 272286(\text{mm}^3)$$

$$N_{pmRd} = A_c f_{cd} = 33653.53 \times 26.7 = 898549.3(\text{N})$$

$$\begin{aligned} h_n &= N_{pmRd}/[2df_{cd} + 4t(2f_{yd} - f_{cd})] \\ &= 898549.3/[2 \times 219 \times 26.7 + 4 \times 6 \times (2 \times 213.6 - 26.7)] \\ &= 54.5(\text{mm}) \end{aligned}$$

$$W_{pcn} = (d - 2t)h_n^2 = (219 - 2 \times 6) \times 54.5^2 = 614841.75(\text{mm}^3),$$

$$W_{pan} = dh_n^2 - W_{pcn} = 35643(\text{mm}^3)$$

$$M_{max\,Rd} = W_{pa} f_{yd} + W_{pc} f_{cd}/2 = 272286 \times 213.6 + 1478290.5 \times 26.7/2 = 77.9(\text{kN} \cdot \text{m})$$

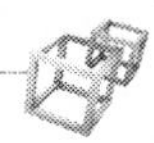

$$M_{nRd} = W_{pan} f_{yd} + W_{pcn} f_{cd}/2 = 35643 \times 213.6 + 614841.75 \times 26.7/2 = 15.8(\text{kN} \cdot \text{m})$$

截面塑性抗弯承载力为 $M_{plRd}=M_{max\,Rd}-M_{nRd}=62.1$（kN·m）

根据式（6-150）计算该圆钢管混凝土受弯构件的承载力设计值

$$M_{Sd} = 0.9M_{plRd} = 0.9 \times 62.1 = 55.9(\text{kN} \cdot \text{m})$$

则最大均布荷载

$$q_{max} = 8M_{Sd}/l^2 = 8 \times 55.9/5.5^2 = 14.8(\text{kN/m})$$

2）$\phi 273\times 6$ 构件

$$r_c = d/2 - t = 273/2 - 6 = 130.5(\text{mm})$$

$$W_{pc} = 4r_c{}^3/3 = 4 \times 130.5^3/3 = 2963263.5(\text{mm}^3)$$

$$W_{pa} = d^3/6 - W_{pc} = 273^3/6 - 2963263.5 = 427806(\text{mm}^3)$$

$$N_{pmRd} = A_c f_{cd} = 53502.11 \times 26.7 = 1428506.3\text{N}$$

$$\begin{aligned} h_n &= N_{pmRd}/[2df_{cd} + 4t(2f_{yd} - f_{cd})] \\ &= 1428506.3/[2 \times 273 \times 26.7 + 4 \times 6 \times (2 \times 213.6 - 26.7)] \\ &= 59(\text{mm}) \end{aligned}$$

$$W_{pcn} = (d - 2t)h_n^2 = (273 - 2 \times 6) \times 59^2 = 908541(\text{mm}^3)$$

$$W_{pan} = dh_n^2 - W_{pcn} = 41772(\text{mm}^3)$$

$$M_{max\,Rd} = W_{pa} f_{yd} + W_{pc} f_{cd}/2 = 427806 \times 213.6 + 2963263.5 \times 26.7/2 = 130.9(\text{kN} \cdot \text{m})$$

$$M_{nRd} = W_{pan} f_{yd} + W_{pcn} f_{cd}/2 = 41772 \times 213.6 + 908541 \times 26.7/2 = 21.1.8(\text{kN} \cdot \text{m})$$

截面塑性抗弯承载力为

$$M_{plRd} = M_{max\,Rd} - M_{nRd} = 109.8(\text{kN} \cdot \text{m})$$

该圆钢管混凝土受弯构件的承载力设计值为

$$M_{Sd} = 0.9M_{plRd} = 0.9 \times 109.8 = 98.8(\text{kN} \cdot \text{m})$$

则最大均布荷载

$$q_{max} = 8M_{Sd}/l^2 = 8 \times 98.8/8.5^2 = 10.9(\text{kN/m})$$

（4）按日本规范 AIJ（1997 年）方法计算。已知：$F=235\text{N/mm}^2$。

1）极限状态设计法。

a. $\phi 219\times 6$ 构件。因 $L/D=5500/219=25>12$，故该构件为长柱

$$_sZ_p = D^2t = 219^2 \times 6 = 287766(\text{mm}^3)$$

根据式（6-159）计算该圆钢管混凝土受弯构件的承载力设计值为

$$_sM_{u0} = {}_sZ_pF = 287766 \times 235 = 67.6(\text{kN} \cdot \text{m})$$

则最大均布荷载

$$q_{max} = 8{}_sM_{u0}/l^2 = 8 \times 67.6/5.5^2 = 17.9(\text{kN/m})$$

b. $\phi 273\times 6$ 构件。因 $L/D=8500/273=31>12$，故该构件为长柱

$$_sZ_p = D^2t = 273^2 \times 6 = 447174(\text{mm}^3)$$

该圆钢管混凝土受弯构件的承载力设计值为

$$_sM_{u0} = {}_sZ_p \cdot F = 447174 \times 235 = 105.1(\text{kN} \cdot \text{m})$$

则最大均布荷载

$$q_{max} = 8{}_sM_{u0}/l^2 = 8 \times 105.1/8.5^2 = 11.6(\text{kN/m})$$

2）允许应力设计法。

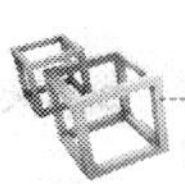

a. ϕ219×6 构件

$$_{s}Z=(\pi D^{3}/32)[1-(1-t/D)^{4}]$$
$$=(\pi\times219^{3}/32)\times[1-(1-6/219)^{4}]=108445.6(\text{mm}^{3})$$

根据式（6－168）计算该圆钢管混凝土受弯构件的承载力设计值为

$$_{s}M_{0}={}_{s}Z_{s}f_{t}=108445.6\times(235/1.5)=17(\text{kN}\cdot\text{m})$$

则最大均布荷载

$$q_{max}=8_{s}M_{0}/l^{2}=8\times17/5.5^{2}=4.5(\text{kN/m})$$

b. ϕ273×6 构件

$$_{s}Z=(\pi D^{3}/32)[1-(1-t/D)^{4}]$$
$$=(\pi\times273^{3}/32)\times[1-(1-6/273)^{4}]=169900(\text{mm}^{3})$$

该圆钢管混凝土受弯构件的承载力设计值为

$$_{s}M_{0}={}_{s}Z_{s}f_{t}=169900\times(235/1.5)=26.6(\text{kN}\cdot\text{m})$$

则最大均布荷载

$$q_{max}=8_{s}M_{0}/l^{2}=8\times26.6/8.5^{2}=2.9(\text{kN/m})$$

（5）按《组合结构设计规范》（JGJ 138—2016）方法计算。已知：$f_{a}=215\text{N/mm}^{2}$，$f_{c}=19.1\text{N/mm}^{2}$，$[\theta]=1/(\alpha-1)^{2}=1/(2-1)^{2}=1$。

1）ϕ219×6 构件

$$A_{a}=A_{s}=4014.96(\text{mm}^{2}),A_{c}=33653.53(\text{mm}^{2})$$
$$\theta=f_{a}A_{a}/f_{c}A_{c}=215\times4014.96/(19.1\times33653.53)=1.34>[\theta]=1$$
$$N_{0}=0.9A_{c}f_{c}(1+\sqrt{\theta}+\theta)=0.9\times33653.53\times19.1\times(1+\sqrt{1.34}+1.34)=2023.37(\text{kN})$$

根据式（6－170）计算该圆钢管混凝土受弯构件的承载力设计值为

$$M_{u}=0.3r_{c}N_{0}=0.3\times103.5\times2023.37=62.8(\text{kN}\cdot\text{m})$$

则最大均布荷载

$$q_{max}=8M_{u}/l^{2}=8\times62.8/5.5^{2}=16.6(\text{kN/m})$$

2）ϕ273×6 构件

$$A_{a}=A_{s}=5032.83(\text{mm}^{2}),A_{c}=53502.11(\text{mm}^{2})$$
$$\theta=f_{a}A_{a}/f_{c}A_{c}=215\times5032.83/(19.1\times53502.11)=1.06>[\theta]=1$$
$$N_{0}=0.9A_{c}f_{c}(1+\sqrt{\theta}+\theta)=0.9\times53502.11\times19.1\times(1+\sqrt{1.06}+1.06)=2841.48(\text{kN})$$

该圆钢管混凝土受弯构件的承载力设计值为

$$M_{u}=0.3r_{c}N_{0}=0.3\times130.5\times2841.48\times10^{-3}=111.2(\text{kN}\cdot\text{m})$$

则最大均布荷载

$$q_{max}=8M_{u}/l^{2}=8\times111.2/8.5^{2}=12.3(\text{kN/m})$$

综上所述，除采用日本规范 AIJ 中的允许应力法计算受弯构件承载力的结果比采用其他方法计算的受弯承载力偏小且相差较大外，采用其余方法计算的受弯承载力结果均较接近。

6.15.2　格构式钢管混凝土受弯构件

格构式钢管混凝土受弯构件的受弯承载力设计值应按下式计算

$$M_{u}=W_{sc}f_{sc}\tag{6-215}$$

式中　W_{sc}——格构式柱截面至最大受压肢外边缘的截面模量，对格构式构件，不考虑截面塑性发展。

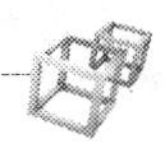

6.16 基于统一理论的钢管混凝土构件在复杂应力状态下的设计

6.16.1 单肢钢管混凝土构件在复杂应力状态下的设计

1. 压、弯、扭、剪共同作用下的相关公式

承受压、弯、扭、剪共同作用时，构件的稳定承载力应按下列公式计算

(1) 当$\dfrac{N}{N_u}\geqslant 0.255\left[1-\left(\dfrac{T}{T_u}\right)^2-\left(\dfrac{V}{V_u}\right)^2\right]$时

$$\frac{N}{N_u}+\frac{\beta_m M}{1.5M_u(1-0.4N/N'_E)}+\left(\frac{T}{T_u}\right)^2+\left(\frac{V}{V_u}\right)^2\leqslant 1 \tag{6-216a}$$

(2) 当$\dfrac{N}{N_u}<0.255\left[1-\left(\dfrac{T}{T_u}\right)^2-\left(\dfrac{V}{V_u}\right)^2\right]$时

$$-\frac{N}{2.17N_u}+\frac{\beta_m M}{M_u(1-0.4N/N'_E)}+\left(\frac{T}{T_u}\right)^2+\left(\frac{V}{V_u}\right)^2\leqslant 1 \tag{6-216b}$$

式中 N、M、T、V——作用于构件的轴心压力、弯矩、扭矩和剪力；

β_m——等效弯矩系数，按《钢结构设计标准》(GB 50017—2017) 的规定取值；

N_u——钢管混凝土构件的稳定承载力设计值；

M_u——钢管混凝土构件的受弯承载力设计值；

T_u——钢管混凝土构件的受扭承载力设计值；

V_u——钢管混凝土构件的受剪承载力设计值；

N'_E——系数，$N'_E=\pi^2 E_{sc}A_{sc}/1.1\lambda^2$，$E_{sc}=1.3k_E f_{sc}$，$N'_E$可以进一步简化为$11.6k_E f_{sc}A_{sc}/\lambda^2$，其中$k_E$为实心或空心钢管混凝土轴心受压弹性模量换算系数，根据《钢管混凝土结构技术规范》(GB 50936—2014) 取值，见表6-7。

表6-7 轴心受压弹性模量换算系数 k_E 值

钢材	Q235	Q345	Q390	Q420
k_E	918.9	719.6	657.5	626.9

2. 压、弯、剪共同作用下的相关公式

承受压、弯、剪共同作用时，构件的稳定承载力应按下列公式计算

(1) 当$\dfrac{N}{N_u}\geqslant 0.255\left[1-\left(\dfrac{V}{V_u}\right)^2\right]$时

$$\frac{N}{N_u}+\frac{\beta_m M}{1.5M_u(1-0.4N/N'_E)}+\left(\frac{V}{V_u}\right)^2\leqslant 1 \tag{6-217a}$$

(2) 当$\dfrac{N}{N_u}<0.255\left[1-\left(\dfrac{V}{V_u}\right)^2\right]$时

$$-\frac{N}{2.17N_u}+\frac{\beta_m M}{M_u(1-0.4N/N'_E)}+\left(\frac{V}{V_u}\right)^2\leqslant 1 \tag{6-217b}$$

3. 压弯构件的相关公式

承受压、弯作用时，构件的稳定承载力应按下列公式计算：

（1）当$\frac{N}{N_u} \geqslant 0.255$时

$$\frac{N}{N_u} + \frac{\beta_m M}{1.5M_u(1-0.4N/N'_E)} \leqslant 1 \tag{6-218a}$$

（2）当$\frac{N}{N_u} < 0.255$时

$$-\frac{N}{2.17N_u} + \frac{\beta_m M}{M_u(1-0.4N/N'_E)} \leqslant 1 \tag{6-218b}$$

【例 6-6】 有一圆形压弯构件，采用ϕ529×7 钢管，Q235 钢材，C30 混凝土，两端偏心距皆为 317.4mm，计算长度$l=11.5$m，已知计算压力$N=1350$kN。试验算整体稳定性。

解 先确定基本参数：钢管横截面面积为$A_s=11479.38\text{mm}^2$，混凝土横截面面积为$A_c=208307.23\text{mm}^2$，构件组合截面面积$A_{sc}=A_s+A_c=219786.61\text{mm}^2$。

（1）按统一理论方法计算。已知

$$f=215(\text{N/mm}^2), f_c=14.3(\text{N/mm}^2)$$

$$\alpha=A_s/A_c=11479.38/208307.23=0.055$$

$$W_{sc}=\pi r_0^4/4=\pi\times 264.5^3/4=14533389.4(\text{mm}^3)$$

$$\xi_0=\alpha f/f_c=0.055\times 215/14.3=0.8269$$

$$B=0.176f/213+0.974=0.176\times 215/213+0.974=1.15165$$

$$C=-0.104f_c/14.4+0.031=-0.104\times 14.3/14.4+0.031=-0.0723$$

$$\begin{aligned} f_{sc} &= (1.212+B\xi_0+C\xi_0^2)f_c \\ &= (1.212+1.15165\times 0.8269-0.1069\times 0.8269^2)\times 14.3 \\ &= 29.9(\text{N/mm}^2) \end{aligned}$$

$\lambda_{sc}=4l/D=4\times 11500/529=87$，查表 6-3 得$\varphi=0.687$。

轴心受压稳定承载力为

$$N_u=\varphi N_0=\varphi A_{sc}f_{sc}=0.687\times 219786.61\times 29.97\times 10^{-6}=4514.7(\text{kN})$$

$N/N_u=1350/4514.7=0.299\geqslant 0.255$，按式（6-218a）验算

$$\frac{N}{N_u} + \frac{\beta_m M}{1.5M_u(1-0.4N/N'_E)} \leqslant 1$$

其中　$\beta_m=1$，$\gamma_m=1.2$，$M_u=\gamma_m W_{sc}f_{sc}=1.2\times 14533389.4\times 29.9\times 10^{-6}=521.46$（kN·m）

$$\begin{aligned} N'_E &= \pi^2 E_{sc}A_{sc}/1.1\lambda^2 \approx 11.6k_E f_{sc}A_{sc}/\lambda_{yc}^2 \\ &= 11.6\times 918.9\times 29.9\times 219786.61/87^2=9254.65\ (\text{kN}) \end{aligned}$$

故$\frac{1350}{4514.7}+\frac{1\times 1350\times 0.3174}{1.5\times 521.46(1-0.4\times 1350/9254.65)}=0.881\leqslant 1$，满足要求

（2）按美国规范 LRFD（1999 年）方法计算。已知：

$$F_y=235\text{N/mm}^2, f'_c=24\text{N/mm}^2$$

$$E_s=200100\text{N/mm}^2, E_c=4588\sqrt{f'_c}=4588\times\sqrt{24}=22477(\text{N/mm})^2$$

$$\begin{aligned} I_s &= I_{sc}-I_c=\pi r^4/4-\pi(r-t)^4/4 \\ &= \pi\times 264.5^4/4-\pi\times(264.5-7)^4/4 \\ &= 391063718.6(\text{mm}^4) \end{aligned}$$

$$r_m=\sqrt{I_s/A_s}=\sqrt{391063718.6/11479.38}=184.57(\text{mm})$$

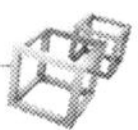

$$F_{my} = F_y + 0.85 f_c' (A_c/A_s)$$
$$= 235 + 0.85 \times 24 \times (208307.23/11479.38)$$
$$= 605.18(\mathrm{N/mm^2})$$
$$E_m = E_s + 0.4 E_c (A_c/A_s)$$
$$= 200100 + 0.4 \times 22477 \times (208307.23/11479.38)$$
$$= 363248.94(\mathrm{N/mm^2})$$

$$\lambda_c = \frac{L_0}{r_m \pi} \sqrt{F_{my}/E_m} = \frac{11500}{184.57 \times \pi} \sqrt{605.18/363248.94} = 0.81 \leqslant 1.5$$

$$F_{cr} = (0.658^{\lambda_c^2}) F_{my} = (0.658^{0.81^2}) \times 605.18 = 459.86(\mathrm{N/mm^2})$$
$$P_n = A_s F_{cr} = 11479.38 \times 459.86 = 5279(\mathrm{kN})$$
$$Z = 2r A_s/\pi = 2 \times 264.5 \times 11479.38/\pi = 1.933 \times 10^6 (\mathrm{mm^3})$$
$$M_n = Z f_y = 1.933 \times 10^6 \times 235 = 454.26(\mathrm{kN \cdot m})$$

因 $P_u/\phi_c P_n = 1350/(0.85 \times 5279) = 0.301 > 0.2$，所以按（6-172b）进行验算

$$\frac{P_u}{\phi_c P_n} + \frac{8M_u}{9\phi_b M_n} = 0.301 + \frac{8 \times 1350 \times 0.3174}{9 \times 0.9 \times 454.26} = 1.233 > 1$$

故不满足要求。

（3）按欧洲规范 EC4（1996 年）方法计算。已知

$$f_y = 235(\mathrm{N/mm^2}), f_{ck} = 30(\mathrm{N/mm^2})$$
$$f_{yd} = f_y/\gamma_{ma} = 235/1.1 = 213.6(\mathrm{N/mm^2}), f_{cd} = f_{ck}/\gamma_c = 30/1.5 = 20(\mathrm{N/mm^2})$$
$$E_a = 210000\mathrm{N/mm^2}, E_{cm} = 9.5(f_{ck} + 8)^{1/3} = 32947(\mathrm{N/mm^2})$$
$$I_a = I_s = I_{sc} - I_c = \pi r^4/4 - \pi (r - t)^4/4$$
$$= \pi \times 264.5^4/4 - \pi \times (264.5 - 7)^4/4 = 391063718.6(\mathrm{mm^4})$$
$$I_c = \pi (r - t)^4/4 = \pi \times (264.5 - 7)^4/4 = 3453017782(\mathrm{mm^4})$$
$$(EI)_e = E_a I_a + 0.6 E_{cm} I_c$$
$$= 210000 \times 391063718.6 + 0.6 \times 32947 \times 3453017782$$
$$= 1.5 \times 10^{14} (\mathrm{N \cdot mm^2})$$
$$N_{cr} = \pi^2 (EI)_e / l^2 = \pi \times 1.4 \times 10^{14}/11500^2 = 3325.69(\mathrm{kN})$$
$$N_{plR} = A_a f_y + A_c f_{ck} = 11479.38 \times 235 + 208307.23 \times 30 = 8946.87(\mathrm{kN})$$
$$\bar{\lambda} = \sqrt{N_{plR}/N_{cr}} = \sqrt{8946.87/3325.69} = 1.64 > 0.5, \text{故式(6-131)中} \ \eta_1 = 0, \eta_2 = 1$$
$$\phi = 0.5(1 + 0.21(\bar{\lambda} - 0.2) + \bar{\lambda}^2) = 0.5 \times (1 + 0.21(1.64 - 0.2) + 1.64^2) = 1.996$$
$$\chi = 1/(\phi + \sqrt{\phi^2 - \bar{\lambda}^2}) = 1/(1.996 + \sqrt{1.996^2 - 1.64^2}) = 0.319$$

截面塑性抗压承载力为

$$N_{plRd} = A_a f_y/\gamma_{ma} + A_c f_{ck}/\gamma_c$$
$$= 11479.38 \times 235/1.1 + 208307.23 \times 30/1.5$$
$$= 6618.6(\mathrm{kN})$$

$$\chi N_{plRd} = 0.319 \times (A_a f_y/\gamma_{ma} + A_c f_{ck}/\gamma_c) = 0.319 \times 6618.6 = 2111.3(\mathrm{kN})$$

而 $N_{Sd} = 1350\mathrm{kN}$，按式（6-173a）进行验算，$N_{Sd} \leqslant \chi N_{plRd}$，满足要求。

$$r_c = d/2 - t = 529/2 - 7 = 257.5(\mathrm{mm})$$
$$W_{pc} = 4 r_c^3/3 = 4 \times 103.5^3/3 = 22765145.8(\mathrm{mm^3})$$

$$W_{pa} = d^3/6 - W_{pc} = 529^3/6 - 22765145.8 = 1907502.3(mm^3)$$

$$N_{pmRd} = A_c f_{cd} = 208307.23 \times 20 = 4166144.6(N)$$

$$h_n = N_{pmRd}/[2df_{cd} + 4t(2f_{yd} - f_{cd})]$$
$$= 4166144.6/[2 \times 529 \times 20 + 4 \times 7 \times (2 \times 213.6 - 20)]$$
$$= 127.9(mm)$$

$$W_{pcn} = (d - 2t)h_n^{\ 2} = (529 - 2 \times 7) \times 127.9^2 = 8391864.33(mm^3)$$

$$W_{pan} = dh_n^{\ 2} - W_{pcn} = 261734.56(mm^3)$$

$$M_{max\,Rd} = W_{pa} f_{yd} + W_{pc} f_{cd}/2 = 1907502.3 \times 213.6 + 22765145.8 \times 20/2 = 635.1(kN \cdot m)$$

$$M_{nRd} = W_{pan} f_{yd} + W_{pcn} f_{cd}/2 = 261734.56 \times 213.6 + 8391864.33 \times 20/2 = 139.8(kN \cdot m)$$

$$M_{plRd} = M_{max\,Rd} - M_{nRd} = 495.3(kN \cdot m)$$

$$r = M_{min}/M_{max} = 1, \beta = 0.66 + 0.44r = 0.66 + 0.44 \times 1 = 1.10 \geqslant 0.44$$

$$k = \beta/[1 - (N/N_{cr})] = 1.1/[1 - (1350/3325.69)] = 1.85$$

$\chi_d = N/N_{plRd} = 1350/6618.6 = 0.2$，根据 μ_d- χ_d 相关直线方程，求得对应的 $\mu_d = 2.16$

$\chi_n = \chi\ (1-r)\ /4 = 0.319 \times\ (1-264.5)\ /4 = -21$，故 $\chi_d > \chi_n$

已求得 χ，根据 μ_d- χ_d 相关直线方程，可求得 $\mu_k = 0.88$，因此

$\mu = \mu_d - \mu_k(\chi_d - \chi_n)/(\chi - \chi_n) = 2.16 - 0.88 \times (0.2 + 21)/(0.319 + 21) = 1.28$

则

$0.9\mu M_{plRd} = 0.9 \times 1.28 \times 495.3 = 570.6(kN \cdot m)$，$kM_{Sd} = 1.85 \times 1350 \times 0.3174 = 792.7(kN \cdot m)$

按式（6 - 173b）进行验算，$kM_{Sd} \geqslant 0.9\mu M_{plRd}$，不满足要求。

综上所述，该压弯构件承载力不满足要求。

（4）按日本规范 AIJ（1997 年）方法计算。因 $L/D = 11500/529 = 21.7 > 12$，故该柱为长柱。按极限状态设计法计算该压弯构件的整体稳定。已知

$$F = 235(N/mm^2), {}_sE = 205800(N/mm^2)$$

$$F_c = 25(N/mm^2), {}_cE = (3.32\sqrt{F_c} + 6.90) \times 10^3 = 23.5 \times 10^3(N/mm^2)$$

$${}_sI = {}_{sc}I - {}_cI = \pi r^4/4 - \pi(r-t)^4/4$$
$$= \pi \times 264.5^4/4 - \pi \times (264.5 - 7)^4/4 = 391063718.6(mm^4)$$

$${}_cI = \pi(r-t)^4/4 = \pi \times (264.5 - 7)^4/4 = 3453017782(mm^4)$$

$${}_sN_k = \pi_s^2 E_s I/L^2 = \pi^2 \times 205800 \times 391063718.6/11500^2 = 6006.2(kN)$$

$${}_sN_y = {}_sAF = 11479.38 \times 235 = 2697.6(kN)$$

$$\lambda_1 = \frac{\lambda}{\pi}\sqrt{F/{}_sE} = \sqrt{{}_sN_y/{}_sN_k} = \sqrt{2697.6/6006.2} = 0.67, 0.3 < 0.67 \leqslant 1.3$$

$${}_sN_{cr} = [1 - 0.545(\lambda_1 - 0.3)]\,{}_sAF$$
$$= [1 - 0.545 \times (0.67 - 0.3)] \times 11479.38 \times 235 = 2153.8(kN)$$

$${}_c\lambda = L/\sqrt{{}_cI/{}_cA} = 11500/\sqrt{3453017782/208307.23} = 89.32$$

$${}_c\sigma_B = {}_cr_u F_c = 0.85 \times 25 = 21.25(N/mm^2)$$

$${}_c\varepsilon_U = 0.93\,{}_c\sigma_B^{\ 1/4} 10^{-3} = 0.93 \times 21.25^{1/4} \times 10^{-3} = 2.0 \times 10^{-3}$$

$${}_c\lambda_1 = \frac{{}_c\lambda}{\pi}\sqrt{{}_c\varepsilon_U} = \frac{89.32}{\pi}\sqrt{2.0 \times 10^{-3}} = 1.27 > 1$$

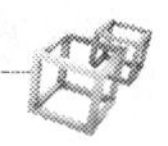

$$C_c = 0.568 + 0.00612F_c = 0.568 + 0.00612 \times 25 = 0.721$$

$$_c\sigma_{cr} = 0.83\exp\{C_c(1 - {_c\lambda})\}_c\sigma_B$$

$$= 0.83 \times \exp\{0.721 \times (1 - 2)\} \times 21.25 = 8.58(\text{N/mm}^2)$$

$$_cN_{cr} = {_cA_c}\sigma_{cr} = 208307.23 \times 8.58 = 1782.3(\text{kN}) > N = 1350(\text{kN})$$

因此，按式（6-176a）进行验算。

故 $N_u = {_cN_u} = {_cN_{cr}} = 1782.3\text{kN}$，满足要求。

$$C_b = 0.923 - 0.0045F_c = 0.923 - 0.0045 \times 25 = 0.8105$$

$$_cM_{max0} = {_c\sigma_B} \times D^3/12 = 21.25 \times 5293/12 = 262.147(\text{kN}\cdot\text{m})$$

$$_cM_{max} = {_cM_{max0}} \times C_b/(C_b + {_c\lambda_1}^2) = 87.67(\text{kN}\cdot\text{m})$$

$$_cM_u = \frac{4_cN_u}{0.9_cN_{cr}}\left(1 - \frac{_cN_u}{0.9_cN_{cr}}\right)_c M_{max}$$

$$= \frac{4 \times 1782.3}{0.9 \times 1782.3}\left(1 - \frac{1782.3}{0.9 \times 1782.3}\right) \times 87.67 = -43.29(\text{kN}\cdot\text{m})$$

等效弯矩系数 $C_M = 1 - 0.5\ (1 - M_2/M_1)\ (N_u/N_k)\ 0.5 = 1 \geqslant 0.25$

钢管单独承受弯矩时的极限抗弯承载力 $_sM_{u0} = {_sZ_p}F = D_2tF = 460.34(\text{kN}\cdot\text{m})$

$$M_u = [{_cM_u} + {_sM_{u0}}(1 - {_cN_u}/N_k)]/C_M$$

$$= [-43.29 + 460.34 \times (1 - 1782.3/7217.3)]$$

$$= 303.37(\text{kN}\cdot\text{m})$$

而 $M = 1350 \times 0.3174 = 428.49\ (\text{kN}\cdot\text{m}) > M_u$，不满足要求。

综上所述，该压弯构件不满足整体稳定要求。

（5）按 CECS 28：2012 方法计算。已知

$$f_a = 215(\text{N/mm}^2),\ f_c = 14.3(\text{N/mm}^2)$$

由混凝土等级为 C30，查表 6-5 可得

$$\alpha = 2.00, [\theta] = 1/(\alpha - 1)^2 = 1/(2 - 1)^2 = 1$$

$$\theta = f_aA_a/f_cA_c = 215 \times 11479.38/(14.3 \times 208307.23)$$

$$= 0.829, 0.5 < \theta \leqslant [\theta] = 1$$

故按式（6-144a）计算轴心受压承载力设计值为

$$N_0 = 0.9A_c f_c(1 + \alpha\theta) = 0.9 \times 208307.23 \times 14.3 \times (1 + 2 \times 0.829) \times 10^{-3}$$

$$= 7125.87(\text{kN})$$

因 $L_e/D = 11500/529 = 21.739 > 4$，所以，考虑长细比影响的承载力折减系数为

$$\varphi_1 = 1 - 0.115\sqrt{L_e/D - 4} = 1 - 0.115\sqrt{21.739 - 4} = 0.516$$

因 $e_0/r_c = 317.4/257.5 = 1.233 \leqslant 1.55$，所以，考虑偏心率影响的承载力折减系数为

$$\varphi_e = 1/(1 + 1.85e_0/r_c) = 1/(1 + 1.85 \times 317.4/257.5) = 0.305$$

因此，根据式（6-178）计算该压弯构件的承载力为

$N_u = \varphi_1\varphi_eN_0 = 0.516 \times 0.305 \times 7125.87 = 1121.47(\text{kN}) < 1350(\text{kN})$，故不满足要求

（6）按 JGJ 138—2016 方法计算。因 $\theta = 0.829 \leqslant [\theta]$，$L_e/D = 11500/529 = 21.739 > 4$，$e_0/r_c = 317.4/257.5 = 1.233 \leqslant 1.55$，所以计算方法和 CECS 28：2012 相同，则计算结果一致。按该规范计算此压弯构件同样不满足要求。

综上所述，按“统一理论”验算此压弯构件的整体稳定满足要求，而根据其余规范计算

的承载力均不满足要求。

6.16.2　格构式钢管混凝土构件在复杂应力状态下的设计

1. 格构式钢管混凝土构件压、弯、扭、剪共同作用下的相关公式

格构式钢管混凝土构件承受压、弯、扭、剪共同作用时，应按下式验算平面内的整体稳定承载力

$$\frac{N}{N_u}+\frac{\beta_m M}{M_u(1-\varphi N/N'_E)}+\left(\frac{T}{T_u}\right)^2+\left(\frac{V}{V_u}\right)^2\leqslant 1 \tag{6-219}$$

式中　M_u——格构式钢管混凝土构件的受弯承载力设计值；

N_u——格构式钢管混凝土构件的轴心受压强度承载力设计值；

T_u——格构式钢管混凝土构件的受扭承载力设计值；

V_u——格构式钢管混凝土构件的受剪承载力设计值。

2. 格构式钢管混凝土构件压、弯、剪共同作用下的相关公式

格构式钢管混凝土构件承受压、弯、剪共同作用时，应按下式验算平面内的整体稳定承载力

$$\frac{N}{N_u}+\frac{\beta_m M}{M_u(1-\varphi N/N'_E)}+\left(\frac{V}{V_u}\right)^2\leqslant 1 \tag{6-220}$$

3. 格构式钢管混凝土构件压、弯共同作用下的相关公式

格构式钢管混凝土构件承受压、弯作用时，应按下式验算平面内的整体稳定承载力

$$\frac{N}{N_u}+\frac{\beta_m M}{M_u(1-\varphi N/N'_E)}\leqslant 1 \tag{6-221}$$

6.16.3　拉弯构件

当只有轴心拉力和弯矩作用时的拉弯构件，应按下式计算

$$\frac{N}{N_{ut}}+\frac{M}{M_u}\leqslant 1 \tag{6-222}$$

式中　N、M——作用于构件的轴心拉力和弯矩；

N_{ut}——钢管混凝土构件的受拉承载力设计值，按式（6-202）计算；

M_u——钢管混凝土构件的受弯承载力设计值，按式（6-212）计算。

6.17　高层钢管混凝土结构节点的种类

6.17.1　节点种类和要求

在高层建筑中，钢管混凝土柱应沿建筑物全高度连续，不应中断。如把柱逐层分段，钢管混凝土柱施工快捷的优点将不复存在。柱和楼层梁及基础的连接有三种节点，即柱顶、柱和楼层梁和基础。这三种节点又有刚接节点和铰接节点之分，有时还采用半刚接节点。

在柱顶节点中，梁可以放在柱顶上面，也可以和柱侧面相连，可以做成刚接，也可以做成铰接。有些高层建筑中，下部若干层柱采用钢管混凝土柱，但上部若干层则采用钢筋混凝土结构，这时必须设置转换层和转换大梁，并与钢管混凝土柱顶相连。楼盖梁都采用从柱侧面与柱相连。柱和基础的节点都要求采用刚接。

钢管混凝土梁柱连接节点的性能和管内没有填充混凝土的钢管结构节点性能总体基本类似。但在管内填充混凝土后，柱及节点区域的刚度大大增强，由此对节点的性能会造成一定的影响。此外，由于钢管混凝土的梁柱连接节点要保证力在钢管和混凝土之间的可靠传递，

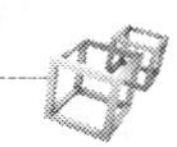

同时梁可以采用钢梁、钢-混凝土组合梁、现浇或预制钢筋混凝土梁等不同形式，因此钢管混凝土梁柱连接节点的形式较多。

与钢结构类似，钢管混凝土结构的梁柱连接节点也可以根据节点弯矩M—转角θ关系及刚度的不同，将其分为铰接节点、半刚接节点和刚接节点三类。

（1）铰接节点。节点刚度较小，梁只传递支座反力，故只需设置牛腿传递此剪力，构造简单得多。

（2）半刚接节点。受力过程中梁和钢管混凝土柱轴线的夹角会发生改变，即两者之间有相对转角位移。半刚接节点可以在梁、柱构件之间传递支座反力和部分弯矩，但节点转动的影响不可忽略。

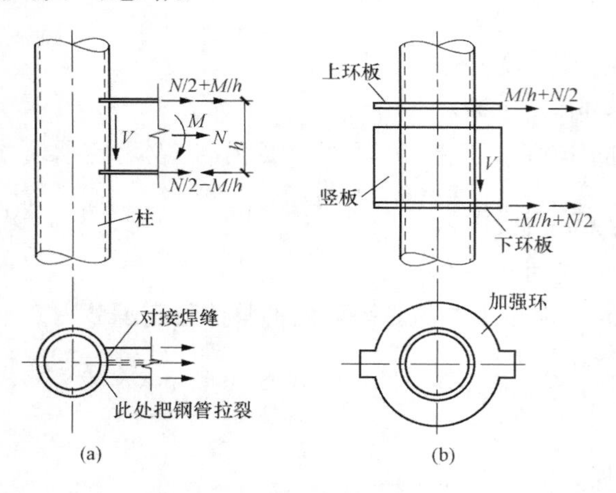

图6-42　梁柱连接刚接节点

（3）刚接节点。节点刚度较大，在受力过程中梁和钢管混凝土柱轴线之间的夹角基本保持不变。梁端弯矩、轴向力和剪力通过一些连接件可靠地传递给钢管混凝土柱。梁的轴向力和弯矩都由梁的翼缘以轴向力的方式经连接件传递给钢管混凝土柱，但应避免翼缘的轴向拉力只作用在管柱的局部，如图6-42（a）所示。因为此局部拉力将使钢管局部受力过大，当梁端弯矩较大时，此拉力有很大可能使钢管局部被拉裂破坏。当梁端弯矩不大，翼缘拉力也不大时，虽然不致将钢管拉裂，但在该处如发生塑性变形，梁柱夹角将产生相对角变形，梁柱节点的弯矩将卸载，使刚接节点变成了半刚接节点，这不符合设计中假设为刚接的要求，因而这种局部传力的节点构造应予以避免。合理的方法是在梁的翼缘平面位置设置加强环，如图6-42（b）所示，以保证管柱在节点处的整体性和刚接节点的可靠性。

梁端的受压翼缘向柱传递压力，如压力不是很大，可不设加强环，把翼缘直接焊在钢管上即可。当梁端有正号和负号弯矩作用时，此加强环不能省，必须设置上下加强环。加强环不一定放在管柱外侧，也可设在管内，称内加强环。只有当管柱直径大于1m时，才设内加强环，管径过小时，内环无法焊接，且内环的存在也会影响管内混凝土的浇筑。

6.17.2　节点剪力的传递

无论是刚接节点还是铰接节点，当梁与管柱的侧面相连时，梁端剪力都是通过牛腿（或一段短梁段）的腹板焊缝或焊在管柱上的垂直钢板的焊缝传给柱子，如图6-43所示。

钢管混凝土柱在与横梁连接处，剪力V经垂直焊缝作用于管壁外皮，通过钢管与混凝土之间的黏结作用，逐渐地传入核心混凝土。假设黏结力沿45°的A—A线以下为均匀分布，到焊缝下端传入混凝土的总剪力（见图6-43）为

$$V_c = f_{ce}(L - r_0)2\pi r_{co} \tag{6-223}$$

式中　r_{co}——钢管内半径；

L——垂直焊缝长度，$L > 2r_{co}$；

f_{ce}——黏结强度设计值，一般为1～2 MPa。

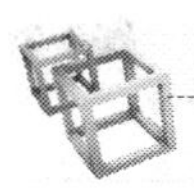

焊缝长度 L 常取决于下列条件：横梁为工字钢梁时，为钢梁腹板的高度；用焊于管壁的牛腿传递剪力时，为牛腿肋板的高度。

设实际剪力为 V，则应由核心混凝土承担的剪力部分为

$$V' = V/(1 + n\alpha) \tag{6-224}$$

$$n = E_s/E_c, \alpha = A_s/A_c$$

式中　A_s、A_c——钢管和混凝土的面积；

E_s、E_c——钢材和混凝土的弹性模量。

当 $V' < V_c$ 时，剪力在 L 长度内传入混凝土；当 $V' > V_c$ 时，到焊缝下端 $B-B$ 截面处，剪力仍有一部分未传入混凝土，致使 $B-B$ 截面的钢管超载。需往下再经过一定距离，截面应力才趋于均匀分布。因此，$B-B$ 截面处钢管应力大，属于危险截面。但考虑钢管发展塑性后，截面不会发生破坏，应在 $B-B$ 截面处设置加强肋。

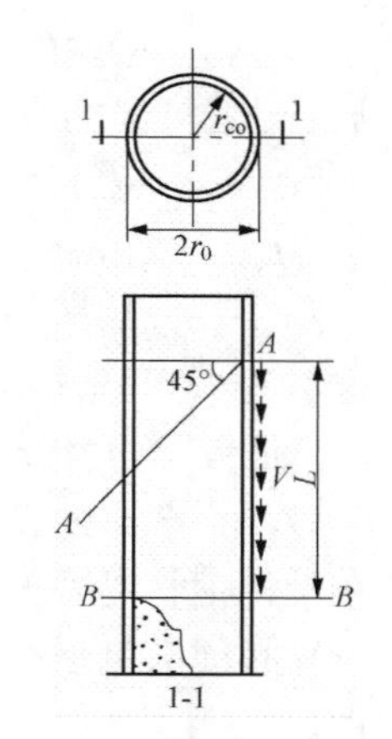

图 6-43　垂直剪力的传递

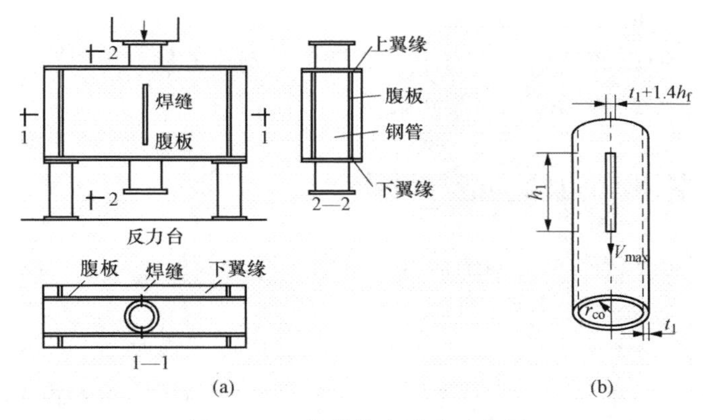

图 6-44　纯剪传力试验示意图

如图 6-44 所示为纯剪传力试验示意图。由图 6-44 可知，在钢管混凝土管两侧，各贴一块钢板，钢板与钢管接触处在钢板上开一竖槽，槽中用槽焊缝把钢板和钢管焊连。再在两块钢板上下焊翼缘板，翼缘板避开管柱，实际上是一个双腹板钢梁，用腹板夹住管柱，在夹住的接触线处用槽焊缝与管柱相连。钢梁两端架在支座上，中间的管柱悬空，从上对管柱加压力，此压力以剪力的方式通过槽焊缝传给管柱。这就可以模拟管柱纯剪的工作。

试验表明：

(1) 钢管混凝土柱的节点在剪力作用下，危险截面在分布剪力的末端，该处也是钢管的最大应力点。

(2) 危险截面上的应力分布状态与含钢率、钢管半径、钢管厚度及钢材屈服应力等有关。钢管半径越大、厚度越大；含钢率越高及屈服应力越高时，$B-B$ 截面上的应力分布就越均匀；反之，分布越不均匀。

(3) 试件都在焊缝末端 $B-B$ 截面处发展塑性后破坏。但在该处钢管无局部压屈，沿焊缝长度钢管无撕裂现象，因而由焊缝向管柱传递剪力是可靠的。

(4) 通过焊缝传给钢管的剪力，只沿剪力方向通过黏结力向下传递，不会向上传力。

(5) 考虑钢管的塑性变形，不需验算 $B-B$ 危险截面的强度，当 B 点（焊缝末端位置）处设置了加强环，危险截面下移，更不需要验算强度。

但应按下式验算焊缝处管壁的抗剪强度

$$\tau = \frac{0.6V_{max}}{h_1 t}\lg\frac{2r_{co}}{t_1 + 1.4h_f} \leqslant f_v \tag{6-225}$$

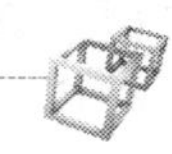

式中 V_{max}——梁端的最大剪力；

h_1、t_1——梁端腹板或牛腿肋板的高度和厚度；

t——钢管壁厚；

h_f——角焊缝的焊脚尺寸；

r_{co}——混凝土的外半径，即钢管的内半径。

这里的 $0.6V_{max}$ 是考虑剪力沿焊缝长度往下经黏结力逐步传入混凝土，$\lg[2r_{co}/(t_1+1.4h_f)]$ 是考虑剪力分布不均匀系数；f_v 是钢材的抗剪强度设计值，见图 6-44（b）。

6.17.3　节点的设计原则

在设计钢管混凝土柱与梁或基础等的连接节点时，应按下列原则进行：

（1）必须满足强柱、弱梁、节点更强的原则，要求节点具有比柱子更大的刚度和更强的整体性。

（2）节点构造必须符合计算中采用的力学模型，刚接必须保证梁和柱轴线间的夹角不变，才能可靠地传递梁端的弯矩、剪力和轴向力；而铰接只传递梁对支座的压力。

（3）梁和柱在节点处传力明确、简捷。

（4）在满足（1）、（2）、（3）各条原则的基础上，力求构造简单，制作方便。

（5）在满足（1）、（2）、（3）各条原则的基础上，尽可能考虑节约钢材。

6.18　刚接节点的构造与设计

多、高层建筑中，钢管混凝土柱与楼盖梁多为刚接节点，常用的形式有加强环式、锚定式、钢筋贯通式和十字板式等。

6.18.1　加强环式刚接节点

加强环式刚接节点是研究最成熟、应用最多的刚接节点，可分为外加强环式和内加强环式两种。加强环一般设在管外，如图 6-45 所示。当钢管截面尺寸较大时，在不影响混凝土浇筑前提下，也可将加强环设在管内，如图 6-46 所示。采用圆钢管混凝土柱时，其中内加强环只适用于钢管直径较大的情况（一般大于 1m），直径较小时，加工制作困难，且不利于管内混凝土的浇灌。钢管混凝土柱在梁的上下翼缘位置设置上下加强环，与梁用熔透焊缝连接后，传递梁端弯矩。

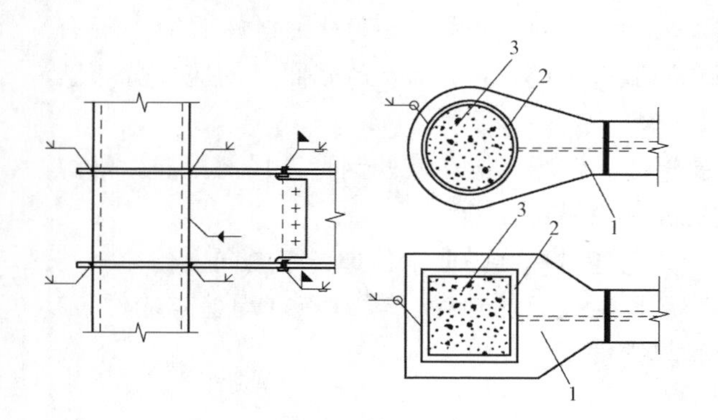

图 6-45　外加强环式连接节点

1—外加强环；2—钢管；3—混凝土

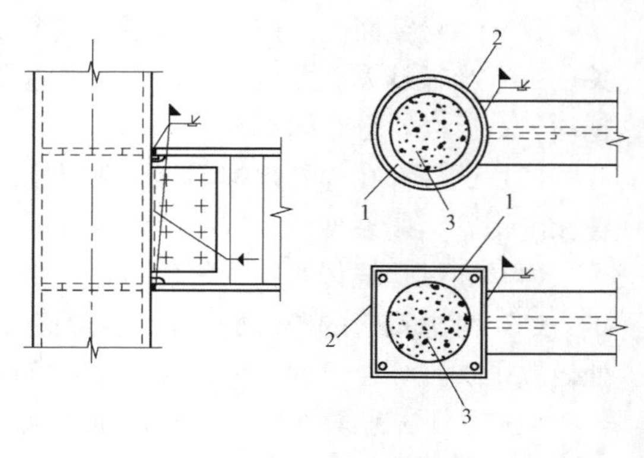

图 6-46　内加强环式连接节点

1—内加强环；2—钢管；3—混凝土

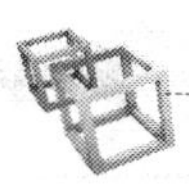

根据钢管混凝土柱截面形式的不同，具体加强环板构造分别如图 6-47 和图 6-48 所示。

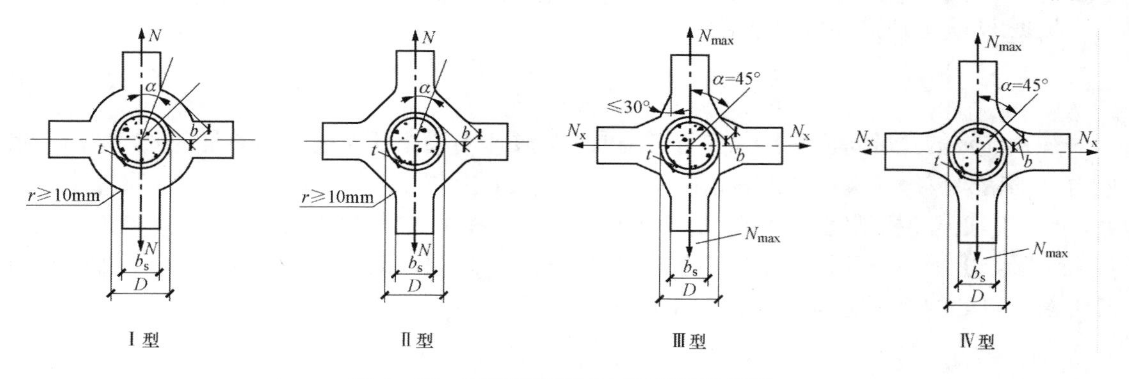

图 6-47　圆钢管混凝土加强环板的类型

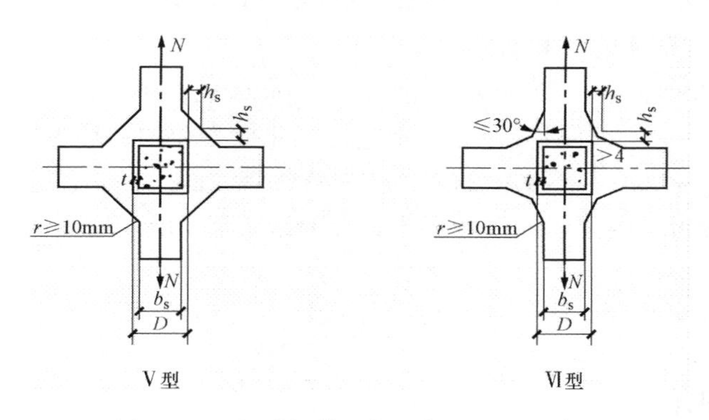

图 6-48　矩形钢管混凝土加强环板的类型

Ⅰ型是同心圆板，内力分布较均匀，应力集中较小，是最普遍的一种，但加工较困难，也费材料；Ⅱ型加工较方便，但其应力集中较严重。Ⅲ型是Ⅱ型的改进型，对应力集中现象有所改善。Ⅳ型是Ⅰ型的改进型，应用也比较普遍。

当然，加强环板不一定像图示那样做成整块，这样很费钢材。可以分为三四块拼焊而成，但必须采用熔透焊缝焊接，以保证形成整环。

加强环板的截面由其承受的拉力决定。计算时可近似认为梁中的弯矩在节点处完全由上下翼缘承受，上下加强环板将梁端弯矩 M 转化为水平力，同时，考虑梁中的轴向力作用，则加强环板承受的总拉力为

$$N_t = \frac{M}{h} + \frac{N_b}{2} \tag{6-226}$$

$$M = M_z - VD/3, 且 M \geq 0.7M_z \tag{6-227}$$

式中　N_t——横梁对加强环产生的拉力，当梁的内力对加强环为压力时可不考虑；

h——梁截面高度；

N_b——横梁中的轴向力；

M——节点处的梁端弯矩；

M_z——柱轴线处的梁端弯矩；

V——对应于 M_z 的梁端剪力；

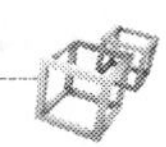

D——圆钢管混凝土柱的直径。

根据 N_t 确定加强环板的厚度 t_1 和宽度 b_s

$$t_1 \geqslant \frac{N_t}{b_s f} \tag{6-228}$$

加强环板的宽度 b_s 应根据梁的宽度来取，以便于与梁相互连接，如果是钢梁，加强环板的宽度和钢梁翼缘等宽；如果是预制钢筋混凝土梁，上加强环板外伸端宽度宜比梁宽小20～40mm，下加强环板则宜比梁宽大 20～40mm，以便和梁的预埋钢板焊接；如果是现浇钢筋混凝土梁，上下加强环板外伸端的宽度和梁宽相同，以便和梁的钢筋焊接。这时，加强环板外伸段入口处的面积应和梁内受拉钢筋等强度，即满足下式

$$t_1 \geqslant \frac{A_s f_s}{b_s f} \tag{6-229}$$

式中　f_s、f——钢筋（受拉纵筋）和环板的抗拉强度设计值；

　　　A_s——受拉钢筋的总截面面积。

加强环板外伸端和环板相接部位必须做成 $r \geqslant 10$mm 的圆弧过渡，以减小应力集中。

N_t 作用于环板后，经由环板传递。对于边柱，此拉力经加强环板传给管柱；对于中柱，两侧的拉力相互抵消一部分，不平衡的部分传递给钢管混凝土柱。加强环板受拉力时，管柱还有部分管壁参加受力。因此，加强环板的受力十分复杂，既与所受的拉力有关，又和管柱的管壁有关。

加强环板控制截面宽度 b 的计算。根据加强环板类型的不同，分别按照以下计算方法确定。

对Ⅰ、Ⅱ型加强环板

$$b \geqslant F_1(\alpha)\frac{N_t}{t_1 f_1} - F_2(\alpha) b_e \frac{tf}{t_1 f_1} \tag{6-230}$$

$$F_1(\alpha) = \frac{0.93}{\sqrt{2\sin^2\alpha + 1}} \tag{6-231}$$

$$F_2(\alpha) = \frac{1.74\sin\alpha}{\sqrt{2\sin^2\alpha + 1}} \tag{6-232}$$

$$b_e = \left(0.63 + 0.88\frac{b_s}{D}\right)\sqrt{Dt} + t_1 \tag{6-233}$$

式中　α——拉力 N_t 作用方向与计算截面的夹角；

　　b_e——管柱管壁参加加强环工作的有效宽度；

　　t——管柱管壁厚度；

　　t_1——加强环板厚度；

f、f_1——钢管和加强环板钢材的抗拉强度设计值。

对Ⅲ、Ⅳ型加强环板

$$b \geqslant (1.44 + \beta)\frac{0.392 N_{max}}{t_1 f_1} - 0.864 b_e \frac{tf}{t_1 f_1} \tag{6-234}$$

$$\beta = \frac{N_x}{N_{max}} \leqslant 1 \tag{6-235}$$

式中　β——加强环同时受双向垂直拉力的比重，当加强环为单向受拉时，$\beta = 0$；

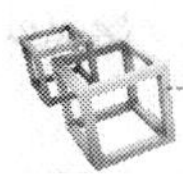

N_{max}——y 方向由最不利效应组合产生的最大拉力；

N_x——x 方向与 N_{max} 同时作用的拉力。

采用矩形钢管混凝土柱时，外加强环板有两种型式，如图 6－48 所示。

对Ⅴ型加强环板，其 h_s 的选择应满足下式

$$\frac{4}{\sqrt{3}}h_s t_1 f_1 + 2(4t + t_1)tf \geqslant N \tag{6-236}$$

$$t_1 f_1 b_s \geqslant N \tag{6-237}$$

式中　b_s——钢梁翼缘宽度。

对Ⅵ型加强环板，其 h_s 除应满足式（6－236）和式（6－237）外，还应满足下式

$$2.62\left(\frac{t}{D}\right)^{2/3}\left(\frac{t_1}{t+h_s}\right)^{2/3}\left(\frac{t+h_s}{D}\right)D^2\frac{f_1}{0.58} \geqslant N \tag{6-238}$$

式中　D——矩形钢管垂直于弯曲轴的边长。

加强环板构造要求应满足如下要求：

（1）加强环板宽度 B，$0.25 \leqslant B/D \leqslant 0.75$。

（2）圆钢管混凝土，$0.1 \leqslant b/D \leqslant 0.35$，$b/t \leqslant 10$。

（3）矩形钢管混凝土，对Ⅴ型加强环板，$h_s/D \geqslant 0.15t_b/t_1$；对Ⅵ型加强环板，$h_s/D \geqslant 0.1t_b/t_1$，$t_b$ 为和加强环板连接的钢梁翼缘厚度。

上、下加强环板之间的竖直钢板，是将梁端的剪力传给管壁之用。当采用钢梁时，竖直钢板应占满上、下翼缘板之间；当采用钢筋混凝土梁时，竖直钢板宜离开上加强环板一段距离；对现浇混凝土，竖直钢板的宽度视钢筋混凝土梁中抗剪钢筋搭接焊接的需要而定。

由竖直钢板经焊缝传给管壁的剪应力，应按式（6－225）计算。

竖直钢板与管壁的角焊缝按下式验算强度

$$\tau_f = \frac{1.5V_{max}}{1.4h_f\sum l_w} \leqslant f_{jv} \tag{6-239}$$

式中　h_f——角焊缝焊脚尺寸；

$\sum l_w$——角焊缝计算总长度，每根焊缝的实际长度减去 $2h_f$；

f_{jv}——角焊缝的抗剪强度设计值。

高层建筑中的边柱和角柱，当和梁刚接连接而采用加强环时，加强环可能和围护结构发生冲突，这时可采用半环板形式。试验表明，整环式节点无论是承载力还是刚度及抗震性能都优于半环式，但半环式节点的刚度也好，承载力虽稍低，但满足要求；柱子的轴向力大小对半环式节点工作无影响；环板应超过 180°，一般取大于 210°。同时应注意在梁的翼缘板进入环板处及环板受力最大处，应做成圆弧平滑过渡，不允许有任何刻痕和缺口。

对于圆钢管混凝土柱，当管柱的直径大于 1m 时，边柱和角柱可采用内加强环以避免影响围护结构。

6.18.2　钢筋贯通式刚接节点

在工程中，框架梁为现浇钢筋混凝土梁时，可采用把梁内纵向主筋贯通管柱的节点方式，如图 6－49 所示。

这种节点要在管柱上开孔、现场穿过钢筋，施工上有一定难度，也影响管内混凝土的浇筑，但两侧梁中刚接的拉力相互平衡，钢管受力较小，是一种十分可靠的刚接节点。为了方便施工，可在管柱上开长孔，如图 6-50 所示。由于节点处开了孔，削弱了管柱，应加设加劲肋以补强；同时还应设置上、下加强环，以保持节点的整体性，也可作为穿钢筋时搁置钢筋之用。

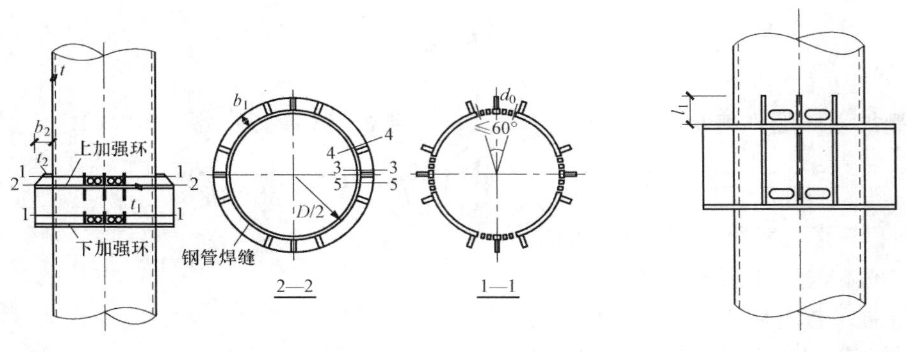

图 6-49　钢筋贯通式刚接节点　　　图 6-50　开长孔的构造

对贯通式刚接节点应满足以下构造要求：

(1) 开孔要求。

1) 允许在梁轴方向对应圆心角 60°范围内开孔，最大不超过 60°范围。各孔直径之和不得超过管柱周长的 25%。允许开长圆孔，但节点范围需加三道箍筋。

2) 孔径取 $1.2d$，d 为钢筋直径；外侧孔可取 $1.5d$ 的孔，必要时最大允许取 $2d$；开长孔时，孔宽为 $1.2d$。不得在现场用气割扩孔，避免刻槽产生严重的应力集中。

3) 贯穿的钢筋中心至中心的间距不小于 $3d$。

(2) 加强环要求。在开孔下方 10～20mm 处设外加强环，以弥补钢管因开孔而造成的钢管环向削弱，保证钢管截面不变形，对管中混凝土提供横向约束，保证节点刚度。

加强环宽度 $b_1 \geqslant 0.15D$，D 为钢管直径，加强环厚度 $t_1 \geqslant 0.5t$，t 为钢管壁厚；同时要求 $b_1 t_1 \geqslant d_0 t$，d_0 为开孔直径。

(3) 短加劲肋要求。在开孔处加强环上下两侧设短加劲肋，以弥补开孔对管柱截面的削弱，并传递柱子的部分内力。短加劲肋应高出开孔上缘 20mm，短加劲肋宽度 $b_2 = b_1$，短加劲肋厚度 $t_2 \geqslant b_2/15$，同时满足 $12 t_2 b_2 \approx \Sigma d_0 t$，不满足时，可适当放大 t_2。

位于上下加强环间在梁轴线位置处的加劲肋，可与传递梁端剪力的竖向肋板接合，不另设加劲肋。

6.18.3　密肋楼盖梁柱刚接节点

密肋楼盖梁柱刚接节点由主梁、次梁和板整浇而成。主梁为焊接工字钢，加上钢筋和箍筋等，浇筑混凝土组成钢骨混凝土梁。施工时，工字钢腹板用螺栓和管柱节点上的腹板相连，然后焊翼缘对接焊缝。

图 6-51 所示为密肋楼盖示意图。图 6-51 中 1 是与管柱连接的主梁［见图 6-51 (b)］，2 是次梁［见图 6-51 (c)］。次梁上下弦杆与腹板均用钢筋构成，浇灌混凝土后形成钢骨混凝土。图 6-51 中主梁可采用轻钢构造，或采用焊接工字钢，以增加结构刚度。次梁骨架直

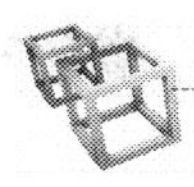

接焊在主梁腹板上，与主梁组成 1m×1m 的方形梁格，能承受浇灌梁板混凝土自重等施工荷载。然后挂上特制的模壳［见图 6-51（d)］，铺上楼板钢筋，再浇灌主次梁及楼板混凝土即成。

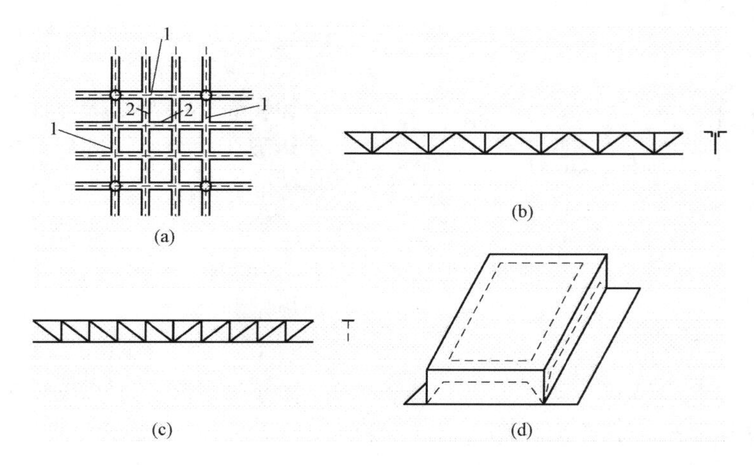

图 6-51　密肋楼盖示意图

主梁下翼缘在预制梁时已包上混凝土，为了便于该处模壳的安置。在小梁交叉点事先固定一个螺栓，作为吊挂模壳之用。模壳由硬塑料制成，定型化生产。

密肋楼盖的构造，大大简化了施工过程，提高了工效，经济效益显著。

6.18.4　锚定式刚接节点

钢管混凝土柱和钢梁连接时，可在正对钢梁的上下翼缘位置，在管柱内焊接一个 T 形锚固件，埋于管内的混凝土中，以承受梁翼缘传来的拉力，如图 6-52 所示。这种节点称为锚定式刚接节点。

T 形锚固件由垂直板和横板组成，它和梁的翼缘板垂直。梁翼缘的拉力经焊缝传给钢管，又经管内同一位置的坡口焊缝传给锚固件的竖板，再经坡口焊缝传给锚固件的横板。横板又挤压混凝土，此压力通过混凝土自内向梁的翼缘方向向外作用于部分钢管壁。由于这部分钢管受力向着梁的方向变形，使锚固件后方的钢管又受到内部混凝土的压力，如图 6-52（b）所示。

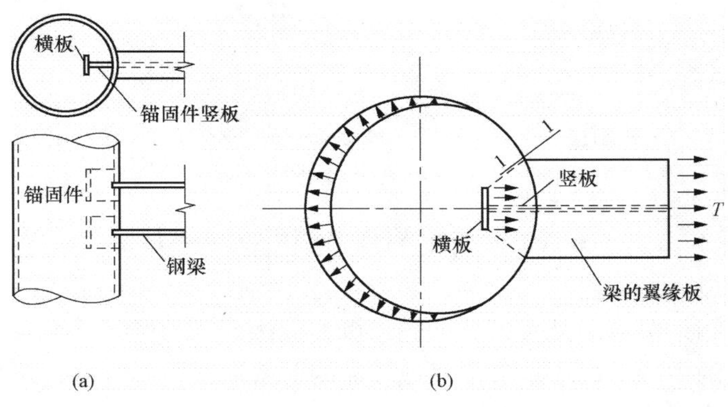

图 6-52　锚定式刚接节点

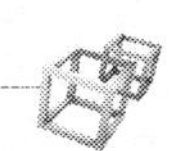

锚定式刚接节点传力过程：拉力 T→钢管→竖板→横板→钢管截面Ⅰ-Ⅰ（受拉、压和剪）。

钢管截面Ⅰ-Ⅰ受横板经混凝土传来的力，工作分为三个阶段。

第一阶段：钢管截面Ⅰ-Ⅰ在纵向受压、环向受拉和截面受剪的共同作用下屈服。

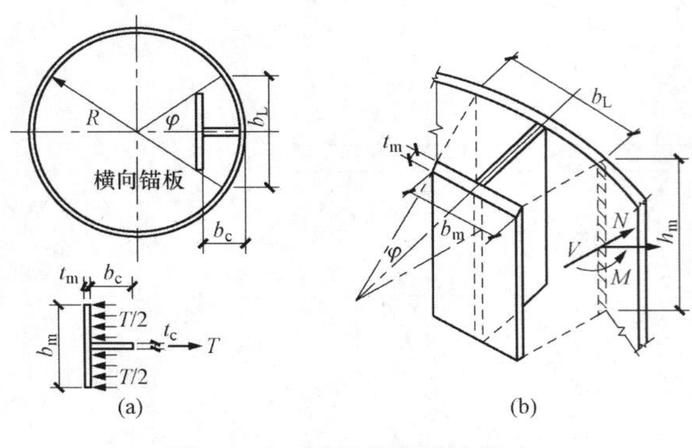

图 6-53　锚板节点受力状态

第二阶段：钢管截面Ⅰ-Ⅰ屈服后，随着翼缘拉力的作用，横板前的混凝土发生冲切破坏，冲切破坏面如图 6-53 所示。冲切破坏面是由锚固件的横板端到梁翼缘端部的连线。

第三阶段：钢管截面Ⅰ-Ⅰ在纵向压力、环向拉力和横向剪力的共同作用下达到极限状态。

节点承载力取决于第三阶段。

锚定式刚接节点的刚度比加强环式节点小，但也能满足要求。它比加强环节点较省材料，但在管内焊接不方便，只能用于管径较大而拉力较小的情况。

6.18.5　十字板刚接节点

图 6-54 所示为十字板式刚接节点。钢管混凝土柱与钢梁连接时，在钢梁腹板位置管内侧焊接十字板，以传递翼缘的拉力，这种节点称为十字板节点，这种节点的刚度大，但费钢材，且十字板对内部混凝土的浇筑也有一定影响。

图 6-55 所示为不同刚接节点的弯矩一转角关系曲线，表示各种节点的抗弯刚度。其中以加内环的刚接节点的刚度最大，十字板节点和内环节点相近；T 形锚固节点的刚度较小，T 形锚固节点再加外环后，对刚度有改进，但改进不大。

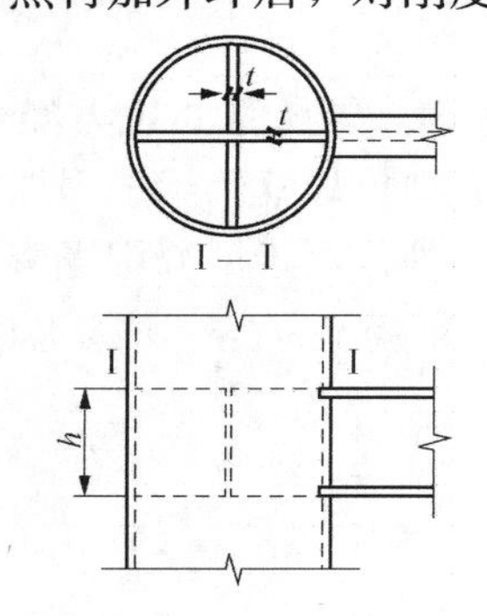

图 6-54　十字板刚接节点

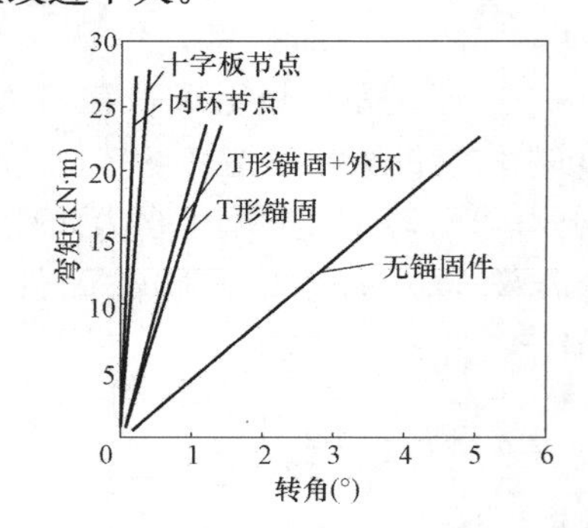

图 6-55　不同刚接节点的弯矩-转角关系

6.19　铰接节点的构造与设计

钢管混凝土柱和梁组成的排架中，梁柱连接为铰接节点，这时，管柱是连续的，梁从柱侧面铰接支撑于柱的牛腿上，铰接节点只把梁端的剪力传给柱，所以只需在管柱上设计一个能承受和传递梁端支反力的牛腿即可。

这类连接节点有两种：一种是梁为铰接简支梁；另一种是梁为铰接连续梁。

6.19.1　简支梁的梁柱铰接节点

最简单的铰接节点是在管柱上梁的标高位置设置牛腿，然后将梁搁置于牛腿上。梁端剪力通过牛腿传递给钢管。

牛腿形式分为两种：牛腿位于梁的下面，且暴露于室内时，称为明牛腿；牛腿放在梁高的位置，室内不可见时为暗牛腿。其中，暗牛腿相对美观，也便于室内空间的利用。

梁端支反力不大时，牛腿用一顶板和一腹板组成 T 形，如图 6 - 56（a）所示，顶板用坡口焊缝与管壁焊接，腹板可用坡口焊缝，也可用角焊缝与管壁焊接，视梁端支反力的大小而定。当梁端支反力较大时，可用两块腹板组成Ⅱ形牛腿，甚至可组成带下翼缘的Ⅰ字形（Ⅱ形）截面，如图 6 - 56（b）所示。当与预制混凝土梁连接时，也可将牛腿做成倒 T 形，在预制梁上开槽，与牛腿的腹板连接，此为暗牛腿形式。

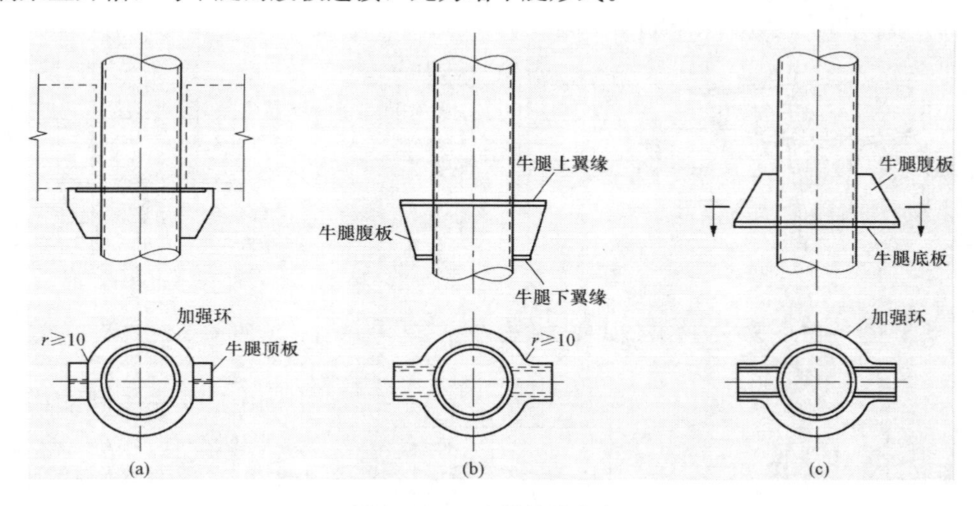

图 6 - 56　牛腿铰接节点

牛腿的顶板应和加强环接合起来，加强环可保证管柱截面形状不变、增大节点刚度，并把同一高度各个方向的几个牛腿连成一个整体。加强环与牛腿顶板连接处应设 $r \geqslant 10$mm 的圆弧过渡。在Ⅰ形和Ⅱ形牛腿中，牛腿下翼缘处可以不设加强环。

牛腿按悬臂梁设计，截面、焊缝及构造按《钢结构设计标准》（GB 50017—2017）的要求确定。

6.19.2　连续梁的梁柱铰接节点

当梁是钢筋混凝土梁时，可以将左右梁上部的主受力筋绕过钢管混凝土柱连续通过，这时钢筋混凝土梁为连续梁，如图 6 - 57 所示。只有梁对管柱的压力（支座反力）通过牛腿传给管柱。这种节点用于梁宽与管柱直径相近的情况。但应注意梁内的钢筋转折处应加设箍筋，以承受弯折筋的垂直分力。当楼板混凝土浇筑后，自然形成整体。这种节点也能传递弯矩，但数值难以确定。

此外，还有一种做法是采用双梁节点，如图 6 - 58 所示，即钢筋混凝土梁采用双梁，从钢管混凝土柱的两侧直接穿过，从而形成连续梁，双梁紧靠管柱，与管柱接触处在管柱上设置了钢牛腿，梁柱间四角空洞处也灌满了混凝土。这样的节点，因为梁中的受力筋是连续的，且只是搁置在牛腿上，故牛腿只能把梁中的剪力传给管柱，不能传递弯矩。工程中又在

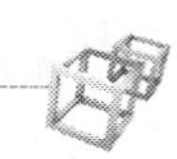

45°角方向增加了4个小牛腿，这些牛腿只能传递剪力，而且8个牛腿受力不一定均匀，反而使传力不明确。

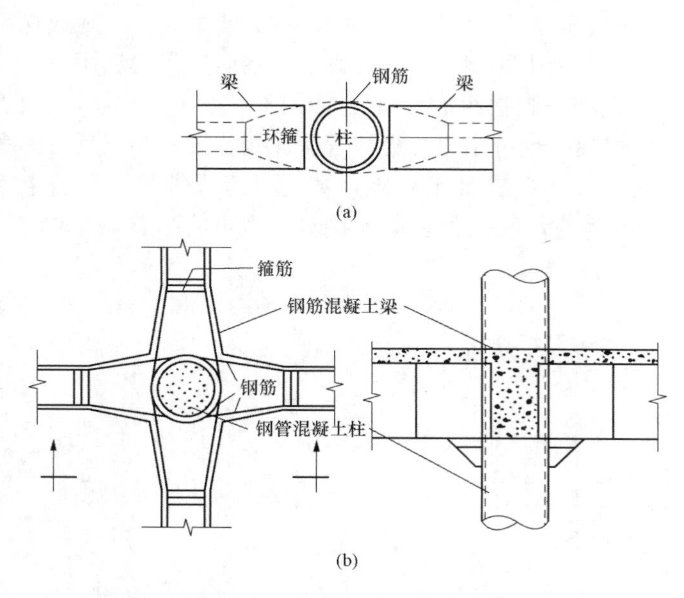

图6-57　钢筋环绕式铰接节点

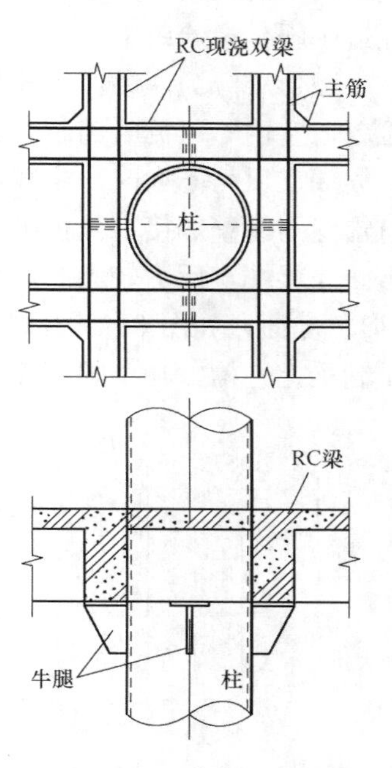

图6-58　双梁式节点

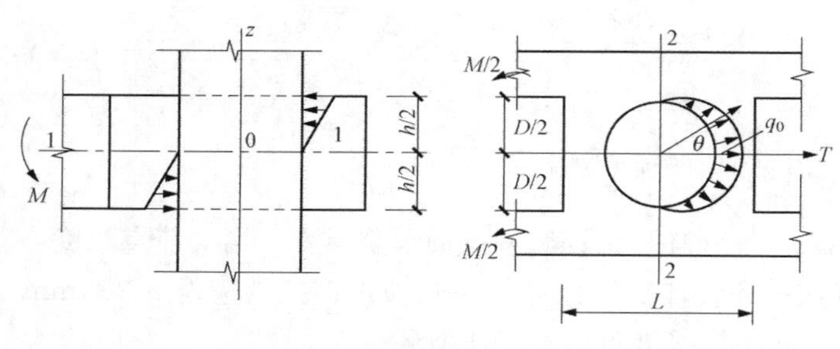

图6-59　管柱承受局部压力组成的力偶作用

由于梁柱之间灌满了混凝土，即管柱在节点处完全被混凝土所包裹，当钢筋混凝土双梁在管柱节点处产生弯矩时，管柱前后上部和下部分别受到局部反向压力，从而形成力偶，如图6-59所示。由于混凝土的弹性模量低，此局部压力组成的力偶难以确定。因而这种构造并非刚接节点，只能传递部分弯矩，属于半刚性节点，一般按铰接设计。

双梁节点与柱埋入基础的节点不同，柱脚埋置深度大，常为（1～3）D（D为管柱直径），而此节点中包裹管柱的混凝土厚度只等于梁的高度。在基础节点处柱脚弯矩通过混凝土局部挤压，把弯矩传给基础；而梁柱节点中则靠连续梁和管柱之间的混凝土传递，一旦混凝土受压进入塑性阶段，弯矩即将消失。

如果在管柱上设置整体的上下加强环（图6-60中的上下托板），再把钢筋混凝土连续梁中

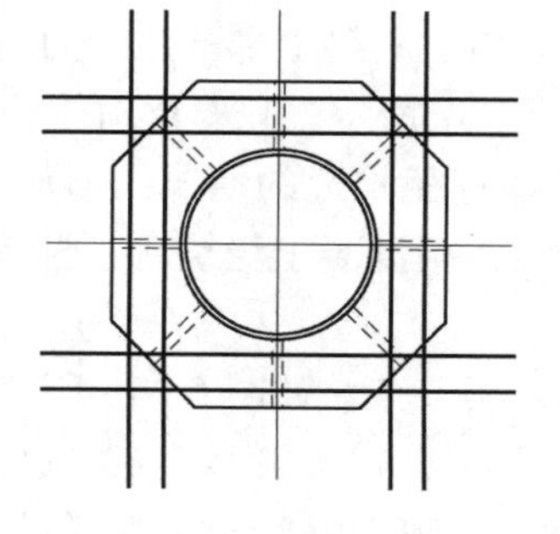

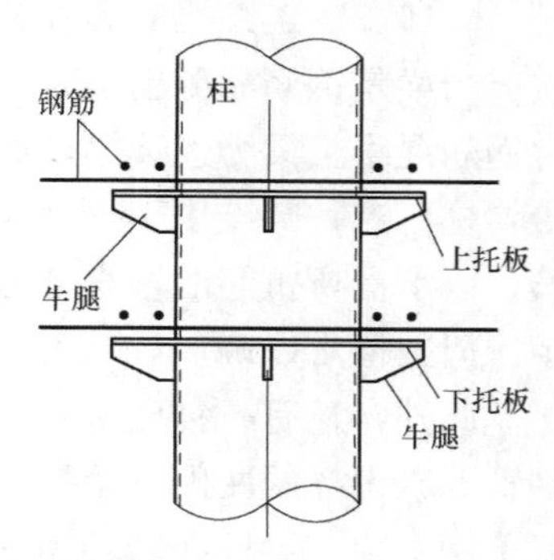

图6-60　双梁焊接节点

的受力主筋与环板焊接，则双梁中的弯矩才能传给管柱，这时，一些加强环板组成的牛腿将受到扭矩作用，此种计算较复杂，传力也不明确。

6.20　其他节点的构造与设计

6.20.1　钢管混凝土柱沿长度的对接接头

根据构造、运输和安装要求，钢管混凝土框架柱长度宜按 12m 或三个楼层分段。分段接头的位置宜接近反弯点位置，可设置在框架梁梁面以上 1.3m 左右处，以利于现场焊接。

钢管沿长度方向的对接接头可分为变直径的对接接头和不变直径的对接接头。为了支座和建筑构造上的方便，直接和围护结构相连的外圈柱，宜由下而上不改变直径，只改变钢管壁厚和内填混凝土强度；内部柱子及带外伸悬臂结构的外圈柱，则可在楼盖处改变直径。

当变直径上下柱的直径差在 100mm 左右时，可用锥形段过渡，锥形斜坡小于或等于 1/4。如用作现场安装接头，锥形过渡段宜和下柱连在一起，锥形过渡段的上段和上柱在现场对接焊缝，锥形段的直径变化可设在楼盖高度范围内，也可用装修和防火材料进行处理。锥形段的上下端应设内环。

采用直缝焊接管时，上下柱的直焊缝应错开小于 300mm 的距离，如图 6-61 所示。

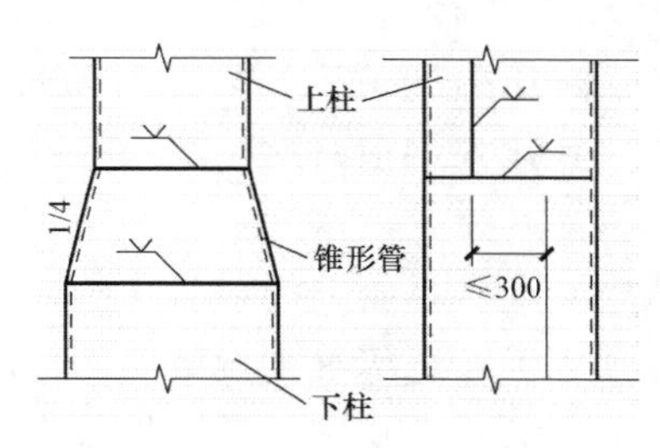

图 6-61　对接接头

图 6-62 所示为上下柱变直径时的现场安装十字对接接头，在上柱下端焊上十字钢板，而在下柱上段预留十字槽口。将上柱十字钢板插入槽口并校正正确位置后，用安装角焊缝把十字钢板与下柱焊接即可。十字钢板的截面面积应等于上柱钢管的面积，其长度取决于角焊缝的需要长度，要求 8 根角焊缝的抗剪强度等于上柱钢管的抗压强度。

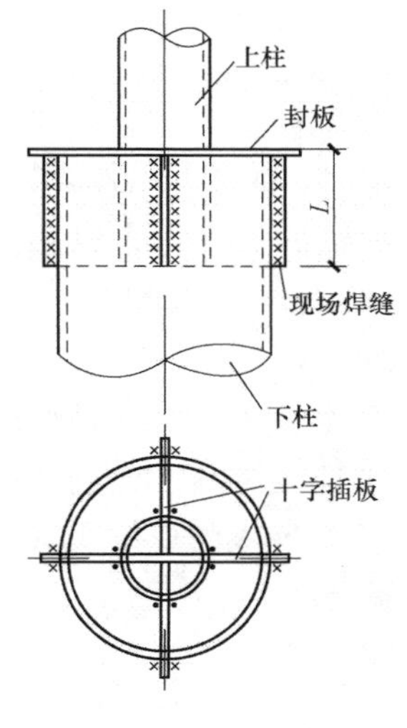

图 6-62　十字对接接头

当等直径对接接头时，上下柱的现场对接焊缝为熔透的坡口焊缝，为此在下柱上端距管口 50mm 处，应设一内环，内环上放内衬圈，圈高约 100mm，作为上下柱段对接坡口焊缝的挡板，以保证坡口对接焊缝熔透。内环主要作为内衬圈的定位之用，可在内环下面用间断角焊缝与管柱焊接（每焊 50mm 长的焊缝，间隔 150mm，h_f取 4～6mm）；也可分别采用三点内定位板满焊，如图 6-63 所示，但三点内定位板必须在同一平面内，施工较困难。

为了确保上下柱位置的正确，在上柱和下柱端各焊 3 块或 4 块临时定位板，带有螺栓孔，待上下柱位置校正正确后，加一块连接板用螺栓固定。然后进行对接焊缝的施焊。焊缝检查合格后，将临时定位板割去。

6.20.2　钢管混凝土柱与转换层钢筋混凝土大梁的连接节点

在一些高层建筑中，只在地下各层和地上若干层采用钢管混

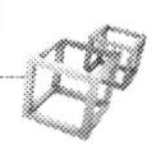

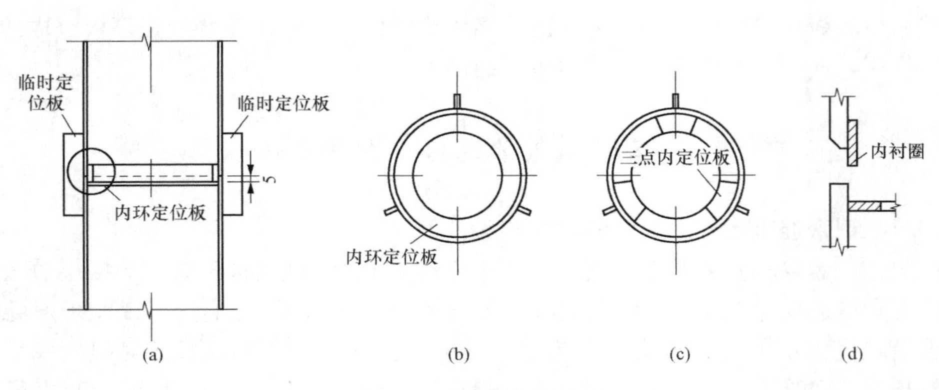

图 6 - 63　对接安装接头

凝土柱，而以上则改用钢筋混凝土结构。针对这两种结构体系交变处，应设转换层。转换层中采用钢筋混凝土大梁，上面和钢筋混凝土柱相连，下面与钢管混凝土柱相连，如图 6 - 64 所示为这类节点的构造。

在钢管混凝土柱上端设一环形顶板，$t=14\sim20$mm。顶板面积取决于梁中混凝土的局部承压强度，若向管柱外悬伸过多，尚应加一些短加劲肋以加强。环板上的圆孔直径为 $D-20\sim50$mm，外径为 $D+30\sim50$mm，环板与钢管焊接，D 为钢管直径。焊缝强度应按混凝土的全部局压力（A_2f_a）计算，A_2是环板面积，f_a是大梁混凝土的抗压强度设计值。

转化大梁中，尚应设一些钢筋插入钢管混凝土柱内，插筋需要的截面面积按下式计算

$$A_1=A_cf_c/f_1 \tag{6-240}$$

式中　A_c——管柱内混凝土的面积；

f_c——管柱内混凝土的抗压强度设计值；

f_1——插入钢筋的抗压强度设计值。

环板面积按下式确定

$$A_2=A_sf/f_a \tag{6-241}$$

式中　A_s——管柱的钢管面积；

f——管柱钢管的抗压强度设计值；

f_a——大梁混凝土的抗压强度设计值。

插筋在管中混凝土内的插入深度可取钢管直径的 1～2 倍；$D\leqslant600$mm 时，取 $2D$；$600\leqslant D\leqslant1000$mm 时，取 $1.5D$；$D>1000$mm 时，取 $1D$。插筋在转换大梁中的锚固长度符合钢筋混凝土梁的设计要求。

钢管混凝土柱与屋盖钢筋混凝土梁的连接与图 6 - 64 类似，可参照进行设计。

另外一些建筑物，下部几层采用钢筋混凝土结构，以上则采用钢管混凝土柱。这种情况也必须在两种结构之间设转换大梁，如图 6 - 65。通常采用的连接方法是在转换大梁上预留杯口，杯口底部应加钢筋网，按抗冲切计算。同时柱下端焊一带孔环板，环板面积按式（6-241）计算。将转换大梁中的部分钢筋插入管柱内，然后向管内灌混凝土。

确定转换大梁的宽度和高度时，应考虑预留杯口的要求。

当钢管混凝土柱与转换大梁铰接时，可在转换大梁中预埋锚栓和柱脚底板相连。转换大梁中在柱脚位置应验算混凝土的抗压和抗冲切强度，并设钢筋网。

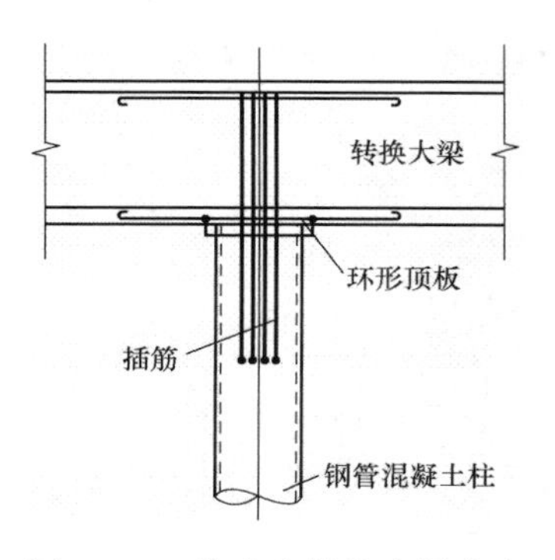

图 6-64　柱头和转换大梁节点

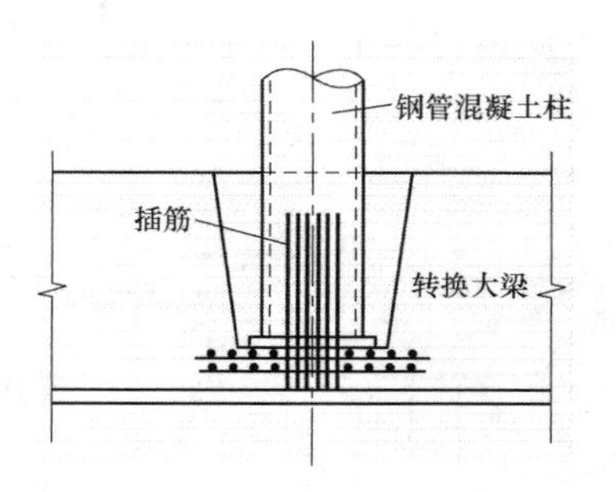

图 6-65　管柱与转换大梁连接

6.20.3　钢管混凝土柱的柱脚节点

一般情况下，高层和超高层建筑中的钢管混凝土柱都和基础固接。圆钢管混凝土柱最常采用的是插入式柱脚，如图 6-66 所示，将柱脚直接插入预留杯口中。柱脚端部焊一带孔底板，底板外直径取 $D+30\sim50$mm，D 是管柱的钢管直径；向外悬伸过大时，应沿圆周加一些短加劲肋，以提高底板悬臂部分的抗弯强度。底板中部开孔，孔直径比 D 小 30～50mm，底板厚度取 $t+2$，t 是钢管的厚度（mm），插入杯口的深度 h 按下列规定选取：钢管直径 $D\leqslant400$mm 时，h 取（2～3）D；$D\geqslant1000$mm 时，h 取（1～2）D；$400\text{mm}<D<1000$mm 时，h 取中间值。

钢管混凝土柱的内力常以轴心压力为主，如果出现拉力，应按下式验算混凝土的抗剪强度

$$N_t \leqslant \pi d' h f_t \qquad (6-242)$$

式中　f_t——混凝土抗拉强度设计值；

d'——柱脚带孔底板的外直径；

h——柱肢插入杯口的深度。

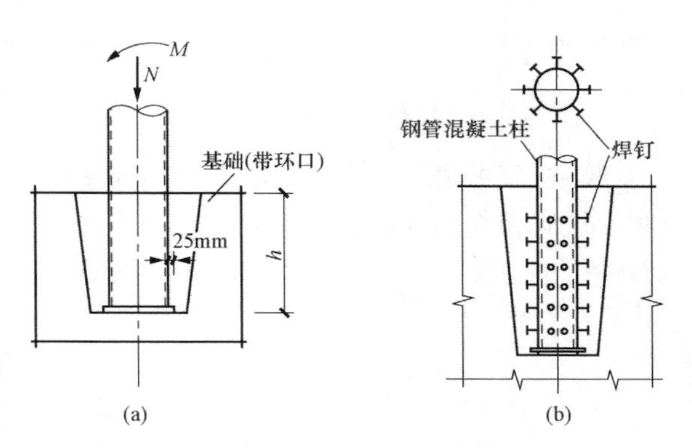

图 6-66　圆钢管混凝土柱脚构造

由于管内混凝土在底板开孔部分与基础混凝土直接相连，将部分柱子内压力直接传入基础，杯口内的柱肢段和混凝土间的黏结力也传走了柱子的部分内力，因而柱子底板可不必验算。

基础抗冲切、受弯及配筋计算按《建筑地基基础设计规范》（GB 50007—2011）进行。值得注意的是，基础杯口四壁，特别是杯口处，在柱脚的弯矩作用下承受较大的压力，应局部增加配筋。

当柱中的内力很大时，可在柱脚部分加焊栓钉，或焊接粗钢筋段，以增强柱与基础的黏结力。栓钉可有效地将力扩散到更大范围的混凝土中，从而减轻底板的负担，减小底板下混凝土所受的冲切力，是保证柱脚安全而可靠的补充措施。

除了采用与圆钢管混凝土柱类似的插入式柱脚外，方钢管混凝土柱柱脚还可以采用外包式柱脚和外露式柱脚。

外包式柱脚的构造如图 6-67 所示。当钢管混凝土柱采用钢筋混凝土外包时，在外包部

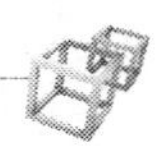

分的柱身上应设置栓钉，保证外包混凝土与柱子共同工作。柱脚部分的轴向拉力应由预埋锚栓承受，弯矩应由混凝土承压部分和锚栓共同承受。

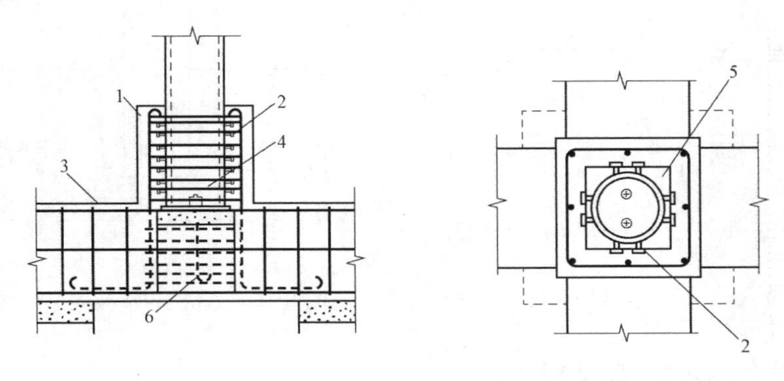

图 6-67　外包式柱脚

1—外包混凝土；2—栓钉；3—基础梁；4—箍筋；5—底板；6—锚栓

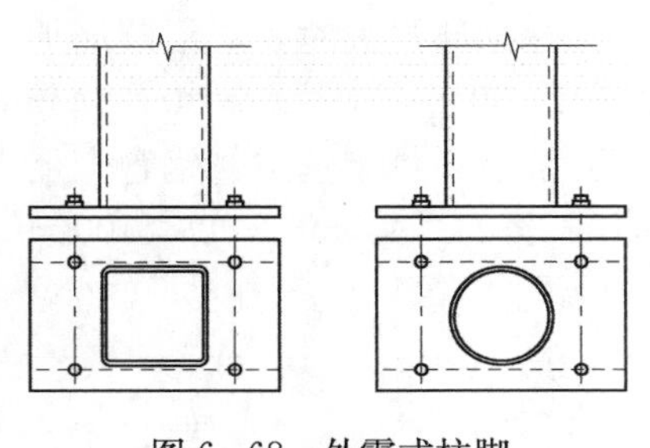

图 6-68　外露式柱脚

外露式柱脚的构造如图 6-68 所示。具体应满足以下要求：

(1) 锚栓应有足够的锚固长度，防止柱脚在轴向拉力或弯矩作用下将锚栓从基础中拔出。锚栓应采用双重螺母拧紧或采用其他措施防止松动。

(2) 底板除满足强度要求外，尚应具有足够的面外刚度。

(3) 底板应与基础顶面密切接触。

(4) 柱底剪力可由底板与混凝土间的摩擦传递，摩擦系数可取 0.4。当基础顶面预埋钢板时，柱底板与预埋钢板间应采取剪力传递措施；当剪力大于摩擦力或柱脚受拉时，宜采用抗剪件传递剪力。

本章小结

(1) 加载初期，钢管对混凝土未产生约束作用；随着轴心压力的继续增大，核心混凝土的横向变形大于钢管的横向变形，钢管对混凝土产生横向约束，钢管和混凝土进入共同工作阶段。此时，钢管处于纵向、径向受压、环向受拉状态；混凝土处于三向受压状态。

(2) 分别选定钢材和核心混凝土在三向应力状态下的本构关系，运用平衡条件和变形协调条件将两者的本构关系合成构件的组合关系全过程曲线，即可得钢管混凝土的各种物理和力学组合性能指标。

(3) 钢管混凝土构件轴心受拉时，处于纵向受拉、径向受压而环向受拉的三向应力状态，混凝土则处于径向和环向双向受压应力状态。

(4) 钢管混凝土构件受扭和受剪可分为弹性变形阶段、弹塑性变形阶段、极限破坏阶段。在弹性变形阶段，钢管与混凝土协同工作；在弹塑性变形阶段，混凝土出现裂缝，并逐步退出受拉工作，直到钢管表面达到屈服；在极限破坏阶段，混凝土最终达到其极限压应变，之后钢管屈曲。

（5）钢管混凝土统一理论将钢管混凝土视为统一的一种组合材料，用构件的整体几何特性和钢管混凝土的组合性能指标计算构件的各项承载力，不再区分钢管和混凝土。

（6）钢管混凝土中混凝土的徐变量比单向受压混凝土小得多。徐变对钢管混凝土的轴心受压强度无影响，且与持荷大小无关。核心混凝土徐变对偏压构件强度无影响。与徐变类似，因收缩应力属于自相平衡的内应力，不影响构件的强度承载力。

（7）按照统一理论，将《钢结构设计标准》（GB 50017—2017）稳定系数的计算公式扩展到钢管混凝土受压构件，可得实心和空心钢管混凝土构件的稳定系数统一计算公式。格构式圆钢管混凝土轴心受压构件对虚轴的弯曲屈曲计算考虑缀材变形的影响，得到相应换算长细比 λ_{0y}。

（8）钢管混凝土受弯构件和钢构件相比，由于紧箍力作用，不但提高了核心混凝土的承载力，而且增加了构件的延性。

（9）采用统一理论计算单肢和格构式钢管混凝土在不同受力情况下的承载力，统一理论公式同时适用于实心和空心钢管混凝土，也适用于不同截面形式，如圆形和正十六边形、正八边形、正方形和矩形等对称截面形式。

（10）钢管混凝土结构的梁柱连接节点分为铰接节点、半刚接节点和刚接节点。在多高层建筑中，常用的为刚接节点，常用的形式有加强环式、锚定式、钢筋贯通式和十字板式。其中，研究和应用最多的为加强环式节点。钢管混凝土柱最常用的为插入式柱脚，方钢管混凝土柱的柱脚还可以采用外包式柱脚和外露式柱脚。

思考题

1. 钢管混凝土构件为何能充分发挥钢管与混凝土的材料性能？
2. 搜集相关文献资料，简述钢管混凝土研究进展。
3. 空心钢管混凝土与实心钢管混凝土的受力有何区别？
4. 从受力和使用方面来说，方钢管混凝土与圆钢管混凝土各自有何特点？
5. 简述钢管混凝土构件受剪和受扭时的受力过程，与空钢管相比，有何不同？
6. 与圆钢管混凝土受扭构件相比，方钢管混凝土构件受扭时有何不同？
7. 核心混凝土徐变对钢管混凝土构件的受力性能有何影响？
8. 常用的钢管混凝土梁柱刚接节点有哪些？各自有何特点？

习　题

6-1　有一实心钢管混凝土压弯构件，采用 $\phi351\times8$，Q345 钢材，混凝土强度等级为C40，两端偏心距均为 150mm，构件计算长度 $l=5.5$m。已知轴向压力 $N=850$kN。按各国规范方法，验算其整体稳定性。若是轴心受压构件，其最大承载力是多少？

6-2　有一方钢管混凝土轴心受压构件，钢管为 $\phi600\times18$，Q345 钢材，混凝土强度等级为 C50，构件长度为 6.5m，两端铰接，其最大承载力是多少？当竖向压力偏心距为200mm 时，其最大承载力是多少？分别按各国规范计算并比较承载力。

6-3　有一圆钢管混凝土单肢轴心受压柱，已知轴向压力 $N=3000$kN，两端铰接，柱

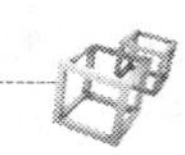

长 l=7.5m。采用 Q345 钢材，混凝土为 C40，试设计该截面。

6-4 有一圆钢管混凝土受弯构件，钢管为 ϕ351×10，Q345 钢材，混凝土强度等级为 C50，跨度为 6.8m，跨中受集中荷载作用，根据各国规范方法确定其最大集中荷载。

6-5 有一钢管混凝土轴心受拉构件，钢管为 ϕ219×6，Q235 钢材，混凝土强度等级为 C40，长度为 4.5m，根据统一理论计算其受拉承载力。

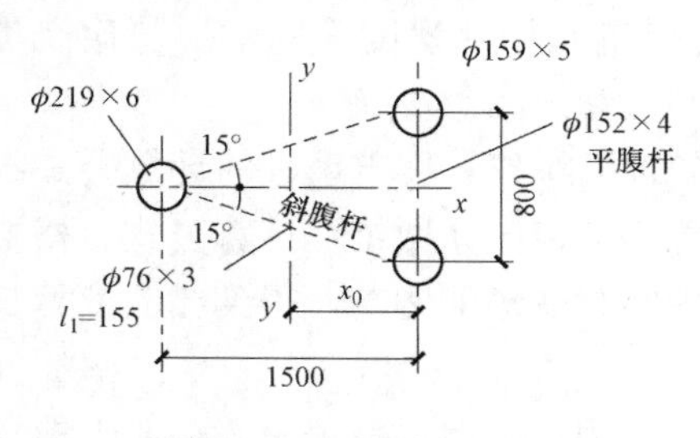

图 6-69 习题 6-4 图

6-6 有一空心钢管混凝土压弯构件，ψ=0.65，钢管为 ϕ478×8，Q345 钢材，混凝土强度等级为 C40，两端偏心距均为 350mm，计算长度 l=10m。所受轴向压力 N=700kN。试采用统一理论验算其整体稳定性。

6-7 有一轴心受压柱，其计算长度 l_{ox}=14m，l_{oy}=28m。采用 Q345 钢材，混凝土强度等级为 C40，截面如图 6-69 所示。试确定其承载力。

第7章　组合钢板剪力墙结构

7.1　概　　述

组合钢板剪力墙结构是钢板通过螺栓或连接件将钢筋混凝土板（现浇板或预制板）连接在一侧或者两侧的钢板剪力墙结构系统。

组合钢板剪力墙结构可分为两大类：一类以混凝土为主，视其为混凝土墙参与结构计算；另一类以钢板为主，混凝土层仅起到抑制钢板面外变形的作用。

现阶段采用的组合钢板剪力墙可按照混凝土层的不同分为单侧混凝土板组合钢板剪力墙、双侧混凝土板组合钢板剪力墙、外包混凝土组合钢板剪力墙和双钢板内填混凝土组合剪力墙四种类型，如图7-1所示。

按照施工工艺的不同，组合钢板剪力墙可分为现浇混凝土组合钢板剪力墙和预制混凝土板组合钢板剪力墙。

按照组合钢板剪力墙墙板与框架的连接形式的不同可分为四边连接组合钢板剪力墙和两边连接组合钢板剪力墙。四边连接组合钢板剪力墙是指组合钢板剪力墙墙板与其上下两侧的框架梁，以及与其左右两侧的框架柱均连接。两边连接组合钢板剪力墙是指组合钢板剪力墙墙板仅与其上下两侧的框架梁连接，而与其左右两侧的框架柱不连接。

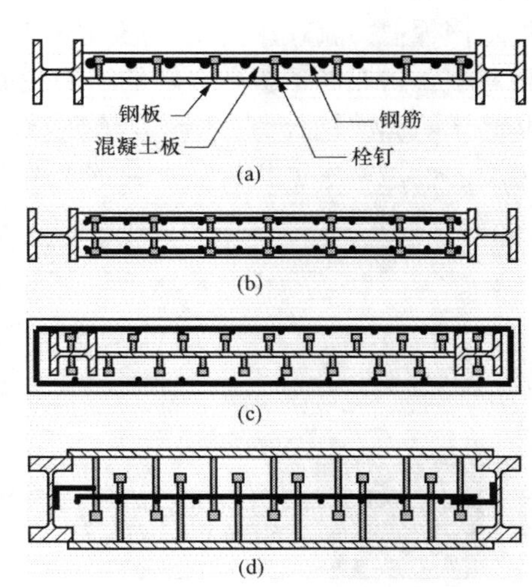

图7-1　组合钢板剪力墙分类
(a) 单侧混凝土板组合钢板剪力墙；
(b) 双侧混凝土板组合钢板剪力墙；
(c) 外包混凝土组合钢板剪力墙；
(d) 双钢板内填混凝土组合剪力墙

按照混凝土与边缘框架间，以及对穿螺栓栓杆与混凝土盖板预留孔孔壁间是否设有缝隙，单侧混凝土板组合钢板剪力墙和双侧混凝土板组合钢板剪力墙又可分为传统型组合钢板剪力墙、改进型组合钢板剪力墙和防屈曲钢板剪力墙。2002年，Astaneh-Asl在其研究中根据混凝土与边缘框架间是否设有缝隙将其分为传统型组合钢板剪力墙和改进型组合钢板剪力墙两种。同时，其首次提出了用对穿螺栓代替抗剪键，从而使得采用预制混凝土板成为可能。传统型组合钢板剪力墙和改进型组合钢板剪力墙的区别如图7-2所示。

传统型组合钢板剪力墙结构设计一般类同于钢筋混凝土剪力墙，让其中的钢板或型钢和混凝土共同承担荷载作用，常见的有在混凝土墙体的端部（和墙中）设置型钢构件、墙体中

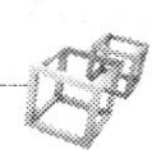

面或两侧设置钢板等，两者通过型钢或钢板表面的抗剪键保证共同工作。由于组合构件中混凝土为钢板提供了侧向支撑，避免其过早出现屈曲变形，可以充分发挥钢材的强度与变形能力。

改进型组合钢板剪力墙是在混凝土板周边与边框间设缝，避免水平侧移时混凝土板与边框接触而损坏。水平力仅由内嵌钢板承担，混凝土板相当于内嵌钢板的面外约束，防止钢板屈曲。设缝墙由于混凝土板退出剪切工作，刚度和承载力均比无缝墙低，但滞回性能稳定，延性好。由于在大变形下内嵌钢板与混凝土板面外的挤压，以及面内两者变形的不协调，易导致混凝土与钢板不断脱离，失去混凝土板保护的内嵌钢板后期表现与非加劲钢板剪力墙一样。

2004年，清华大学的郭彦林教授提出了防屈曲钢板剪力墙，其在改进型组合钢板剪力墙基础上，扩大盖板与周边框架的间隙及连接螺栓所需的孔径，其组成如图7-3所示。由于这种剪力墙的作用机制与防屈曲支撑类似，因此被称为防屈曲钢板剪力墙。在同等条件下，组合钢板剪力墙的承载力最大值与非加劲钢板剪力墙的最大值差异不超过10%，弹性刚度增加15%～20%，但是混凝土层的设置有效改善了非加劲钢板墙的使用性能，有效控制了内嵌板的面外变形，两者的面外变形对比如图7-4所示。混凝土板破坏前，传统型组合钢板剪力墙与防屈曲钢板剪力墙差异较小，防屈曲钢板剪力墙的滞回曲线较富余地包住了非加劲钢板剪力墙，组合钢板剪力墙尽管也能覆盖住防屈曲钢板剪力墙的滞回曲线，但富余量相当小，防屈曲钢板剪力墙的滞回耗能与组合钢板剪力墙比较接近，组合钢板剪力墙的耗能略高于防屈曲钢板剪力墙。但在混凝土盖板挤压破碎与钢板逐渐脱开后，传统型组合钢板剪力墙的性能基本退化为非加劲钢板剪力墙，其耗能能力等相应减弱。

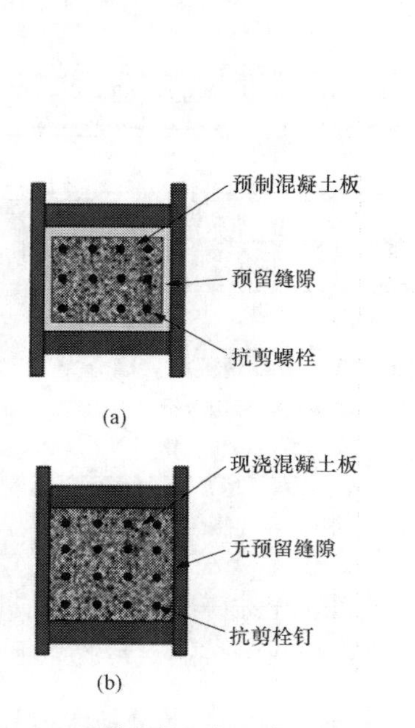

图7-2　预制混凝土板组合钢板剪力墙
(a) 改进型组合钢板墙；(b) 传统型组合钢板墙

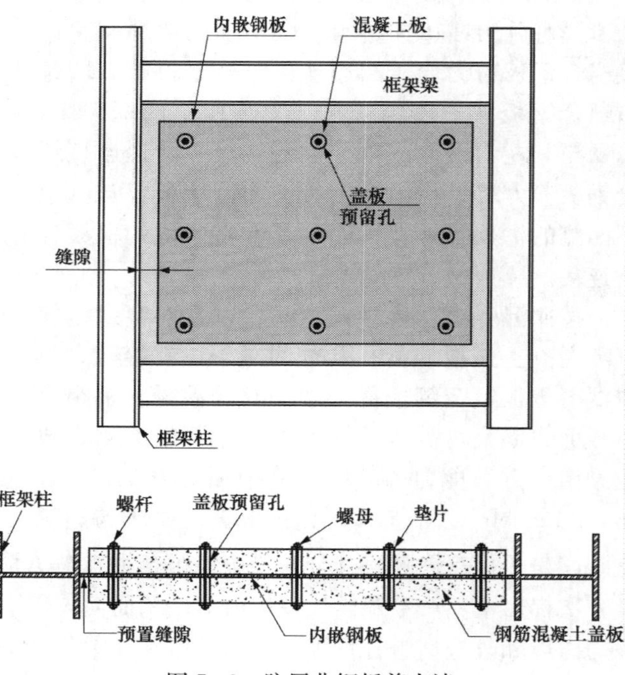

图7-3　防屈曲钢板剪力墙

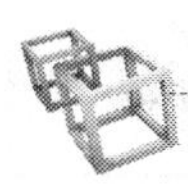

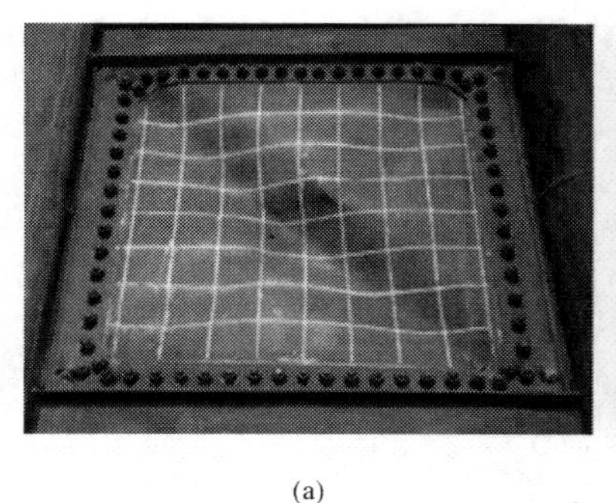

(a)　　　　　　　　　　(b)

图7-4　非加劲钢板墙与防屈曲钢板剪力墙的内嵌板面外变形
(a) 非加劲钢板剪力墙；(b) 防屈曲钢板剪力墙

7.2　防屈曲钢板剪力墙结构

防屈曲钢板剪力墙结构是在钢板剪力墙内嵌钢板两侧采用对穿螺栓外挂防止钢板屈曲的混凝土板而形成的结构，其属于以钢板为主的组合钢板剪力墙结构，混凝土板不参与结构计算。防止钢板屈曲的构件可采用混凝土板，也可以采用型钢。混凝土板或型钢仅起到限制钢板平面外屈曲的目的，其与钢板剪力墙之间按无黏结作用考虑，并且不考虑其对钢板抗侧刚度和承载力的贡献。本书涉及的防屈曲钢板剪力墙只包括采用混凝土板作为防屈曲构件的情况，并且混凝土板应具有足够的刚度以确保能向钢板提供持续的面外约束。清华大学、同济大学及福州大学等高校开展了该结构的研究工作。

7.2.1　防屈曲钢板剪力墙结构的受力机理

1. 受力基本过程

防屈曲钢板剪力墙内嵌钢板在水平荷载作用下应保持平面，不发生平面外的变形，但实际上由于制造误差混凝土板和钢板之间不可避免地会存在缝隙。防屈曲钢板剪力墙在侧向力作用下的受力过程可分为三个阶段：

(1) 平面弹性受力阶段。钢板为平面受力状态，水平荷载主要由内嵌钢板的剪切应力场承担。随着剪切应力的逐渐增加，钢板发生弹性屈曲，此阶段结束。

(2) 屈曲抑制阶段。弹性屈曲在鼓曲位移很小的情况下即被防屈曲构件抑制，形成低幅屈曲，承载力并不会下降，钢板以近似平面的剪切应力场作用继续承担增加的水平荷载。

(3) 塑性破坏阶段。随着水平荷载的增加，钢板在剪切应力的作用下逐渐屈服，直到框架形成塑性铰机构而破坏。

2. 应力响应

(1) 无面外约束板的受剪屈曲。无面外约束的完全受剪板会形成如图7-5 (a) 所示均匀分布的剪切应力场，板面的微元体主应力 $\sigma_t = \sigma_c = \tau$。在剪切荷载 τ 达到临界屈曲荷载 τ_{cr} 时，内嵌钢板产生倾角为 θ 的面外鼓曲，如图7-5 (b) 所示。微元体主压应力产生沿平面外方向的分量，钢板面外方向的鼓曲位移不受约束，依靠薄钢板自身的弯曲刚度难以使微元体处于平衡状态，在主压应力的作用下，鼓曲开始增大，钢板面的应力工作状态由剪切应力场向拉伸应力场转换。当主拉应力 σ_t 趋近屈服强度 f_y 时，主压应力 σ_c 则处于一个低应力水

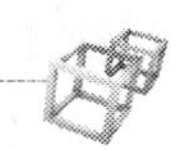

平，剪切应力场的作用变得十分微弱。

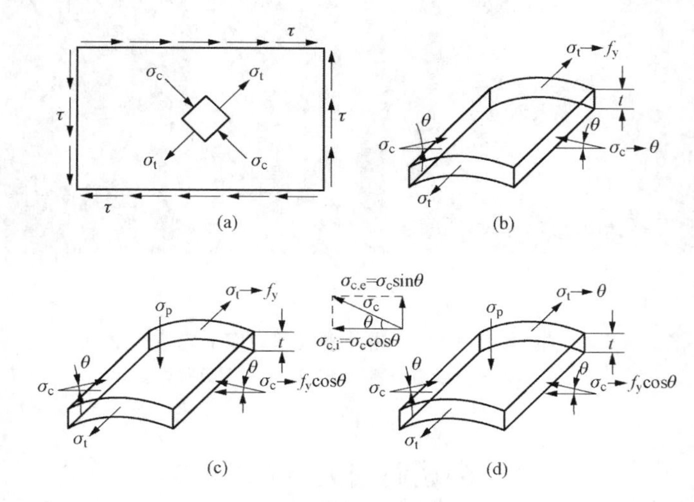

图 7-5　钢板剪应力场工作机制和微元体应力

(2) 防屈曲板的受剪低幅屈曲。防屈曲剪力墙中盖板通过预拉力与内嵌钢板贴紧，在接触面完全贴合的区域，钢板保持理想的平面受剪状态，微元体主应力 σ_t 和 σ_c 相等并同时增长。在低幅屈曲区域，内嵌钢板在产生倾角为 θ 的面外微鼓曲后面外变形被盖板所限制，如图 7-5 (c) 所示，盖板通过接触面施加压应力 σ_p 以平衡微元体主压应力平面外方向的分量 $\sigma_{c,e}$。在钢板达到平衡状态时，微元体平面内方向的主压应力 $\sigma_{c,i}$ 的大小为 $\sigma_c\cos\theta$。通过试件的实际测量结果，低幅屈曲区域最大屈曲波纹的转角不超过 16°，即当主拉应力 σ_t 趋近屈服强度 f_y 时，对应平面方向的主压应力的最小值为 $0.96f_y$，虽然 $\sigma_t \neq \sigma_{c,i}$，但两者的差距甚微，剪切屈曲波纹与水平边缘构件的夹角一般约为 45°。在求解防屈曲钢板剪力墙抗侧承载力时，可近似认为低幅屈曲与理想平面区域形成的剪切应力场是一致的。

(3) 防屈曲板的受压低幅屈曲。受压低幅屈曲主要发生在剪切场边缘构件刚度不足的情况，需要边缘钢板参与维持边界稳定和传递竖向剪切荷载。在两边连接防屈曲剪力墙试验中，可以观察到钢板自由边缘出现明显压曲波纹，屈曲主要是由内部剪切场形成的竖向荷载造成的。由图 7-5 (d) 可知，钢板屈曲后与盖板发生接触，利用盖板的屈曲抑制作用，限制鼓曲转角，钢板重新处于稳定的受力状态，继续承担垂直屈曲波纹方向增加的板面荷载。在钢板屈服状态下，微元体平面方向的主压应力 $\sigma_{c,i}$ 趋近 $f_y\cos\theta$，而主拉应力 σ_t 则处于一个低应力水平。受压屈曲波纹与水平边缘构件的夹角在 0°～45°区间内变化，且越靠近板中位置，夹角越大。

7.2.2　防屈曲钢板剪力墙设计方法

根据钢板与周边框架的不同连接方式，防屈曲钢板剪力墙类似于传统钢板剪力墙结构可分为四边连接防屈曲钢板剪力墙和两边连接防屈曲钢板剪力墙。当钢板剪力墙的内嵌钢板高厚比小于 100 时，钢板主要以平面内受剪来抵抗水平剪力，此时设置混凝土板来限制钢板的平面外屈曲，对提高钢板剪力墙的承载力和耗能能力的作用不大，也不经济。因此建议防屈曲钢板剪力墙中的钢板高厚比宜满足式 (7-1) 和式 (7-2) 的要求

$$100 \leqslant \lambda \leqslant 600 \tag{7-1}$$

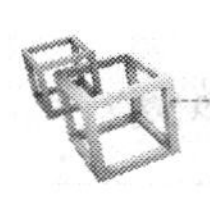

$$\lambda = \frac{H_e}{t_w}\sqrt{\frac{f_y}{235}} \tag{7-2}$$

式中　λ——钢板剪力墙的相对高厚比；

f_y——钢材的屈服强度；

H_e——钢板剪力墙的净高度；

t_w——钢板剪力墙的厚度。

1. 防屈曲钢板剪力墙的抗剪承载力

（1）四边连接防屈曲钢板剪力墙的抗剪承载力。四边连接防屈曲钢板剪力墙的抗剪承载力分析采取下列基本假定：

1）在结构受力中内嵌墙板不承受竖向荷载。

2）四边连接防屈曲钢板剪力墙中侧向力全部由钢板承担。

3）内嵌钢板全截面纯剪屈服。

4）梁不发生弯曲变形，刚度无穷大。

5）低幅屈曲区域与理想平面区域形成的剪切应力场相同。

根据上述假定，四边连接防屈曲钢板剪力墙抗侧承载力计算模型如图7-6（a）所示。图7-6（b）为上部梁的受力简图，F_v为内嵌钢板剪切场对框架梁的竖向合力，$F_v = f_{vy}t_wH$，剪切应力流通过边缘构件传递到梁上，故F_v作用在竖向边缘构件与梁的连接点位置；右侧竖向边缘杆内力为F_{cy}，$F_{cy}=A_cf_{y,c}$。对图7-6（b）中D点取弯矩平衡，得到$F_vL = F_{cy}L$。这样就可以得到保证防屈曲钢板剪力墙充分剪切屈服的边缘柱截面面积，见式（7-3）

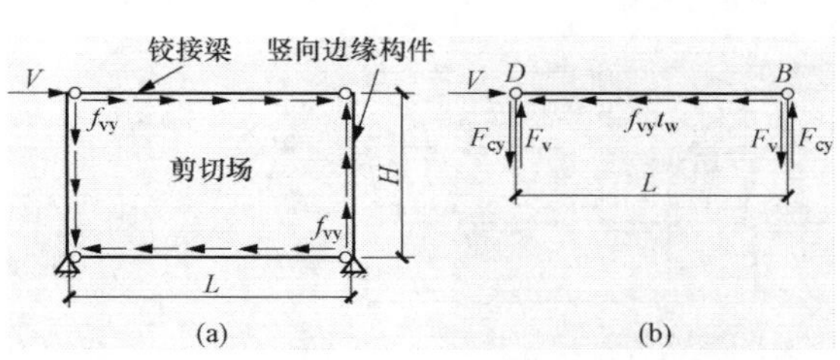

图7-6　四边连接防屈曲剪力墙承载力分析模型

$$A_{cr} = \frac{f_{vy}t_wH}{f_{y,c}} \tag{7-3}$$

四边连接防屈曲钢板剪力墙的抗剪承载力理论公式可以表示为

$$V_u = f_{vy}t_wL \tag{7-4}$$

《钢板剪力墙技术规程》（JGJ/T 380—2015）中四边连接防屈曲钢板剪力墙的抗剪承载力应采用

$$V \leqslant V_u \tag{7-5}$$

$$V_u = 0.53fL_et_w \tag{7-6}$$

式中　V——钢板剪力墙的剪力设计值；

V_u——钢板剪力墙的抗剪承载力；

L_e——钢板剪力墙的净跨度；

f——钢材的抗拉、抗压和抗弯强度设计值。

（2）两边连接防屈曲钢板剪力墙的抗剪承载力。两边连接防屈曲钢板剪力墙内嵌钢板受力分析采取如下假定：

1）为保证钢板中部区域形成有效的剪切场，两侧边缘钢板区域将充当竖向边缘构件，传递竖向剪切荷载。

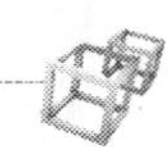

2）梁不发生弯曲变形，刚度无穷大。

3）低幅屈曲区域与理想平面区域形成的剪切应力场相同。

基于上述假定，两边连接防屈曲钢板剪力墙的承载力模型如图 7-7（a）所示。根据板面应力分布不同，抗剪承载力由两部分区域提供：第一部分为墙板中部与上下边缘框架梁所围成的有效剪切场，此区域内的钢板可以达到充分屈服，对应的剪切屈服强度为 f_{vy}，有效剪切场的跨度为 L_e，提供的抗剪承载力为 V_1；第二部分为钢板两侧的边缘支撑带。边缘支撑带作为有效剪切场的竖向边缘构件，保证内部剪切应力场的稳定，该区域内形成板角局部拉、压应力带。边缘支撑带的抗剪承载力 V_2 由板角应力带水平方向分量提供，应力带方向与竖向边缘的夹角为 α。

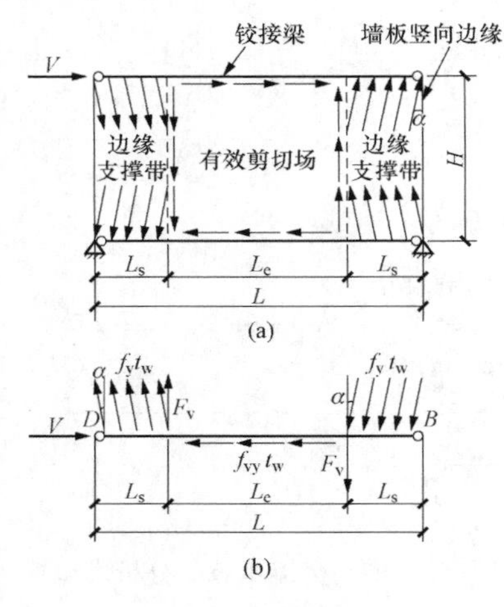

图 7-7 两边连接防屈曲钢板剪力墙承载力分析模型

将两边连接防屈曲钢板剪力墙受力模型中的上部所连框架梁隔离出来，其受力如图 7-7（b）所示，对 D 点取弯矩平衡得

$$\int_{L-L_s}^{L} f_y t_w x\cos\alpha \mathrm{d}x + f_{vy} t_w H L_s = \int_{0}^{L_s} f_y t_w x\cos\alpha \mathrm{d}x + f_{vy} t_w H(L-L_s) \tag{7-7}$$

由 Mises 屈服条件得 f_y/f_{vy} 的值为$\sqrt{3}$，求解式（7-7）的平衡方程，得边缘支撑带跨度 L_s 的计算式为

$$L_s = \frac{L}{2} + \frac{H}{\sqrt{3}\cos\alpha} - \sqrt{\left(\frac{L}{2} + \frac{H}{\sqrt{3}\cos\alpha}\right)^2 - \frac{HL}{\sqrt{3}\cos\alpha}} \tag{7-8}$$

有效剪切场对框架梁的反力 V_1（有效剪切场承载力）、边缘支撑带水平方向分量 V_2（边缘支撑带承载力）分别为

$$V_1 = f_{vy} t_w L_e = f_{vy} t_w (L - 2L_s) \tag{7-9}$$

$$V_2 = 2 f_y t_w L_s \sin\alpha \tag{7-10}$$

对水平方向力求平衡，可以得到两边连接防屈曲钢板剪力墙抗剪承载力为

$$V = V_1 + V_2 = f_{vy} t_w (L - 2L_s) + 2 f_y t_w L_s \sin\alpha \tag{7-11}$$

两边连接防屈曲钢板剪力墙模型应力带方向夹角 α 和边缘区域长度 L_s 无法建立直接的几何关系式，故式（7-11）中参数 α 和 L_s 都是未知量，为获得抗剪承载力的精确解，采用假定参数 α 和 L_s 初始值并代入式（7-8）～式（7-11）进行循环迭代的方法求解，计算流程如下：

1）假定应力带作用方向与竖向边缘的夹角初始值 $\alpha_0=90°$，代入式（7-8）获得边缘支撑带跨度的初始值 $L_{s,0}$，通过式（7-9）～式（7-11）计算得到 $V_{1,0}$、$V_{2,0}$、V_0。假定支撑带局部应力作用方向与竖向边缘的夹角 α 与边缘支撑带跨度 L_s 的关系为

$$\tan\alpha = \frac{L_s}{H} \tag{7-12}$$

2）将初始值 $L_{s,0}$ 代入式（7-12）求得 α_1，由式（7-8）求得 $L_{s,1}$，通过式（7-9）～式（7-11）计算得到 $V_{1,1}$、$V_{2,1}$、V_1。

3）进一步地，将 $L_{s,i-1}$ 代入式（7-12）求得 α_i，由式（7-8）求得 $L_{s,i}$，通过式（7-9）～

式（7-11）计算得到 $V_{1,i}$、$V_{2,i}$、V_i。

4）若第 i 次的计算结果 $V_{1,i}$、$V_{2,i}$、V_i 与上一次循环的相对误差平均值均小于1%，则认为结果收敛，迭代计算终止。

《钢板剪力墙技术规程》（JGJ/T 380—2015）中两边连接防屈曲钢板剪力墙的抗剪承载力应满足下列公式要求

$$V \leqslant V_u \tag{7-13}$$

$$V_u = \tau_u L_e t_w \tag{7-14}$$

当 $0.5 \leqslant L_e/H_e \leqslant 1.0$

$$\tau_u = \left[0.49\ln\left(\frac{L_e}{H_e}\right) + 0.75\right] f_v \sqrt{\frac{235}{f_y}} \tag{7-15}$$

当 $1.0 < L_e/H_e \leqslant 2.0$

$$\tau_u = \left[0.84\ln\left(\frac{L_e}{H_e}\right) - 0.4\left(\frac{L_e}{H_e}\right) + 1.15\right] f_v \sqrt{\frac{235}{f_y}} \tag{7-16}$$

式中　f_v——钢材的抗剪强度设计值。

2. 混凝土盖板设计及构造要求

防屈曲钢板剪力墙的设计原则是在小震作用下混凝土板不参与受力，仅作为钢板的面外约束而存在；在大震作用下，预制混凝土板可参与受力，预制混凝土板先在角部与周边框架接触，随后接触面不断增大，混凝土墙板开始与钢板共同承担水平荷载，此时混凝土墙板的加入，可以补偿因部分钢板发生局部屈曲而造成的刚度损失。每侧间隙的大小可依据大震下高层建筑钢结构的弹塑性层间位移角限值确定，见图7-8。混凝土盖板与边缘框架之间应预留间隙，每侧间隙 a 应满足下式要求

$$a \geqslant \Delta \tag{7-17}$$

$$\Delta = H_e[\theta_p] \tag{7-18}$$

式中　$[\theta_p]$——弹塑性层间位移角限值，可取1/50。

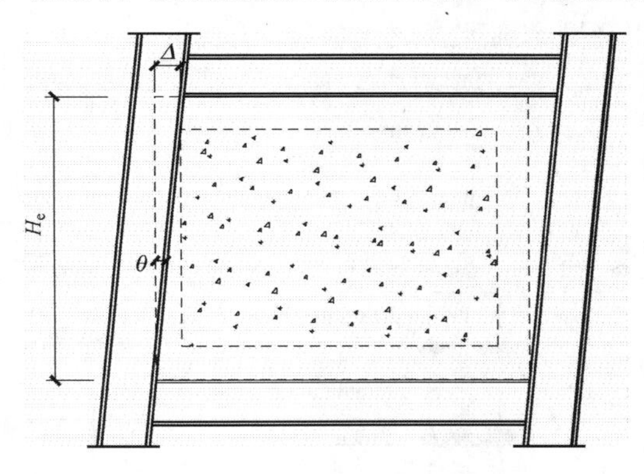

图7-8　混凝土板与框架缝隙

内嵌钢板与两侧混凝土盖板可通过螺栓连接。在防屈曲钢板剪力墙的设计中，连接螺栓的最大间距及混凝土板最小厚度是两个重要参数。这两个参数相互影响，共同决定防屈曲钢板剪力墙的承载性能。依据清华大学的研究及AISC有关工字形钢梁腹板在剪切荷载作用下防止产生局部屈曲的限值，相邻螺栓中心距离 d 与内嵌钢板厚度的比值不宜超过100。内嵌钢板的螺栓孔直径应比连接螺栓直径大2.0～2.5mm。

对混凝土盖板的厚度要求是通过对其约束刚度比进行限制来实现的，该参数的物理意义是混凝土盖板的剪切屈曲荷载与内嵌钢板剪切屈服荷载的比值。在螺栓最大间距满足规定的情况下，混凝土盖板的最小厚度主要由内嵌钢板的高厚比决定，据此给出了混凝土盖板临界约束刚度的计算公式。只有螺栓间距与混凝土盖板厚度同时满足要求，混凝土盖板才能有效限制钢板的平面外屈曲变形，从而提高钢板剪力墙的耗能能力。作为约束钢板平面外屈曲的混凝土板一般两面设置，单侧混凝土板的约束刚度比 η_c 应满足

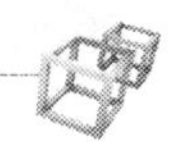

$$\eta_c \geqslant \begin{cases} 1.15, \lambda \leqslant 200 \\ 0.454 + 0.44\lambda, \lambda > 200 \end{cases} \tag{7-19}$$

$$\eta_c = \frac{1.48kE_c t_c^3}{ft_w H_e^2} \tag{7-20}$$

$$k_s = 4.0 + 5.34(H_e/L_e)^2, H_e/L_e \geqslant 1.0 \tag{7-21}$$

$$k_s = 5.34 + 4.0(H_e/L_e)^2, H_e/L_e < 1.0 \tag{7-22}$$

式中 η_c——混凝土板的面外约束刚度比；

E_c——混凝土的弹性模量，按《混凝土结构设计规范》(GB 50010—2010) 确定；

t_c——单侧混凝土盖板厚度；

k_s——四边简支板的弹性抗剪屈曲系数。

防屈曲钢板剪力墙中单侧混凝土盖板厚度不宜小于 80mm，混凝土盖板在两个方向的配筋率均不应小于 0.25%，且钢筋最大间距不宜大于 250mm，钢筋的保护层厚度不小于 15mm。防屈曲钢板剪力墙应在混凝土盖板的双层双向钢筋网之间设置连系钢筋，并应在板边缘处加强，混凝土盖板四周宜设置直径不小于 10mm 的 2 根周边钢筋。

考虑混凝土盖板运输与施工的难度，尺寸较大（大于 2m×2m）的混凝土盖板不便运输与施工，允许对混凝土盖板进行分块，但应考虑由此带来的不利影响，如刚度、强度等。防屈曲钢板剪力墙安装完毕后，混凝土盖板与框架之间的间隙宜用隔声的弹性材料填充，并宜用轻型金属架及耐火板材覆盖。

防屈曲钢板剪力墙与周边框架可采用图 7-9 所示的连接方式。

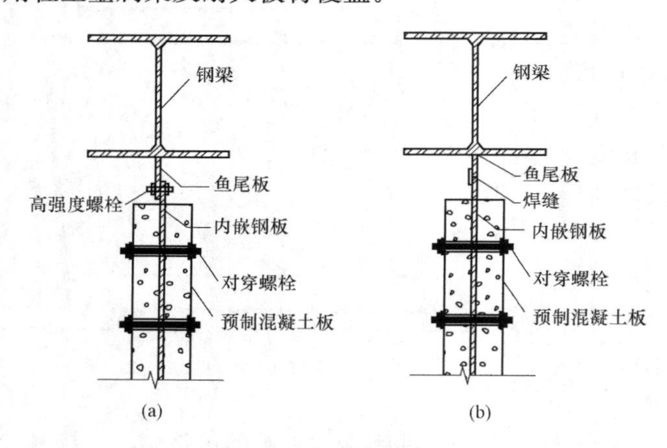

图 7-9　防屈曲钢板剪力墙与周边框架的连接方式
(a) 螺栓连接方式；(b) 焊接连接方式

7.2.3　防屈曲钢板剪力墙结构的简化分析模型

钢板剪力墙的简化分析模型是为了利用薄钢板剪力墙的屈曲后强度提出的，可用基于杆单元的拉力条模型来进行模拟，通过将剪力墙替换为桁架杆，可用杆系弹塑性软件分析简化后的模型。

Thorburn、Kulak、Montgomery 等首先提出利用屈曲后强度的简化拉力条模型 SM，用一系列斜向单拉杆代替连续的内嵌钢板拉力场，拉杆的横截面面积为板带宽乘板厚，铰接于梁柱。假定如下：

(1) 层间剪力主要由钢板的斜向拉力场抵抗，忽略钢板在垂直拉力场方向的抗压能力。

(2) 梁柱连接为铰接，梁的弯曲刚度无限大，考虑柱的弯曲和轴向刚度，填充钢板与边框连续连接。

根据最小能量原理可建立拉力场倾角方程

$$\alpha=\arctan\sqrt[4]{\frac{1+\dfrac{tL}{2A_c}}{1+th_s\left(\dfrac{1}{A_b}+\dfrac{h_s^3}{360I_cL}\right)}} \tag{7-23}$$

式中　A_c、I_c——柱截面面积和惯性矩；

A_b——梁截面面积；

α——主拉应力与竖向轴线的夹角；

L——墙宽；

t——内嵌钢板厚度；

h_s——层高。

拉杆的数量与板的几何尺寸有关，一般大约 10 个可满足要求。当拉力条倾角在 37°～50°间变化时，钢板剪力墙的荷载变形性能受拉力场倾角变化的影响小，偏保守建议采用 40°计算。

已经提出的计算模型除了有单拉杆模型 SM 外，还有修正拉力条模型 MSM［见图 7-10 (b)］、多角度拉杆模型 MASM［见图 7-10（c)］、拉压杆模型 USM［见图 7-10（d)］等。每一种模型均涉及边框塑性铰能力的假定和拉（压）力杆材料弹塑性模型的假定，从而得到不同精度的结果，见表 7-1。

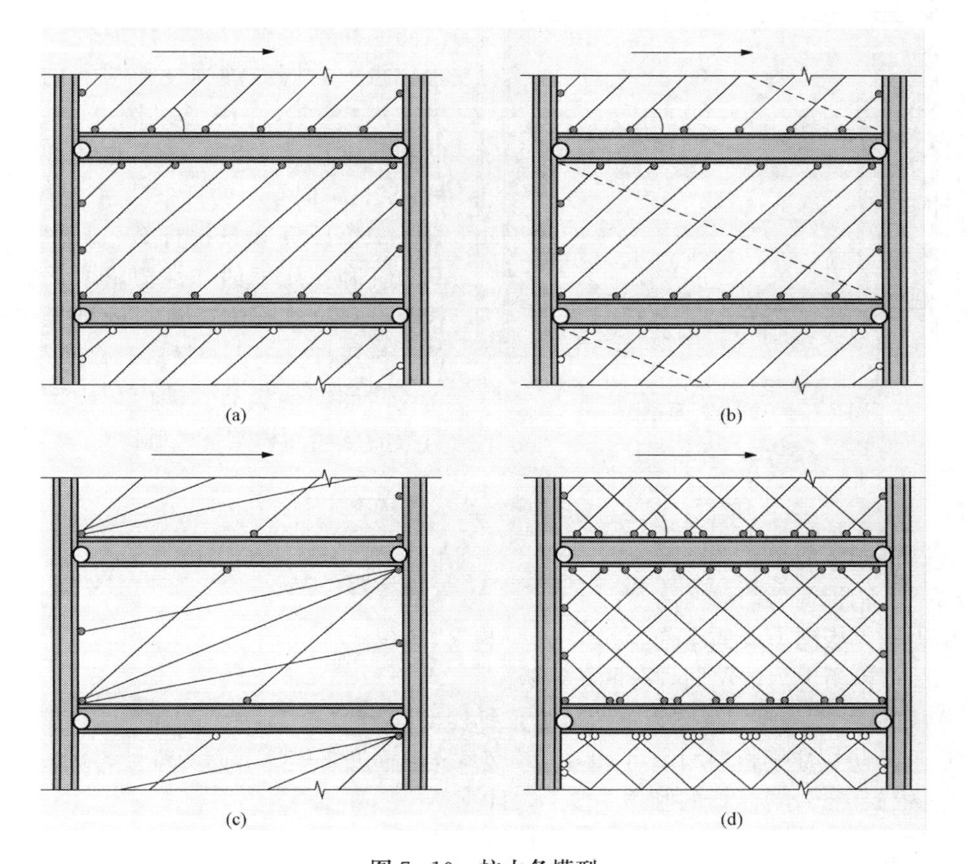

图 7-10　拉力条模型

(a) SM；(b) MSM；(c) MASM；(d) USM

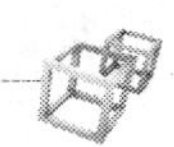

表 7-1 拉力杆模型比较

模型名称	SM			MSM	MASM	USM
提出者	Kulak 等	Lubell 等	Elgaaly 等	Shishkin 等	Razai	郭彦林等
塑性铰假定	集中塑性铰	弹塑性	弹塑性	刚塑性，塑性铰外移	—	弹塑性
拉力条材料假定	理想弹塑性双线性	三线性	三线性	三线性	—	三线性
精度	较好地反映了试件初始刚度和极限强度	较好地反映了试件屈服后极限强度	半经验公式，较好地拟合试验结果	对薄板高估，边框内力偏小	刚度和承载力偏高	较好地拟合试验结果

1. 四边连接防屈曲钢板剪力墙的简化分析模型

为精确模拟防屈曲钢板剪力墙，哈尔滨工业大学、清华大学通过研究给出了一种适用于防屈曲钢板剪力墙的混合杆系模型。与非加劲四边连接钢板剪力墙类似，混合杆系模型分为拉压杆和只拉杆，杆条均匀分布于框架中，杆条与竖直方向夹角近似取为 45°。四边连接防屈曲钢板剪力墙采用混合杆系模型模拟钢板剪力墙的静力性能与滞回性能，如图 7-11 所示，用一系列倾斜、正交杆代替防屈曲钢板剪力墙，杆条与竖直方向夹角取 45°，单向倾斜的杆条数目不小于 10 条，杆条中拉压杆和只拉杆数目比例为 4∶6。只拉杆和拉压杆的弹性模量取钢材的弹性模量，只拉杆强度为钢材的抗拉强度设计值，拉压杆强度为钢材抗剪强度设计值。

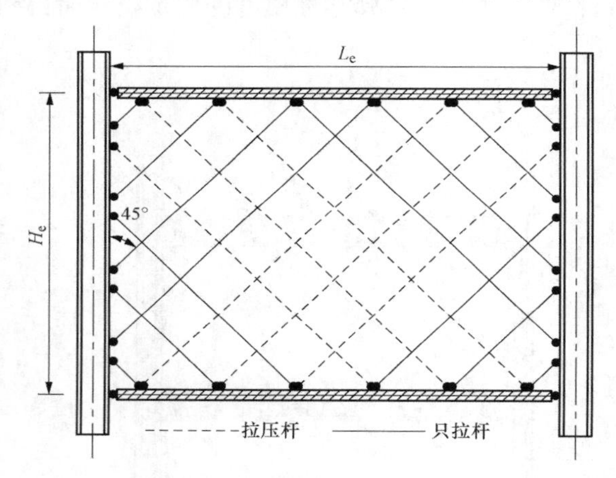

图 7-11 混合杆系模型

防屈曲钢板剪力墙简化模型中各杆条对应的截面面积按下式确定

$$A_1 = \frac{\sqrt{L_e^2 + H_e^2}t_w}{n_2}\cos[45° - \arctan(H_e/L_e)] \tag{7-24}$$

式中 t_w——钢板剪力墙的厚度；

H_e——钢板剪力墙的净高度；

L_e——钢板剪力墙的净跨度；

n——钢板剪力墙单向划分的条带数。

2. 两边连接防屈曲钢板剪力墙的简化分析模型

两边连接防屈曲钢板剪力墙可采用等效交叉支撑模型来模拟其静力性能，如图 7-12 所示，杆件为拉压杆，拉压杆的倾角 α 按下式计算

$$\alpha = \arctan(H_e/L_e) \tag{7-25}$$

式中 L_e——钢板剪力墙的净跨度；

H_e——钢板剪力墙的净高度。

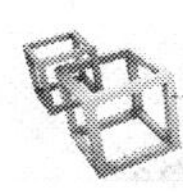

等效交叉支撑模型应力 - 应变关系如图 7 - 13 所示，支撑截面面积 A_1 与屈服强度 σ_y 的计算公式为

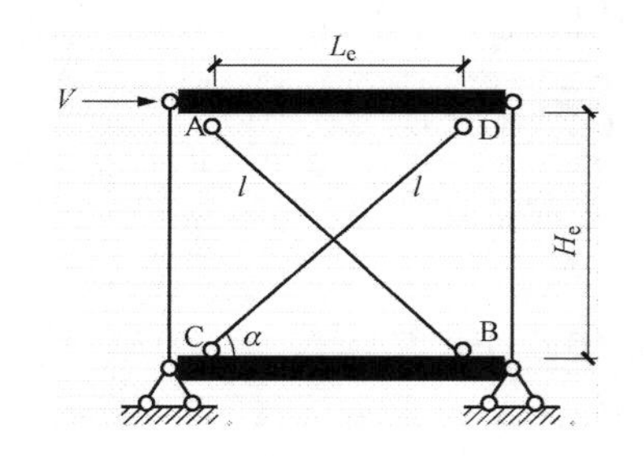

图 7 - 12　交叉支撑模型

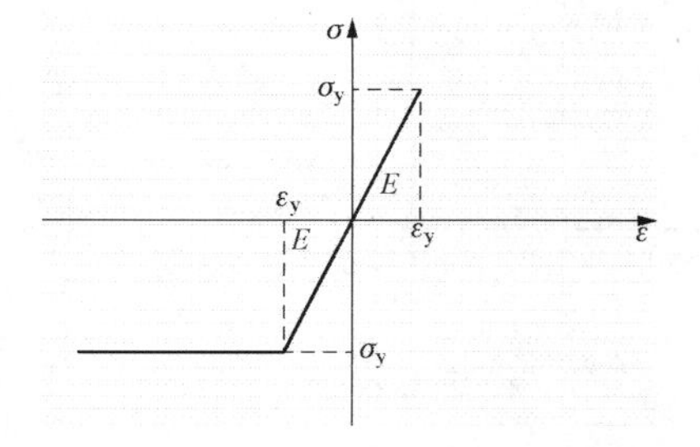

图 7 - 13　支撑的应力 - 应变关系曲线

$$A_1 = \frac{K_0 L_e}{2E \cdot \cos^3\alpha} \tag{7 - 26}$$

$$\sigma_y = \frac{V_u E \cdot \cos^2\alpha}{K_0 L_e} \tag{7 - 27}$$

$$l = \frac{L_e}{\cos\alpha} \tag{7 - 28}$$

式中　E——钢材的弹性模量（N/mm^2）；

A_1——单向杆的截面面积（mm^2）；

σ_y——支撑屈服强度（N/mm^2）；

l——等效支撑的长度（mm）；

V_u——钢板剪力墙的抗剪承载力；

K_0——钢板剪力墙初始刚度。

7.3　外包混凝土组合钢板剪力墙结构

外包混凝土组合钢板剪力墙结构是截面中配置钢板、两端配置型钢，且两者焊接为整体，在钢板和型钢外侧配置钢筋，然后浇筑混凝土而形成的结构，其属于以混凝土为主的组合钢板剪力墙结构，混凝土墙参与结构计算。《组合结构设计规范》（JGJ 138—2016）将其称为钢板混凝土剪力墙。钢板混凝土剪力墙是一种既能提高抗弯、抗剪承载力，又能改善剪力墙延性、提高抗震性能，减小墙体厚度的结构形式。

7.3.1　钢板混凝土剪力墙的正截面受压承载力

试验研究表明，钢板混凝土剪力墙由于加入了钢板，正截面受弯承载力明显提高。其正截面偏心受压承载力计算沿用型钢混凝土剪力墙的计算公式，但公式中增加了截面配置的钢板所承担的轴向力值和弯矩值，计算结果与试验结果吻合较好。偏心受压剪力墙正截面受压承载力计算的受压区分布、荷载平衡关系及各参数如图 7 - 14 所示。

钢板混凝土偏心受压剪力墙，其正截面受压承载力根据持久、短暂设计状况和地震设计状况进行计算，设计状况参见《工程结构可靠性设计统一标准》（GB 50153—2008）。当受压区高度大于边缘构件的高度时，可按照下列思路计算：

（1）进行内力计算时，边缘构件内的钢筋和型钢一同计算，受压区钢筋和型钢的合力为

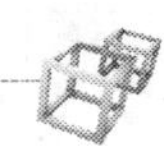

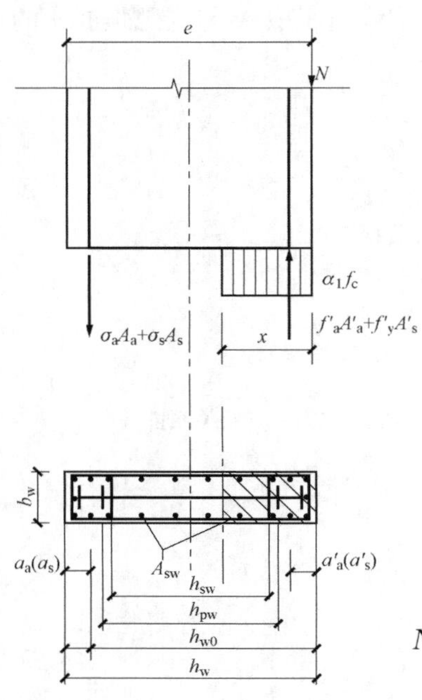

图 7-14　钢板混凝土偏心受压剪力墙正截面受压承载力计算图形

$f'_aA'_a+f'_yA'_s$；受拉区钢筋和型钢的合力为 $\sigma_aA_a+\sigma_sA_s$。

（2）忽略受拉区混凝土的作用，仅考虑受压区混凝土的受压能力。

（3）除边缘构件以外的剪力墙内的钢筋按照偏压程度不同，轴向力和弯矩按照式（7-36）～式（7-43）计算。

1）持久、短暂设计状况

$$N \leqslant \alpha_1 f_c b_w x + f'_a A'_a + f'_y A'_s - \sigma_a A_a - \sigma_s A_s + N_{sw} + N_{pw} \tag{7-29}$$

$$Ne \leqslant \alpha_1 f_c b_w x\left(h_{w0} - \frac{x}{2}\right) + f'_y A'_s (h_{w0} - a'_s) + f'_a A'_a (h_{w0} - a'_a) + M_{sw} + M_{pw} \tag{7-30}$$

2）地震设计状况

$$N \leqslant \frac{1}{\gamma_{RE}}[\alpha_1 f_c b_w x + f'_a A'_a + f'_y A'_s - \sigma_a A_a - \sigma_s A_s + N_{sw} + N_{pw}] \tag{7-31}$$

$$Ne \leqslant \frac{1}{\gamma_{RE}}\left[\alpha_1 f_c b_w x\left(h_{w0} - \frac{x}{2}\right) + f'_y A'_s (h_{w0} - a'_s) + f'_a A'_a (h_{w0} - a'_a) + M_{sw} + M_{pw}\right] \tag{7-32}$$

$$e = e_0 + \frac{h_w}{2} - a \tag{7-33}$$

$$e_0 = \frac{M}{N} \tag{7-34}$$

$$h_{w0} = h_w - a \tag{7-35}$$

其中 N_{sw}、N_{pw}、M_{sw}、M_{pw} 应按下列公式计算：

1）$x \leqslant \beta_1 h_{w0}$ 时

$$N_{sw} = \left(1 + \frac{x - \beta_1 h_{w0}}{0.5\beta_1 h_{sw}}\right) f_{yw} A_{sw} \tag{7-36}$$

$$N_{pw} = \left(1 + \frac{x - \beta_1 h_{w0}}{0.5\beta_1 h_{pw}}\right) f_p A_p \tag{7-37}$$

$$M_{sw} = \left[0.5 - \left(\frac{x - \beta_1 h_{w0}}{\beta_1 h_{sw}}\right)^2\right] f_{yw} A_{sw} h_{sw} \tag{7-38}$$

$$M_{pw} = \left[0.5 - \left(\frac{x - \beta_1 h_{w0}}{\beta_1 h_{pw}}\right)^2\right] f_p A_p h_{pw} \tag{7-39}$$

2）当 $x > \beta_1 h_{w0}$ 时

$$N_{sw} = f_{yw} A_{sw} \tag{7-40}$$

$$N_{pw} = f_p A_p \tag{7-41}$$

$$M_{sw} = 0.5 f_{yw} A_{sw} h_{sw} \tag{7-42}$$

$$M_{pw} = 0.5 f_p A_p h_{pw} \tag{7-43}$$

受拉或受压较小边的钢筋应力 σ_s 和型钢翼缘应力 σ_a 可按下列规定计算：

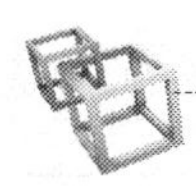

1）当 $x \leqslant \xi_b h_{w0}$ 时，取 $\sigma_s = f_y$，$\sigma_a = f_a$。

2）当 $x > \xi_b h_{w0}$ 时

$$\sigma_s = \frac{f_y}{\xi_b - \beta_1}\left(\frac{x}{h_{w0}} - \beta_1\right) \tag{7-44}$$

$$\sigma_a = \frac{f_a}{\xi_b - \beta_1}\left(\frac{x}{h_{w0}} - \beta_1\right) \tag{7-45}$$

$$\xi_b = \frac{\beta_1}{1 + \dfrac{f_y + f_a}{2 \times 0.003 E_s}} \tag{7-46}$$

式中　e_0——轴向力对截面重心的偏心距；

e——轴向力作用点到受拉型钢和纵向受拉钢筋合力点的距离；

M——剪力墙弯矩设计值；

N——剪力墙弯矩设计值 M 相对应的轴向力设计值；

a_s、a_a——受拉端钢筋、型钢合力点至截面受拉边缘的距离；

a'_s、a'_a——受压端钢筋、型钢合力点至截面受压边缘的距离；

a——受拉端型钢和纵向受拉钢筋合力点到受拉边缘的距离；

x——受压区高度；

α_1——受压区混凝土压应力影响系数；

A_a、A'_a——剪力墙受拉、受压边缘构件内配置的型钢截面面积，如果出现受压区高度小于边缘构件高度需要另行考虑；

A_s、A'_s——剪力墙受拉、受压边缘构件内配置的钢筋总截面面积，如果出现受压区高度小于边缘构件高度需要另行考虑；

A_{sw}——剪力墙除边缘构件部分以外的竖向分布钢筋总面积；

A_p——剪力墙截面内配置的钢板截面面积；

f_{yw}——剪力墙竖向分布钢筋强度设计值；

f_p——剪力墙截面内配置钢板的抗拉和抗压强度设计值；

σ_s——受拉或受压较小边的钢筋应力；

σ_a——受拉或受压较小边的型钢翼缘应力；

β_1——受压区混凝土应力图形影响系数；

N_{sw}——剪力墙竖向分布钢筋所承担的轴向力；

M_{sw}——剪力墙竖向分布钢筋合力对受拉型钢截面重心的力矩；

N_{pw}——剪力墙截面内配置钢板所承担轴向力；

M_{pw}——剪力墙截面配置钢板合力对受拉型钢截面重心的力矩；

h_{sw}——剪力墙除边缘构件部分以外的竖向分布钢筋配置高度；

h_{pw}——剪力墙截面钢板配置高度；

h_{w0}——剪力墙截面有效高度；

b_w——剪力墙厚度；

h_w——剪力墙截面高度。

【例 7-1】 已知某一无边框钢板混凝土剪力墙，根据构造要求初步确定其截面尺寸及型钢、钢筋，如图 7-15 所示，墙体高度为 2700mm，墙体厚度为 200mm。混凝土强度等级为

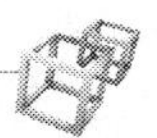

C40，I25a 工字钢采用 Q345B，端部型钢平面内方向的混凝土保护层厚度为 175mm，竖向分布钢筋采用 ϕ10@150，横向分布钢筋采用 ϕ10@200，内嵌钢板厚度为 10mm，分布钢筋采用 HRB335 级钢筋，剪力墙截面钢板采用 Q235B，作用在该剪力墙的竖向压力和弯矩设计值分别为 N=2000kN，M=6000kN・m。试验算该钢板混凝土剪力墙在持久、短暂设计状况下正截面受压承载力是否安全。

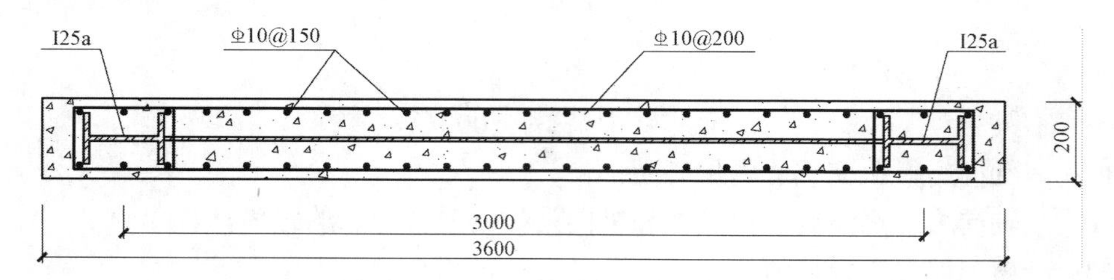

图 7-15　钢板混凝土剪力墙截面图

解　(1) 截面及材料参数

$$A_a = A_a' = 4850(\text{mm}^2), A_s = A_s' = 78.54 \times 6 = 471.24(\text{mm}^2), A_p = 27000(\text{mm}^2),$$

$$a_s = a_s' = 250/2 + 175 = 300(\text{mm})$$

$$a_a = a_a' = 250/2 + 175 = 300(\text{mm}), \beta_1 = 0.8,$$

$$h_{w0} = h - a_a = 3600 - 300 = 3300(\text{mm}), f_c = 19.1(\text{N/mm}^2), f_y = f_y'$$
$$= 300(\text{N/mm}^2), f_a = f_a' = 310(\text{N/mm}^2), f_p = 215(\text{N/mm}^2),$$
$$E_s = 2.0 \times 10^5(\text{N/mm}^2), E_a = 2.06 \times 10^5(\text{N/mm}^2)$$

双排配置竖向分布钢筋Φ 10@150，则竖向分布钢筋的配筋率为

$$\rho_s = \frac{78.54 \times 2}{200 \times 150} = 0.524\%$$

剪力墙竖向分布钢筋总面积

$$A_{sw} = 2700 \times 200 \times 0.524\% = 2829.6(\text{mm}^2)$$

$$\omega_1 = \frac{h_{sw}}{h_{w0}} = \frac{2700}{3300} = 0.818$$

$$\omega_2 = \frac{h_{pw}}{h_{w0}} = \frac{2700}{3300} = 0.818$$

(2) 计算受压区高度。已知

$$\xi_b = \frac{0.8}{1 + \dfrac{f_y + f_a}{2 \times 0.003 E_s}} = \frac{0.8}{1 + \dfrac{300 + 310}{2 \times 0.003 \times 2.0 \times 10^5}} = 0.530$$

先假设剪力墙为大偏心受压，即受拉型钢达到屈服，则由式 (7-29) 可得

$$N = \alpha_1 f_c b_w x + f_a' A_a' + f_s' A_s' - f_a A_a - f_s A_s + \left(1 + \frac{x - \beta_1 h_{w0}}{0.5\beta_1 h_{sw}}\right) f_{yw} A_{sw} + \left(1 + \frac{x - \beta_1 h_{w0}}{0.5\beta_1 h_{pw}}\right) f_p A_p$$

$$x = \frac{N - f_a' A_a' - f_s' A_s' + f_a A_a + f_s A_s - (1 - 2h_{w0}/h_{sw}) f_{yw} A_{sw} - (1 - 2h_{w0}/h_{pw}) f_p A_p}{\alpha_1 f_c b + f_{yw} A_{sw}/(0.5\beta_1 h_{sw}) + f_p A_p/(0.5\beta_1 h_{pw})}$$

$$= \frac{N - f_{yw} A_{sw}(1 - 2/\omega_1) - f_p A_p (1 - 2/\omega_2)}{\alpha_1 f_c b + f_{yw} A_{sw}/(0.5\beta_1 h_{sw}) + f_p A_p/(0.5\beta_1 h_{pw})}$$

$$= \frac{2000 \times 10^3 - 300 \times 2829.6 \times (1 - 2/0.818) - 215 \times 27000 \times (1 - 2/0.818)}{1.0 \times 19.1 \times 200 + 300 \times 2829.6/(0.4 \times 2700) + 215 \times 27000/(0.4 \times 2700)}$$

$= 1163.7(\text{mm}) < \xi_b h_b = 1749(\text{mm})$

由以上计算可知，该钢板混凝土剪力墙属于大偏心受压，假定成立。

（3）计算受弯承载力，由式（7-30）可得

$$Ne \leqslant \alpha_1 f_c \xi(1-0.5\xi) b_w h_{w0}^2 + f_y' A_s'(h_{w0} - a_s') + f_a' A_a'(h_{w0} - a_a') + M_{sw} + M_{pw}$$

其中 $\xi = x/h_{w0} = 1163.7/3275 = 0.352$

$$M_{sw} = \left[0.5 - \left(\frac{x - \beta_1 h_{w0}}{\beta_1 h_{sw}}\right)^2\right] f_{yw} A_{sw} h_{sw}$$

$$= \left[0.5 - \left(\frac{1163.7 - 0.8 \times 3300}{0.8 \times 2700}\right)^2\right] \times 300 \times 2829.6 \times 2700 = 75.3(\text{kN} \cdot \text{m})$$

$$M_{pw} = \left[0.5 - \left(\frac{x - \beta_1 h_{w0}}{\beta_1 h_{pw}}\right)^2\right] f_p A_p h_{pw}$$

$$= \left[0.5 - \left(\frac{1163.7 - 0.8 \times 3300}{0.8 \times 2700}\right)^2\right] \times 215 \times 27000 \times 2700 = 515.1(\text{kN} \cdot \text{m})$$

则原式右端代入后等于

$$1.0 \times 19.1 \times 0.353 \times (1 - 0.5 \times 0.353) \times 200 \times 3300^2 + 300 \times 471.24 \times (3300 - 300) +$$
$$310 \times 4850 \times (3300 - 300) + 75.3 \times 10^6 + 515.1 \times 10^6$$
$$= 17617.9(\text{kN} \cdot \text{m}) > M = 6000(\text{kN} \cdot \text{m})$$

故该钢板混凝土剪力墙能满足正截面承载力要求，安全。

7.3.2　钢板混凝土剪力墙的正截面受拉承载力

钢板混凝土剪力墙正截面偏心受拉承载力计算，沿用型钢混凝土剪力墙正截面偏心受拉承载力计算公式，计算公式中增加了截面配置的钢板所承担的轴向力值和弯矩值。

钢板混凝土偏心受拉剪力墙，其正截面受拉承载力仍根据持久、短暂设计状况和地震设计状况进行计算。

（1）持久、短暂设计状况

$$N \leqslant \frac{1}{\dfrac{1}{N_{0u}} + \dfrac{e_0}{M_{wu}}} \tag{7-47}$$

（2）地震设计状况

$$N \leqslant \frac{1}{\gamma_{RE}} \left(\frac{1}{\dfrac{1}{N_{0u}} + \dfrac{e_0}{M_{wu}}} \right) \tag{7-48}$$

其中 N_{0u}、M_{wu}应按下列公式计算

$$N_{0u} = f_y(A_s + A_s') + f_a(A_a + A_a') + f_{yw} A_{sw} + f_p A_p \tag{7-49}$$

$$M_{wu} = f_y A_s (h_{w0} - a_s') + f_a A_a (h_{w0} - a_a') + f_{yw} A_{sw} \left(\frac{h_{w0} - a_s'}{2}\right) + f_p A_p \left(\frac{h_{w0} - a_a'}{2}\right) \tag{7-50}$$

式中　N——钢板混凝土剪力墙轴向拉力设计值；

e_0——钢板混凝土剪力墙轴向拉力对截面重心的偏心距；

N_{0u}——钢板混凝土剪力墙轴向受拉承载力；

M_{wu}——钢板混凝土剪力墙受弯承载力。

【例 7-2】　钢板混凝土剪力墙的截面基本尺寸如图 7-15 所示，墙体高度为 2700mm，

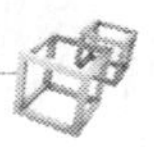

墙体厚度为200mm。混凝土强度等级为C40，I25a工字钢采用Q345B，型钢的混凝土保护层厚度为175mm，竖向分布钢筋采用Φ 10@150，横向分布钢筋采用Φ 10@200，内嵌钢板厚度为10mm，分布钢筋采用HRB335级钢筋，剪力墙截面钢板采用Q235B，作用在该剪力墙的竖向拉力和弯矩设计值分别为$N=4500\text{kN}$，$M=3600\text{kN}\cdot\text{m}$。试验算该钢板混凝土剪力墙在持久、短暂设计状况下正截面受拉承载力是否安全。

解 （1）截面及材料参数

$$A_a=A_a'=4850(\text{mm}^2),A_s=A_s'=78.54\times6=471.24(\text{mm}^2),A_p=27000(\text{mm}^2)$$

$$a_s=a_s'=\frac{250}{2}+175=300(\text{mm}),a_a=a_a'=\frac{250}{2}+175=300(\text{mm}),\beta_1=0.8,$$

$$h_{w0}=h-a_a=3600-300=3300(\text{mm}),f_c=19.1(\text{N/mm}^2),f_y=f_y'=300(\text{N/mm}^2),$$

$$f_a=f_a'=310(\text{N/mm}^2),f_p=215(\text{N/mm}^2),E_s=2.0\times10(\text{N/mm}^2),$$

$$E_d=2.06\times10^5(\text{N/mm}^2)$$

双排配置竖向分布钢筋Φ 10@150，则竖向分布钢筋的配筋率为

$$\rho_s=\frac{78.54\times2}{200\times150}=0.524\%$$

剪力墙竖向分布钢筋总面积

$$A_{sw}=2700\times200\times0.524\%=2829.6(\text{mm}^2)$$

$$\omega_1=\frac{h_{sw}}{h_{w0}}=\frac{2700}{3300}=0.818,\omega_2=\frac{h_{pw}}{h_{w0}}=\frac{2700}{3300}=0.818$$

（2）计算受拉承载力

$$\begin{aligned}N_{0u}&=f_y(A_s+A_s')+f_a(A_a+A_a')+f_{yw}A_{sw}+f_pA_p\\&=300\times(471.24+471.24)+310\times(4850+4850)+300\times2829.6+215\times27000\\&=9943.62(\text{kN})\end{aligned}$$

$$\begin{aligned}M_{wu}&=f_yA_s(h_{w0}-a_s')+f_aA_a(h_{w0}-a_a')+f_{yw}A_{sw}\left(\frac{h_{w0}-a_s'}{2}\right)+f_pA_p\left(\frac{h_{w0}-a_a'}{2}\right)\\&=300\times471.24\times(3300-300)+310\times4850\times(3300-300)+300\times2829.6\times\\&\left(\frac{3300-300}{2}\right)+215\times27000\times\left(\frac{3300-300}{2}\right)=14915.44(\text{kN}\cdot\text{m})\end{aligned}$$

$$e_0=\frac{M}{N}=\frac{3600}{4500}=0.8,N'=\frac{1}{\frac{1}{N_{0u}}+\frac{e_0}{M_{wu}}}=6485(\text{kN})$$

所以$N'>N$，即受拉承载力大于拉力设计值，故该钢板混凝土受拉承载力满足要求。

7.3.3 钢板混凝土剪力墙的受剪承载力

当剪力墙截面尺寸过小而横向配筋过多时，在横向钢筋充分发挥作用之前，墙腹部混凝土会产生斜压破坏。钢板混凝土剪力墙剪力由钢筋混凝土墙体、端部型钢及截面中所配钢板三部分承担。钢板混凝土剪力墙受剪性能试验表明，由钢板混凝土剪力墙试件的破坏过程和破坏形态看，即使剪力超过了钢筋混凝土的截面抗剪限制条件，但由于钢板的存在，并未出现以上斜压破坏的情况，还是表现为剪压破坏的特征。因此钢板混凝土剪力墙的受剪截面限制条件中的剪力设计值仅考虑墙肢截面钢筋混凝土部分承受的剪力值。

（1）钢板混凝土剪力墙的受剪截面根据持久、短暂设计状况和地震设计状况，应满足式（7-51）～式（7-55）的要求。

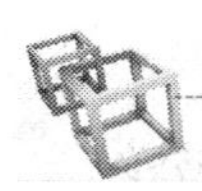

1）持久、短暂设计状况

$$V_{cw} \leqslant 0.25\beta_c f_c b_w h_{w0} \tag{7-51}$$

$$V_{cw} = V - \left(\frac{0.3}{\lambda} f_a A_{a1} + \frac{0.6}{\lambda - 0.5} f_p A_p\right) \tag{7-52}$$

2）地震设计状况。

当剪跨比大于2.5时

$$V_{cw} \leqslant \frac{1}{\gamma_{RE}} 0.20\beta_c f_c b_w h_{w0} \tag{7-53}$$

当剪跨比不大于2.5时

$$V_{cw} \leqslant \frac{1}{\gamma_{RE}} 0.15\beta_c f_c b_w h_{w0} \tag{7-54}$$

其中

$$V_{cw} = V - \frac{1}{\gamma_{RE}}\left(\frac{0.25}{\lambda} f_a A_{a1} + \frac{0.5}{\lambda - 0.5} f_p A_p\right) \tag{7-55}$$

式中　V——钢板混凝土剪力墙的墙肢截面剪力设计值；

V_{cw}——仅考虑墙肢截面钢筋混凝土部分承受的剪力值，即墙肢剪力设计值减去端部型钢和钢板承受的剪力值；

λ——计算截面处的剪跨比，$\lambda = \frac{M}{Vh_{w0}}$，当$\lambda < 1.5$时取$\lambda = 1.5$，当$\lambda > 2.2$时取$\lambda = 2.2$，当计算截面与墙底之间的距离小于$0.5h_{w0}$时，应按距离墙底$0.5h_{w0}$处的弯矩值与剪力值计算；

A_{a1}——钢板混凝土剪力墙一端所配型钢的截面面积，当两端所配型钢截面面积不同时，取较小一端的面积；

β_c——混凝土强度影响系数。

（2）钢板混凝土偏心受压剪力墙，其斜截面受剪承载力根据持久、短暂设计状况和地震设计状况，按照式（7-56）～式（7-57）的要求计算。

1）持久、短暂设计状况

$$V \leqslant \frac{1}{\lambda - 0.5}\left(0.5 f_t b_w h_{w0} + 0.13 N \frac{A_w}{A}\right) + f_{yh}\frac{A_{sh}}{s} h_{w0} + \frac{0.3}{\lambda} f_a A_{a1} + \frac{0.6}{\lambda - 0.5} f_p A_p \tag{7-56}$$

2）地震设计状况

$$V \leqslant \frac{1}{\gamma_{RE}}\left[\frac{1}{\lambda - 0.5}\left(0.4 f_t b_w h_{w0} + 0.1 N \frac{A_w}{A}\right) + 0.8 f_{yh}\frac{A_{sh}}{s} h_{w0} + \frac{0.25}{\lambda} f_a A_{a1} + \frac{0.5}{\lambda - 0.5} f_p A_p\right] \tag{7-57}$$

式中　N——钢板混凝土剪力墙的轴向压力设计值，当$N > 0.5 f_c b_w h_w$时，取$N = 0.2 f_c b_w h_w$；

A——钢板混凝土剪力墙截面面积；

A_w——剪力墙腹板的截面面积，对矩形截面剪力墙应取$A_w = A$；

f_{yh}——剪力墙水平分布钢筋抗拉强度设计值；

s——剪力墙水平分布钢筋间距；

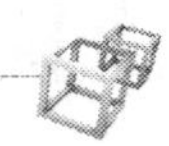

A_{sh}——配置在同一水平截面内的水平分布钢筋的全部截面面积。

(3) 钢板混凝土偏心受拉剪力墙，其斜截面受剪承载力根据持久、短暂设计状况和地震设计状况，按照式 (7-58)～式 (7-59) 的要求计算。

1) 持久、短暂设计状况

$$V \leqslant \frac{1}{\lambda - 0.5}\left(0.5 f_t b_w h_{w0} - 0.13 N \frac{A_w}{A}\right) + f_{yh}\frac{A_{sh}}{s}h_{w0} + \frac{0.3}{\lambda} f_a A_{a1} + \frac{0.6}{\lambda - 0.5} f_p A_p \tag{7-58}$$

当上式右端的计算值小于 $f_{yh}\frac{A_{sh}}{s}h_{w0} + \frac{0.3}{\lambda} f_a A_{a1} + \frac{0.6}{\lambda - 0.5} f_p A_p$ 时，应取 $f_{yh}\frac{A_{sh}}{s}h_{w0} + \frac{0.3}{\lambda} f_a A_{a1} + \frac{0.6}{\lambda - 0.5} f_p A_p$

2) 地震设计状况

$$V \leqslant \frac{1}{\gamma_{RE}}\left[\frac{1}{\lambda - 0.5}\left(0.4 f_t b_w h_{w0} - 0.1 N \frac{A_w}{A}\right) + 0.8 f_{yh}\frac{A_{sh}}{s}h_{w0} + \frac{0.25}{\lambda} f_a A_{a1} + \frac{0.5}{\lambda - 0.5} f_p A_p\right] \tag{7-59}$$

当上式右端的计算值小于$\frac{1}{\gamma_{RE}}\left[0.8 f_{yh}\frac{A_{sh}}{s}h_{w0} + \frac{0.25}{\lambda} f_a A_{a1} + \frac{0.5}{\lambda - 0.5} f_p A_p\right]$时，应取

$$\frac{1}{\gamma_{RE}}\left[0.8 f_{yh}\frac{A_{sh}}{s}h_{w0} + \frac{0.25}{\lambda} f_a A_{a1} + \frac{0.5}{\lambda - 0.5} f_p A_p\right]$$

式中　N——钢板混凝土剪力墙的轴向拉力设计值。

【例 7-3】 如［例 7-2］的钢板混凝土剪力墙。作用在该剪力墙的竖向压力设计值为 $N=4500$kN，弯矩设计值为 $M=3600$kN·m，剪力设计值为 $V=6000$kN。试验算该钢板混凝土剪力墙在持久、短暂设计状况下斜截面受剪承载力是否安全。

解　(1) 截面及材料参数

$$A_{a1} = A_a = A'_a = 4850(\text{mm}^2), A_s = A'_s = 78.54 \times 6 = 471.24(\text{mm}^2)$$

$$A_p = 27000\text{mm}^2,\ a_s = a'_s = \frac{250}{2} + 175 = 300(\text{mm})$$

$$a_a = a'_a = \frac{250}{2} + 175 = 300(\text{mm})$$

$$\beta_1 = 0.8,\ h_{w0} = h - a_a = 3600 - 300 = 3300(\text{mm}),\ f_c = 19.1(\text{N/mm}^2)$$

$$f_y = f'_y = 300(\text{N/mm}^2),\ f_a = f'_a = 310(\text{N/mm}^2),\ f_p = 215(\text{N/mm}^2)$$

$$E_s = 2.0 \times 10^5(\text{N/mm}^2),\ E_a = 2.06 \times 10^5(\text{N/mm}^2)$$

双排配置竖向分布钢筋Φ 10@150，则竖向分布钢筋的配筋率为

$$\rho_s = \frac{78.54 \times 2}{200 \times 150} = 0.524\%$$

剪力墙竖向分布钢筋总面积

$$A_{sw} = 2700 \times 200 \times 0.524\% = 2829.6(\text{mm}^2)$$

$$\omega_1 = \frac{h_{sw}}{h_{w0}} = \frac{2700}{3300} = 0.818$$

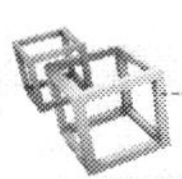

$$\omega_2 = \frac{h_{pw}}{h_{w0}} = \frac{2700}{3300} = 0.818$$

（2）计算受剪承载力

$$\lambda = \frac{M}{Vh_{w0}} = \frac{3600}{6000 \times 3.3} = 0.182 < 1.5\text{，则}\lambda\text{取}1.5$$

$$V' = \left(\frac{0.3}{\lambda} f_a A_{a1} + \frac{0.6}{\lambda - 0.5} f_p A_p\right)$$

$$= \left(\frac{0.3}{1.5} \times 310 \times 4850 + \frac{0.6}{1.5 - 0.5} \times 215 \times 27000\right) = 3783.7(\text{kN})$$

$$V_{cw} = V - V' = 6000 - 3783.7 = 2216.3(\text{kN})$$

$$0.25\beta_c f_c b_w h_{w0} = 0.25 \times 1.0 \times 19.1 \times 200 \times 3300 = 3151.5\text{kN} > V_{cw} = 2216.3\text{kN}$$

故该钢板混凝土剪力墙斜截面受剪承载力满足要求，安全。

7.3.4　钢板混凝土剪力墙的轴压比限值

钢板混凝土剪力墙在轴向力和弯矩作用下，延性和耗能能力比钢筋混凝土剪力墙有明显提高，轴压比计算可考虑钢板的承压能力，轴压比限值按《高层建筑混凝土结构技术规程》(JGJ 3) 取值。考虑地震作用的钢板混凝土剪力墙，其重力荷载代表值作用下墙肢的轴压比应按下式计算，且不宜超过表7-2的限值

$$n = \frac{N}{f_c A_c + f_a A_a + f_p A_p} \tag{7-60}$$

式中　n——钢板混凝土剪力墙轴压比；

N——墙肢重力荷载代表值作用下轴向压力设计值；

A_a——剪力墙两端暗柱中全部型钢截面面积；

A_p——剪力墙截面内配置的钢板截面面积。

表7-2　　钢板混凝土剪力墙轴压比限值

抗震等级	特一级、一级（9度）	一级（6、7、8度）	二、三级
轴压比限值	0.4	0.5	0.6

7.3.5　钢板混凝土剪力墙的栓钉计算

钢板混凝土剪力墙只有当钢板与混凝土共同工作时，钢板才能发挥作用，因此钢板与混凝土之间应设置栓钉，以保证其共同工作。钢板混凝土剪力墙中的钢板两侧面应设置栓钉，每片钢板的栓钉数量应按下列公式计算

$$n_f = \frac{V_{min}}{N_v^c} \tag{7-61}$$

$$V_{min} = \min(V_{cw}, V_p) \tag{7-62}$$

$$V_{cw} = 0.5 f_t b_w h_{w0} + 0.13N + f_{yh} \frac{A_{sh}}{s} h_{w0} \tag{7-63}$$

$$V_p = 0.6 A_p f_p \tag{7-64}$$

式中　n_f——每片钢板两侧应设置的栓钉总数量；

V_{cw}——钢板混凝土剪力墙中钢筋混凝土部分承受的剪力值；

V_p——钢板混凝土剪力墙中钢板部分承受的总剪力值；

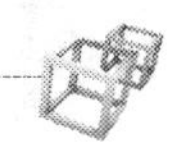

f_t——混凝土轴心抗拉强度设计值；

f_p——钢板抗拉和抗压强度设计值；

A_p——剪力墙内配置的钢板的截面面积；

E_c——混凝土的弹性模量；

f_c——混凝土轴心抗压强度；

N_v^c——一个圆柱头栓钉连接件的抗剪承载力。

7.3.6 钢板混凝土剪力墙的构造措施

钢板混凝土剪力墙，其钢板外侧混凝土墙体对保证钢板的侧向稳定有重要作用，因此钢板厚度与墙体厚度宜有一个合理的比值。钢板混凝土剪力墙在平面内承受压、弯、剪，在平面外可认为仅受压。根据钢结构中对压杆的支撑刚度规定，推算出钢筋混凝土墙体厚度与钢板厚度的关系，确定混凝土墙的厚度与钢板的厚度之比不宜小于 14，为了便于焊接栓钉，要求钢板厚度不宜小于 10mm。

为了增加钢板两侧钢筋混凝土对钢板的约束作用，防止钢板屈曲失稳；同时促使钢筋混凝土部分与钢板部分承载力相协调共同作用，从而提高整个墙体的承载力。对钢板混凝土剪力墙的水平和竖向分布钢筋的最小配筋率、间距，拉结钢筋的间距比型钢混凝土剪力墙有更严格的规定。钢板混凝土剪力墙的水平和竖向分布钢筋的最小配筋率应符合表 7 - 3 的规定，分布钢筋间距不宜大于 200mm，拉结钢筋间距不宜大于 400mm，分布钢筋及拉结钢筋与钢板间应可靠连接。

表 7 - 3　钢板混凝土剪力墙分布钢筋最小配筋率

抗震等级	特一级	一级、二级、三级	四级
水平和竖直分布钢筋	0.45%	0.4%	0.3%

钢板混凝土剪力墙端部型钢周围应配置纵向钢筋和箍筋，以形成暗柱、翼墙等边缘构件，组成内配型钢的约束边缘构件或构造边缘构件，由此保证端部在纵向钢筋、箍筋、型钢，以及钢板共同组合作用下增强剪力墙的受弯、受剪承载力和塑性变形能力。边缘构件的设置应符合型钢混凝土剪力墙端部边缘构件的规定。

钢板混凝土剪力墙除了钢板两侧边设置型钢外，在楼层标高处也应设置型钢暗梁，使墙内钢板处于四周约束状态，保证钢板发挥抗剪、抗弯作用。钢板混凝土剪力墙内钢板与四周型钢宜采用焊接连接。

为保证钢筋混凝土对型钢的约束，也便于箍筋、纵筋和分布钢筋的施工，钢板混凝土剪力墙端部型钢的混凝土保护层厚度不宜小于 150mm，水平分布钢筋应绕过墙端型钢，且应符合钢筋锚固长度规定。

为保证钢筋混凝土与钢板共同工作，钢板与钢筋混凝土之间应有可靠的连接，钢板混凝土剪力墙的钢板两侧和端部型钢翼缘应设置栓钉，栓钉直径不宜小于 16mm，间距不宜大于 300mm。钢板混凝土剪力墙角部 1/5 板跨且不小于 1000mm 范围内墙体分布钢筋和抗剪栓钉宜适当加密。

为保证端部边缘构件箍筋对型钢和混凝土的约束作用，形成型钢、钢筋、混凝土三位一体共同工作的有效边缘构件，钢板混凝土剪力墙端部约束边缘构件内的箍筋应穿过钢板或与钢板焊接形成封闭箍筋。

7.4　双钢板内填混凝土组合剪力墙结构

双钢板内填混凝土组合剪力墙是钢框架或钢管混凝土框架内嵌双钢板，形成腔体，双钢板也称作外包钢板，在外包钢板间浇筑混凝土而形成的结构，其属于以混凝土为主的组合钢板剪力墙结构，混凝土墙参与结构计算，也可称为双钢板组合剪力墙。《钢板剪力墙技术规程》（JGJ/T 380—2015）中组合钢板剪力墙是指双钢板组合剪力墙。外包钢板对混凝土有显著约束作用，使其处于三向受力状态，混凝土极限变形有所增加。双钢板内填混凝土组合剪力墙是一种既能提高抗弯、抗剪承载力，又能改善剪力墙延性、提高抗震性能，减小墙体厚度的结构形式。

7.4.1　双钢板组合剪力墙的组成

双钢板组合剪力墙的框架柱可以为钢框架柱或钢管混凝土框架柱，其中矩形钢管混凝土形成的端柱或暗柱的钢板宽厚比应满足《钢板剪力墙技术规程》（JGJ/T 380—2015）的规定，墙体钢板与边缘钢构件之间宜采用焊接连接。外包钢板与混凝土两种材料通过抗剪键联系在一起，墙体外包钢板和内填混凝土之间的连接可采用栓钉、对拉螺栓、短加劲肋加缀板或T形加劲肋，也可以混合采用上述几种连接方式。常见的双钢板组合剪力墙的构造如图7-16所示。

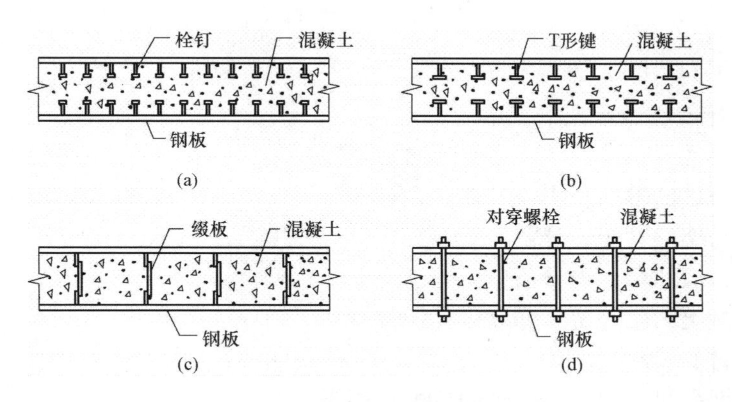

图7-16　双钢板组合剪力墙构造

7.4.2　双钢板组合剪力墙的承载力

1. 双钢板组合剪力墙的受弯承载力

双钢板组合剪力墙在压弯荷载作用下的受弯承载力可采用全截面塑性方法进行计算，美国《钢结构设计规范》ANSI/AISC 360-10在计算组合构件的压弯承载力时，给出了2种计算方法：一种是全截面塑性方法；另一种是应变协调法［类似于《混凝土结构设计规范》（GB 50010—2010）中钢筋混凝土构件的正截面承载力计算方法］。欧洲EC4（1996年）规程在计算组合构件的压弯承载力时，采用的都是全截面塑性方法。这里不采用应变协调法的原因有以下几点：

（1）用应变协调法很难给出显式计算公式，计算非常复杂。

（2）由于钢板对混凝土的约束作用，混凝土的变形能力远高于《混凝土结构设计规范》（GB 50010—2010）规定的极限压应变0.0033。

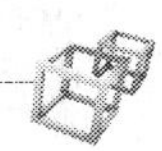

（3）钢板对组合剪力墙的承载力贡献很大，如果采用混凝土的极限应变来控制截面的受弯承载力，则过于保守。

双钢板组合剪力墙结构塑性中和轴的位置有多种情况：①在墙体内；②在端柱内；③在端柱内侧的钢翼缘内。而对于一个确定截面的计算，根据平衡方法可试算出中和轴的位置，可根据式（7-65）确定塑性中和轴的高度

$$N = f_c A_{cc} + f_y A_{sfc} + \rho f_y A_{swc} - f_y A_{sft} - \rho f_y A_{swt} \tag{7-65}$$

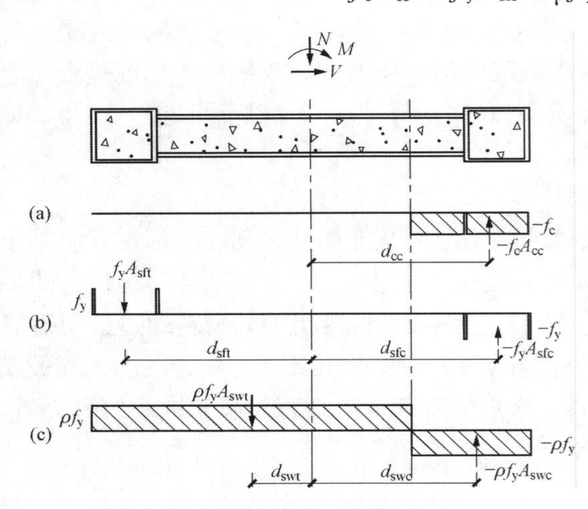

图 7-17 压弯荷载作用下的截面应力分布

同时考虑剪力对钢板轴向强度的降低作用及考虑钢腹板的弯剪耦合作用，其应力分布如图 7-17 所示，双钢板组合剪力墙结构受弯承载力可按式（7-67）计算，对于钢板部分按照与剪力墙受力平面的平行或者垂直关系进行计算，以充分考虑水平方向剪应力影响对钢板强度的折减。

受弯承载力按下式进行计算

$$M_{u,N} = f_c A_{cc} d_{cc} + f_y A_{sfc} d_{sfc} + \rho f_y A_{swc} d_{swc} + f_y A_{sft} d_{sft} + \rho f_y A_{swt} d_{swt} \tag{7-66}$$

$$\rho = \begin{cases} 1 & (V/V_u \leqslant 0.5) \\ 1-(2V/V_u-1)^2 & (V/V_u > 0.5) \end{cases} \tag{7-67}$$

截面弯矩设计值应满足如下关系

$$M \leqslant M_{u,N} \tag{7-68}$$

式中 N——剪力墙的轴向压力设计值；

M——剪力墙的弯矩设计值；

V——剪力墙的剪力设计值；

f_c——混凝土的轴心抗压强度设计值；

f_y——钢材的屈服强度；

$M_{u,N}$——双钢板组合剪力墙在轴向压力作用下的受弯承载力；

A_{cc}——受压混凝土面积；

A_{sfc}——垂直于剪力墙受力平面的受压钢板面积；

A_{sft}——垂直于剪力墙受力平面的受拉钢板面积；

A_{swc}——平行于剪力墙受力平面的受压钢板面积；

d_{swt}——平行于剪力墙受力平面的受拉钢板面积；

d_{cc}——受压混凝土的合力作用点到剪力墙截面形心的距离；

d_{sfc}——垂直于剪力墙受力平面的受压钢板合力作用点到剪力墙截面形心的距离；

d_{sft}——垂直于剪力墙受力平面的受拉钢板合力作用点到剪力墙截面形心的距离；

d_{swc}——平行于剪力墙受力平面的受压钢板合力作用点到剪力墙截面形心的距离；

d_{swt}——平行于剪力墙受力平面的受拉钢板合力作用点到剪力墙截面形心的距离；

ρ——考虑剪应力影响的钢板强度折减系数；

V_u——钢板剪力墙的抗剪承载力。

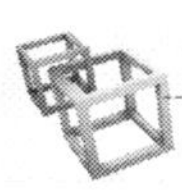

【例7-4】 双钢板组合剪力墙，墙体截面总长3000mm，框架柱为矩形钢管混凝土形成的端柱，柱截面尺寸为400mm×400mm，壁厚10mm。剪力墙厚度为200mm，其中钢板厚10mm，钢材均采用Q235B，混凝土强度等级为C40。作用在该剪力墙的竖向压力和弯矩设计值分别为N=4500kN和M=8000kN·m。试验算该双钢板组合剪力墙正截面受弯承载力是否安全。

解 （1）材料参数

$$f_c = 19.1\text{N/mm}^2, f_y = 215\text{N/mm}^2, \rho = 1$$

（2）计算中和轴位置

$$N = f_c A_{cc} + f_y A_{sfc} + \rho f_y A_{swc} - f_y A_{sft} - \rho f_y A_{swt}$$

将所有数据代入得

$$\begin{aligned}4500 \times 10^3 = & 19.1 \times [380 \times 380 + (1100 - x) \times 180] + 215 \times (400 \times 10 \times 2) \\ & + 215 \times [400 \times 10 \times 2 + (1100 - x) \times 10 \times 2] - 215 \times (400 \times 10 \times 2) \\ & - 215 \times [400 \times 10 \times 2 + (1100 + x) \times 10 \times 2]\end{aligned}$$

解得x=169mm。

（3）计算受弯承载力

$$\begin{aligned}M_{u,N} = & f_c A_{cc} d_{cc} + f_y A_{sfc} d_{sfc} + \rho f_y A_{swc} d_{swc} + f_y A_{sft} d_{sft} + \rho f_y A_{swt} d_{swt} \\ = & 19.1 \times [380 \times 380 + 931 \times 180] \times 835 + 215 \times (400 \times 10 \times 2) \times 1300 + \\ & 215 \times [400 \times 10 \times 2 + 931 \times 10 \times 2] \times 835 + 215 \times 400 \times 10 \times 2 \times 1300 + \\ & 215 \times [400 \times 10 \times 2 + (1100 + 169) \times 10 \times 2] \times 666 \\ = & 14705.2(\text{kN} \cdot \text{m})\end{aligned}$$

则$M_{u,N} > M$=8000kN·m，故该双钢板混凝土剪力墙正截面受弯承载力满足要求。

2. 双钢板组合剪力墙的抗剪承载力

目前对双钢板组合剪力墙构件中混凝土对抗剪贡献的研究还不充分，因此抗剪承载力并未考虑混凝土参与计算，此处保守取钢腹板的抗剪贡献。双钢板组合剪力墙的抗剪承载力按下式进行计算

$$V_u = 0.6 f_y A_{sw} \tag{7-69}$$

截面剪力设计值应满足如下关系

$$V \leqslant V_u \tag{7-70}$$

式中　V——钢板剪力墙的剪力设计值；

V_u——钢板剪力墙的抗剪承载力；

A_{sw}——平行于剪力墙受力平面的钢板面积。

3. 双钢板组合剪力墙的轴压比

考虑地震作用的双钢板组合剪力墙，其在重力荷载代表值作用下的轴压比，计算中包含了钢板的贡献按照式（7-71）计算，不宜超过表7-4的限值

$$n = \frac{N}{f_c A_c + f_y A_s} \tag{7-71}$$

式中　n——轴压比；

N——剪力墙的轴向压力设计值；

f_c——混凝土的轴心抗压强度设计值；

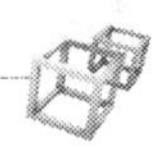

A_c——剪力墙截面的混凝土面积；

f_y——钢材的屈服强度；

A_s——剪力墙截面的钢板总面积。

表 7-4　　双钢板组合剪力墙肢轴压比限值

抗震等级	一级（9 度）	一级（6、7、8 度）	二、三级
轴压比限值	0.4	0.5	0.6

4. 双钢板组合剪力墙的刚度

在进行结构内力和变形分析时，双钢板组合剪力墙的刚度可按式（7-72）~式（7-74）计算

$$EI = E_s I_s + E_c I_c \tag{7-72}$$

$$EA = E_s A_s + E_c A_c \tag{7-73}$$

$$GA = G_s A_s + G_c A_c \tag{7-74}$$

式中　EI、EA、GA——双钢板组合剪力墙的截面抗弯刚度、轴向抗压刚度和抗剪刚度；

$E_s I_s$、$E_s A_s$、$G_s A_s$——双钢板组合剪力墙钢板部分的截面抗弯刚度、轴向抗压刚度和抗剪刚度；

$E_c I_c$、$E_c A_c$、$G_c A_c$——双钢板组合剪力墙混凝土部分的截面抗弯刚度、轴向抗压刚度和抗剪刚度。

5. 双钢板组合剪力墙的连接键计算

栓钉或对拉螺栓的作用是使外包钢板和内填混凝土形成整体的关键，防止两者相互分离。在压应力作用下，钢板具有向外发生局部屈曲的趋势，从而使栓钉和对拉螺栓承担拉力，该拉力与栓钉作用范围内钢板的压应力的合力正相关。每个栓钉或对拉螺栓的拉力设计值应按式（7-75）计算

$$T_{st} = \alpha_{st} t_{sw} s_{sth} f_y \tag{7-75}$$

栓钉或对拉螺栓的拉力设计值应满足式（7-76）

$$T_{st} \leqslant T_{ust} \tag{7-76}$$

式中　T_{st}——单个栓钉或对拉螺栓的拉力设计值；

t_{sw}——剪力墙墙体单片钢板的厚度；

α_{st}——连接件拉力系数，可取为 0.03；

s_{sth}——栓钉或对拉螺栓水平方向的间距；

f_y——钢材的屈服强度；

T_{ust}——单个栓钉的抗拉承载力。

单个栓钉的抗拉承载力按式（7-77）计算

$$T_{ust} = 24\psi_{st} f_c^{0.5} h_{st}^{1.5} \leqslant A_{st} f_{sty} \tag{7-77}$$

式中　ψ_{st}——考虑栓钉间距影响的调整系数，当 $s_{st} \geqslant 3h_{st}$ 时取 $\psi_{st}=1$，当 $s_{st} < 3h_{st}$ 时取 $\psi_{st} = s_{st}^2/(9h_{st}^2)$；

h_{st}——栓钉钉杆的高度；

A_{st}——栓钉钉杆截面面积；

f_{sty}——栓钉的抗拉屈服强度。

对拉螺栓的抗拉承载力根据《钢结构设计规范》(GB 50017—2003) 确定。

7.4.3　双钢板组合剪力墙的构造要求

双钢板组合剪力墙墙体含钢率应为2%～8%，为了保证钢板的焊接性能及塑性变形能力，墙体厚度与墙体单片钢板厚度的比值宜符合如下规定

$$25 \leqslant t_{wc}/t_{sw} \leqslant 100 \tag{7-78}$$

式中　t_{wc}——钢板剪力墙墙体的厚度。

同时，为了保证施工过程中钢板的稳定性能及栓钉的可焊性。墙体钢板的厚度不宜小于10mm。由于外侧钢板对内填混凝土有较强的约束作用，当墙体厚度较小时，可以不设钢筋网片。当双钢板组合剪力墙厚度超过800mm时，内填混凝土内可配置水平和竖向分布钢筋。分布钢筋的配筋率不宜小于0.25%，间距不宜大于300mm，且栓钉连接件宜穿过钢筋网片。《高层建筑混凝土结构技术规程》(JGJ 3) 对内置钢板混凝土组合剪力墙的规定为：分布钢筋的配筋率不宜小于0.4%，间距不宜大于200mm，且应与钢板可靠连接。

当双钢板组合剪力墙的墙体连接构造采用栓钉或对拉螺栓时，栓钉或对拉螺栓的间距与外包钢板厚度的比值应符合式 (7-79) 的规定。栓钉的直径与钢板厚度的比值过大，栓钉焊接会影响钢板性能。栓钉应具有足够的长度，以防止栓钉被拔出而影响其防止钢板屈曲的能力。栓钉连接件的直径不宜大于钢板厚度的1.5倍，栓钉的长度宜大于8倍的栓钉直径。

$$s_{st}/t_{sw} \leqslant 40\sqrt{\frac{235}{f_y}} \tag{7-79}$$

式中　s_{st}——墙体栓钉（或对拉螺栓）间距；

f_y——钢材的屈服强度。

当双钢板组合剪力墙的墙体连接构造采用T形加劲肋（见图7-18）时，若T形加劲肋具有足够刚度，相邻加劲肋之间的钢板的约束条件与矩形钢管混凝土中单片钢板的约束条件相似，因此加劲肋的间距与外包钢板厚度的比值的限值可参照矩形钢管混凝土的宽厚比限值。加劲肋的间距与外包钢板厚度的比值应符合式 (7-80) 的规定

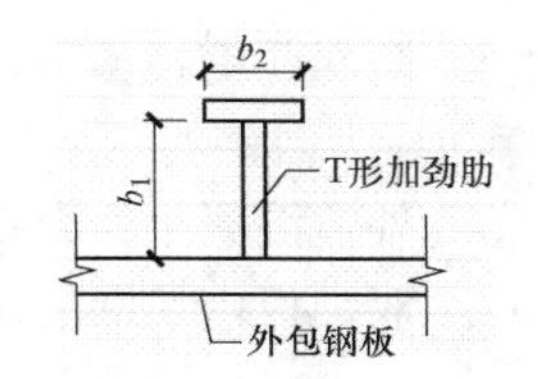

图7-18　T形加劲肋构造

$$s_{ri}/t_{sw} \leqslant 60\sqrt{\frac{235}{f_y}} \tag{7-80}$$

式中　s_{ri}——双钢板组合剪力墙加劲肋的间距。

采用T形加劲肋的连接构造，为防止钢板的局部屈曲，加劲肋应具有足够的刚度。加劲肋的钢板厚度不应小于外包钢板厚度的1/5，且不应小于5mm。T形加劲肋腹板高度b_1不应小于10倍的加劲肋钢板厚度，端板宽度b_2不应小于5倍的加劲肋钢板厚度。

双钢板组合剪力墙的墙体两端和洞口两侧应设置边缘构件，边缘构件包括暗柱、端柱或翼墙，边缘构件宜采用矩形钢管混凝土构件。

本章小结

(1) 组合钢板剪力墙根据混凝土层位置的不同可分为单侧混凝土板组合钢板剪力墙、双侧混凝土板组合钢板剪力墙、外包混凝土组合钢板剪力墙和双钢板内填混凝土组合剪力墙四

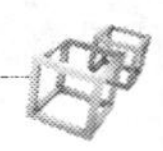

种类型。

（2）防屈曲钢板剪力墙是以单、双侧混凝土板组合钢板剪力墙衍生出的以钢板为主的组合钢板剪力墙结构。防屈曲钢板剪力墙结构是在钢板剪力墙内嵌钢板两侧采用对穿螺栓外挂防止钢板屈曲的钢筋混凝土板而形成的结构，混凝土板不参与结构计算。按照墙板与框架的连接形式可分为四边连接防屈曲钢板剪力墙和两边连接防屈曲钢板剪力墙，其设计类同于普通钢板剪力墙结构，可采用杆系简化模型。

（3）外包混凝土组合钢板剪力墙结构是截面中配置钢板、两端配置型钢且两者焊接为整体，在钢板和型钢外侧配置钢筋，然后浇筑混凝土而形成的结构，它属于以混凝土为主的组合钢板剪力墙结构，混凝土墙参与结构计算。其正截面受压承载力、正截面受拉承载力和受剪承载力可按相应公式进行计算。

（4）双钢板内填混凝土组合剪力墙是钢框架或钢管混凝土框架内嵌双钢板形成腔体，双钢板也称作外包钢板，在外包钢板间浇筑混凝土而形成的结构，也可称为双钢板组合剪力墙。它属于以混凝土为主的组合钢板剪力墙结构，混凝土墙参与结构计算。其受弯承载力可考虑混凝土作用进行计算，而受剪承载力可保守地仅考虑双钢板的作用进行计算。

思考题

1. 组合钢板剪力墙结构中的钢筋混凝土盖板对钢板剪力墙有哪些改善作用？
2. 本章所述及的几类组合钢板剪力墙中哪几类属于以钢板为主的受力结构？
3. 改进型组合钢板剪力墙和防屈曲钢板剪力墙的钢筋混凝土盖板在受力方面有哪些异同点？
4. 防屈曲钢板剪力墙结构中的钢筋混凝土盖板与周边框架之间的缝隙有哪些要求？是否存在最大限值？
5. 外包混凝土组合钢板剪力墙结构与型钢混凝土剪力墙结构相比有什么优点？
6. 双钢板内填混凝土组合钢板剪力墙的双钢板构造存在哪些优势？

习　题

7-1　已知某一无边框钢板混凝土剪力墙，截面尺寸及型钢、钢筋如图7-19所示，墙体高度为3600mm，墙体厚度为280mm。混凝土强度等级为C40，I40a工字钢采用Q345B，端部型钢平面内方向的混凝土保护层厚度为200mm，竖向分布钢筋采用Φ 10@150，横向分布钢筋采用Φ 10@200，内嵌钢板厚度为20mm，分布钢筋采用HRB335级钢筋，剪力墙钢板采用Q235级。作用在该剪力墙的竖向压力、弯矩和剪力设计值分别为$N=7500\text{kN}$，$M=15000\text{kN}\cdot\text{m}$，$V=6000\text{kN}$。试验算该钢板混凝土剪力墙在持久、短暂设计状况下正截面受压承载力和受剪承载力是否安全。

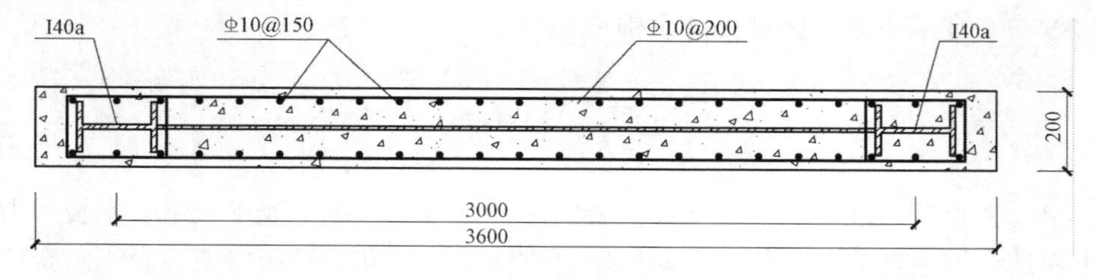

图7-19　习题7-1图

7-2　双钢板组合剪力墙，墙体截面总长5400mm，框架柱为矩形钢管混凝土形成的端柱，柱截面尺寸为400mm×400mm，壁厚12mm，采用Q345B级钢。剪力墙厚度为280mm，其中钢板厚10mm，钢材均采用Q235级，混凝土强度等级为C40。作用在该剪力墙的竖向压力、弯矩和剪力设计值分别为N=7500kN，M=15000kN·m，V=6000kN。试验算该双钢板组合剪力墙正截面受弯承载力和斜截面受剪承载力是否满足要求。

第8章 混合结构设计

8.1 概　　述

如前所述，由不同材料及其构件共同组成的结构或结构体系统称为混合结构。若能充分发挥各种材料及其构件的优点，则混合结构可以成为一种结构性能达到优化的结构形式。钢-混凝土混合结构，简称钢-混凝土结构，其结构体系中的竖向承重构件和水平抗侧力构件，根据其承载力要求，可采用钢构件、型钢混凝土构件、钢管混凝土构件、钢板混凝土构件等。

《钢骨混凝土结构技术规程》（YB 9082—2006）中对于混合结构的定义为，由部分钢骨混凝土（即型钢混凝土）构件和部分钢构件或钢筋混凝土构件组成的结构。《高层建筑钢-混凝土混合结构设计规程》（CECS 230：2008）总则中指出，钢-混凝土混合结构是指由钢框架、钢支撑框架、混合框架，或钢框筒与钢筋（或钢骨）混凝土核心筒（或剪力墙）组成的结构，可分为双重抗侧力体系和非双重抗侧力体系，并对混合结构作出界定，是指由钢、钢筋混凝土、组合构件三类构件中，任意两种或两种以上构件组成的框架或框架-核心筒结构等。《高层建筑混凝土结构技术规程》（JGJ 3—2010）中对混合结构的定义为，由外围钢框架或型钢混凝土、钢管混凝土框架与钢筋混凝土核心筒所组成的框架-核心筒结构，以及由外围钢框筒或型钢混凝土、钢管混凝土框筒与钢筋混凝土核心筒所组成的筒中筒结构。

混合结构体系中的钢构件、钢筋混凝土构件、各类截面钢与混凝土组合构件，是通过每一楼层的板、梁和伸臂桁架等水平构件连为一体，共同承担作用于结构上的水平荷载和竖向荷载。在高层建筑中应用较多的钢与混凝土混合结构，有如下两种结构体系：

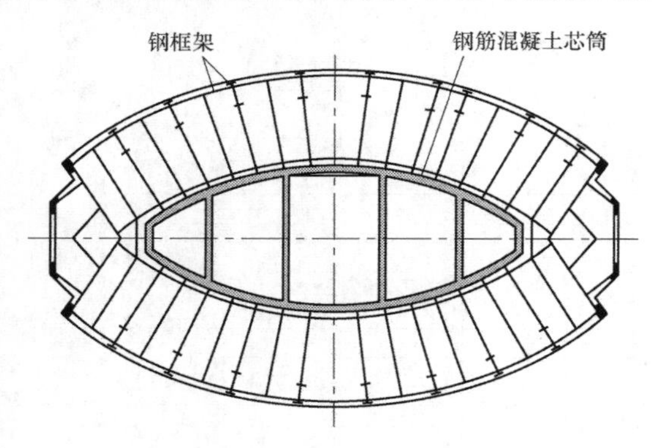

图8-1　混凝土核心筒-外围钢框架结构平面示意

1. 框架-核心筒结构体系

此种结构体系一般是由钢框架或型钢（钢管）混凝土框架与钢筋混凝土核心筒组合而成。图8-1为上海浦东世界金融大厦的典型层结构平面，大厦平面呈梭形，地下3层，地上44层，总高168m。

外围钢框架是由钢柱与钢梁刚接而成，其平面形状和柱距大小，均按照建筑平面布置要求而定。

核心筒主要是由四片以上的钢筋混凝土墙体围成的方形、矩形或多边形筒体，内部设置一定数量的纵、横向钢筋混凝土隔墙。当结构高度较大时，核心筒墙体内可设置一定数量的型钢骨架。

某些工程根据结构内力分析和侧移计算结果，在结构顶层及每隔若干层的楼层内，设置若干道由核心筒外伸的纵、横向钢臂（伸臂桁架）及与之配套的外圈带状钢桁架。

2. 筒中筒结构体系

此种结构体系一般是钢外筒或型钢（钢管）混凝土外筒与钢筋混凝土核心筒的混合结构体系（图8-2）。它适用于超高层建筑。

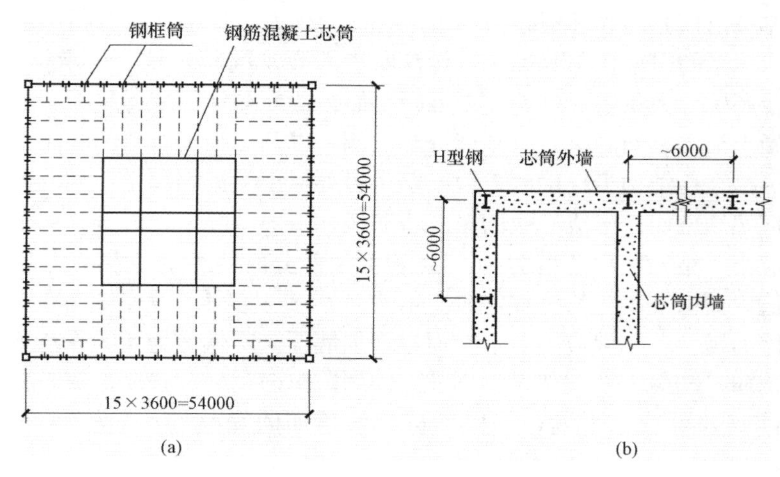

图8-2　混凝土核心筒-钢外筒结构平面示意

(a) 典型层结构平面；(b) 核心筒型钢暗柱

钢外筒是由密柱、深梁刚接而成，钢柱的柱距一般不大于4m，钢梁的截面高度也较大，以尽量减小框筒在水平荷载作用下的剪力滞后效应，使外框筒形成一个有效的立体构件，充分发挥其整体抗弯作用，减小整个结构的侧移。

核心筒的构造及是否设置钢臂和外圈带状桁架，与上述的核心筒一框架体系大致相同。

8.2　混合结构的特点及受力性能

8.2.1　特点

1. 优势互补

钢构件具有材料强度高、延性好、截面尺寸小、跨度大等优点；但用作竖向构件时，其抗侧刚度相对较小，稳定性较差。

钢筋混凝土剪力墙或核心筒，则具有较大的抗侧刚度和较强的受剪承载力。

高层建筑采用钢构件和钢筋混凝土构件两者兼有的混合结构，利用钢筋混凝土墙筒提供较大的抗侧刚度和水平承载力，利用钢构件承担较大的竖向荷载，则兼备钢结构和混凝土结构的优点。

2. 技术优缺点

与全钢结构相比较，钢-混凝土混合结构具有如下优点：①用钢量少，相对造价低；②抗侧刚度大，整体刚度好，结构风振加速度小；③结构抗火、防腐蚀性好；④复杂而昂贵

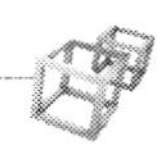

的钢构件刚接点少；⑤施工速度快。同时，该体系有以下缺点：①混凝土用量大；②施工要求高。

与普通钢筋混凝土结构体系相比，混合结构体系有以下优点：①结构构件尺寸小，占用建筑面积和净高小，建筑有效使用面积增大；②结构自重轻，降低基础造价；③施工速度快；④结构延性性能好，抗震性能好，结构抗震可靠度高。同时，混合结构体系具有以下缺点：①结构用钢量大；②施工要求高。

3. 目前存在的问题

混合结构体系由核心筒和外框架共同组成抗侧力体系，结构抗震分析中的难题是，两种材料组成的结构体系的阻尼比很难确定；设计时一般要求混凝土核心筒承担大部分水平力，混凝土筒体中会产生应力集中，这就使得混凝土筒体的配筋计算变得复杂，如何考虑外围钢框架与核心混凝土筒体之间的荷载与刚度分配比例，以及高强度材料的利用、核心混凝土筒体的合理配置等是今后结构设计中的重要问题。另外一个关键问题是，核心筒和外框架能否共同工作、外框架结构能否形成有效的第二道防线。一般情况下，混合结构框架柱所能承担的地震剪力不应小于结构底部总剪力的25%和框架部分所能承受地震剪力最大值的1.8倍中两者的较小值，而由混凝土筒体或混凝土剪力墙承受主要水平力，并采取如下相应措施，保证混凝土筒体的延性：①剪应力一定时通过增加墙厚来降低剪力墙的平均剪应力值；②剪力墙配置多层钢筋；③剪力墙端部设型钢柱，四周配纵向钢筋、箍筋形成暗柱；④连梁采用斜向配筋方式，或者设置水平缝；⑤保证核心筒角部的完整性；⑥核心筒位置尽量对称均匀。

4. 经济指标

20世纪80年代，上海市同期建造的锦江饭店分馆和静安希尔顿酒店，这两座建筑的使用性质相同，房屋高度、总层数和建筑面积也大致相同，但两者的结构类型不同。

锦江饭店（分馆）为带切角的方形平面，采用钢结构支撑核心筒-外伸钢臂体系。希尔顿酒店为三角形平面，采用钢框架-混凝土核心筒混合结构体系。两座建筑的各项经济指标见表8-1。

由表8-1可知，采用混合结构的希尔顿酒店，与采用钢结构的锦江饭店分馆相比较，每平方米建筑面积的用钢量减少了20kg，而且工期缩短了3个月。

表8-1　　锦江饭店分馆与希尔顿酒店的技术经济比较

建筑名称	地上层数	总高(m)	建筑面积(m^2)	结构类型	总用钢量(kg/m^2)	型钢用量(kg/m^2)	底层柱截面尺寸(mm×mm)	抗震设防烈度
锦江饭店分馆	43	153	57330	钢结构	150	120	700×700	7度
希尔顿酒店	43	143	70390	混合结构	130	50	400×400	7度

8.2.2 受力性能

1. 承载性能

(1) 在钢-混凝土混合结构中：①利用抗侧刚度很大的钢筋混凝土核心筒来承担水平荷载；②利用材料强度很高的外围钢框架来承担竖向荷载；③利用能跨越较大跨度的钢梁，作为核心筒与外框架之间楼盖的承重构件；使不同结构类型的构件均能发挥各自的

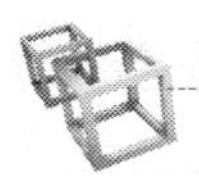

特长。

(2) 在框架一核心筒体系中，钢筋混凝土核心筒的抗侧刚度远远大于外围钢框架，几乎承担了作用于高层建筑上的全部水平荷载，钢框架主要承担竖向荷载及分担少量的水平荷载。

(3) 在筒中筒体系中，外围钢框筒已成为具有空间受力特性的立体构件，具有较大的抗侧刚度，因而除了承担竖向荷载之外，还将分担30%～40%的水平荷载。

2. 抗风能力

采用全钢结构的建筑，特别是房屋高宽比值较大的建筑，由于抗侧刚度较小，在强风作用下，高层建筑的横风向振动加速度有可能超过容许值，引起楼内人员产生风振不适感，需要采取附加的减振措施。为了减小高层建筑的结构侧移值和风振加速度，不得不加大构件的截面尺寸，以致结构用钢量超出经济、合理的范围。

高层建筑若采用钢-混凝土混合结构，由于钢筋混凝土墙具有很大的抗侧刚度，因此抗风能力较强，其顺风向、横风向振动加速度均较易于控制在容许限值以内。

3. 抗震能力

(1) 混合结构的钢框架-核心筒体系，主要是依靠钢筋混凝土核心筒来抵抗侧力，因此，其抗震能力仅稍强于钢筋混凝土结构。

(2) 混合结构的筒中筒体系，因为外围钢框筒承担了一大部分地震倾覆力矩和一部分水平地震剪力，不仅使核心筒所受地震剪力减小；更主要的是，核心筒承担的地震倾覆力矩较大幅度地削减后，核心筒受压区混凝土压应力的下降减少了受压墙肢发生脆性压剪破坏的危险性；受压墙肢和受拉墙肢应力差的减小，改善了地震剪力在墙肢间的不均匀分配，从而提高了核心筒的总体受剪承载力。

8.3　平面由不同结构体系组合而成的混合结构

将平面混合结构体系按钢-混凝土混合结构体系、钢管混凝土混合结构体系、型钢混凝土混合结构体系三类介绍如下。

8.3.1　钢-混凝土混合结构体系

钢框架-混凝土核心筒混合结构体系是一种主要的钢-混凝土混合结构，它是指钢框架与核心筒组成的共同抵抗竖向力和侧向力的高层建筑结构体系，如图8-3所示为常见结构布置形式，它是由外围钢框架-RC核心筒组合而成的混合结构体系，是平面混合结构。

RC核心筒主要承担水平力，而外围钢框架主要承担竖向荷载。核心筒通过钢梁与外围钢框架铰接。可以看出，组成混合结构体系的各子结构的功能比较明确、单一，能够使结构跨度增大，从而形成有效的大空间，结构刚度较大，居住的舒适度提高。

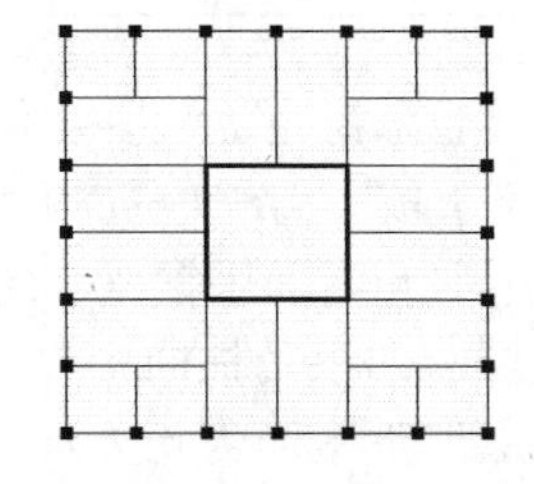

图8-3　外部钢框架-RC核心筒混合结构

外围钢框架在自身平面内一般为刚接框架，有时从经济性和易施工性考虑也可以设计为铰接，但这时柱子必须是贯通的。连接外框架与核心筒的钢梁，大部分情况下与核心筒铰接而与钢框架刚接，也有极少采用两端铰接的工程实例。

在劳动生产率方面，为了缩短施工周期，RC核心筒可采用滑模先行施工，之后再建造外围钢骨架。由于在施工RC核心筒时可同时制作钢骨架，合理的生产流程使工期大大缩短。

钢框架-混凝土核心筒混合结构体系最早的工程实例有芝加哥的Gateway Ⅲ大厦（1972年，36层）和巴黎的Mantaparnasse大厦（1973年，64层），此后的典型工程有西雅图的美洲中心银行（1985年，76层）和日本神奈川县的海老名塔楼（1992年，25层）等。然而，在美国阿拉斯加地震中，混合结构出现了较严重的震害，人们对混合结构的抗震性能心存疑虑。此外，发达国家人力成本较高，混合结构比钢结构并无优势。而正因为经济环境、技术条件的原因，该体系在亚洲得到迅速发展。由于其设计构造简单、降低结构自重、减小结构截面尺寸、加快施工进度等方面的明显优势，1990年以后我国建成了一批高度在150～250m的建筑，如上海浦东国际金融大厦、上海国际航运大厦、上海新金桥大厦、大连云山大厦、上海远洋大厦等，还有一些高度超过300m的高层建筑也采用或部分采用了钢框架-混凝土核心筒混合结构。表8-2列出了部分有代表性的钢框架-混凝土核心筒混合结构的高层建筑。

表8-2　部分有代表性的钢框架-混凝土核心筒混合结构的高层建筑

建筑名称	高度（m）	层数	结构体系
上海香港新世界大厦	265	58	钢框架＋钢筋混凝土核心筒
上海浦东国际金融大厦	230	53	钢框架＋钢筋混凝土核心筒
上海国际航运大厦	210	48	钢框架＋钢筋混凝土核心筒
大连云山大厦	208	52	钢框架＋钢筋混凝土核心筒
上海远洋大厦	201	51	钢框架＋钢筋混凝土核心筒
上海信息枢纽大厦	196	41	钢框架＋钢筋混凝土核心筒
上海期货大厦	187	37	钢框架＋钢筋混凝土核心筒
上海21世纪大厦	184	49	钢框架＋钢筋混凝土核心筒
天津云顶花园	175	46	钢框架＋钢筋混凝土核心筒
深圳发展中心	166	41	钢框架＋钢筋混凝土核心筒
北京国贸中心二期	160	38	钢框架＋钢筋混凝土核心筒

上海新金桥大厦是很有代表性的钢框架-混凝土核心筒结构工程，由外围钢框架、中央混凝土核心筒组成抗侧力结构体系，钢框架柱距为4m，每边9跨，外框到内筒之间最大跨度达12m，采用钢梁和组合楼板形成的楼盖体系。主楼41层，建筑屋面高度为164m，自25层起四根角柱向中央倾斜，形成一个锥形塔，塔尖高度为212m，标准层为3.8m。主楼25层以下平面为正方形，典型平面图和立面示意图如图8-4所示。

上海国际设计中心为一体形特别复杂的钢框架-混凝土核心筒体系。该建筑位于国康路与中山北二路交汇处，紧邻同济大学，为一座综合办公楼。该工程由主塔楼与副塔楼等组成，均采用了钢框架-混凝土核心筒结构体系，主塔楼外围采用平面钢框架，楼面钢梁一端

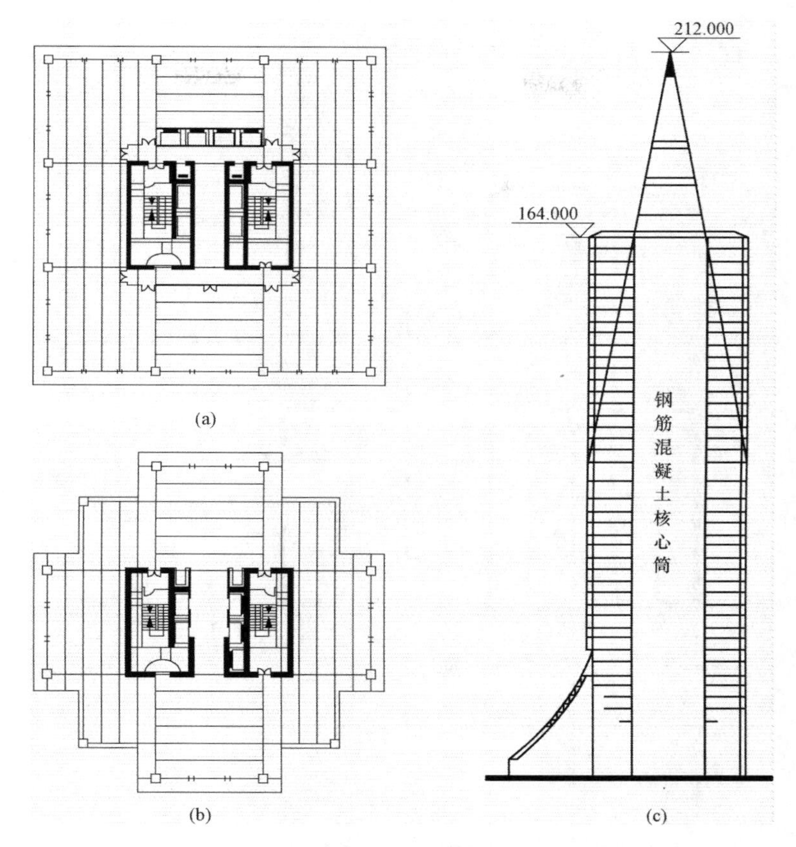

图8-4　上海新金桥大厦建筑结构布置示意图

(a) 低区标准层平面图；(b) 高区标准层平面图；(c) 剖面简图

与钢框架刚接，另一端与核心筒铰接，总建筑面积为470055m²。主塔楼地上24层，高96m，高宽比为3.76，平面为31.6m×25.6m，呈矩形；副塔楼地上12层，高48m，高宽比为3.86，平面为12.5m×30.0m矩形，设斜柱向外逐层挑出共12.6m；两塔楼相距17.5m，在11～12层形成连体，体形上为不等高双塔连体结构。图8-5为底层结构平面布置图；图8-6为第11层结构平面布置图；图8-7为建筑正立面图。地下设有两层整体地下室，埋置深度约9.8m。

8.3.2　钢管混凝土混合结构体系

钢管混凝土混合结构是指由钢管混凝土柱与钢筋混凝土核心筒组成的结构体系。钢管混凝土构件的主要优点是抗压强度高、延性好，浇灌混凝土时也不需要模板。该构件广泛应用于高层建筑框架柱、巨型桁架的受压弦杆等。

由于钢管混凝土具有较大的截面承载力和良好的抗震性能，且适宜采用高强混凝土，正发展成为强风、强震地区高层建筑的一种主要结构类型。早期的工程界更多地关注圆钢管对内填混凝土的约束所导致的截面抗压承载力提高效应，从而使之在工程中得到较多应用；近年来，矩形钢管混凝土由于具有截面形状规则、节点连接相对方便的优点，从而在工程中得到推广应用。表8-3列出了国内外部分采用钢管混凝土结构的高层建筑。

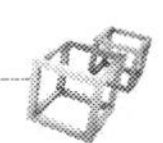

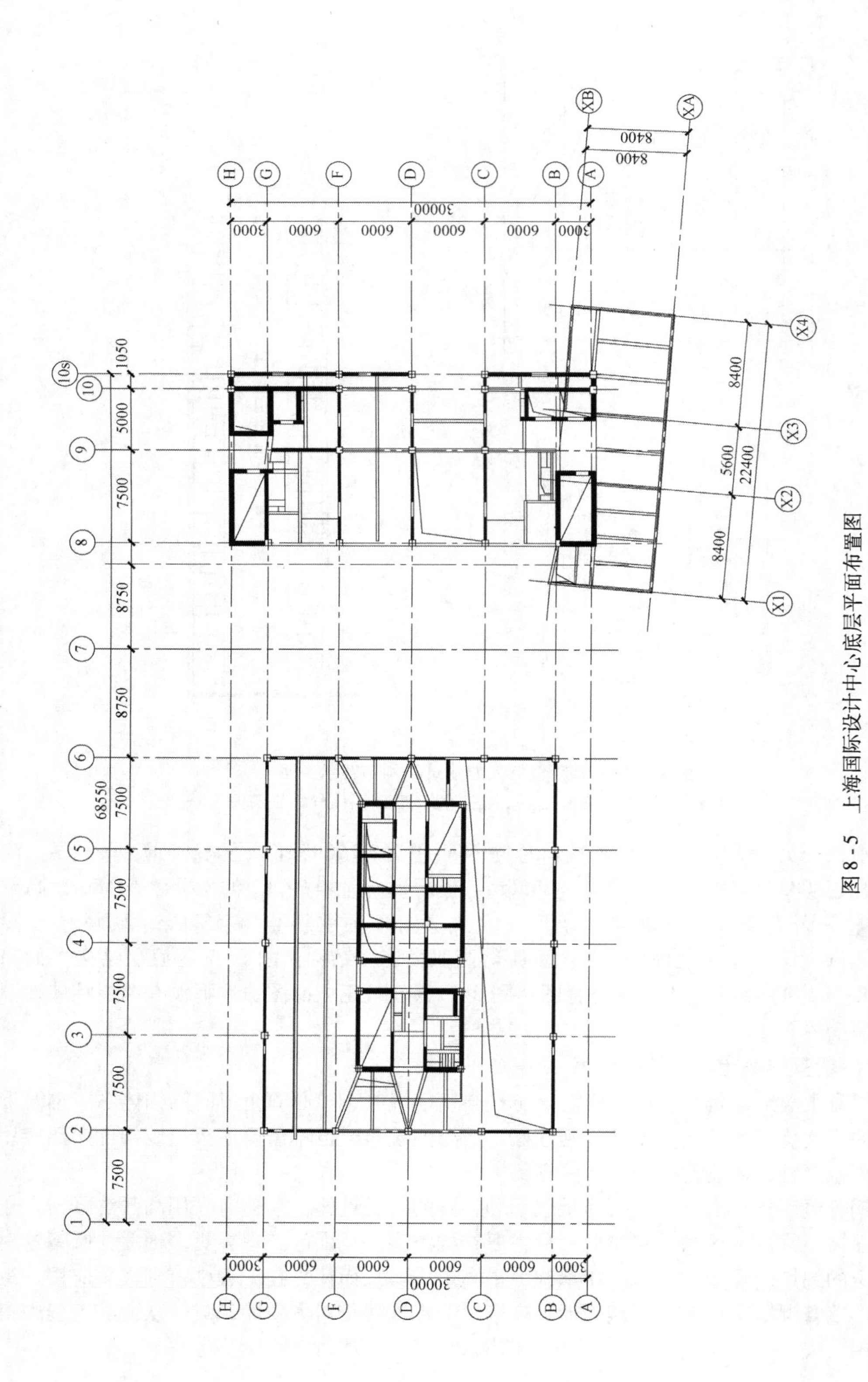

图 8-5　上海国际设计中心底层平面布置图

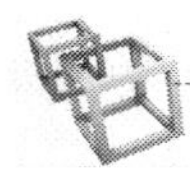

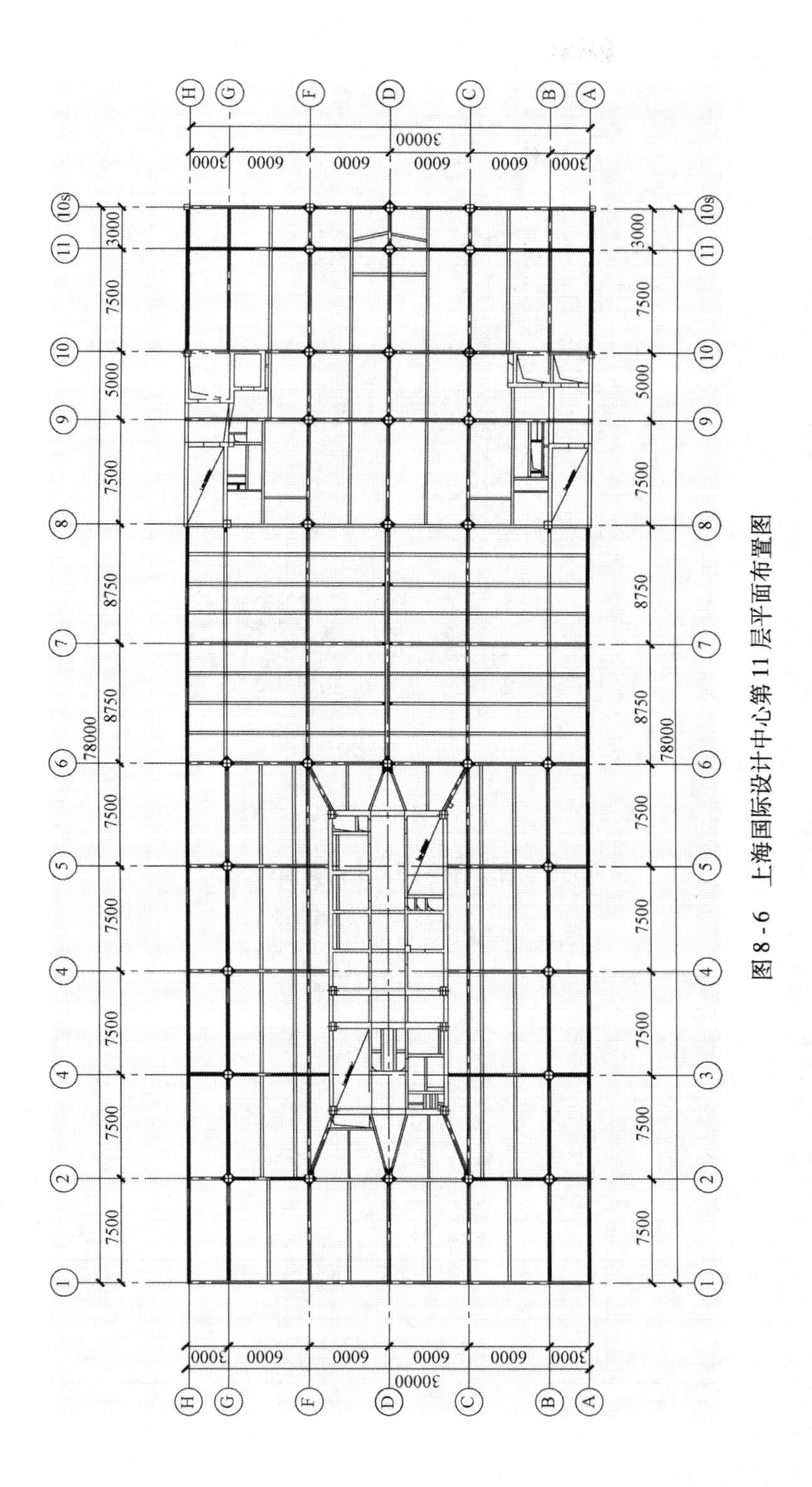

图 8-6　上海国际设计中心第 11 层平面布置图

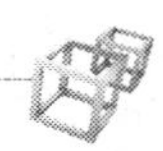

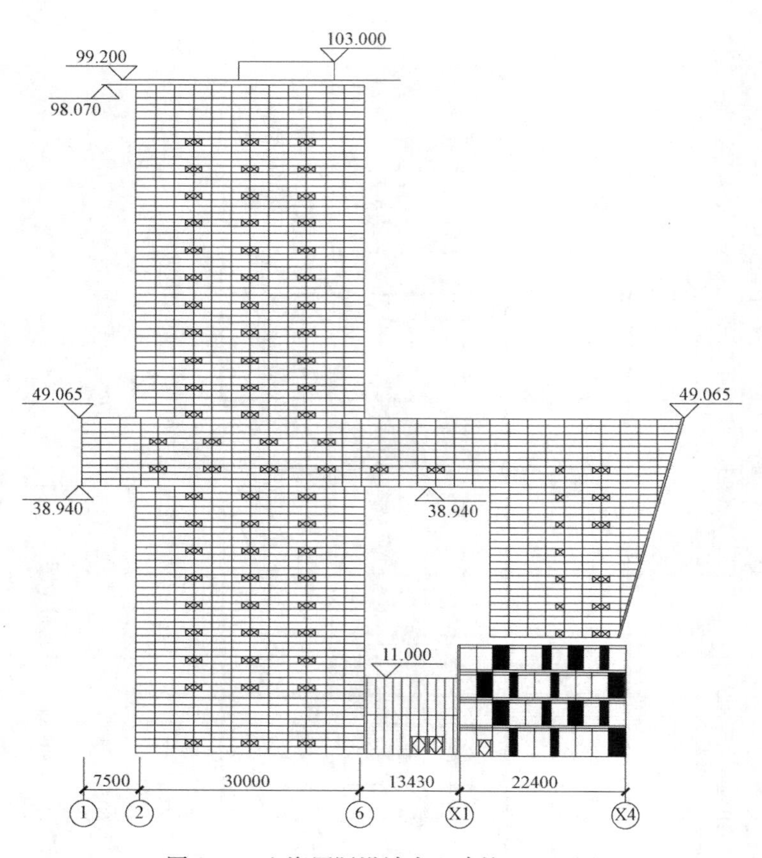

图 8-7　上海国际设计中心建筑正立面图

表 8-3　　国内外部分采用钢管混凝土的高层建筑

序号	建筑名称	地点	层数	高度(m)	钢管最大截面(mm)	混凝土强度等级	建成时间(年)
1	泉州邮电大厦	泉州	16	63.5	ϕ800	C35	1990
2	厦门阜康大厦	厦门	27	86.5	ϕ1000	C35	1994
3	Two Union Square	Seattle	56	220	ϕ3200	C130	1989
4	合银大厦	广州	59	213	ϕ1600	C70	2001
5	广东邮电通信枢纽综合楼	广州	64	249.8	ϕ1400	C60	2001
6	赛格广场	深圳	76	291.6	ϕ1600	C60	1999
7	瑞丰国际商务大厦	杭州	28	89.7	方形 600×600	C60	2001
8	武汉国际证券大厦	武汉	71	249.3	方形 1400×1400	C60	2003
9	台北国际金融中心	中国台北	101	508	矩形 2400×3000	C70	2004
10	同济教学科研综合楼	上海	21	100	方形 900×900	C70	2006

钢管混凝土混合结构体系主要包括三种组合形式：①钢管混凝土柱＋钢梁＋钢筋混凝土核心筒；②钢管混凝土柱＋钢梁＋支撑钢框架；③钢管混凝土柱＋混凝土梁＋钢筋混凝土核心筒。

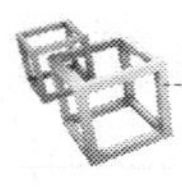

1. 钢管混凝土柱＋钢梁＋钢筋混凝土核心筒结构体系

该结构体系中，钢管混凝土柱主要用作承重柱，钢筋混凝土核心筒一方面承担了部分建筑重量；另一方面承担了主要的风荷载和水平地震作用，是我国已建钢管混凝土高层结构中的一种主要体系。该体系中的钢管混凝土柱主要为圆钢管或矩形钢管混凝土。

中国香港于 1998 年建成的长江中心大厦，地上 62 层，高 283m，采用方形建筑平面，外轮廓尺寸为 47.2m×47.2m。大厦是采用钢 - 混凝土混合结构，楼面内部为钢筋混凝土核心筒，外围框架由钢梁与钢管混凝土柱组成，其典型层结构平面见图 8 - 8。大厦的高宽比为 6，纵、横向基本周期分别为 5.7s（强轴）和 7.6s（弱轴）；按加拿大建筑规范计算，大风作用下大厦顶层的振动加速度分别为 11gal（强轴）和 13gal（弱轴），均远小于 20gal 的限值。

杭州瑞丰国际商务大厦主体结构采用了矩形钢管混凝土柱＋钢梁＋钢筋混凝土核心筒结构，建成于 2011 年，总建筑面积为 51095m²，西楼为 28 层，建筑总高度为 89.7m；东楼为 15 层，建筑总高度为 59.1m，柱网尺寸为 7.6m×7.6m。柱采用矩形钢管混凝土组合柱，钢柱内灌混凝土强度等级由 C55 渐变至 C35；主梁截面高度为 400mm，次梁截面高度为 350mm。梁采用焊接 H 型钢 - 混凝土连续组合梁，楼盖采用压型钢板组合楼盖，筒体采用钢筋混凝土结构。

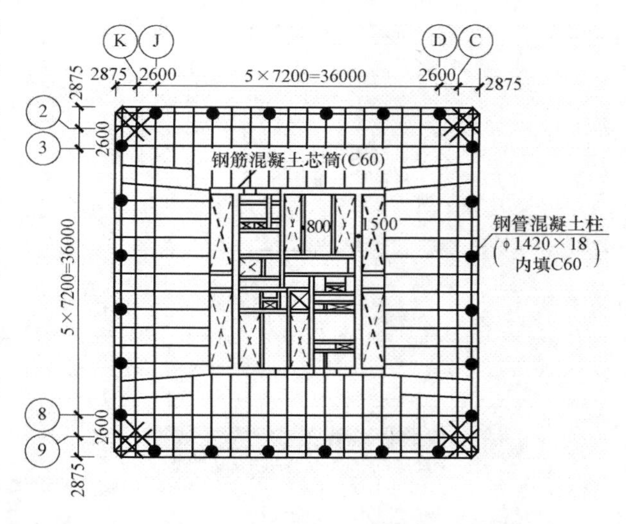

图 8 - 8　中国香港长江中心大厦典型结构平面布置图

大连国际贸易中心大厦主体结构为方钢管混凝土柱外框架和混凝土核心筒组成的混合结构体系，平面布置见图 8 - 9。该大厦建于大连市中心友好广场，主体建筑地上 78 层，地下 5 层，总高 341m。地下部分为停车场、设备用房和员工用房，地上部分为商业和酒店餐饮，塔楼中部为高级办公楼层，顶部为酒店。结构设计中控制筒体墙轴压比小于 0.5，并在筒体墙内布置间距为 5m 的竖向型钢骨架；为了提高筒体墙开裂后的延性，在底部加强层区域布置钢筋混凝土暗支撑，也在伸臂桁架层及其上下各一个楼层中采用了钢筋混凝土暗支撑结构布置形式。

2. 钢管混凝土柱＋钢梁＋支撑钢框架结构体系

该结构体系中，钢管混凝土柱主要用作承重柱，由于支撑钢框架结构具有较大的抗侧刚度和强度，且自重较小，一般作为该体系中的抗侧力结构。支撑钢框架结构体系中的柱要承受较大的轴向力，工程中将这种柱设计为钢管混凝土构件。

武汉国际证券大厦采用了矩形钢管混凝土柱＋钢梁＋支撑钢框架结构，如图 8 - 10 所示。该工程建成于 2003 年，地上 68 层，建筑总高度为 249.3m。该工程 6 层以下为型钢混凝土结构、钢筋混凝土结构，6 层以上转换成钢框架支撑结构体系，在避难层（25、43 层）、观光层（65 层）设置三道伸臂桁架。该工程采用矩形钢管柱，最大截面尺寸为 1400mm×1400mm，钢板最厚为 46mm，矩形钢管柱内浇筑混凝土。梁采用焊接 H 型钢梁，下部采用两层一节柱，上部采用三层一节柱。

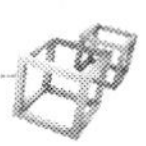

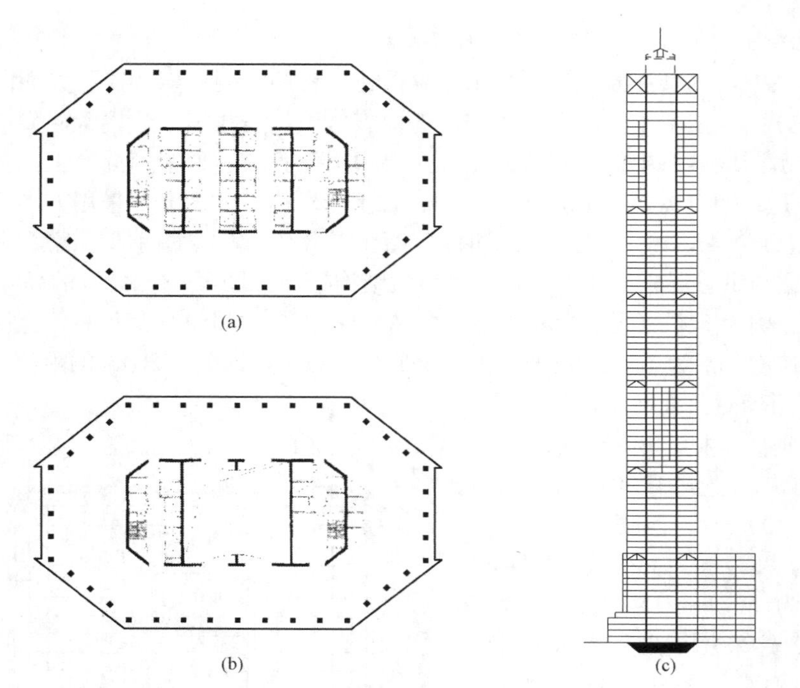

图 8-9　大连国际贸易中心大厦典型结构平面布置图
(a) 办公标准层平面；(b) 酒店标准层平面；(c) 建筑剖面

图 8-10　武汉国际证券大厦采用了矩形钢管混凝土柱＋钢梁＋钢支撑内筒结构

3. 钢管混凝土柱＋混凝土梁＋钢筋混凝土核心筒结构体系

该结构体系中，目前使用较多的框架柱以圆钢管混凝土为主。

以广州合银大厦为例，采用了圆钢管混凝土柱＋混凝土梁＋钢筋混凝土核心筒结构形式，平面布置见图 8-11。该工程建成于 2000 年，地上 56 层，屋面标高 208m。该建筑的 11、27、42 层设置了多道伸臂钢桁架以加强结构的整体抗侧刚度。

另外，还有一种钢管混凝土柱一暗梁楼板一混凝土核心筒结构，如图 8-12 所示的澳大利亚 202m 高的 Millennium Tower。该结构由外围的圆筒形组合框架与内部 RC 核心筒混合而成。按照水平荷载由混凝土筒体承担，竖向荷载由圆筒形组合框架承担进行设计。组合框架由组合柱和内含暗梁的混凝土板组成。外柱为圆形截面 CFT 柱，其内部配置钢筋。由于

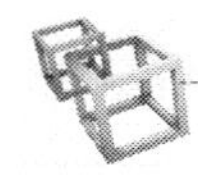

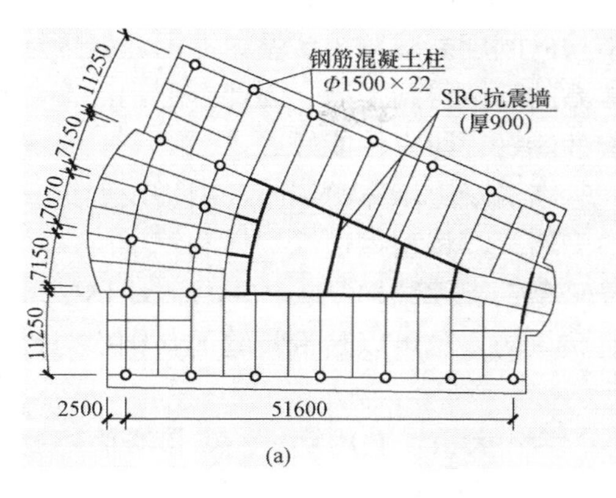

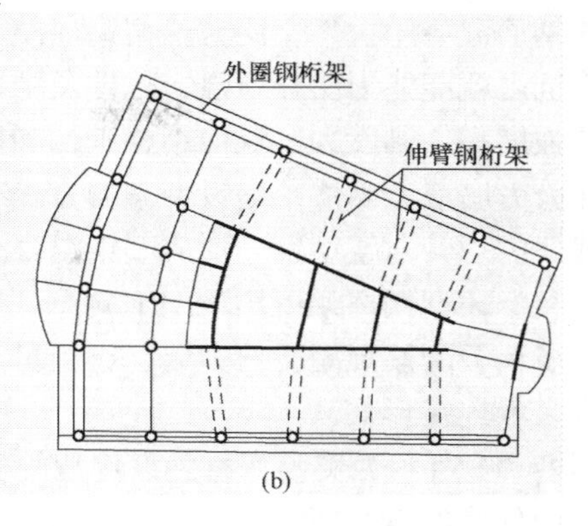

图 8-11 广州合银大厦平面布置图

(a) 典型层；(b) 加强层

下部各层柱的柱径较大，为减轻结构自重，采用了中空夹层的柱断面。即便如此，这种圆形截面的CFT柱，其下部各层柱的柱径也仅为400mm。结构的内柱采用SRC柱。混凝土板内含有焊接T形钢梁。针对这种内含钢梁的连接方式已进行了相应的试验研究与理论分析，并开发了便于施工的建造方法，使得板厚不会很大。核心筒部分采用滑模进行施工，外柱则为直接在钢管中填充混凝土，这样大大地缩短了工期，显示了这种结构良好的施工性能。

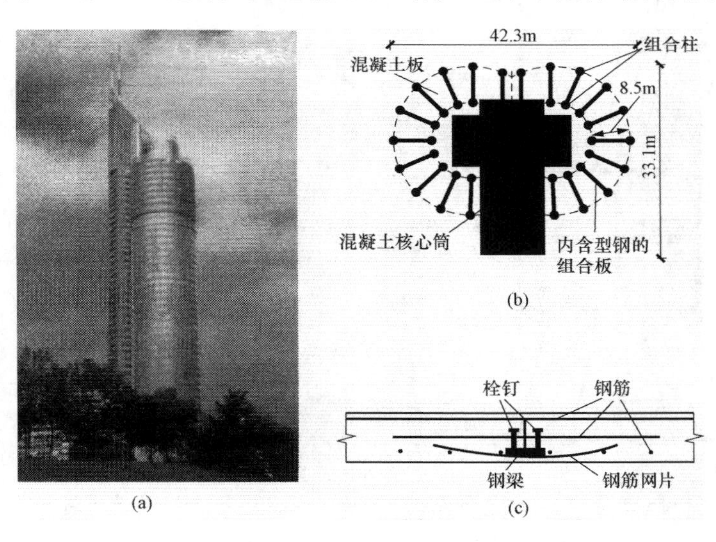

图 8-12 澳大利亚 Millennium Tower

(a) 建筑物全貌；(b) 结构系统；(c) 内含型钢的组合板

8.3.3 型钢混凝土混合结构体系

型钢混凝土混合结构体系是型钢混凝土框架与混凝土核心筒或钢筋混凝土剪力墙共同组成的承受竖向和水平作用的高层建筑结构体系，该体系包括型钢混凝土框架—混凝土剪力墙、型钢混凝土框架—混凝土核心筒等。这种结构体系是目前高层建筑中使用最多的混合结构体系。

在钢筋混凝土结构构件内部布置型钢，可以组成型钢混凝土柱、组合梁、型钢混凝土剪力墙、型钢混凝土筒体等。在钢筋混凝土构件中增加型钢，可在一定程度上改善钢筋混凝土构件的延性。由于型钢骨架的作用，混合结构构件承载能力和变形能力均明显高于同条件下

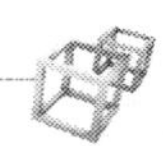

的普通钢筋混凝土构件；同时，型钢混凝土结构的刚度衰减较为缓慢，滞回环较为饱满，整个结构抗震耗能能力明显增强，构件及结构体系的延性得到提高。因此，型钢混凝土构件的特点是强度高、刚度大、截面小、延性和抗震性能好、防火性能好等。

在剪力墙或者筒体中增设型钢的方式有：①在混凝土墙体两端暗柱内增设型钢，或者在墙体截面内均匀布置型钢，形成型钢混凝土剪力墙；②将型钢边缘构件和钢梁形成暗型钢框架；③在上述型钢框架中增设型钢斜撑，形成暗型钢支撑结构；④在混凝土墙体中增设钢板墙，形成钢板配筋混凝土剪力墙。钢板可以是整块的，也可以是带竖缝的，钢板与周边构件可以有多种连接形式。

图 8－13 所示为美国亚特兰大建造的 50 层 IBM 大楼，它内部的 RC 核心筒主要承担水平力，而外围的 SRC 框架仅承担竖向荷载。外围 SRC 框架与内部 RC 核心筒采用钢梁连接。这种结构的跨度较大，空间布置灵活，而且 RC 核心筒可以采用滑模施工，施工周期缩短。

上海浦东于 1999 年建成的金茂大厦，地下 3 层，地上 88 层，高 421m，也是采用型钢混凝土混合结构。大楼的主要抗侧力构件为八边形钢筋混凝土核心筒、楼面外围的八根型钢混凝土巨型翼柱与纵、横刚性伸臂桁架联合组成的大型立体构件，其典型层结构平面（52 层以下）见图 8－14。计算结果显示：7 度地震（0.1g）作用下，结构顶点侧移角和最大层间侧移角分别为 1/845 和 1/750；风荷载作用下，结构顶点侧移角和最大层间侧移角分别为 1/760 和 1/730，表现出大楼结构具有很大的抗侧刚度。

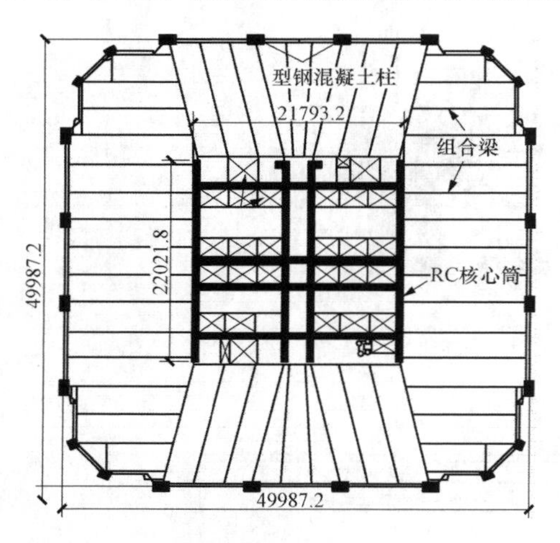

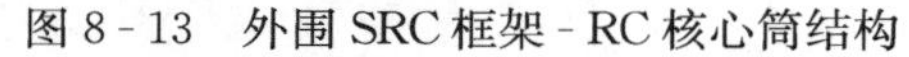

图 8－13　外围 SRC 框架－RC 核心筒结构

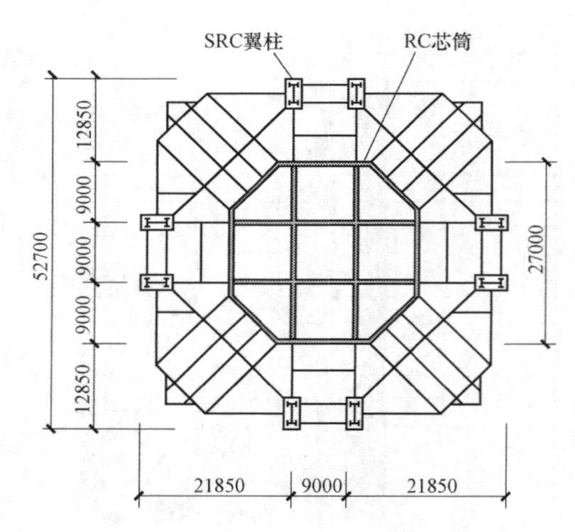

图 8－14　金茂大厦典型结构平面图

目前在全球最高的 100 栋高层建筑中，混合结构占 35 栋；高度超过 400m 的前 16 名中则占 10 栋，且大部分集中在亚洲地区。表 8－4 列出了部分有代表性的型钢混凝土混合结构高层建筑。

表 8－4　　部分有代表性的型钢混凝土混合结构高层建筑

名称	层数	高度（m）	结构体系
上海环球金融中心	101	492	型钢混凝土柱、巨型支撑＋核心筒
吉隆坡石油大厦	88	452	型钢混凝土柱框架＋核心筒
上海金茂大厦	88	421	型钢混凝土柱、钢柱框架＋核心筒
上海世茂国际广场	60	333	型钢混凝土柱、钢柱框架＋核心筒

续表

名称	层数	高度（m）	结构体系
深圳地王大厦	81	325	型钢混凝土柱框架＋核心筒
北京国际中心三期	73	317	型钢混凝土柱框架＋核心筒
上海森茂大厦	48	198	型钢混凝土柱框架＋核心筒
上海世界金融中心	43	176	型钢混凝土柱框架＋核心筒
上海力宝中心	40	172	型钢混凝土柱框架＋核心筒
LG 北京大厦	31	141	型钢混凝土柱框架＋核心筒

表 8 - 4 中 LG 北京大厦的两座塔楼为典型的混合结构体系，其外围为型钢混凝土柱框架，平面中部为带型钢的钢筋混凝土核心筒。大厦地下 4 层，地上裙房 5 层，塔楼 31 层，地面以上结构总高度 141m，塔楼高宽比约为 3.4。该大厦塔楼结构平面布置较规则，结构竖向无转换层或加强层，核心筒剪力墙从 17 层开始部分取消，以及为满足建筑造型需要，结构立面从 24 层起逐层收进，结构竖向构件基本连续，抗侧刚度无明显突变。

LG 北京大厦东塔的典型结构平面布置及立面示意图如图 8 - 15 所示。东塔地上结构部分采用了钢框架，包括热轧工字钢梁，热轧工字钢柱或组合焊接钢柱。塔楼部分采用型钢混凝土框架一核心筒混合结构体系，核心筒剪力墙和框架柱为其主要抗侧力构件。框架柱为型钢混凝土柱，框架梁为钢梁，楼面梁为钢桁架或钢梁。核心筒由钢筋混凝土剪力墙组成，为改善核心筒的延性，筒体四角、纵横墙体交接及各层楼面均设有型钢骨架。外围框架梁柱节点采用刚性节点，楼面钢梁（钢桁架）与钢筋混凝土核心筒采用铰接连接。

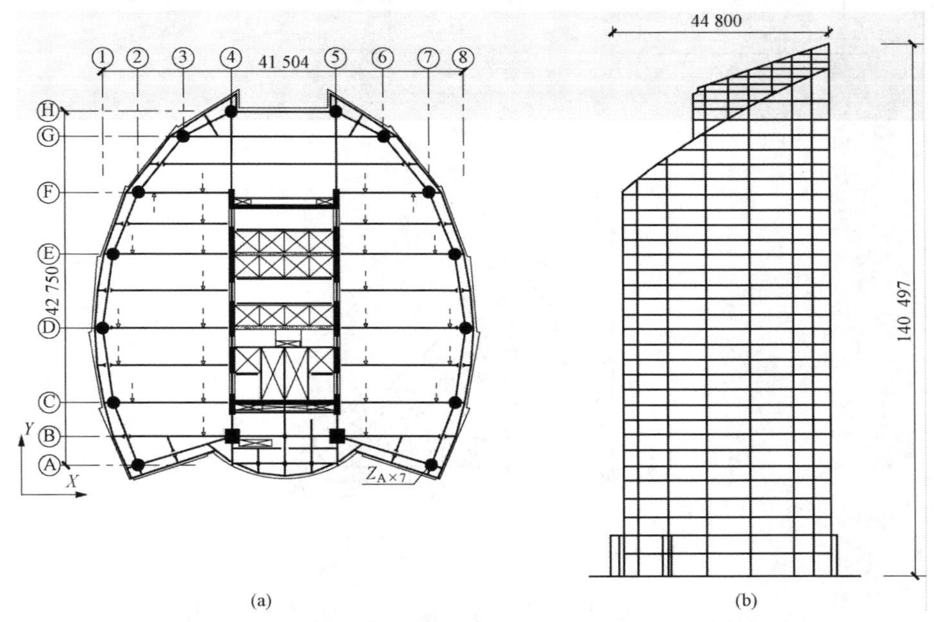

图 8 - 15　LG 北京大厦（东塔）结构平面及立面布置图

（a）结构平面图；（b）结构立面图

上海世茂国际广场主塔楼为混合结构超高层建筑，地上 60 层，地下 3 层，主体建筑结构高为 246.1m，建筑总高度为 333m，如图 8 - 16 所示。

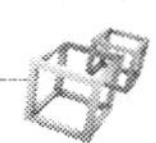

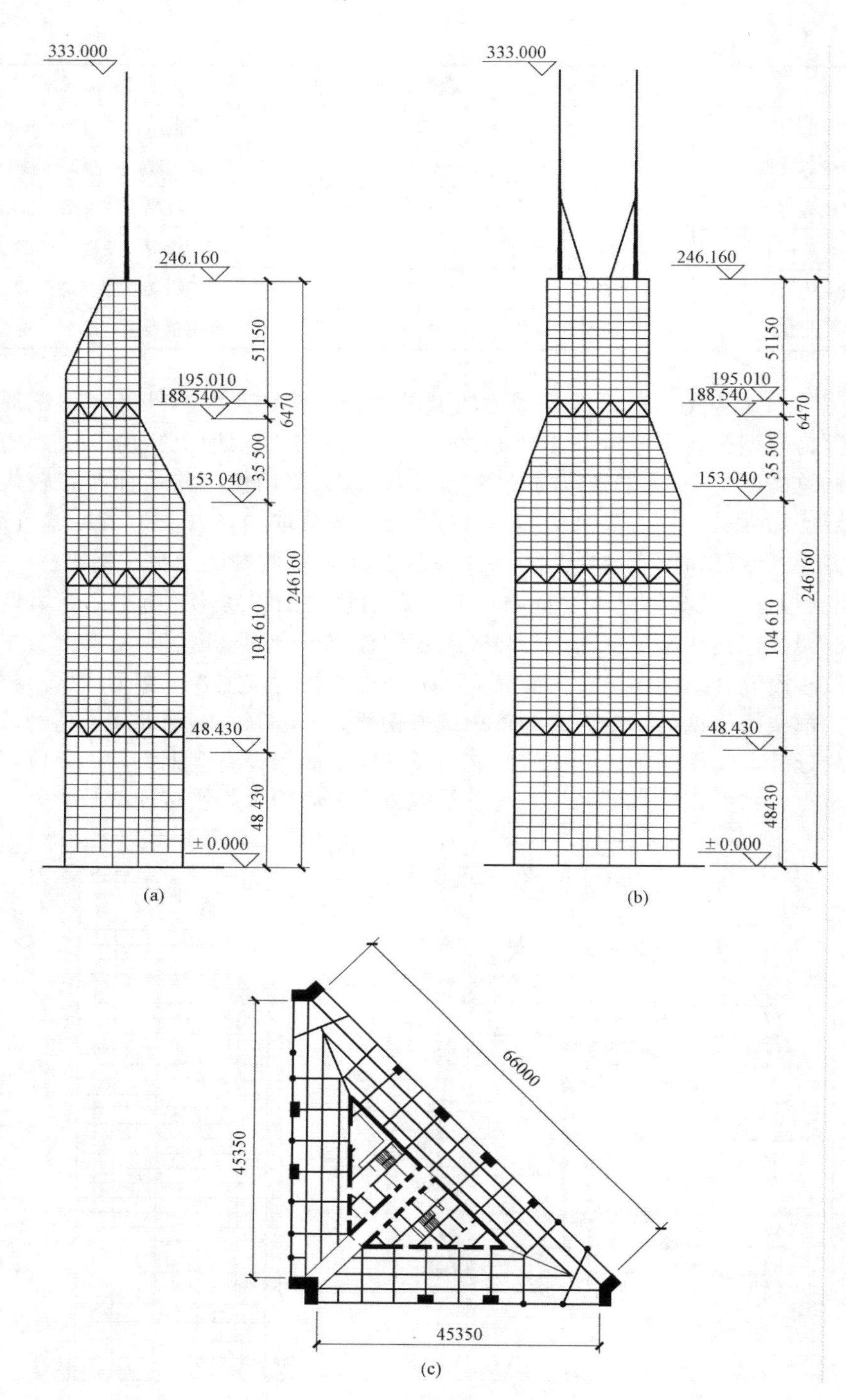

图 8-16　上海世贸国际广场塔楼典型平面及结构立面图

(a) 南/西立面；(b) 东立面；(c) 塔楼典型平面图

上海世茂国际广场结构体系及结构布置的复杂性主要体现在以下几个方面：①结构类型为混合结构，主塔楼为型钢混凝土巨型外框架＋型钢混凝土核心筒；②主塔楼平面形状为等腰直角三角形，尺寸为51.775m×51.775m，体形规则性差；③结构整体的质心与刚度中心不重合，在地震激励下容易产生扭转效应；④结构立面变化较大，主塔楼的上部层为第一个斜面，自51层直角顶点开始内收至60层为第二个斜面；⑤主塔楼的结构刚度沿竖向有突变，其11层（54.84m）、28层（118.31m）、47层（188.88m）为加强层，也为钢桁架层；⑥屋顶桅杆仅在一个方向设置一根斜撑，高度为83.35m。上海世茂国际广场主塔楼为体形规则性和高度均超限的复杂高层建筑。

8.4　竖向混合结构体系

竖向混合结构是指高层建筑沿高度采用多种结构形式的结构体系，如底层若干层为钢筋混凝土或者型钢混凝土结构，而上部结构则采用钢结构形式。目前采用竖向混合结构体系的高层建筑实例较少，只有当建筑功能要求特殊，或者需要减轻结构自重，也或在现有结构上加层时，才有可能全部或者局部采用竖向混合结构这种特殊结构形式。

图8-17所示的下部SRC结构、上部RC结构（或S结构）组合而成的混合结构体系为竖向混合结构体系。这类结构在受力上的特点表现为：上部结构和下部结构有明显的刚度差异，而且在不同结构体系的交接部位内力复杂，容易形成应力集中。

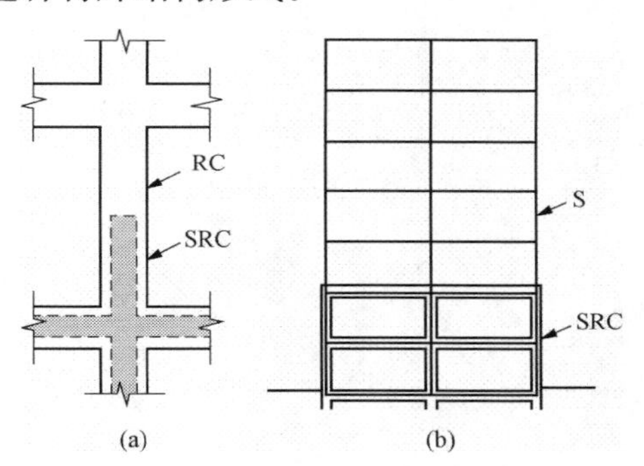

图8-17　竖向混合结构
(a) SRC-RC结构；(b) SRC-S结构

竖向混合结构的主要类型有：上部RC框架-下部SRC框架结构、上部大跨SRC框架-下部RC框架结构、上部钢框架-下部RC（或SRC）框架结构，以及在超高层建筑中常见的地面以上采用钢结构，地面以下为RC结构，在它们之间设置数层SRC结构作为过渡层的竖向混合结构等。在此介绍一些巨型竖向混合结构。

8.4.1　SRC巨型结构竖向混合结构

图8-18所示为70层的中国银行香港分行办公楼，它采用的是棱柱体形的SRC巨型混合结构。SRC巨型结构的基本结构为空间桁架，由SRC巨型柱、钢巨型桁架、CFT支撑等各种组合构件形成混合结构体系。与钢结构复杂的节点构造和安装工艺相比较，SRC各平面框架的端部钢柱由RC包裹，具有整体性好、施工方便的优点，如图8-18（b）所示。而且SRC结构与CFT结构一样，由于混凝土用量的增加，钢材的用量相应减少，从而降低了工程造价。

8.4.2　CFT巨型结构竖向混合结构

图8-19所示为美国Seattle建造的62层AT&T Gateway Tower大楼，它是由4根大直径CFT柱和H型钢梁及每隔10层设置双向X形钢支撑组合而成的巨型结构。为了保证结构承载力和钢管内混凝土的填充质量并降低工程造价，在CFT柱与钢梁、支撑的连接部位，采用较为单一的焊接连接方式，减少了施工现场工作量。这种混合结构可以充分利用混凝土的强度、降低钢材用量，同时由于CFT结构的施工不需要模板，因此可以缩短工期，减轻施工现场劳动强度。

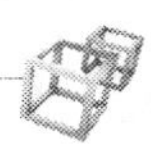

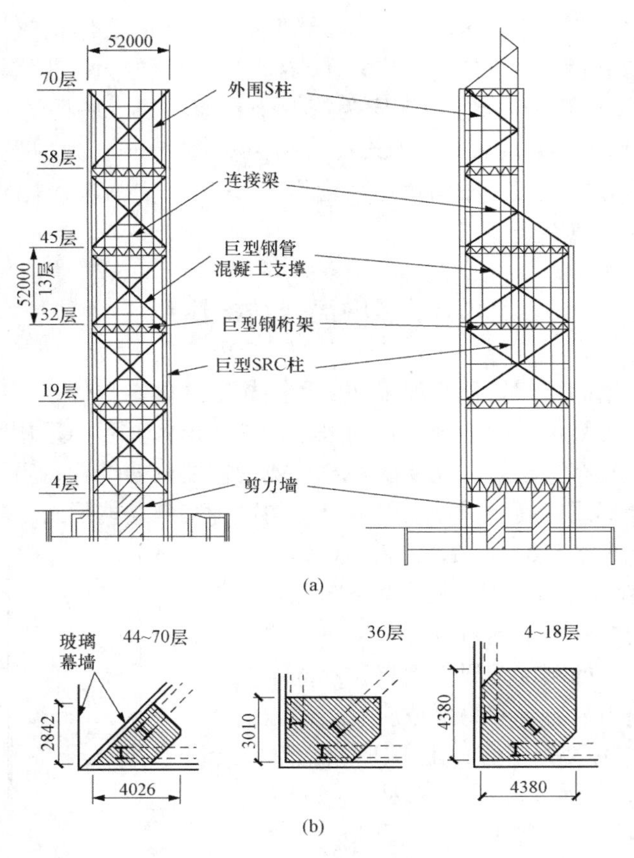

图 8-18　SRC巨型结构

(a) 立面图；(b) 连接详图

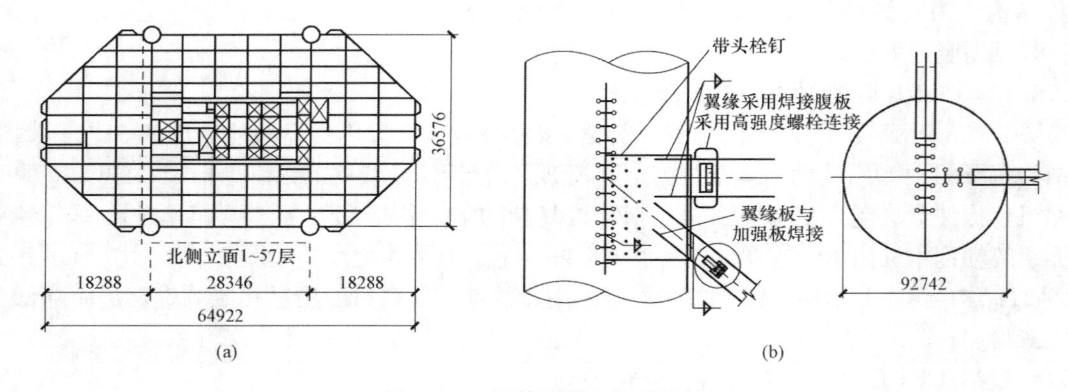

图 8-19　钢管混凝土巨型结构

8.4.3　下部SRC柱-上部RC柱（或S柱）竖向转换柱混合结构

（1）当结构下部采用型钢混凝土柱、上部采用钢筋混凝土柱时，由于刚度和承载力的突变，会在结构中产生薄弱层，造成结构在此处易发生较为严重的破坏，因此要求设置过渡层。过渡层应满足以下要求：

1）下部型钢混凝土柱中的型钢应向上延伸一层或二层作为过渡层，并伸至过渡层柱顶

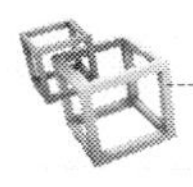

部的梁高度范围内截断。过渡层柱的型钢截面可减小，并按构造要求设置。

2）过渡层柱应按钢筋混凝土柱设计，且箍筋应按《高层建筑混凝土结构技术规程》（JGJ 3—2010）的要求沿柱全高加密设置。

3）结构过渡层柱内的型钢翼缘上应设置栓钉（见图 8 - 20），栓钉的直径不小于 19mm，栓钉的水平及竖向中心距不大于 200mm，且栓钉中心至型钢钢板边缘的距离不小于 50mm。

在型钢混凝土柱与钢筋混凝土柱（SRC - RC）的转换柱中，将 SRC 柱中最上部的型钢向相邻的上层延伸一定高度，形成了一种特殊的转换构件，如图 8 - 20 所示。已有研究表明，

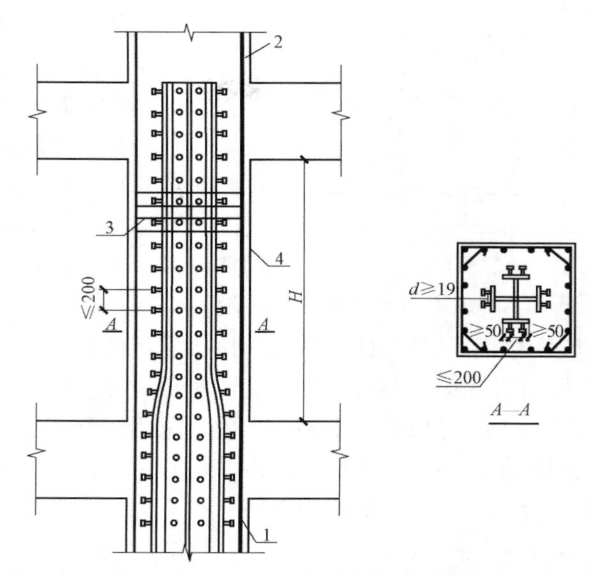

图 8 - 20　型钢混凝土柱与钢筋混凝土柱过渡层的连接构造
1—型钢混凝土柱；2—钢筋混凝土柱；
3—柱箍筋全高加密；4—过渡层

采取合理的构造和加强措施的 SRC - RC 转换柱构件具有良好的受力性能，可以更好地连接 SRC—RC 竖向混合结构中下部的 SRC 柱和上部的 RC 柱，减小强度和刚度的突变，避免出现明显的薄弱层。

（2）当结构下部采用型钢混凝土柱、上部采用钢柱（SRC - S 转换柱）时，在这两种结构之间也应设置过渡层，如图 8 - 21所示。过渡层应满足下列要求：

1）为保证型钢混凝土柱变为钢柱时刚度变化不要过大，下部型钢混凝土柱应向上延伸一层作为过渡层，过渡层柱按钢柱设计，且不小于过渡层上一层的钢柱截面，并按构造要求设置外包钢筋混凝土。过渡层钢柱伸入下部型钢混凝土柱内的长度由梁底面至 2 倍钢柱截面高度处，与型钢混凝土柱内的型钢相连，并应在该伸入范围内的钢柱翼缘上设置栓钉，以使内力传递平稳可靠。栓钉的直径不小于 19mm，栓钉的水平及竖向中心距不大于 300mm，且栓钉中心至型钢钢板边缘的距离不小于 60mm。

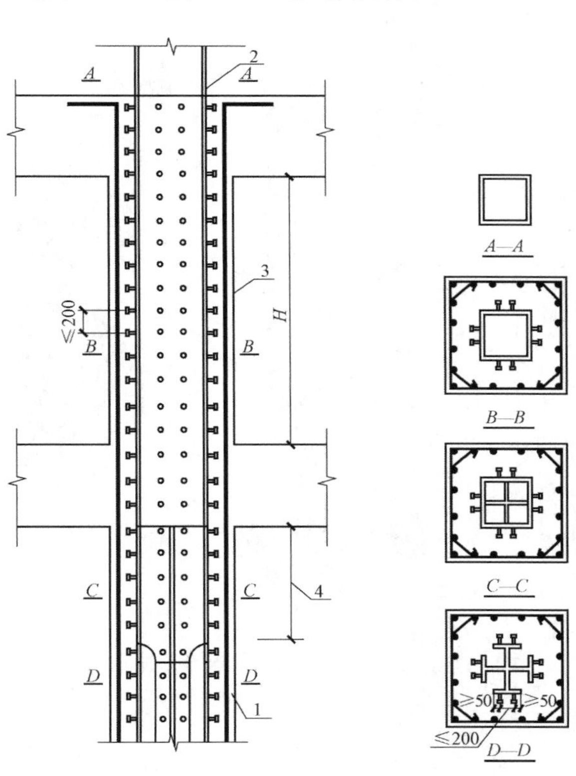

图 8 - 21　型钢混凝土柱与钢柱的过渡层连接构造
1—型钢混凝土柱；2—钢柱；
3—过渡层；4—过渡层型钢向下延伸高度

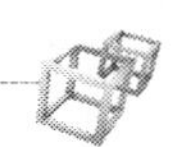

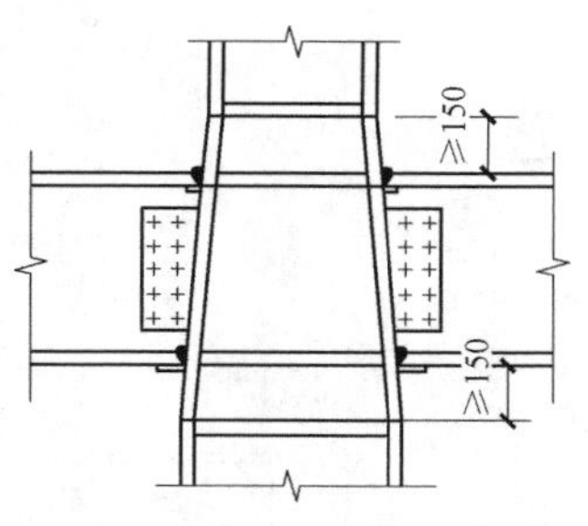

图 8-22　型钢柱变截面构造

2）十字形柱与箱形柱相连处，十字形柱腹板宜伸入箱形柱内，其伸入长度不宜小于柱型钢截面高度。

（3）型钢混凝土柱中的型钢柱需改变截面时，宜保持型钢截面高度不变，仅改变翼缘的宽度、厚度或腹板厚度。当改变柱截面高度时，截面高度宜逐步过渡，且在变截面的上、下端应设置加劲肋；当变截面段位于梁柱连接节点处时，变截面位置宜设置在两端距梁翼缘不小于 150mm 位置处，如图 8-22 所示。

（4）型钢混凝土柱的型钢柱拼接连接件节点，翼缘宜采用全熔透的坡口对接焊缝；腹板可采用高强螺栓连接或全熔透坡口对接焊缝，腹板较厚时宜采用焊缝连接。柱拼接位置宜设置安装耳板，应根据柱安装单元的自重确定耳板的厚度、长度、固定螺栓数目及焊缝高度。耳板厚度不宜小于 10mm，安装螺栓不宜小于 6 个 M20，耳板与翼缘间宜采用双面角焊缝，焊缝高度不宜小于 8mm，如图 8-23 所示。

8.4.4　核心筒竖向转换混合结构

上海环球金融中心大厦结构设计中，核心筒采用了竖向混合结构体系，如图 8-24 所示。79 层以下核心筒为型钢混凝土筒体；79 层以上为减轻结构自重，增加延性，核心筒采用内置钢框架的钢筋混凝土筒体；而在 95 层以上，则改变为空间钢桁架筒体形式。

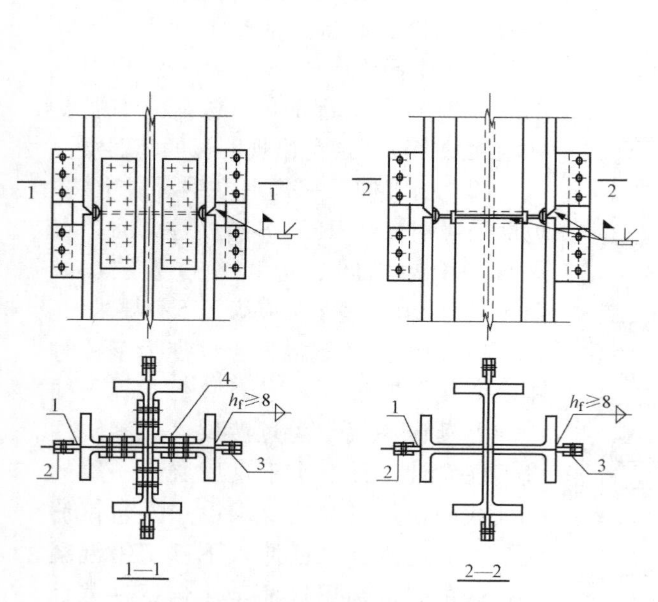

图 8-23　十字形截面型钢柱拼接节点的构造

1—耳板；2—连接板；3—安装螺栓；4—高强度螺栓

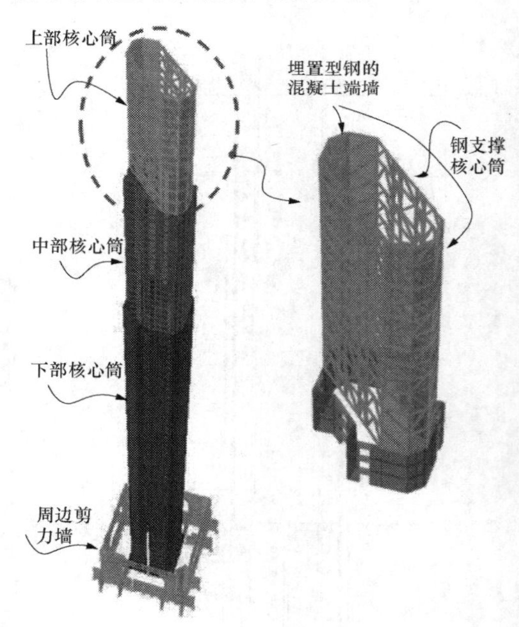

图 8-24　上海环球金融中心大厦核心筒竖向转化图

上海陆家嘴的中国民生银行大厦，原是一栋地下 2 层、地上 35 层的钢筋混凝土框架—核心筒结构高层建筑，高度 135m。该大厦于 1997 年竣工，建成后一年一直未投入使用。在 2005 年结构改造中，采用钢结构加层至 45 层，总高度达到 175.8m，其中，36 层以下为钢筋混凝土结构体系，36 层以上为框架—混凝土核心筒结构体系，典型平面图如图 8-25 所

示。改造前进行检测分析，对原结构地下室采用增大截面法加固，对外框架组采用外套钢管的方式进行加固，对筒体墙采用粘贴钢板条的方式进行加固。新增钢结构与原结构的连接节点采用植筋法和暴露钢筋焊接相结合的方式。

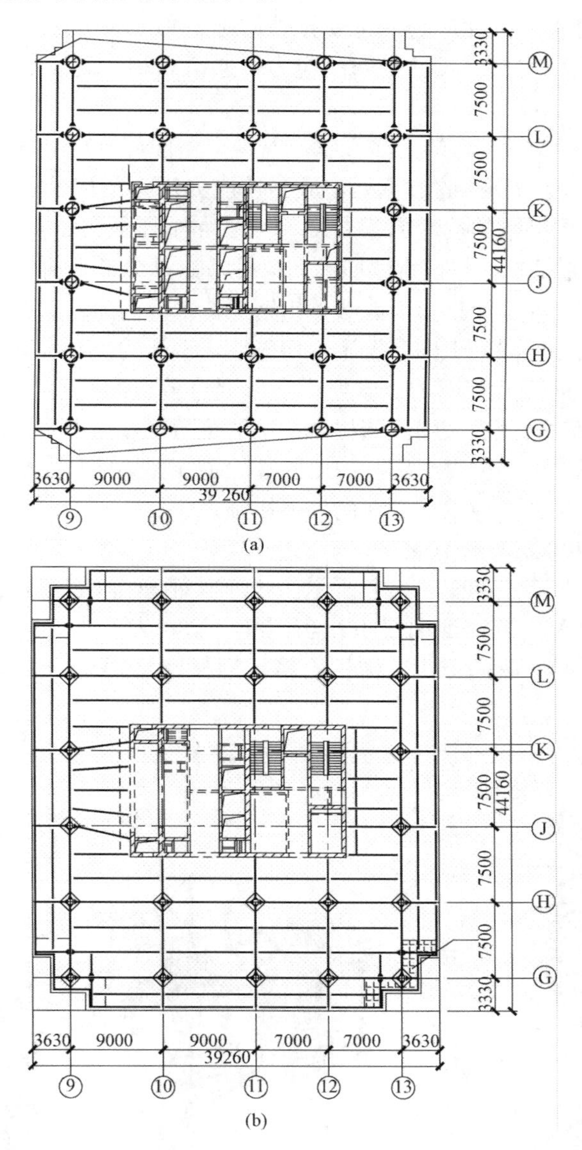

图 8 - 25　中国民生银行大厦结构平面

(a) 1—35 层；(b) 36—45 层

8.5　混　合　节　点

8.5.1　SRC 柱 - S 梁混合节点

在框架结构中，对梁、柱有着不同的性能要求，如图 8 - 26 所示的 SRC 柱 - S 梁混合节

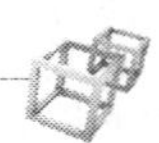

点，柱不仅承担较高的轴向压力，而且为了控制地震和水平风荷载作用下结构的变形，采用了刚度较大的SRC柱。同时，为了减轻梁自重，获得较大的跨度而采用了钢梁，从而形成SRC柱-S梁混合节点。柱内型钢骨架的施工工艺与一般钢结构基本上没有差别，但由于钢骨架外部还有钢筋混凝土，因此应合理地安排整体施工方法及其组织流程。另外，在梁、柱节点处，钢梁和型钢柱相连接，梁柱之间的应力传递机制相当复杂，应当特别重视节点的构造设计。

图8-26反映了钢梁的端部弯矩（极限状态时为全塑性弯矩）向SRC柱中传递时的节点构造。一般而言，在SRC柱与钢梁的节点处，应当使应力由钢梁向柱中型钢可靠地传递。由于钢梁的抗弯承载力比柱内型钢的抗弯承载力大，因此梁内弯矩不仅传至柱内型钢，剩余的弯矩将由节点处的RC部分来抵抗。目前钢梁应力向梁柱节点部分的混凝土中传递的机理还不是很清楚，但可以确定的是，如果混凝土不能够承担钢梁传来的应力，梁柱节点附近柱的混凝土就会被局部压坏，节点核心区混凝土则会发生剪切破坏，钢梁的抗弯承载力（全塑性弯矩）就不能得到发挥。日本曾经进行了SRC柱—S梁十字形混合节点的试验，并以SRC柱中型钢承担弯矩的比例作为设计参数。试验表明，当柱内型钢的抗弯承载力与钢梁的抗弯承载力之比小于40%时，柱的抗弯承载力就不能得到发挥。此外，除了计算梁柱节点的抗剪承载力之外，为了避免节点区混凝土的破坏，还应采取必要的加强措施。

8.5.2 SRC柱-RC梁混合节点

SRC柱-RC梁混合节点如图8-27所示。由于梁不承受轴向压力作用，因此在反复荷载作用下即使采用RC梁，其滞回曲线也相当饱满。同时为了改善柱的延性性能，往往采用SRC柱。这种混合结构与纯粹SRC结构相比较，钢材用量减小，工程造价降低，且梁的施工得到简化。

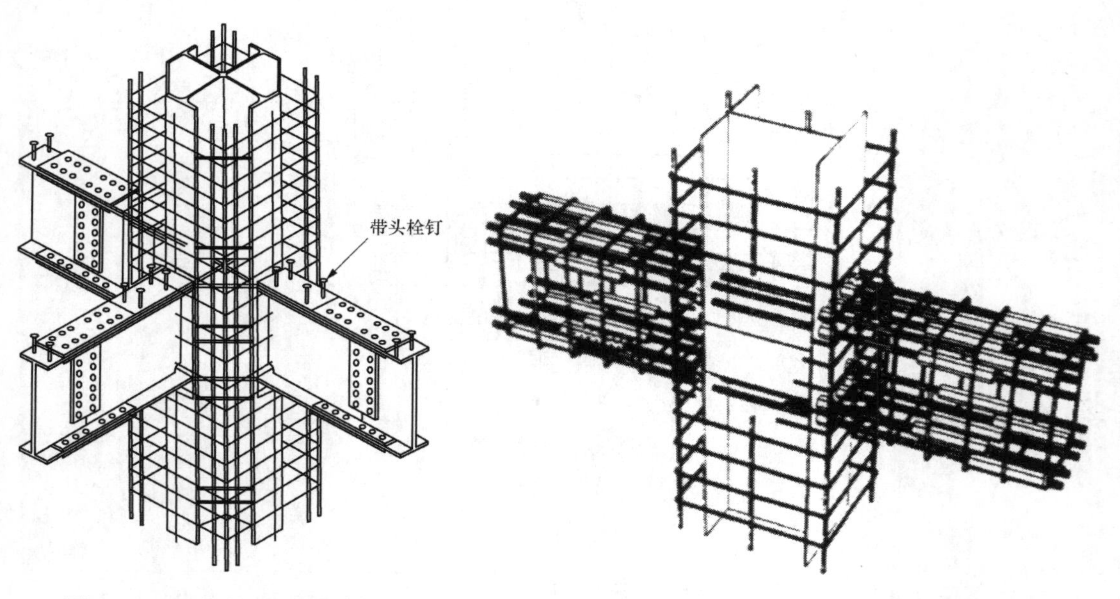

图8-26 SRC柱-S梁混合节点　　图8-27 SRC柱-RC梁混合节点

SRC柱-RC梁构成的节点，在节点核心区通常采用以下几种构造：

（1）梁内纵筋较少时，可直接锚固在节点的钢筋混凝土中。

（2）梁主筋直接与型钢柱上的连接套筒连接，如图 8 - 28 所示。

（3）与 SRC 柱连接的梁端设置一段钢梁与梁主筋搭接，如图 8 - 29 所示。

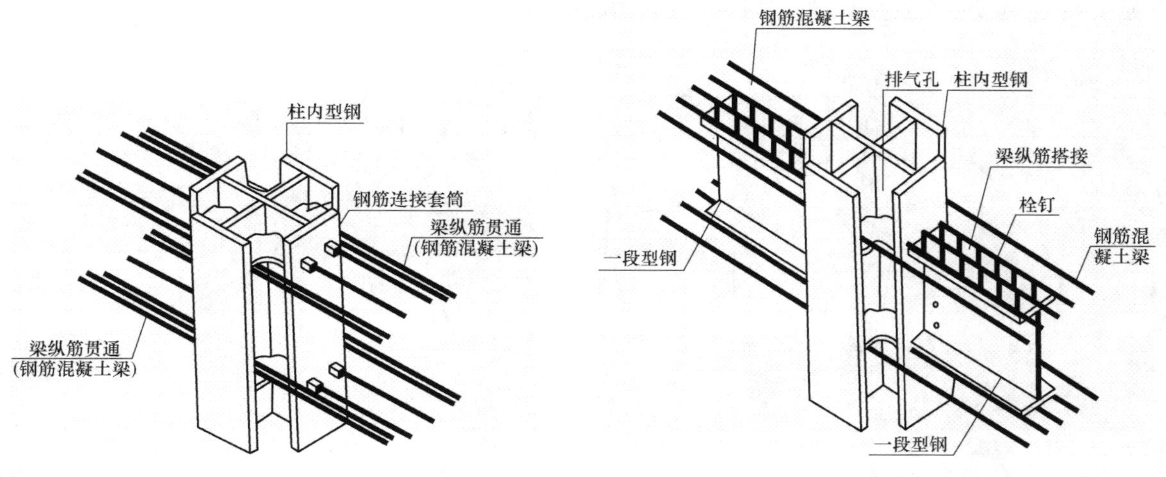

图 8 - 28　梁主筋与型钢柱通过套筒直接相连　　图 8 - 29　梁端钢梁与柱连接

（4）梁内部分主筋焊在钢牛腿上，如图 8 - 30 所示。

（5）如果梁主筋穿过型钢梁翼缘或腹板，加工钢筋时，采用塞焊的方法将钢筋焊在型钢上，在工地将预焊钢筋段的一端用连接套筒与梁主筋连接，如图 8 - 31 所示。这种工艺便于预制化生产，可以缩短工期。

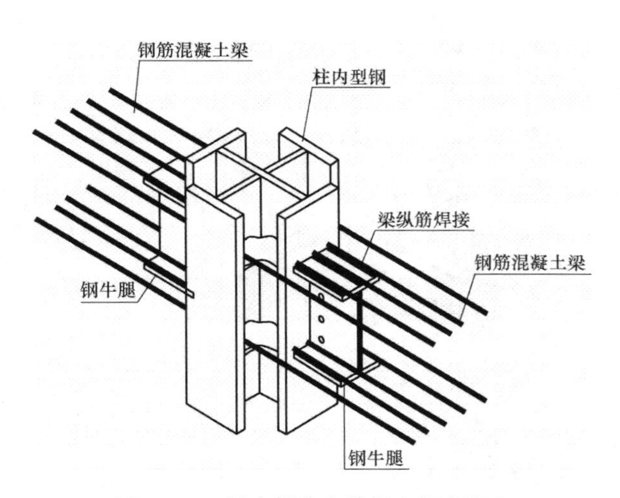

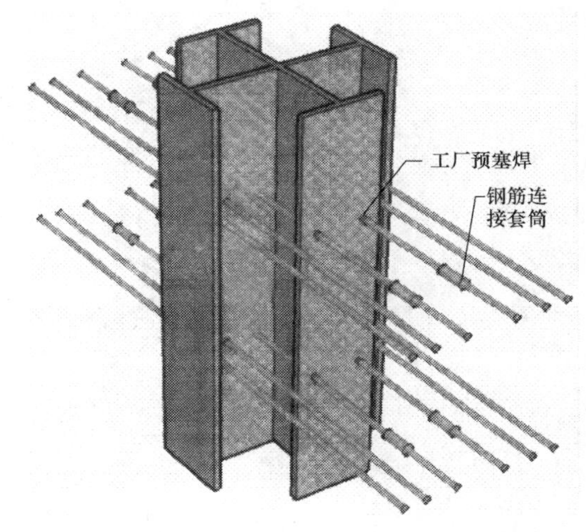

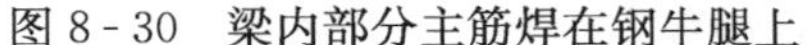

图 8 - 30　梁内部分主筋焊在钢牛腿上　　图 8 - 31　预焊钢筋与梁主筋通过套筒连接

8.5.3　RC 柱 - S 梁节点

图 8 - 32 给出了 RC 柱 - S 梁节点示意图。其优点是：RC 柱能承担较大的轴向力，而且刚度大，经济性较好。与 SRC 柱 - 钢梁结构一样，这种混合结构用于一般多层或小高层建筑中能取得良好的经济效益。在 RC 柱 - S 梁节点中，作为单一的结构构件，柱和梁可分别进行设计和施工。由于柱和梁的材质不同，在梁柱节点处，梁的应力很难向柱中传递。为了

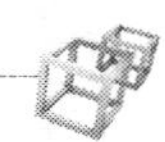

使梁端出现塑性铰时节点不会发生剪切破坏或局部承压破坏，应采取合理的构造措施和节点加强措施。如图 8 - 33 所示的梁柱节点，节点处的混凝土由钢环板包围，采取这种加强措施后，混凝土就不会发生局部承压破坏和剪切破坏。

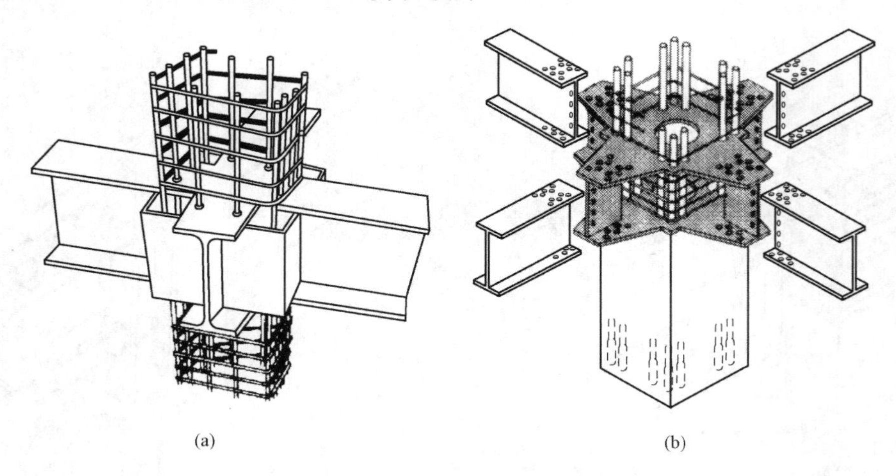

图 8 - 32　RC 柱 - S 梁节点

(a) 梁贯通型；(b) 柱贯通型

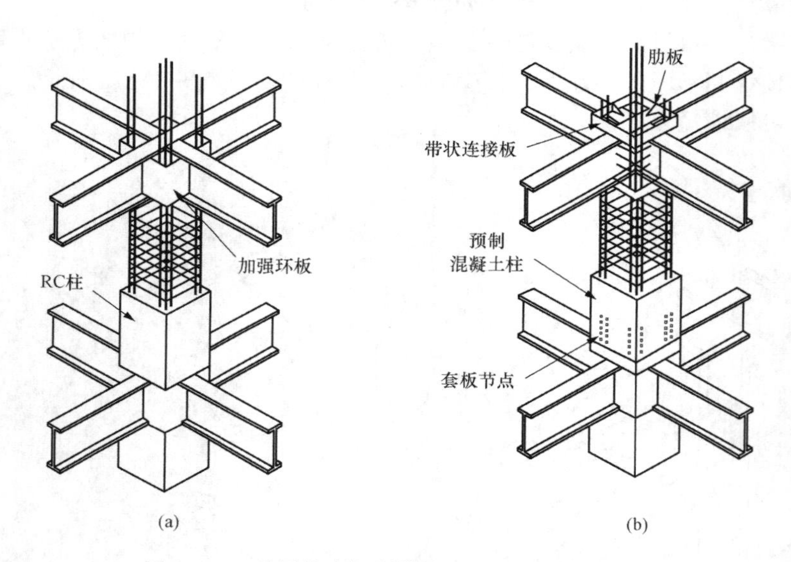

图 8 - 33　采用节点加强措施的 RC 柱 - S 梁节点

(a) 用环板加强节点；(b) 用条带板加强节点

8.5.4　CFT 柱 - S 梁节点

在 CFT 结构中，一方面由于钢管约束了混凝土，提高了混凝土的强度和变形能力；另一方面混凝土又防止了钢管的屈曲，因此 CFT 结构具有较高的承载力和较大的延性。再者由于混凝土的成本较低，使得结构不仅具有较好的经济性，且与纯钢结构有着基本相同的施工工期。图 8 - 34 所示为 CFT 柱 - S 梁节点，它已越来越多地应用于高层办公楼和商业建筑中，从经济角度上讲，它有望取代纯钢结构。

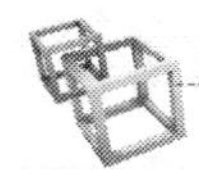

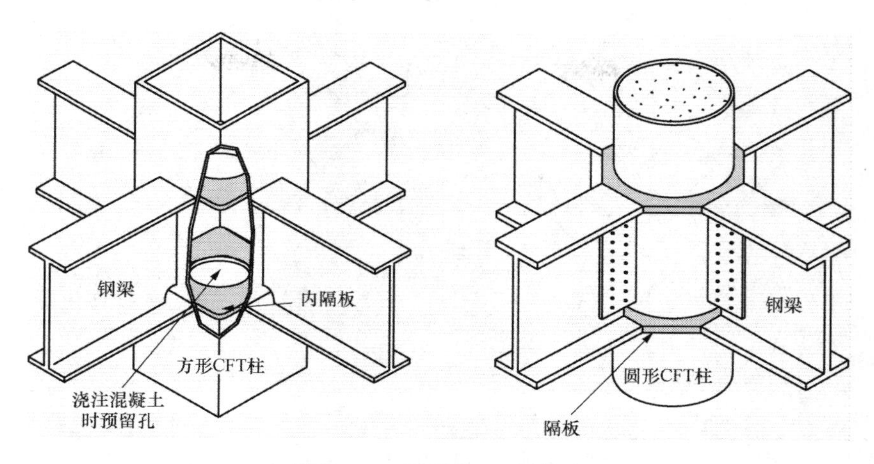

图 8-34　CFT 柱-S 梁节点

8.5.5　CFT 柱-SC 梁节点

如上所述，高层办公楼建筑可采用 CFT 柱-S 梁节点，但如果把它用于公共住宅，钢梁产生的振动就会影响人居住的环境和舒适度。这时，可采用如图 8-35 所示的 CFT 柱-SC 梁节点，其中用 RC 包裹钢梁，主筋不在柱中锚固。或者采用梁端为纯钢梁的钢骨混凝土（SC）梁。这种 SC 梁的特点是在型钢周围包裹 RC 使得梁的刚度和耐火性能得到提高。从材料利用和经济的角度出发，还可以考虑将梁的主筋在柱中合理地锚固，使之成为 SRC 梁。

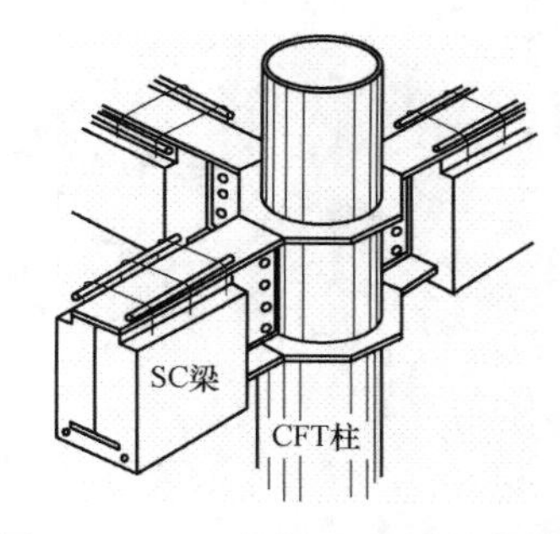

图 8-35　CFT 柱-SC 梁混合节点

8.6　巨　柱　构　件

巨柱构件是指巨型组合柱，它的截面尺寸更大、承载能力更强，在型钢外或钢管中浇筑混凝土所形成的能够整体共同工作的组合柱。图 8-36～图 8-39 为实际工程中所采用的巨柱截面的几种形式。

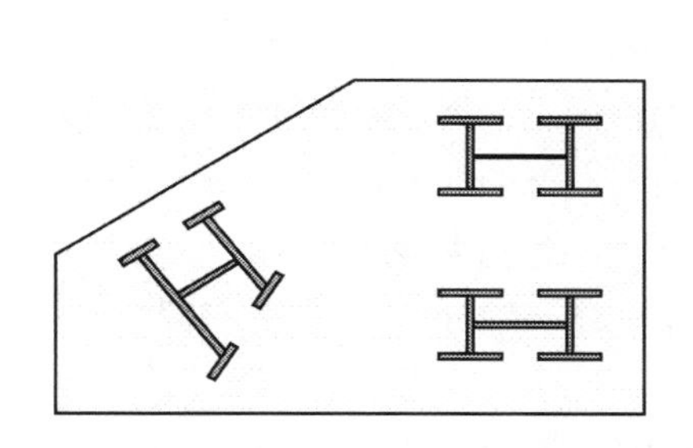

图 8-36　SRC 巨柱：格构空腹式配钢

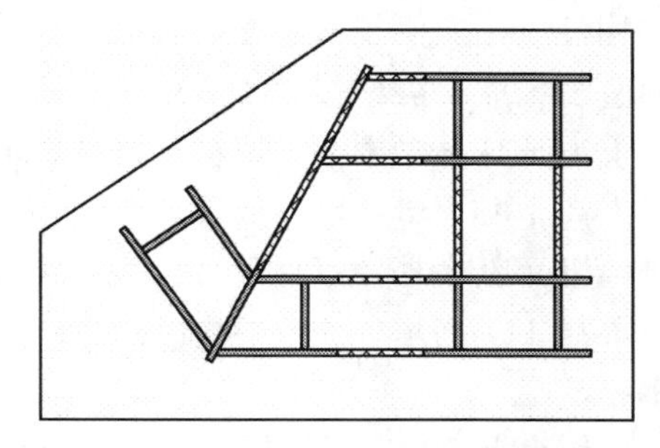

图 8-37　SRC 巨柱：实腹式配钢

巨型组合柱产生及发展的原因：①超高层结构柱轴向力巨大；②巨型支撑框架体系、巨型框架＋伸臂桁架对柱的轴向刚度要求高；③承担更多的结构自重平衡倾覆力矩产生的轴向

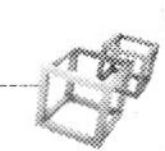

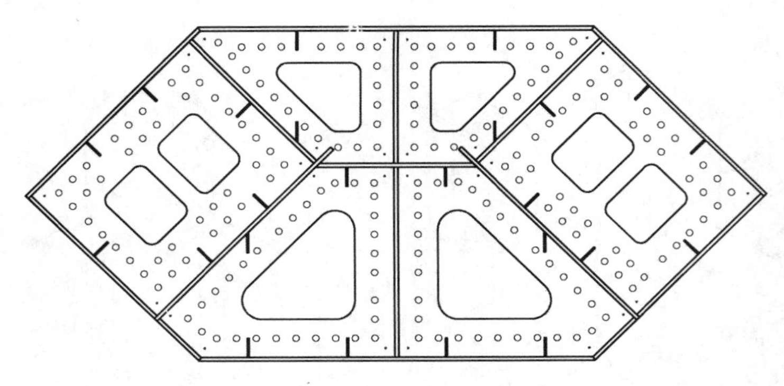

图 8-38　多腔巨柱

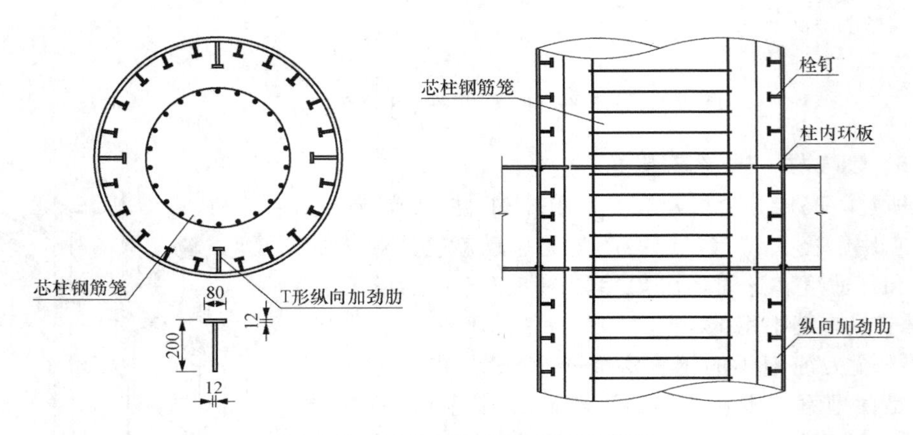

图 8-39　巨柱：大直径 CFT 柱构造

拉力；④巨柱承担倾覆力矩大于 50%。

实际设计中应用注意的问题：①由于巨型组合柱截面尺寸巨大，所以巨柱作用的基础和地基应当加固处理。②巨柱尺寸大，其中所用型钢或钢管的连接，传力要准确，避免偏移。③钢管混凝土柱要做好防锈以及防火处理，钢管锈蚀、熔化将影响柱的承载力。④避免整体或局部失稳。⑤钢管混凝土组合效应在于钢管对混凝土的套箍作用形成的三向受力构件，承载力大大提高，混凝土和钢管的收缩和变形不同，因此要注意混凝土填实。

巨柱构件应用实例越来越多，其截面尺寸及用钢量举例如下：

（1）金茂大厦：巨柱尺寸 1500mm×1500mm，含钢率 0.5%。

（2）上海环球金融中心，巨柱尺寸 5000mm×5000mm，含钢率 3.1% 。

（3）上海中心大厦：巨柱尺寸 3700mm×5300mm，含钢率 5%。

（4）CCTV 新大楼，巨柱尺寸 1250mm×1900mm，含钢率 30%。

（5）天津 117 高塔，组合巨柱截面尺寸 11100mm×5000mm，是目前截面尺寸最大的柱，含钢率 6%。

（6）中国台北 101，巨柱尺寸 3000mm×2400mm，含钢率 10%。

（7）广州东塔，巨柱尺寸 3500mm×5600mm，含钢率 7.6%。

（8）广州西塔，直径，钢管直径 1800mm，钢管壁厚 50mm，C60 混凝土，含钢率 11%。

（9）武汉中心大厦，钢管直径 3000mm，钢板厚度 60mm，C70 混凝土，含钢率 6%。

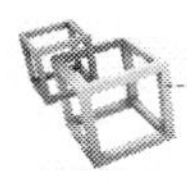

(10) 广州电视塔，24根钢管混凝土柱下部直径2000，钢管壁厚50mm，C60混凝土，含钢率10%。

组合巨柱设计施工带来的新问题：

(1) 计算分析假设：杆系、计算长度、偏心、平截面假定。

(2) 受力性能：延性、节点连接、长期荷载效应。

(3) 冗余度。

(4) 施工建造问题：运输、制作、安装、检验。

8.7 混合结构的抗震设计

8.7.1 一般规定

1. *混合结构房屋高度*

《高层建筑钢-混凝土混合结构设计规程》(CECS 230：2008) 中第4.1.2条规定，乙类和丙类高层钢-混凝土混合结构房屋的高度，应符合表8-5的规定。

表8-5　高层建筑混合结构的最大适用高度　m

<table>
<tr><th colspan="3" rowspan="2">结构类型</th><th rowspan="2">非抗震设防</th><th colspan="4">抗震设防烈度</th></tr>
<tr><th>6度</th><th>7度</th><th>8度</th><th>9度</th></tr>
<tr><td rowspan="2">混合框架结构</td><td colspan="2">钢梁-型钢（钢管）混凝土柱
型钢混凝土梁-型钢混凝土柱</td><td>60</td><td>55</td><td>45</td><td>35</td><td>25</td></tr>
<tr><td colspan="2">钢梁-钢筋混凝土柱</td><td>50</td><td>50</td><td>40</td><td>30</td><td>—</td></tr>
<tr><td rowspan="6">双重抗侧力体系</td><td colspan="2">钢框架-钢筋混凝土剪力墙
钢框架-型钢混凝土剪力墙</td><td>160
180</td><td>150
170</td><td>130
150</td><td>110
120</td><td>50
50</td></tr>
<tr><td colspan="2">混合框架-钢筋混凝土剪力墙
混合框架-型钢混凝土剪力墙</td><td>180
200</td><td>170
190</td><td>150
160</td><td>120
130</td><td>50
60</td></tr>
<tr><td colspan="2">钢框架-钢筋混凝土核心筒
钢框架-型钢混凝土核心筒</td><td>210
230</td><td>200
220</td><td>160
180</td><td>120
130</td><td>70
70</td></tr>
<tr><td colspan="2">混合框架-钢筋混凝土核心筒
混合框架-型钢混凝土核心筒</td><td>240
260</td><td>220
240</td><td>190
210</td><td>150
160</td><td>70
80</td></tr>
<tr><td rowspan="2">筒中筒</td><td>钢框筒-钢筋混凝土内筒
混合框筒-钢筋混凝土内筒</td><td>280</td><td>260</td><td>210</td><td>160</td><td>80</td></tr>
<tr><td>钢框筒-型钢混凝土内筒</td><td>300</td><td>280</td><td>230</td><td>170</td><td>90</td></tr>
<tr><td>非双重抗侧力体系</td><td colspan="2">钢框架-钢筋（型钢）混凝土核心筒
混合框架-钢筋（型钢）混凝土核心筒</td><td>160</td><td>120</td><td>100</td><td>—</td><td>—</td></tr>
</table>

注 1. 当混合框架中采用钢管混凝土柱或钢框架中采用支撑框架时，在有可靠依据时高度限值可适当放宽。

2. 房屋高度指室外地面至主要屋面的高度，不包括局部突出屋面的水箱、电梯机房、构架等高度。

3. 双重抗侧力体系和非双重抗侧力体系应符合《高层建筑钢-混凝土混合结构设计规程》(CECS 230：2008) 中第4.1.3条的规定。

4. 混合框架和型钢混凝土剪力增（核心筒）中的型钢或钢管的延伸高度，不应小于结构总高度的60%。

5. 非双重抗侧力体系7度时的最大适用高度仅适用于0.1g。

6. 平面和竖向均不规则的结构或Ⅳ类场地上的结构，最大适用高度应适当降低。

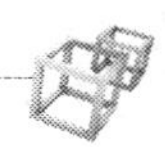

《高层建筑混凝土结构技术规程》(JGJ 3—2010)中第11.1.2条规定,混合结构高层建筑适用的最大高度应符合表8-6的规定。

表8-6　混合结构高层建筑适用的最大高度　m

结构体系		非抗震设计	抗震设防烈度				
			6度	7度	8度		9度
					0.2g	0.3g	
框架-核心筒	钢框架-钢筋混凝土核心筒	210	200	160	120	100	70
	型钢(钢管)混凝土框架-钢筋混凝土核心筒	240	220	190	150	130	70
筒中筒	钢外筒-钢筋混凝土核心筒	280	260	210	160	140	80
	型钢(钢管)混凝土外筒-钢筋混凝土核心筒	300	280	230	170	150	90

注　平面和竖向均不规则的结构,最大适用高度应适当降低。

2. 高宽比限值

(1)钢(型钢混凝土)框架一钢筋混凝土筒体混合结构体系高层建筑,其主要抗侧力构件仍然是钢筋混凝土筒体,因此其高宽比的限值和层间位移限值均取钢筋混凝土结构体系的同一数值。而筒中筒体系混合结构,外围筒体抗侧刚度较大,承担水平力也较多,钢筋混凝土内筒分担的水平力相应减小,且外筒体延性相对较好,因此高宽比值可适当放宽。

(2)《高层建筑混凝土结构技术规程》(JGJ 3—2010)中第11.1.3条规定,钢-混凝土混合结构高层建筑的高宽比不宜大于表8-7的规定。

表8-7　钢-混凝土混合结构适用的最大高宽比

结构体系	非抗震设计	抗震设防烈度		
		6度、7度	8度	9度
框架-核心筒	8	7	6	4
筒中筒	8	8	7	5

《高层建筑钢-混凝土混合结构设计规程》(CECS 230:2008)中第4.1.7条规定,高层建筑混合结构的位移角限值应符合下列要求:

1)在风荷载和多遇地震作用下,最大弹性层间位移角(位移与层高的比值$\Delta u/h$)不宜超过表8-8给出的限值。

表8-8　弹性层间位移角限值

结构类型	混合框架结构		其他结构		
	钢梁	型钢混凝土梁	$H\leqslant 150$m	$H\geqslant 250$m	150m$<H<$250m
层间位移角限值	1/400	1/500	1/800	1/500	1/800～1/500线性插入

2)在罕遇地震作用下,高层建筑混合结构的弹塑性层间位移角,对于混合框架结构不应大于1/50,其余结构不应大于1/100。

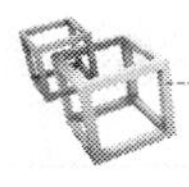

3. 结构布置

(1) 建筑平面的外形宜简单规则，宜采用方形、矩形等规则对称的平面，并尽量使结构的抗侧力中心与水平合力中心重合。建筑的开间、进深宜统一。

(2) 混合结构的竖向布置宜符合下列要求：

1) 结构的侧向刚度和承载力沿房屋竖向宜均匀变化；构件截面宜由下至上逐渐减小，无突变。

2) 当框架柱上部与下部的结构类型和材料不同时，应设置过渡层。

3) 对于刚度突变的楼层，如转换层、加强层、空旷的顶层、顶部突出部分、型钢混凝土框架与钢框架的交接层及邻近楼层，应采取可靠的过渡加强措施。

4) 钢框架部分采用支撑时，宜采用偏心支撑和耗能支撑，支撑宜连续布置，且在相互垂直的两个方向均宜布置，并互相交接；支撑宜延伸至基础，或通过地下室混凝土墙体延伸至基础。

(3) 对于混合结构高层建筑，7度抗震设防且房屋高度不大于130m时，宜在楼面钢梁或型钢混凝土梁与钢筋混凝土筒体交接处及筒体四角设置型钢柱；7度抗震设防且房屋高度大于130m及8、9度抗震设防时，应在楼面钢梁或型钢混凝土梁与钢筋混凝土筒体交接处及筒体四角设置型钢柱。

(4) 混合结构体系的高层建筑，应由钢筋混凝土筒体承受主要的水平力，并应采取有效措施，保证钢筋混凝土筒体的延性。

钢框架-混凝土筒体结构体系中的混凝土筒体一般承担了85%以上的水平剪力，所以必须保证混凝土筒体具有足够的延性。试验表明，配置了型钢的混凝土筒体墙在弯曲时，能避免发生平面外的错断，同时也能减少钢柱与混凝土筒体之间的竖向变形差异所产生的不利影响。

为保证筒体的延性，可采取以下措施：

1) 通过增加墙厚控制筒体剪力墙的剪应力水平；

2) 筒体剪力墙内配置多层钢筋；

3) 剪力墙的端部设置型钢柱，四周配以纵向钢筋及箍筋形成暗柱；

4) 连梁采用斜向配筋方式；

5) 在连梁中设置水平缝；

6) 保证混凝土筒体角部的完整性并加强角部的配筋；

7) 筒体剪力墙的开洞位置尽量对称均匀。

(5) 混合结构中，外围框架平面内的梁与柱应采用刚接，这样能提高外围框架的刚度并增强其抵抗水平荷载的能力；楼面梁与钢筋混凝土筒体及外围框架柱的连接可采用刚接或铰接。

(6) 混合结构中，可采用外伸桁架加强层，必要时可同时布置周边桁架。外伸桁架平面宜与抗侧力墙体的中心线重合。外伸桁架应与抗侧力墙体刚接且宜伸入并贯通抗侧力墙体，这样可减小水平荷载下结构的侧移。外伸桁架与外围框架柱的连接宜采用铰接或半刚接。

4. 混合结构的结构分析

(1) 对楼板开口较大部位，宜采用考虑楼板水平变形的程序进行结构的内力和位移计

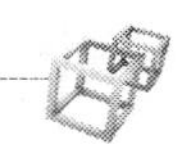

算，或采取设置刚性水平支撑等加强措施。

(2) 在计算钢-混凝土混合结构的内力和位移时，对设置伸臂桁架的楼层，应考虑楼板在平面内的变形。

(3) 对混合结构进行弹性阶段的内力和位移计算时，钢梁和钢柱可采用钢材的截面计算；型钢混凝土构件的刚度可采用型钢部分与钢筋混凝土部分的刚度之和。

(4) 对混合结构进行弹性分析时，应考虑钢梁与混凝土楼板的共同工作，梁的刚度可取钢梁刚度的1.5～2.0倍，但钢梁与楼板之间应设置可靠的抗剪连接。

(5) 钢框架-混凝土筒体结构和型钢混凝土框架-混凝土筒体结构的阻尼比均可取为0.04。

(6) 钢-混凝土混合结构在竖向荷载作用下的内力计算时，宜考虑柱、墙在施工过程中轴向变形差异的影响，并宜考虑在长期荷载作用下由于钢筋混凝土筒体的徐变收缩对钢梁和柱的内力产生的不利影响。

5. 混合结构的构件设计

(1) 钢框架-钢筋混凝土筒体结构中，当采用H形截面柱时，宜将柱截面强轴方向布置在外围框架平面内，以增加框架平面内的刚度，减小剪力滞后效应的影响；角柱宜采用方形、十字形或圆形截面，使得连接方便，受力合理。

(2) 钢-混凝土混合结构的楼面，宜采用压型钢板与现浇混凝土组合板、现浇钢筋混凝土板或预应力混凝土叠合板。楼板与钢梁应有可靠连接。

(3) 建筑物楼面有较大开口或为转换楼层时，应采用现浇楼板。

(4) 当混合结构中布置有外伸桁架加强层时，应采取有效措施，减小由于外柱与混凝土筒体竖向变形差异引起的桁架杆件内力的变化。外伸桁架宜分段拼装。

(5) 当钢筋混凝土筒体先于钢框架施工时，应考虑施工阶段钢筋混凝土筒体在风荷载及其他荷载作用下的不利受力状态。

(6) 对型钢混凝土构件，应验算在浇筑混凝土之前及其进行过程中型钢骨架在施工荷载和可能的风荷载作用下的承载力、位移及稳定性，并据此确定钢框架安装与浇筑混凝土楼层的间隔层数。

(7) 在钢-混凝土混合结构中，钢柱应采用埋入式柱脚，型钢混凝土柱宜采用埋入式柱脚。埋入式柱脚的埋置深度不宜小于型钢柱截面高度的3倍，但设置多层地下室的结构除外。

8.7.2 混合结构抗震设计

1. 结构抗震等级

(1) 试验表明，钢框架-混凝土筒体结构在地震作用下，破坏首先出现在混凝土筒体底部，因此，钢框架-混凝土筒体结构中的筒体应该比混凝土结构中的筒体采取更为严格的抗震构造措施，以保证混凝土筒体的延性，所以应适当提高其抗震等级。型钢混凝土柱-混凝土筒体及筒中筒体系的房屋最大适用高度比B级高度的钢筋混凝土结构略高，所以对其抗震等级也应适当提高。

(2)《高层建筑混凝土结构技术规程》(JGJ 3—2010) 中第11.1.4条规定，钢-混凝土混合结构房屋抗震设计时，混凝土筒体及型钢混凝土框架的抗震等级应按表8-9确定，并应符合相应的计算和构造措施。

表 8-9　　钢-混凝土混合结构抗震等级

结构类型		抗震设防烈度						
		6 度		7 度		8 度		9 度
房屋高度（m）		≤150	＞150	≤130	＞130	≤100	＞100	≤70
钢框架-钢筋混凝土核心筒	钢筋混凝土核心筒	二	一	一	特一	一	特一	特一
型钢（钢管）混凝土框架-钢筋混凝土核心筒	钢筋混凝土核心筒	二	二	二	一	一	特一	特一
	型钢（钢管）混凝土框架	三	二	二	一	一	一	一
房屋高度（m）		≤180	＞180	≤150	＞150	≤120	＞120	≤90
钢外筒-钢筋混凝土核心筒	钢筋混凝土核心筒	二	一	一	特一	一	特一	特一
型钢（钢管）混凝土外筒-钢筋混凝土核心筒	钢筋混凝土核心筒	二	二	二	一	一	特一	特一
	型钢（钢管）混凝土外筒	三	二	二	一	一	一	一

注　钢结构构件的抗震等级，抗震设防烈度为 6、7、8、9 度时应分别取四、三、二、一级。

2. 结构设计要求

（1）《高层建筑混凝土结构技术规程》（JGJ 3—2010）中第 11.2.4 条规定：8、9 度抗震时，应在楼面钢梁或型钢混凝土梁与混凝土筒体交接处及混凝土筒体四角设置型钢柱；7 度抗震时，宜在楼面钢梁或型钢混凝土梁与混凝土筒体交接处及混凝土筒体四角设置型钢柱。第 11.2.5 条规定：混合结构中，外围框架平面内梁与柱应采用刚接；楼面梁与钢筋混凝土筒体及外围框架柱的连接可采用刚接或铰接。

（2）外伸臂桁架与核心筒墙体连接处宜设置"构造"型钢暗柱，型钢暗柱宜至少延伸至伸臂桁架高度范围以外上、下各一层。

（3）钢框架-钢筋混凝土核心筒结构，抗震等级为一、二级的筒体底部加强部位分布钢筋的最小配筋率不宜小于 0.35%，筒体一般部位的分布筋不宜小于 0.30%，筒体每隔 2～4 层宜设置暗梁，暗梁的高度不宜小于墙厚，配筋率不宜小于 0.30%。筒中筒结构和钢筋混凝土（钢管混凝土、型钢混凝土）框架-钢筋混凝土核心筒结构中，筒体剪力墙的构造要求同《高层建筑混凝土结构技术规程》（JGJ 3—2010）中 9.1.7 条的规定，即：①墙肢宜均匀、对称布置；②筒体角部附近不宜开洞，当不可避免时，筒角内壁至洞口的距离不应小于 500mm 和开洞墙截面厚度的较大值；③筒体墙应验算墙体稳定，且外墙厚度不应小于 200mm，内墙厚度不应小于 160mm，必要时可设置扶壁柱和扶壁墙；④筒体墙的水平、竖向配筋不应小于两排，最小配筋率须满足要求；⑤抗震设计时，核心筒、内筒的连梁宜配置对角斜向钢筋或交叉暗撑；⑥筒体墙的加强部位高度、轴压比限值、边缘构件设置以及截面设计，应符合剪力墙设计要求。

（4）当连梁抗剪截面不足时，可采取在连梁中埋设型钢或钢板等加强措施。

3. 楼层剪力和层间位移要求

（1）混合结构，在风荷载及多遇地震作用下按弹性方法计算的最大层间位移与层高的比值，以及在罕遇地震作用下结构的弹塑性层间位移，应分别符合《高层建筑混凝土结构技术规程》（JGJ 3—2010）中第 3.7.3 条和第 3.7.5 条的规定，见表 8-10、表 8-11。

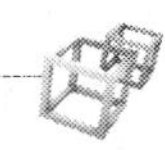

表 8-10　　楼层层间最大位移与层高之比的限值

结构体系	$\Delta u/h$ 限值
框架	1/550
框架-剪力墙、框架-核心筒、板柱-剪力墙	1/800
筒中筒、剪力墙	1/1000
除框架结构以外的转换层	1/1000

表 8-10 指高度不大于 150m 的建筑，对于高度大于或等于 250m 的建筑，其楼层层间最大位移与层高之比不宜小于 1/500，高度介于 150～250m 之间的，按线性插入取用。

表 8-11　　层间弹塑性位移角限值

结构体系	$[\theta_p]$
框架	1/50
框架-剪力墙、框架-核心筒、板柱-剪力墙	1/100
剪力墙结构和筒中筒结构	1/120
除框架结构以外的转换层	1/120

(2)《高层建筑混凝土结构技术规程》(JGJ 3-2010) 中第 9.1.11 条规定，抗震设计时，混合结构框架部分按侧向刚度分配的楼层地震剪力标准值，应符合下列规定：

1) 框架部分分配的楼层地震剪力标准值的最大值不宜小于结构底部总地震剪力标准值的 10%。

2) 当框架部分分配的地震剪力标准值的最大值小于结构底部总地震剪力标准值的 10%时，各层框架部分承担的地震剪力标准值应增大到结构底部总地震剪力标准值的 15%；此时，各层核心筒墙体的地震剪力标准值宜乘以增大系数 1.1，但可不大于结构底部总地震剪力标准值，墙体的抗震构造措施应按抗震等级提高一级后采用，已为特一级的可不再提高。

3) 当框架部分分配的地震剪力标准值小于结构底部总地震剪力标准值的 20%，但其最大值不小于结构底部总地震剪力标准值的 10%时，应按结构底部总地震剪力标准值的 20%和框架部分楼层地震剪力标准值中最大值的 1.5 倍中两者的较小值进行调整。

按第 2) 条或第 3) 条调整框架柱的地震剪力后，框架柱端弯矩及与之相连的框架梁端弯矩、剪力应进行相应调整。

有加强层时，上述框架部分分配的楼层地震剪力标准值的最大值不应包括加强层及其上、下层的框架剪力。

4. 抗震措施

对于采用混合结构的高层建筑，结合工程条件采取下列抗震措施，将有助于改善高层建筑的耐震性能。

(1) 对于房屋高宽比值大于 4 的高层建筑，宜采用筒中筒体系，即内部采用型钢混凝土核心筒，外围采用钢框筒。

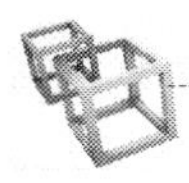

(2) 在钢筋混凝土核心筒内配置型钢构架，于墙体转角、纵横墙交接处，以及洞边设重型钢暗柱，实体墙内型钢暗柱的间距一般不大于6m，钢梁间距不大于层高和6m；必要时，还可在型钢暗柱间增设交叉斜撑。此外，于洞口处的连梁内配置斜向交叉钢筋骨架，并使截面上、下纵向钢筋骨架封闭箍筋的纵、横向间距均不大于200mm，以提高核心筒的延性和整体受弯、受剪承载力。

(3) 对于核心筒一框架体系，当抗震设防烈度为7度时，混凝土核心筒的高宽比不宜大于10。超过时，宜在结构顶层及每隔15层左右的楼层内，设置若干道纵、横向刚臂（由核心筒伸出的一层或两层楼高的钢桁架）和周边钢桁架，使周边各钢框架柱均参与抵抗作用于建筑的倾覆力矩，以减小水平荷载下核心筒的整体弯曲应力。

8.8 混合结构的发展趋势

由于混合结构是由受力性能不同的结构构件或结构系统复合而成的，因此，对结构的整体性能，如恢复力特性、破坏形式等的研究和认识非常重要。混合结构中各种构件的受力性能有所不同。例如，在变形性能方面，RC结构的极限变形角、延性系数等与钢结构就因其材质的不同而存在差异。因此，在分析混合结构中由不同材料组成的构件的受力性能的基础上，应当建立起结构整体的性能评价方法。

对混合结构整体受力性能的认识，可以根据各种结构在静力和动力作用下的试验得到，但这需要花费大量的人力和物力，实行起来非常困难。比较现实可行的方法，就是针对影响混合结构性能的某些未知因素进行试验，通过对试验资料的整理分析提出理论计算模型，再对这些因素对结构整体性能的影响进行进一步的研究和探讨。而且在混合结构中，不同构件或结构体系的最优组合方法，包括其极限承载力之比、刚度比或连接构造方法等都是应当深入研究的问题。对混合结构中各种构件及结构体系的再认识，研究并获得使其优良性能得到最充分发挥的设计计算方法，或者开展对新型组合构件截面设计方法的研究都是今后解决的问题。

1. 混合结构的刚度、阻尼、用钢量

全钢结构高层建筑除了大型支撑等少数结构体系外，抗侧刚度均偏小，建于台风侵袭地区时，为了控制大楼风振加速度，使其不致引起居住者的不适感，往往需要安装“调频质量阻尼器”等阻尼装置。若利用大楼的电梯井、管道井、公用服务区等拼成的核心区的可封闭性，设置型钢混凝土或钢筋混凝土核心筒，作为大楼结构的主要抗侧力构件，配以外围钢框架，组成混合结构体系，则具有很大的抗侧刚度，在强风作用下的结构振动加速度一般均能控制在20gal以下。

钢-混凝土混合结构高层建筑的结构阻尼比约为4%，比全钢结构2%的阻尼比增大一倍，从而可以减小结构的风振响应和地震反应。

利用型钢混凝土筒体内的型钢骨架，与外围钢框架先行组装成的大楼钢构架，可以兼作混凝土楼板和核心筒的施工操作平台，因而其整体施工速度比全钢结构慢得并不多。

钢-混凝土混合结构的总用钢量，约为全钢结构的50%，若外围钢框架柱再采用圆形或矩形钢管内填灌高强、高性能混凝土的钢管混凝土柱，结构抗侧刚度将进一步增大，用钢量进一步减小。

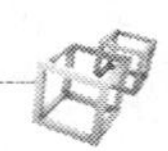

2. 混合结构高层建筑统计（见表 8-12 及表 8-13）

表 8-12　　我国混合结构高层建筑统计（高于 200m）

序号	建筑名称	建筑年份	地点	高度（m）	层数		结构体系	抗震设防烈度	平面形状
					地上	地下			
1	苏州中南中心	在建	苏州	729	138	5	芯筒-框架	6度	—
2	武汉绿地中心	在建	武汉	636	125	6	芯筒-框架	6度	—
3	沈阳宝能环球金融中心	在建	沈阳	565	111	—	芯筒-框架	7度	—
4	中国尊	在建	北京	528	108	7	芯筒-框架	8度	—
5	上海中心大厦	2014	上海	632	121	5	芯筒-框架	7度	圆弧形
6	天津高银 117 大厦	2015	天津	597	117	3	芯筒-框架	7度	正方形
7	天津周大福金融中心	2014	天津	530	98	4	芯筒-框架	7度	正方形
8	台北 101 大厦	2004	台北	509	101	5	芯筒-框架	7度	正方形
9	上海环球金融中心	2008	上海	492.5	101	3	芯筒-框架	7度	正方形
10	环球贸易广场	2010	香港	484	118	3	芯筒-框架	7度	正方形
11	东方明珠广播电视塔	1995	上海	468	—	—	多筒	7度	—
12	绿地广场紫峰大厦	2009	南京	450	89	3	芯筒-框架	7度	矩形
13	南京紫峰大厦	2008	南京	450	70	4	芯筒-框架	7度	三角形
14	京基金融中心	2011	深圳	441	98	5	芯筒-框架	7度	—
15	广州国际金融中心	2010	广州	441	103	4	芯筒-框架	7度	椭圆形
16	金茂大厦	1999	上海	420	88	3	芯筒-框架	7度	六边形
17	国际金融中心二期	2003	香港	412	88	6	芯筒-框架	7度	正方形
18	世贸国际广场	2004	上海	333	60	3	芯筒-框架	7度	三角形
19	津塔	2010	天津	330	71	4	芯筒-框架	7度	椭圆形
20	武汉民生银行	2004	武汉	330	68	3	筒中筒	6度	—
21	上海北外滩	2015	上海	320	62	4	芯筒-框架	7度	—
22	无锡九龙仓玺园	2011	无锡	319	69	—	芯筒-框架	7度	正方形
23	东方之门	2015	苏州	301	60	6	芯筒-框架	7度	矩形
24	中华广场	2006	广州	269	62	4	芯筒-框架	7度	六边形
25	合银广场	2002	大连	253	—		芯筒-框架	7度	—
26	富力中心	2007	广州	245	54	5	芯筒-框架	7度	矩形
27	大连世贸大厦	1999	深圳	242	51	4	芯筒-框架	7度	—
28	大连期货广场 A 座	2009	大连	240	53	3	芯筒-框架	7度	正方形
29	大连期货广场 B 座	2009	大连	240	53	3	芯筒-框架	7度	正方形
30	深圳新世界中心	2007	深圳	238	52	2	芯筒-框架	7度	矩形
31	招商银行大厦	2001	深圳	237	54	3	芯筒-框架	7度	方形
32	CCTV 新大楼	2007	北京	234	52	3	芯筒-框架	8度	正方形
33	招商国际金融中心	2006	南京	233	51	2	芯筒-框架	7度	弹头形
34	上海国际航运大厦	1998	深圳	232	50	3	芯筒-框架	7度	—

续表

序号	建筑名称	建筑年份	地点	高度（m）	层数		结构体系	抗震设防烈度	平面形状
					地上	地下			
35	朗诗城市广场	2008	南京	232	54	2	芯筒-框架	7度	正方形
36	浦东国际金融大厦	2000	上海	230	53	3	芯筒-框架	7度	—
37	华敏帝豪大厦	2007	上海	229	61	4	芯筒-框架	7度	矩形
38	长峰大酒店	2003	上海	229	56	4	芯筒-框架	7度	—
39	维多利广场A塔	2007	广州	228	52	4	筒中筒	7度	多边形
40	广州新中国大厦	2006	上海	225	51	5	框一墙	7度	—
41	京广中心	1990	北京	221	57	4	芯筒一剪力墙	8度	扇形
42	卓越时代广场	2005	深圳	218	52	5	芯筒-框架	7度	矩形
43	商贸市场	2004	南京	218	50	4	芯筒-框架	7度	矩形
44	上海新世界中心	2002	上海	217	58	3	芯筒-框架	7度	—
45	时代财富大厦	2007	深圳	208	56	3	芯筒-框架	7度	矩形
46	深圳世界金融中心	2004	深圳	207	54	—	芯筒-框架	7度	方形
47	大中华国际交易广场	2006	深圳	202	38	3	芯筒-框架	7度	矩形
48	金中华商务大厦	2004	深圳	202	49	3	芯筒-框架	7度	方形
49	福田香格里拉	2008	深圳	200	40	3	芯筒-框架	7度	梭形

表 8-13　　国外混合结构高层建筑统计（高于 300m）

序号	建筑名称	建筑年份	地点	高度（m）塔顶	层数		结构体系	平面形状
					地上	地下		
1	哈利法塔	2010	迪拜	838	163	1	筒中筒	圆弧形
2	东京天空树	2012	东京	634	—	—	芯筒-框架	圆形
3	麦加皇家钟楼饭店	2012	麦加	601	120	3	芯筒-框架	矩形
4	世界贸易中心	2014	纽约	546	94	5	筒中筒	正方形
5	吉隆坡双子塔	1998	吉隆坡	452	88	5	芯筒-框架	圆弧形
6	威利斯大厦	1974	芝加哥	449	108	5	成束筒	矩形
7	432 Park Avenue	2015	纽约	425	85	3	—	—
8	特朗普国际大厦	2009	芝加哥	423	92	2	芯筒-框架	矩形
9	公主塔	2012	迪拜	414	101	6	—	矩形
10	阿尔哈姆拉塔	2011	科威特	412	80	3	—	—
11	23Marina	2012	迪拜	392	88	4	—	—
12	王国大厦	2011	沙特	311	100	3	芯筒-框架	椭圆形

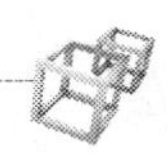

本章小结

（1）高层建筑混合结构是由不同结构构件或不同的结构体系混合而成的。主要是指由外围钢框架或型钢混凝土、钢管混凝土框架与钢筋混凝土核心筒所组成的框架－核心筒结构，以及由外围钢框筒或型钢混凝土、钢管混凝土框筒与钢筋混凝土核心筒所组成的筒中筒结构。混合结构可分为不同结构构件的混合化、平面和立面上不同结构体系的混合化两大类。

（2）对于外围框架－混凝土筒体及外框筒－混凝土筒体两种混合结构体系，《高层建筑混凝土结构技术规程》（JGJ 3—2010）从结构的最大高度、高层建筑的高宽比限值、水平荷载作用下弹性最大层间位移与层高的比值，以及结构布置、结构分析、构件设计等方面进行了规定，以使结构的计算简图明确、受力合理、施工方便。

（3）对于竖向混合结构，由于刚度和承载力的突变，会在结构中产生薄弱层，使结构发生较严重的破坏。因此应在上、下两种不同的结构构件之间设置过渡层或转换层。过渡层柱应符合相关的计算和构造要求。

附录1　常用压型钢板组合楼板的剪切黏结系数及标准试验方法

1.1　常用压型钢板 m、k 系数

计算剪切黏结承载力时，应按本附录给出的标准方法进行试验和数据分析确定 m、k 系数，无试验条件时，可采用附表1-1给出的 m、k 系数。

附表1-1　　m、k 系数

压型钢板截面及型号	端部剪力件	适用板跨	m、k
200 200 200 600 75 YL75-600	当板跨小于2700mm时，采用焊后高度不小于135mm、直径不小于13mm的栓钉；当板跨大于2700mm时，采用焊后高度不小于135mm、直径不小于16mm的栓钉，且一个压型钢板宽度内每边不少于4个，栓钉应穿透压型钢板	1800～3600mm	m=203.92 N/mm²；k=−0.022
344 344 688 76 YL76-688	当板跨小于2700mm时，采用焊后高度不小于135mm、直径不小于13mm的栓钉；当板跨大于2700mm时，采用焊后高度不小于135mm、直径不小于16mm的栓钉，且一个压型钢板宽度内每边不少于4个，栓钉应穿透压型钢板	1800～3600mm	m=213.25 N/mm²；k=−0.0016
170 170 170 510 65 YL65-510	无剪力件	1800～3600mm	m=182.25 N/mm²；k=0.1061
305 305 305 915 51 YL51-915	无剪力件	1800～3600mm	m=101.58 N/mm²；k=−0.0001

续表

压型钢板截面及型号	端部剪力件	适用板跨	m、k
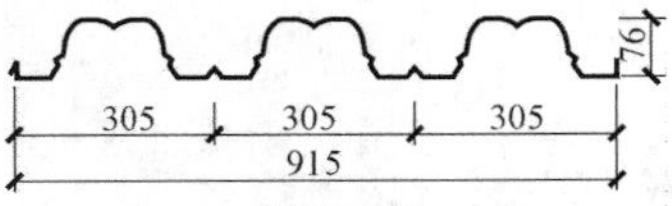 76 305 305 305 915 YL76-915	无剪力件	1800～3600mm	$m=137.08$ N/mm²；$k=-0.0153$
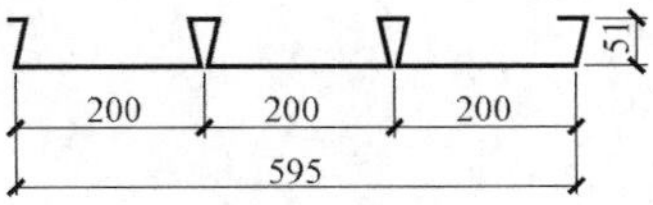 51 200 200 200 595 YL51-595	无剪力件	1800～3600mm	$m=245.54$ N/mm²；$k=0.0527$
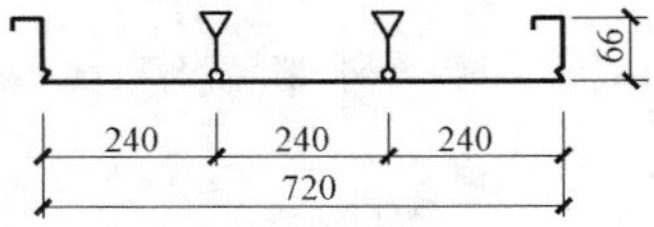 66 240 240 240 720 YL66-720	无剪力件	1800～3600mm	$m=183.40$ N/mm²；$k=0.0332$
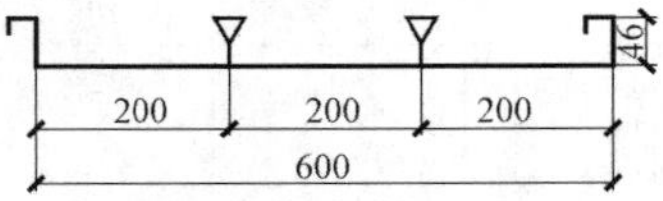 46 200 200 200 600 YL46-600	无剪力件	1800～3600mm	$m=238.94$ N/mm²；$k=0.0178$
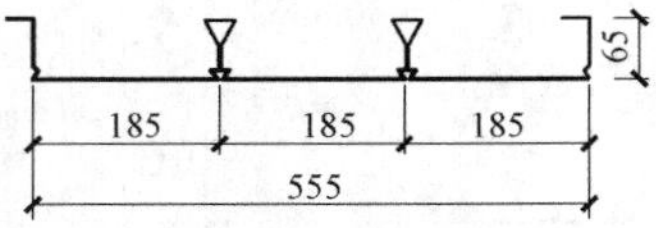 65 185 185 185 555 YL65-555	无剪力件	2000～3400mm	$m=137.16$ N/mm²；$k=0.2468$
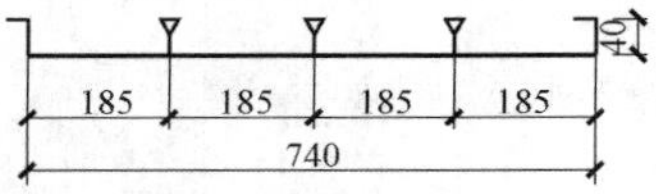 40 185 185 185 185 740 YL40-740	无剪力件	2000～3000mm	$m=172.90$ N/mm²；$k=0.1780$
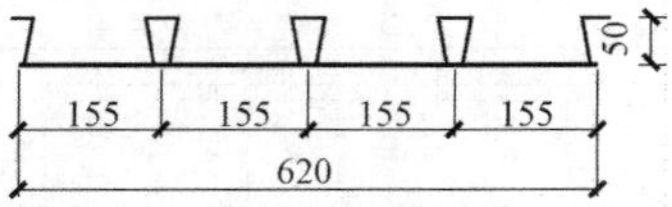 50 155 155 155 155 620 YL50-620	无剪力件	1800～4150mm	$m=234.60$ N/mm²；$k=0.0513$

注 表中组合楼板端部剪力件为最小设置规定；端部未设剪力件的相关数据可用于设置剪力件的实际工程。

1.2 标准试验方法

1.2.1 试件所用压型钢板应符合《组合结构设计规范》（JGJ 138—2016）的规定，钢筋、混凝土应符合《混凝土结构设计规范》（GB 50010—2010）的规定。

1.2.2 试件尺寸应符合下列规定：

（1）长度：试件的长度应取实际工程，且应符合第1.2.3条中有关剪跨的规定。

(2) 宽度：所有构件的宽度应至少等于一块压型钢板的宽度，且不应小于600mm。

(3) 板厚：板厚应按实际工程选择，且应符合本规范的构造规定。

1.2.3　试件数量应符合下列规定：

(1) 组合楼板试件总数量不应少于6个，其中必须保证有两组试验数据分别落在A和B两个区域（附表1-2），每组不应少于2个试件。

(2) 应在A、B两个区域之间增加一组不少于2个试件或分别在A、B两个区域内各增加一个校验数据。

(3) A区组合楼板试件的厚度应大于90mm，剪跨a应大于900mm；B区组合楼板试件可取最大板厚，剪跨a应不小于450mm，且应小于试件截面宽度。试件设计应保证试件破坏形式为剪切黏结破坏。

附表1-2　　**厚度及剪跨限值**

区域	板厚h	剪跨a
A	$h_{min} \geqslant 90$mm	$a > 900$mm，但$P \times a/2 < 0.9M_u$
B	h_{max}	450mm$\leqslant a \leqslant$试件截面宽度

注　M_u为试件采用材料实测强度计算的受弯极限承载力。

1.2.4　试件剪力件的设计应与实际工程一致。

1.3 试验步骤

1.3.1　试验加载应符合下列规定：

(1) 试验可采用集中加载方案，剪跨a取板跨l_n的1/4（附图1-1）；也可采用均布荷载加载，此时剪跨a应取支座到主要破坏裂缝的距离。

(2) 施加荷载应按所估计破坏荷载的1/10逐级加载，除在每级荷载读仪表记录有暂停外，应对构件连续加载，并无冲击作用。加载速率不应超过混凝土受压纤维极限的应变率（约为1MPa/min）。

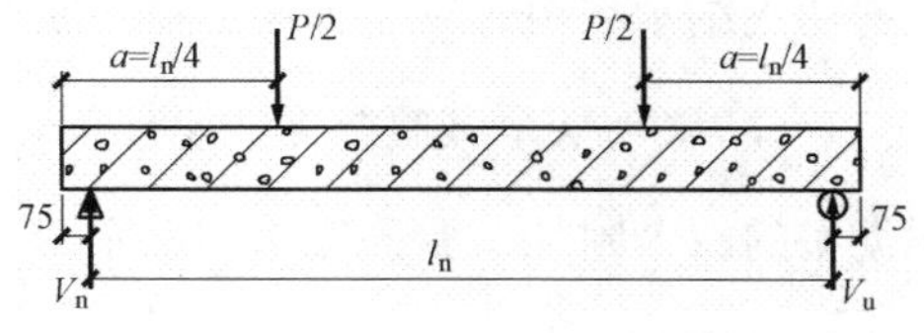

附图1-1　集中荷载试验

1.3.2　荷载测试仪器精度不应低于±1%。跨中变形及钢板与混凝土间的端部滑移在每级荷载作用下测量精度应为0.01mm。

1.3.3　试验应对试验材料、试验过程进行详细记录。

1.4 试验结果分析

1.4.1　剪切极限承载力应按下式计算

$$V_u = \frac{P}{2} + \frac{\gamma g_k l_n}{2} \qquad (附1-1)$$

式中　P——试验加载值；

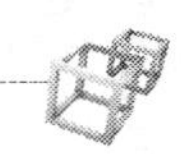

g_k——试件单位长度自重；

l_n——试验时试件支座之间的净距离；

γ——试件制作时与支撑条件有关的支撑系数，应按附表1-3取用。

附表1-3　　支撑系数 γ

支撑条件	满支撑	三分点支撑	中点支撑	无支撑
支撑系数 γ	1.0	0.733	0.625	0.0

1.4.2　剪切黏结 m、k 系数应按下列规定得出：

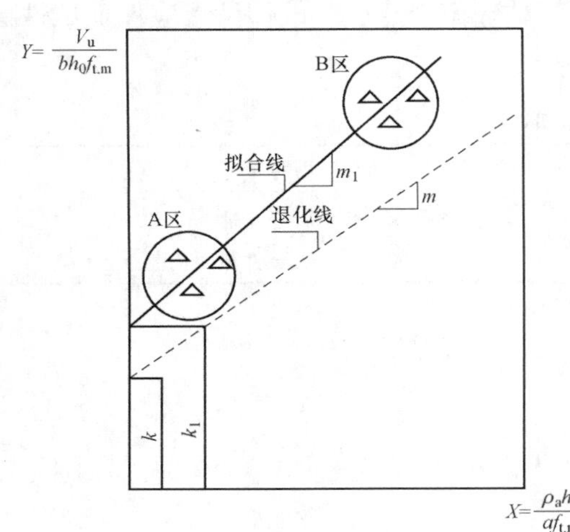

附图1-2　剪切黏结试验拟合曲线

(1) 建立坐标系，竖向坐标为 $\frac{V_u}{bh_0 f_{t,m}}$，横向坐标为 $\frac{\rho_a h_0}{a f_{t,m}}$（附图1-2）。其中，$V_u$ 为剪切极限承载力；b、h_0 为组合楼板试件的截面宽度和有效高度；ρ_a 为试件中压型钢板含钢率；$f_{t,m}$ 为混凝土轴心抗拉强度平均值，可由混凝土立方体抗压强度计算，$f_{t,m}=0.395f_{cu,m}^{0.55}$，$f_{cu,m}$ 为混凝土立方体抗压强度平均值。由试验数据得出的坐标点确定剪切黏结曲线，应采用线性回归分析的方法得到该线的截距 k_1 和斜率 m_1。

(2) 回归分析得到的 m_1、k_1 值应分别降低15%得到剪切黏结系数 m、k 值，该值可用于剪切黏结承载力计算。如果数据分析中有多于8个试验数据，则可分别降低10%。

1.4.3　当某个试验数据的坐标值 $\frac{V_u}{bh_0 f_{t,m}}$ 偏离该组平均值大于±15%时，至少应再进行同类型的两个附加试验并应采用两个最低值确定剪切黏结系数。

1.5 试验结果应用

1.5.1　试验分析得到的剪切黏结 m、k 系数，应用前应得到设计人员的确认。

1.5.2　已有试验结果的应用应符合下列规定：

(1) 对以往的试验数据，若是按本试验方法得到的数据，且符合第1.2.3条关于试验数据的规定，其 m、k 系数可用于该工程。

(2) 已有的试验数据未按附表1-2的规定落入A区和B区，可做补充试验，试验数据至少应有一个落入A区和一个落入B区，同时以往数据一起分析 m、k 系数。

1.5.3　试验中无剪力件试件的试验结果所得到的 m、k 系数可用于有剪力件的组合楼板设计；当设计中采用有剪力件试件的试验结果所得到的 m、k 系数时，剪力件的形式应与试验试件相同且数量不得少于试件所采用的剪力件数量。

附录2　组合楼盖舒适度验算

2.0.1　组合楼盖舒适度应验算振动板格的峰值加速度，板格划分可取由柱或剪力墙在平面内围成的区域（见附图2-1），峰值加速度不应超过附表2-1的规定。

$$\frac{a_p}{g}=\frac{p_0\exp(-0.35f_n)}{\xi G_E} \tag{附2-1}$$

式中　a_p——组合楼盖加速度峰值；

f_n——组合楼盖自振频率，可按第2.0.2条计算或采用动力有限元计算；

G_E——计算板格的有效荷载，按第2.0.3条计算；

p_0——人行走产生的激振作用力，一般可取0.3kN；

g——重力加速度；

ξ——楼盖阻尼比，可按附表2-2取值。

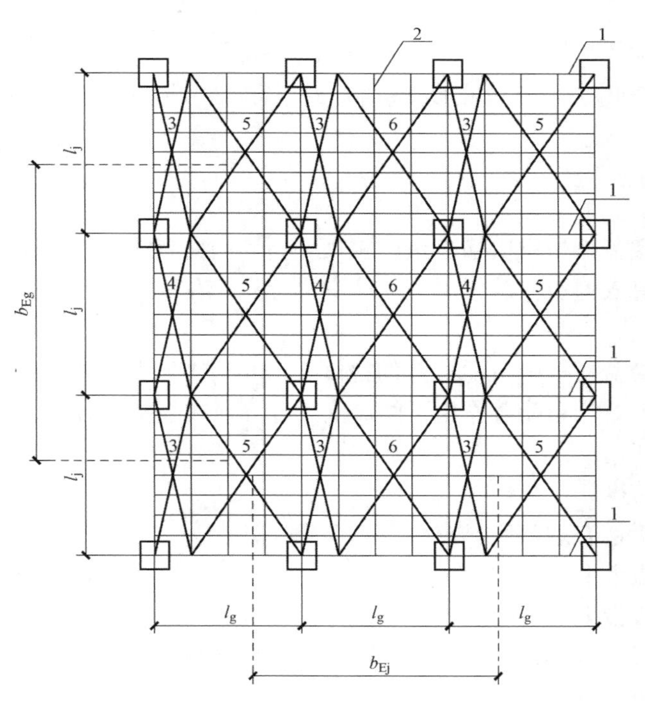

附图2-1　组合楼盖板格

1—主梁；2—次梁；3—计算主梁挠度边区格；4—计算主梁挠度内区格；5—计算次梁挠度边区格；6—计算次梁挠度内区格

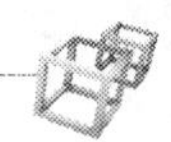

附表 2-1　　振动峰值加速度限值

房屋功能	住宅、办公	餐饮、商场
α_p/g	0.005	0.015

注　当 $f_n<3$Hz 或 $f_n>9$Hz 时或其他房间应做专门研究。

附表 2-2　　楼盖阻尼比 ξ

<table>
<tr><th>房间功能</th><th>住宅、办公</th><th>商业、餐饮</th></tr>
<tr><td>计算板格内无家具或家具很少、没有非结构构件或非结构构件很少</td><td>0.02</td><td rowspan="4">0.02</td></tr>
<tr><td>计算板格内有少量家具、有少量可拆式隔墙</td><td>0.03</td></tr>
<tr><td>计算板格内有较重家具、有少量可拆式隔墙</td><td>0.04</td></tr>
<tr><td>计算板格内每层都有非结构分隔墙</td><td>0.05</td></tr>
</table>

2.0.2　对于简支梁或等跨连续梁形成的组合楼盖，其自振频率可按下列规定计算，计算值不宜小于 3Hz 且不宜大于 9Hz：

(1) 频率计算公式

$$f_n=\frac{18}{\sqrt{\Delta_j+\Delta_g}} \tag{附 2-2}$$

(2) 板带挠度应按有效均布荷载计算，有效均布荷载可按下列公式计算

$$g_{Eg}=g_{gk}+q_e \tag{附 2-3}$$

$$g_{Ej}=g_{jk}+q_e \tag{附 2-4}$$

(3) 当主梁跨度 l_g 小于有效宽度 b_{Ej} 时，式（附 2-2）中的主梁挠度 Δ_g 应替换为 Δ'_g，Δ'_g 可按下式计算

$$\Delta'_g=\frac{l_g}{b_{Ej}}\Delta_g \tag{附 2-5}$$

式中　Δ_j——组合楼盖板格中次梁板带的挠度，mm，限于简支次梁或等跨连续次梁，此时均按有效均布荷载作用下的简支梁计算，在板格内各梁板带挠度不同时取挠度较大值；

Δ_g——组合楼盖板格中主梁板带的挠度，mm，限于简支主梁或等跨连续主梁，此时均按有效均布荷载作用下的简支梁计算，在板格内各梁板带挠度不同时取挠度较大值；

l_g——主梁跨度；

b_{Ej}——次梁板带有效宽度，按第 2.0.3 条计算；

g_{Eg}——主梁板带上的有效均布荷载；

g_{Ej}——次梁板带上的有效均布荷载；

g_{gk}——主梁板带自重；

g_{jk}——次梁板带自重；

q_e——楼板上有效可变荷载，住宅取 0.25kN/m^2，其他取 0.5kN/m^2。

2.0.3　组合楼盖计算板格有效荷载可按下列公式计算

$$G_E=\frac{G_{Ej}\Delta_j+G_{Eg}\Delta_g}{\Delta_j+\Delta_g} \tag{附 2-6}$$

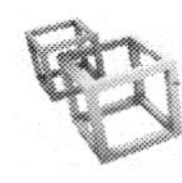

$$G_{Eg}=\alpha g_{Eg}b_{Eg}l_g \tag{附2-7}$$

$$G_{Ej}=\alpha g_{Ej}b_{Ej}l_j \tag{附2-8}$$

$$b_{Ej}=C_j(D_s/D_j)^{\frac{1}{4}}l_j \tag{附2-9}$$

$$b_{Eg}=C_g(D_j/D_g)^{\frac{1}{4}}l_g \tag{附2-10}$$

$$D_s=\frac{h_0^3}{12(\alpha_E/1.35)} \tag{附2-11}$$

式中　G_{Eg}——主梁上的有效荷载；

G_{Ej}——次梁上的有效荷载；

α——系数，当为连续梁时，取1.5，简支梁取1.0；

l_j——次梁跨度；

l_g——主梁跨度；

b_{Ej}——次梁板带有效宽度，当所计算的板格有相邻板格时，b_{Ej}不超过计算板格与相邻板格宽度一半之和（见附图2-1）；

b_{Eg}——主梁板带有效宽度，当所计算的板格有相邻板格时，也不超过计算板格与相邻板格宽度一半之和（见附图2-1）；

C_j——楼板受弯连续性影响系数，计算板格为内板格取2.0，边板格取1.0；

D_s——垂直于次梁方向组合楼板单位惯性矩；

h_0——组合楼板有效高度；

α_E——钢与混凝土弹性模量比值；

D_j——梁板带单位宽度截面惯性矩，等于次梁板带上的次梁按组合梁计算的惯性矩平均到次梁板带上；

C_g——主梁支撑影响系数，支撑次梁时，取1.8；支撑框架梁时，取1.6；

D_g——主梁板带单位宽度截面惯性矩，等于计算板格内主梁惯性矩（按组合梁考虑）平均到计算板格内。

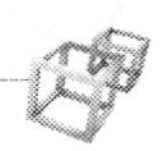

参 考 文 献

[1] 聂建国，樊健生．钢与混凝土组合结构设计指导与实例精选［M］．北京：中国建筑工业出版社，2007.
[2] 聂建国，刘明，叶列平．钢-混凝土组合结构［M］．北京：中国建筑工业出版社，2005.
[3] 聂建国．钢-混凝土组合梁结构［M］．北京：科学出版社，2005.
[4] 赵鸿铁．钢与混凝土组合结构［M］．北京：科学出版社，2001.
[5] 朱聘儒．钢-混凝土组合梁设计原理［M］．2 版．北京：中国建筑工业出版社，2006.
[6] 薛建阳．组合结构设计原理［M］．北京：中国建筑工业出版社，2010.
[7] 吕西林．复杂高层建筑结构抗震理论与应用［M］．2 版．北京：科学出版社，2015.
[8] 曾凡生，王敏，杨翠如，等．高层建筑钢结构体系与工程实例［M］．北京：机械工业出版社，2015.
[9] 赵鸿铁，张素梅．组合结构设计原理［M］．北京：高等教育出版社，2005.
[10] 聂建国．钢-混凝土组合结构原理与实例［M］．北京：科学出版社，2009.
[11] 王威．内置钢板钢筋混凝土组合剪力墙性能参数的静力试验研究及分析模拟［R］．上海：同济大学博士后出站研究报告，2008.
[12] 汪大绥，周建龙．我国高层建筑钢-混凝土混合结构发展与展望［J］．建筑结构学报，2010，31（6）：62-70.
[13] 日本建築学会．鉄骨鉄筋コンクリート構造計算規準・同解説［S］，2014.
[14] 若林実，南宏一，谷資信．合成構造の設計［M］，新建築学大系 42 巻，彰国社，1982.
[15] デッキプレト床構造設計・施工規準［S］．日本技報堂出版株式会社，1987.
[16] 松井千秋．建築合成構造［M］．オーム社，2004.
[17] 南宏一．合成構造の設計——学びやすい構造設計［M］．日本建築学会関東支部，2006.
[18] 韩林海．钢管混凝土结构一理论与实践［M］．2 版．北京：科学出版社，2007.
[19] 韩林海，杨有福．现代钢管混凝土结构技术［M］．2 版．北京：中国建筑工业出版社，2007.
[20] 薛建阳．钢与混凝土组合结构设计原理［M］．北京：科学出版社，2010.
[21] 薛建阳．钢与混凝土组合结构［M］．武汉：华中科技大学出版社，2007.
[22] 薛建阳，赵鸿铁．型钢混凝土粘结滑移理论及其工程应用［M］．北京：科学出版社，2007.
[23] 王连广．钢与混凝土组合结构理论与计算［M］．北京：科学出版社，2005.
[24] 刘维亚．钢与混凝土组合结构理论与实践［M］．北京：中国建筑工业出版社，2008.
[25] 韩林海．钢管混凝土结构［M］．北京：科学出版社，2000.
[26] CAN/CSA-S16.1-2001. Limit States Design of Steel Structures［S］. Canadian Standard Association，2002.
[27] AISC. Load and resistance factor design（LRFD）specification for structural steel buildings［S］. American Institute of Steel Construction，Inc.，Chicago，1999.
[28] AISC（2005c），ANSI/AISC 341-05. Seismic Provisions for Structural Steel Buildings［S］. Chicago：American institute of Steel Construction，IL，2005.
[29] Rafael Sabelli，Michel Bruneau. GUIDE20：Steel Plate Shear Walls［S］. American institute of steel construction，Inc，2007.
[30] 于金光，郝际平，崔阳阳．半刚性框架-防屈曲钢板墙结构的抗震性能试验研究［J］．土木工程学报，2014，47（6）：18-25.
[31] 郭彦林，董全利，周明．防屈曲钢板剪力墙滞回性能理论与试验研究［J］．建筑结构学报，2009，30

(1)：31 - 39.

[32] 李然，郭慧兰，张素梅．钢板剪力墙滞回性能分析与简化模型 [J]. 天津大学学报，2010，43 (10)：919 - 927.

[33] 吴兆旗，侯健，周观根．防屈曲钢板剪力墙受剪承载力计算模型 [J]. 建筑结构学报，2017，38 (10)：51 - 58.

[34] 钟善桐．钢管混凝土结构 [M]. 3 版．北京：清华大学出版社，2003.

[35] 钟善桐．钢管混凝土统一理论——研究与应用 [M]. 北京：清华大学出版社，2006.

[36] 钟善桐．高层钢管混凝土结构 [M]. 北京：黑龙江科学技术出版社，1999.

[37] Johnson R P. Composite structures of steel and concrete，Vol. 1 - Beam，slab，columns and frames for building [M] . Oxford：Blackwell scientific publications，1995.

[38] 日本建築学会．コンクリート充填鋼管構造設計施工指針 [S]，1997.